中等职业教育国家规划教材
全国中等职业教育教材审定委员会审定
全国建设行业中等职业教育推荐教材

建筑电气工程

（建筑设备安装专业）

主　　编　王林根
责任主审　李德英
审　　稿　李英姿　刘辛国

中国建筑工业出版社

图书在版编目（CIP）数据

建筑电气工程/王林根主编. —北京：中国建筑工业出版社，2002（2022.9重印）

中等职业教育国家规划教材．全国中等职业教育教材审定委员会审定．全国建设行业中等职业教育推荐教材．建筑设备安装专业

ISBN 978-7-112-05415-2

Ⅰ. 建…　Ⅱ. 王…　Ⅲ. 房屋建筑设备：电气设备—安装—专业学校—教材　Ⅳ. TU85

中国版本图书馆 CIP 数据核字(2002)第 095754 号

本书是中等职业教育国家规划教材，主要内容有电工常用材料、变配电系统、配线工程、电气照明、动力工程、防雷与接地、建筑电气控制、建筑弱电等建筑设备常用的电气工程的基本知识以及建筑电气安装工程的施工步骤、常用电气设备与配线工程的安装方法和安装要求，在简要介绍建筑电气工程基本原理、系统组成、设备功能与特点等基础上，重点突出施工及安装工艺，内容简明扼要、图文并茂、通俗易懂，并附有一定数量的标准化思考题与习题。

本书也可作为建筑设备及电气工程施工人员和维护维修人员的技术培训教材以及工程施工技术管理人员的参考书。

中 等 职 业 教 育 国 家 规 划 教 材

全国中等职业教育教材审定委员会审定

全国建设行业中等职业教育推荐教材

建 筑 电 气 工 程

（建筑设备安装专业）

主　　编　王林根

责任主审　李德英

审　　稿　李英姿

　　　　　刘辛国

*

中国建筑工业出版社出版、发行（北京西郊百万庄）

各地新华书店、建筑书店经销

北京建筑工业印刷厂印刷

*

开本：787×1092 毫米　1/16　印张：25¾　字数：622 千字

2003 年 6 月第一版　2022 年 9 月第十五次印刷

定价：**43.00** 元

ISBN 978-7-112-05415-2

（21651）

中等职业教育国家规划教材出版说明

为了贯彻《中共中央国务院关于深化教育改革全面推进素质教育的决定》精神，落实《面向21世纪教育振兴行动计划》中提出的职业教育课程改革和教材建设规划，根据教育部关于《中等职业教育国家规划教材申报、立项及管理意见》(教职成［2001］1号）的精神，我们组织力量对实现中等职业教育培养目标和保证基本教学规格起保障作用的德育课程、文化基础课程、专业技术基础课程和80个重点建设专业主干课程的教材进行了规划和编写，从2001年秋季开学起，国家规划教材将陆续提供给各类中等职业学校选用。

国家规划教材是根据教育部最新颁布的德育课程、文化基础课程、专业技术基础课程和80个重点建设专业主干课程的教学大纲（课程教学基本要求）编写，并经全国中等职业教育教材审定委员会审定。新教材全面贯彻素质教育思想，从社会发展对高素质劳动者和中初级专门人才需要的实际出发，注重对学生的创新精神和实践能力的培养。新教材在理论体系、组织结构和阐述方法等方面均作了一些新的尝试。新教材实行一纲多本，努力为教材选用提供比较和选择，满足不同学制、不同专业和不同办学条件的教学需要。

希望各地、各部门积极推广和选用国家规划教材，并在使用过程中，注意总结经验，及时提出修改意见和建议，使之不断完善和提高。

教育部职业教育与成人教育司

2002年10月

前 言

2001年8月，根据国家《面向21世纪教育振兴行动计划》“职业教育课程改革和教材建设规划”项目成果，教育部公布了中等职业学校重点建设专业－建筑设备安装专业的教学指导方案。以体现全面推进素质教育、深化职业教育教学改革的精神，明确专业培养目标、业务范围、课程设置和教学要求。

本书主要依据中等职业教育国家重点专业：建筑设备安装专业《建筑电气工程》课程教学基本要求和最新国家有关标准和规范编写的，以作为建筑设备安装专业的授课教材；同时也可作为建筑电气工程安装人员、维护与维修人员的岗位培训教材；亦可供安装工程施工管理人员及安装技术人员参考。其内容涉及电工常用材料、变配电系统、配线工程、电气照明、动力工程、防雷与接地、建筑电气控制、建筑弱电等建筑电气系统，内容全面详细。在编写过程中，注意体现了中等职业教育的特点，图文并茂、深入浅出、力求通俗易懂，突出实际施工的技术要求和安装工艺，并可配合现代化教学手段和技能训练，以培养学生的专业素质和实际操作能力。

本教材分为两个学期讲授，按教学计划参考学时为120（三年制）～150（四年制）学时，各章内容的建议安排见“课时分配表”，使用时可根据学制和实际需要进行调整，内容可根据需要进行适当删减。

课时分配表

序号	章节	课程内容	学时数	学时分配				授课方式及要求
				授课	参观	习题	实验	
1	绪论	绪论	14					课堂授课
2	第一章	常用电工材料	34			2	2	课堂授课、实物教学
3	第二章	变配电系统	34		2	2	2	课堂授课、多媒体授课、参观
4	第三章	配线工程	12					课堂授课
5	第四章	电气照明	18		2	2		课堂授课、实物教学
6	第五章	动力工程	10			2	2	课堂授课、多媒体授课、参观
7	第六章	建筑电气控制	24			2	8	课堂授课、实物教学
8	第七章	接地与防雷	8					课堂授课
9	第八章	建筑弱电系统	12			2		课堂授课、多媒体授课、参观
10	第九章	实践性教学	12					实验教学、参观

本书由河南省建筑工程学校王林根主编，南京职业教育中心邱海霞、新疆建筑工程学校刘玲、河南省建筑工程学校李斌参编。王林根编写绪论、第二、三、四章和附表及附图，邱海霞编写五、九章，刘玲编写六、八章、李斌编写第一、七章。本书在编写过程中得到建设部职成司、建设部中等专业学校建筑机电与设备安装专业指导委员会、河南省建筑工程学校等单位及领导的关心和大力支持，在此一并表示感谢。

由于编者水平有限和时间仓促，错漏之处在所难免，敬请广大读者批评指正。

编者

目　录

注："※"符号为选学内容。

绪　言

一、建筑电气工程概述

随着现代建筑的多需求、多用途、多功能的迅猛发展，电能及电气工程技术的应用已渗透到建筑中的各个领域，同时建筑电气工程涉及的技术领域也日趋广泛，它们与人们的工作和生活已紧密相连，已成为人们工作与生活中不可缺少的组成部分。

（一）建筑电气工程的基本功能

建筑电气工程主要有以下几方面的功能。

（1）建筑物人工采光。建筑物的人工采光方式目前主要采用电气照明，将电能通过特定的装置转换为光能，为建筑物提供人工采光。因此需为建筑物配置电气照明装置和与之配套的配电装置等。

（2）动力电源。人们的相关活动有相当的时间是在建筑物中进行的，因此根据功能需要，建筑物常常配备与之息息相关的动力设施，如动力空调设备、给水设备、消防设备以及多层厂房的生产动力设备等。这些设施的动力能源多是由电能提供的，为此需要为建筑物配置动力电源。

（3）建筑物减灾。建筑物及电气系统遭受雷击后，可能会造成建筑电气设备损坏、供电中断、建筑物发生着火或爆炸等事故。发生火灾后会威胁人身安全和财产安全，因此需为建筑物及电力系统提供防雷措施和火灾自动报警及联动灭火系统等减灾系统。

（4）生活与工作需要。根据人们对生活和工作的需要，有些建筑物需配置电视、通信、广播、信息、数据传送等电气系统（常称弱电系统），为人们对生活和工作及现代技术的应用提供方便。

（5）功能需要。有些电气系统主要应用于专用的建筑物中，如信号系统、传呼对讲系统、保安系统、电控系统等，以改善和提高各专用建筑的功能。

（二）建筑电气工程的基本组成

建筑电气工程是为实现一个或几个具体目的而实施的，是电气装置、布线系统和用电设备的组合。这种组合能满足建筑物预期的使用功能和安全要求，也能满足使用建筑物人的安全需要，按功能主要由变配电工程、电气照明工程、配线工程、动力工程、防雷与接地工程、建筑弱电工程和建筑电气控制系统等组成。

（1）变配电系统。变配电系统主要由变压器和高低压配电装置等组成。其主要作用是转换电压（将电力系统电网电压转换为适合建筑物和用户使用的电压）、电能分配（电能汇集和重新分配）和保护功能（为建筑供电提供保护）。

（2）电气照明。电气照明主要由照明装置（将电能转换为光能的装置）、照明控制和照明供电等组成。其主要作用是为建筑物提供人工采光。

（3）配线工程。配线工程主要由照明、动力、控制、信号、弱电等各类敷设线路和设施所组成。主要作用是在建筑物内通过各类线路及敷设方式为用电场所和用电设施输送电能和提供信息。

(4) 动力工程。动力工程主要由动力设备、控制设备、电源设备等组成。其主要作用是为动力用电设备提供电源和保护措施。

(5) 防雷与接地。防雷与接地工程主要由防雷装置和接地装置组成。防雷装置是为建筑物和建筑电气系统提供防雷措施；接地装置是为供电系统提供工作接地，为建筑物、电气设备提供保护接地（接零）。

(6) 建筑电气控制。建筑电气控制主要由各类开关电器、控制电器、自动装置、保护装置及线路的功能连接所组成，能为各动力用电设备和电气设备提供控制、起停、运行、监测、信号等控制功能。

(7) 建筑弱电系统。建筑弱电系统主要由 CATV 电缆电视系统、电话通信系统、火灾自动报警及联动系统、有线广播音响传输系统及其他弱电系统等组成，为不同类型的建筑物提供各种功能。

二、本课程的性质和主要内容

（一）本课程的性质

《建筑电气工程》是建筑设备专业实践性较强的专业技术课程，主要讲述建筑电气工程的常用设备和安装施工的一般程序及规律。其内容涉及电工常用材料、变配电系统、配线工程、电气照明、动力工程、防雷与接地、建筑电气控制、建筑弱电等建筑电气系统，内容全面详细，在简要介绍常用电气设备的名称、用途、常用技术参数的基础上，尽可能突出实际施工的安装工艺和技术要求，并通过实践教学、配合技能训练，培养学生的实际操作能力和施工技能。

（二）本课程的主要内容

本课程内容主要有以下几方面：

(1) 常用电工材料的基本知识及应用。

(2) 变压器及常用铭牌参数，变配电系统的基本组成、10kV 变配电所及常用高低压电气设备，变配电所工程的安装施工及要求。

(3) 配线工程的基本要求及室内外常用配线工程的安装施工与一般技术要求。

(4) 电气照明的基本知识、常用照明器及电气照明工程施工的基本程序和方法。

(5) 电动机及常用技术数据，动力工程的基本形式和施工方法及要求。

(6) 建筑电气控制电路的基本环节、常用低压控制电器及应用，继电控制电路的识读。

(7) 接地与防雷的基本概念及安装。

(8) 建筑弱电系统的基本知识：包括 CATV 系统、电话通信系统、火灾自动报警系统等的基本概念，弱电工程的常用器件、设备、线路以及施工要求与安装。

(9) 配以试验、实训等实践性教学环节，着重培养学生的基本专业素质和实际动手能力。

三、学习本课程的意义和基本要求

（一）学习本课程的意义

建筑电气工程技术是电气工程施工安装的重要技术课程，在建筑设备安装中占有重要地位。随着我国电力工业、建筑工业、电器制造业、现代技术和国民经济的迅猛发展以及人民生活水平的提高和工作条件的改善，与建设事业相关的各类行业、技术、产品已大量进入建筑物内，其安装内容、安装技术和安装工艺要求也在不断的提高与更新。学习好本课程，将有助于电气工程技术的实际应用，为今后从事复杂的建筑设备电气工程施工打下良好的基础。

（二）本课程的基本要求

通过本课程的学习和实践，应达到以下基本要求：

(1) 了解建筑电气工程的基本组成，各部分的用途和构造原理。

(2) 理解建筑电气工程常用设备和线路的基本性能、技术参数，并能正确选用。

(3) 熟悉建筑电气工程的安装施工的基本方法和技术要求。

第一章　常用电工材料

在电气工程中，要经常选用、使用各种电工材料，掌握电工常用材料的性能、规格和使用方法，对电气工程的施工具有重要的意义。

本章学习重点：

（1）常用导电材料的种类、规格、性能、用途及选用。

（2）常用绝缘材料的种类、规格、性能及用途。

（3）常用安装材料的种类、规格和用途。

第一节　常用导电材料及应用

一、导电材料的基本概念

导电材料是主要电工材料之一，其用途主要是用来传导电流的，也有用来发热、发光、生磁或产生化学效应的。在电气工程中，材料选择是否得当，用料是否节省，常关系着整个电气工程的技术性能和经济指标。

（一）导电材料的分类

常用导电材料一般分为良导体材料和高电阻材料。

1. 良导体材料

常用良导体材料主要有铜、铝、钢、钨、锡、铅等。其中铜、铝、钢主要用于制作各种导线或母线，是电气工程应用最广泛的导电材料；钨主要用于制作灯丝；锡主要用于制作焊料和熔丝。

2. 高电阻材料

常用高电阻材料主要有康铜、锰铜、镍铬、铁铬铝等，它们主要用来制作电阻器、电热设备及电气仪表中的电阻元件等。

（二）导电材料的性能

常用导电材料的主要性能参数见表1-1。

常用导电材料的主要性能参数　　表1-1

名　称	符　号	电阻率（20℃）（Ω·mm²/m）	电阻温度系数（10^{-3}/℃）（20℃）	密度（g/cm³）	熔点（℃）	抗拉强度（MPa）
银	Ag	1.59	3.80	10.50	961.93	147
铜	Cu	1.69	3.93	8.90	1084.50	196
金	Au	2.40	3.40	19.30	1064.43	98
铝	Al	2.65	4.23	2.70	660.37	78
钨	W	5.48	4.50	19.30	3387.00	1079
铁	Fe	9.78	5.00	7.86	1541.00	245
锡	Sn	11.40	4.20	7.30	231.96	24.5
铅	Pb	21.90	3.90	11.37	327.50	15.7
锌	Zn	6.10	3.70	7.14	419.58	147

1. 铜

铜是最常用的导电金属材料。它具有导电性高、导热性好、易于焊接、便于加工、耐腐蚀等特性，属于非磁性物质。常用作各种电线电缆的导体、电气设备中的导电零件等。

2. 铝

铝具有良好的导电性、导热性、耐腐蚀性，密度小，易于加工制造，有一定的机械强度，属于非磁性物质。常用作电缆、导线和母线的线芯等。

3. 钢

钢是含碳量低于2%的一种铁碳合金，具有很高的锻造性、延伸性和机械强度，常用作小功率的导线、接地装置及连接线和钢芯铝绞线等。

二、常用导线

常用导线可分为裸导线和绝缘导线。导线线芯要求导电性能好、机械强度大、质地均匀、表面光滑、无裂纹、耐腐蚀性好；导线的绝缘层要求绝缘性能好，质地柔韧并具有相当的机械强度，能耐酸、碱、油及臭氧的侵蚀。

（一）裸导线

没有外包绝缘层的导线称为裸导线。

1. 裸导线的表示方法

裸导线的型号表示方法如下：

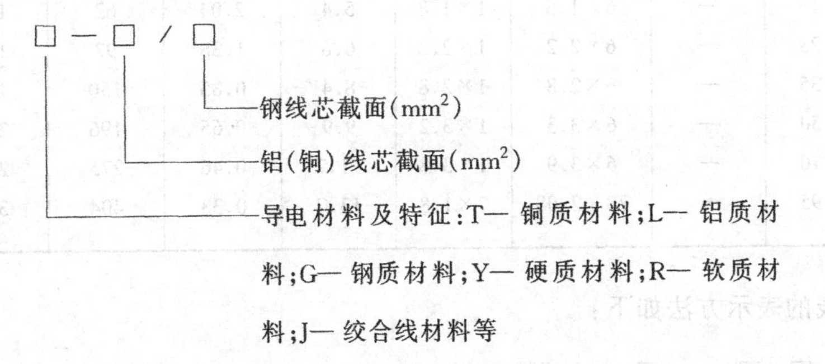

例如：LGJ-50/8 表示钢芯铝绞线，铝线芯截面为 $50mm^2$，钢线芯截面为 $8mm^2$。

2. 裸导线的性能参数

裸导线分为裸单线（单股导线）和裸绞线（多股绞合线），主要用于室外架空线路。

（1）裸单线。常用的圆形裸单线有铜质（TY、TR）和铝质（LY、LR），主要用作电线电缆的线芯。

（2）裸绞线。裸绞线是将多根圆单线绞合在一起而组成的导线。其表示方法是将股数和直径写在一起，即：股数×直径（mm）。裸绞线常用于高低压架空输电线路。常用裸绞线的技术参数及载流量见表1-2。

3. 裸导线的载流量

常用裸绞线的技术参数及载流量见表1-2。

（二）绝缘导线

具有绝缘层的导线称为绝缘导线。

1. 绝缘导线的表示方法

常用裸绞线的技术参数及载流量 表 1-2

型号	名称	标称截面 (mm^2)	铜线根数及单线直径 (mm)	铝线根数及单线直径 (mm)	钢线根数及单线直径 (mm)	外径 (mm)	直流电阻 (20℃) (Ω/km) 不大于	电线质量 (kg/km)	允许电流 (A)	
									室外	室内
TJ	硬铜绞线	16	7×1.68	—	—	5.0	1.20	143	130	100
		25	7×2.11	—	—	6.3	0.74	220	180	140
		35	7×2.49	—	—	7.5	0.54	310	220	175
		50	7×2.97	—	—	8.9	0.39	440	270	220
		70	19×2.14	—	—	10.6	0.28	613	340	280
		95	19×2.49	—	—	12.4	0.20	838	415	340
LJ	硬铝绞线	16	—	7×1.70	—	5.1	1.98	44	105	80
		25	—	7×2.12	—	6.4	1.28	68	135	110
		35	—	7×2.50	—	7.5	0.92	95	170	135
		50	—	7×3.00	—	9.0	0.64	136	215	170
		70	—	7×3.55	—	10.7	0.46	191	265	215
		95	—	7×4.12	—	12.5	0.34	257	325	260
LGJ	钢芯铝绞线	16	—	6×1.8	1×1.8	5.4	2.04	62	105	—
		25	—	6×2.2	1×2.2	6.6	1.38	92	135	—
		35	—	6×2.8	1×2.8	8.4	0.85	150	170	—
		50	—	6×3.3	1×3.2	9.9	0.65	196	220	—
		70	—	6×3.9	1×3.8	11.7	0.46	275	275	—
		95	—	28×2.08	7×1.8	13.7	0.33	404	335	—

绝缘导线的表示方法如下：

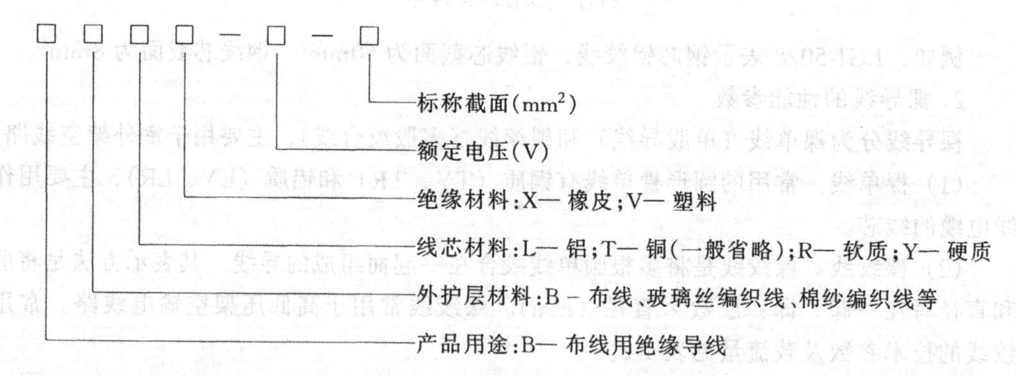

例如：BLVV-500-25 表示铝芯塑料绝缘塑料护套线，额定电压为 500V，导线截面为 $25mm^2$。

2. 绝缘导线的种类

绝缘导线的种类很多：按线芯材料分为铜芯和铝芯；按线芯股数分为单股和多股；按线芯结构分为单芯、双芯和多芯；按绝缘材料分为橡皮绝缘导线和塑料绝缘导线等。常用绝缘导线的型号和主要用途见表 1-3。

常用绝缘导线的型号和主要用途　　表 1-3

型号	名称	构造及截面图	主要用途
BX	铜芯橡皮线		用于交流额定电压 250V 至 500V 的电路中，适用固定敷设
BXR	橡皮软线		供交流电压 500V 或直流电压 1000V 电路中配电和连接仪表用，适用管内敷设
BXS	双芯橡皮线		用于交流额定电压 250V 的电路中，在干燥场所宜在绝缘子上敷设
BXH	橡皮花线		用于交流额定电压 250V 的电路中，在干燥场所供移动用电设备接线用
BLX	铝芯橡皮线		用于交流额定电压 250V 至 500V 的电路中，适用固定敷设
BLV (BV)	铝（铜）芯塑料线		用于交流电压 500V 以下或直流电压 1000V 以下电路中，室内固定敷设
BLVV (BVV)	铝（铜）芯塑料护套线		用于交流电压 500V 以下或直流电压 1000V 以下电路中，室内固定敷设
BVR	铜芯塑料软线		用于交流电压 500V 以下电路中，要求电线比较柔软的场所敷设
RVB	平行塑料绝缘软线		用于交流电压 250V 电路中，室内连接小型电器、移动或半移动敷设时使用
RVS	双绞塑料绝缘软线		用于交流电压 250V 电路中，室内连接小型电器、移动或半移动敷设时使用

3. 绝缘导线的载流量

导线的载流量是指在一定条件下，导线通过电流时，考虑其发热程度而规定的允许值。绝缘导线在空气中敷设时的参考载流量见表 1-4，在空气中绝缘导线穿管敷设时的参考载流量见表 1-5。

三、电缆

电缆是一种多芯导线，线芯间也互相绝缘。电缆的种类很多，有电力电缆、控制电缆、通信电缆等，电缆的分类见表 1-6。

（一）电力电缆

电力电缆主要是用来输送和分配大功率电能的导线,常用电缆的型号及主要用途见表 1-7。

绝缘导线在空气中敷设时的参考载流量 **表 1-4**

导线截面 (mm²)	长期连续负荷允许电流（A）									
	铜芯绝缘导线					铝芯绝缘导线				
	BX BXF BXR	BV BVR	BVV RVV RVB RVS RV RFB RFS			BLX BLXF	BLV	BLVV		
	单芯	单芯	一芯	二芯	三芯	单芯	单芯	一芯	二芯	三芯
0.4	—	—	11	8.5	6	—	—	—	—	—
0.5	—	—	12.5	9.5	7	—	—	—	—	—
0.75	18	16	16	12.5	9	—	—	—	—	—
1.0	21	19	19	15	11	—	—	—	—	—
1.5	27	24	24	19	12	19	18	—	—	—
2	—	—	28	22	17	—	—	—	—	—
2.5	35	32	32	26	20	27	25	25	20	16
4	45	42	42	36	26	35	32	34	26	22
6	58	55	55	47	32	45	42	43	33	25
10	85	75	75	65	52	65	59	59	51	40
16	110	105	—	—	—	85	80	—	—	—
25	145	138	—	—	—	110	105	—	—	—
35	180	170	—	—	—	138	130	—	—	—
50	230	215	—	—	—	175	165	—	—	—
70	285	265	—	—	—	220	205	—	—	—
95	345	325	—	—	—	265	150	—	—	—
120	400	375	—	—	—	310	285	—	—	—
150	470	430	—	—	—	360	325	—	—	—
185	540	490	—	—	—	420	380	—	—	—

注：导线最高允许工作温度 65℃，周围环境温度 25℃。

在空气中绝缘导线穿管敷设时的参考载流量 **表 1-5**

导线截面 (mm²)	长期连续负荷允许电流（A）											
	铜芯（BX、BXF 型）						铝芯（BLX、BLXF 型）					
	穿金属管			穿塑料管			穿金属管			穿塑料管		
	二根	三根	四根	二根	三根	四根	二根	三根	四根	二根	三根	四根
1.0	15	14	12	13	12	11	—	—	—	—	—	—
1.5	20	18	17	17	16	14	15	14	11	14	12	11
2.5	28	25	23	25	22	20	21	19	16	19	17	15
4	37	33	30	33	30	26	28	25	23	25	23	20
6	49	43	39	43	38	34	37	34	30	33	29	26
10	68	60	53	59	52	46	52	46	40	44	40	35

续表

导线截面（mm^2）	长期连续负荷允许电流（A）											
	铜芯（BX、BXF型）						铝芯（BLX、BLXF型）					
	穿金属管			穿塑料管			穿金属管			穿塑料管		
	二根	三根	四根	二根	三根	四根	二根	三根	四根	二根	三根	四根
16	86	77	69	76	68	60	66	59	52	58	52	46
25	113	100	90	100	90	80	86	76	68	77	68	60
35	140	122	110	125	110	98	106	94	83	95	84	74
50	175	154	137	160	140	123	133	118	105	120	108	95
70	215	193	173	195	175	155	165	150	133	153	135	120
95	260	235	210	240	215	195	200	180	160	184	165	150
120	300	270	245	278	250	227	230	210	190	210	190	170
150	340	310	280	320	290	265	260	240	220	250	227	205
185	385	355	320	360	330	300	295	270	250	282	255	232
	铜芯（BV型）						铝芯（BLV型）					
1.0	14	13	11	12	11	10	—	—	—	—	—	—
1.5	19	17	16	16	15	13	15	13	12	13	11.5	10
2.5	26	24	22	24	21	19	20	18	15	18	16	14
4	35	31	28	31	28	25	27	24	22	24	22	19
6	47	41	37	41	36	32	35	32	28	31	27	25
10	65	57	50	56	49	44	49	44	38	42	38	33
16	82	73	65	72	65	57	63	56	50	55	49	44
25	107	95	85	95	85	75	80	70	65	73	65	57
35	133	115	105	120	105	93	100	90	80	90	80	70
50	165	146	130	150	132	117	125	110	100	114	102	90
70	205	183	165	185	167	148	155	143	127	145	130	115
95	250	225	200	230	205	185	190	170	152	175	158	140
120	290	260	230	270	240	215	220	195	172	200	180	160
150	330	300	265	305	275	250	250	225	200	230	207	185
185	380	340	300	355	310	280	285	255	230	265	235	212

注：导线最高允许工作温度65℃，周围环境温度25℃。

电缆的分类 **表1-6**

按电缆用途分类	按电缆绝缘材料分类	按电缆冷却介质分类	按电缆芯数分类
电力电缆 控制电缆 通信电缆	纸绝缘电力（控制）电缆 橡皮绝缘电力（控制）电缆 塑料绝缘电力（控制）电缆（多为聚氯乙烯、聚乙烯等） 交链聚乙烯电力（控制）电缆	油浸式电缆 不滴流浸渍电缆 充气电缆	单芯电缆 双芯电缆 三芯电缆 四芯电缆 五芯电缆 多芯电缆

常用电缆的型号及主要用途 **表1-7**

型号	名称	主要用途
YHZ YHC YHH YHHR	中型橡套电缆 重型橡套电缆 电焊机用橡套软电缆 电焊机用橡套特软电缆	500V，电缆能承受相当机械外力 500V，电缆能承受较大机械外力 供连接电源用 主要供连接卡头用
VV系列 VLV系列	聚氯乙烯绝缘及护套电力电缆	用于固定敷设，供交流电压500V以下或直流电压1000V以下电力线路
KVV系列	聚氯乙烯绝缘及护套控制电缆	用于固定敷设，供交流电压500V以下或直流电压1000V以下配电装置，作为仪器仪表连接用

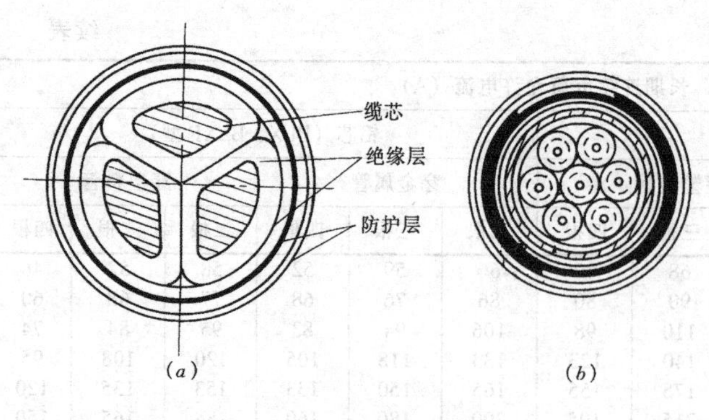

图 1-1　电缆结构示意
(a) 电力电缆；(b) 控制电缆

1. 电缆的结构

电力电缆由缆芯、绝缘层和保护层三个主要部分构成，其结构示意见图 1-1 (a)

(1) 缆芯。缆芯材料通常为铜或铝。铜芯线比铝芯线导电性好，机械强度高。线芯截面有圆形、半圆形、扇形等多种。线芯的数量可分为单芯、双芯、三芯、四芯和五芯等。

(2) 绝缘层。电缆绝缘层的作用是将缆芯与导体之间及缆芯线与保护层之间相互绝缘，要求有良好的绝缘性能和耐热性能。绝缘层用的绝缘材料分别有油浸纸绝缘、聚氯乙烯绝缘、聚乙烯绝缘和橡胶绝缘等。

(3) 保护层。保护层又分为内护层和外护层两部分。内护层保护绝缘层不受潮湿，并防止电缆浸渍剂外流，常用铝、铅、塑料、橡套等做成。外护层保护绝缘及内护层不受机械损伤和化学腐蚀，常用的有沥青麻护层、钢带铠装等几种。

2. 电力电缆的型号

电力电缆的型号由字母和数字组成，字母表示电缆的用途、绝缘、缆芯材料及内护套、特征等；数字表示外护套和铠装的类型。电力电缆的型号由五个部分组成，电力电缆型号组成及含义见表 1-8。

电力电缆型号组成及含义　　表 1-8

绝缘代号	导体代号	内护层代号	特征代号	外护层代号	
				第 1 数字	第 2 数字
Z-纸绝缘 X-橡皮绝缘 V-聚氯乙烯 YJ-交联聚乙烯	T-铜（可省略） L-铝	Q-铅包 L-铝包 H-橡套 V-聚氯乙烯 Y-聚乙烯	D-不滴流 P-贫油式（即干绝缘） F-分相铅包	2-双钢带 3-细圆钢丝 4-粗圆钢丝	1-纤维绕包 2-聚氯乙烯 3-聚乙烯

注：在外护层代号中，第一个数字表示铠装层，第二个数字表示外被层。

3. 电力电缆的载流量

电力电缆在空气中敷设的载流量见表 1-9，当环境温度不同时可按表 1-10 进行校正。

(二) 控制电缆

控制电缆在配电装置中用来传导信号电流，连接电气仪表及继电保护装置和自动控制回路，一般为多芯低压电缆，其构造与电力电缆相似（参见图 1-1 (b)）。这种电缆一般在交流 500V、直流 1000V 以下的电压下运行。因电流不大，且是间断性负荷，所以截面较小，一般在 1.5～10mm^2。控制电缆按绝缘材料分为油浸纸绝缘控制电缆、橡胶绝缘控制电缆和塑料绝缘控制电缆等。

(三) 通信电缆

1. 电缆的结构

通信电缆主要由缆芯、屏蔽、护套和外护层等组成，如图 1-2 所示。

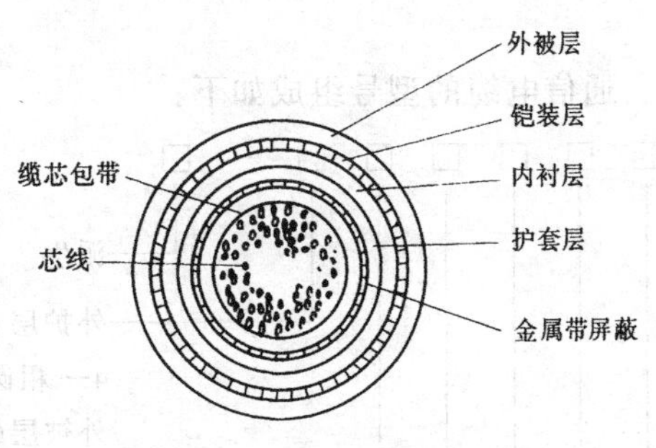

图 1-2　通信电缆结构示意

(1) 缆芯与绝缘层。缆芯由芯线、缆芯包带等组成。芯线材料一般采用铜或铝。缆芯包带为非吸湿性的电介质材料，具有良好的隔热性能和足够的机械强度，以保证缆芯不受损伤。

(2) 屏蔽层和护套层。屏蔽层能尽量减少外界磁场对电缆线芯的干扰，其材料一般为铜、铝、钢等金属。护套层的作用是保护缆芯，有单层护套、双层护套、综合护套等。

(3) 外护层。外护层主要作用是增强电缆的屏蔽、防雷、防腐性能和抗压、抗拉强度，加强和保护缆芯。外护层主要包括内衬层、铠装层和外被层。

2. 通信电缆的型号

电力电缆在空气中敷设的载流量　　表 1-9

导线截面 (mm²)	长期连续负荷允许电流（A）											
	铜芯电缆						铝芯电缆					
	油纸绝缘	聚氯乙烯绝缘	橡皮绝缘				油纸绝缘	聚氯乙烯绝缘	橡皮绝缘			
	1kV，t 为 80℃	1kV，t 为 65℃	500V t 为 65℃				1kV，t 为 80℃	1kV，t 为 65℃	500V t 为 65℃			
	ZQ_{20}，XQ_{30}，ZL_{120}，ZL_{130}，ZQP_{20}	VV	XV	ZF	XQ	XQ	ZLQ_{20}	VLV	XLV	XLF	XLQ	XLQ_{20}
3×2.5+1×1.5	30	—	24	26	25	26	—	—	—	—	—	—
3×2.5+1×1.5	—	—	—	—	—	—	24	—	19	21	—	—
3×4+1×2.5	40	29	32	35	34	35	32	22	25	27	27	27
3×6+1×4	52	38	40	44	40	44	40	29	32	35	34	35
3×10+1×6	70	51	57	62	60	61	55	40	45	49	47	48
3×16+1×6	95	68	76	84	81	83	70	53	59	65	63	64
3×25+1×10	125	92	101	112	107	109	95	71	79	87	84	85
3×35+1×10	155	115	124	136	131	133	115	89	97	107	107	104
3×50+1×16	190	144	158	173	170	169	145	111	124	136	132	133
3×70+1×25	235	178	191	209	205	205	180	136	150	164	161	161
3×95+1×35	285	218	234	254	251	251	220	168	184	200	197	197
3×120+1×35	335	252	269	292	289	288	255	195	212	230	228	227
3×150+1×50	390	297	311	337	337	333	300	228	245	266	265	263
3×185+1×50	450	341	359	388	388	382	345	263	284	307	307	303

注：周围环境温度 25℃；t 为导线工作温度。

电力电缆载流量温度校正系数　　表 1-10

工作温度（℃） \ 环境温度（℃）	5	10	15	20	25	30	35	40	45
+80	1.12	1.13	1.09	1.04	1.0	0.954	0.905	0.853	0.798
+65	1.22	1.17	1.12	1.06	1.0	0.935	0.865	0.791	0.707
+60	1.25	1.20	1.13	1.07	1.0	0.926	0.845	0.760	0.655
+50	1.26	1.26	1.18	1.09	1.0	0.895	0.775	0.733	0.447

通信电缆的型号组成如下：

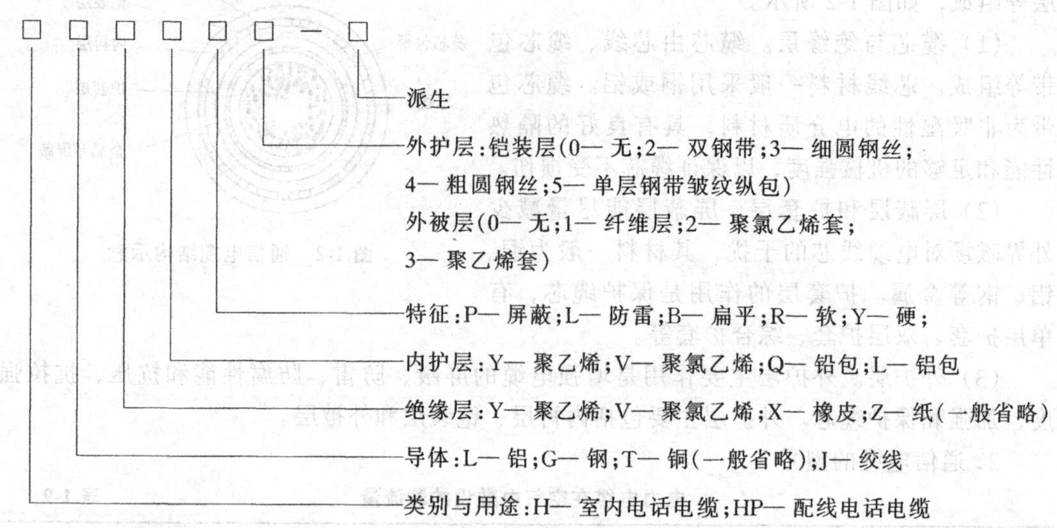

3. 通信导线

通信导线主要用于室内布线，常用通信电缆电线的主要技术参数见表 1-11。

常用通信电缆电线的主要技术参数 **表 1-11**

型　号	名　　称	线芯直径（mm）	单根导线直流电阻指标（Ω·km）	线芯对数	工作电容（nF·km）
HYVP	聚乙烯绝缘聚氯乙烯护套电话配线电缆	2×0.5 2×0.6 2×0.7	95.0 65.0 48.0	5、10、15、20、25、30、50	—
HYV	聚乙烯绝缘聚氯乙烯护套室内电话电缆	2×0.4 2×0.5 2×0.6 2×0.8	148.0 95.0 65.8 36.6	5、10、15、20、25、30、50、100、200	10 对：61 大于 10 对：52
HYV_{20}	聚乙烯绝缘聚氯乙烯护套带钢带室内电话电缆	2×0.4 2×0.5 2×0.6 2×0.8	148.0 95.0 65.8 36.6	5、10、15、20、25、30、50、100、200	10 对：61 大于 10 对：52
HPVQ	铜芯聚氯乙烯绝缘铅护套电话配线电缆	2×0.5	—	5、10、15、20、25、30、50、100、200、300、400	

型　号	名　　称	线芯直径（mm）	线芯对数	电缆外径（mm）	线芯对数	电缆外径（mm）
HPVV	铜芯聚氯乙烯绝缘聚氯乙烯护套电话配线电缆	2×0.5	5 10 15 20 25 30	8.65 12.26 13.76 14.36 15.06 16.06	40 50 80 100 150 200	18.16 21.36 25.96 26.76 32.76 36.56

续表

型号	名称	线芯直径（mm）	线芯直径（mm）	导线外径 mm
RVB	铜芯聚乙烯绝缘电话软线（用于电话机与出线盒连接）	2×0.4 2×0.4 3×0.5 4×0.8	—	二芯圆形 4.3 二芯圆形 3×4.3 二芯圆形 4.5 四芯圆形 5.1
RVB	铜芯聚乙烯绝缘电话及广播线（平行软线）	2×0.2 2×0.28 2×0.35	2×0.6 2×0.7 2×0.75	—
RVS	铜芯聚乙烯绝缘电话线（绞型软线）	2×0.35 2×0.4 2×0.5	2×0.75 2×1 2×1.5	—

四、硬母线

母线（又称汇流排）是用来汇集和分配高容量电流的导体，有硬母线和软母线之分。软母线一般用在 35kV 及以上的高压配电装置中；硬母线一般用在高低压配电装置中。

（一）硬母线的特征与型号

1. 特征

硬母线通常用铝和铜质材料加工制成，其截面的形状有矩形、管形、槽形等。铜质母线的载流量与热稳定性能都优于铝质母线，目前多采用铜质母线为防止母线腐蚀和便于识别相序，母线安装后应按表 1-12 的规定做母线色别标记。

母 线 色 别　　表 1-12

母线类别	L1	L2	L3	正极	负极	中性线	接地线
涂漆颜色	黄	绿	红	赭	蓝	紫	紫底黑条

2. 型号

硬母线的型号表示方法如下：

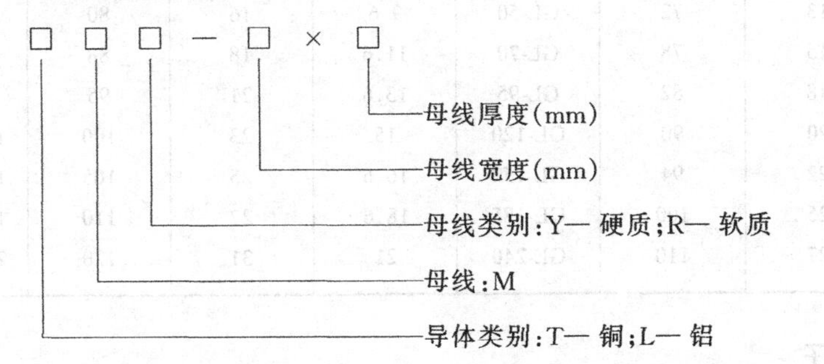

例如：TMY-40×5 为硬铜母线，宽度为 40mm，厚度为 5mm。

（二）硬母线的载流量

硬母线的截面应满足在正常情况下的载流量和机械强度的要求，同时应满足在系统短路故障情况下的动稳定和热稳定要求。矩形母线长期允许载流量见表 1-13。

矩形母线长期允许载流量（A） **表 1-13**

导体尺寸 宽×厚（mm）	LMY（$t=70℃$）单条	LMY（$t=70℃$）三条	TMY（$t=70℃$）单条	TMY（$t=70℃$）三条
25×3	265	—	340	—
40×5	540	—	700	—
50×4	740	—	950	—
60×6	870	1720	1125	2240
80×6	1150	2100	1480	2720
100×6	1425	2500	1810	3170
60×8	1025	2180	1320	2790
80×8	1320	2620	1690	3370
100×8	1625	3050	2080	3930
120×8	1900	3380	2400	4340
60×10	1155	2650	1475	3300
80×10	1480	3100	1900	3990
100×10	1820	3650	2310	4650
120×10	2070	4100	2650	5200

注：1. $t=70℃$的含义是表示母线的长期允许工作温度。

2. 表中的载流量数据系按最高允许温度+70℃，基准环境温度为+25℃，无风、无日照计算的。

3. 导体平放时：当导体宽度<60mm时，载流量应按表列数值减少5%；当导体宽度≥60mm时，载流量应按表列数值减少8%。

铜、铝连接管技术规格 **表 1-14**

铜连接管型号	铜 d（mm）	铜 D（mm）	铜 L（mm）	铝连接管型号	铝 d（mm）	铝 D（mm）	铝 L（mm）	适用线芯截面（mm^2）
GT-16	6	9	52	GL-16	5.2	10	62	16
GT-25	7	10	56	GL-25	6.8	12	70	25
GT-35	8	11	64	GL-35	8	14	75	35
GT-50	10	13	72	GL-50	9.6	16	80	50
GT-70	11	15	78	GL-70	11.6	18	88	70
GT-95	13	18	82	GL-95	13.6	21	95	95
GT-120	15	20	90	GL-120	15	23	100	120
GT-150	16	22	94	GL-150	16.6	25	105	150
GT-185	18	25	100	GL-185	18.6	27	110	185
GT-240	21	27	110	GL-240	21	31	120	240

五、连接管与接线端子

(一) 连接管

连接管（俗称压接管）是用于电线电缆线芯之间连接的连接件。常用的有普通连接管、铜铝过渡连接管和堵油式连接管等。

1. 普通连接管

适用截面为 16～400mm² 的圆形、扇形及半圆形线芯。常用的有铜连接管、铝连接管，其外形如图 1-3 所示，铜、铝连接管技术规格见表 1-14。使用时，将导线从两端插入连接管，再用压线钳钳压，以达到接触紧密、接触电阻小、机械强度高的目的。

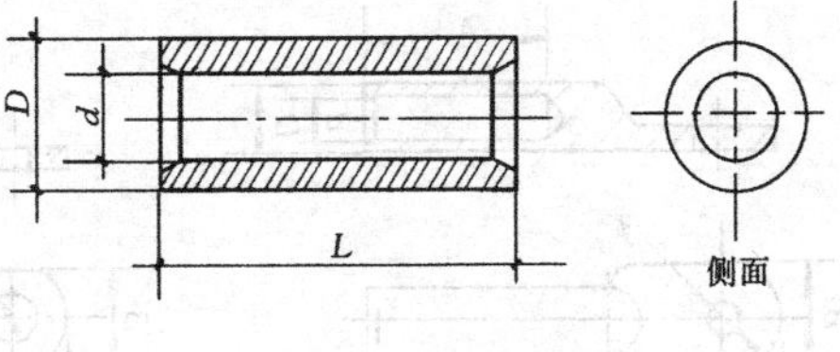

图 1-3 普通连接管

铜铝过渡连接管技术规格 表 1-15

线芯截面 (mm²)	尺寸（mm）								
	A	*B*	*C*	*D*	*d*	*E*	*e*	*F*	*G*
16	74	30	20	10	5.2	8.5	5.5	3	21
25	75	30	20	12	6.8	10	7	3	22
35	82.5	30	25	14	7.9	11	8	4	23.5
50	92.5	37.5	25	16.5	9.5	13	10	4	26
70	99	40	25	18	11.2	15	12	4	30
95	109.5	42.5	30	21	13.1	18	14	5	32
120	112.5	45	30	23	15	22	16	5	32.5
150	117.5	47.5	30	24.5	16.5	24	18	5	35
185	128.5	50	35	26.5	18.4	25	19	6	37.5
240	136	55	35	30	21	28	21	6	40

2. 铜铝过渡连接管

铜铝过渡连接管适用与铜质线芯和铝质线芯的连接。如图 1-4 所示，技术规格见表 1-15。

3. 堵油式连接管

适用截面 25～400mm² 的线芯。常用的有 GDL（堵油式铝连接管）系列，如图 1-5 所示。

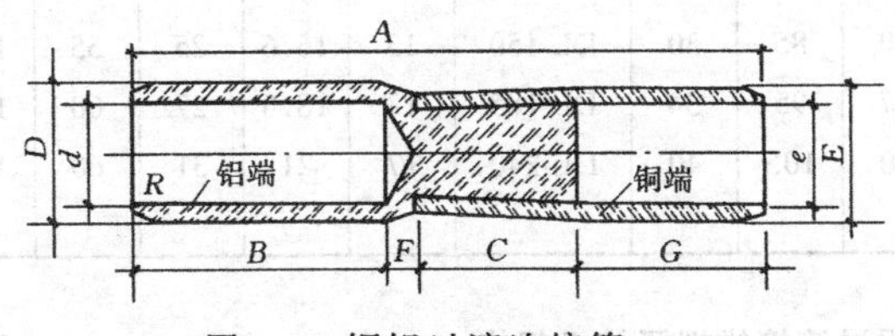

图 1-4 铜铝过渡连接管

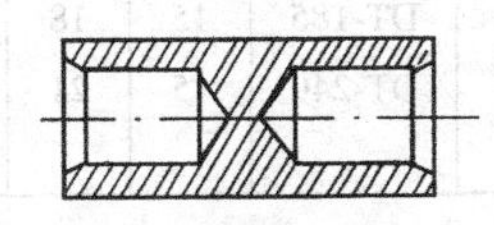
图 1-5 堵油式连接管图

（二）接线端子

接线端子（俗称线鼻子）用于电线电缆线芯与电气设备的终端连接。常用的有铜接线端子、铝接线端子和铜铝过渡接线端子。

1. 铜接线端子

用于铜芯电线电缆与其他电气设备的连接。常用的有 DT 系列，其外形如图 1-6（*a*）所示，技术规格见表 1-16。

2. 铝接线端子

用于铝芯电线电缆与其他电气设备的连接。常用的有 DL 系列，其外形如图 1-6（*b*）

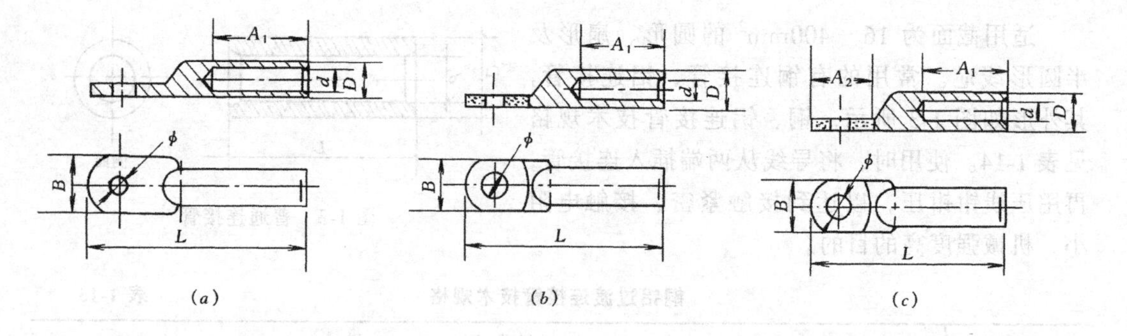

图 1-6 接线端子

(a) 铜接线端子；(b) 铝接线端子；(c) 铜铝过渡接线端子

所示，技术规格见表 1-16。

3. 铜铝过渡接线端子

用于铝芯电线电缆与具有铜端子电气设备的连接。常用的有 DTL 系列，其外形如图 1-6（c）所示，技术规格见表 1-17。

铜、铝接线端子技术规格 **表 1-16**

线芯截面 (mm^2)	铜接线端子							铝接线端子						
	型 号	尺寸 (mm)						型号	尺寸 (mm)					
		ϕ	d	D	A_1	L	B		ϕ	d	D	A_1	L	B
16	DT-16	7	6	9	16	40	14	DL-16	6.5	5.2	10	35	65	0.26
25	DT-25	7	7	10	19	45	15	DL-25	6.5	6.8	12	35	70	0.38
35	DT-35	7	8	11	23	50	15	DL-35	8.5	8	14	42	80	0.5
50	DT-50	9	10	13	24	55	18	DL-50	8.5	9.6	16	42	86	0.64
70	DT-70	9	11	15	26	60	21	DL-70	10.5	11.6	18	50	96	0.7
95	DT-95	11	13	18	28	65	25	DL-95	10.5	13.6	21	50	106	1.0
120	DT-120	13	15	20	33	75	28	DL-120	13	15	23	55	116	1.1
150	DT-150	13	16	22	40	85	30	DL-150	13	16.6	25	55	120	1.2
185	DT-185	15	18	25	47	95	34	DL-185	13	18.6	27	60	130	1.3
240	DT-240	15	21	27	50	105	40	DL-240	17	21	31	60	140	1.4

铜铝过渡接线端子技术规格 **表 1-17**

型号	线芯截面 (mm^2)	尺寸 (mm)							
		D	d	A_1	A_2	L	B	A	ϕ
DTL-10	10	9	4.5	30	24	65	16	3	6.5
DTL-16	16	10	5.5	35	28	70	18	3	6.5
DTL-25	25	12	7.0	35	28	70	18	3	6.5
DTL-35	35	14	8.0	42	35	85	22	4	8.5
DTL-50	50	16	9.5	42	35	85	22	4	8.5
DTL-70	70	18	11.5	50	42	110	28	5	10.5
DTL-95	95	21	13.5	50	42	110	28	5	10.5
DTL-120	120	23	15.0	55	50	125	34	6	12.5
DTL-150	150	25	16.5	55	50	125	34	6	12.5
DTL-185	185	27	18.5	60	60	140	40	7.5	17
DTL-240	240	31	21.0	60	60	140	40	7.5	17

六、熔体

熔体是一种保护性导电材料，一般串入电路中使用。

（一）熔体的保护原理

由于电流的热效应，在正常情况下熔体虽然发热，但由于温度不高所以不会熔断；当发生过载（或短路）导致电流增加时，就会使熔体的温度逐渐（或急剧）上升；当达到熔体的熔点温度时就会熔断。此时电路就被切断，从而起到保护电气设备的作用。

（二）熔体的类别

熔体的材料有两类：一类是低熔点材料，如铅、锡、锌及其合金（有铅锡合金、铅锑合金等），一般在小电流情况下使用；另一类是高熔点材料，如铜、银等，一般在大电流情况下使用。

熔体一般都做成丝状（称保险丝）和片状（称保险片），它们是各种熔断器的核心。

（三）熔体的选用

选用熔体的主要参数是熔体的额定电流，其选择要求如下：

(1) 对于输配电线路，熔体的额定电流应小于或等于线路的计算电流值；

(2) 对于变压器、电炉、照明负荷等，熔体额定电流值应稍大于实际负载电流值；

(3) 对于电动机，应考虑启动电流的因素，熔体额定电流值应为电动机额定电流的1.5~2.5倍。

第二节　常用绝缘材料及应用

一、概述

（一）常用绝缘材料的用途和类别

1. 常用绝缘材料的用途

绝缘材料通常称为“电介质”。一般可认为绝缘材料是不导电的，但实际上在直流电压作用下会有极微弱的漏泄电流通过。

在电工技术中绝缘材料主要用来隔离带电的或具有不同电位的导体，而且在各类电工产品中，绝缘材料起着不同的作用。例如，在电线、电缆中，绝缘材料起着绝缘和防护导体的作用；在一些开关电器中，绝缘材料除了绝缘作用外，还具有机械支撑、灭弧等作用。

2. 常用绝缘材料的类别

绝缘材料类型很多，从形态上可分为气体、液体、固体和固液混合绝缘材料等，固体绝缘材料又分为有机、无机绝缘材料；按材料的用途可分为高压绝缘材料和低压绝缘材料；按材料的来源分为天然绝缘材料和人工合成绝缘材料等。

（二）常用绝缘材料的性能

1. 电性能

绝缘材料在外电场作用下会发生电导、极化、损耗、击穿、老化等现象，常用绝缘材料的主要性能见表1-18。

2. 热性能

当绝缘材料的温度升高时，很多性能会降低，因此对电气设备的安全运行及寿命都能产生很大的影响。耐热性能是指绝缘材料在短期或长期承受高温而不致改变介电、机械、理化等特性的能力。按其在正常运行条件下允许的最高工作温度，一般分为七个耐热等级，见表1-19。

常用绝缘材料的主要特性 表1-18

材料名称	击穿强度 (kV/mm)	相对介电系数 ε 20℃，50Hz	介质损耗角正切 tgδ 20℃，50Hz	电阻率 (Ω·mm)	密度 (g/m^3)
空气	3.3	1.0058（1个大气压）	$10^{-4}\sim10^{-6}$	10^{19}	1.166×10^3（0.1MPa）
变压器油	16～21	2.2～2.5（18℃）	0.0005～0.005		
电容器油	20～23	2.1～2.3	小于0.005（100℃）	$10^{15}\sim10^{16}$	
电缆油	14～20		0.0015～0.03（100℃）		
电缆纸			0.001～0.003（100℃）		700～900
有溶剂浸渍漆	55～110			$10^{14}\sim10^{17}$	
无溶剂漆	18～120		0.01～0.05	$10^{14}\sim10^{18}$	
覆盖漆	30～95				
白云母	4kV/20nm	5.4～8.7	0.0025	$10^{15}\sim10^{17}$	2650～2700
电工常用薄膜	40～210	1.8～3.2	0.0003～0.01	$10^{14}\sim10^{20}$	890～2300
常用粘带	10～210	1.8～4（10^6Hz）	0.001～0.03（10^6Hz）	$10^{12}\sim10^{17}$	
酚醛层压纸板	13～33（垂直层）		小于0.035（10^6Hz）	$10^{13}\sim10^{14}$	1300～1450
酚醛层压布板	2～8（垂直层）			$10^{11}\sim10^{12}$	1300～1420
层压玻璃布板	10～30（垂直层）	3.5（10^6Hz）	0.01～0.05	$10^{11}\sim10^{16}$	1600～1900
热固性塑料	10～19	3～8（10^6Hz）	0.007～0.08（10^6Hz）	$10^{11}\sim10^{16}$	1400～2000
热塑性塑料	13～29	2.4～5.0	0.0001～0.27	$10^{11}\sim10^{18}$	1010～1450
电线电缆用塑料	10～30	2.0～8.4	0.0002～0.15	$10^{10}\sim10^{18}$	900～2200
电工橡胶	10～40（瞬时）	2.1～13（10^3Hz）	0.001～0.4（10^3Hz）	$10^{11}\sim10^{18}$	860～1850

绝缘材料的耐热等级 表1-19

序号	级别	绝缘材料	极限工作温度（℃）
0	Y	木材、棉花、纸、纤维等天然的纺织品，以醋酸纤维和聚酰胺为基础的纺织品，以及易于热分解和溶化点较低的塑料等。	90
1	A	工作于矿物油中的和用油或油树脂复合胶浸过的Y级材料、漆包线、漆布、漆丝的绝缘及油性漆、沥青漆等。	105
2	E	聚酯薄膜和A级复合、玻璃布、油性树脂漆、聚乙烯醇缩醛高强度漆包线、乙酸乙烯耐热漆包线等。	120
3	B	聚酯薄膜、经合适树脂粘合式浸渍涂敷的云母、玻璃纤维、石棉等，聚酯漆，聚酯漆包线。	130
4	F	以有机纤维材料补强和石带补强的云母制品，玻璃丝和石棉，玻璃漆布，以玻璃丝布和石棉纤维为基础的层压制品，以无机材料作补强和石带补强的云母粉制品，化学热稳定性较好的聚酯和醇酸类材料，复合硅有机聚酯漆。	155
5	H	无补强或以无机材料作补强的云母制品、加厚的F级材料、复合云母、有机硅云母制品、硅有机漆、硅有机橡胶聚酰亚胺复合玻璃布、复合薄膜、聚酰亚胺漆等。	180
6	C	不采用任何有机粘合剂及浸渍剂的无机物，如石英、石棉、云母、玻璃和电瓷材料等。	180以上

（三）电工绝缘材料产品的型号编制

电工绝缘材料产品型号以四位数字或五位数字为基础编制，有时根据产品的某些特殊需要增加附加数字或字母，其形式如下：

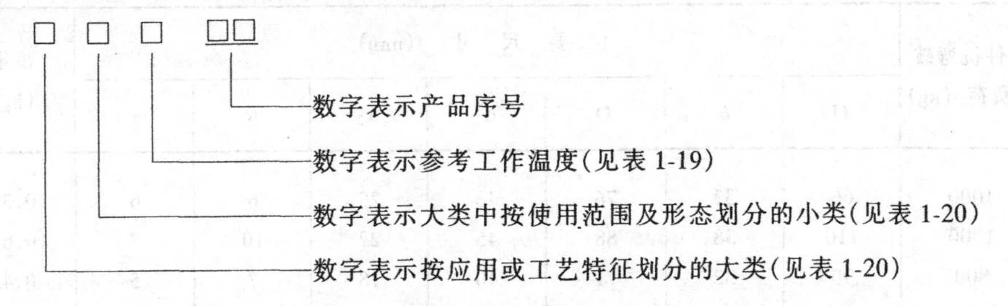

例如：2750 表示有机硅玻璃漆管，参考工作温度为 180℃。

电工绝缘材料划分的大类及小类数字含义 **表 1-20**

大类	1—漆、树脂和胶类	2—浸渍纤维制品类	3—层压制品类	4—塑料类	5—云母制品类	6—薄膜、粘带和复合制品类
小类	0—有溶剂浸渍类 1—无溶剂浸渍类 2—覆盖漆类 3—瓷漆类 4—胶粘漆、树脂类 5—熔敷粉末类 6—硅钢片漆类 7—漆包线漆类 8—胶类	0—棉纤维漆布类 2—漆绸类 3—合成纤维漆布类 4—玻璃纤维漆布类 5—混织纤维漆布类 6—防电晕漆布类 7—漆管类 8—绑扎带类	0—有机底材层压板类 2—无机底材层压板类 3—防电晕及导磁层压板类 4—覆铜箔层压板类 5—有机底材层压管类 6—无机底材层压管类 7—有机底材层压棒类 8—有机底材层压棒类	0—木粉填料 1—其他有机物填料 2—石棉填料 3—玻璃纤维填料 4—云母填料 5—其他矿物填料 6—无填料	0—云母带类 1—柔软云母板类 2—塑型云母板类 4—云母带类 5—换向器云母板类 7—衬垫云母板类 8—云母铂类 9—云母管类	0—薄膜类 2—薄膜粘带类 3—橡胶及织物粘带类 5—薄膜绝缘纸及薄膜玻璃漆布复合箔类 6—薄膜合成纤维复合类 7—多种材质复合箔类

二、电瓷

电瓷是用各种硅酸盐或氧化物的混合物制成的，其性质稳定、机械强度高、绝缘性能好、耐热性能好。主要用作制作各种绝缘子、绝缘套管及灯座、熔断器等的零部件。

（一）低压绝缘子

低压绝缘子用于绝缘和固定 1kV 及以下的电气线路。

1. 低压针式绝缘子

低压针式绝缘子外形如图 1-7 所示，技术规格见表 1-21。低压针式绝缘子的钢脚形式有木担直脚、铁担直脚和弯脚等。

2. 低压蝶式绝缘子

一般用于绝缘和固定 1kV 及以下线路的终端、耐张、转角等，其外形如图 1-8 所示，技术规格见表 1-22。

低压针式绝缘子的技术规格　　表 1-21

型　号	瓷件抗弯破坏负荷（kg）	主　要　尺　寸　(mm)							质量 (kg)
		H	h	D	d_1	d_2	R	r	
PD-1	1000	66	33	76	43	20	6	6	0.32
PD1-1	1000	110	38	88	45	22	10	7	0.65
PD1-2	800	90	32	71	40	18	7	5	0.42
PD1-3	300	71	32	54	31	15	6	4	0.27

注：表中“P”表示针式绝缘子；“D”表示低压；数字 1、2、3、表示产品尺寸大小。

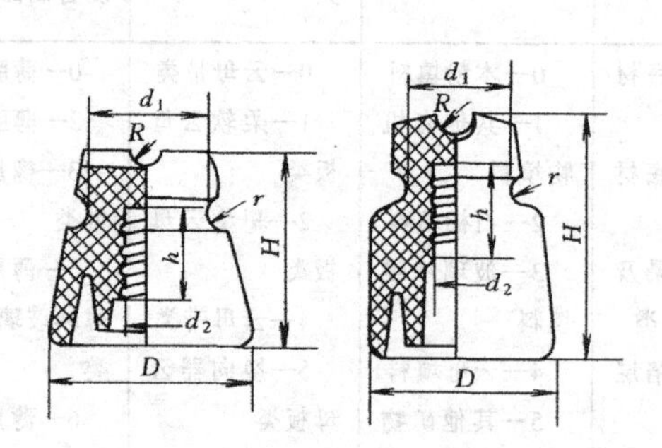

图 1-7　低压针式绝缘子

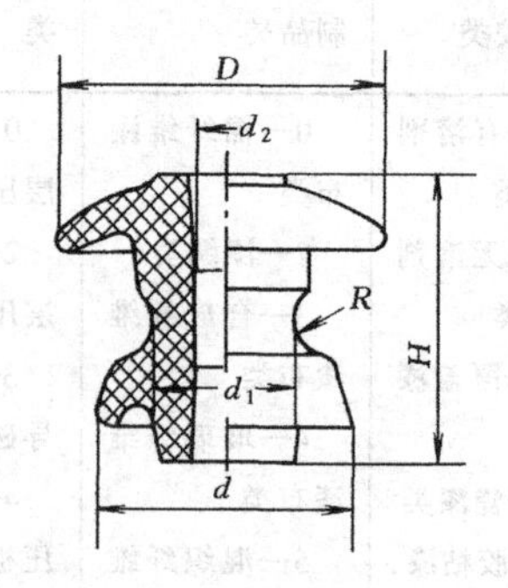

图 1-8　低压蝶式绝缘子

低压蝶式绝缘子的技术规格　　表 1-22

型号	耐压试验电压 (kV)	机械破坏负荷 (kg)	主　要　尺　寸 (mm)						质量 (kg)
			H	D	d	d_1	d_2	R	
ED-1	2	1800	100	120	95	50	22	12	1.0
ED-2	2	1500	80	90	78	42	20	10	0.5
ED-3	2	1000	65	75	65	36	10	8	0.25

注：表中“E”表示蝶式绝缘子；“D”表示低压；数字 1、2、3、表示产品尺寸大小。

（二）高压绝缘子

高压绝缘子用于绝缘和支持高压架空电气线路。

1. 高压针式绝缘子

高压针式绝缘子按电压等级分为 6、10、15、20、25、35kV 等几种，其主要区别在于铁脚的长度：电压越高，铁脚尺寸越长，瓷裙直径也越大；高压针式绝缘子用于支持相应电压的高压等级线路。高压针式绝缘子如图 1-9 所示。

2. 高压蝶式绝缘子

高压蝶式绝缘子外形如图 1-10，规格如表 1-24，用于高压线路的终端、转角等。

3. 高压悬式绝缘子

高压针式绝缘子的技术规格　　表 1-23

型　号	额定电压 (kV)	主要尺寸 (mm)									质　量 (kg)
		H	h_1	h_2	h_3	h_4	D	d	R	r	
P-6M	6	159	—	—	140	50	125	16	9	9	1.4
P-6W	6	159	65	80	—	—	125	16	9	9	1.5
P-6T	6	159	35	30	—	—	125	16	9	9	1.25
P-10T	10	182	38	33	—	—	145	20	11	9	2.15
P-15T	15	201	38	33	—	—	178	20	13	11	3.75

注：型号中 M 表示木担直脚，W 表示弯脚，M 表示铁担直脚。

高压蝶式绝缘子的技术规格　　表 1-24

型　号	额定电压 (kV)	机械破坏负荷 (N)	泄露距离 (mm)	工频电压 (kV)			主要尺寸 (mm)				参考质量 (kg)
				干闪	湿闪	击穿	H	D	d	R	
E-6	6	2000	130	56	26	65	145	150	26	12	1.8
E-10	10	2000	180	60	32	78	175	180	26	12	3.5

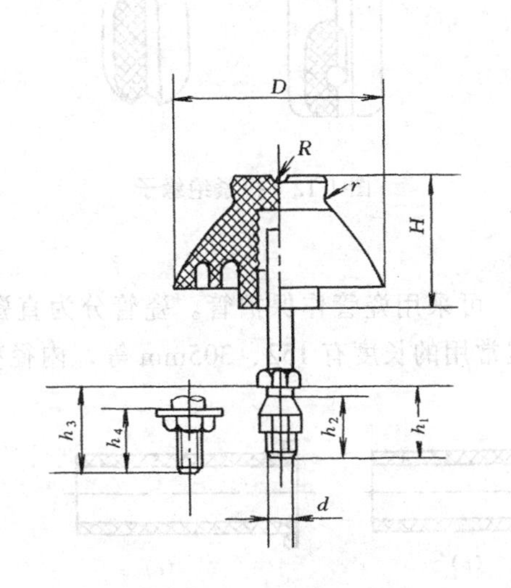

图 1-9　高压针式绝缘子

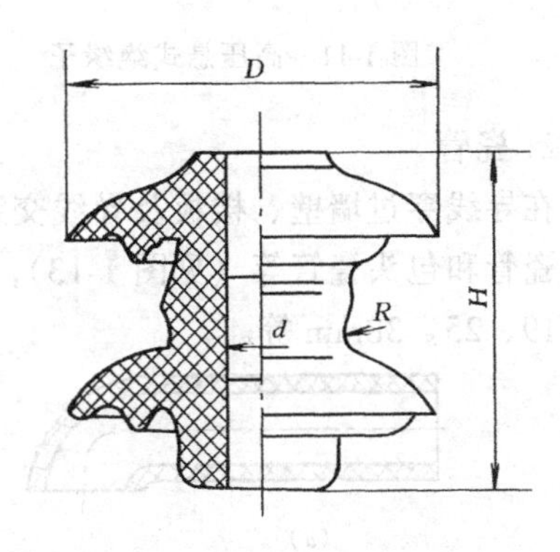

图 1-10　高压蝶式绝缘子

高压悬式绝缘子用于悬挂高压线路，其上端固定在横担上，下端用线夹悬挂导线，可多个串接使用，串接数量越多耐压越高。X 系列的外形如图 1-11 所示。现采用的 XP 系列产品，尺寸小、质量轻、金属附件连接结构化，其技术规格见表 1-25。

(三) 拉紧绝缘子和瓷管

1. 拉紧绝缘子

拉紧绝缘子主要用于电杆拉线的对地绝缘，其外形如图 1-12 所示。

高压悬式绝缘子的技术规格 表 1-25

序号	型号	机电破坏负荷(kN)	主要尺寸(mm)			工频电压(kV)			50%冲击闪络电压(kV)	爬电距离(mm)	参考质量(kg)
			高度 H	直径 D	钢脚直径 d	干闪	湿闪	击穿			
1	XP-C	4	140	190	13C	60	30	90	115	200	2.55
2	XP-6	6	146	255	16	75	45	110	120	280	4.5
3	XP-6C	6	146	255	13C	75	45	110	120	280	4.75
4	XP-7	7	146	255	16	75	45	110	120	280	4.5
5	XP-7C	7	146	255	13C	75	45	110	120	280	4.75
6	XP-10	10	146	255	16	75	45	110	120	280	5.2
7	XP-16	16	155	255	20	75	45	110	120	290	6.0
8	XP-21	21	170	280	24	80	50	120	130	320	9.0
9	XP-30	30	195	320	24	80	50	120	130	320	13.5

注：1. 半字线后的数字（如6、7、10、16、21、30等）：XP系列表示机电破坏负荷（t）。
2. C表示槽形连接（球形连接不表示）。

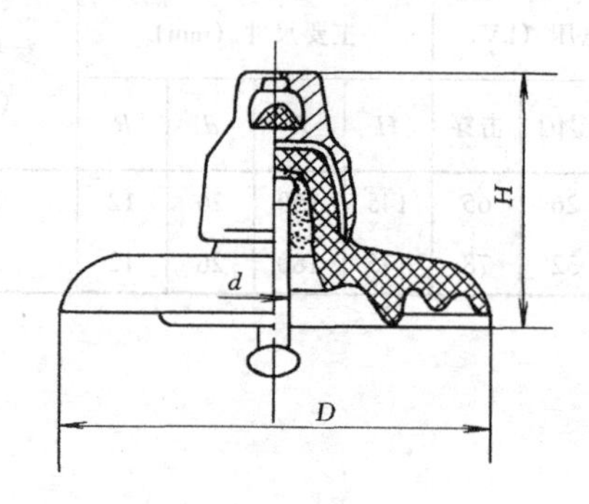

图 1-11 高压悬式绝缘子

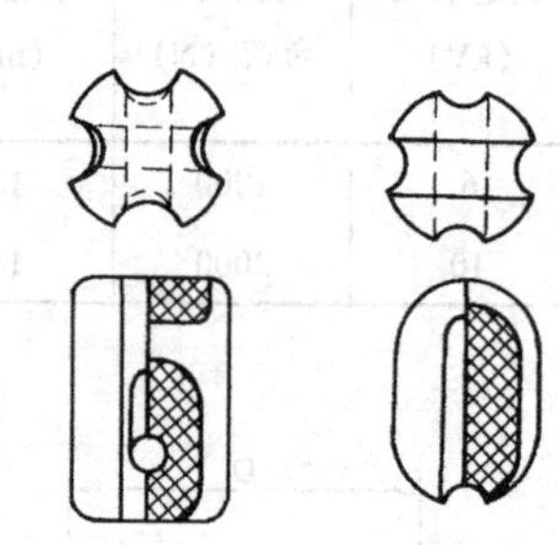

图 1-12 拉紧绝缘子

2. 瓷管

在导线穿过墙壁、楼板及导线交叉敷设时，可采用瓷管作保护管。瓷管分为直瓷管、弯头瓷管和包头瓷管等（见图1-13），电气工程常用的长度有152、305mm等，内径有9、15、19、25、38mm等。

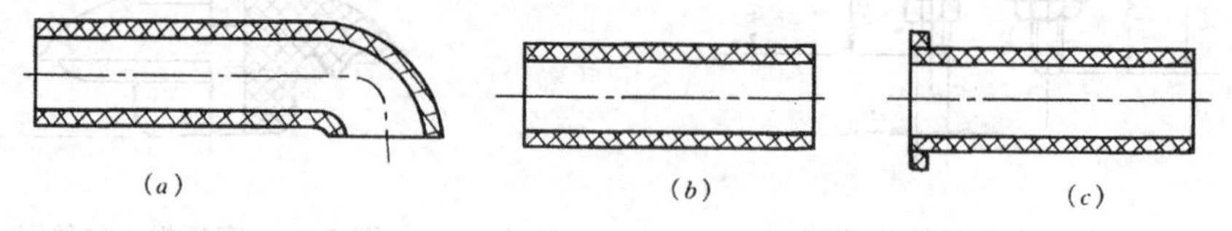

图 1-13 瓷管
(a) 弯头瓷管；(b) 直瓷管；(c) 包头瓷管

三、其他绝缘材料

(一) 塑料与橡胶

1. 塑料

塑料是天然树脂（或合成树脂）、填充剂、增塑剂、着色剂和少量添加剂配制而成的绝缘材料，其特点是密度小、机械强度高、介电性能好、耐热、耐腐蚀、易加工等。塑料一般可分为热固性塑料和热塑性塑料两类。

(1) 热固性塑料。热固性塑料又可分为两类：一类是在热压模中经热压硬固而成的不熔不溶物；另一类是在冷压模中成型，再放到炉中烘焙硬化而成的不熔不溶物。热固性塑料只能塑制一次。常用的有4012酚醛木粉塑料、4330酚醛玻璃纤维塑料、脲醛石棉塑料和有机硅石棉塑料等。主要用来制作低压电器、接线盒、仪表等的零部件。

(2) 热塑性塑料。热塑性塑料是以高分子化合物为基础的柔韧性材料，当受热时软化并熔融，冷却后固结成型，可反复加热、重复塑制。常用的有聚乙烯和聚氯乙烯塑料等。

1) 聚乙烯塑料。聚乙烯塑料主要用作高频电缆、水下电缆等的绝缘材料。吹塑后可制成薄膜，挤压后可制成绝缘板、绝缘管等成型制品。

2) 聚氯乙烯塑料。聚氯乙烯塑料的硬质制品可制成板、管材，穿电线的塑料管多采用聚氯乙烯塑料；软质制品主要用作固定敷设（如地下、水下、建筑物内、配电系统等）的低压电力电缆、各种电线和安装线的绝缘层和保护层等。

2. 橡胶

(1) 天然橡胶。天然橡胶是用橡胶树干中分泌出的乳汁经加工而制成的，其可塑性、工艺加工性好，机械强度高，但耐热、耐油性差。硫化后可制作各类导线、电缆的绝缘层及电器的零部件。

(2) 合成橡胶。合成橡胶是碳氢化合物的合成物，常用的有氯丁、丁腈和有机硅橡胶等。可制作橡皮、电缆的防护层及导线的绝缘层。

(3) 橡皮。橡皮是由橡胶经硫化处理而制成的，分为硬质橡皮和软质橡皮。

1) 硬质橡皮。硬质橡皮主要用来制作绝缘零部件及密封胶圈和衬垫等。

2) 软质橡皮。软质橡皮主要用于制作电缆和导线绝缘层、橡皮包布和安全防护用具等。

(二) 绝缘漆、绝缘胶和绝缘油

1. 绝缘漆

(1) 绝缘漆。绝缘漆是由作为漆基的成膜材料和其他辅助材料组成。成膜材料主要有天然树脂、合成树脂、沥青等。辅助材料主要有溶剂、烯释剂、填料及颜料等。

(2) 浸渍漆。浸渍漆主要用于浸渍电机、电器的线圈和绝缘零部件，以填充间隙。漆固化干燥后，被浸物成为一个坚实的整体，提高了绝缘强度、机械强度及耐潮、耐热、导热、抗氧化能力。

(3) 漆包线漆。漆包线漆主要用于导线的涂覆绝缘。

(4) 硅钢片漆。硅钢片漆用于涂覆硅钢片，以降低铁心的涡流损耗，增强防锈和耐腐蚀等能力。

2. 绝缘胶

绝缘胶在电气设备中广泛应用于浇注电缆接头和套管，浇注互感器、干式变压器等。例如黄电缆胶（1810）电气性能好，抗冻裂性好，适于浇注10kV以上电缆接线盒和终端盒。黑电缆胶（1811或1812)，耐潮性较好，适于浇注10kV以下电缆接线盒和终端盒。环氧电缆胶，密封性好，电气、力学性能高，适用于浇注户内10kV以下电缆终端盒。

3. 绝缘油

绝缘油主要用来填充变压器、油开关内的空气空间和浸渍电缆等，常用的有变压器油、油开关油和电容器油。

(1) 变压器油。变压器油起绝缘和散热作用，常用的有10号、25号和45号等型号。

(2) 油开关油。油开关油起绝缘、散热、排热和灭弧作用，常用的有45号。

(3) 电容器油。电容器油也是起绝缘和散热作用的，常用的有1号、2号等。1号用于电力电容器，2号用于电信电容器。

(三) 其他

1. 电工用薄膜

电工用薄膜的特点是厚度薄、柔软、耐潮，电气性能和机械性能好。其厚度范围在0.006～0.5mm。例如聚酯薄膜，E级绝缘，可用作低压电机、电器线圈匝间、端部包扎绝缘、衬垫绝缘、电磁线绕包绝缘、E级电机槽绝缘和电容器介质等。

2. 电工用粘带

电工用粘带有薄膜粘带、织物粘带和无底材粘带三类。薄膜粘带是在薄膜的一面或两面涂以胶粘剂，经烘焙、切带而成。织物粘带是以无碱玻璃布或棉布为底材涂以胶粘剂，经烘焙、切带而成。无底材粘带是由硅橡胶或丁基橡胶和填料、硫化剂等经混炼、挤压而成。例如聚乙烯薄膜纸粘带，包扎牢固，使用方便，可代替黑胶布带作电线接头包扎绝缘。有机硅玻璃粘带，有较高的耐热性、耐寒性和耐潮性，以及较好的电气性能和机械性能，可用于H级电机、电器线圈绝缘和导线联接绝缘。

3. 电工用层压制品

层压制品是由纸或布做底材，浸以不同的胶粘剂，经热压（或卷制）而制成的层状结构的绝缘材料。例如酚醛层压纸板（3020），E级绝缘，电气性能较好，耐油性好，适于做电工设备中的绝缘结构件，并可在变压器油中使用。环氧酚醛层压玻璃布板，机械性能高，电气性能、耐热性、耐水性较好，浸水后的电气性能较稳定，适于做要求高机械强度、高介电性能以及耐水性好的电机、电器绝缘结构件，并可在变压器油中使用。

4. 云母制品

云母制品主要有云母带、云母板、云母箔、云母玻璃四类。沥青玻璃云母带（5034），E级绝缘，柔软性、防潮性和介电性能好，贮存期较长，做线圈绕包绝缘，易嵌线，但绝缘厚度偏差大、耐热性较低，可做高压电机主绝缘。有机硅玻璃云母带，H级绝缘，耐热性高，主要用于要求耐高温电机或牵引电机线圈绝缘。

第三节 常用安装材料及应用

常用安装材料分为金属材料和非金属材料两类。金属材料中常用的有各种类型的钢材及铝材，如水煤气管（或称厚壁钢管）、薄壁钢管（或称电线管）、角钢、扁钢、钢板、铝板等；非金属材料中常用的有塑料管、瓷管等。

一、常用电线管

在室内电气工程施工中，为使电线免受腐蚀和外来机械损伤，常把绝缘导线穿入电线管内敷设。常用的电线管有金属管和塑料管等。

(一) 金属管

常用的金属管有水煤气管、薄壁钢管、金属软管等。

水煤气管的技术规格 **表 1-26**

公称直径		外径	普通管				加厚管			
(mm)	英寸	(mm)	壁厚 (mm)	内径 (mm)	内孔总截面 (mm²)	理论质量 (kg/m)	壁厚 (mm)	内径 (mm)	内孔总截面 (mm²)	理论质量 (kg/m)
15	0.5	21.25	2.75	15.25	195	1.25	3.25	15.75	195	1.44
20	0.75	26.75	2.75	21.25	355	1.63	3.5	19.75	306	2.01
25	1	33.5	3.25	27	573	2.42	4	25.5	511	2.91
32	1.25	42.25	3.25	35.76	1003	3.13	4	34.25	921	3.77
40	1.5	48	3.5	41	1320	3.84	4.25	29.5	1225	4.58
50	2	60	3.5	53	2206	4.88	4.5	51	2043	6.16
70	2.5	75.5	3.75	68	3631	6.64	4.5	66.5	3473	7.88
80	3	88.5	4.0	80.5	5089	8.34	4.75	79	4902	9.81
100	4	114	4.0	106	8824	10.85	5	104	8495	13.44

1. 水煤气管

水煤气管又称焊接管或瓦斯管，管壁较厚（3mm 左右），一般用于输送水、煤气及制作建筑构件（如扶手、栏杆、脚手架等），适合在内线工程中有机械外力或有轻微腐蚀气体的场所作明线敷设和暗线敷设。按表面处理分为镀锌管和普通管（不镀锌）；按管壁厚度不同可分为普通钢管和加厚钢管。其规格见表 1-26。

2. 薄壁钢管

这种管子管壁较薄（1.5mm 左右），又称电线管。管子的内外壁均涂有一层绝缘漆，适用于干燥场所的线路敷设。其技术规格见表 1-27。

薄壁钢管的技术规格 **表 1-27**

公称直径		外径	壁厚	内径	内孔总截面	理论质量
(mm)	外径	(mm)	(mm)	(mm)	(mm²)	(kg/m)
15	0.5	15.87	1.5	12.87	130	0.536
20	0.75	19.05	1.5	16.05	202	0.647
25	1	25.40	1.5	22.40	394	0.869
32	1.25	31.75	1.5	28.75	649	1.13
40	1.5	38.10	1.5	35.10	967	1.35
50	2	50.80	1.5	47.80	1794	1.83

3. 金属软管

金属软管柔软如蛇，所以又称（金属）蛇皮管。金属软管由厚度为 0.5mm 以上的双面镀锌薄钢带加工压边卷制而成，轧缝处有的加石棉垫，有的不加。金属软管既有相当的机械

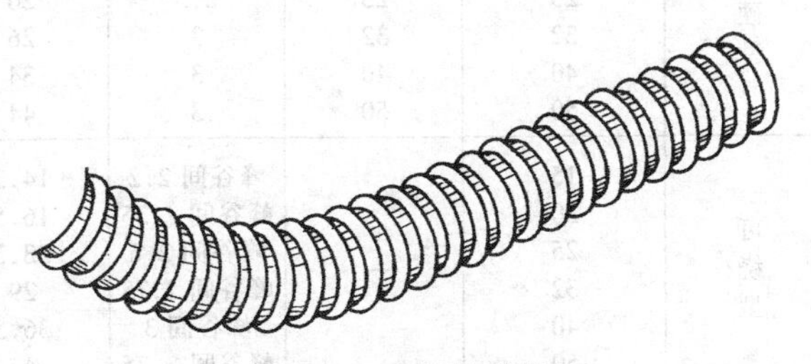

图 1-14 金属软管外形

强度，又有很好的弯曲性，常用于需要弯曲部位较多的场所及设备的出线口处等，其外形如图 1-14 所示。

（二）塑料管

塑料管主要有聚氯乙烯管、聚乙烯管、聚丙烯管等，其中聚氯乙烯管应用最为广泛。聚氯乙烯管由聚乙烯单体聚合后加入各种添加剂制成，分为硬型、半硬型和软型三种，其特点是常温下抗冲击性能好，耐碱、耐酸、耐油性能好，但易变形老化，机械强度不如钢管。

1. 硬塑料管

硬型管适合在腐蚀性较强的场所作明线敷设和暗线敷设，硬聚氯乙烯管的主要技术规格见表 1-28。

2. 半硬型塑料管

半硬型塑料管韧性大、不易破碎、耐腐蚀、质轻、钢柔结合易于施工，使用于一般民用建筑的照明工程暗配敷设。PVC 工程塑料管的主要技术规格见表 1-29。

3. 软型塑料管

软型管质轻，刚柔适中，适于作电气软管，软型聚氯乙烯管的主要规格见表 1-30。

硬型聚氯乙烯管的主要技术规格　　表 1-28

公称直径（mm）	外径（mm）	壁厚（mm）	内径（mm）	内孔总截面（mm^2）	备　注
15	22	2	18	254	压力在 25MPa 以内
20	25	2	21	346	
25	32	3	26	531	
32	40	3.5	33	855	
40	51	4	43	1452	
50	63	4.5	54	2290	
70	76	5.3	65.4	3359	
80	89	6.5	76	4536	

PVC 工程塑料管的主要技术规格　　表 1-29

型号与规格	外径（mm）	内径（mm）	管壁厚（mm）	备　注
PVC-016	16	12.4	1.8	安装采用扩口承插胶粘的连接方法，并有接线盒、灯头箱、入盒接头、弯头末节、胶粘剂配套
PVC-019	19	15	2.0	
PVC-025	25	20.6	2.2	
PVC-032	32	27	2.5	
PVC-040	40	34	3.0	
PVC-050	50	43.5	3.2	

软型聚氯乙烯管的主要技术规格　　表 1-30

塑料管类别	公称直径（mm）	外径（mm）	壁厚（mm）	内径（mm）	内孔总截面（mm^2）	备　注
半硬型	15	16	2	12	113	难燃型氧气指数：27%以上压力：内径 3～5mm 时 0.25MPa；12～50mm 时为 0.2MPa
	20	20	2	16	201	
	25	25	2.5	20	314	
	32	32	3	26	530	
	40	40	3	34	907	
	50	50	3	44	1520	
可绕型	15	—	峰谷间 2.2	14.3	161	
	20		峰谷间 2.35	16.5	214	
	25		峰谷间 2.6	23.3	426	
	32		峰谷间 2.75	29	660	
	40		峰谷间 3	36.5	1046	
	50		峰谷间 3.75	47	1734	

二、电工常用成型钢材

钢材具有品质均匀、抗拉、抗压、抗冲击等特点，而且具有很好的可焊、可铆、可切割、可加工性，因此在电力内外线工程中得到广泛应用。电气工程中常用钢材的断面形状如图 1-15 所示。

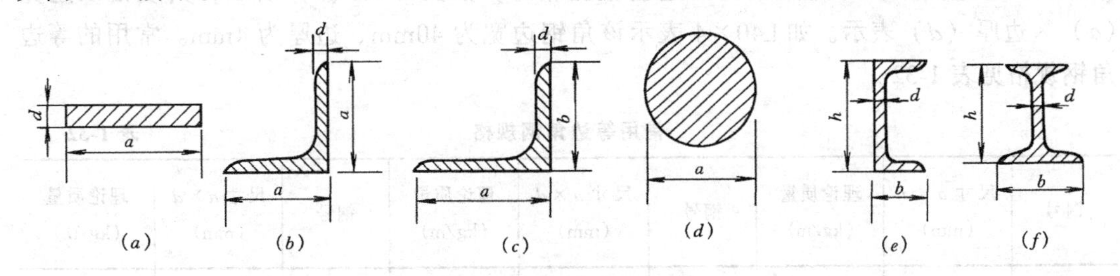

图 1-15　电气工程中常用钢材的断面形状

(*a*) 扁钢；(*b*) 等边角钢；(*c*) 不等边角钢 ($a>b$)；

(*d*) 圆钢；(*e*) 槽钢；(*f*) 工字钢

(一) 导电用钢材

1. 扁钢

扁钢的断面呈矩形，如图 1-15 (*a*) 所示，有镀锌扁钢和普通扁钢之分。规格以厚度 (*d*) ×宽度 (*a*) 表示，如 25×4 表示该扁钢宽为 25mm、厚度为 4mm。扁钢常用来制作各种抱箍、撑铁、拉铁，配电设备的零配件、接地母线和接地引线等。常用扁钢规格见表 1-31。

常用扁钢规格　　**表 1-31**

宽度 *a* (mm)	12	16	20	25	30	32	40	50	63	70	75	80	100
厚度 *d* (mm)	理论质量 (kg/m)												
4	0.38	0.50	0.63	0.79	0.94	1.01	1.26	1.57	1.98	2.20	2.36	2.51	3.14
5	0.47	0.63	0.79	0.98	1.18	1.25	1.57	1.96	2.47	2.75	2.94	3.14	3.93
6	0.57	0.75	0.94	1.18	1.41	1.50	1.88	2.36	2.97	3.30	3.53	3.77	4.71
7	0.66	0.88	1.10	1.37	1.65	1.76	2.20	2.75	3.46	3.35	4.12	4.40	5.50
8	0.75	1.00	1.26	1.57	1.88	2.01	2.51	3.14	3.95	4.40	4.71	5.02	6.28
9	—	1.15	1.41	1.77	2.12	1.26	2.83	3.53	4.45	4.95	5.30	5.65	7.07
10	—	1.26	1.57	1.96	2.36	2.54	3.14	3.93	4.94	5.50	5.89	6.28	7.85
11	—	—	1.73	2.16	2.59	2.76	3.45	4.32	5.44	6.04	6.48	6.91	8.64
12	—	—	1.88	2.36	2.83	3.01	3.77	4.71	5.93	6.59	7.70	7.54	9.42
14	—	—	—	2.75	3.36	3.51	4.40	5.50	6.90	7.69	8.24	8.97	10.99
16	—	—	—	3.14	3.77	4.02	5.02	6.28	7.91	8.79	9.42	10.05	12.50

2. 角钢

角钢的断面呈直角形 (因此称角铁)，有镀锌角钢和普通角钢之分。角钢是钢结构中最基本的钢材，可单独制作构件，亦可组合使用。角钢常用来制作输电塔构件、横担、撑铁、各种角钢支架、电气安装底座、滑触线和接地体等。角钢按其边宽，分为等边角钢和不等边角钢。

(1) 等边角钢。等边角钢的两边垂直且相等，如图 1-15 (*b*) 所示，其规格以边宽 (*a*) ×边厚 (*d*) 表示。如 ∟40×4 表示该角钢边宽为 40mm、边厚为 4mm。常用的等边角钢规格见表 1-32。

常用等边角钢规格 表 1-32

钢号	尺寸 a×d (mm)	理论质量 (kg/m)	钢号	尺寸 a×d (mm)	理论质量 (kg/m)	钢号	尺寸 a×d (mm)	理论质量 (kg/m)
2	20×3	0.889	5.6	56×3	2.624	8	80×7	8.525
	20×4	1.145		56×4	3.446		80×8	9.658
2.5	5×3	1.124		56×5	4.251		80×10	11.974
	25×4	1.459		56×8	6.568	9	90×6	8.350
3	30×3	1.373	6.3	63×4	3.907		90×7	9.656
	30×4	1.786		63×5	4.822		90×8	10.946
3.6	36×3	1.656		63×6	5.721		90×10	13.476
	36×4	2.163		63×8	7.469		90×12	15.940
	36×5	2.654		63×10	9.151	10	100×6	9.366
4	40×3	1.852	7	70×4	4.372		100×7	10.830
	40×4	2.422		70×5	5.397		100×8	12.276
	40×5	2.976		70×6	6.406		100×10	15.12
4.5	45×3	2.088		70×7	7.398		100×12	17.898
	45×4	2.736		70×8	8.373		100×14	2.611
	45×5	3.369	7.5	75×5	5.818		100×16	23.257
	45×6	3.985		75×6	6.905			
5	50×3	2.332		75×7	7.976			
	50×4	3.059		75×8	9.030			
	50×5	3.770		75×10	11.089			
	50×6	4.465	8	80×5	6.211			
				80×6	7.376			

(2) 不等边角钢。不等边角钢的两边垂直但宽度不等，如图 1-15 (*c*) 所示，其规格以长边 (*a*) ×短边 (*b*) ×边厚 (*d*) 表示。如 ∟63×40×5 表示该角钢长边为 63mm、短边为 40mm、边厚为 5mm。常用不等边角钢规格见表 1-33。

3. 圆钢

圆钢断面如图 1-15 (*d*) 所示，其规格是以直径 (mm) 表示，如 $\phi 8$ 表示圆钢直径为 8mm。圆钢也有镀锌圆钢和普通圆钢之分，主要用来制作各种金具、螺栓、接地引线、防雷带及钢索等，常用圆钢规格见表 1-34。

常用不等边角钢规格 表 1-33

钢号	$a\times b\times d$ (mm)	理论质量 (kg/m)
2.5/1.6	25×16×3	0.912
	25×16×4	1.176
3.2/2	32×20×3	1.171
	32×20×4	1.522
4/2.5	40×25×3	1.484
	40×25×4	1.930
4.5/2.8	45×28×3	1.687
	45×28×4	2.203
5/3.2	50×32×3	1.908
	50×32×4	2.494
5.6/3.6	56×36×3	2.153
	56×36×4	2.818
	56×36×5	3.466
6.3/4	63×40×4	3.185

钢号	$a\times b\times d$ (mm)	理论质量 (kg/m)
6.3/4	63×40×5	3.920
	63×40×6	4.638
	63×40×7	5.339
7/4.5	70×45×4	3.570
	70×45×5	4.403
	70×45×6	5.218
	70×45×7	6.011
7.5/5	75×50×5	4.808
	75×50×6	5.699
	75×50×8	7.431
	75×50×10	9.098
8/5.6	80×56×5	5.005
	80×56×6	5.935
	80×56×7	6.848

钢号	$a\times b\times d$ (mm)	理论质量 (kg/m)
	80×56×8	7.745
9/5.6	90×56×5	5.661
	90×56×6	6.717
	90×56×7	7.576
	90×56×8	8.779
10/6.3	100×63×6	7.550
	100×63×7	8.722
	100×63×8	9.878
	100×63×10	12.142
10/8	100×80×6	8.350
	100×80×7	9.659
	100×80×8	10.946
	100×80×10	13.476

常 用 圆 钢 规 格 表 1-34

直径（mm）	5	5.6	6	6.3	7	8	9	10	11	12	13
理论质量（kg/m）	0.154	0.193	0.222	0.245	0.302	0.395	0.499	0.617	0.746	0.888	1.04
直径（mm）	14	15	16	17	18	19	20	21	22	24	25
理论质量（kg/m）	1.21	1.39	1.58	1.78	2.00	2.23	2.47	2.72	2.98	3.55	3.85

常 用 槽 钢 规 格 表 1-35

型　号	尺寸（mm）			理论质量（kg/m）	型　号	尺寸（mm）			理论质量（kg/m）
	h	b	d			h	b	d	
5	50	37	4.5	5.44	20	200	75	9.0	25.77
6.3	63	40	4.8	6.63	22a	220	77	7.0	24.99
8	80	43	5.0	8.04	22	220	79	9.0	28.45
10	100	48	5.3	10.00	25a	250	78	7.0	27.47
12.6	126	53	5.5	12.37	25b	250	80	9.0	31.39
14a	140	58	6.0	14.53	25c	250	82	11.0	35.32
14b	140	60	8.0	16.73	28a	280	82	7.5	31.42
16a	160	63	6.5	17.23	28b	280	84	9.5	35.81
16	160	65	8.6	19.74	28c	280	86	11.5	40.21
18a	180	68	7.0	20.17	32a	320	88	8.0	38.22
18	180	70	9.0	22.99	32b	320	90	10.0	43.25
20a	200	73	7.0	22.63	32c	320	92	12	48.28

（二）安装用钢材

1．槽钢

槽钢外形如图 1-15（e）所示，其规格的表示方法与工字钢基本相同。如“槽钢 120×53×5”表示其腹板高度（h）为 120mm、翼宽（b）为 53mm、腹板厚（d）为 5mm。槽钢一般用来制作固定底座、支撑、导轨等，常用槽钢规格见表 1-35。

2．工字钢

工字钢由两个翼缘和一个腹板构成，如图 1-15（f）所示，其规格是以腹板高度（h）×腹板厚度（d）表示，其型号是以腹高（cm）数表示。如 10 号工字钢，表示其腹高为 10cm（100mm）。工字钢常用于各种电气设备的固定底座、变压器台架等，常用工字钢规格见表 1-36。

常用工字钢规格 表 1-36

型号	尺寸（mm）			理论质量（kg/m）
	h	b	d	
10	100	68	4.5	11.2
12.6	126	74	5	14.2
14	140	80	5.5	16.9
16	160	88	6	20.5
18	180	94	6.5	24.1
20a	200	10	7	27.9
20b	200	102	9	31.1
22a	220	110	7.5	33
22b	220	112	9.5	36.4
25a	250	116	8	38.1
25b	250	118	10	42
28a	280	122	8.5	43.4
28b	280	124	10.5	47.9
32a	320	130	9.5	52.7
32b	320	132	11.5	57.7
32c	320	134	13.5	62.8
36a	360	136	10	59.9
36b	360	138	12	65.6
36c	360	140	14	71.2

3．钢板

钢板按厚度一般分为薄钢板（厚度≤4mm）、中厚钢板（厚度为 4.5～6.0mm）、特厚钢板（厚度＞6.0mm）三种。薄钢板有时称铁皮。镀锌的钢板称镀锌钢板，可做各种电器及设备的零部件、平台、垫板、防护壳等。

习　　题

一、填空题

(1) 导电材料的主要用途是______________________________。

(2) 常用的导电材料分为__________和__________。

(3) 在导线型号中，T 表示__________、L 表示__________、G 表示__________。

(4) 绝缘导线按线芯材料分为__________和__________；按线芯股数分为__________和__________；按线芯结构分为__________、__________和__________；按绝缘材料分为__________和__________。

(5) 绝缘导线 BVR 的含义是______________________________。

(6) 电力电缆的结构主要由__________、__________和__________组成。

(7) 在电线电缆中，绝缘材料起着__________和__________作用；而在一些开关电器中除了具有绝缘作用外，还具有__________、__________等作用。

(8) 绝缘材料从形态上可分为__________、__________和__________等。

(9) 绝缘子主要用来__________和__________。

(10) 常用的电线管有__________、__________、__________、__________和__________等。

(11) 电线电缆连接管的作用是________________；接线端子的作用是________________。

二、是非题（是划√，错划×）

(1) 当电缆的敷设温度不同时，应按照电缆载流量的校正系数进行校正。(　　)

(2) 对于电源设备端，用 U、V、W 分别表示第一、二、三相。(　　)

(3) 熔丝的熔点越低越好。(　　)

(4) 穿管绝缘导线的根数，一般不超过 8 根。(　　)

三、选择题（将正确答案写在空格内）

(1) 铝绞线的型号是__________，轻型钢芯铝绞线的型号是__________，铝合金绞线的型号是__________。(　　)

a.HLJ；b.LJ；c.TJ；d.LGJQ；e.LGJ；f.GJ

(2) 变压器在额定运行时，允许超出周围环境温度的数值取决于它所用的绝缘材料等级，绝缘材料 A 级绝缘所对应的工作温度是__________。

a.90℃；b.105℃；c.120℃；d.155℃；e.130℃

(3) 铜芯塑料绝缘导线的型号是__________，铝芯塑料护套线的型号是__________，铝芯橡皮绝缘导线的型号是________________。

a.BXR；b.BLVV；c.BV；d.BLX；e.BX；f.BVR

(4) 铜芯全塑电力电缆的型号是__________，聚氯乙烯绝缘及护套控制电缆的型号是__________。

a.XV；b.KVV；c.VV；d.VLV；e.YHZ；f.VX

四、名词解释

(1) 载流量 (2) 耐热等级 (3) 绝缘导线 (4) 接线端子

（5）绝缘子（6）导电材料（7）绝缘材料（8）硬母线

五、简答题

（1）举例说明导电材料的作用。

（2）举例说明金属钢材在电气安装中的应用。

（3）简述绝缘导线的结构和型号表示方法。

（4）简述架空线路常用绝缘子的种类及作用。

第二章 变配电系统

变配电系统是建筑电气工程的重要组成部分，是建筑供电的中枢，主要由变压器、变配电所和高低压配电装置及电气设备等组成。

本章学习重点：

（1）了解变压器的基本结构和工作原理，熟悉其铭牌数据。

（2）了解 10kV 变电所的基本结构形式和布置方案。

（3）了解常用高压配电装置的类别、名称、功用及特点。

（4）熟悉常用低压配电装置的类别、名称、功用及特点。

（5）掌握各类配电设备安装的技术要求和施工工艺。

（6）理解电气线路的导线选择。

（7）能根据变配电系统施工图，组织安装施工和调试工作。

第一节 变　压　器

变压器是供用电系统和变电所最主要的设备之一，其主要作用是变换电压和传递电能。

一、变压器的类型和基本结构

（一）变压器的类型

变压器可按其用途、绕组数量、相数和冷却方式等进行分类。

1．按变压器的用途分类

变压器按其用途可分为电力变压器、调压变压器和仪用变压器等。

（1）电力变压器。主要用于变配电系统，如升压、降压等。

（2）调压变压器。主要用于调节电网电压，小容量可用于试验室（如调压器）。

（3）仪用变压器。俗称电压互感器和电流互感器，主要用于检测高电压或大电流回路（如测量、保护、信号、自动装置等二次电路取用信号源的互感器）时转换测量比值。

2．按变压器的绕组数量分类

变压器按其绕组数量可分为单绕组变压器、双绕组变压器、三绕组变压器和多绕组变压器等。

（1）单绕组变压器。一、二次共用一个绕组，如自耦调压器等。

（2）双绕组变压器。每相有高、低压两个绕组，如普通电力变压器等。

（3）三绕组变压器。每相有高、中、低压三个绕组，如三绕组电力变压器等。

（4）多绕组变压器。每相有多个绕组，如小型电源变压器和控制变压器等。

3．按变压器的相数分类

变压器按其相数可分为单相变压器、三相变压器和多相变压器等。

（1）单相变压器。用于单相交流电系统，如干式照明变压器等。

（2）三相变压器。用于三相交流电系统，如三相电力变压器等。

（3）多相变压器。用于多相交流电系统，如六相整流变压器等。

4．按变压器的冷却方式分类

变压器按其冷却方式可分为油浸式变压器、干式变压器和充气式变压器等。

（1）油浸式变压器。变压器铁心和绕组全部浸入变压器油中，主要分为油浸式自冷变压器、油浸风冷变压器和油浸强迫油循环变压器。

1）油浸自冷变压器。靠自然风进行循环冷却的变压器。

2）油浸风冷变压器。变压器散热器上装设风扇，以增强风速加速冷却。

3）油浸强迫油循环变压器。靠风扇增强风的风速、靠油泵增强油的流速，以强迫油加速循环进行冷却。

（2）干式变压器。变压器铁心和绕组全部敞露在空气中，用自然流通的空气或风扇对铁心和绕组进行直接冷却。

（3）充气式变压器。变压器铁心和绕组全部密封在专用的铁箱内，内充特种气体以替代变压器油作冷却介质。

（二）变压器的基本结构

变压器主要由铁心、绕组和其他辅助部件等组成，变压器外形及基本结构如图 2-1 所示。

1．变压器铁心

铁心是变压器的磁路部分，为变压器提供磁阻尽可能小的闭合磁路。

（1）铁心材料。变压器铁心材料一般由 0.5mm 左右的冷扎硅钢片等高导磁材料叠装而成，其目的是为减小电流集肤效应的影响及变压器铁心的发热。

（2）铁心结构形式。变压器铁心分为壳式结构（绕组包铁心）和心式结构（铁心包绕组），变压器铁心的结构形式如图 2-2 所示。一般三相三柱式为心式结构，三相五柱式为壳式结构，还有渐开线式铁心等。

（3）铁心截面形式。（见图 2-3）变压器铁心截面有矩形、T 形和梯形等形式。一般情况采用矩形结构；容量较大的变压器，为利用绕组内圈空间，而采用梯形截面。

2．变压器绕组

绕组是变压器的电路部分，为变压器提供电压和电流回路。

（1）绕组材料。绕组材料一般采用纱包或纸包的绝缘铜（铝）导线或铜箔，截面有圆形和矩形等。小容量的变压器铁心多采用高强度漆包线。

（2）绕组形式。见图 2-4，按高低压绕组的相对位置，变压器绕组形式分为同心式和交迭式。

1）同心式绕组。高、低压绕组同心地套装在铁心柱上，低压绕组在里面，高压绕组在外面，国产电力变压器铁心多采用同心式。

2）交迭式绕组。高、低压绕组作成饼状后，交替套装在铁心柱上，一般低压绕组在里面，高压绕组在外面，多用于电焊和电炉变压器等。

3．变压器其他部件

（1）油箱。又称变压器箱体，一般由钢板制作，箱体上装设散热器（散热管），内置

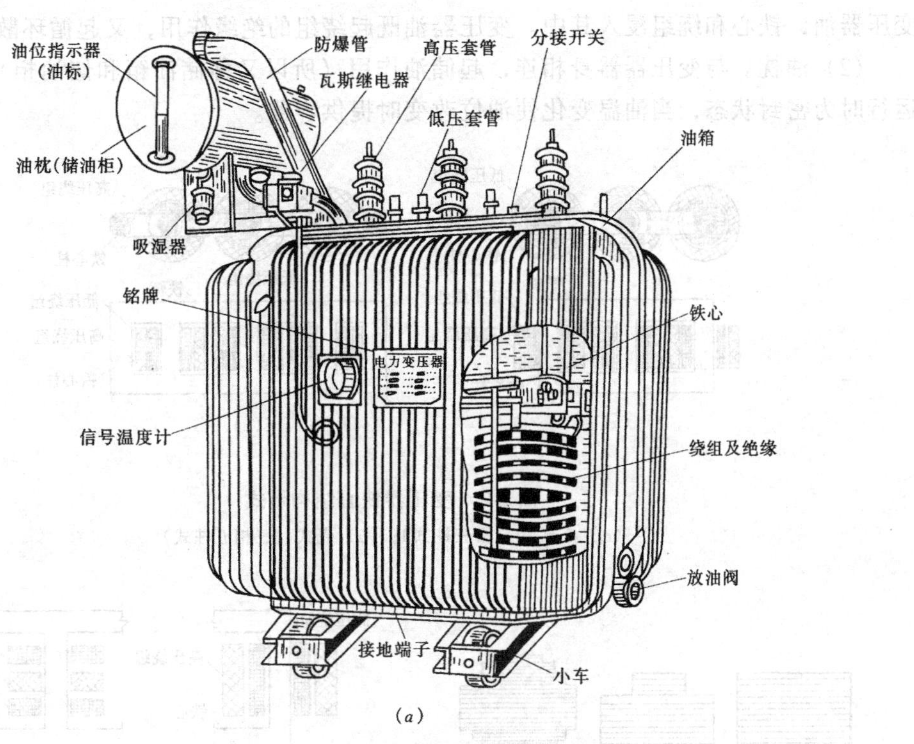

(a)

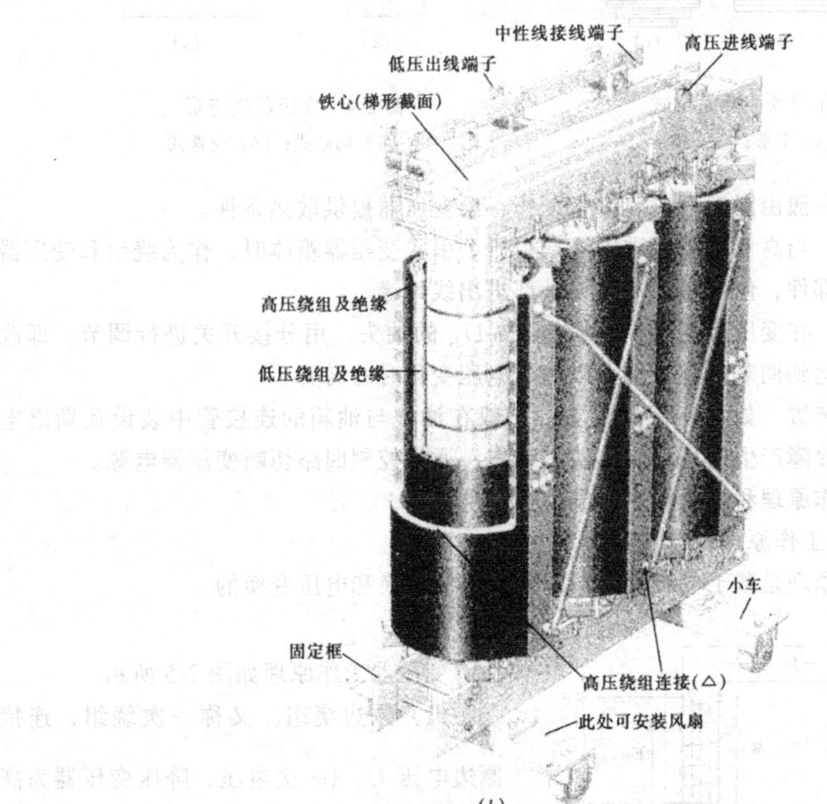

(b)

图 2-1　变压器外形及基本结构

(a) 油浸式变压器；(b) 干式变压器

变压器油，铁心和绕组浸入其中。变压器油既起绕组的绝缘作用，又起循环散热作用。

（2）油枕。与变压器器身相连，起储油作用（所以又称储油箱和储油柜）。变压器在运行时为密封状态，当油温变化使油位改变时提供容器。

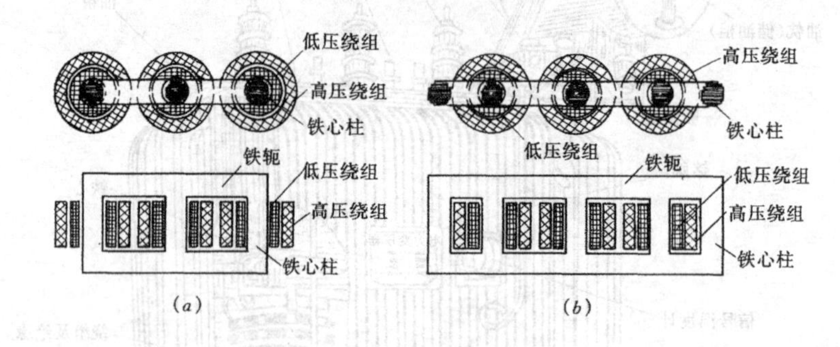

图 2-2　变压器铁心结构形式

（a）心式（三相三柱式）；（b）壳式（三相五柱式）

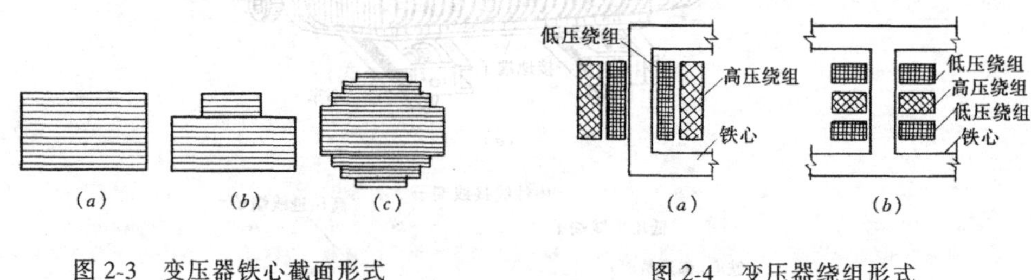

图 2-3　变压器铁心截面形式

（a）矩形；（b）T 形；（c）梯形

图 2-4　变压器绕组形式

（a）同心式；（b）交迭式

（3）散热器。一般由圆钢管或扁钢管制作，给变压器提供散热条件。

（4）绝缘套管。当高低压绕组进出线端引出、引入变压器箱体时，作为绕组和变压器外部进出线的连接部件，使变压器箱体与外部进出线绝缘。

（5）分接开关。在变压器绕组中一般有 5% U_N 的抽头，用分接开关进行调节；即改变变压器的变比，达到调节电压目的，以满足电压变化时的需要。

（6）安全保护装置。如瓦斯保护装置：一般在油枕与油箱的连接管中装设瓦斯继电器，当变压器内部故障产生的瓦斯气体使其动作，通过控制回路切断变压器电源。

二、变压器工作原理和主要技术数据

（一）变压器的工作原理

变压器的工作原理是基于电磁感应原理实现电能转换和电压变换的。

1. 电路连接

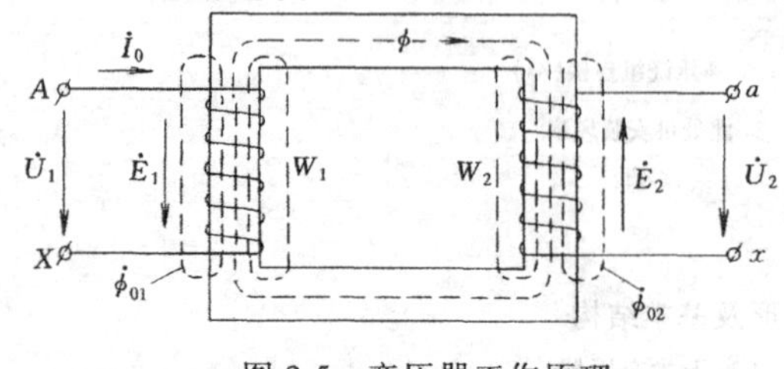

图 2-5　变压器工作原理

变压器工作原理如图 2-5 所示。

（1）原边绕组。又称一次绕组，连接原边电压 $\dot{U}_1$（一次电压，降压变压器为高压侧或一次侧）。副边绕组空载时，原边绕组通过空载电流 $\dot{I}_0$；副边绕组接负载时，原边绕组通过负载电流 $\dot{I}_1$。W_1 为原边绕组匝数。

(2) 副边绕组。又称二次绕组，连接副边电压 $\dot{U}_2$（二次电压，降压变压器为低压侧或二次侧）。空载时，副边绕组电流 $\dot{I}_2=0$；负载时，副边绕组通过负载电流 $\dot{I}_2$。W_2 为副边绕组匝数。

2. 工作原理

(1) 电磁感应。当变压器一次侧绕组加上电压后，便会在铁心中产生交变磁势 $\dot{I}_0 W_1$（称空载磁势），此磁势又与二次侧绕组交链，根据电磁感应定律，主磁通 $\dot{\phi}$ 在原副绕组中均感应电势 e_1（原边电势）和 e_2（副边电势）。

(2) 感应电势。设 $\phi=\phi_m \sin\omega t$

则
$$e_1=-\frac{W_1 d\phi}{dt}=E_{m1}\sin(\omega t-\pi/2)$$
$$e_2=-\frac{W_2 d\phi}{dt}=E_{m2}\sin(\omega t-\pi/2)$$

其中
$$E_1=\frac{E_{m1}}{\sqrt{2}}=\frac{2\pi f W_1 \phi_m}{\sqrt{2}}=4.44 f W_1 \phi_m$$
$$E_2=\frac{E_{m2}}{\sqrt{2}}=\frac{2\pi f W_2 \phi_m}{\sqrt{2}}=4.44 f W_2 \phi_m$$

从以上可以看出，当原副边绕组匝数不同时，其感应电势也不同。

3. 变比

(1) 变压比。变压比简称变比，一般用 K_u（或 K）表示，它为原边电动势与副边电动势的比值。即

$$K_u=E_1/E_2=\frac{4.44 f W_1 \phi_m}{4.44 f W_2 \phi_m}=W_1/W_2$$

即原副边绕组的电势之比就等于其匝数之比。但由于 $\dot{I}_0$（空载电流）很小，所以原边压降较 E_1 小很多，故 $\dot{E}_1\approx\dot{U}_1$；而副边 $\dot{I}_2=0$ 所以 $\dot{U}_2\approx\dot{E}_2$，因此

$$K=K_u=E_1/E_2\approx U_1/U_{20}=W_1/W_2 \tag{2-1}$$

当 $W_1>W_2$（$K>1$）时，则 $U_1>U_{20}$，为降压变压器；

当 $W_1<W_2$（$K<1$）时，则 $U_1<U_{20}$，为升压变压器。

以上表明：变压器原副绕组的电压之比约等于其匝数之比。当变压器原副边绕组取用不同的匝数时，即可得到不同的原副边电压，从而达到变换电压的目的。

(2) 变流比。一般用 K_i 表示，为原边电流 $\dot{I}_1$ 与副边电流 $\dot{I}_2$ 的比值。当忽略空载电流 $\dot{I}_0$ 的影响时由分析可知，它与变压比为倒数关系，即

$$K_i=\frac{I_1}{I_2}=\frac{W_2}{W_1}=\frac{1}{W_1/W_2}=\frac{1}{K_u}=\frac{1}{K} \tag{2-2}$$

【例 2-1】 有一台三相电力变压器，原边线电压 $U_1=10\text{kV}$、副边线电压 $U_{20}=400\text{V}$，试求变压器变比 K。

解 求变压器变比，由式（2-1）

$$K = U_1 / U_{20} = 10000/400 = 25$$

解毕。

（二）变压器主要技术参数

部分变压器常用技术数据如表 2-1。

1. 型号

变压器的型号标示出变压器的主要参数和特征，如下所示：

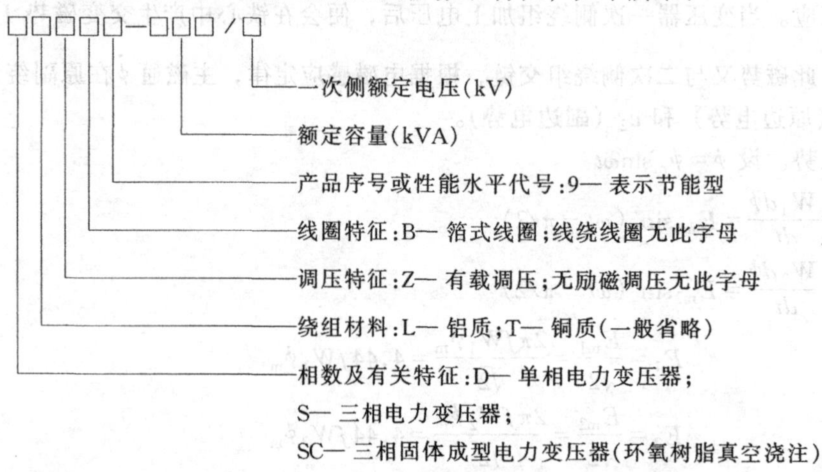

如 SL9-100/10 变压器：为额定容量为 100kVA，高压侧额定电压为 10kV 的油浸式三相电力变压器；如 SCB9-500/10 变压器：为额定容量为 500kVA，高压侧额定电压为 10kV 的干式固体箔式线圈三相电力变压器。

2. 铭牌参数

为保证变压器的安全运行和经济运行，在变压器器身上均标有变压器铭牌，并在铭牌上标注变压器的主要额定参数，从而规定变压器的运行参数(变压器常用技术数据参见表 2-1)。

(1) 额定容量 S_N。在额定条件下，变压器的额定输出能力，一般用视在功率表示，单位为 kVA。

(2) 额定电压 U_{1N}、U_{2N}。

U_{1N}：原边额定电压，变压器在额定条件下，由绝缘强度和温升规定的原绕组电压值。

U_{2N}：副边额定电压，变压器原边加额定电压，副边在空载时，副绕组电压值。

变压器额定电压一般均表示线电压，单位为 kV。

(3) 额定电流 I_{1N}、I_{2N}。变压器原副绕组允许长时间持续通过的电流，它主要根据绕组发热程度所决定。一般均表示线电流，单位为 A。

单相变压器
$$I_{1N} = \frac{S_N}{U_{1N}} \text{或} I_{2N} = \frac{S_N}{U_{2N}} \tag{2-3}$$

三相变压器
$$I_{1N} = \frac{S_N}{\sqrt{3}U_N} \text{或} I_{2N} = \frac{S_N}{\sqrt{3}U_{2N}} \tag{2-4}$$

(4) 额定频率 f_N。我国规定 $f_N = 50\text{Hz}$，有些国家 $f_N = 60\text{Hz}$。

(5) 结线组别。变压器原副边绕组的不同结线方式，标示出变压器原副边正弦电量的相位差，一般用时钟表示法。如 D，yn11（△/Y_n－11）表示高压绕组为三角形（△）、低压绕组为星形（Y）且有中性点和“11”结线组别（表示原副边绕组相位差为 30°）的三相变压器。

（6）额定温升。变压器温度—环境温度；有时还标注变压器的最高温度或绝缘等级。

3．其他参数

变压器在计算或运行时，有时还使用一些其他参数。

（1）额定效率 η_N。即输出容量与输入容量的比值。

$$\eta_N = \frac{S_{1N}}{S_{2N}} = \frac{\sqrt{3}U_{1N}I_{1N}}{\sqrt{3}U_{2N}I_{2N}} = \frac{U_{1N}I_{1N}}{U_{2N}I_{2N}}$$

部分变压器常用技术数据 **表 2-1**

型　号	额定电流 I_{1N}（A）	额定电流 I_{2N}（A）	空载电流 I_0（%）	空载功率 P_0（W）	短路功率 P_K（W）	重量 (kg)	外形尺寸 $W\times L\times H$（mm）	备注
S9-200/10	11.5	290	1.3	480	2600	1010	1390×980×1420	
S9-250/10	14.4	360	1.2	560	3050	1200	1410×860×1400	
S9-315/10	18.2	455	1.1	670	3650	1385	1540×1010×1510	
S9-400/10	23.0	576	1.0	800	4300	1640	1440×1230×1580	
S9-500/10	28.9	720	1.0	960	5100	1880	1570×1250×1610	
S9-630/10	36.4	910	0.9	1200	6200	2830	1870×1526×1920	
S9-800/10	46	1160	0.8	1400	7500	3260	2225×1550×2320	
S9-1000/10	58	1440	0.7	1700	10300	3820	2300×1560×2480	
S9-1250/10	—	—	—	—	—	4525	2310×1215×2662	
S9-1600/10	—	—	—	—	—	5185	2370×1892×2719	
SC9-100/10			2.2	350	1450	580	930×620×1150	许继参数
SC9-200/10			1.6	550	2300	930	1080×620×1260	
SC9-400/10			1.4	790	3600	1500	1230×850×1460	
SC9-500/10			1.4	920	4250	1900	1290×850×1600	
SC9-630/10			1.2	1200	5400	2300	1350×850×1170	
SCB9-800/10	—	—	1.2	1240	6540	2520	1470×1050×1660	许继参数
SCB9-1000/10			1	1440	7300	3190	1590×1050×1750	
SCB9-1250/10			1	1600	8800	3800	1620×1050×1955	
SCB9-1600/10			1	1900	10800	4300	1680×1050×2115	
SCB9-2000/10			0.8	2600	13200	5600	1890×1190×2320	
SCB9-2500/10			0.8	3150	15800	6150	2070×1190×2400	

说明：（1）低压侧额定电压均为 0.4kV，短路电压为 4%或 6%；

（2）结线组别为 D，yn11 或 Y，yn0；

（3）外形尺寸 $W\times L\times H$ 为宽×厚×高的最大尺寸，单位为 mm。

（2）短路电压百分数 U_K（%）。有时称阻抗电压百分数，它表示副边绕组短路时，原边绕组电压降落的比例。

（3）空载电流 I_0。变压器在空载运行时，一次绕组的电流，为变压器的激磁电流。

（4）空载功率 P_0。变压器在空载运行时，变压器所消耗的有功功率。

（5）短路功率 P_K。变压器在负载运行短路时，变压器所消耗的有功功率。

三、变压器安装与调试

（一）准备工作

1．变压器的搬运

变压器搬运时应注意以下事项：

(1) 变压器一般均采用吊车装卸，较大容量时，应编写施工技术措施；变压器在拖车上应垫以枕木，并固定牢靠；起吊时，应注意检查，确认无异常现象。

(2) 变压器在汽车运输中，车速不应太快，特别是转弯、下坡时，车速应放慢；移动变压器时，应利用底座滚轮，前进速度应适当。

2. 安装前的检查

变压器到达现场后，应进行下列检查：

(1) 变压器出厂合格证、技术文件、型号规格应与设计相符；轮距与设计和施工尺寸相符。

(2) 变压器外表不应有损伤等质量缺陷；变压器油箱应密封良好，无渗油现象。

一般无特殊情况不进行变压器器身检查。

3. 变压器保管

变压器不能及时安装时，应按以下要求进行妥善保管。

(1) 变压器不能风刮雨淋，外表应无锈蚀现象。

(2) 及时检查油箱密封情况，无渗油现象，油位应正常。

(3) 定时测定变压器绝缘电阻值。

(4) 及时做好变压器的检查记录。

4. 变压器干燥

变压器是否进行干燥处理，视现场情况而定。其干燥方法有铁损干燥法、零序电流干燥法、真空热油喷雾干燥法和煤油气相干燥法等。

(二) 变压器安装及试运行

1. 变压器安装

变压器可按以下要求和顺序进行安装。

(1) 变压器进屋时，应注意高低压侧的方向符合要求。

(2) 基础道轨应平整，轮距吻合。

(3) 变压器就位后，应采用止轮器将变压器固定牢靠。

(4) 装接高低压母线（导线）时，连接处应牢固可靠，套管不能受力。

(5) 连接变压器中性点和接地连接线。

(6) 上下变压器时，应采用梯子，不得攀登变压器器身。

(7) 变压器油箱油漆应完好无损，否则应喷漆或补刷。

2. 运行前的检查试验与试运行

变压器安装完毕后，应进行必要的检查和试验。

(1) 补充注油。使变压器油位符合要求。

(2) 试验检查。变压器投入运行前，一般应进行整体密封性能试验检查、绝缘电阻测试、结线组别测定等检查试验。

(3) 试运行前的检查。油位、套管、渗油、保护装置等均应正常和无质量缺陷。

(4) 变压器试运行。有条件时应零起升压，升压正常后在24h运行中需经5次全电压冲击合闸，无异常后，即可正式投入运行。

(三) 变压器试验

变压器试验项目主要有测量线圈直流电阻值、线圈与套管的绝缘电阻值和吸收比及交流耐压试验、分接头的变比测量、连接组别及出线极性测定、绝缘油试验和相位试验检查等。

1．直流电阻的测量

(1) 试验方法。较简单的测量方法是采用电压降测量法（根据欧姆定律）。现采用较多的方法是电桥法（单臂电桥或双臂电桥）；也可采用数字式测量仪表。

(2) 试验结果分析和判断。三相变压器可测量U、V、W的线间电阻；有中性点时须测量相电阻。其三相电阻的平衡应符合有关技术或规范要求，当不平衡时，其主要原因有：分接开关接触不良、引线与线圈焊接不良、三角形有断线处、三相线圈导线型号或规格不同、导电杆与引线接触不良等。

(3) 温度换算。测定变压器直流电阻时，应按国家规定进行温度换算。

$$R_{20} = R_t \frac{T + 20}{T - t} \tag{2-5}$$

式中 R_{20}——20℃时的直流电阻值（Ω）；

R_t——试验温度为 t 时的直流电阻值（Ω）；

T——温度常数（铜导体234.5；铝导体225）；

t——试验温度（以绝缘油顶层油温为准）。

2．变比测量

(1) 双电压表法。用双电压表进行测量，其接线如图2-6（a）所示。当变压器变比较大或容量较小时，可将三相调压器电源接至变压器低压侧。

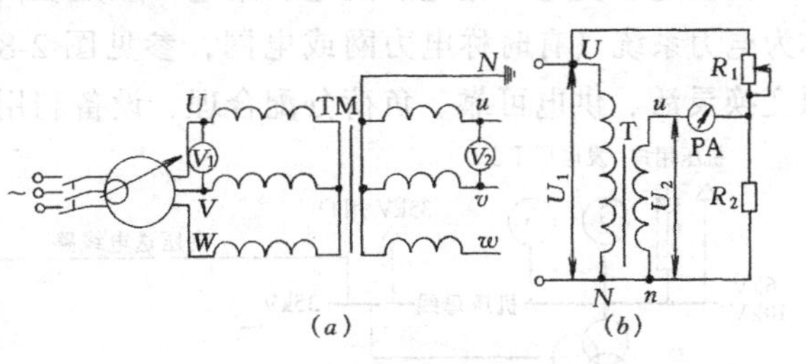

图2-6 变压器变比测量

（a）双电压表法；（b）变比电桥法

(2) 变比电桥法。采用专用的变压器变比电桥（如QJ35型等）进行测量，其测量原理和接线如图2-6（b）所示（同时还可测量变压器变比误差）。测量前必须先测定变压器的极性或连接组别和估算变压器变比，再按原理图和变比电桥进行线路连接及测量。

3．结线组别试验

(1) 直流感应法。直流感应法是利用原边直流电源开关的瞬间通断，根据副边感应出的电流（电表指示）偏转状态（+、−、0）；再与组别规律表对照，以此判定变压器结线组别。试验连接如图2-7（a）所示。

(2) 组别表法。组别表是一种确定变压器相序、组别、极性的专用测试仪表，可直接

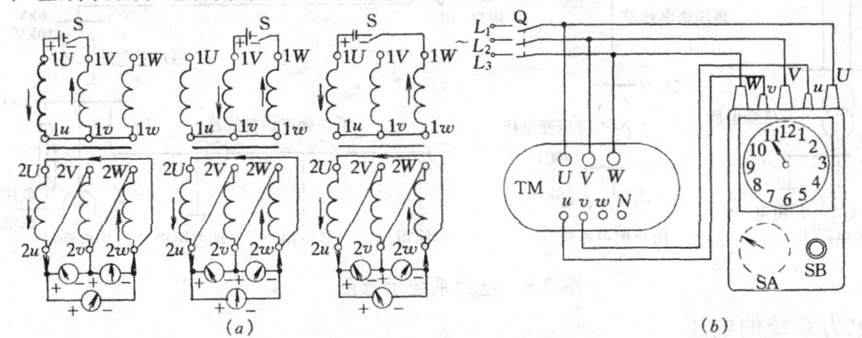

图2-7 变压器结线组别测定

（a）直流感应法；（b）组别表法

读出变压器结线组别号，但需要有三相交流电源。试验连接如图 2-7（*b*）所示。

4. 绝缘电阻与吸收比测量

（1）变压器绝缘电阻测试。变压器绝缘电阻一般采用兆欧表测试，绝缘电阻值应符合变压器技术要求的规定，然后将测试结果利用温度换算系数进行换算。

（2）吸收比测试。绝缘电阻的吸收比即 60s 的绝缘电阻值与 15s 绝缘电阻值的比值，测量时其兆欧表的转速应尽可能维持在 120r/min。一般要求 $R_{60}/R_{15} \geqslant 1.2$。

第二节　电力系统及供配电系统

一、电力系统简介

（一）电力系统的作用

电能具有转换容易、效率高、便于远距离输送和分配、有助于实现自动化等特点，在生产和日常生活中，已得到广泛的利用；特别是在现代建筑中，更是不可缺少的组成部分。而发电、变电、输电、配电和用电一般是在同一个瞬间完成的，由其所组成的整体，称为电力系统（有时称电力网或电网，参见图 2-8）。电力系统具有很大的优越性，如能源变换灵活、供电可靠、负荷分配合理、设备利用率高等。

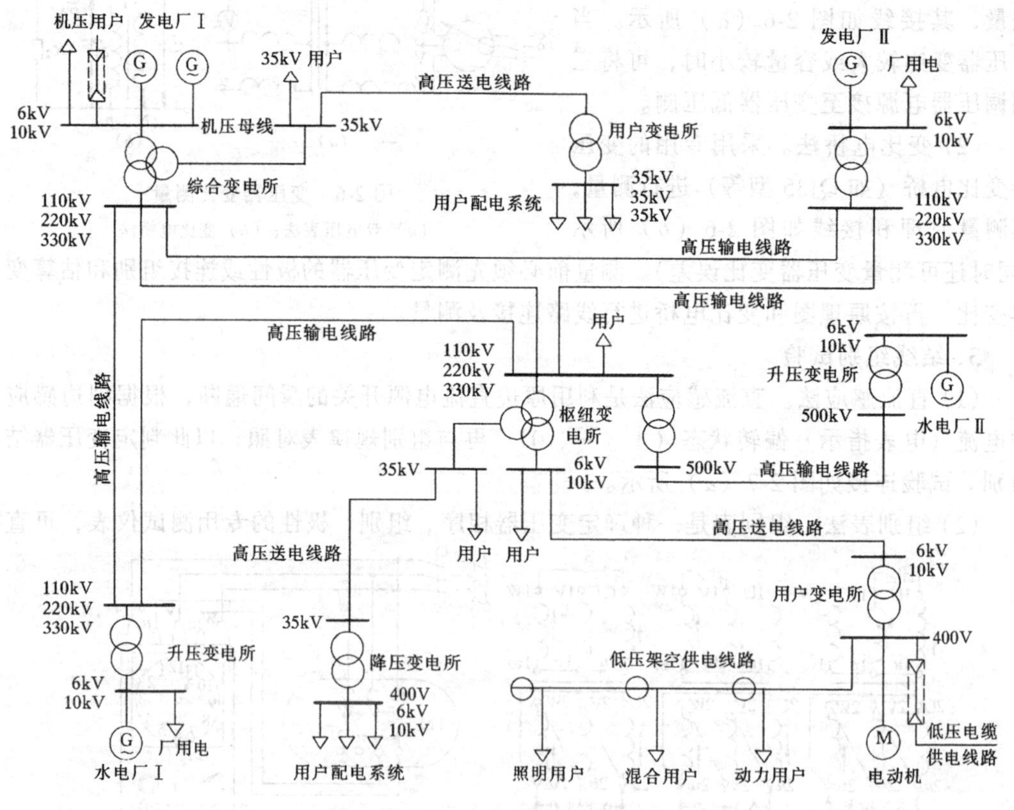

图 2-8　电力系统示意图

（二）电力系统的电压

电力系统的各类电气设备，都是在一定电压和频率下工作的，它是衡量电能质量的两个基本参数。我国交流电力设备的额定频率一般为 50Hz（简称工频交流电）。而区域性电力系统的电压一般为110kV、220kV、330kV及500kV等；地区性电力系统的电压一般为35kV、110kV等；用户变压器的供电电压一般为6kV、10kV、35kV等；而用电设备的供电系统电压一般为380/220V、660V、1140V等。

（三）电力系统的组成

电力系统主要由发电厂、输电线路、变电所、供配电系统以及配电装置等组成。

1．发电厂

发电厂就是把其他形式的能量（如热能、水位能、风能、原子能、太阳能等）转换成电能的生产工厂（如火电厂、水电厂、核电厂等），它通常建设在蕴藏能量比较丰富的地区。而大、中城市及工矿企业等用电户，一般都远离发电厂几十千米至几百千米。为考虑经济性，发电机的电压一般为6kV或10kV，而用电设备的电压一般为380/220V，所以发电厂出来的电压要经过变压器升高电压后远距离输送到用电地区，再经过用电地区的变压器降低电压后分配到各用电户。

2．输电线路

输电线路就是把发电厂发出的电能输送到需要用电的地区和工矿企业。

发电厂输送三相总容量为：

$$S = \sqrt{3}U_L I_L$$

由上式可知，如果输送的总容量不变，则输电线路的电压 U_L 越高，线路的电流 I_L 就越小。这样即可减小输电导线的截面，又可减少线路电压损耗和电能损耗，从而提高电能输送的经济性。为此就需要将发电厂生产的电能，经变压器升压（如110kV、220kV、330kV、500kV等）后，再由高压输电线路输送到用电地区。

3．变电所

由变压器或其他电能转换机、配电设备、操作设备及辅助设备等组成的变配电装置和场所，称为变电所，它是联系发电厂和电力用户的中间环节，起着电压变换和分配电能的作用。根据变电所在电力系统中的地位，可以分为枢纽变电所、中间变电所、地区变电所、终端变电所和用户变电所等。

4．供配电系统

供配电系统有时也称配电系统或供电系统，它将高电压变换成低电压再经重新分配后直接供给用电设备用电。建筑供电一般多采用380/220V三相四线制（或三相五线制）低压供电系统，即可供三相负荷（如电动机等），也可供单相负荷（如照明、家用电器等）；如是高压电动机则由高压母线直接供电。

5．配电装置

凡用于受电和配电（包括开关设备、保护装置、电工量计、母线和其他附属设备等）的电气装置统称为配电装置，主要作用是接受电能和分配电能。

二、供配电系统简介

（一）负荷级别

电力负荷应根据其重要性和供电可靠性要求以及中断供电后，在政治、经济上所造成的损失和影响的程度分为一、二、三级负荷（见表2-2民用建筑用电设备及部位的负荷级别）为部分民用建筑用电设备及部位的负荷级别。

部分民用建筑用电设备及部位的负荷级别　　表 2-2

建筑类别	建筑物名称	用电设备及部位名称	负荷级别	备注
住宅建筑	高层普通住宅	客梯电力、楼梯照明	二级	
旅馆建筑	一、二级旅游旅馆	经营管理用电子计算机及其外部设备电源，宴会厅、餐厅、高级客房、厨房、主要通道照明、部分客梯电力、厨房部分电力等	一级	
		其余客梯电力、一般客房照明	二级	
	高层普通旅馆	客梯电力、主要通道照明	二级	
办公建筑	省、市、自治区及部级办公楼	客梯电力、主要办公室、会议室、总值班室、档案室及主要通道照明	一级	
	银行	主要业务用电子计算机及其外部设备电源，防盗信号电源	一级	
		客梯电力	二级	
教学建筑	高等学校教学楼	客梯电力、主要通道照明	二级	
	高等学校重要实验室		一级	
科研建筑	科研院所重要实验室		一级	
	市级（地区）及以上气象台	主要业务用电子计算机及其外部设备电源，气象雷达、电报及传真收发设备、卫星云图接收机、语言广播电源、天气绘图及预报说明	一级	
		客梯电力	二级	
	计算中心	主要业务用电子计算机及其外部设备电源	一级	
		客梯电力	二级	
一类高层建筑	高层建筑的消防设施	消防控制室、消防水泵、消防电梯、防烟排烟设施、火灾自动报警、自动灭火装置、火灾事故照明、疏散指示标志和电动防火门窗、卷帘、阀门等消防用电	一级	
二类高层建筑			二级	

注：还有文娱建筑、博览建筑、体育建筑、医疗建筑、仓库建筑、商业建筑、司法建筑、公用附属建筑和工业建筑等，这里不再一一列举。

1. 一级负荷

符合下列条件之一者，即为一级负荷。

（1）中断供电将造成人身伤亡时。

（2）中断供电将在政治、经济上造成重大损失时。如重大设备损坏和重大产品损坏等。

（3）中断供电将影响有重大政治、经济意义的用电单位的正常工作。如重要交通枢纽和通信枢纽等。

（4）中断供电将造成公共秩序严重混乱者。

2. 二级负荷

符合下列条件之一者，即为二级负荷。

（1）中断供电将在政治、经济上造成较大损失时。如主要设备损坏、大量产品报废等。

（2）中断供电将影响重要用电单位的正常工作。如交通枢纽和通信枢纽等。

（3）中断供电将造成公共秩序严重混乱者。

3. 三级负荷

不属于一级和二级负荷者均为三级负荷。

（二）负荷供电

1. 一级负荷供电要求

（1）一级负荷应由两个独立电源供电；当一个电源发生故障时，另一个电源不应同时受到损坏，以满足其中一个电源能继续工作的要求。

(2) 一级负荷中特别重要的负荷，除由两个电源供电外，为防止上一级电力网故障、负荷配电系统内部故障和继电保护的误动作等因数，而使特别重要的一级负荷中断电源，因此应增设不与工作电源并列运行的应急电源。

(3) 应急电源可采用蓄电池组、自备柴油发电机组等，有时根据现场情况也可同时使用几种应急电源。

2. 二级负荷供电要求

(1) 二级负荷的供电系统，宜由两回路供电，供电变压器亦应有两台（两台变压器不一定在同一变电所）。其中每回路应能承受100％的二级负荷。

(2) 当负荷较小或地区供电条件困难时，才允许由一回6kV及以上的专用架空线路或两根电缆组成的线路供电（因电缆故障查找和修复时间较长）。

(三) 低压配电

1. 供电电压与形式

(1) 供电电压。由于我国660V、1140V电压等级使用较少（如船用、矿井），多数低压电气设备（如电动机、变压器、电缆、开关等）属于380V或500V电压等级，所以低压配电电压一般应采用380/220V。

(2) 带电导体的形式（交流系统）宜采用单相二线制、两相三线制、三相三线制和三相四线制。

2. 供电方式

各类供电方式的名称及特征，可参阅第四章第四节。

(1) 在正常环境的车间或建筑物内，当大部分设备为中小容量且无特殊要求时，宜采用树干式供电。

(2) 在高层建筑内，当向楼层各配电点供电时，宜采用分区树干式配电；但大部分较大容量的集中负荷或重要负荷，应从低压配电室以放射式配电。

(3) 当部分用电设备距供电点较远，而彼此相距很近、容量很小的次要用电设备，采用链式配电（链接设备应小于5台）。

3. 变压器结线组别

(1) 在TN及TT系统接地形式（参见本书第八章有关章节）的低压电网中，宜选用D，yn11（$\triangle/Y_0-11$）结线组别的三相电力变压器作为配电变压器，以有利于抑制原边绕组的高次谐波电流。

(2) 当采用220/380V的TN及TT系统接地形式的低压电网时，照明和其他电力设备宜由同一台变压器供电。必要时（如接有较大功率有冲击负荷时）亦可单独设置照明变压器供电。

4. 配电设备的布置

(1) 配电室或配电箱的位置应靠近用电负荷中心，设置在尘埃少、腐蚀介质少、干燥和振动轻微的地方，并宜适当留有发展余地。

(2) 配电设备的布置必须遵循安全、可靠、适用和经济等原则，并应便于安装、操作、搬运、检修、试验和监测。

5. 隔离措施

由建筑物外引入的配电线路，应在室内靠近进线点便于操作维护的地方装设隔离电器，以便于在检修室内线路或设备时，可明显表达电源的切断（明显断开点），从而保证检修安全。

第三节　10kV 变 配 电 所

变配电所（以下简称变电所）是转换电压和分配电能的场所，是供配电系统的中枢，其位置应接近负荷中心和用电设备。

一、变电所的结构

（一）变电所的形式

变电所的形式主要分为独立式、屋外式、屋内式和箱式等。

(1) 独立式变电所。有自己独立的建筑物，有一套完整的变配电设施，称为独立式变电所。其变压器、高低压配电装置和保护装置等电气设备均装设在地面基础上，可露天设置和屋内设置，主要用于负荷较大和负荷分散的用电区域。

(2) 杆上变电所。其变压器、高低压配电装置、保护设备装设在电杆的台架上。主要用于负荷较小和负荷分散的用电区域。

(3) 附设式变电所。变电所依附于车间厂房的内外墙或建筑物内，主要用于负荷较大和负荷集中的车间厂房和建筑物。

(4) 箱式变电所。又称预装式变电所。其变压器、高低压配电装置、保护设备等均预装在金属制作的箱体内，由于采用了高性能绝缘材料和导电材料，体现了变电所体积小、占地面积小、运行安全、结构紧凑、安装迅速、检修方便等优点，近年来已在建筑电气和其他用电场所广泛应用。预装式变电所主要技术参数参见表 2-3，型号表示如下。

预装式变电所主要技术数据　　表 2-3

项目		参数			外形尺寸 $W \times L \times H$ (mm)	变压器容量 (kVA)
高压单元	额定电压（kV）	6	10	35		
	最高工作电压（kV）	6.9	11.5	40.5		
	工频耐受电压（kV）	32	42	95		
	雷电冲击电压（kV）	60	75	185		
	额定短时耐受电流（kA）	12.5（2s）	16（2s）	20（2s）		
	额定峰值耐受电流（kA）	31.5	40	50		
	额定电流（A）	400、630				
低压单元	额定短时耐受电流（kA）	15	30	50	2750×1800×2120	50～250
	额定峰值耐受电流（kA）	30	63	110	3200×2000×2160	315～630
	额定电压（V）	380、220			3500×2400×2360	800～1250
	主回路额定电流（A）	100～3200				
	支路电流（A）	10～800				
	分支回路数（路）	1～12				
	补偿容量（kvar）	0～360				
变压器单元	额定容量（kVA）	30～2000				
	阻抗电压	4%		6%		
	分接范围	±2×2.5		±5		
	连接组别	Y，yn0		D，yn11		

说明：(1) 工频耐受电压和雷电冲击耐压均为对地和相间。

(2) 以上为许继参数。

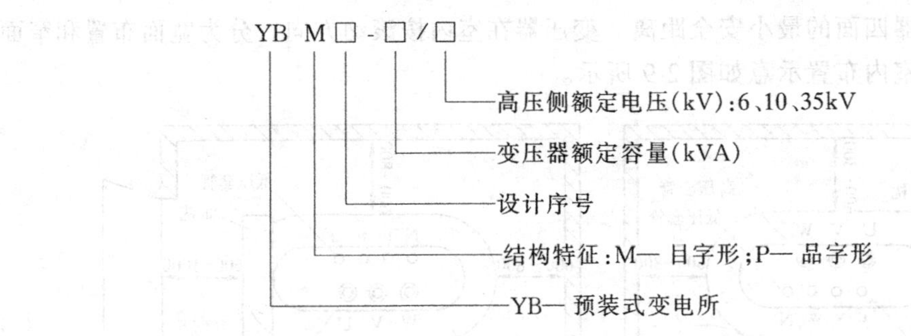

（二）变电所的组成

变电所主要由变压器室、低压配电室、高压配电室、电容器室与值班室等组成。

(1) 变压器室。变压器室是变电所的主要场所，变压器可采用油浸式或干式，安置必须合理，安全距离和散热条件必须满足。

(2) 低压配电室。低压配电室是供电系统低压配电的中枢。有单列式（柜前距离：1200mm；柜后距离：800mm）和双列式（柜前距离：2500mm；柜后距离：800mm），从而保证安全距离及操作距离。

(3) 高压配电室。高压配电室是供电系统高压配电的中枢，一般在变压器容量较大时设置（不同地区有不同容量的规定）。也有单列式（柜前距离：2550mm）和双列式（小车式柜前距离：2650mm；柜后距离：800mm），布置时必须保证安全距离及操作距离，其建筑、设备安装、母线架设以及安全保护措施等均应符合国家有关规范要求和规定。

(4) 电容器室。当有高压配电室时应设置电容器室。

(5) 值班室。一般有高压配电室时设置值班室。

二、室内变电所的布置

（一）一般配置要求

变电所的配置和配电设备布置，应符合国家标准《10kV 及以下变电所设计规范》(GB50053—94) 的规定。

(1) 为保证变压器的运行安全，并考虑发展的可能性，变压器容量一般应按大一至两级确定。

(2) 为便于变压器和电气设备的安全、运输、安装及检修，变电所室内外各电气设备与墙及其他设施的安全距离应满足要求。

(3) 变电所各电气设备的位置应便于进出线和运行人员的工作和管理。

(4) 变电所各房间的门，应采用非燃或难燃体材料制作向外开的门（宽 1m、高 2.5~2.8m)，当配电室较长时（高压室 7m、低压室 8m)，应设置双门，一般布置在配电室两端。

(5) 变压器室应设置通风窗，且通风良好，否则应设置机械排风设施。

(6) 当变压器室位于附近有可燃粉尘、纤维、大量易燃物或下面有地下室等场所时，应设置储油池等挡油设施。

（二）变电所各场所的布置

1. 变压器的布置

室内变压器的布置应设置基础底座（一般由现浇混凝土制作），按规定设置储油池，同时应保证变压器四面的最小安全距离。变压器在室内按滚动方向，分为宽面布置和窄面布置，变压器在室内布置示意如图 2-9 所示。

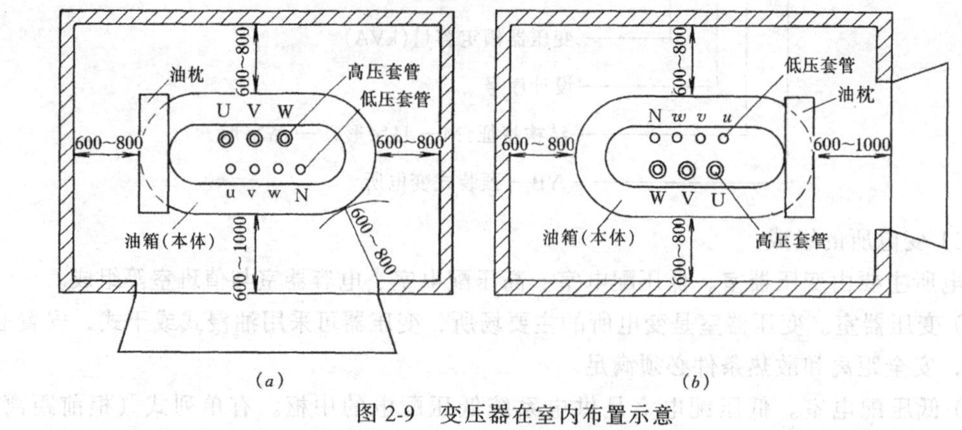

图 2-9　变压器在室内布置示意

（a）宽面布置；（b）窄面布置

2. 高压配电室的布置

高压配电室一般应单独设置房间，当高压柜数量低于 4 台及以下时，可与低压配电室在同一房间，高压配电室布置示意见图 2-10，并可根据产品实际尺寸进行调整。当设备较多时，电缆沟应设置积水坑及排水设施。

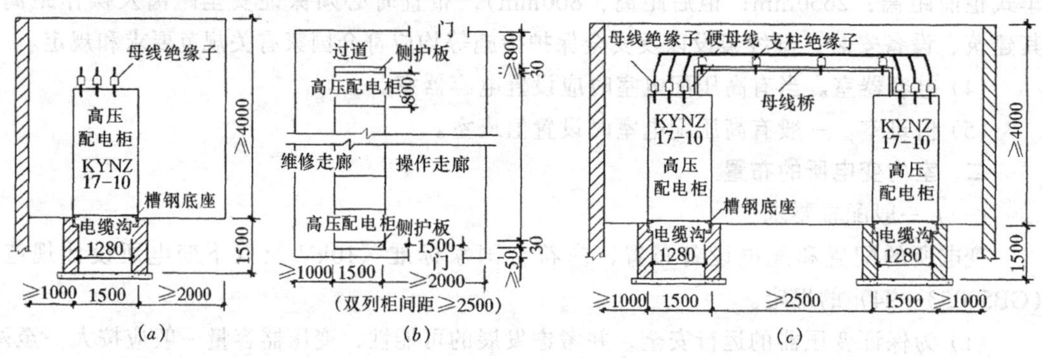

图 2-10　高压配电室布置示意

（a）单列布置立面；（b）单列布置平面；（c）双列布置立面

3. 低压配电室的布置

低压配电室多单独设置房间，其布置示意见图 2-11，可根据产品实际尺寸和现场条件进行调整。

（三）一般布置方案

室内变配电所一般布置方案有多种类型，其主要类型有单台变压器和双台变压器、有高压配电室和无高压配电室等形式。

1. 单台变压器的布置方案

单台变压器的变电所布置方案可分为有高压配电室和无高压配电室，一般布置方案可参见图 2-12。

2. 双台变压器的布置方案

双台变压器的变电所布置方案也可分为有高压配电室和无高压配电室，一般布置方案

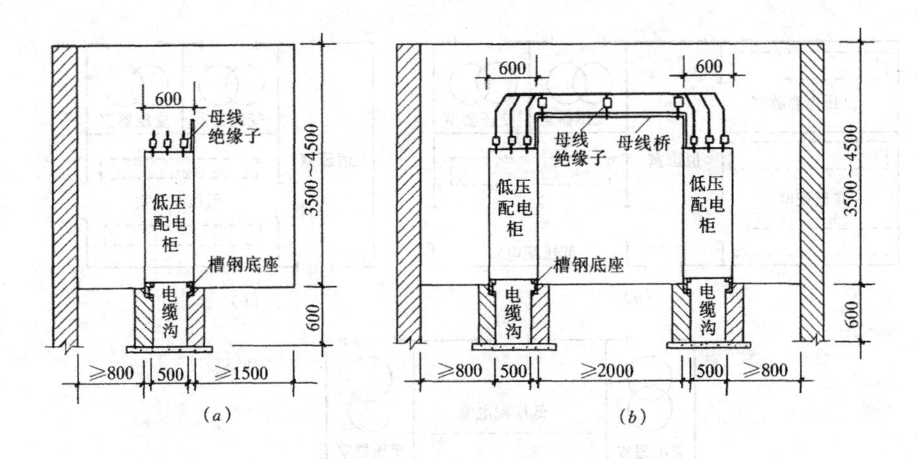

图 2-11　低压配电室布置示意

(a) 单列布置立面；(b) 双列布置立面

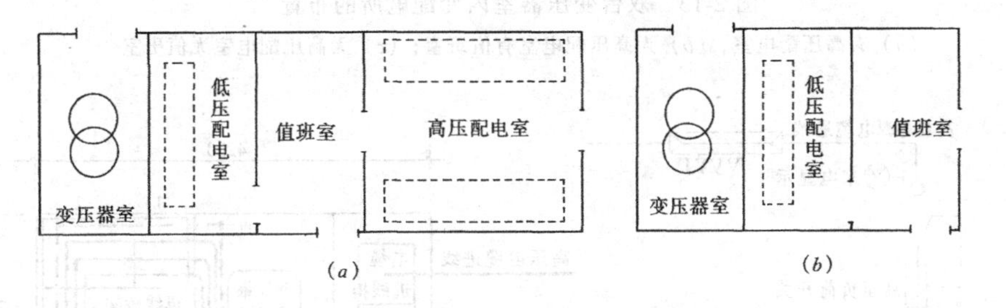

图 2-12　单台变压器室内变电所的布置

(a) 有高压配电室；(b) 无高压配电室

可参见图 2-13。

3．预装式变电所布置方案

预装式变电所布置方案可参见图 2-14。

4．变电所工程实例

参照国家标准图集，选用举例见图 2-15 和图 2-16。

(四) 土建要求

变电所的土建工程应符合以下有关要求。

(1) 土建尺寸。为保证变电所的运行安全及安装与检修，其各部的土建尺寸应符合国家规范的有关要求。

(2) 土建结构。变电所建筑物各部构造要求有一定的耐火等级：变压器室为一级，其他为二级。变电所屋面应有保温、隔热、防水及排水设施。电缆沟要求水泥抹面并采取防水措施，其盖板宜采用钢筋混凝土结构等。

(3) 预装式变电所。其土建基础应根据电缆出线和产品要求设置。

三、室内变电所的配电装置

室内变电所的配电装置主要由高低压成套配电柜、母线装置、二次系统等组成。

(一) 成套配电柜及安装

成套配电装置是以高低压电器为主（如隔离开关、负荷开关、断路器、熔断器、电流

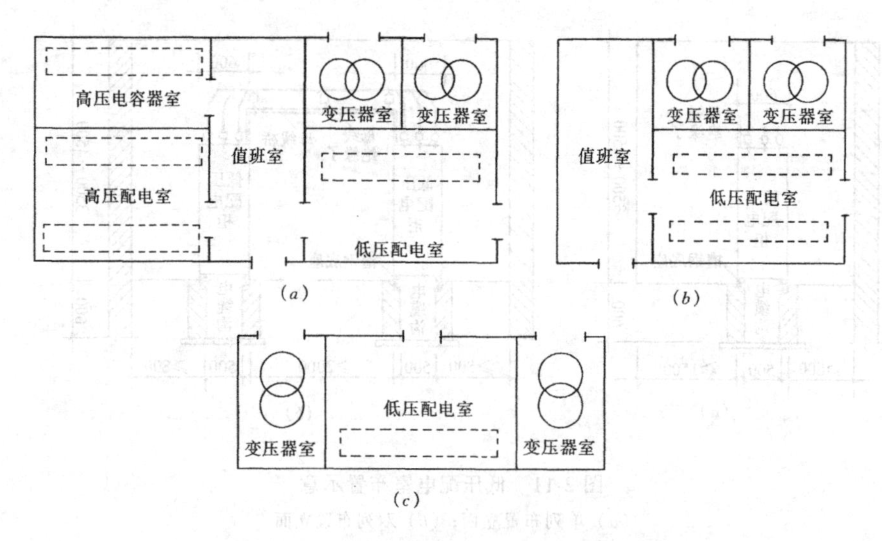

图 2-13 双台变压器室内变配电所的布置

(a) 有高压配电室；(b) 无高压配电室有值班室；(c) 无高压配电室无值班室

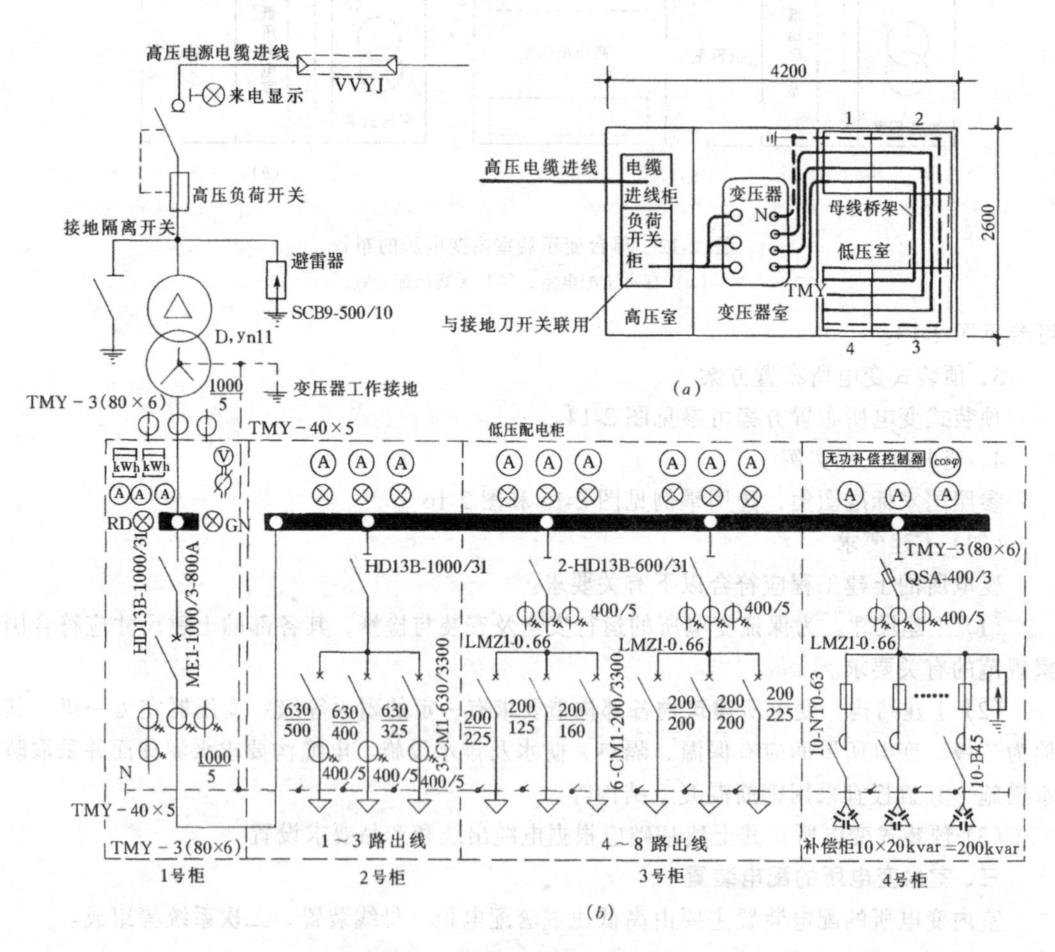

图 2-14 预装式变电所布置方案

(a) 平面布置方案；(b) 一次系统电路方案

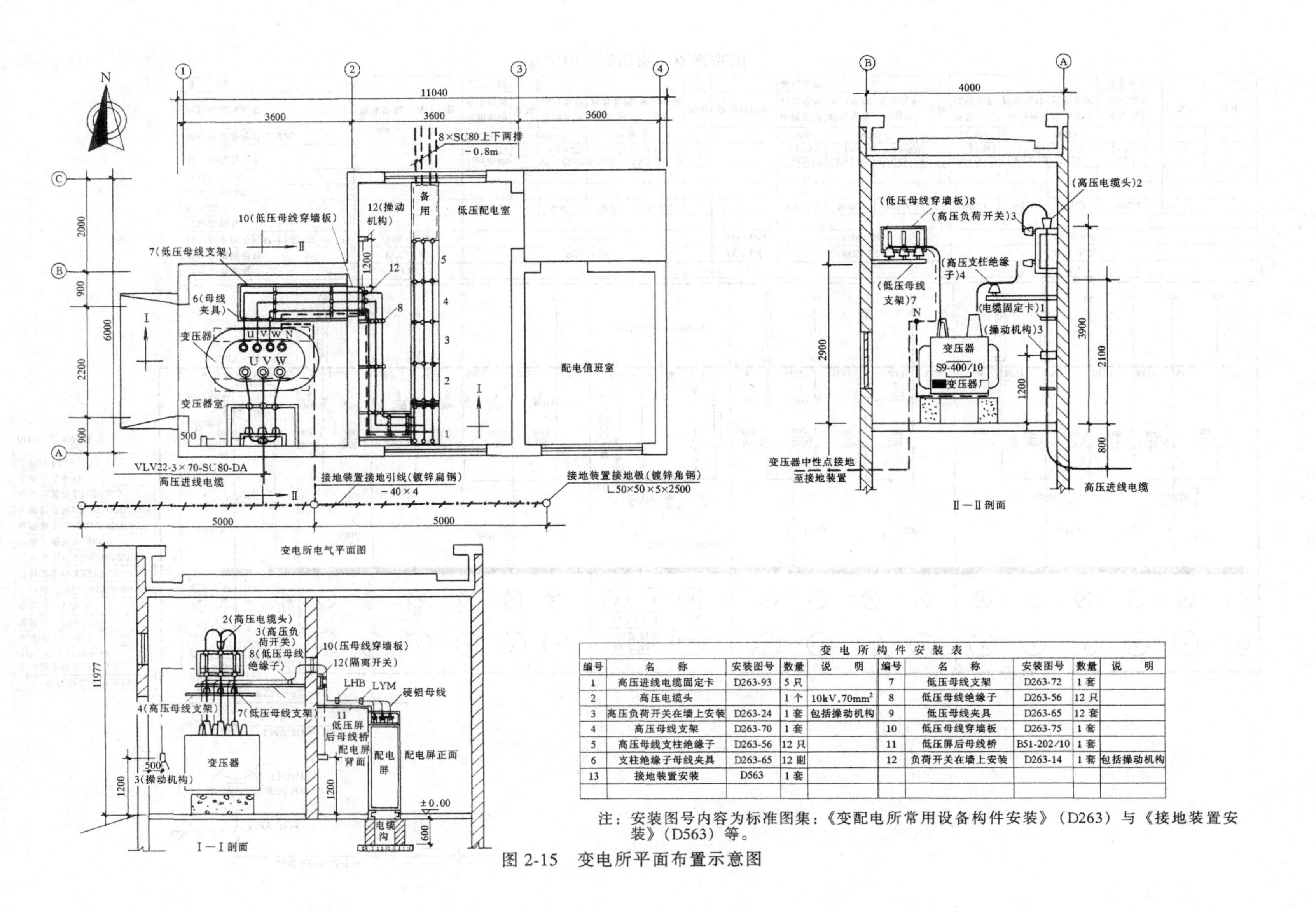

变电所构件安装表

编号	名称	安装图号	数量	说明	编号	名称	安装图号	数量	说明
1	高压进线电缆固定卡	D263-93	5只		7	低压母线支架	D263-72	1套	
2	高压电缆头		1个	10kV,70mm²	8	低压母线绝缘子	D263-56	12只	
3	高压负荷开关在墙上安装	D263-24	1套	包括操动机构	9	低压母线夹具	D263-65	12套	
4	高压母线支架	D263-70	1套		10	低压母线穿墙板	D263-75	1套	
5	高压母线支柱绝缘子	D263-56	12只		11	低压屏后母线桥	B51-202/10	1套	
6	支柱绝缘子母线夹具	D263-65	12副		12	负荷开关在墙上安装	D263-14	1套	包括操动机构
13	接地装置安装	D563	1套						

注：安装图号内容为标准图集：《变配电所常用设备构件安装》（D263）与《接地装置安装》（D563）等。

图 2-15　变电所平面布置示意图

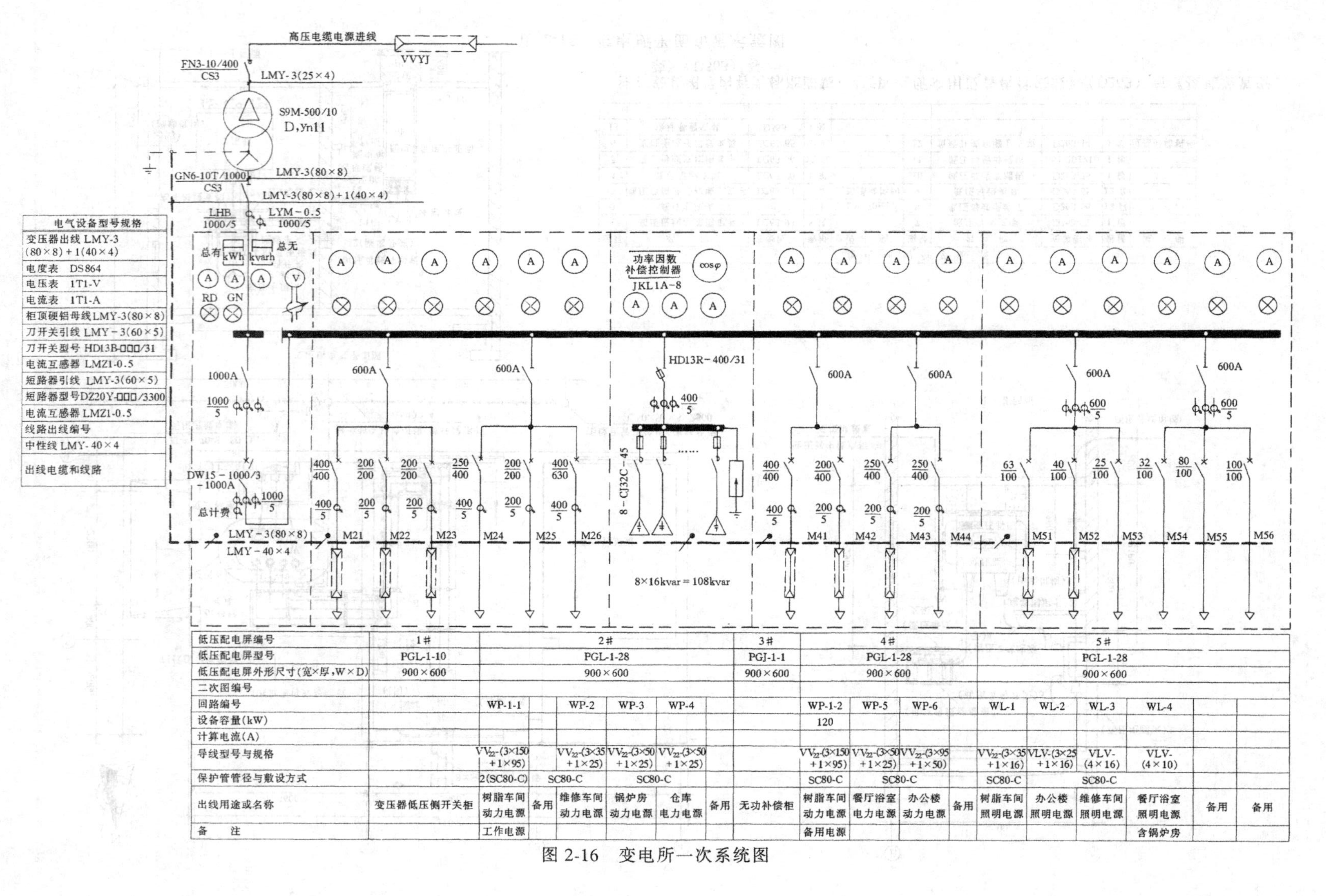

图 2-16 变电所一次系统图

互感器等），配合二次设备（如控制装置、信号装置、测量计量仪表等），以一定方式组合成一个或一组柜体的电气成套设备。按功能主要分为配电柜（又称开关柜和配电屏）、静电电容器柜、综合起动柜、电压互感器柜等。一般按电压等级分为高压配电柜和低压配电柜。

1. 开关柜

开关柜是一种以高低压开关为主的柜式成套配电设备。KYN17-10 系列手车式高压开关柜见图 2-17。

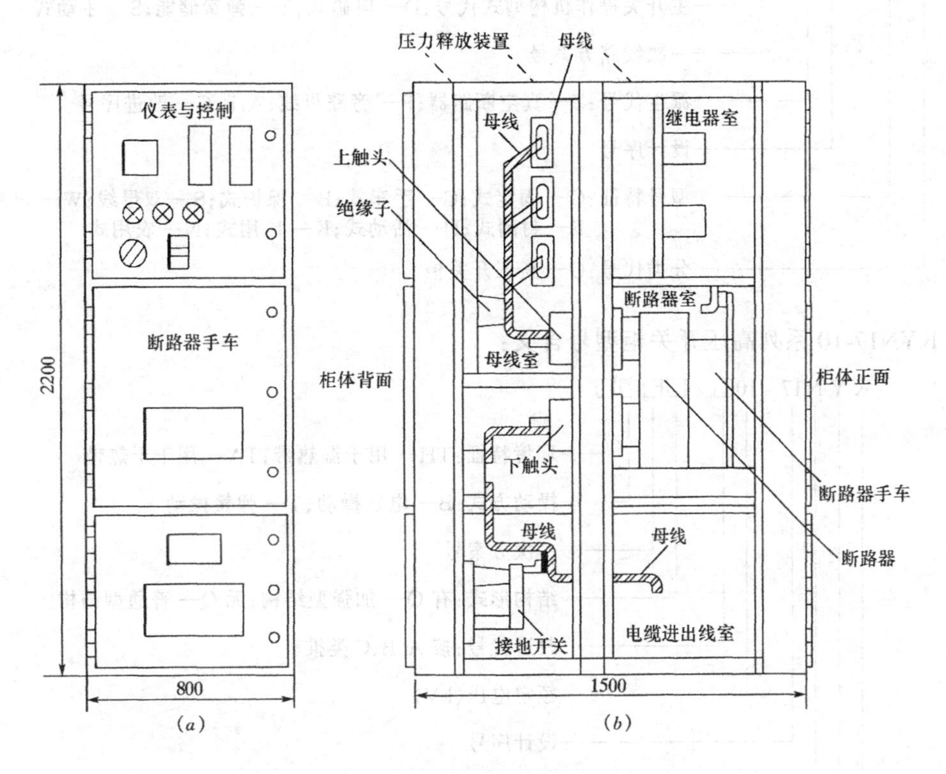

图 2-17　KYN17-10 系列手车式高压开关柜

（a）正视图；（b）侧视图

(1) 开关柜的作用。开关柜的主要作用是配电功能：在变电所内作接受电力（受电作用）和分配电力（配电作用）之用；同时也可作为高低压电机的起动柜，做起动、控制、监测、保护、信号之用。

(2) 开关柜的结构。高压开关柜有固定式和手车式两种；低压开关柜有固定式和手车式抽屉式两种。

1）固定式开关柜的结构。主要由柜体骨架（本体，作安装支架）、绝缘子（绝缘和支撑母线及电器元件）、母线（电能分配干线，由铜排或铝排制作）、一次设备（与母线和出线端直接连接的电器，如断路器、隔离开关等）、二次设备（为一次设备提供保护控制、监测的有关电器，如电表、继电器、信号装置等）等构成。

2）手车式或抽屉式开关柜的结构。配电柜的一部分电器为固定式，另一部分电器固定在可移动的手车上或抽屉上，其电器元件可以随同手车或抽屉一起移出柜外，小车上下触头兼起隔离开关作用。它的具有结构新颖、外形美观、操作简单、安装维护方便、技术性能高、运行安全可靠、防误功能可靠齐全等特点，已得到广泛应用。

高压开关柜外形示意及尺寸见图 2-17。

(3) 开关柜的型号。其型号表示分为高压开关柜和低压开关柜。

高压开关柜型号表示：

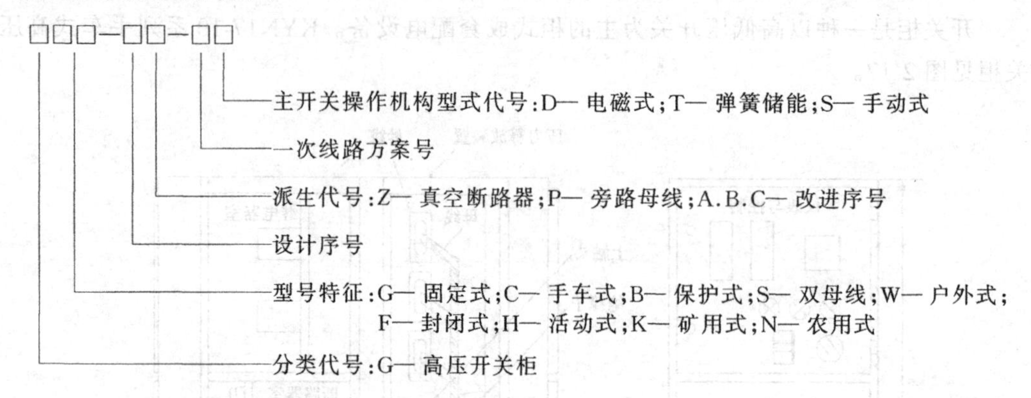

KYN17-10 系列高压开关柜型号含义：

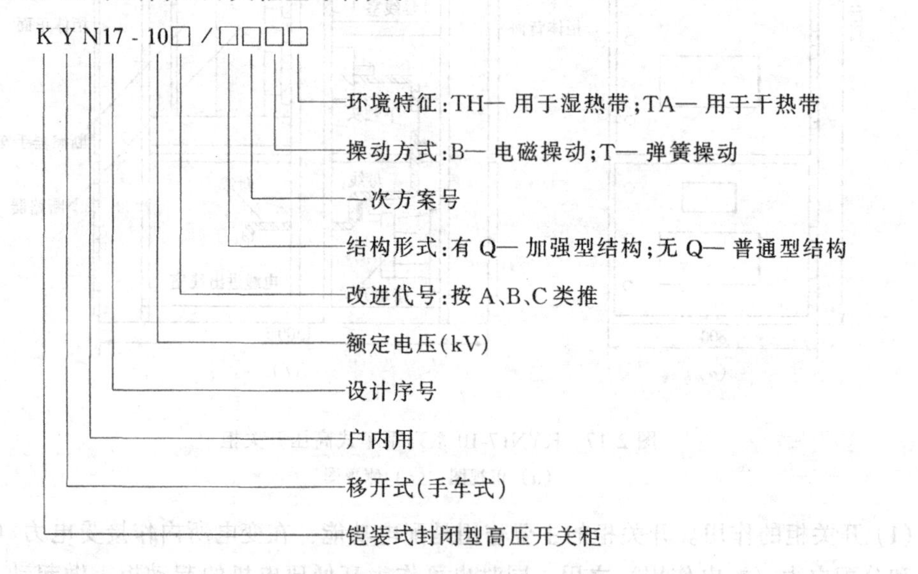

低压开关柜型号表示：

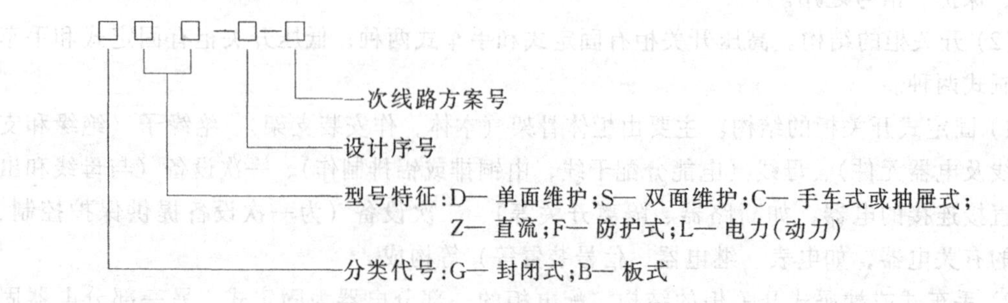

GCS 系列低压开关柜型号含义：

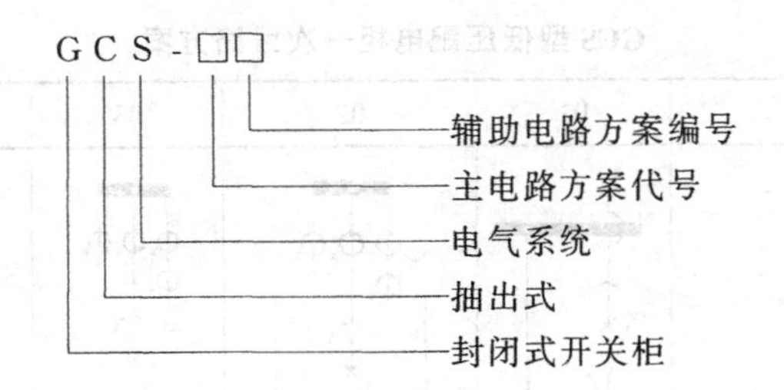

(4) 开关柜的接线方案。高低压开关柜可根据组成的电器元件或连接方式的改变，可获得多种一次线路的接线方案（KYN17-10 型高压配电柜一次线路方案见表 2-4 和表 2-5GCS 型低压配电柜一次线路方案）；一个单元方案不能满足时，可采用几个单元方案进行组合。

配电柜一次线路具体方案可查阅有关电工手册或产品说明。

(5) 开关柜的主要技术数据。开关柜的主要技术参数如下。

1) 额定电压。一次线路正常工作的额定工作电压（kV、V）。

2) 额定电流。一次线路正常工作的额定工作电流（A）。

3) 开断电流。开关柜主断路器的断路分断能力（kA）。

4) 操作方式。开关操动有手动、电磁、电动和弹簧储能等方式。

5) 母线系统。分为单母线和双母线。

KYN17-10 型高压配电柜一次线路方案 **表 2-4**

方案编号		01	02	09	10	13	15
一次线路方案							
用途及说明		电缆馈线	电缆馈线	左联	右联	架空进出	互感器兼作进线
额定电流（A）		80～1250	80～1250	80～1250	80～1250	80～1250	80～1250
主要设备	真空断路器 ZN21-10	1	1	1	1	1	1
	电流互感器 LZZBJ9	2	2	2	2	2	2
	电压互感器 JDZ9-10						2
	接地开关 JN4-10/31.5		1				
	高压熔断器 RN2-10						3
	避雷器 HW5WZ1-16.5		3				

GCS型低压配电柜一次线路方案 　　表 2-5

方案编号		01	02	03	07	22		
一次线路方案								
用途及说明		受电馈电（上进线）	受电馈电（下进线）	受电馈电（电缆进线）	双电源手动切换	电动机控制（不可逆）		
规格系列		A	A	A	A	A	B	C
额定电流（A）		1000～2000	1000～2000	4000	1000～2000	630		
主要设备	主断路器 DW914（AH-40C）	1	1	1				
	主断路器 DW914（AH-10C）				1			
	断路器　CM1-400					1		
	断路器　CM1-225						1	1
	交流接触器 B250、B170						1	1
	电流互感器 SDL-□			1		1	1	1
	电流互感器 SDH-□□/5	4	4	4	4	3	3	3
	外形：宽×深（mm）	800×1000	800×1000	800×1000	800×1000	800×600		

注：(1) 方案中有各种规格序号，如 *A*、*B*、*C*、*D* 等，则主要设备规格不同；
(2) 主断路器可选用 AE、DW40、DW48、ME 等替代。

2. 其他配电柜

根据高低压配电系统的不同的功能需要，在高低压配电柜内设置相应的电气设备，即可组成形式和功能多样的高低压配电柜，如综合启动柜、静电电容器柜和电压互感器柜等，其外形与开关柜类似。

(1) 综合起动柜。专门用来安装起动 3～6kV 高压鼠笼式电动机和滑环型电动机或低压电动机的起动设备，对大容量高低压电动机进行起停控制。

(2) 静电电容器柜。专门用来安装并联电容器、熔断器、接触器、自动补偿控制器等，以提高电路的功率因数。

(3) 电压互感器柜。用于高压装置。专门用来安装电压互感器，同时可兼作进线柜，并可分为左进线、右进线和左右进线三种方式。

(二) 成套配电柜的安装

成套配电柜是由制造厂生产的标准配电柜，出厂时已制作成成品，所以称成套配电柜（又称成品配电屏、标准配电柜、开关柜等）。安装时必须先制作和预埋底座，然后才能将配电柜固定安装在底座上。其固定方式多采用螺栓连接，对于固定场所有时也采用焊接固定。

1. 配电柜安装的准备工作

(1) 配电柜的运输。配电柜应在天气晴朗时进行运输，以防雨淋受潮；运输中应防止倾倒、撞击、振动；吊装和运输时应采用吊车或汽车并直立（<45°）进行。

(2) 查验和清扫。配电柜安装前应查验配电柜型号规格应符合施工图要求，并标注安装位置编号与标记，查验零配件及技术资料（出厂图纸及有关资料等）齐全；检查壳体与电器件的外观质量，看是否有损伤、受潮或其他质量缺陷，发现问题应及时处理；清扫柜内外灰尘及包装材料等杂物。

2．基础型钢底座的制作

(1) 型钢材料与规格。其材料与规格选择应根据配电柜尺寸、重量或设计确定。一般多采用 10 号槽钢或 ∟75×75 角钢制作。

(2) 型钢材料加工。先根据底座尺寸下料，然后进行电焊焊接，最后根据配电柜安装尺寸进行钻孔（如焊接则连接无须钻孔）。配电柜底座安装示意图可参见图 2-18。

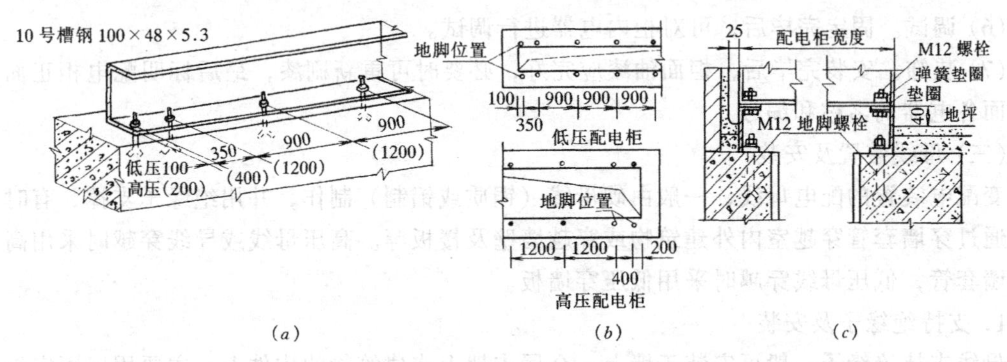

图 2-18 配电柜底座安装示意图

(a) 底座安装示意；(b) 地脚尺寸；(c) 配电柜安装示意

3．基础型钢底座的安装方法

基础型钢底座的安装方法有直接埋设法、预留埋设法和地脚螺栓埋设法。

(1) 直接埋设法。土建混凝土施工时，将基础底座直接预埋在混凝土基础中，并将安装位置和水平度调整准确，配电柜安装允许偏差应符合表 2-6 中的规定。

配电柜安装允许偏差　　表 2-6

类　别	项　　目	允许偏差（mm）	检查方法
基础型钢	不直度	1m：1 全长：5	拉线与尺检
	水平度	1m：1 全长：5	
配电柜本体	垂直度（1m）	1.5	
	水平度：相邻两柜顶部	2	拉线与尺检
	成列柜顶部	5	
	不平度：相邻两柜面	1	
	成列两柜面	5	
	柜间接缝	2	

(2) 预留埋设法。土建基础施工时，先预埋铁件（如扁钢或圆钢），同时预留沟槽，待混凝土凝固后再埋设基础型钢，并使其与铁件焊接后用水泥砂浆抹平。或采用预埋比基础型钢略大(30mm）的木盒，待混凝土凝固后取出木盒再埋设基础型钢。

(3) 地脚螺栓埋设。在土建基础施工时，按配电柜安装尺寸预埋地脚螺栓，并将安装位置校正准确；待混凝土凝固后再将基础型钢安装固定在地脚螺栓上。

4．成套配电柜安装步骤

成套配电柜安装一般应在土建工程全部完毕后进行。

(1) 基础型钢底座钻孔。按照配电柜底座的固定孔尺寸，开钻稍大于螺栓直径的孔洞。(也可在制作型钢基础时进行)。

(2) 立柜。按照设计施工图规定的顺序和编号做安装标记，然后将配电柜搬放于安装位置，并粗略调整其水平度和垂直度。双列柜应注意位置对应以便母线联桥。

(3) 调整。配电柜安放好后进行水平度和垂直度的调整，一般先固定中间屏再向两侧拼装并逐块调整，其允许偏差应符合表 2-6 规定。

(4) 固定。水平度和垂直度调整符合要求后，采用螺栓或焊接将配电柜固定在基础型钢底座上（见图 2-18（*c*））。

(5) 连接。柜内电器为制造厂配置，安装时应检查柜内电器是否符合设计要求，并进行公共系统连接(如电源母线、零母线、接地母线、信号小母线，二次回路及仪表校验等)。

(6) 调试。固定完毕后，可对柜内电器进行调试。

(7) 装饰。安装完毕后，柜面油漆应完好，必要时可重新刷漆，最后标明配电柜正面和背面各电器的名称和编号。

(三) 母线装置及安装

变配电装置的配电母线，一般由硬母线（铜质或铝制）制作，并用绝缘子支撑，有时还需通过穿墙套管穿越室内外建筑物或穿越墙壁及楼板等。高压母线或导线穿越时采用高压穿墙套管，低压母线穿越时采用低压穿墙板。

1. 支持绝缘子及安装

母线支持绝缘子一般可安装于墙上、金属支架上或建筑物的构件上，主要用以固定母线或电气设备的导电部分，并与地绝缘，常用绝缘子可参见第一章。

(1) 支架的制作。支架应根据设计施工图制作，其材料多采用镀锌扁钢或角钢。加工时，安装孔宜钻成椭圆形，以便绝缘子中心调整（偏差应＜2mm）。

(2) 支架的安装。支架安装时其间距应符合要求（一般水平时＜3m、垂直时＜2m）。

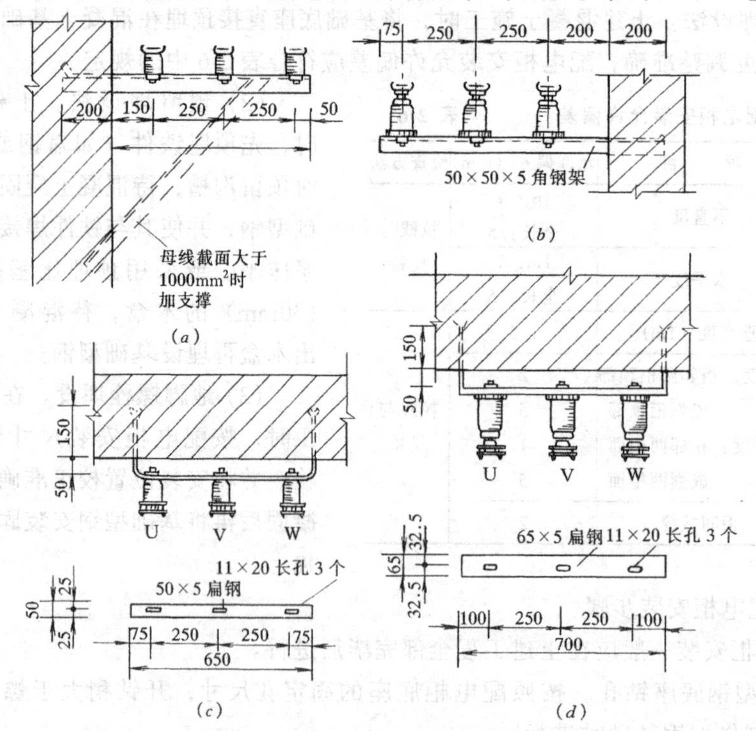

图 2-19　母线绝缘子支架安装示意图

（*a*）低压绝缘子支架水平安装图；（*b*）高压绝缘子支架水平安装图；
（*c*）低压绝缘子支架垂直安装图；（*d*）高压绝缘子支架垂直安装图

先安装首尾支架，然后拉一直线，再沿直线逐个安装中间支架。母线绝缘子支架安装示意如图 2-19 所示。

(3) 安装前的检查。安装前应检查绝缘子型号、规格及支架应符合设计要求；外观无破损、无裂纹、无锈蚀等质量缺陷；测量绝缘电阻(如做交流耐压试验可不测)应符合规定。

(4) 安装固定。采用螺栓依次将绝缘子安装固定在母线支架上，安装时应在两侧将螺母拧紧后，用一直线调整同心度（水平中心线和顶面的同心垂直线）。

2. 高压穿墙套管及安装

高压母线或导线穿墙时必须采用高压穿墙套管，它是引出入高压电气设备或导电部分穿越建筑物的引导元件。

(1) 结构。高压穿墙套管及架空进户线主要由瓷套（瓷裙）、安装法兰及导电部分等组成，按安装地点分为户内型和户外型（参见图 2-20）。

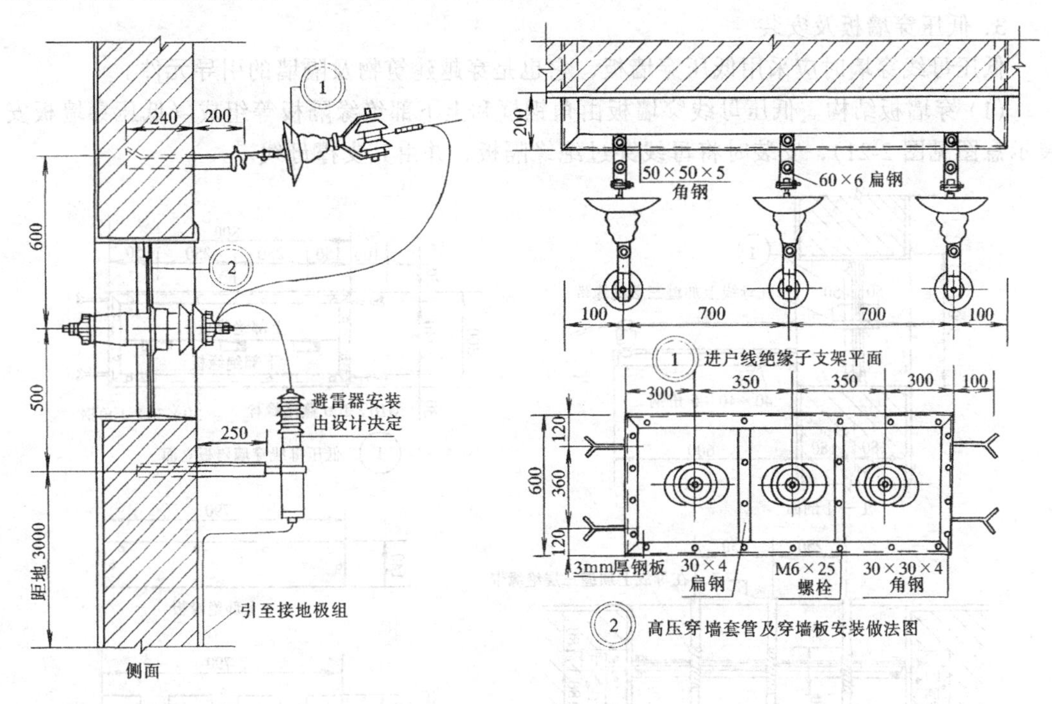

图 2-20 高压穿墙套管及架空进户线

(2) 型号。高压穿墙套管的型号表示如下。

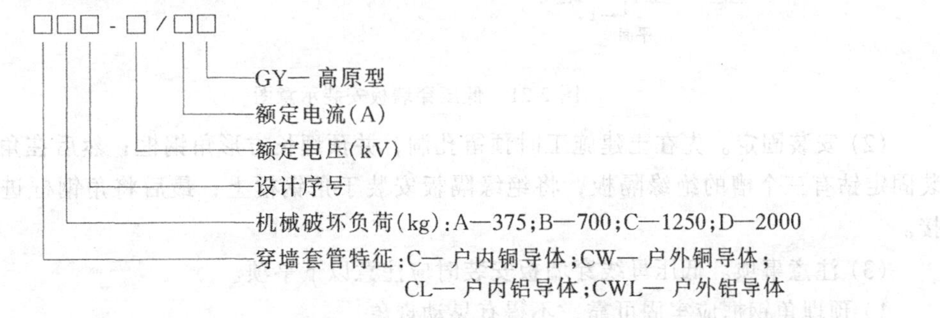

(3) 安装固定。高压穿墙套管一般在土建预留孔洞中安装有金属隔板（板上钻孔）的

角钢框，然后将套管安装于金属隔板上（多用于变配电所的架空进线），也有在土建施工时预埋套管螺栓和三个预留孔，然后将穿墙套管用机螺栓直接固定（常用在建筑物内的上下穿越）；最后将角钢框和套管法兰进行接地连接。安装时应保证各螺栓受力均匀、避免损坏套管瓷裙。其安装示意如图 2-20 所示。

(4) 注意事项。高压穿墙套管安装时应注意以下事项。

1) 预埋角钢框和接地连接应牢固可靠；套管法兰不能直接埋设在混凝土内。

2) 套管安装前检查表面应清洁，无裂纹或破碎现象；做工频耐压试验，也可采用 1kV 或 2.5kV 摇表测定绝缘电阻（应大于 1000MΩ）。

3) 当垂直安装时，套管法兰安装在上面；当水平安装时，套管法兰安装在外面。

4) 金属隔板的孔洞应比嵌入部分大 5mm 左右；同一水平线垂直面上的穿墙套管应在同一平面。

3. 低压穿墙板及安装

低压母线穿墙时应采用低压穿墙板，它也是穿越建筑物及隔墙的引导元件。

(1) 穿墙板结构。低压母线穿墙板由角钢框和上下部绝缘隔板等组成（低压穿墙板安装示意图见图 2-21），安装时将母线穿过绝缘隔板，并由其支撑母线。

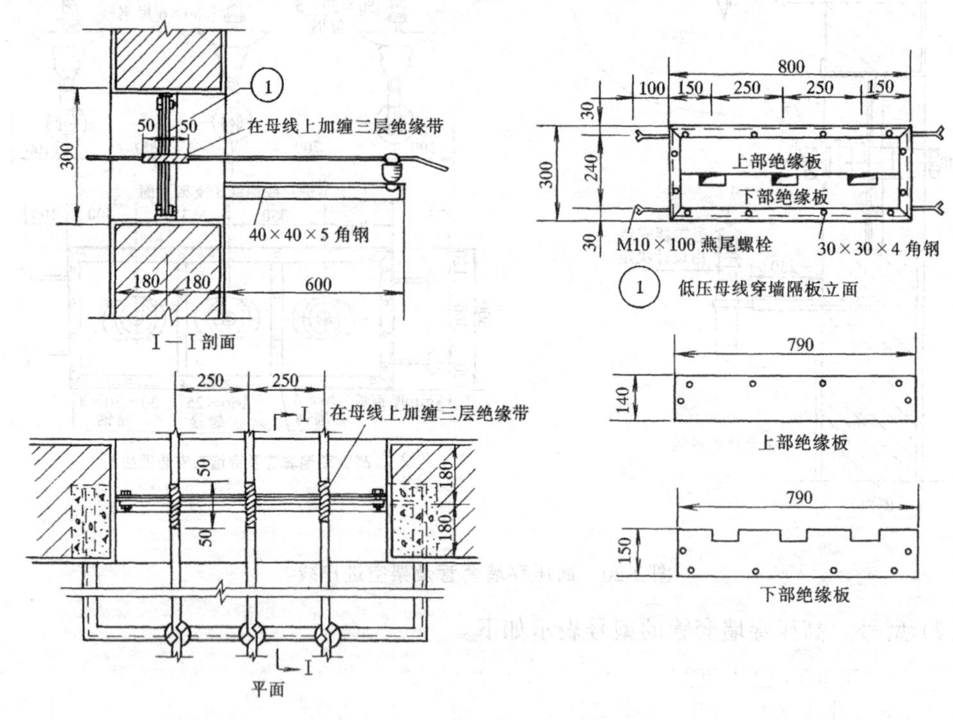

图 2-21　低压穿墙板安装示意图

(2) 安装固定。先在土建施工时预留孔洞，并预埋长方形角钢框；然后在角钢框上安装固定钻有三个槽的绝缘隔板，将绝缘隔板安装于角钢框上；最后将角钢框进行接地连接。

(3) 注意事项。低压母线穿墙板安装时应注意以下事项。

1) 预埋角钢框应牢固可靠，不得有晃动现象。

2）绝缘隔板的槽应比穿越母线稍大5mm左右。

3）同一水平线垂直面上的穿墙母线槽应在同一平面。

4. 硬母线的加工

硬母线加工内容主要包括材料检验、测量下料、弯曲、连接及涂色等。

（1）材料检验。母线在加工前，应检验母线材料是否有出厂合格证，无合格证时，应做抗拉强度（极限强度应 $>117.8\mathrm{N/mm^2}$）、延伸率（4%～8%）及电阻率（铝 $\rho=0.283\Omega\cdot\mathrm{m}$；铜 $\rho=0.0172\Omega\cdot\mathrm{m}$）的试验。检查母线应无气孔、划痕、坑凹、起皮等质量缺陷；抽查母线截面符合标准截面的要求。

（2）测量下料。母线材料要求平直，对弯曲不平的母线应进行校正。一般应在现场测量母线实际尺寸进行下料，其长度既要合理（以免浪费）又要有适当余量（以免弯曲后造成误差）。母线较长时，可在适当地点进行分段连接，以利拆装检修。

（3）母线弯曲。母线弯曲有平弯（宽面方向弯曲）、立弯（窄面方向弯曲）、扭弯和折弯等四种形式，母线弯曲见图2-22，硬母线最小弯曲半径应符合表2-7要求。

硬母线最小弯曲半径 **表2-7**

母线截面（mm）	平弯最小弯曲半径			立弯最小弯曲半径		
	铜	铝	钢	铜	铝	钢
<50×5	2b	2b	2b	1a	1.5a	0.5a
<120×10	2b	2.5b	2b	1.5a	2a	1a

（4）母线接头。母线连接处和接触面是母线安装的关键部位，如连接不好，会使接触电阻超过规定值（螺栓连接点的接触电阻值不能超过同长度母线本身电阻的20%），通过

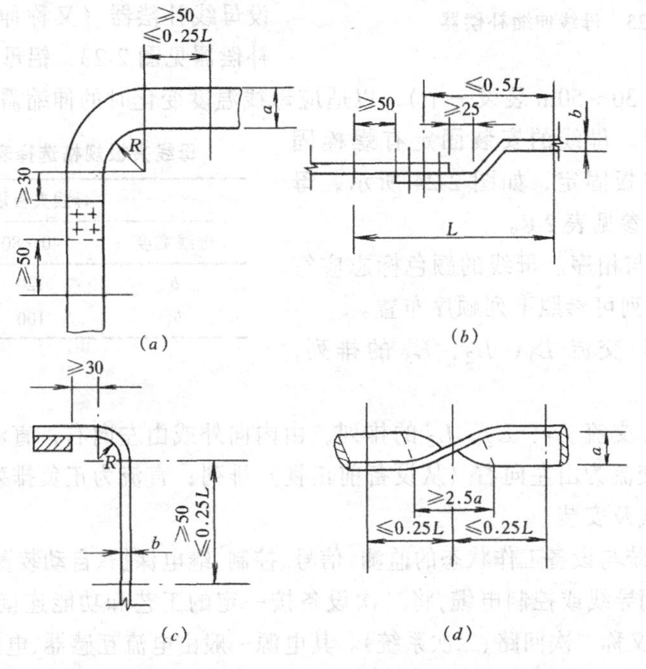

图2-22 母线弯曲

L—母线两支点的间距；a—母线厚度；b—母线宽度；R—母线弯曲半径

（a）立弯；（b）折弯；（c）平弯；（d）扭弯

电流时会发生过热现象，甚至使接头熔化引起事故。

1）接头钻孔。母线连接一般采用螺栓搭接紧固，其接头钻孔时的分布尺寸和孔径选择应符合规范要求。

2）涂导电膏。母线接触面加工处理后，应使其保持清洁，并涂导电膏以保护接头免于氧化。

3）搪锡处理。各种母线或导电材料连接时，接触面还应按规定做搪锡处理。

5. 硬母线的安装

安装母线时，应先在支持绝缘子上安装固定母线的专用金具，然后将硬母线安装固定在金具上。

(1) 安装要求。母线安装时应符合下列要求。

1）水平安装。水平安装的母线，可在金具内自由伸缩，以便适应母线温度变化时的伸缩需要。

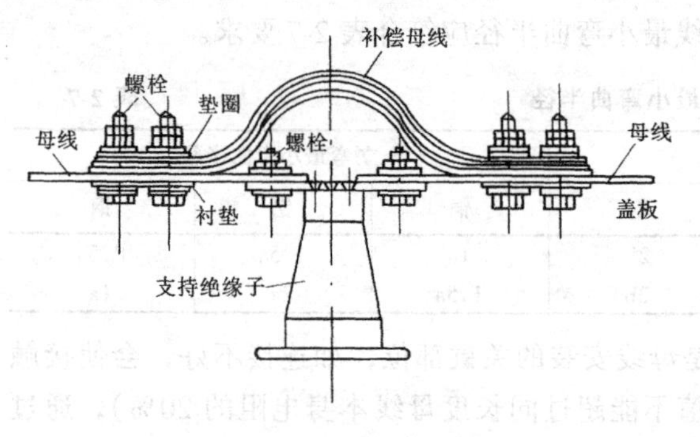

图 2-23　母线伸缩补偿器

2）垂直安装。垂直安装的母线，母线要用金具夹紧。

3）母线连接。母线连接螺栓的松紧程度应适宜，连接处不能太紧（接触压差太大，变形差会增大，接触电阻显著上升）也不能太松（难以保证接触面的紧密度）。

4）母线补偿器。当母线较长时应装设母线补偿器（又称伸缩节，母线伸缩补偿器见图 2-23，铝母线在 20～30m 装设一个，铜母线在 30～50m 装设一个），以适应母线温度变化时的伸缩需要。

(2) 安装固定。母线的安装固定有螺栓固定、卡板固定和夹板固定，如图 2-24 所示，母线夹板规格尺寸可参见表 2-8。

母线夹板规格选择表（mm）　表 2-8

	母线夹板规格	
母线宽度	40～80	100
b	120	140
b_1	100	120

(3) 母线涂色与相序。母线的颜色标志应符合要求，其相序排列可参照下列顺序布置。

1）垂直敷设。交流 L_1、L_2、L_3 的排列，由上至下。

2）水平敷设。交流 L_1、L_2、L_3 的排列，由内向外或由左向右；直流为正负排列。

3）引下线。交流为由左向右（从设备前正视）排列；直流为正负排列。

(四) 二次接线及安装

凡用于一次系统与设备工作状态的监测、信号、控制、继电保护、自动装置等的辅助电气设备称为二次设备；用导线或控制电缆，将二次设备按一定的工艺和功能连接起来所构成的电路，称为二次接线(又称二次回路、二次系统)。其电源一般由电流互感器、电压互感器、蓄电池组或其他交流电源及直流电源供电，二次接线一般常用于变配电所和其他控制设备。

1. 二次接线的设备及连接组件

二次接线的设备主要有监测系统（如信号装置、报警装置、测量与计量装置等）、控

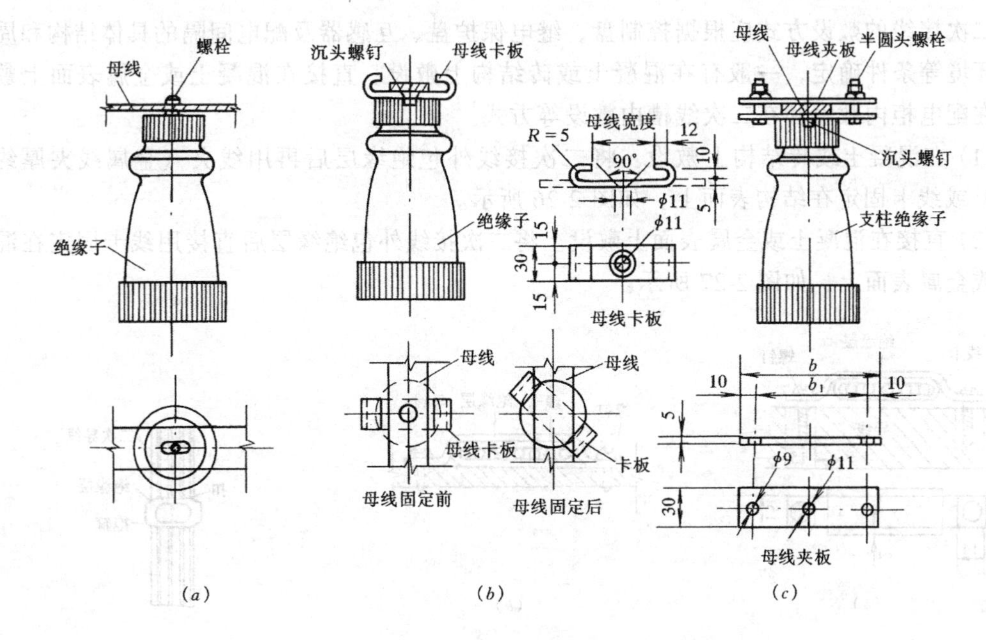

图 2-24　母线的安装固定

（*a*）螺栓固定；（*b*）卡板固定；（*c*）夹板固定

制系统（如控制装置、遥控与远动装置等）、保护装置（如过负荷、过流、短路、零序保护等）、自动装置（如自动控制装置、双电源自动切换装置、自动重合闸装置、程序控制装置）等设备或器件，与连接组件（接线端子板、标号牌等）组成二次系统。

(1) 接线端子板。接线端子板（简称接线端子）是用于二次设备之间或配电柜之间转线时，连接导线用的主要元器件，其种类较多，按结构形式可分为固定端子板（端子不能拆开，一般用于简单二次回路）和活动端子板（端子可以拆开，一般用于复杂二次回路）。

(2) 接线端子标号牌。由于二次接线较为复杂，导线根数又多，为区别不同接线与端子的功能及标号，二次接线端部均应装设接线端子标号牌（见图 2-25），表明回路标志，以方便安装、检查和维修。目前多采用聚氯乙烯套管作标号牌，并采用专用不褪色的记号笔在标号牌上写字，或采用专用标号牌套管电脑打字机打印。

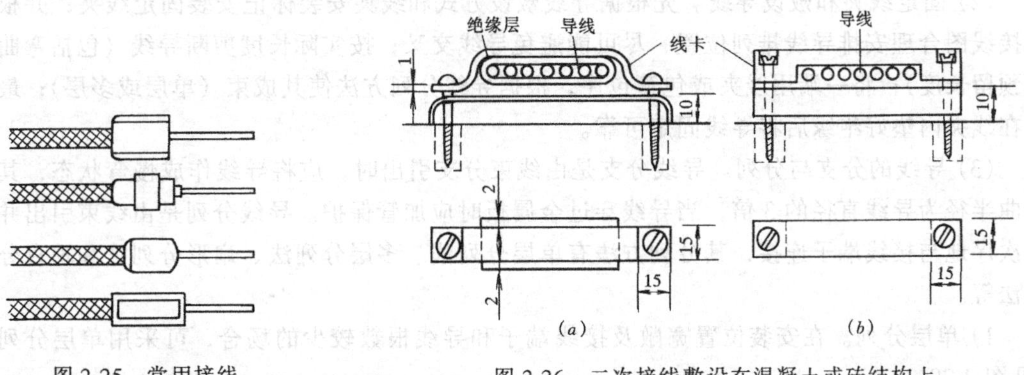

图 2-25　常用接线端子标号牌

图 2-26　二次接线敷设在混凝土或砖结构上

（*a*）金属线夹；（*b*）塑料线夹

2．二次接线的敷设方式

二次接线的敷设方式应根据控制盘、继电保护盘、互感器及配电间隔的具体结构和周围的环境等条件确定，一般有在混凝土或砖结构上敷设、直接在混凝土或金属表面上敷设、在配电柜内敷设和在二次线槽内敷设等方式。

(1) 在混凝土或砖结构上敷设。将二次接线外包绝缘层后再用线夹（金属线夹厚约1mm）或线卡固定在结构表面上，如图 2-26 所示。

(2) 直接在混凝土或金属表面上敷设。将二次接线外包绝缘层后直接用线卡固定在混凝土或金属表面上，如图 2-27 所示。

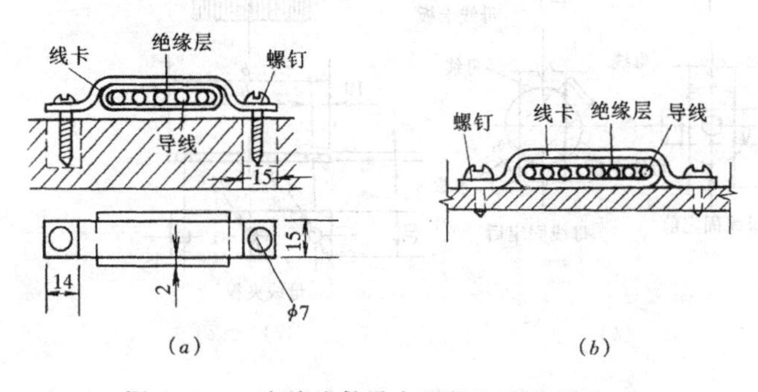

图 2-27　二次接线敷设在混凝土或金属表面上

(a) 在混凝土上敷设；(b) 在金属表面上敷设

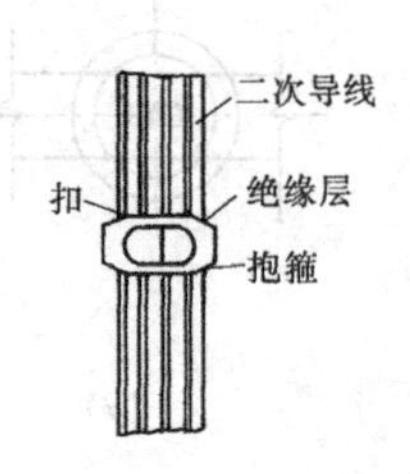

图 2-28　用带扣包箍绑扎二次导线

(3) 在配电柜内敷设。采用带扣包箍（可用厚 0.2mm、宽 812mm 镀锌铁皮制作，见图 2-28）或塑料扎带绑扎导线；也可采用专用塑料卷带缠绕二次导线。

(4) 在专用线槽内敷设。为简化敷设工作，现已广泛采用专用线槽（由钢板或塑料制作）敷设二次导线，接至接线端子板的导线由线槽旁的孔眼中引出。

3. 二次接线的敷设步骤

当测量仪表、继电保护、互感器、自动装置等二次设备安装完毕后，即可进行二次接线的敷设工作。

(1) 确定敷设位置。根据安装接线图确定敷设位置，划出导线的敷设路径；然后标出敷线路径的线夹安装位置，其线夹间距应符合以下规定：

电缆水平敷设 150mm，垂直敷设 400mm；导线水平敷设 150mm，垂直敷设 200mm。

(2) 固定线夹和敷设导线。先根据导线敷设方式和线夹安装标记安装固定线夹；并根据接线图合理安排导线排列位置，尽可能避免导线交叉；按实际长度剪断导线（包括弯曲和预留长度）；将一端用线夹或包箍包住，根据导线分列方法使其成束（单层或多层）；最后在线夹内垫好绝缘后将导线固定可靠。

(3) 导线的分支与分列。导线分支是由线束分支引出时，应将导线作成慢弯状态，其弯曲半径为导线直径的 3 倍，当导线穿过金属板时应加管保护。导线分列是由线束引出并有次序地与接线端子连接，其分列方法有单层分列法、多层分列法、扇形分列法和垂直分列法等。

1) 单层分列。在安装位置宽敞及接线端子和导线根数较少的场合，可采用单层分列(见图 2-29*a*)。

2) 多层分列。在安装位置狭窄及接线端子和导线根数较多的场合，可采用多层分列(见图 2-29*b*、*c*)。

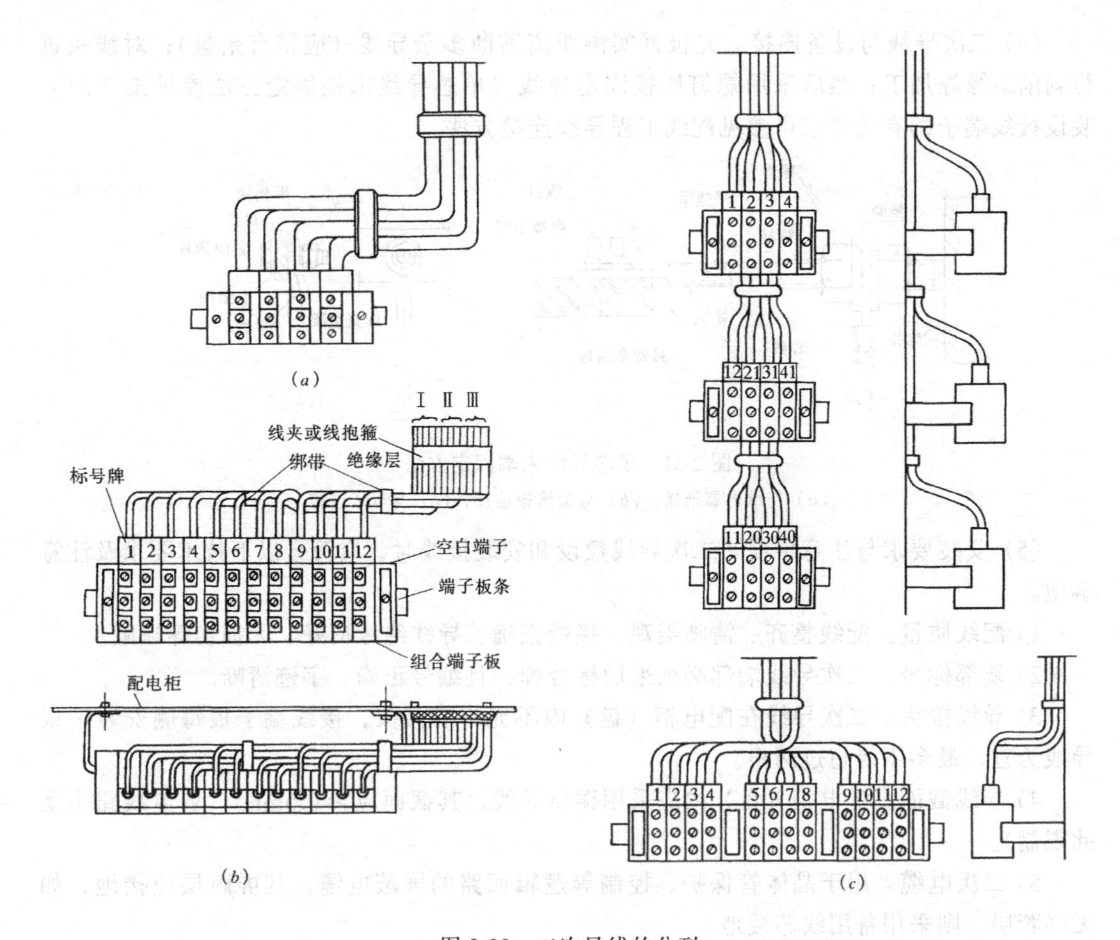

图 2-29　二次导线的分列

(a) 单层导线的分列；(b) 在接线端子板附近分列成多层；(c) 导线的多层分列

3）扇形分列。在不复杂的单双层配线中，有时可采用扇形分列（见图 2-30），其优点是接法简单、安装迅速、外形整齐。

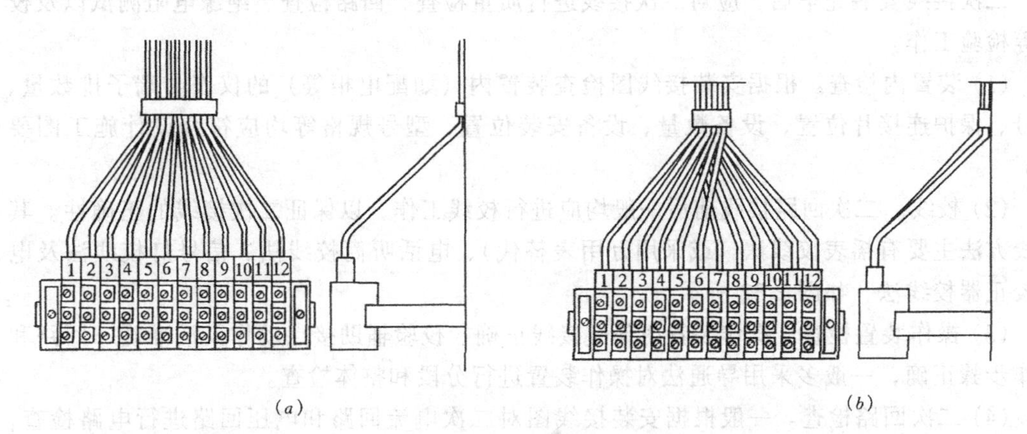

图 2-30　导线的扇形分列

(a) 单层导线；(b) 双层导线

4）垂直分列。端子板垂直安装时可采用垂直分列，常用于配电柜内的导线分列。

(4) 二次导线与设备连接。先根据实测距离剪断多余导线（应稍有余量）；对线头进行剥削绝缘等加工；然后采用螺钉压接固定导线（单芯导线末端固定方法参见图 2-31）。装设接线端子的有关要求可参见配线工程导线连接方法。

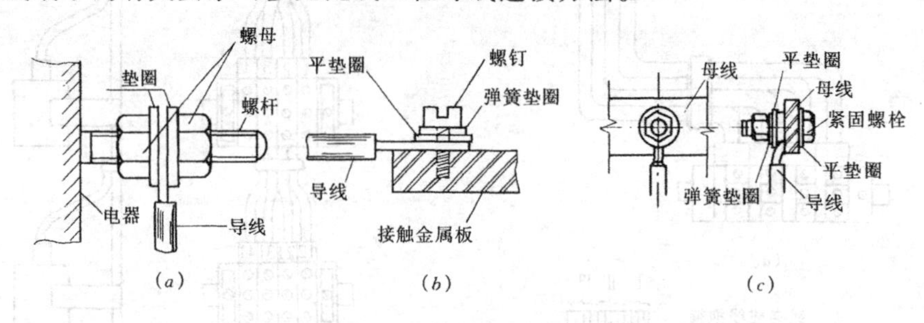

图 2-31　单芯导线末端固定方法

(a) 与继电器连接；(b) 与金属板连接；(c) 与母线连接

(5) 安装要求与注意事项。二次导线敷设和安装接线时，应符合以下技术要求及注意事项。

1) 配线质量。配线整齐、清晰美观、接线正确、导线绝缘良好、无损伤等缺陷。

2) 端部标号。二次导线端部必须采用标号牌，且编号正确、字迹清晰。

3) 导线接头。二次导线在配电柜（盘）内不允许有接头，接线端子板每侧安装一根导线为宜，最多不得超过两根。

4) 导线截面。配电柜（盘）内应采用铜质导线，其截面应≥$1.5mm^2$（弱电线路不受此限制）。

5) 二次电缆。用于晶体管保护、控制等逻辑回路的屏蔽电缆，其屏蔽层应接地；如无屏蔽层，则采用备用线芯接地。

6) 连接可移动部位。用于连接可移动的部位（如箱门、柜门等）时，应采用多股软质导线，线束应有加强外护套，并在可移动部位两端，用线卡固定牢靠。

4. 二次接线的检查与检验

二次接线安装完毕后，应对二次接线进行质量检查、回路检查、绝缘电阻测试以及校线等检验工作。

(1) 装置内检查。根据安装接线图检查装置内（如配电柜等）的仪表与端子排数量、标号、保护连接片位置、设备数量、设备安装位置、型号规格等均应符合设计施工图要求。

(2) 校线。二次回路接线前后一般均应进行校线工作，以保证二次接线的正确性。其校线方法主要有摇表校线法（或采用万用表替代）、电话听筒校线法、信号灯校线法及电缆校正器校线法，如图 2-32 所示。

(3) 操作装置检查。操作装置内部应接线正确、校验辅助接点动作灵活准确、回路和操作步骤正确，一般多采用导通法对操作装置进行分段和整体检查。

(4) 二次回路检查。一般根据安装接线图对二次电流回路和电压回路进行电路检查，并应符合仪表回路和保护回路的功能要求。

(5) 绝缘电阻测试。一般采用 500～1000V 兆欧表（48V 以下采用 250V 兆欧表），对直流回路、二次电压回路、二次电流回路进行绝缘电阻的测试：电阻值一般情况应

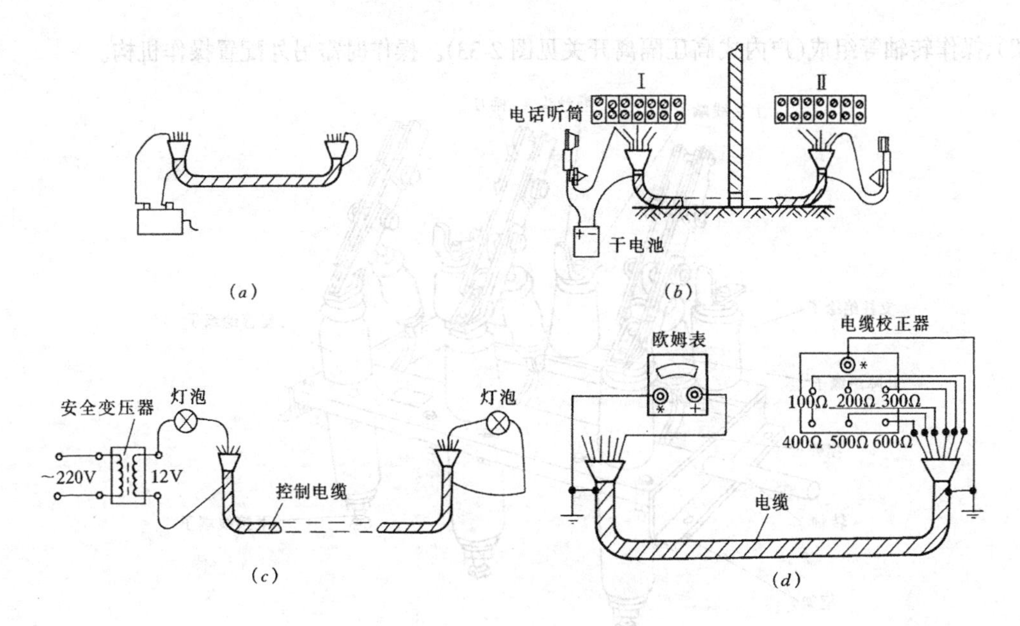

图 2-32 二次回路的校线

(*a*) 摇表校线法；(*b*) 电话听筒校线法；(*c*) 信号灯校线法；(*d*) 电缆校正器校线法

≥1MΩ;母线应≥10MΩ；潮湿场所应≥0.5 MΩ。

(6) 交流耐压试验。二次回路交流耐压试验一般可用兆欧表代替，一般情况为1000V，10MΩ 以上的回路用 2500V 兆欧表，时间为 1min。

第四节 高 压 电 器

高压电器是指额定电压在 1kV 及以上的高压电气设备，主要用于变配电工程中，作为高压供电系统的配电设备，主要起控制、保护、隔离和电能分配等作用。高压电气设备主要包括：隔离开关、负荷开关、断路器、熔断器、电压互感器、电流互感器、避雷器、移相电容器、电抗器等。

一、开关类高压电器

(一) 隔离开关

高压隔离开关是高压供电系统的闸刀开关，由于无灭弧装置，因此不能用来开断负荷电流与短路电流，只能用于无负荷切断电流（即只能切断空载电流）。

1. 高压隔离开关的作用

高压隔离开关主要有以下作用：

(1) 隔离电源。隔离开关有明显的断开点，以隔离需检修和维护的电气设备，以充分保证工作人员的直观安全感。

(2) 切换线路。通过隔离开关分合闸的变换,可改变供配电系统的连接方式及运行方式。

(3) 分合小电流。可分合小电流的电力线路和设备，如对高压母线及小容量变压器进行空载分合闸等。

2. 高压隔离开关的构造

高压隔离开关主要由闸刀(动触头)、传动绝缘子、静触头、支持(套管)绝缘子、底座(本体或框架)、操作转轴等组成(户内式高压隔离开关见图 2-33)。操作时需另外配置操作机构。

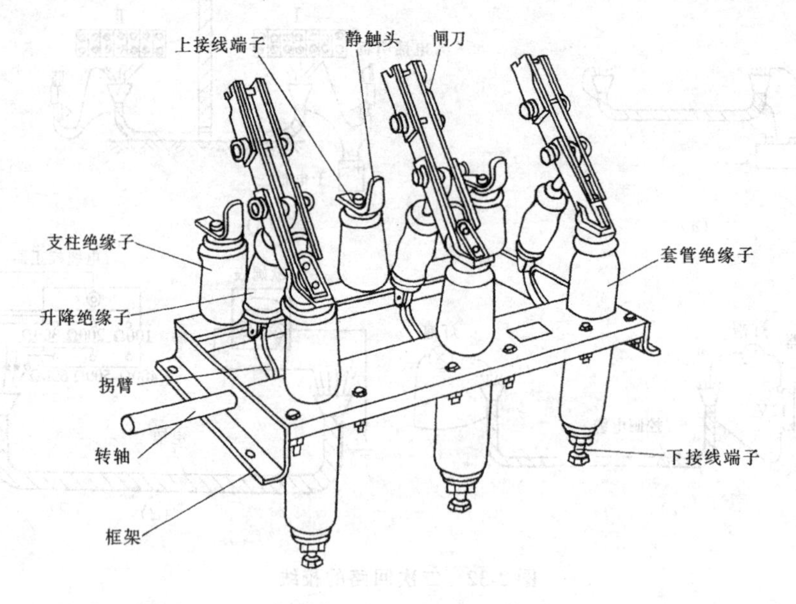

图 2-33　户内式高压隔离开关

3．高压隔离开关的型号

高压隔离开关的型号表示如下。

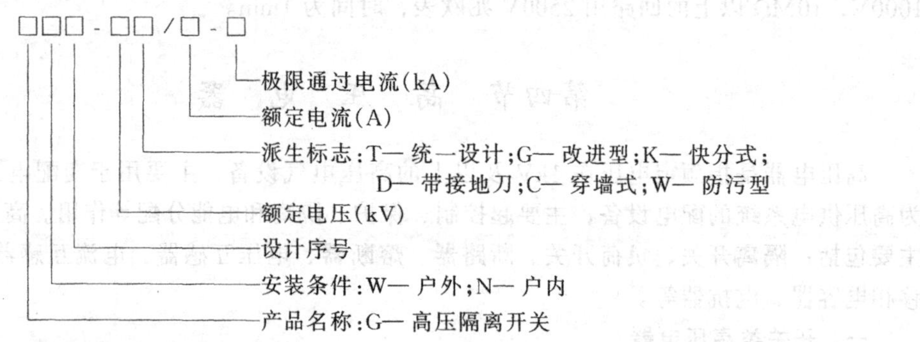

4．高压隔离开关的主要技术数据

高压隔离开关的主要技术数据如下:

(1) 额定电压。为隔离开关正常工作的线电压(有 3、6、10、35、110、220、330、500kV 等)。

(2) 最高工作电压。为隔离开关长期使用时的最高工作线电压。

(3) 额定电流。为隔离开关在规定条件下,可以长期工作的电流(有 100、200、400、1000、1500A 等)。

(4) 极限电流。为隔离开关在合闸位置时,允许通过的最大短路电流。

(5) 热稳定电流。为隔离开关在规定条件下,短时间内所能承受的电流,以 t 秒的电流表示,它主要反映开关承受短路电流热效应的能力。

5．高压隔离开关的安装与调整

10kV 户内式高压隔离开关在墙上安装示意如图 2-34 所示。

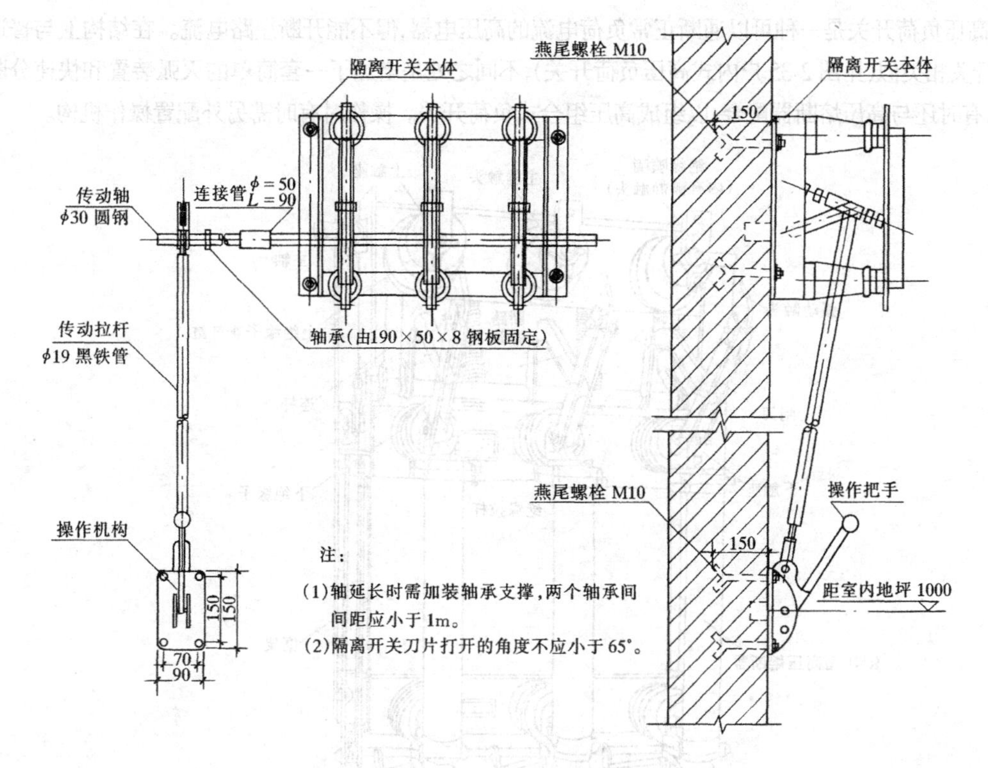

图 2-34　10kV 户内式高压隔离开关在墙上安装

(1) 安装前的检查。隔离开关型号、规格、电压等级应符合施工图要求，开关本体无变形、零件无损坏现象、动静触头接触良好（可用塞尺检查）、无锈蚀现象、绝缘子表面清洁、无裂纹和破损等缺陷。

(2) 开关本体安装。隔离开关基本安装步骤如下。

1) 埋设基础螺栓。转轴中心一般应距地 2.5m 以上。

2) 吊装开关本体。将开关本体安装孔套入基础螺栓。

3) 位置校正。开关本体就位后，应进行垂直和水平度的位置校正。

4) 安装固定。拧紧螺母固定开关本体。

5) 安装操动机构。操作固定轴中心距地一般为 1～1.2m。

6) 配制延长轴。一般采用圆钢或钢管制作延长轴。

7) 配装操作拉杆。按操作手柄位置装配操作拉杆。

8) 接地连接。开关本体与操动机构的金属构架应进行接地连接。

(3) 高压隔离开关的调整。隔离开关的主要调整项目如下。

1) 分闸试验。隔离开关分闸后拉开的净距应符合产品要求。

2) 合闸试验。合闸后应无侧向撞击现象，并测定同期性一致。

3) 调整辅助接点。动合触点 80%～90%行程时闭合；动断触点 75%行程时断开。

4) 手柄位置正确。合闸时手柄位置向上；分闸时手柄位置向下。

5) 分合操作试验。进行 3～5 次分合闸操作试验，确认无异常现象。

6) 拧紧螺栓。调试完毕后所有螺栓应拧紧、开口销分开。

(二) 负荷开关

高压负荷开关是一种可以通断正常负荷电流的高压电器,但不能开断短路电流。在结构上与普通隔离开关相类似(见图2-35户内式高压负荷开关),不同之处是增加了一套简单的灭弧装置和快速分断机构,有时还与高压熔断器配合,以组成高压组合式负荷开关。操作时有时需另外配置操作机构。

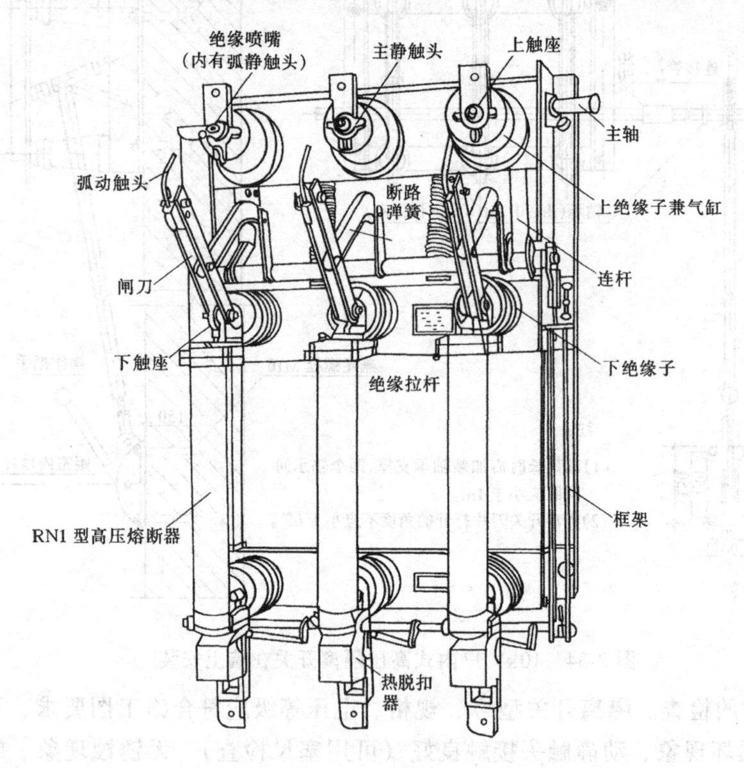

图 2-35 户内式高压负荷开关

1. 高压负荷开关的型号

高压负荷开关的型号表示如下所示。

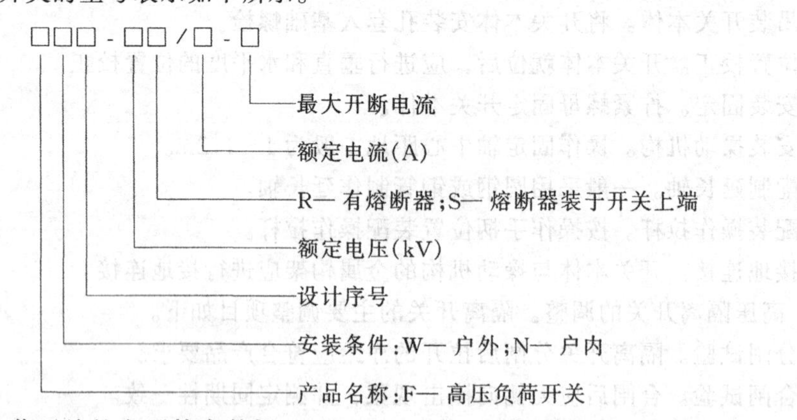

2. 高压负荷开关的主要技术数据

(1) 额定电压、额定电流、最高工作电压、极限通过电流与热稳定电流。含义与隔离开关相同。

(2) 额定分断电流。负荷开关在额定电压下,允许分断不致影响继续运行的最大电流。

(3) 最大分断电流(极限分断电流)。指在低于额定电压时,开关能开断的最大电流。

(4) 额定断流容量。它标志负荷开关开、断短路故障的能力，一般用额定电压与额定分断电流的乘积（MVA）来表示。

3. 高压负荷开关的安装与调整

(1) 检查与安装。高压负荷开关的安装及检查与隔离开关相同。

(2) 调整及要求。高压负荷开关除按隔离开关的调整方法进行外，还应进行以下调整。

1) 合闸时开关应准确闭合，分闸时手柄下转约150°时动触刀与静触刀应可靠分离。

2) 主刀片与辅助刀片动作顺序：合闸时辅助刀片先闭合，主刀片后闭合；分闸时主刀片先行断开，辅助刀片后断开。

3) 灭弧筒内产生灭弧气体的有机绝缘物应完好无损，灭弧筒与灭弧触头（辅助触头）的间隙应符合要求，分闸时三相的辅助刀片应同时分离灭弧触头。

（三）断路器

断路器是一种可以自动快速通断负荷电流和短路电流的高压电器，它有一套完整的灭弧装置，因此能用来通断正常的负荷电流和故障时的短路电流。

1. 断路器的作用

断路器主要有以下用途：

(1) 控制作用。根据供电系统的运行需要，用断路器控制电气设备和电力线路的通断状态，使其投入运行或退出运行。

(2) 保护作用。当电气设备或电力线路发生故障时，通过二次设备快速自动控制将故障部分从供电系统中切除。

(3) 其他作用。当断路器设置微处理设施和通信接口后，与计算机网络系统配合，可完成自动控制、保护、信号、检测、遥测、遥控、参数设定等多种智能功能。

2. 断路器的类型

高压断路器可以按灭弧介质分类、可以按装置地点分类、也可按电压等级分类。

(1) 按灭弧介质分类。高压断路器按灭弧装置所使用的灭弧介质分为油断路器(少油、多油)、空气断路器、真空断路器、电磁式空气断路器、六氟化硫断路器、磁吹断路器等。

(2) 按装置地点分类。高压断路器按装置地点可分为户内式和户外式。

(3) 按电压等级分类。断路器按电压等级可分为高压断路器（1000V及以上电压等级）和低压断路器（多为空气断路器）。

3. 断路器的型号

高压断路器型号表示如下。

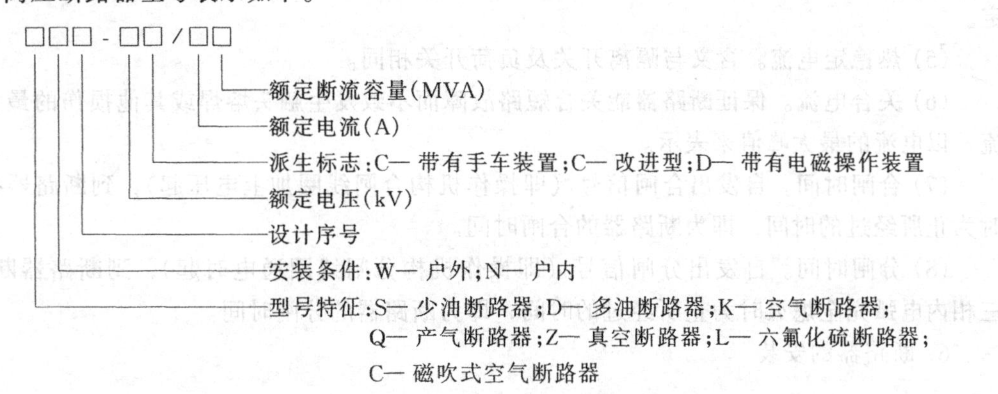

4．断路器的基本构造

真空断路器主要由框架、真空灭弧室、电磁操动机构、上下支座、绝缘支座和传动部分等组成，真空灭弧室为中间封闭式纵磁场灭弧室、体积小、熄弧能力强、断开绝缘水平高。因此，目前真空断路器采用较多。ZN28-10系列真空断路器见图2-36。

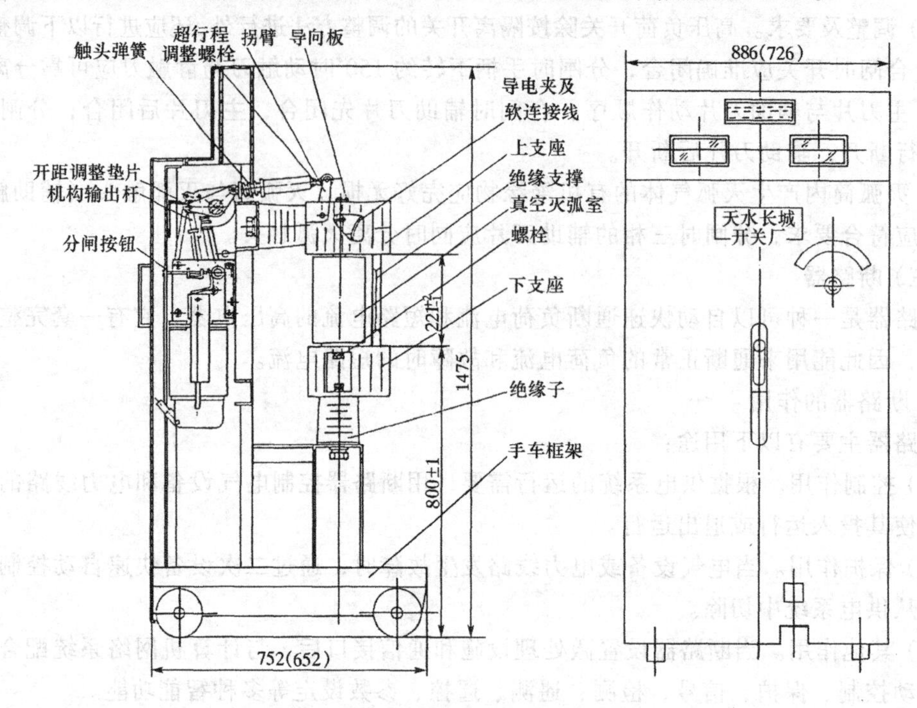

图2-36　ZN28-10系列真空断路器

5．断路器的主要技术数据

(1) 额定电压、额定电流与最高工作电压。含义同隔离开关及负荷开关。

(2) 额定分断电流。断路器在额定电压下，允许分断而不致影响继续运行的最大电流。

(3) 额定断流容量。它是断路器的主要标志之一，其含义与负荷开关相同。

(4) 极限通过电流（动稳定电流）。指断路器在合闸位置时，允许通过的最大冲击电流，此电流不应影响断路器的正常运行，其大小由导电性能与绝缘性能及其机械强度所决定。

(5) 热稳定电流。含义与隔离开关及负荷开关相同。

(6) 关合电流。保证断路器能关合短路故障而不致发生触头熔焊或其他损伤的最大电流，以电流的最大峰值来表示。

(7) 合闸时间。自发出合闸信号（即操作机构合闸线圈加上电压起），到断路器接通时为止所经过的时间，即为断路器的合闸时间。

(8) 分闸时间。自发出分闸信号（即操作机构分闸线圈通电时起），到断路器断开、三相内电弧完全熄灭时为止所经过的时间，即为断路器的分闸时间。

6．断路器的安装

断路器一般安装于混凝土墙上和金属构架上，真空断路器也可安装于手车内。断路器安装于混凝土墙上的基本步骤如下。

（1）预埋或安装固定螺栓。按断路器产品安装孔尺寸预埋或安装螺栓。

（2）安装前检查。拆除断路器包装，检查断路器各部无异常现象。

（3）安装固定。起吊断路器，将其用螺栓安装固定在墙上或支架上。

（4）水平度和垂直度的调整。位置找正后拧紧螺栓。

（5）调整操动机构。操作机构应操作灵活和位置准确。

7. 真空断路器的调整

（1）操动机构调整。调整脱扣器使任何位置均能分闸，但不能重合闸；辅助接点指示位置应准确、接触良好、动作灵活。

（2）本体调整。断路器安装后的主要调整内容包括触头开距、超行程、合闸时外触头、弹簧高度及油缓冲器等进行调整，手动慢合、分闸操作等；灭弧室的真空度，目前采用电气耐压间接测定方法。在导电回路中应对导电杆、可挠铜片、接线端子应重点检查，当可挠铜片有损坏时应采取措施。

（3）操作试验。断路器安装后的操作试验项目主要包括慢速操作试验、快速操作试验（速度和时间测量）、分合闸及脱扣器起动性能试验、分合闸电压试验（合闸：（80%～110%）U_N 时可靠合闸；分闸：（65%～120%）U_N 时可靠分闸）、失压脱扣器动作电压试验、过载脱扣器电流试验（（35%～65%）U_N 释放；（65%～85%）U_N 允许吸合；85% U_N 以上可靠吸合）等，其性能指标均应符合产品、设计及规范要求。

（四）操作机构

操作机构（又称操动机构）是配合高压隔离开关、负荷开关、断路器做操作使用的电气设备，它为开关分合闸提供操作能量，使开关维持分合闸状态。它一般为一独立机构，以备各类高压开关选用。

操作机构按合闸能量所提供的方式可分为：手动操作机构、电磁操作机构、弹簧储能操作机构、电动操作机构、气动操作机构和液压操作机构等。35kV 及以下电压系列一般使用前三种操作机构。

（1）手动操作机构（CS 型）。用人力通过杠杆直接驱动开关设备分合闸，其特点是结构简单、价格便宜、无需附加动力设备等，但其功率小、安全性差、不能远方操作。

（2）电磁操作机构（CD 型）。利用直流电磁铁作驱动力矩使开关设备分合闸，其特点是结构简单、运行可靠、价格适宜、可遥控合闸等，但需配备大容量直流电源，大功率时动作较慢。

（3）弹簧储能操作机构（CT 型）。利用弹簧储存的能量（可采用手动、电磁和电动等方式进行储能）来使开关设备分合闸，其优点是动作速度快、运行可靠、对电源质量要求不高、灵活性大，缺点是结构复杂、大功率时较笨重、冲击力大、构件机械强度要求高。

二、其他高压电器

（一）高压熔断器

高压熔断器是用于自动切断高压供电系统的一种保护设备，可用来保护高压电气设备和电力线路。

1. 高压熔断器的结构

高压熔断器主要由熔体、熔管、支持绝缘子和底座等组成（参见图2-37），分为户内式和户外式（户外式高压跌落式熔断器有时称令克），其优点是结构简单、价格便宜，缺点是断流速度慢、容量不宜过大。

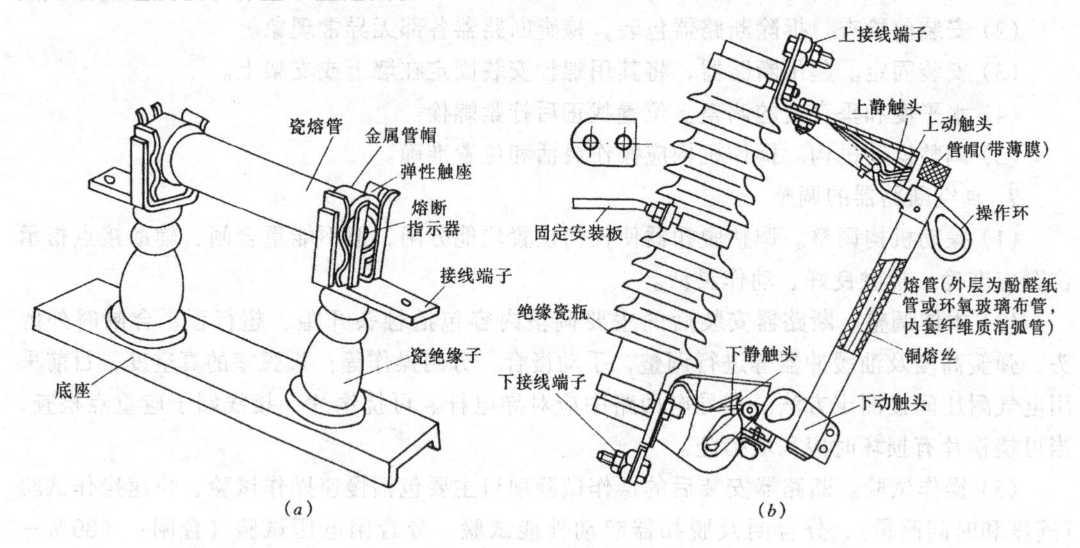

图2-37 高压熔断器

(a) 户内式；(b) 户外式（跌落保险）

(1) 户内高压熔断器。一般均为限流式，在短路电流未达到最大值之前，将电弧熄灭，从而可限制短路电流的数值。其结构主要由熔丝管、触头座、支持绝缘子等组成。

(2) 户外高压断路器。小容量变压器架空进线一般常装设户外高压熔断器（RW型户外跌落式熔断器），其结构主要由瓷绝缘体、跌落机构、紧锁机构、熔丝管等组成。

2. 高压熔断器的用途与装设部位

常用高压熔断器主要用于以下装设部位：

(1) 中小容量电力变压器高压侧。

(2) 电压互感器高压侧。

(3) 高压补偿电力电容器的电源端。

3. 高压熔断器的型号

高压熔断器型号表示如下所示。

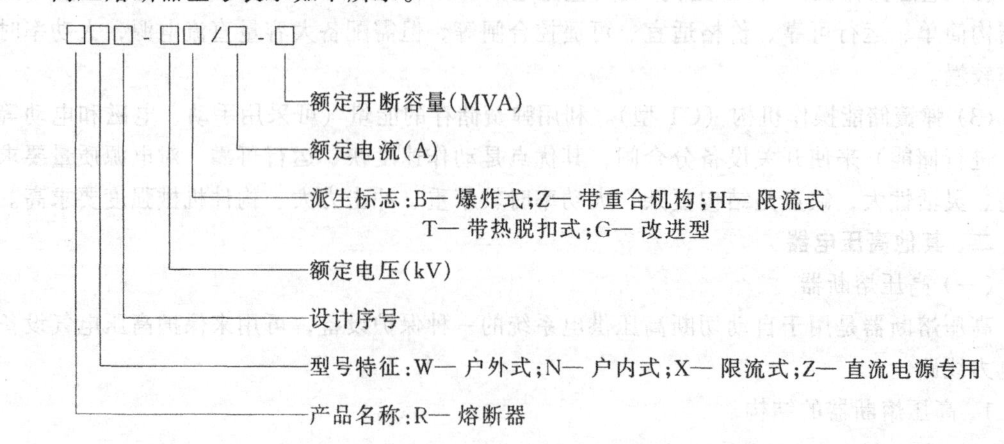

（二）互感器

互感器为特殊变压器，是供电系统二次回路变换电压和电流的电气设备。将高电压变换为低电压（称二次电压额定值均为100V）的电气设备称电压互感器；将大电流变换为小电流（称二次电流，额定值均为5A）的电气设备称电流互感器。

1. 互感器的分类

(1) 按绝缘形式分类。按绝缘形式分为有磁绝缘、浇注绝缘、树脂浇注和塑料外壳互感器等。

(2) 按冷却介质分类。按冷却介质可分为油浸式、干式、树脂浇注式互感器等。

(3) 按相数分类。按相数可分为单相和三相互感器；

(4) 按匝数分类。按匝数可分为单匝和多匝互感器。

(5) 按安装地点分类。按安装地点可分为户内式和户外式互感器。

(6) 按整体结构和安装方式分类。按整体结构和安装方式可分为穿墙式、母线式、套管式和支持式互感器等。

(7) 按精度分类。互感器按精度可分为0.2、0.5、1、3级4个等级。

2. 电压互感器

(1) 电压互感器的用途。常用电压互感器与相应仪器配合具有以下用途：

1) 测量作用。二次输出电压100V配合测量仪表，对线路的高电压、电能等电量进行测量。

2) 保护作用。电压互感器与继电器配合，对电力系统设备和线路进行过电压和欠电压的保护。

3) 隔离作用。电压互感器将高压回路与控制、测量、计量、保护、信号等二次回路隔开，以保证操作人员与设备安全。

(2) 电压互感器的结构。其结构与小型双绕组变压器类似，主要由铁心、一次绕组、二次绕组、油箱等组成。其作用是给二次设备提供电压回路，在电压互感器副边可连接高阻抗量测仪表和装置（如电压表、功率表电压线圈、电度表电压线圈、电压继电器等）。电压互感器见图2-38。

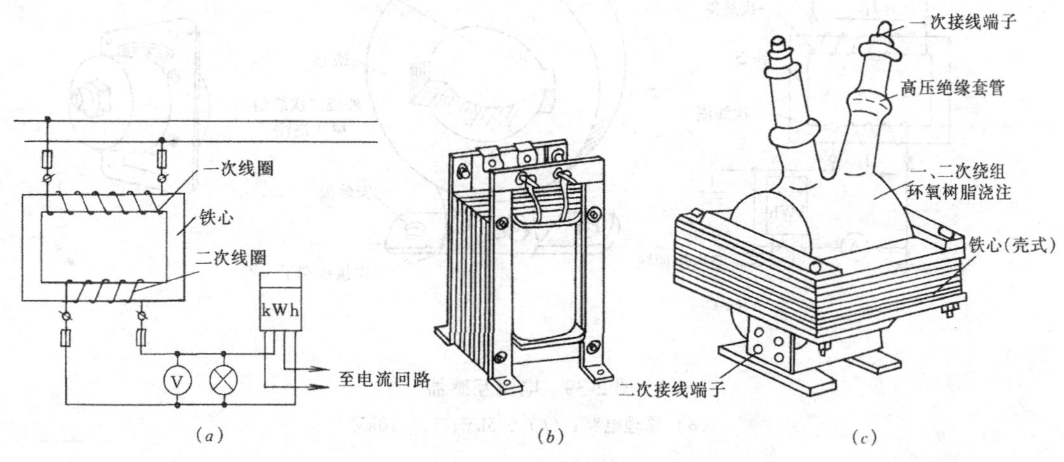

图2-38　电压互感器

(a) 原理电路；(b) 0.5kV；(c) 10kV

(3) 电压互感器的型号。电压互感器型号表示如下。

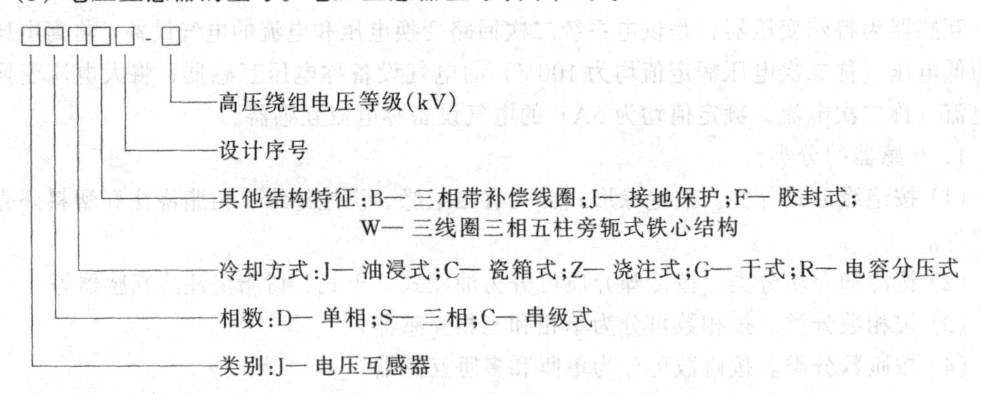

(4) 电压互感器主要参数。电压互感器主要参数有额定电压和准确等级。

1) 额定电压。高压绕组（原绕组）的额定工作电压：有 0.5、3、6、10、15、20、35、110、220、330、500kV；副边电压均为 100V。

2) 准确等级。由于漏阻抗的原因使电压互感器产生比值差（折算值与原边电压的数值差）和相角差（一、二次间的相位差），通常用准确等级来表示其差值。我国规定电压互感器有 0.2、0.5、1.0、3.0 级四个准确等级。

3. 电流互感器

(1) 电流互感器的用途。用以将大电流变换为小电流，其他作用与电压互感器基本相似。

(2) 电流互感器的结构。电流互感器的结构主要由铁心、一次绕组、二次绕组、外壳等组成。副边可连接低阻抗仪表和装置（如电流表、功率表电流线圈、电度表电流线圈、电流继电器等）。电流互感器见图 2-39。

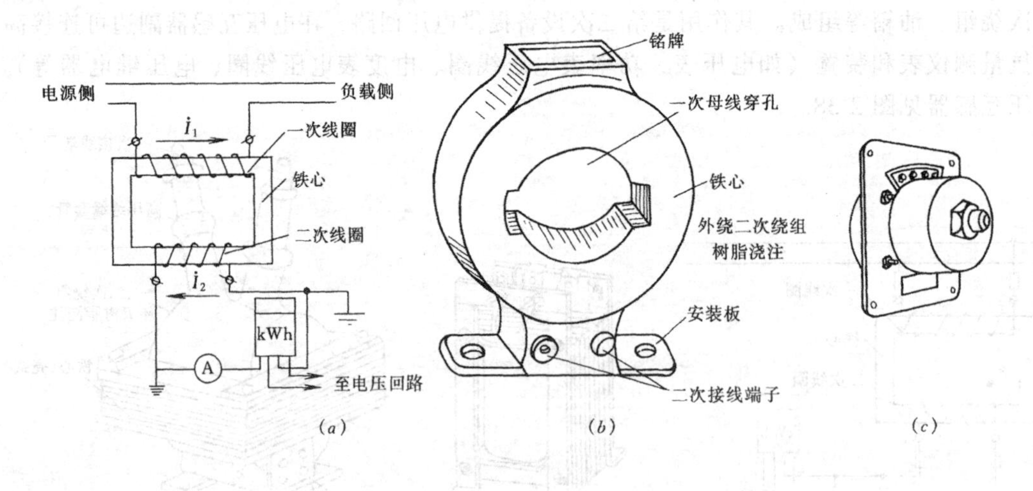

图 2-39　电流互感器

(a) 原理电路；(b) 0.5kV；(c) 10kV

(3) 电流互感器的型号。电流互感器型号表示如下。

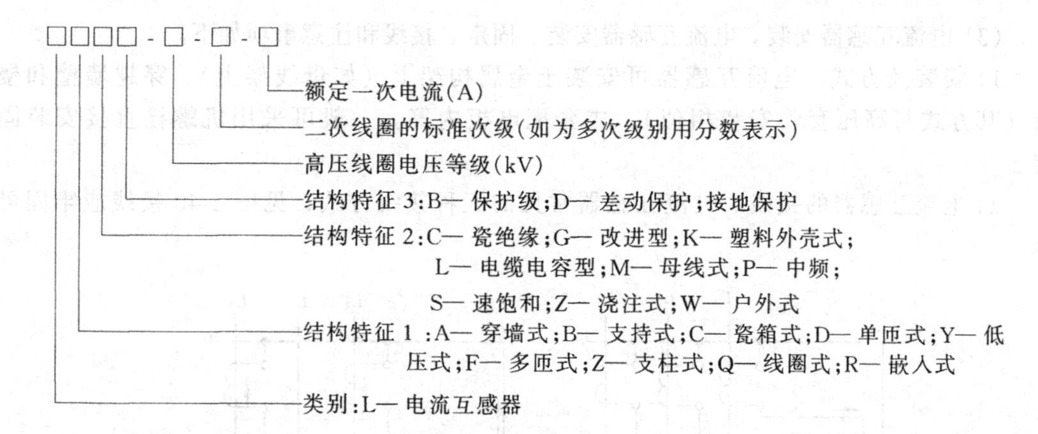

(4) 电流互感器主要参数。电流互感器有额定电流、额定电压、额定二次负荷和准确等级等主要参数。

1) 额定电流。原绕组(一次侧)的额定工作电流,其范围为5~25000A;副边电流均为5A。一般用"原边电流/5A"来表示,同时示出原边电流和变流比。

2) 额定电压。原绕组的额定工作电压:有0.5、3、6、10、15、20、35、110、220、330、500(kV)。

3) 准确等级。与电压互感器类似,电流互感器也有比值差和相角差,通常用准确等级来表示。我国规定电流互感器有0.2、0.5、1.0、3.0、10级5个准确等级。

4) 额定二次负荷。当一次电流不变、二次负荷增加时,误差也会相应增大。为保证电流互感器准确等级而限定二次负荷连接的限值,称额定二次负荷。一般以伏安或欧姆数值表示。

4. 互感器的安装

(1) 一般规定。互感器安装时应符合以下规定。

1) 互感器的搬运。互感器在运输和保管期间应防止受潮、倾斜和遭受机械损伤;油浸式互感器应直立搬运,倾斜不超过15°;吊装时应整体起吊,不能采用磁裙起吊,并不得碰触瓷套。

2) 互感器检查。互感器运达现场后应进行检查:包括附件、瓷裙、油位、密封、瓷套法兰、放油阀、磁套管、穿心导电杆、各部螺栓、铁心、线圈、油路、绝缘支持物、变比分接头、接线标志等均无质量缺陷。

3) 互感器安装要求。互感器应水平安装,排列整齐,极性方向应一致;接线端子与油位指示器位置应一致并便于检查。

(2) 电压互感器安装。电压互感器安装、固定、接线和注意事项如下。

1) 电压互感器的固定。电压互感器一般安装固定在配电柜内的构架或混凝土台上,多采用机螺栓或预埋螺栓固定。

2) 电压互感器的接线。连接到电压互感器的引线或母线不应受到任何拉力;二次侧必须有一端接地,以防线圈击穿危及人身安全;一般在一、二次侧装设熔断器做短路保护。

3) 注意事项。互感器极性不能接错;线圈绝缘电阻(对外壳)应符合要求(一次线圈可采用2500V兆欧表;二次线圈可采用1000V兆欧表);电压互感器二次侧不允许短路。

(3) 电流互感器安装。电流互感器安装、固定、接线和注意事项如下。

1) 安装及方式。电流互感器可安装于金属构架上（如母线架上）、穿越墙壁和楼板（其方式与高压套管安装相似）、成套配电柜内等。一般可采用机螺栓直接安装固定。

2) 电流互感器的接线。电流互感器常见的五种接线方式，见图 2-40 接线应牢固可靠。

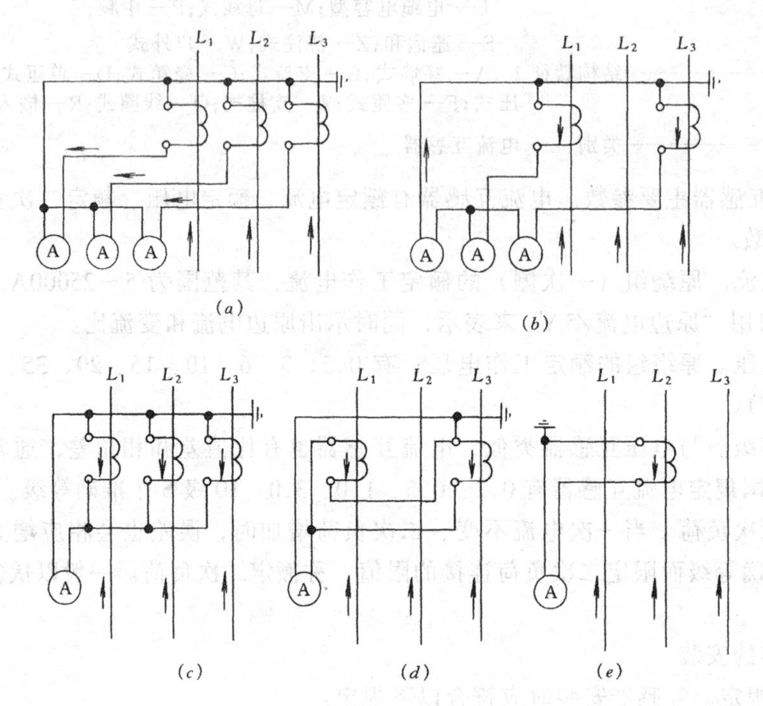

图 2-40　电流互感器常见的五种接线方式

(*a*) 三相 Y 形接线；(*b*) 两相 V 形接线；(*c*) 零序接线；(*d*) 两相电流差接线；(*e*) 一相式接线

3) 注意事项。互感器中心应在同一直线上；绝缘电阻低于 10～20MΩ 时应进行干燥处理；穿越墙壁和楼板时应注意防锈；接线不应受到额外拉力；二次侧一端和互感器外壳应妥善接地；电流互感器二次侧不允许开路，因此不能在二次侧装设熔断器。

(4) 互感器试验。互感器安装后可根据需要进行试验，主要试验项目有绝缘电阻测试、交流耐压试验（一次线圈对外壳）、介质损耗测试、绝缘油电气强度试验、一次线圈直流电阻测试、励磁特性曲线测试、测试电压互感器空载电流、检查结线组别和极性、检查互感器变比、测量夹紧螺栓绝缘电阻等。

(三) 避雷器

避雷器是保护交流变配电设备（变压器、高压电机、配电设备等）的绝缘性能、免受大气过电压（雷击）而损害变配电设备的电气保护装置。高压避雷器主要分为阀形避雷器和管式避雷器两大类。

高压避雷器型号表示如下所示：

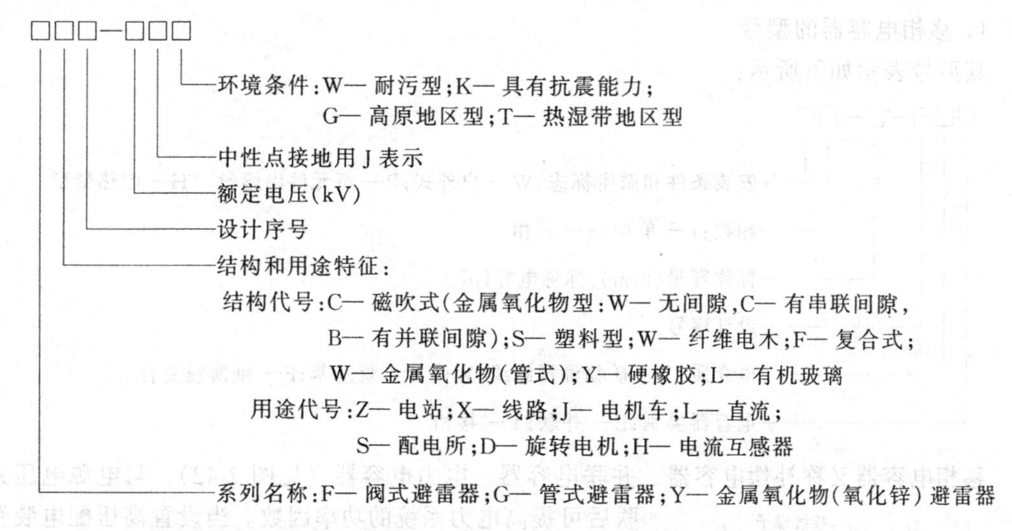

金属氧化物避雷器型号中还包括标称放电电流及残压值等参数。

1. 阀型避雷器

阀式避雷器的基本组成元件是火花间隙（正常时为绝缘状态；当雷击或高电压时会击穿火花间隙使电流流入大地）和阀型电阻（非线性电阻：电压较高和电流较大时，电阻值较小；电压较低和电流较小时，电阻值较大），并装设在密封的瓷件中（以防外界影响）。阀避雷器如图 2-41（a）所示。

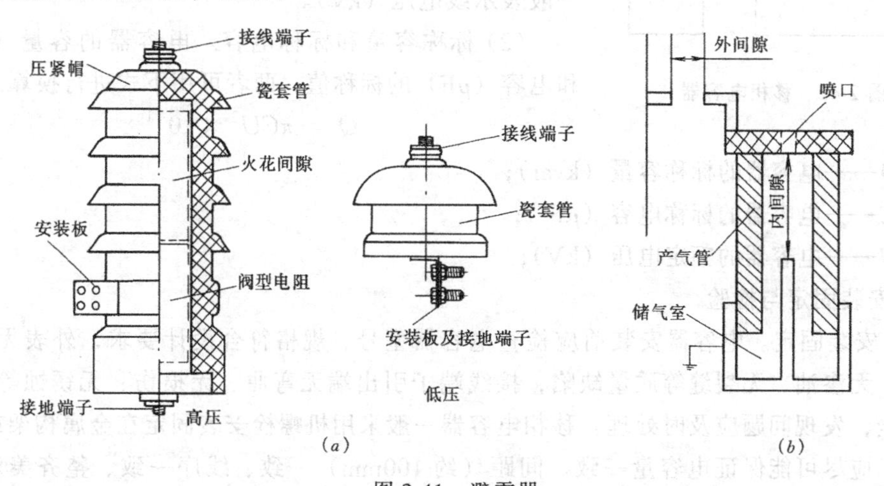

图 2-41　避雷器

（a）阀型避雷器；（b）管型避雷器

2. 管式避雷器

管式避雷器主要由串联在输电线路与大地之间的两个火花间隙所组成，暴露在空气中的称为外间隙，装设在避雷器灭弧产气装置内的称内间隙（因不能长期承受高电压，因此采用外间隙与内间隙隔离，从而组成双间隙）。当在雷击或高电压作用下时，两个间隙被击穿而将雷电流泄入大地，同时内间隙击穿时产生的电弧高温将管内壁产气材料分解并气化，从而产生数十个大气压的高压气体，以冲开喷口达到纵吹电弧使其熄灭。其结构示意如图 2-41（b）所示。

（四）移相电容器

1. 移相电容器的型号

其型号表示如下所示：

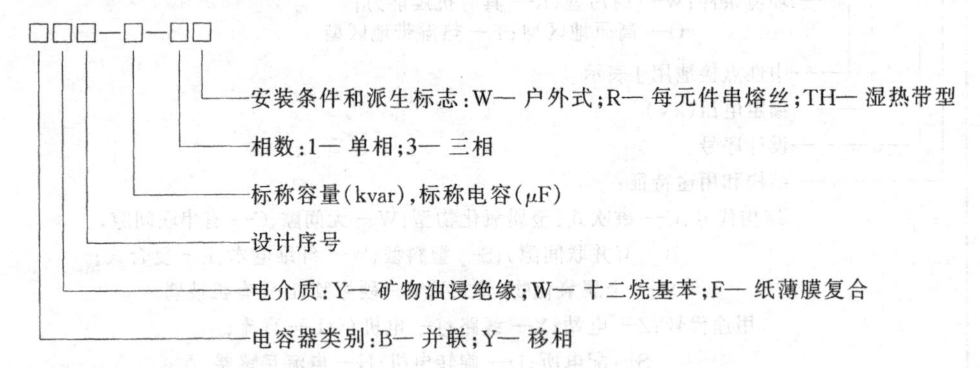

移相电容器又称补偿电容器、并联电容器、电力电容器（见图 2-42），与电源电压并联后可提高电力系统的功率因数。当设置高压配电装置时，一般在高压侧进行功率因数补偿。

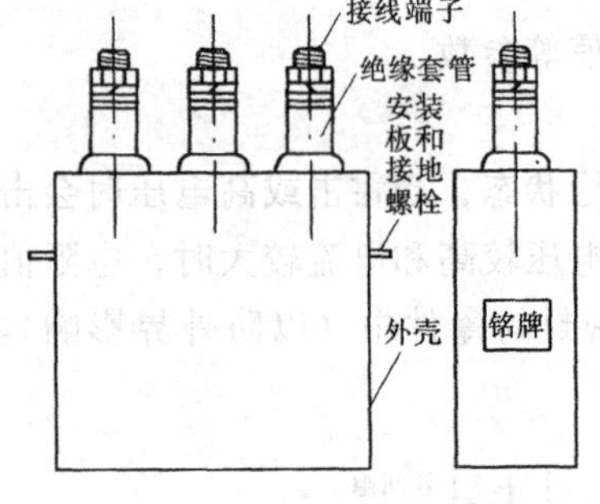

图 2-42 移相电容器

2. 主要技术参数

移相电容器的主要参数有额定电压、标称容量和标称电容等。

(1) 额定电压。电容器允许长期工作的正常电压，一般表示线电压（kV）。

(2) 标称容量和标称电容。电容器的容量（kvar）和电容（μF）的标称值，两者可用下式进行换算。

$$Q = \pi C U^2 \times 10^{-1} \tag{2-6}$$

式中 Q——电容器的标称容量（kvar）；

C——电容器的标称电容（μF）；

U——电容器的额定电压（kV）；

3. 安装固定与检验

(1) 安装固定。电容器安装前应检查电容器型号、规格符合设计要求，外表无锈蚀、无凸凹、无渗油、无裂缝等质量缺陷，接线端子引出端无弯曲、无损伤、无锈蚀等现象，附件齐全，发现问题应及时处理。移相电容器一般采用机螺栓安装固定在金属构架或混凝土台上，应尽可能保证电容量一致、间距（约 100mm）一致、线序一致、整齐美观，铭牌应面向通道，并有顺序编号，金属外壳应可靠接地。

(2) 检验。电容器安装完毕后，在投入运行前应进行绝缘电阻测试、工频交流耐压试验和合闸试验（合闸时熔断器应正常，各相电流差值应＜5%）等检验工作。

(五) 电抗器

电抗器主要是限制短路电流而装设在电力线路上的电气设备，也可用于高压电机的降压启动。其原理是由于短路（或起动）时电抗器的阻抗压降（电感线圈）急剧增大，从而限制短路电流（或起动电流），维持电力线路或母线电压稳定。

电抗器主要分为启动电抗器（用于高压电机启动，起降压和限制启动电流作用）和串联电抗器（用于母线出线端，起短路限流作用）。

第五节　低　压　电　器

低压电器是指额定电压在1kV以下的低压电气设备，包括低压供电系统中的配电设备、开关设备和控制设备，主要起控制、保护和隔离等作用。低压电器（或电气设备）主要包括：刀开关、负荷开关、断路器、交流接触器、组合开关、主令电器、信号电器、熔断器、电压互感器、电流互感器、移相电容器等。

一、开关类低压电器

开关类低压电器主要包括刀开关、负荷开关、断路器、组合开关等。

（一）刀开关

刀开关又称闸刀开关，其作用与高压隔离开关相类似，只能用于无负荷切断电流（即只能切断空载电流），是低压供电系统的隔离开关。

1. 刀开关的构造

刀开关结构简单、应用广泛，主要由手柄、动触头（刀）、静触头、绝缘板（底座）等组成（低压刀开关见图2-43）。

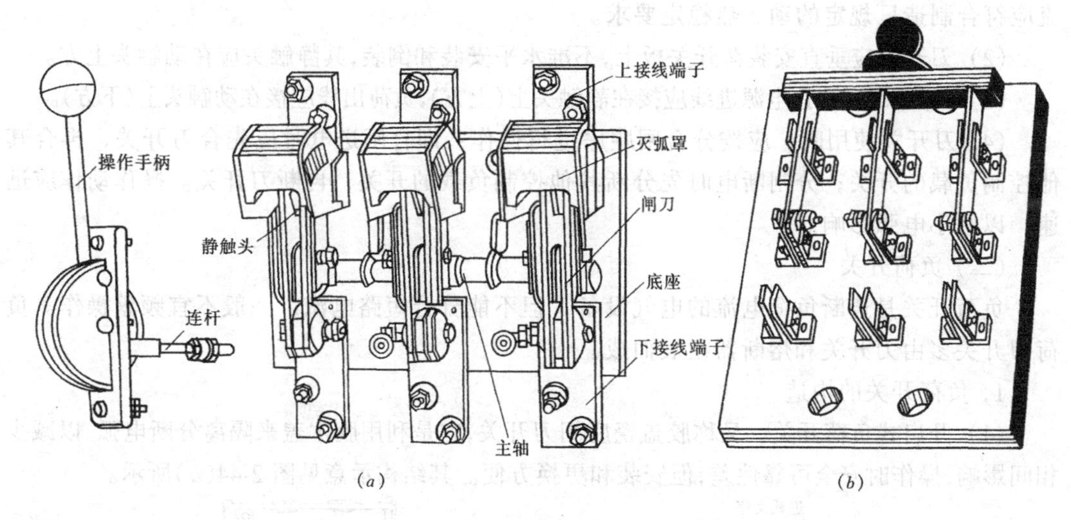

图2-43　低压刀开关

(a) 单掷刀开关；(b) 双掷刀开关

2. 刀开关的主要技术数据和型号

低压刀开关技术数据如表2-9所示，其型号表示如下。

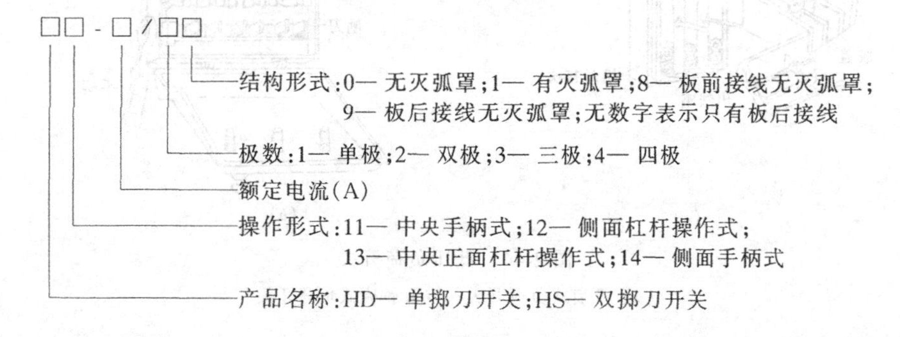

低压刀开关的技术数据　　表 2-9

型　号	额定电流（A）	极　数	结构与操作形式	说　明
HD11-□/□8	100、200、400	1、2、3	中央手柄操作式	
HD11-□/□9	100、200、400、600、1000			
HS11-□/□	100、200、400、600、1000			
HD12-□/□1 HS12-□/□1	100、200、400、600、1000	2、3	侧方正面杠杆操作式（带灭弧罩）	
HD13-□/□1 HS13-□/□1	100、200、400、600、1000	2、3	中央正面杠杆操作式（带灭弧罩）	
HD13-□/□0 HD13-□/□0	100、200、400、600、1000 1500		中央正面杠杆操作式（无灭弧罩）	
HD14-□/31	100、200、400、600	3	侧面手柄操作式（有灭弧罩）	
HS14-□/30			侧面手柄操作式（无灭弧罩）	
QSA-□/□	125、160、250、400、630、800	1、2、3	中央正面杠杆操作式（带灭弧罩、带熔断器）	配用 RT20 型熔断器

3. 低压刀开关的应用与安装

(1) 刀开关的额定电流应符合电路要求（应考虑电动机起动电流影响），电路短路电流应符合制造厂规定的动、热稳定要求。

(2) 刀开关应垂直安装在开关板上，不准水平安装和倒装，其静触头应在动触头上方。

(3) 刀开关接线时，电源进线应接在静触头上(上方)，负荷出线应接在动触头上(下方)。

(4) 刀开关使用时，应按分合闸顺序进行操作：即合闸送电时应先合刀开关，再合其他控制负载的开关；分闸断电时先分断其他控制负载的开关，再断刀开关。操作动作应迅速，以减小电弧影响。

(二) 负荷开关

负荷开关是通断负荷电流的电气设备，但不能分合短路电流，一般不宜频繁操作。负荷刀开关多由刀开关和熔断器组装而成。

1. 负荷开关的构造

(1) 开启式负荷开关。又称胶盖瓷座闸刀开关，它是利用胶木盖来隔离分断电弧，以减少相间影响，操作时安全可靠性差，但安装和更换方便。其结构示意见图 2-44(a)所示。

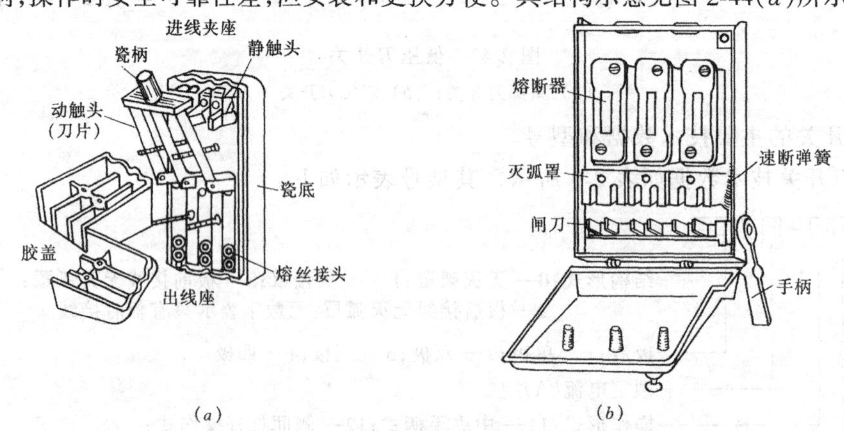

图 2-44　低压负荷开关

(a) 开启式负荷开关；(b) 铁壳式负荷开关

(2) 铁壳式负荷开关。又称封闭式负荷开关（低压负荷开关见图 2-44（*b*）)，由于其外壳是由铸铁或钢板制作，所以简称铁壳开关。其特点是将刀开关和熔断器装于全封闭的铁壳内，因此可隔离开关内外环境的影响，同时在铁壳内装置了速断机构（增加刀开关的断开速度）和机械连锁装置（合闸位置时，铁壳盖不能打开；而盖子打开时，不能操作合闸），从而增强操作人员的安全性。

2. 负荷开关的主要技术数据和型号

低压负荷开关技术数据如表 2-10 所示，其型号表示如下。

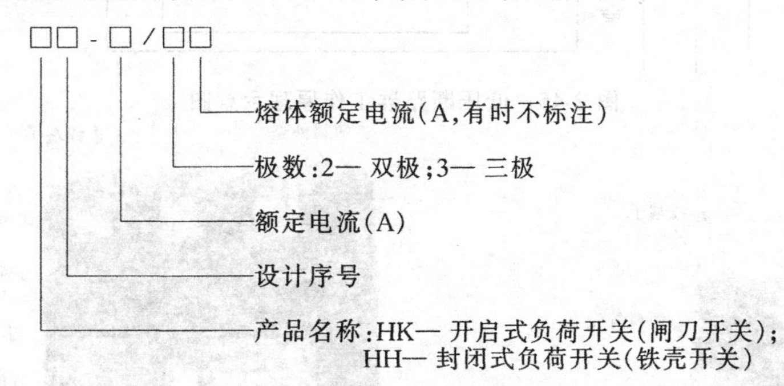

低压负荷开关技术数据 **表 2-10**

型　号	额定电流 (A)	极　数	可控制电动机容量 (kW)	配用熔丝线径 (mm)	熔丝材料	说明
HK1-□/2	15 30 60	2	1.5 3.0 4.5	1.45～1.59 2.30～2.52 3.36～4.00	铅锡合金丝	
HK2-□/3	10 15 30	3	2.2 4.0 5.5	0.45 0.71 1.12	铅锡合金丝	
HH3-□/□	15 30 60	2、3	—	0.26～0.46 0.65～0.81 1.02～1.32	紫铜丝	
HH4-□/□	15 30 60	2、3	—	1.08～1.98 0.61～0.80 0.92～1.20	软铅丝 紫铜丝 紫铜丝	

3. 负荷开关的应用与安装

(1) 负荷开关的选择应与电路的电压和电流相适应，如用于电动机控制，应考虑启动电流的影响。

(2) 负荷开关可用于不频繁通断的一般电热设备和照明电路。

(3) 负荷开关的安装和电源进线及负荷出线接线方法与刀开关相同。

(4) 铁壳开关的外壳应有良好的接地。

(三) 低压断路器

低压断路器是一种在低压电路中通断负荷电流和短路电流，并能对电气设备进行过载、短路、失压等保护的保护控制类开关电器，其操作形式可分为手动、电磁、电动等方式。其型式主要分为塑壳式断路器和框架式（万能式）断路器。

1. 断路器的构造原理

断路器主要由主接点（动静触头）系统、灭弧系统、储能弹簧、自由脱扣系统、保护系统（热脱扣器、过电流脱扣器、失压脱扣器）及辅助接点（动合接点和动断接点）等组成。低压断路器工作原理见图 2-45，构造外形见图 2-46。

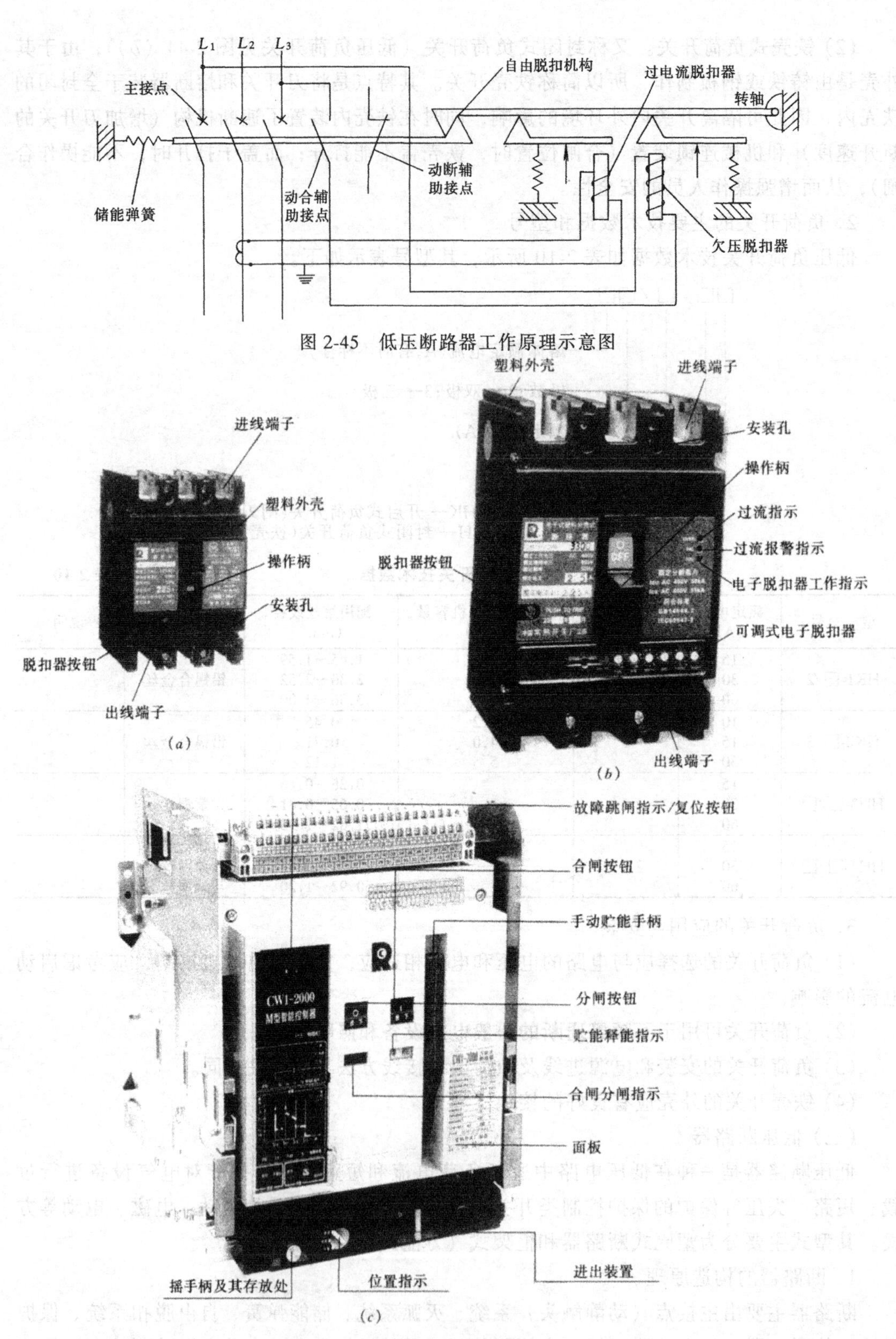

图 2-45　低压断路器工作原理示意图

(*a*)

(*b*)

(*c*)

图 2-46　低压断路器

(*a*) 普通塑壳式；(*b*) 电子塑壳式；(*c*) 框架式 (万能式)

2. 断路器的型号与主要技术数据

(1) 塑壳式断路器。断路器主接点及分合闸机构均置于塑料制作的外壳内，因此称塑壳式断路器。主要对电路或电气设备进行过负荷保护和短路保护，多数产品为手动操作(不宜频繁操作)。塑壳断路器主要技术数据见表2-11，附件一般装设在开关内部，其型号表示如下。

塑壳断路器主要技术数据 **表 2-11**

型号	壳架等级电流 A	脱扣器额定电流范围 A	额定极限短路分断能力～380V (I_{cu}) 额定运行短路分断能力～380V (I_{cs}) (kA)			外形尺寸（3极）宽×高×厚 $W\times L\times H$	说　明
			级别	I_{cu}	DC220V		
DZ20	100	16、20、32、40、50、63、80、100	Y J G	18 35 100	14 18 50	105×166×86.5	上海精益电器厂数据
	200	100、125、160、180、200、225	Y J G	25 42 100	18 25 50	108.5×266.5×105	
	400	200、250、315、350、400	Y J G	30 42 100	—	155×276×116	
	630	500、630	Y J G	30 50 100	23 23 25	210×268×108	
CM1	63	10、16、20、25、32、40、50、63		25	18	78×135×73.5	常熟开关厂数据
	100	10、16、20、25、32、40、50、63、80、100	C L M H	18 35 50 85	18 22 35 50	92×150×68 92×150×86 92×150×68 92×150×86	
	160	100、125、140、160	C L M H	25 35 50 85	18 25 35 50	107×165×86 107×165×86 107×165×103 107×165×103	
	225	100、125、140、160、180、200、225	C L M H	25 35 50 85	18 25 35 50	107×165×86 107×165×86 107×165×103 107×165×103	
	400	200、250、315、350、400	C L M H	35 50 65 100	25 35 42 65	150×257×105 150×257×105 150×257×106.5 150×257×106.5	

续表

型号	壳架等级电流 A	脱扣器额定电流范围 A	额定极限短路分断能力～380V (I_{cu}) 额定运行短路分断能力～380V (I_{cs}) (kA)			外形尺寸（3极） 宽×高×厚 $W \times L \times H$	说　明
			级别	I_{cu}	DC220V		
CM1	630	400、500、630	C	35	25	182×270×110	常熟开关厂数据
			L	50	35	182×270×110	
			M	65	42	182×270×110	
			H	100	65	210×270×115.5	
	800	630、700、800	M	75	50	210×280×115.5	
			H	100	60		

注：(1) DZ20系列短路通断能力级别：Y—一般型；J—较高型；G—最高型；C—经济型；H—高级型。

(2) CM1系列短路通断能力级别：C—基本型；L—标准型；M—较高分断型；H—高分断型。

(3) CM1系列断路器操作方式有电动操作（P）和转动手柄操作（Z）；接线方式有板前接线、板后接线和插入式接线；CM1型还有$CM1_E$系列为电子式塑壳断路器，通过电子式脱扣器可调整断路器额定电流、长延时动作时间、短延时动作电流和时间、短路瞬时动作电流和预报警动作电流等保护特性。

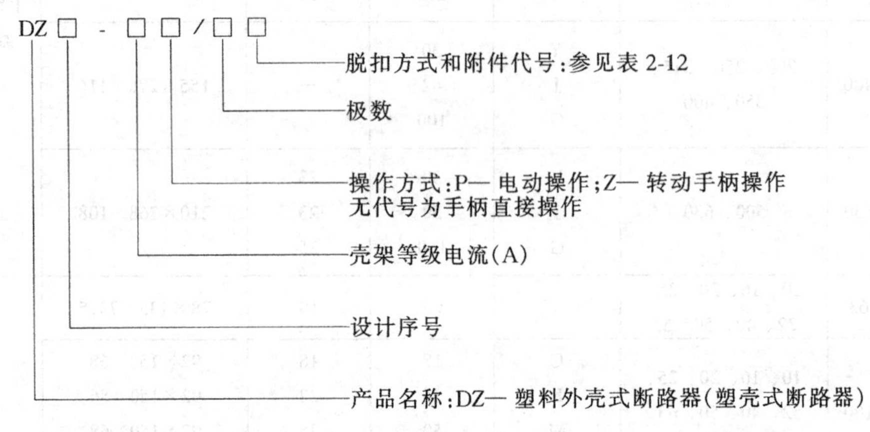

(2) 框架式断路器。断路器主接点及分合闸机构均置于由金属制作的构架上，能进行手动操作、电磁操作和电动操作，由于具有对电气线路和电气设备进行过载、短路、失压等多种控制和保护功能，因此有时又称万能式断路器。框架式断路器技术参数见表2-13，断路器内部配置多对辅助接点（包括动合接点和动断接点），以备复杂控制需要和自动装置使用，其型号表示如下。

DZ20、CM1系列塑壳断路器脱扣方式及附件代号　　　　表2-12

附件名称及代号 / 脱扣器方式	无附件	报警触头	分励脱扣器	辅助触头	欠压脱扣器	分励辅助	分励欠压	双辅助触头	辅助欠压	分励报警	辅助报警	欠压报警	分励辅助报警	分励欠压报警	双辅助报警	辅助欠压报警
瞬时脱扣器	200	208	210	220	230	240	250	260	270	218	238	238	248	258	268	278
复式脱扣器	300	308	310	320	330	340	350	360	370	318	338	338	348	358	368	378

框架式断路器技术参数 表 2-13

型号	壳架等级电流（A）	脱扣器额定电流范围（A）	额定极限短路通断能力（I_{cu}）额定运行短路通断能力（I_{cs}）额定短路接通能力（I_{cm}）（kA）					外形尺寸（3极固定正面操作式）宽×高×厚 $W \times H \times L$（mm）	说明
			I_{cu}		I_{cs}		I_{cm}		
			AC 400V	AC 660V	AC 400V	AC 660V	AC 400V		
DW15	200	100～200			20	10	—	240×418×330	上海人民电器厂数据
	400	200～400	—	—	25	15		240×418×330	
	630	300～630			30	20		240×418×330	
	1000	630～1000			40	—		441×531×353	
DW914	600	100～630			42	22	88.2	—	机械寿命：约10000次
	1000	250～400			50	30	105		
	1600	250～1600			65	30	143		
	2000	500～2000	—	—	70	30	143		
	2500	2000、2500			75	30	165		
	3200	2500～3200			75	30	165		
	4000	3200、4000			120	50	264		
CW1	2000	630～2000	80	50	50	50	176	362×395×351	常熟开关厂数据
	3200	2000～3200	100	65	80	65	220	414×395×371	
	4000	3600、4000	100	75	80	65	165	527×395×424	
	5000	4000、5000	120	75	100	65	264	782×395×424	

注：CW1 型断路器为智能型，其控制器类型有 L 型（电子型：电流柱状显示，拨盘调整）、M 型（标准型：电流数字显示，按钮调整）和 H 型（通信型：电流数字显示，按钮调整并可通信）。

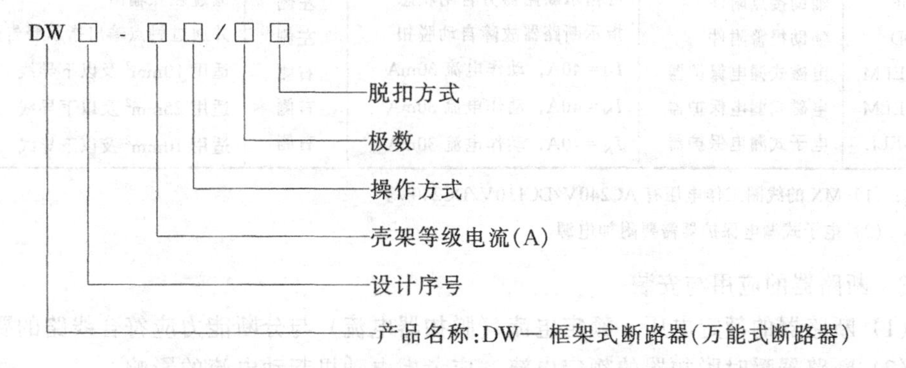

（3）塑壳式微型断路器。此断路器特点是体积小、模块化、断流容量大、性能优越，特别适用作为照明线路的保护控制开关，可作不频繁手动操作，其附件（见表 2-15）可装设在开关外部，根据需要与开关本体自由组合后可具备多种功能。C65 系列微型塑壳断路器技术参数见表 2-14。

C65 系列微型塑壳断路器技术参数 表 2-14

型　号	额定电流（A）	分断电流（kA）	断路器性能及说明
C65N-C□/1P C65N-C□/2P C65N-C□/3P C65N-C□/4P	1、3、6、10、16、25、32、40、50、63	6 4.5 4.5 4.5	(1) C□为 C 型脱扣特性曲线（(7～12) I_N 瞬时脱扣）； (2) □为断路器额定电流； (3) 适用于 25mm² 及以下导线； (4) C 型适用于照明线路的保护。
C65AD-D□/1P C65AD-D□/2P C65AD-D□/3P C65AD-D□/4P	1、3、6、10、16、25、32、40	4.5	(1) D□为 C 型脱扣特性曲线（(5～10) I_N 瞬时脱扣）； (2) □为断路器额定电流； (3) 适用于 25mm² 及以下导线； (4) D 型适用于电动机线路的保护。
NC100H-C、D□/1P NC100H-C、D□/2P NC100H-C、D□/3P NC100H-C、D□/4P	50、63、80、100	1P:4 2～4P:10	(1) 也有 C 型和 D 型断路器； (2) □为断路器额定电流； (3) 50～63A 适用于 35mm² 及以下导线； (4) 80～100A 适用于 50mm² 及以下导线。
J100H-C、D□/3P JC100H-C、D□/4P	10、16、20、25、32、40	1P:4 2～4P:10	适用于 25mm² 及以下导线。

注：(1) 额定电压为 AC240/415V。
(2) 1P、2P、3P、4P 分别表示单极、双极、三极、四极。
(3) 本系列断路器由天津梅兰日兰有限公司生产。

C65 系列微型塑壳断路器脱扣方式及附件代号 表 2-15

附件型号或代号	附件名称	附件技术参数或控制功能	与断路器组合安装位置	备　注
MX	分励脱扣附件	远方控制断路器分闸	右侧	通过触点可指示分合状态
MN	欠压脱扣附件	欠压脱扣电压（35～37）	右侧	
MN	欠压延时脱扣附件	欠压脱扣：200ms 延时动作	右侧	
OF	辅助接点附件	可指示断路器分合闸状态	左侧	通过触点输出
SD	辅助报警附件	指示断路器故障自动脱扣	左侧	并通过触点输出指示警告信号
C45-ELM	电磁式漏电保护器	I_N=40A，动作电流 30mA	右侧	适用 10mm² 及以下导线
C63-ELM	电磁式漏电保护器	I_N=40A，动作电流 30mA	右侧	适用 25mm² 及以下导线
C45-ELE	电子式漏电保护器	I_N=40A，动作电流 30mA	右侧	适用 10mm² 及以下导线

注：(1) MX 的线圈工作电压有 AC240V/DC110V/DC240V。
(2) 电子式漏电保护器需要附加电源。

3．断路器的应用与安装

(1) 断路器的额定电压、额定电流（脱扣器电流）与分断能力应符合线路的要求。

(2) 断路器瞬时脱扣器的额定电流，应考虑电动机起动电流的影响。

(3) 断路器安装前应对外观、触头、可动部分等进行检查，无质量缺陷。

(4) 断路器上端（静触头）应接电源、下端（动触头）应接负载，其连接导线必须按设计规定选用。

(四) 组合开关

组合开关是一种可频繁手动控制转换电路状态的开关设备（所以又称转换开关），可通断电路、连接电源、切断负载以及控制小容量三相电动机的正反转运转。由于其通断能力较低，因此不能通断电路故障电流。

1．组合开关的构造

组合开关主要由若干组动静触头（开关接点）分层组装而成（见图 2-47），各层触头随操作方轴旋转而改变角度，从而使触头有的闭合、有的断开，以达到控制电路的目的。其主要特点是接点数量多，能完成三相电路的控制功能，但触点容量有限。

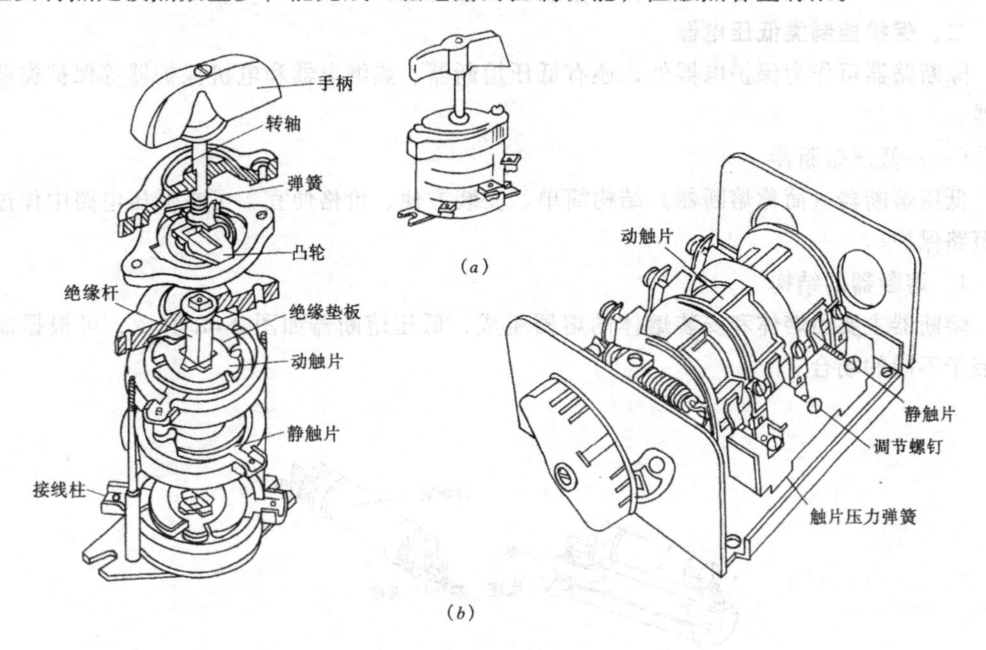

图 2-47　组合开关

（a）外形；（b）结构示意

2．组合开关的主要参数与型号

常用组合开关的技术数据如表 2-16 所示，其型号表示如下。

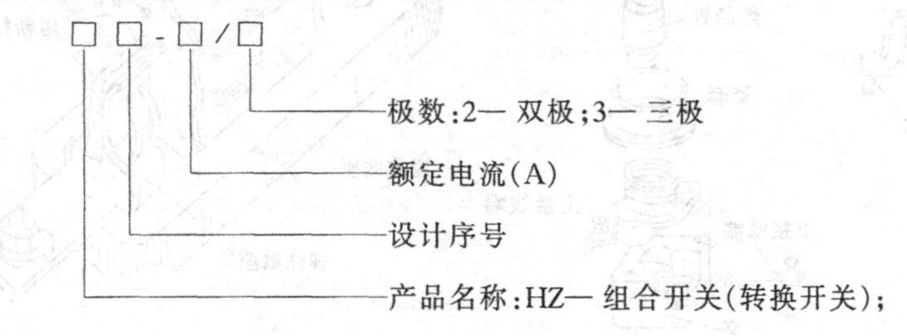

常用组合开关的技术数据　　　　**表 2-16**

型　　号	额定电流（A）	极　数	说　明
HZ10-10/2	10	2	
HZ10-10/3	25	3	
HZ10-25/3	30	3	
HZ10-60/3	60	3	
HZ10-100/3	100	3	

3．组合开关的应用与安装

(1) 组合开关一般用于电热设备和照明电路中，额定电流应符合电路要求。

(2) 如作小容量电动机的起停控制时，其额定电流应取电动机额定电流的1.5~2.5倍。

(3) 如作电动机正反转控制时，必须在电动机完全停止转动后，方可反向接通电源。

(4) 组合开关安装时，应保持水平旋转位置为宜。

二、保护控制类低压电器

除断路器可作为保护电器外，还有低压熔断器、热继电器和电机保护器等保护类低压电器。

(一) 低压熔断器

低压熔断器（简称熔断器）结构简单、安装方便、价格便宜，可在低压电路中作过载和短路保护。

1．熔断器的结构

熔断器主要由熔体和安装熔体的熔器组成，低压熔断器如图2-48所示，可根据需要安装于不同的场合。

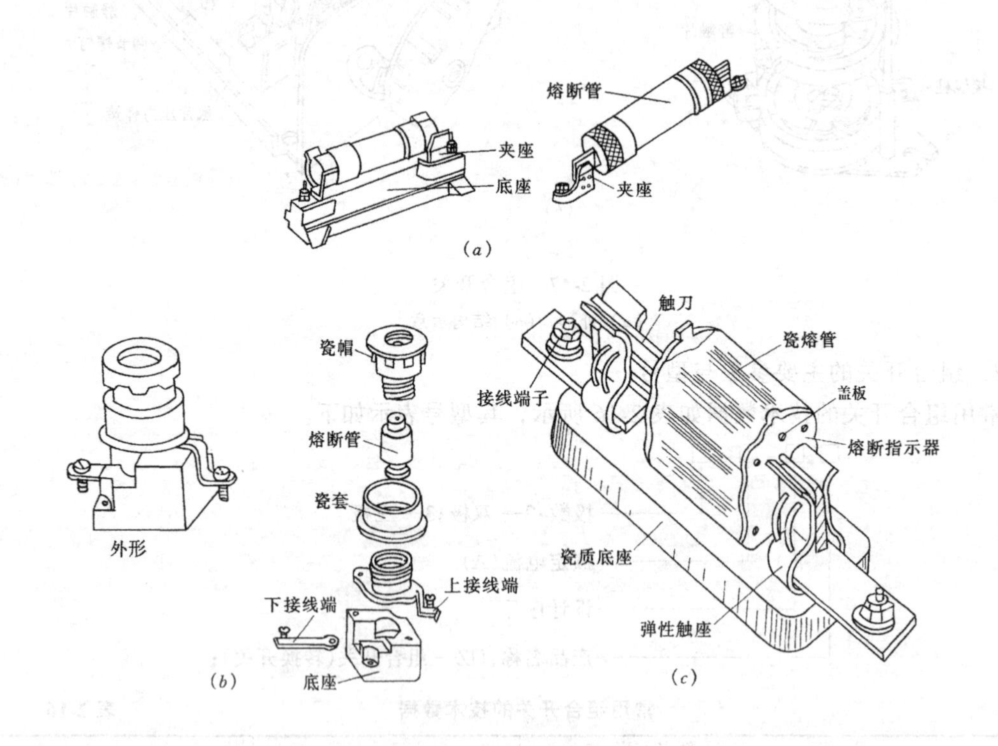

图2-48　低压熔断器

(*a*) 无填料封闭管式熔断器；(*b*) 螺旋式熔断器；(*c*) 有填料封闭管式熔断器

2．熔断器的参数与型号

常用熔断器技术参数见表2-18，其型号表示如下所示。

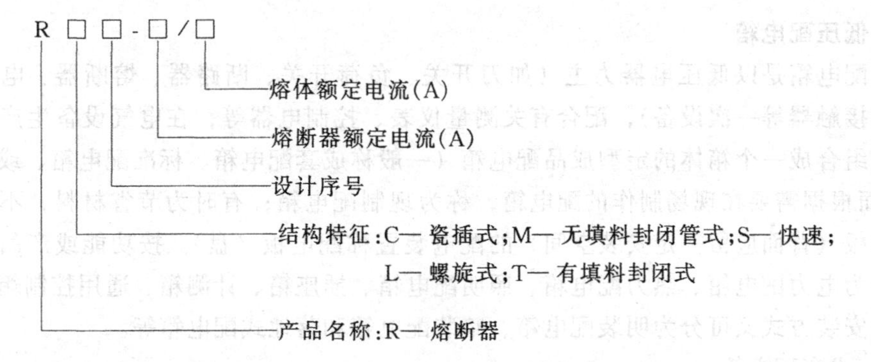

3. 熔断器的应用与安装

(1) 熔断器及熔体规格应符合设计与施工要求、并严格配套使用。

(2) 熔断器安装位置及间距应便于安装和更换熔体，并固定牢靠。

(二) 热继电器

热继电器主要是用于电动机及电气设备的过载保护，与交流接触器、熔断器配合可组成磁力起动器。但由于热继电器的工作原理是依靠电流的热效应、使热继电器的双金属片受热膨胀变形而使接点动作，因此在运行中电能消耗较大，所以目前国家已明令逐渐淘汰，并由电机保护器替代。

(三) 电机保护器

电机保护器具有运行能耗小、保护功能多、接线简单等优点，是替代热继电器的电动机保护电器，它具有过载、短路、失压、缺相等多种保护功能，目前已广泛应用。

常用熔断器技术数据 **表 2-17**

名称	型　号	额定电压 (V)	额定电流 (A)	熔体额定电流 (A)	最大分断能力 (kA)
螺旋式熔断器	RL1-15		15	2、4、6、10、15	2
	RL1-60		60	20、25、30、35、40、50、60	3.5
	RL1-100	交流：500	100	60、80、100	20
	RL1-200	380	200	100、125、150、200	50
	RL2-25	220	25	2、4、6、10、15、20	1
	RL2-60		60	25、35、50、60	2
	RL2-100		100	80、100	3.5
无填料封闭管式熔断器	RM7-15		15	6、10、15	2
	RM7-60	交流：380	60	15、20、25、30、40、50、60	5
	RM7-100	220	100	60、80、100	20
	RM7-200	直流：440	200	100、125、160、200	20
	RM7-400	220	400	200、240、260、300、350、400	20
	RM7-600		600	400、450、500、560、600	20
有填料封闭式熔断器	RM10-15		15	6、10、15	1.2
	RM10-60	交流：500	60	15、20、25、30、40、50、60	3.5
	RM10-100	380	100	60、80、100	10
	RM10-200	220	200	100、125、160、200	10
	RM10-350	直流：440	350	200、240、260、300、350	10
	RM10-600	220	600	350、430、500、600	10
	RM10-1000		1000	600、700、850、1000	12

三、低压配电箱

低压配电箱是以低压电器为主（如刀开关、负荷开关、断路器、熔断器、电流互感器、交流接触器等一次设备），配合有关测量仪表、控制电器等，在电气设备生产工厂以一定方式组合成一个箱体的定型成品配电箱（一般称成套配电箱、标准配电箱、或简称配电箱）；而根据需要在现场制作的配电箱，称为现制配电箱；有时为节省材料，不要箱体只要盘面板（背面应留一定安装空间）的配电装置称配电板（盘）。按功能或产品使用的用途可分为电力配电箱、热力配电箱、照明配电箱、插座箱、计测箱、通用控制箱和电源箱等；按安装方式又可分为明装配电箱、暗装配电箱和落地式配电箱等。

（一）成套配电箱

1. 配电箱的型号表示

目前配电箱的型号表示方法较多，本节简要介绍以下常用的表示方法。

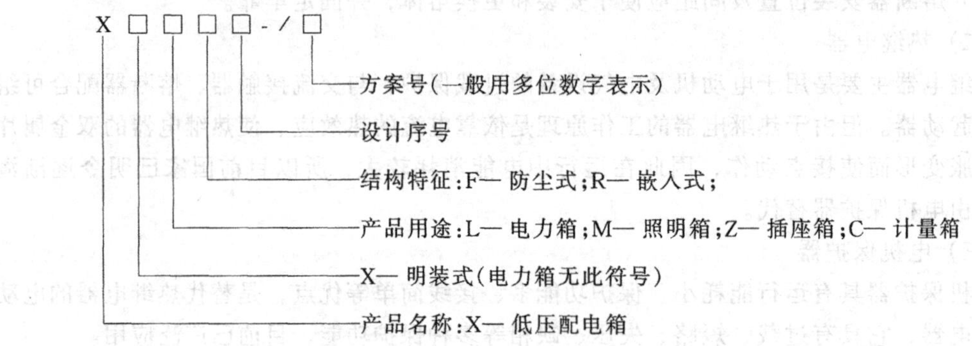

低压配电箱主要技术数据见表 2-18。

低压配电箱主要技术数据 表 2-18

名称	型号	主电器		分路电器		其他电器	外形尺寸（mm）			备注
		型号	数量	型号	数量		宽 W	高 L	厚 H	
电力配电箱	XL3-1	刀开关	1	RL	3×5	—	453	643	253	刀开关为200A
	XL3-2				3×8		633			
	XL10-1/30	HZ10	1	RL1	3		340	630	210	均为分支
	XL10-2/60		2		6		505	630		
	XL12-100	HR3	1	—	—	—	440	400	300	不同厂家外形尺寸不同
	XL12-200									
	XL（F）14-2020	刀开关	1	RM3	4	或 RM10	500	1700	350	宽有 700
	XL（F）14-0042				6					
	XL（R）20-2-1	—	—	DZ20	4	—	500	600	243	Ⅱ号箱
	XL（R）20-3-2	DZ20	1	DZ20	4		700	800		Ⅲ号箱
	XL21-02	刀开关	1	DZ20	9	—	600	1700	370	一种箱体
	XL21-07		1	DZ5	8	接触器				

续表

名称	型　号	主电器		分路电器		其他电器	外形尺寸（mm）			备　注
		型号	数量	型号	数量		宽 W	高 L	厚 H	
	XM（R）7-3/1	HZ1	1		3	—	350	440	200	
	XL（R）7-6/1	HZ1	6	RL1	6	—	350	540	200	均为分支
	XL（R）7-9/0	—	—		9	HZ1-3 只	530	640	140	
	X（R）M23-101	—	—		6		325	256		
照明配电箱	X（R）M23-203	DZ	1	DZ12	11	—	475	256	100	
	X（R）M23-322	DZ	1		21		425	425		
	X（R）M302-01-1	—	—		3		430		90	单相电源
	X（R）M302-04-1	C65N	1	C65N	6	—	430	280	或	单相电源
	X（R）M302-08-3	C65N	1		12		580		160	三相电源
	X（R）Z24-104	—	—	—	—	插座 4	170			
插座箱	X（R）Z24-204	—	—	—	—	插座 4	428	156	86	
	X（R）Z24-303	DZ12	1	—	—	插座 4	286			
	X（X、R）C31-101	—	—	熔断器	1	DD862-1 只	280	380		
计测箱	X（X、R）C31-102	—	—	熔断器	2	DD862-2 只	280	380	130	
	X（X、R）C31-208	DZ12	1	熔断器	3	DD862-3 只	460	460		

（二）配电箱的安装

配电箱是由工厂生产的成套标准配电箱，出厂时已制作成成品，其安装工作主要包括箱体安装、箱芯（电器安装板）安装和线路连接等。安装方式有悬挂式、嵌入式和落地式安装。

1. 配电箱安装要求

（1）安装位置与环境。配电箱应安装在干燥、明亮、不易受震、便于操作和维护的场所，并尽可能靠近负荷中心，一般不得安装在水池和水门的上下侧。

（2）安装高度。配电箱安装高度应按设计要求确定，一般暗装配电箱距地（底边）1.4m，明装配电箱和配电板距地 1.8m。

（3）预留孔洞。暗装配电箱在土建施工时应预留孔洞（较配电箱外形大 20mm 左右）；当墙壁较薄时，应在配电箱后壁加装铅丝网，再用水泥砂浆抹平，以防后壁开裂。

（4）接地连接。接零系统中的零线，应在引入线、线路末端或进建筑物的配电箱处做好重复接地；配电箱的金属构件及电器的金属外壳，均应进行保护接零（或保护接地）。

（5）母线分色。配电箱内的母线应有分相标志，如为硬母线可采用涂色或其他相序标志，如为软母线可采用与相序标志相应的绝缘导线。

（6）防锈处理。配电箱外壁与墙面的接触部分应刷防锈漆，内壁也应进行着色处理，箱门颜色一般与工程门窗颜色相近。

（7）线路名称。配电箱（板）上应标明用电回路的名称和编号，以利管理和维护。

2. 配电箱的悬挂式安装

（1）配电箱在墙上安装。一般是根据配电箱安装尺寸在墙上预埋固定螺栓或金属膨胀螺栓，然后将配电箱安装固定在预埋螺栓上（见图 2-49），并注意水平度和垂直度的调整。

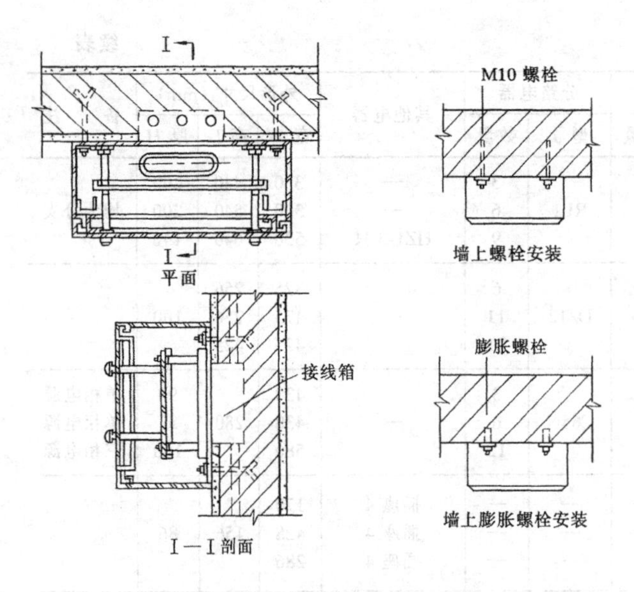

图 2-49 配电箱在墙上安装

（2）配电箱在落地支架上安装。先按需要加工和焊接支架；根据安装尺寸钻孔；然后将支架装设在墙上或直接埋设在地坪上（见图 2-50）；最后将配电箱用机螺栓固定在支架上。

（3）配电箱在柱上安装。先根据柱的尺寸要求制作角钢及抱箍等安装附件；然后在上下角钢中部的配电箱安装孔处焊接固定配电箱的安装垫铁；并将角钢与抱箍等附件安装于柱上；最后用机螺栓将配电箱固定安装在角钢的垫铁上（见图 2-51）。

3. 配电箱的嵌墙式安装

（1）配电箱的嵌入式安装。配电箱的嵌入式安装就是将配电箱的箱体完全嵌入到墙内（见图 2-52*b*），一般是预埋线管工作完毕后，将配电箱箱体嵌入墙内（有时采用线管与箱体部分组合后，在土建施工时一并埋入墙内，金属箱应做好接地连接），然后在箱体四周填实水泥砂浆。

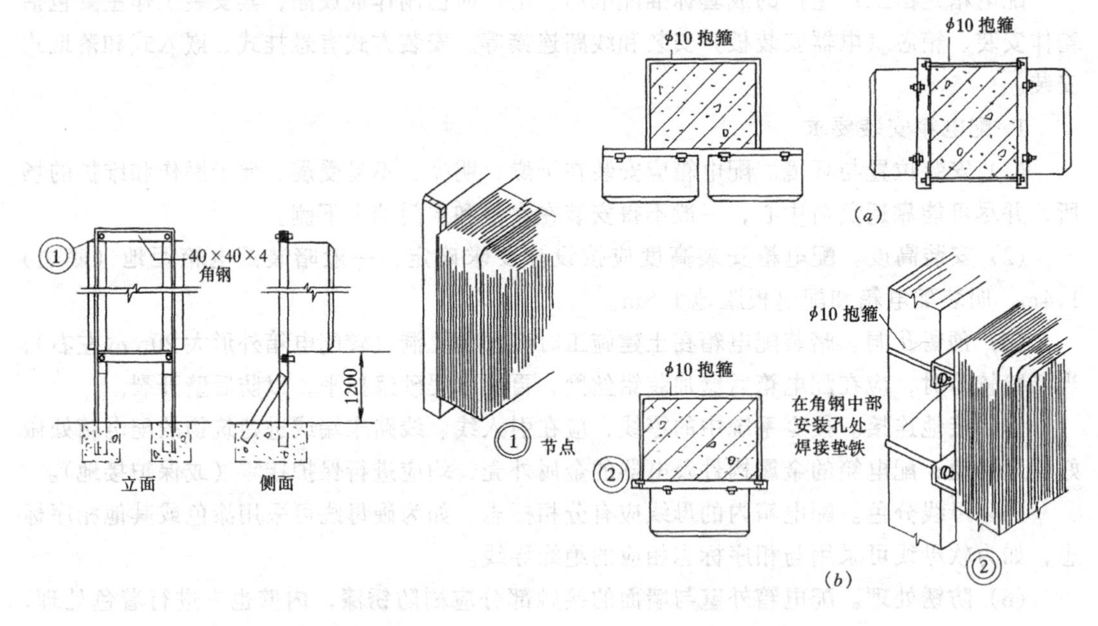

图 2-50 配电箱在落地支架上安装

图 2-51 配电箱在柱上安装
（*a*）双台柱上安装；（*b*）单台柱上安装

（2）配电箱的半嵌入式安装。配电箱的半嵌入式安装就是将配电箱的箱体一半嵌入到墙内、另一半敞露在墙面外（见图 2-52（*a*）），一般是墙壁厚度不能满足嵌入式安装时采用，其安装方法与嵌入式相似。

4. 配电箱的落地式安装

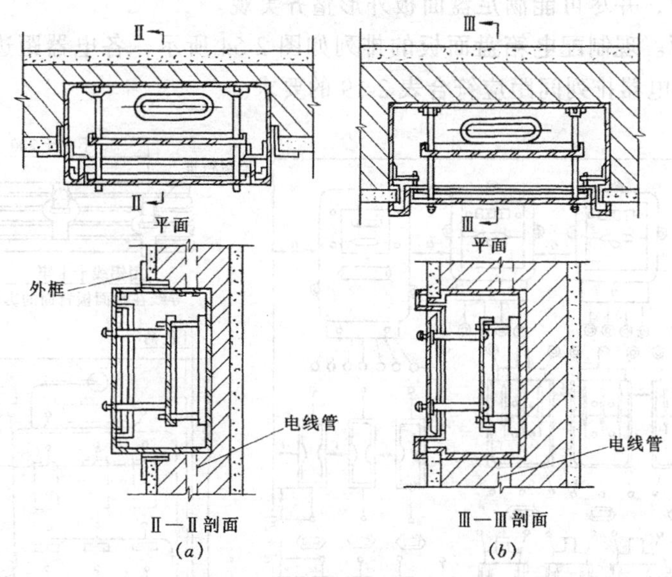

图 2-52 配电箱的嵌墙式安装

(*a*) 半嵌入式；(*b*) 嵌入式

落地式配电箱主要用于负荷较大、出线较多、导线较粗的供配电场合，其安装方法与配电柜相类似（见图 2-53（*a*））。落地式配电箱一般安装于高出约 100mm 的混凝土台上，因此安装前先预制混凝土空心台或埋设固定配电箱的槽钢或地脚螺栓（见图 2-53（*b*）），以保证防水性能、运行安全和便于进出线，安装形式可分为独立式安装（见图 2-53（*c*））和靠墙式安装（见图 2-53（*d*））。

（三）现制配电箱

1. 现制配电箱盘面板的布置

（1）电器排列。一般先进行电器实物排列，各回路的开关及熔断器要相互对应，位置

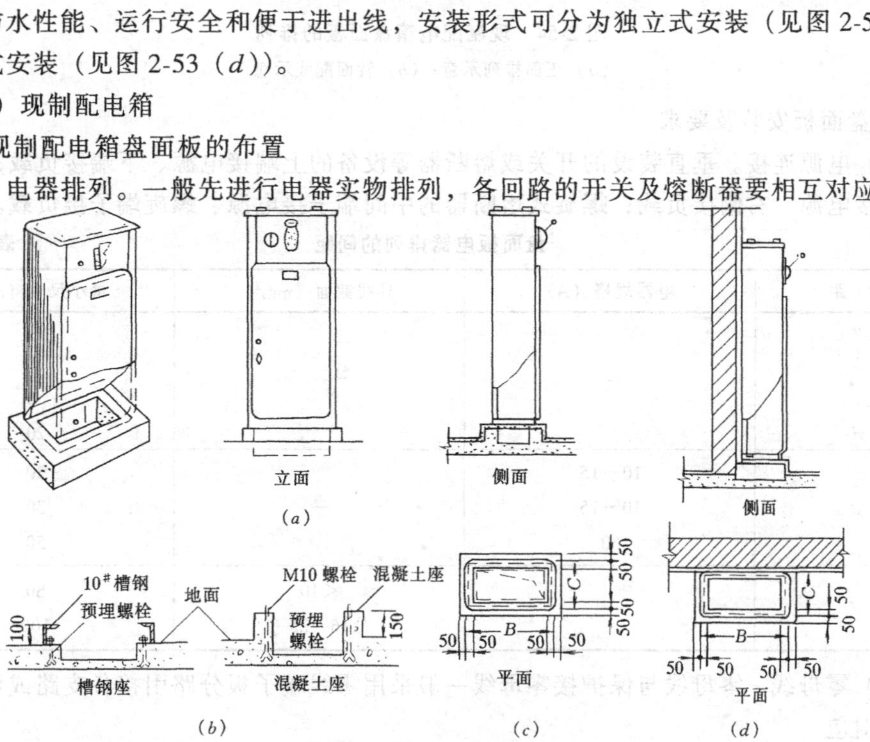

图 2-53 配电箱的落地式安装

(*a*) 安装示意图；(*b*) 配电箱基座示意图；(*c*) 独立式安装；(*d*) 靠墙面安装

应便于操作和维护，并尽可能满足盘面板外形整齐美观。

(2) 排列间距。现制配电箱盘面板的排列如图 2-54 所示，各电器距边缘一般均不小于 30mm，盘面板电器排列间距应符合表 2-19 的要求。

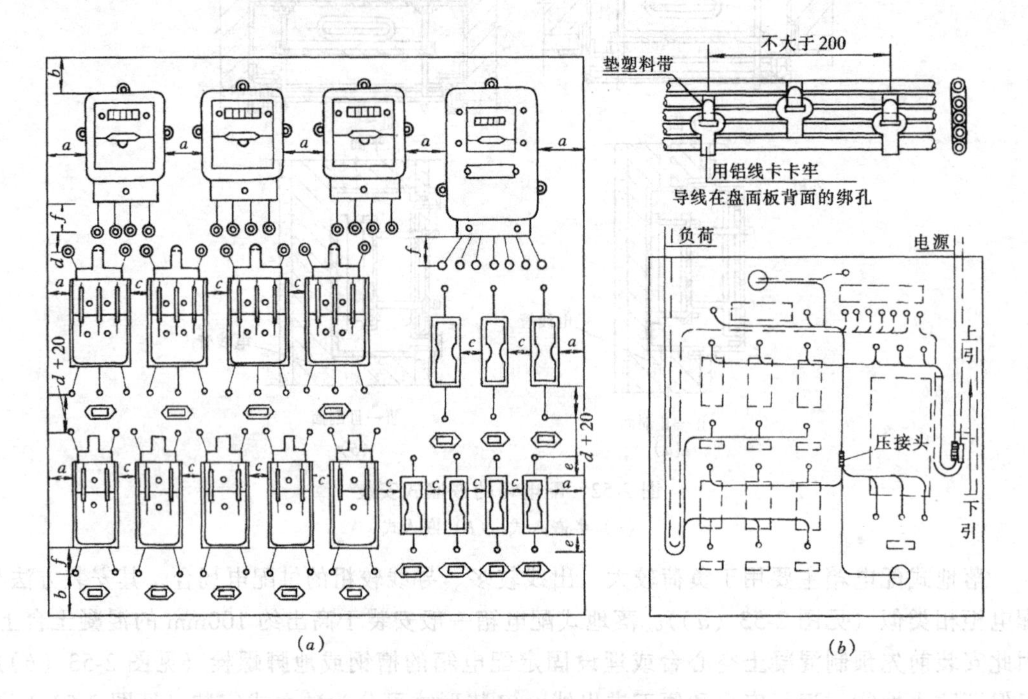

图 2-54　现制配电箱盘面板的排列

(a) 正面排列示意；(b) 背面配线示意

2. 盘面板安装及要求

(1) 电源连接。垂直装设的开关或熔断器等设备的上端接电源、下端接负载；横装设备左侧接电源、右侧接负载；螺旋式熔断器的中间端子接电源、螺旋端子接负载。

盘面板电器排列的间距　　**表 2-19**

间　距	电器规格 (A)	导线截面 (mm^2)	最小尺寸 (mm)
a	—	—	60
b			50
c			30
d			20
e	10～15	—	20
	10～15		30
	60		50
f	—	<10	80
		16～25	100

(2) 零母线。零母线与保护接零母线一般采用零线端子板分路引接各支路或设备，且应相互对应。

(3) 加包铁皮。当电流值较大时，应在木制盘面板上加包铁皮或采用铁制盘面板。

3. 现制配电箱的安装

现制配电箱的施工安装方法可参照标准配电箱的安装方法进行，其安装示意如图2-55所示，图中 b_1、b、b_2、C、D、B 为现制箱箱体尺寸，可根据电器数量和容量确定。

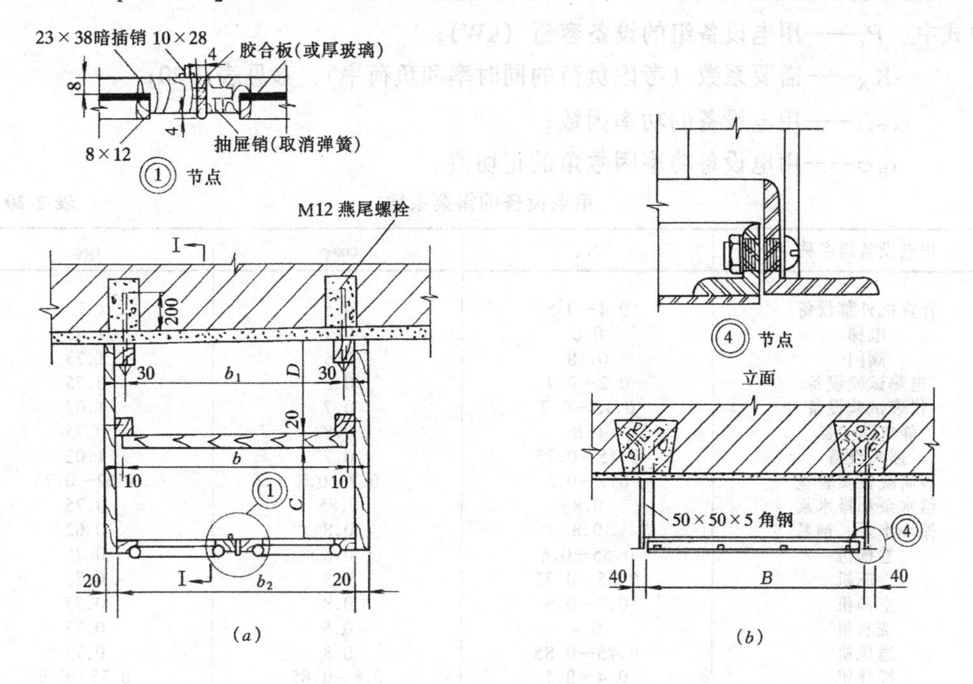

图 2-55 现制配电箱的安装示意图

(a) 木制配电箱的明装示意；(b) 铁制配电箱的明装示意

第六节 负荷计算及导线选择

为保证供电系统的可靠运行，各电气设备必须满足工作电压和电源频率以及负荷电流的要求，因此需要对电气负荷进行统计计算。而导线是用来输送电能的，因此需要选择经济合理的导线。这是电气工程一项极为重要的工作。

一、负荷计算

负荷计算的方法常用的有单位面积耗电量法、单位产品耗电量法、需要系数法、二项式法等。对于民用建筑，可采用单位面积耗电量法和需要系数法。本节简要介绍需要系数法的计算方法。

1. 用电设备组的计算负荷

$$\left.\begin{aligned}&\text{有功功率} && P_j = K_X P_e(\mathrm{kW})\\ &\text{无功功率} && Q_j = P_j \mathrm{tg}\varphi(\mathrm{kvar})\\ &\text{视在功率} && S_j = \sqrt{P_j^2 + Q_j^2}(\mathrm{kVA})\\ & && S_j = \frac{P_j}{\cos\varphi}\end{aligned}\right\}\quad(2\text{-}7)$$

2. 计算负荷的计算电流

或 $$I_j = \frac{S_j}{\sqrt{3}U_{LN}}(A) \tag{2-8}$$

上两式中 P_e——用电设备组的设备容量（kW）；

K_X——需要系数（考虑负荷的同时率和负荷率），参见表2-20；

$\cos\varphi$——用电设备的功率因数；

$tg\varphi$——用电设备功率因数角的正切值。

用电设备的需要系数 **表2-20**

用电设备组名称	K_X	$\cos\varphi$	$tg\varphi$
计算机外部设备	0.4～0.5	0.5	1.73
电梯	0.6	0.7	1.02
阀门	0.18	0.5	1.73
电热试验设备	0.2～0.4	0.8	0.75
仪表试验设备	0.15～0.2	0.7	1.02
静电除尘器	0.8	0.8	0.75
插头设备	0.15～0.25	0.7	1.02
科研院校实验室	0.1～0.2	0.7～0.8	1.02～0.75
给水泵和排水泵	0.8	0.85	0.75
循环水泵、油泵	0.8	0.8	0.62
卷扬机	0.55～0.6	0.8	0.75
冷冻机	0.65～0.75	0.8	0.75
空调机	0.7～0.8	0.8	0.75
洗衣机	0.4	0.5	0.73
通风机	0.75～0.85	0.8	0.75
搅拌机	0.4～0.5	0.8～0.85	0.75～0.6

二、导线选择

在选择导线截面时，一般应根据导线机械强度要求、导线允许载流量和线路电压损失要求三个基本原则来选择导线截面。

（一）相线截面的选择

1. 根据机械强度要求选择导线截面

由于电力线路（包括裸导线、绝缘导线和电力电缆等）受到自身条件及大自然的外力作用和线路敷设等条件的影响，所以要求电力线路应具有一定的机械强度。为此我国规定了各类配线方式和配线方法的导线线芯的最小允许截面（即机械强度要求，见表3-4），在选用导线截面时，应遵照执行。

2. 根据允许载流量要求选择导线截面

负荷电流通过导线时，由于导线电阻的作用，会产生能耗，使导线发热、温度上升，从而使绝缘导线绝缘老化、甚至烧坏引起火灾事故；或能使裸导线接头处加剧氧化、增加接触电阻、严重时会发生断线故障。所谓的导线允许载流量（又称导线持续电流、导线额定电流），就是在规定的环境条件下（如用途、材料类别、绝缘性能、敷设条件、环境温度、允许温度和表面散热条件等），导线能够连续承受不致使其稳定温度超过允许值的最大电流。一般根据上述环境条件将导线载流量列表备查。

按导线允许的持续电流要求选择导线截面时，应使导线的允许载流量 I_{n1} 不小于线路相线的计算电流 I_j，即

$$I_j \leqslant KI_{n1} \tag{2-9}$$

上式中当导线敷设场所环境温度与导线载流量所用环境温度不同时，导线的允许载流量应乘以温度校正系数 K，而

$$K = \sqrt{\frac{t_1 - t_0}{t_1 - t_2}} \tag{2-10}$$

式中 K——温度校正系数；

t_1——导体最高允许工作温度（℃）；

t_0——导线敷设处的环境温度（℃）；

t_2——导体载流量标准中所采用的环境温度（℃）。

3. 根据线路电压损失要求选择导线截面

负荷端电压是保证负荷运行的一个重要因素。由于线路阻抗存在，电流通过时就会有电压降，在负荷端就会产生一定的电压损失，当超过一定数值就会影响负荷的正常工作。

按电压损失要求选择导线截面，一般可采用经验公式进行，即

$$S = \frac{\Sigma(P_j l)}{C\varepsilon} \quad 或\ S = \frac{P_j l_1 + P_j l_2 + \cdots\cdots}{C\varepsilon} \tag{2-11}$$

式中 S——导线截面（mm^2）；

P_j——线路或负荷的计算功率（kW）；

l——线路长度（m）；

ε——允许的电压损失率（一般 2.5%～5%）；

C——配电系数，由导线材料、线路电压和配电方式而定（参见表 2-21 电压损失计算的 C 值）。

电压损失计算的 C 值（$\cos\varphi = 1$） **表 2-21**

线路电压（V）	线路系统类别	C 值计算公式	导线材料与 C 值	
			铜	铝
380/220	三相四线	$10\lambda U_L^2$	72.0	44.5
380/220	两相三线	$\frac{10\lambda U_L^2}{2.25}$	32.0	19.8
220	单相、直流	$5\lambda U_P^2$	12.1	7.45
110			3.02	1.86
36			0.323	0.200
24			0.144	0.0887
12			0.036	0.0220
6			0.009	0.0055

注：(1) 环境温度取 +35℃，线芯工作温度为 50℃；

(2) λ 为导线电导率（s/m），$\lambda_{铜} = 9.88$、$\lambda_{铝} = 30.79$；

(3) U_L、U_P 分别为线电压、相电压（kV）。

在从机械强度要求、允许载流量和允许电压损失三个方面选择导线截面后，应取其中最大的截面作为依据，来选取导线的标称截面。

【例 2-1】 某建筑物有一条三相四线制的低压穿钢管敷设供电线路，输送电功率为25kW，距离为120m，允许的电压损失为5%，如采用铜芯绝缘导线供电，问应选用多大的导线截面？

解 应从三个方面选择导线截面。

（1）根据机械强度要求选择导线截面。从表3-4中查出应采用截面积为$1.0mm^2$的铜芯绝缘导线。

（2）根据导线载流量要求选择导线截面。先计算出线路电流，即

$$I_L = \frac{P}{\sqrt{3}U_L\cos\varphi} = \frac{25\times1000}{1.732\times380\times1} = 37.98A$$

查表得出，应采用$6mm^2$的铜芯绝缘导线。

（3）根据电压损失要求选择导线截面。先从表2-21中查得380V三相四线制的配电系数C值为72.0，再将题中允许电压损失率$\varepsilon=5\%$一并代入式2-11，即

$$S = \frac{\Sigma(P_j l)}{C\varepsilon} = \frac{25\times120}{72\times0.05} = 8.33mm^2$$

根据以上计算，为同时满足机械强度、允许载流量和允许电压损失三个方面要求，应依据最大导线截面$S=8.33mm^2$，查得标称截面应选取$S=10mm^2$的导线。

解毕

（二）中性线截面的选择

中性线截面的选择应符合国家标准规范要求，零线与保护线的最小截面见表2-22。

零线与保护线的最小截面（mm^2） **表 2-22**

导线名称或作用		PE和PEN线的最小截面
单芯导线作PEN干线	铜质	10
	铝质	16
多芯电缆的芯线作PEN干线		4
单芯绝缘导线作PEN线	有机械保护时	2.5
	无机械保护时	4
保护线（PE）其材质与相线相同	$S\leqslant16$	S
	$\leqslant25$	16
	$25<S\leqslant35$	$S/2$

注：S为相线线芯的截面（mm^2）。

习　　题

一、填空题

（1）架空线路主要由________、________、________、________、________和________等构成。

（2）变压器主要技术数据有________、________、________、________、________和________等。

(3) 常用高压电器主要有＿＿＿＿＿、＿＿＿＿＿、＿＿＿＿＿、＿＿＿＿＿和＿＿＿＿＿等。

(4) 常用低压电器主要有＿＿＿＿＿、＿＿＿＿＿、＿＿＿＿＿、＿＿＿＿＿和＿＿＿＿＿等。

(5) 根据结构，低压断路器主要分为＿＿＿＿＿和＿＿＿＿＿两大类。

(6) 导线截面的选择应根据＿＿＿＿＿、＿＿＿＿＿和＿＿＿＿＿三个基本原则进行。

(7) 按冷却方式，变压器主要分为＿＿＿＿＿、＿＿＿＿＿和＿＿＿＿＿等。

(8) 螺旋式熔断器的＿＿＿＿＿端子接电源、＿＿＿＿＿端子接负载。

二、是非题（是划√，非划×）

(1) 油浸式变压器主要分为油浸自冷变压器、油浸风冷变压器和油浸强迫油循环风冷变压器。(　　)

(2) 熔断器主要有瓷插式、螺旋式、无填料封闭管式、有填料封闭式熔断器等类型。(　　)

(3) 断路器主要是用来通断电路负荷电流的。(　　)

(4) 落地式配电箱安装前，必须先制作和预埋安装底座。(　　)

(5) 按灭弧介质，断路器主要分为油断路器、空气断路器和真空断路器等。(　　)

(6) 高压硬质母线穿越墙壁或楼板时，必须装设母线穿墙板。(　　)

(7) 硬质母线加工弯曲时，必须符合母线弯曲半径的要求。(　　)

(8) 变配电所电气施工图必须包括：一次系统图、平面布置图、剖面图、二次系统图和构件安装大样图等。(　　)

三、选择题（将正确答案写在空格内）

(1) 将一台 380/36V 和一台 220/36V 同容量的变压器，按图 2-56 的方法连接后，＿＿＿＿＿。

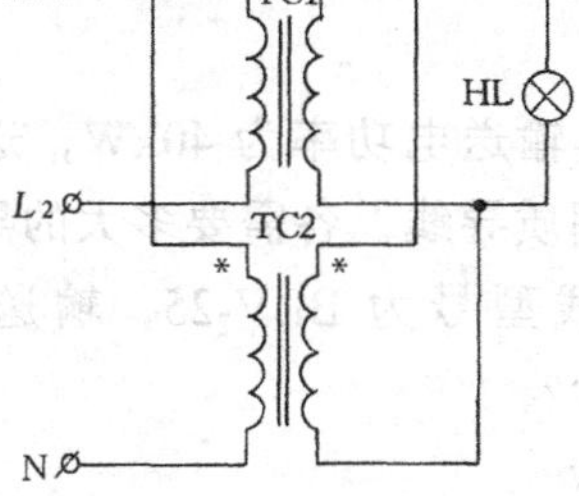

图 2-56　变压器并联接线图

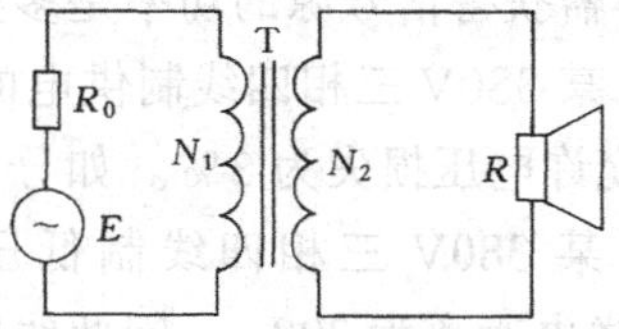

图 2-57　阻抗变换变压器接线图

(a) 变压器将被烧坏；(b) 输出功率应小于两变压器容量之和；(c) 只要 380/36V 变压器一次电流小于额定值就行；(d) 将 380/36V 变压器绕组“*”反接就可运行

(2) 高压隔离开关一般由＿＿＿＿＿构成。

(a) 闸刀与绝缘子；(b) 开关本体与操作机构；(c) 开关与连杆

(3) 二次回路所用的导线一般采用＿＿＿＿＿绝缘导线。

(a) 2.5mm² 铝质；(b) 2.5mm² 铜质；(c) 1.5mm² 铝质；(d) 1.5mm² 铜质

(4) 配电箱内装设的电源开关，______接电源、______接负载。

(a) 上端；(b) 左端；(c) 下端；(d) 右端

(5) 各种材质的母线连接时，__________接触面必须进行搪锡处理。

(a) 铜-铝；(b) 铜-钢；(c) 铝-铝；(d) 钢-铝

四、名词解释

(1) 需要系数；(2) 接线组别；(3) 负荷系数；(4) 变比；(5) 一次系统；(6) 二次系统；(7) 断路器；(8) 母线。

五、简答题

(1) 变压器能否用来变换直流电压？为什么？

(2) 变电所主要有哪些形式？

(3) 配电箱有哪些安装要求？

(4) 硬母线主要有哪些安装形式？

(5) 简述配电柜的安装步骤。

(6) 隔离开关主要有哪些作用？

六、应用题

(1) 有一台单相照明变压器，变压比为 220/36V，额定容量是 500VA，试求：(1) 在额定状态下运行时，原、副边绕组通过的电流；(2) 如果在副边并接四个 60W、36V 的白炽灯泡，原边的电流是多少？

(2) 一台额定容量 $S=20$kVA 的照明变压器，电压比为 6600/220V。试求 (1) 变压器在额定运行时，能接多少盏 220V、40W 的白炽灯泡？(2) 能接多少盏 220V、40W、$\cos\varphi=0.53$ 的荧光灯？(3) 如将此荧光灯的功率因数提高到 $\cos\varphi=0.8$ 时，又可多接几盏同规格的荧光灯？

(3) 电路如图 2-57 所示，其中扬声器的电阻 $R=8\Omega$，阻抗变换变压器原、副边绕组的匝数为：$W_1=500$ 匝、$W_2=100$ 匝，假设信号源的电动势 $E=100$V，内阻 $R_0=200\Omega$。试求：(1) 扬声器的等效电阻及获得信号源的功率；(2) 如将扬声器直接接到信号源上时，扬声器获得信号源的功率是多少。

(4) 某 380V 三相四线制供电的低压架空线路，其输送电功率为 40kW，送电距离为 400m，允许电压损失为 3%。如分别采用铝质导线和铜质导线，各需要多大的导线截面？

(5) 某 380V 三相四线制低压供电线路，其导线型号为 BLV-25，输送电功率为 35kW，送电距离为 300m，问此线路的电压损失为多少？

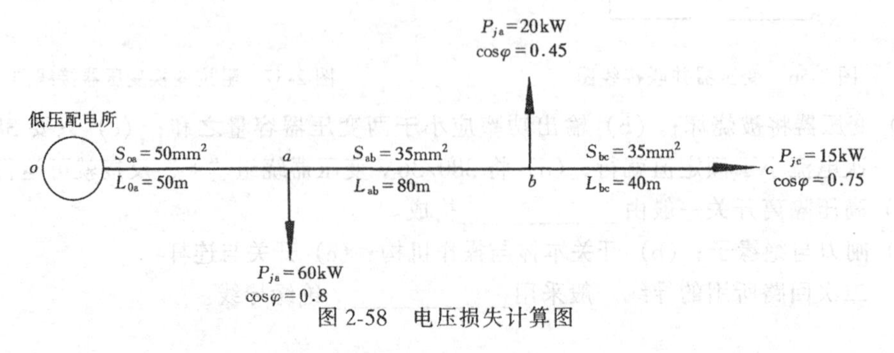

图 2-58 电压损失计算图

(6) 图 2-58 为 380V 三相四线制供电线路，试计算线路末端的电压损失率是否超过 5%的规定？如超过应如何调整导线截面，使其符合要求？

(7) 写出下列标注符号的含义

1）HD13-400/38；2）HH4-30/3；3）DZ20G-100/3340；4）DW17-1000/3；5）TMY-60×6；6）S9-400/10；7）GN8-10/600；8）ZN10-12/1250；9）LMZ1-0.5；10）HZ10-25/3；11）C65N-32/2P。

第三章　配　线　工　程

配线工程主要包括室内配线、电缆配线与室外架空配线等，室内配线的绝缘子以及电缆配线还可使用于室外配线。而建筑物室内配线一般分为明线敷设和暗线敷设：导线沿墙壁、顶棚、檐架及梁柱等明露处敷设称为明线敷设（明配线路）；导线埋设在墙内、地坪内和装设在顶棚内、竖井内等隐蔽处敷设称为暗线敷设（暗配线路）。

本章学习重点：

（1）熟悉配线工程的种类、特征和用途。

（2）掌握各类配线的技术要求和施工工艺。

（3）掌握配线工程的导线连接、封端及要求。

（4）熟悉电缆敷设、电缆终端、中间接头的一般要求和施工方法。

（5）熟悉架空线路的基本结构、施工方法和导线连接。

（6）能根据配线施工图，组织安装施工和调试工作。

第一节　配线工程基本知识

为保证电气装置配线工程的施工质量，促进技术进步，确保安全运行，配线工程和电气装置安装应符合国家现行有关规范（参见表3-1施工及验收规范）。

施工及验收规范　　　　**表3-1**

序号	国标代号	名　　称	备注
1	GB 50169—92	电气装置安装工程接地装置施工及验收规范	
2	GB 50173—92	电气装置安装工程35kV及以下架空电力线路施工及验收规范	
3	GB 50254—96	电气装置安装工程低压电器施工及验收规范	
4	GB 50255—96	电气装置安装工程电力变流设备施工及验收规范	
5	GB 50256—96	电气装置安装工程起重机电气装置施工及验收规范	
6	GB 50257—96	电气装置安装工程爆炸和和火灾危险环境电气装置施工及验收规范	
7	GB 50169—92	电气装置安装工程接地装置施工及验收规范	
8	GB 50170—92	电气装置安装工程旋转电机施工及验收规范	
9	GB 50303—2002	建筑电气工程施工质量验收规范	
10	GBJ 149—90	电气装置安装工程母线装置施工及验收规范	

一、配线工程基本要求

（一）质量要求与安全距离

1．配线器材的质量要求

配线工程器材（设备及材料）的型号规格和产品质量应符合国家现行有关标准，并有合格证件；设备应有铭牌。

2．各类设施的安全距离

为确保安全，室内外电气管线和配电设备与各种管道间以及与建筑物、地面间的最小允许间距应符合国家规范的有关规定（参见表3-2与表3-3），否则应采取保护措施，以利安全配线和防止受机械损伤。

电气线路与管道间的最小距离（mm）　　表3-2

管道类别	配线方式		穿管配线	绝缘导线明配线	裸导线配线	电缆配线
蒸汽管	平行	管道上	1000	1000	1500	＞1000
		管道下	500	500	1500	
	交叉		300	300	1500	
暖气管 热水管	平行	管道上	2000	3000	1500	＞1000
		管道下	2500	3000	1500	
	交叉		100	100	1500	
通风、给水排水及压缩空气等	平行		100	200	1500	＞500
	交叉		50	100	1500	

绝缘导线与地面及建筑物的最小允许距离（mm）　　表3-3

配线与敷设方式		最小距离
水平敷设的垂直距离	距阳台、平台、屋顶	2500
	距下放窗户上口	300
	距上放窗户下口	800
垂直敷设时至阳台窗户的水平距离		750
导线至墙壁和构架的距离（挑檐下除外）		60
绝缘导线水平敷设时至地面距离：屋内		2500
屋外		2700
绝缘导线垂直敷设时至地面距离：屋内		1800
屋外		2700

（二）导线性能要求

1. 电气性能

(1) 工作电压和电流。配线时采用绝缘导线时，要求导线额定电压应大于线路的工作电压；额定电流应符合电路要求。

(2) 绝缘性能。导线绝缘性能应符合线路安装方式和环境敷设条件的要求。

2. 导线截面

电力线路的导线截面应同时满足供电负荷、电压损失和机械强度的要求。导线线芯的最小允许截面应符合表3-4的规定。

二、配线工程施工要求

室内配线工程不仅要求安全可靠，而且要求线路布局合理、整齐、美观、牢固。

导线线芯的最小允许截面（mm^2）　　表 3-4

<table>
<tr><th rowspan="2">配线方式</th><th rowspan="2">配线方法及场所</th><th colspan="3">线芯最小截面</th></tr>
<tr><th>铜芯</th><th colspan="2">铝芯</th></tr>
<tr><td rowspan="2">绝缘子配线</td><td>裸导线敷设在绝缘子上
裸导线敷设在室内绝缘子上</td><td>10.0
2.5</td><td colspan="2">10.0
4.0</td></tr>
<tr><td>绝缘导线敷设于绝缘子上：
室内　$L \leqslant 2m$
室外　$L \leqslant 2m$
室内外　$2 < L \leqslant 6m$
$6 < L \leqslant 12m$
$12 < L \leqslant 16m$
$16 < L \leqslant 25m$</td><td>
1.0
1.5
2.5
2.5
4.0
6.0</td><td colspan="2">
2.5
2.5
4.0
6.0
6.0
10.0</td></tr>
<tr><td>线管配线</td><td>绝缘硬导线穿管敷设
绝缘软导线穿管敷设</td><td>1.0
1.0</td><td colspan="2">2.5
—</td></tr>
<tr><td>槽板与线槽配线</td><td>绝缘导线槽板敷设
绝缘导线线槽敷设</td><td>1.0
0.75</td><td colspan="2">2.5
2.5</td></tr>
<tr><td>电缆配线</td><td>电缆敷设</td><td>2.5</td><td colspan="2">4.0</td></tr>
<tr><td rowspan="2">接户线</td><td>绝缘导线自电杆引下：档距为 10m 以下
10～25m</td><td>2.5
4</td><td colspan="2">4
6</td></tr>
<tr><td>绝缘导线沿墙敷设：档距为 6m 以下</td><td>2.5</td><td colspan="2">4</td></tr>
<tr><td rowspan="3">架空配线</td><td rowspan="2">裸导线种类</td><td rowspan="2">低压</td><td colspan="2">高压（6kV 以上）</td></tr>
<tr><td>居民区</td><td>非居民区</td></tr>
<tr><td>架空铝绞线及铝合金绞线
架空钢芯铝绞线
架空铜绞线</td><td>16
16
$\phi 3.2mm$</td><td>35
26
16</td><td>25
16
16</td></tr>
<tr><td rowspan="2">灯具引线</td><td>安装场所及用途</td><td>铜芯软线</td><td>铜芯</td><td>铝芯</td></tr>
<tr><td>灯头线：民用建筑室内
工业建筑室内
室外</td><td>0.5
0.5
1.0</td><td>0.5
1.0
1.0</td><td>2.5
2.5
2.5</td></tr>
<tr><td>移动电气设备引线</td><td>生活用
生产用</td><td>0.2
1.0</td><td>—</td><td>—</td></tr>
</table>

注：L 为绝缘子支撑点间距。

（一）配线施工一般规定

1. 施工条件

配线工程施工前，施工现场和建筑工程应符合下列条件。

（1）对施工有影响的模板、脚手架等应拆除，杂物应清除。

（2）对配线工程会造成污损的建筑装修工作应结束。

（3）在埋有线管的设备基础模板上，应标有线管出口的坐标或基准点（线）。

(4) 埋入建筑物或构筑物的预埋件，应在建筑工程施工时预埋，且埋设牢固。

(5) 预留孔、预埋件的位置和尺寸应符合设计与施工要求。

2. 电气线路敷设

电气线路的敷设应符合下列要求。

(1) 电气线路经过建筑物、构筑物沉降缝或伸缩缝时，敷设导线应稍有余量，必要时应按要求装设补偿装置。

(2) 电气线路沿发热体表面敷设时，与发热体表面的距离应符合设计要求。

(3) 配线工程中采用的支架、管卡、吊钩等黑色金属件，均应镀锌或涂防腐漆等防腐材料。

(4) 配线工程中非带电金属的接地或接零应连接可靠。

(5) 配线工程施工结束后，应将施工中造成的孔、洞、沟、槽等修补完整。

3. 导线穿越与交叉

(1) 穿越楼板。绝缘导线穿越楼板时，应将导线穿入钢管或塑料管内保护，保护管上端口距地面不应小于1.8m，下端口到楼板下为止。

(2) 穿越墙壁。导线穿墙时，也应加装保护管（瓷管、塑料管、竹管或钢管等），保护管伸出墙面的长度不应小于10mm，并保持一定的倾斜度。

(3) 穿越建筑物。导线保护管不宜穿过设备或建筑物、构筑物的基础；当必须穿过时，应采用保护措施（如加装瓷管、塑料管、竹管或钢管等）。

(4) 导线交叉。当绝缘导线相互交叉时，为避免相互碰触，应在每根导线上加套绝缘管，并将套管在导线上固定牢靠。

（二）配管要求

1. 配线管口

配线中的保护管口应符合下列规定：

(1) 敷设在多尘或潮湿场所的电线保护管，管口及连接处均应进行密封处理。

(2) 进入落地配电箱的线管应排列整齐，管口高出配电箱基础面50～80mm。

(3) 进出建筑物或构筑物的保护管的外口必须进行防潮处理。

2. 线管长度

当线管较长或转弯较多时，应适当加大管径或加装拉线盒（应便于穿线），两个拉线点之间的允许距离应符合下列规定。

(1) 无弯管路，不超过30m。

(2) 两个拉线点之间有一个转弯时，不超过20m。

(3) 两个拉线点之间有两个转弯时，不超过15m。

(4) 两个拉线点之间有三个转弯时，不超过8m。

3. 线管垂直敷设

垂直敷设的线管，每超过下列长度时，应增加拉线盒或接线盒加以固定。

1) 导线截面为$50mm^2$及以下、长度超过30m时。

2) 导线截面为$70\sim95mm^2$及以下、长度超过20m时。

3) 导线截面为$120\sim240mm^2$及以下、长度超过18m时。

4. 线管弯曲半径

配管时，线管的弯曲处不应有折纹、凹陷和裂缝等缺陷，线管的弯曲半径应符合表3-5的规定。

线管的弯曲半径要求　　表3-5

固定点间距（m）	弯曲半径 R 与线管外径 D 之比	固定点间距（m）	弯曲半径 R 与线管外径 D 之比
明配时	≥6	暗配时	≥6
明配只有一个弯时	≥4	埋设于地下或混凝土内时	≥10

5．接地要求

在TN-S、TN-C-S接地系统中，当非金属管（箱）与金属管（箱）混合使用时，其中金属管箱必须与PE线有可靠的电气连接。

（三）配线要求

1．导线布置要求

导线的布置应符合国家有关规范和设计要求。

(1) 布置位置。配线位置应便于检查和维护；明配线路要保持水平和垂直敷设，其允许偏差应符合规范的规定。

(2) 固定间距。为确保安全，室内外配线的固定间距（支撑点）应符合规范（槽板配线为50mm）规定。

(3) 导线色别。当配线采用多相绝缘导线时，其相线的颜色应易于区分（各相色别要求可参见第一章），同一建筑物和构筑物的导线颜色应统一。

2．导线连接要求

导线接头的质量是造成线路故障和事故的主要因素之一，所以配线时应尽可能减少导线接头。除架空线路另有规定外，其他配线的连接应符合以下基本要求。

(1) 配线接头。穿管导线和槽板配线中间不允许有接头，必要时可采用接线盒（如线管较长时）或分线盒（如线路分支处）。

(2) 接触紧密。导线连接处应接触紧密，接头电阻应尽可能小，稳定性好，与同长度、同截面导线的电阻比值不应大于1。

(3) 机械强度。导线接头的机械强度不应小于原导线机械强度的80%；在导线的连接和分支处，应避免受机械力的作用。

(4) 耐蚀性能。导线接头处耐腐蚀性能应良好，避免受外界腐蚀性气体的侵蚀。

(5) 绝缘强度。导线连接处的绝缘强度必须良好，其性能至少应与原导线的绝缘强度一样。

(6) 连接方式。当无特殊规定时，导线的线芯应采用焊接连接、压板压接和套管连接等。

3．导线出线端连接要求

导线出线端（终端）与电器设备的接触电阻应尽可能小，安装牢固，并能耐受各种化学气体的腐蚀。其出线端连接要求如下：

(1) 截面为10mm^{2}及以下的单股铜线、截面为2.5mm^{2}及以下的多股铜线和单股铝线，可直接与电器连接。

(2) 截面为4～6mm^{2}的多股导线，应先将接头处拧紧搪锡后，或压接接线端子后再与电器连接，以防止连接时导线松散。

(3) 多股铝导线和截面大于2.5mm^2 的多股铜导线的终端，除设备自带插接式端子外，应焊接或压接接线端子后再连接（即导线封端）。

(4) 截面为10mm^2 及以上的多股导线，由于线粗、载流量大，为防止接触面小而发热，应在接头处装设铝质或铜质的接线端子，再与电器设备进行连接。这种方法一般称之为封端。

三、电缆配线基本要求

（一）一般要求

1. 特殊场所的敷设要求

电缆在特殊场所敷设时，应符合下列规定。

(1) 电缆在屋内、电缆沟、电缆隧道和竖井内明设时，不应采用黄麻或其他易燃和延燃的外保护层电缆。

(2) 电缆不应在易燃易爆场所及可燃气体或液体管道的隧道或沟道内敷设，当受条件限制需要时，必须采取防爆和防火措施。

(3) 电力电缆不宜在有热管道或沟道内敷设，当需要敷设时，应采取隔热措施。

2. 电缆的排列要求

电力电缆和控制电缆一般应分开排列；当同侧排列时，控制电缆应敷设在电力电缆的下面，电压低的电缆敷设在电压高的电缆的下面（但充油电缆可不受此限制）。

3. 电缆敷设的支点间距

电缆支持点的最大间距应按设计规定。当无规定时，则应符合表3-6中的规定。

电缆支持点的最大间距（m） **表3-6**

敷设方式	在支架上敷设			在钢索上吊装
	塑料护套、铅包、铝包、钢带铠装		钢丝铠装	
	电力电缆	控制电缆		
水平敷设	1.0	0.8	3.0	电力电缆0.75
垂直敷设	1.5	1.0	6.0	控制电缆0.60

注：在支架上敷设包括电缆沟和电缆隧道内敷设；此间距也可用于沿墙壁、构架、楼板等非支架固定。

4. 预留备用长度

敷设电缆时，应留有余量，以便温度变化引起变形时的补偿和安装检修时使用。当空间允许时，其长度一般为：高压电缆不小于5m；低压电缆不小于3m。

（二）电缆配线施工要求

1. 电缆搬运

电缆一般包装在专用的电缆盘上。搬运时，可用汽车搬运和人工滚动搬移；装卸时，一般可采用汽车吊。严禁将电缆盘直接从车上滚下或抛下，以免损伤电缆和发生人身事故。

2. 电缆检验

电缆敷设施工前，应检验电缆电压系列、型号、规格等是否符合设计要求，表面有无损伤。对6kV以上的电缆，应做交流耐压和直流泄漏试验，必要时还需做潮气试验；对6kV及以下的电缆，应用兆欧表测试其绝缘电阻值。500V电缆应选用500V兆欧表，其绝缘电阻应大于0.5MΩ；对1000V及以上的电缆应选用1000V或2500V兆欧表，其绝缘电阻应大于1MΩ/kV。并将测试参数记录在案，以便与竣工试验时作对比。

3. 电缆出入口的封闭

电缆进入电缆沟、建筑物的出入口时均应进行封闭处理，以防不良气体浸入。

4. 电缆敷设环境温度

电缆敷设的最低温度不宜过低，其最低温度应符合表3-7的规定。当环境温度太低时，可采用暖房、暖气或电流将电缆预加热。

电缆敷设的最低温度 **表3-7**

电缆类型	电缆结构	最低允许敷设温度（℃）
油浸纸绝缘电力电缆	充油电缆	-10
	其他油纸电缆	0
橡皮绝缘电力电缆	橡皮或聚氯乙烯护套	-15
	裸铅套	-20
	铅护套钢带铠装	-17
塑料绝缘电力电缆	全塑电缆	0
控制电缆	耐寒护套	-20
	橡皮绝缘聚氯乙烯护套	-15
	聚氯乙烯绝缘聚氯乙烯护套	-10

如提高环温加热：当温度为5～10℃时，约需72h；当温度为25℃时，约需24～36h。如通过电流加热时：加热电流不应超过电缆额定电流的70%～80%，但电缆的表面温度不应超过35～40℃。

5. 电缆弯曲半径

敷设电缆时，严禁将电缆扭伤和弯曲过度，电缆弯曲半径与电缆外径的比值不应小于表3-8中的规定。

电缆弯曲半径 R 与电缆外径 D 的比值 **表3-8**

电缆护套类型		电力电缆		其他多芯电缆
		单芯	多芯	
金属护套	铅	25	<15	15
	铝	30	<30	30
	皱纹铝套和钢套	20	20	20
非金属护套		20	15	无铠装10 有铠装15

6. 电缆保护管

电缆在屋内埋地敷设或通过墙壁、楼板以及穿越道路、进出入建筑物、上下电线杆时，均应穿电缆保护管（管径应大于1.5倍电缆外径）加以保护，其管径可参照表3-9选择。

电缆保护管管径选择表　　表 3-9

钢管直径(mm)	三芯电力电缆 (mm^2)			四芯电力电缆(mm^2)
	1kV	6kV	10kV	
50	<70	<25		<50
70	95～150	35～70	<25	70～120
80	185	95～150	70～120	150～185
100	240	185～240	150～240	240

7. 电缆固定部位

电缆在敷设时，其固定部位应按表 3-10 进行。

电缆敷设的固定部位　　表 3-10

敷设方式	构架方式	
	电缆支架	电缆桥架
垂直敷设	电缆的首端和尾端 电缆与每个支架的接触处	电缆的上端 每隔 1.5～2m 处
水平敷设	电缆的首端和尾端 电缆与每个支架的接触处	电缆的首端和尾端 电缆转弯处 电缆其他部位每隔 5～10m 处

第二节　室内明配线路

室内明配线路主要包括槽板配线（线槽配线）和钢索配线等。

一、预埋件的施工

在配线工程中有大量预埋件的施工及安装，它不仅直接影响到电气施工的质量，而且还影响到建筑物的土建结构和装饰要求，所以预埋件的施工在配线施工中占有重要地位。在预埋工作中，对于承重构件（如梁、柱、承重墙等）一般不允许大面积钻凿，以免破坏构件或引起漏水或渗水。

（一）膨胀螺栓的埋设

膨胀螺栓是靠螺钉或螺栓拧紧后，使胀管胀开，以膨胀力紧固在建筑构件内的，承装荷载以及钻孔大小与膨胀螺栓的规格配合可参见表 3-11。常用的膨胀螺栓有塑料、橡皮和金属螺栓等几种，各种膨胀螺栓配合示意如图 3-1 所示。

膨胀螺栓钻孔规格和固定承装荷载　　表 3-11

类别	规格 (mm)						承装荷载允许拉力 ×10N	承装荷载允许拉力 ×10N
	胀管		螺钉或螺栓		钻孔			
	外径	长度	直径	长度	直径	深度		
塑料胀管	6	30	3.5	按	7	35	11	7
	7	40	3.5	需	8	45	13	8
	8	45	4.0	要	9	50	15	10
	9	50	5.0	选	10	55	18	11
	10	60	6.0	择	11	65	20	14
沉头式膨胀螺栓（金属胀管）	10	35	6	按	10.5	40	240	160
	12	45	8	需	12.5	50	440	300
	14	55	10	要	14.5	60	700	470
	18	65	12	选	19.0	70	1030	690
	20	90	16	择	23.0	100	1940	1300

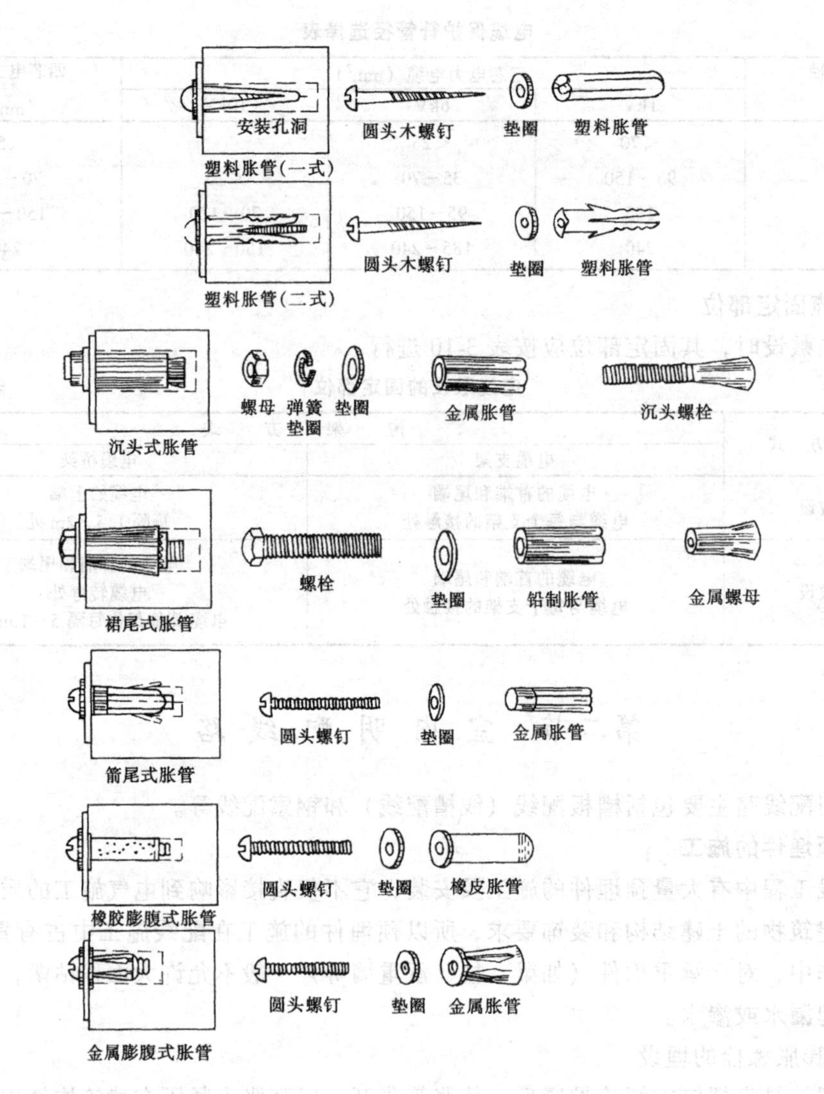

图 3-1　各种膨胀螺栓配合示意图

(二) 角钢支架的埋设

1. 角钢支架的特征

(1) 角钢支架的分类。角钢支架按形状可分为一字形和冂字形；按用途可分为终端、中间和转角支架。

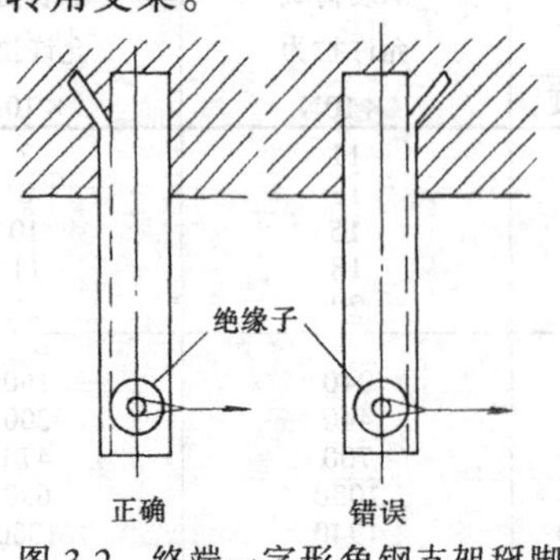

图 3-2　终端一字形角钢支架掰脚

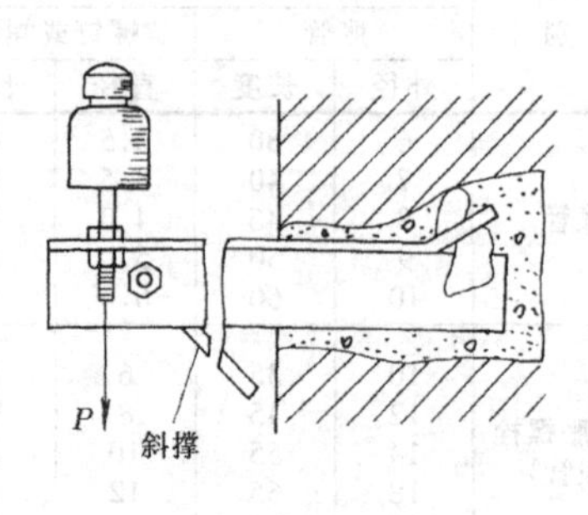

图 3-3　中间角钢支架埋设法

（2）角钢支架的搿脚及埋设。根据支架不同的用途和受力方向应采用相应的搿脚方向，其搿脚方向和埋设方法如图 3-2～图 3-5 所示。

（3）角钢支架的埋设时间。支架埋设 3～7 天后，方可进行配线安装。

2. 角钢支架的施工

（1）孔洞的位置和凿法。角钢支架孔洞的位置应尽量选择在砖缝处，并应配合配线路径和支架间距的要求。

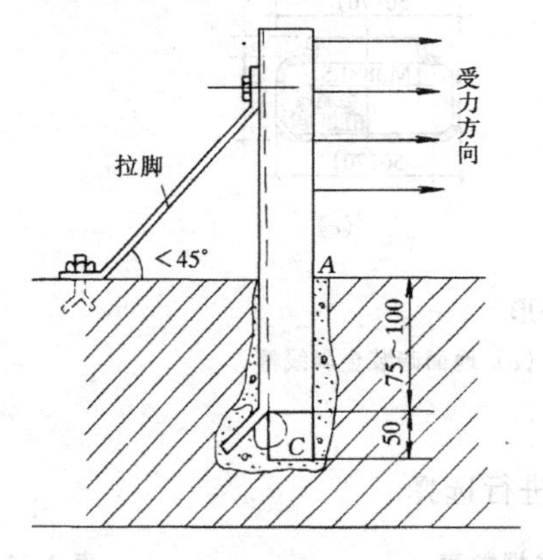

图 3-4　终端带拉脚角钢支架埋设法

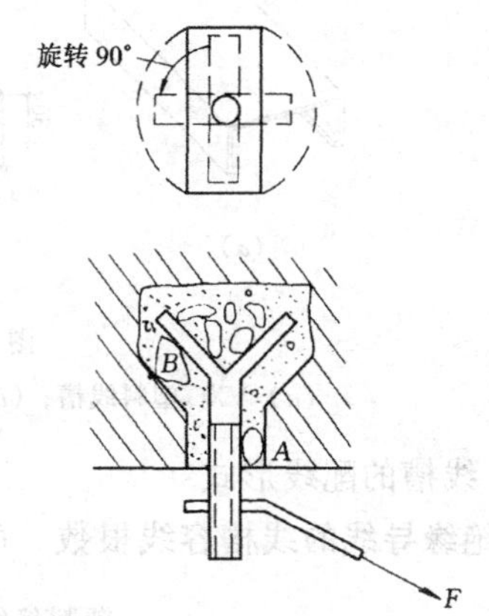

图 3-5　开脚螺栓埋设法

（2）水泥砂浆的配比与石子的选用。水泥使用的标号不应低于 300 号，与粗砂以 1∶2～1∶3 的比例加水调匀（砂浆不宜太干）。石子应选用坚硬的青石子并清洗干净，根据支架的受力方向，在适当位置填入大小适中的石子。例如：在图 3-4 中，终端支架主要承受单侧拉力，应在 *A*、*C* 处填石子。

（3）角钢支架的埋设步骤。孔洞凿好后，先将支架放入孔内，检查孔洞各处尺寸和深度是否符合要求。然后清除孔内粉尘，用水将内壁和底部浇湿，再用条形泥板把水泥砂浆填入孔底，并调整好支架的水平与垂直度，最后将砂浆捣实。

（4）角钢支架的支承件及埋设法。当角钢支架间距过大、悬臂较长或导线截面较粗时，为加强角钢支撑力，可在角钢支架下方或侧面加装斜撑或拉脚（撑脚，见图 3-4）。拉脚一般可采用圆钢或扁钢制作。

（三）开脚螺栓和拉线耳环的埋设

1. 开脚螺栓的埋设

开脚螺栓的埋设（见图 3-5）也应尽量利用砖缝，孔口凿成狭长形，孔口长度略大于螺栓开脚的宽度，开脚螺栓放入后在孔内旋转 90°，根据受力方向在支撑点（如 *A*、*B* 处）用石子压紧。此外，也可采用金属膨胀螺栓来代替开脚螺栓（但应考虑满足膨胀螺栓的承受荷载）。

2. 拉线耳环的埋设

拉线耳环一般承受向外的拉力。埋设时应将开脚内塞满石子，以防开脚受力后并拢。其开孔形状和埋设方法与开脚螺栓相同。

二、槽板配线（线槽配线）

将绝缘导线敷设固定在槽板内（线槽）的配线，称为槽板配线（线槽配线），（上部用盖板将导线盖住。槽板现已很少采用），而目前常采用的线槽分为塑料线槽和金属线槽。

塑料线槽有多种规格尺寸（外形见图 3-6），能适应敷设各种规格和数量的绝缘导线。塑料线槽与槽板的安装方法基本相同，但塑料槽板与线槽施工的环境温度不应低于－15℃。

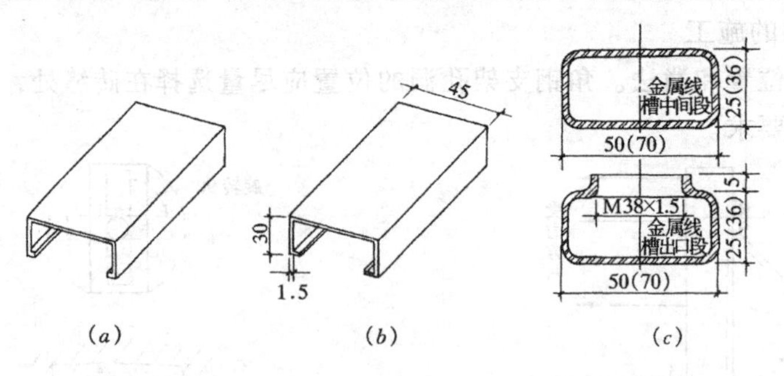

图 3-6 塑料线槽外形

（a）VXC 塑料线槽；（b）GXC 金属线槽；（c）地面暗装金属线槽

（一）线槽的配线形式

塑料绝缘导线的线槽容线根数，可参照表 3-12 进行选择。

塑料绝缘导线的线槽容线根数表 **表 3-12**

线槽型号	安装方式	塑料绝缘导线规格（mm²）													电话线路			射频线路	
		1.0	1.5	2.5	4.0	6.0	10	16	25	35	50	70	95	120	RVB	HYV		SYV-75-5	SYV-75-9
																1 根电缆	2 根电缆		
GXC-30	槽口向上	62	42	32	25	19	10	7	4	3	2	2	—	—	26	100 对	50 对	25	15
GXC-40		112	74	51	43	33	17	12	8	6	4	3	2	2	46	200 对	150 对	43	24
GXC-45		103	58	52	41	31	16	11	7	6	4	3	2	2	43	300 对	200 对	46	26
GXC-65		443	246	201	159	123	85	46	30	24	16	12	9	8	184	400 对	300 对	181	103
GXC-30	槽口向下	38	25	19	15	11	6	4	3	2	—	—	—	—	16	100 对	50 对	25	15
GXC-40		63	45	30	26	20	10	7	5	4	3	2	—	—	28	200 对	150 对	43	24
GXC-45		68	35	29	23	18	9	7	4	3	2	2	—	—	26	300 对	200 对	46	26
GXC-65		269	149	122	96	75	40	28	19	14	10	8	6	5	112	400 对	—	181	103
VXC-20	沿墙明设	13	6	5	4	3	—	—	—	—	—	—	—	—	7	10 对	5 对	1	—
VXC-40		39	21	18	14	11	6	5	3	—	—	—	—	—	20	50 对	30 对	16	9
VXC-60		59	33	26	21	16	8	6	5	3	—	—	—	—	30	100 对	50 对	24	13
VXC-80		158	87	72	56	44	23	16	11	8	6	5	3	3	80	200 对	3×100 对	65	36
地线槽-50	地面内暗设	68	38	31	24	19	—	—	—	—	—	—	—	—	33	80 对	50 对	28	16
地线槽-70		146	81	66	52	40	21	—	—	—	—	—	—	—	70	150 对	100 对	60	34

1. 吊装敷设

即将线槽吊装固定在建筑物的顶棚或构架上，主要用于金属线槽的配线方式，它适用于用电场所面积大、容量大、用户多的场合。金属线槽槽口的安装方向分为槽口向上吊装方式（见图 3-7）和金属线槽槽口向下吊装方式（见图 3-8）。

2. 地面内暗装

既将金属暗装线槽安装固定在建筑物的地面内（地板内），它适用于房间面积大和导线种类较多的用电场所，地面内金属线槽暗装如图 3-9 所示。

3. 沿墙敷设

既将线槽安装固定在建筑物的表面，多用于塑料线槽的配线方式，这也是目前较为常用的配线方式。它适用于干燥房间内的明配线路，特别适用于室内配电线路的改造工程。

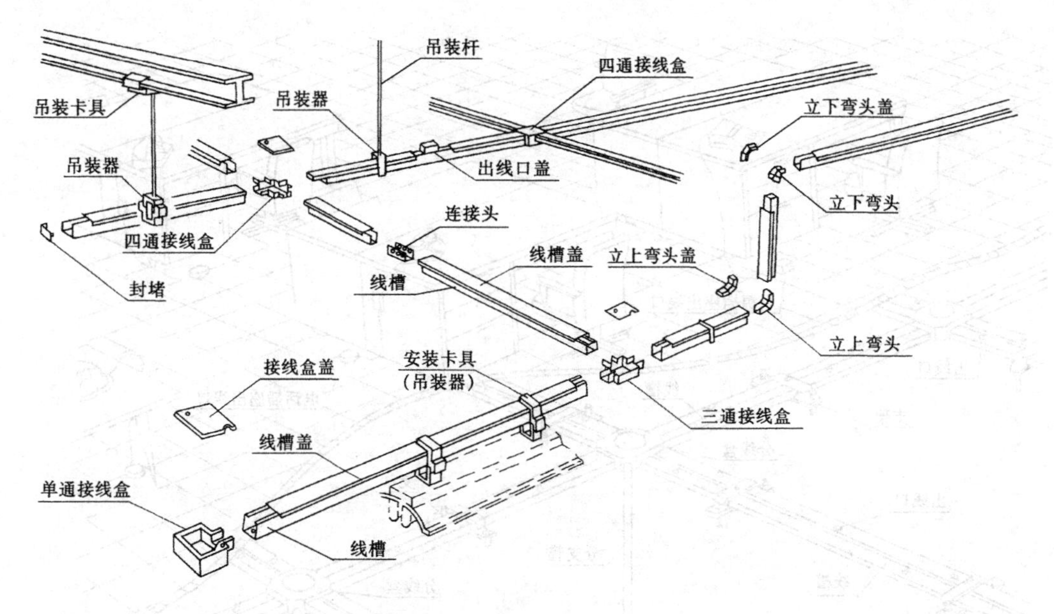

图 3-7　金属线槽槽口向上吊装

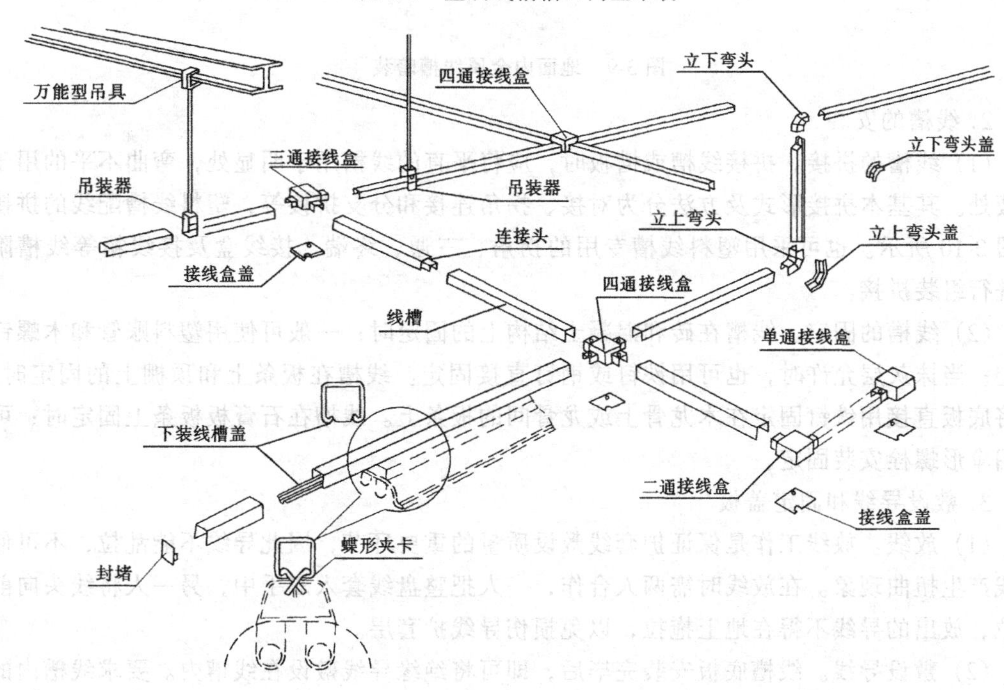

图 3-8　金属线槽槽口向下吊装

（二）塑料线槽配线

本章节简要介绍一般场所使用的塑料线槽配线方法。

1. 配线准备

槽板（线槽）配线准备工作主要包括电器的定位、走线路径的划线、预埋保护管等项目。为使线路安装整齐、美观，槽板与线槽应紧贴在建筑物的表面，并应尽量沿房屋的线脚、墙角、横梁等敷设，且与建筑物的线条平行或垂直。

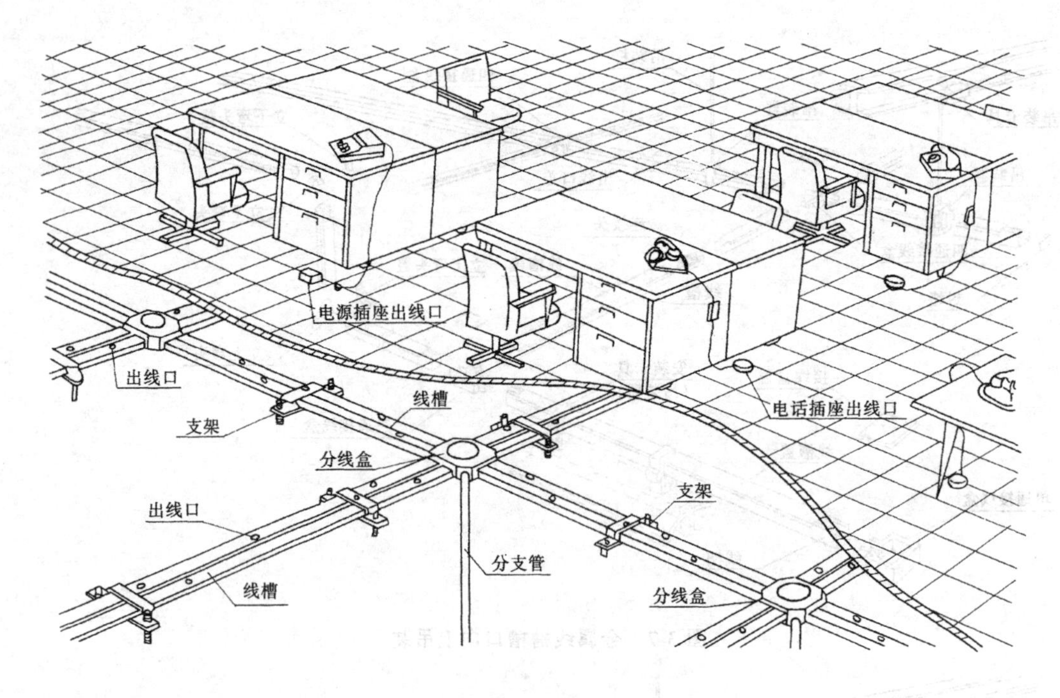

图 3-9 地面内金属线槽暗装

2. 线槽的安装

(1) 线槽的拼接。拼接线槽或槽板时，应将平直的线槽用于明显处，弯曲不平的用于隐蔽处。其基本拼接形式及方法分为对接、拐角连接和分支拼接等，塑料线槽配线的拼接如图 3-10 所示。也可采用塑料线槽专用的拐角、三通、终端、接线盒及接线箱等线槽附件进行组装拼接。

(2) 线槽的固定。线槽在砖和混凝土结构上的固定时：一般可使用塑料账管和木螺钉固定；当抹灰层允许时，也可用铁钉或钢钉直接固定。线槽在板条上和顶棚上的固定时：可将底板直接用铁钉固定在木龙骨上或龙骨间的板条上。线槽在石膏板板条上固定时：可采用伞形螺栓安装固定。

3. 敷设导线和固定盖板

(1) 放线。放线工作是保证护套线敷设质量的重要环节，因此导线不能乱拉，不可使导线产生扭曲现象。在放线时需两人合作，一人把整盘线套入双手中，另一人将线头向前直拉，放出的导线不得在地上拖拉，以免损伤导线护套层。

(2) 敷设导线。线槽底板安装完毕后，即可将绝缘导线敷设在线槽内。要求线槽内的

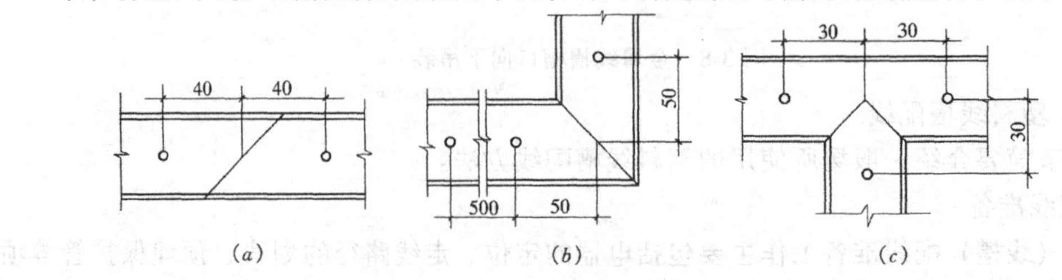

图 3-10 塑料线槽配线的拼接

(a) 对接；(b) 拐角连接；(c) T 形拼接

导线要理顺，尽可能减少挤压和相互缠绕，在线槽内一般不宜设置接头，必要时可装设分线盒或接线盒。导线在灯具、开关、插座、配电箱及接头等处，一般应留有余量，以便于连接电器或设备。

（3）固定盖板。导线敷设完毕后，即可将扣装式线槽盖板扣装在线槽底板上。盖板拼装时，应与线槽底板错位拼接。

三、钢索配线

将绝缘导线按一定的布线方式敷设在钢索上，即称为钢索配线。其方法是先在建筑物两边安装钢索，然后再按配线方式在钢索上进行配线。钢索配线多用于大型厂房内或屋架较高、跨度较大场合的电气照明，这样即能降低灯具的安装高度，又可提高被照面的照度，并且布灯方便。

（一）钢索的安装

1. 钢索安装的要求

（1）钢索规格。钢索一般采用直径大于 4.5mm 的镀锌、钢绞线（单根直径应小于 0.5mm）或镀锌圆钢（直径大于 8mm）。采用的钢索不得有质量缺陷。

（2）钢索配件。钢索安装的主要配件有花篮螺栓（调整钢索驰度）、心形环（钢索终端使用）、钢索卡（固定钢索）和耳环（安装钢索），如图 3-11 所示。

（3）花篮螺栓设置。当钢索长度小于 50m 时，可在一端装设花篮螺栓（见图 3-11（*a*））；超过 50m 时，两端均应装设花篮螺栓；以后每超过 50m 应加装一个中间花篮螺栓。

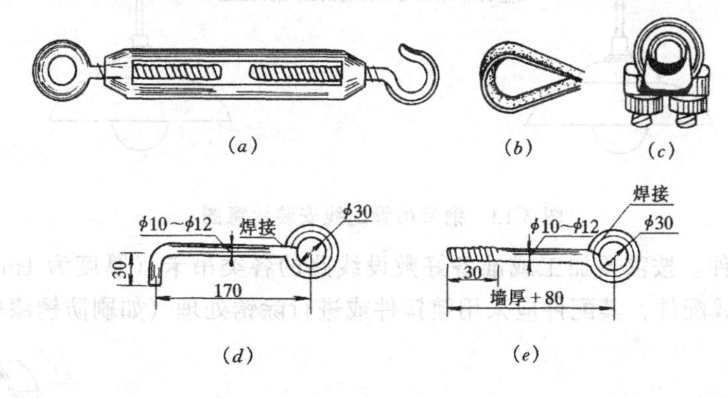

图 3-11 钢索安装配件

（*a*）花篮螺栓②；（*b*）心形环③；（*c*）钢索卡④；（*d*）耳环①；（*e*）穿墙耳环⑤

（4）钢索中间固定点。钢索中间固定点的间距应小于 12m，固定吊钩一般采用 ϕ8 的镀锌圆钢。钢索配线敷设后的弛度不应大于 100mm，否则应加装中间吊钩。

2. 钢索安装的步骤

（1）加工配件。按需要加工和准备好花篮螺栓、心形环、钢索卡、预埋耳环、穿墙耳环等钢索安装配件（均应采用镀锌件）。

（2）预埋耳环。按预定位置将耳环，见图 3-11（*d*），预埋好，如为穿墙耳环，见图 3-11（*e*），应在墙壁上垫上大于 150mm×150mm×8mm 的钢板。

（3）剪断钢索。按需要的长度，将钢索剪断，擦去油污并抻直。

（4）钢索安装。钢索在墙上的安装示意如图 3-12 所示，安装时应采用紧线器收紧钢索（钢索敷设后的垂度应小于 10mm），再用心形环，见图 3-11（*b*），和钢索卡，见图 3-

11（c），固定钢索。

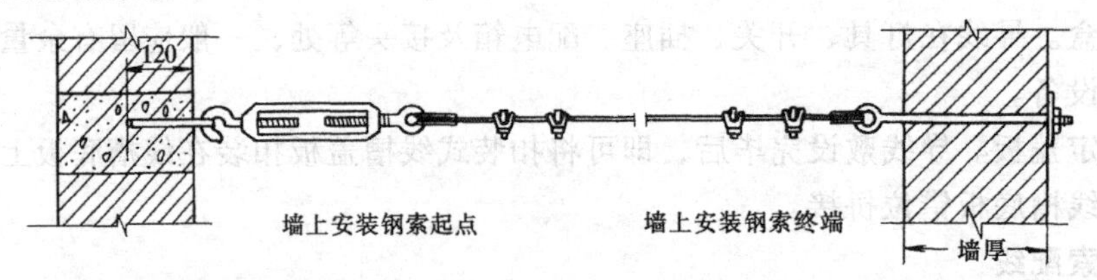

图 3-12 钢索在墙上安装

（二）在钢索上的配线

按钢索所采用的配线方式，钢索配线可分为钢索吊管配线、钢索绝缘子配线、钢索吊装护套线配线等。配线方法除安装钢索及配线附件外，其余与前述的各类配线方法基本相似。

1. 钢索吊管配线

这种配线方式是采用扁钢吊卡将电线管及灯具等吊装在钢索下，其安装示意如图 3-13 所示。

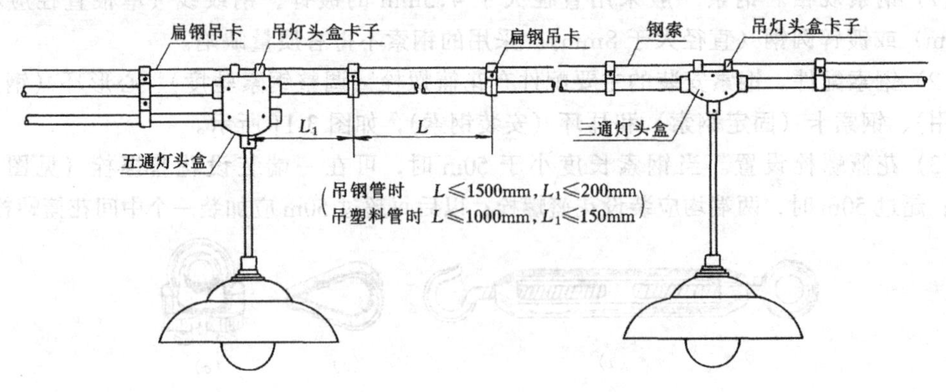

图 3-13 钢索吊管配线安装示意图

（1）加工配件。按需要加工或准备好敷设线路的各类吊卡（厚度为 1mm，外形见图 3-14（c））等配线配件，其配件应采用镀锌件或进行除锈处理（如刷防锈漆等）。

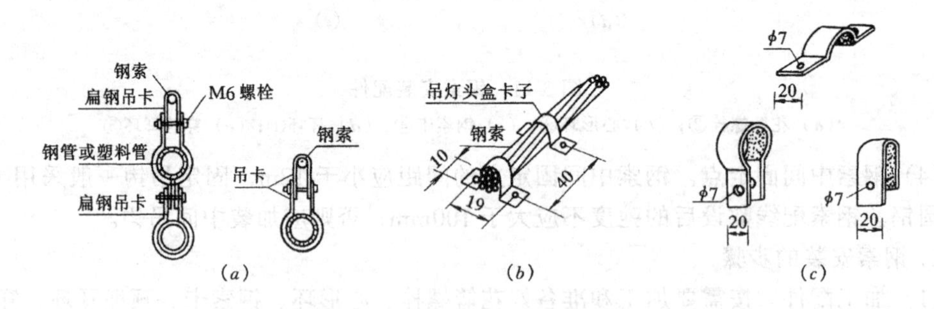

图 3-14 吊盒吊管安装示意图

（a）吊管安装示意；（b）吊灯头盒卡子；（c）各类吊卡示意

（2）确定灯位。按要求找好灯位和接线盒的安装位置，安装钢索上的吊灯头盒卡子及扁钢吊卡。

（3）配管安装。按各段管长进行选材、断管、套丝、弯管等线管加工，先装灯头盒，再将线管用扁钢吊卡固定在钢索上。金属配管应做好整体的接零或接地工作。

（4）穿线及安装。最后进行管内穿线，并连接导线和安装灯具。

2. 钢索吊装绝缘子配线

这种配线方式是采用扁钢吊架将绝缘子和灯具吊装在钢索下，其安装示意如图3-15所示。

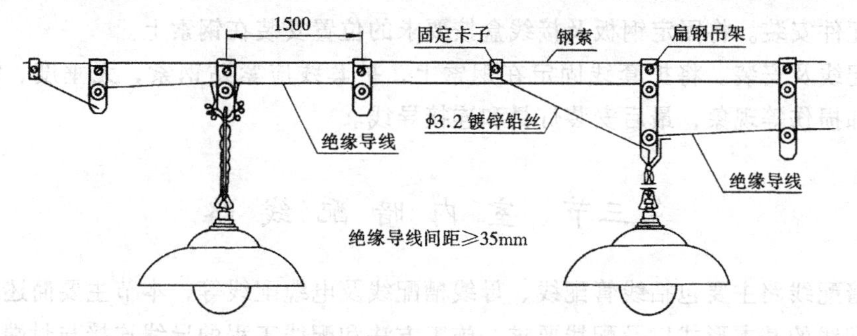

图 3-15 钢索吊装绝缘子配线安装

（1）加工配件。制作和加工扁钢吊架等安装配件（参见图3-16（*a*））。

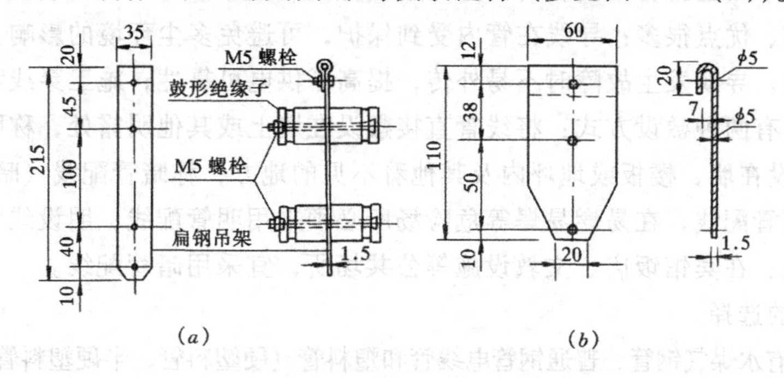

图 3-16 扁钢吊架与接线盒固定钢板

（*a*）四线式扁钢吊架；（*b*）接线盒固定钢板

（2）吊架安装。按要求确定灯位，将组装好的扁钢吊架和固定卡子安装在钢索上。在终端处，吊架与固定卡子间应采用镀锌铅丝拉紧。

（3）配线及安装。按绝缘子配线方式，将导线敷设在吊架的绝缘子上，然后进行导线连接和灯具安装。

3. 钢索吊装护套线配线

这种方法是采用铝线卡直接将护套线敷设在钢索上，而灯具则吊装在接线盒的固定钢板上，其安装示意如图3-17所示。

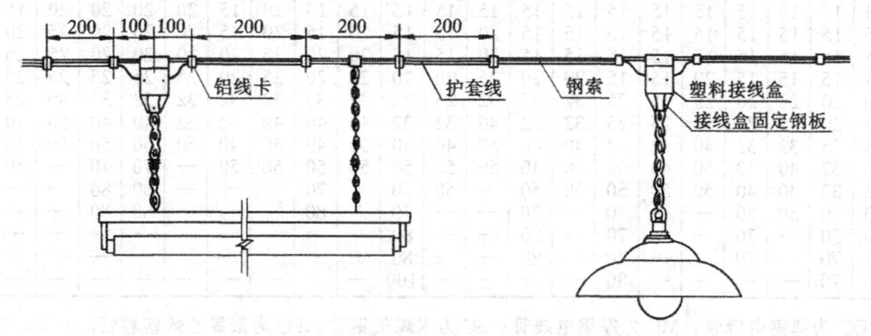

图 3-17 钢索吊装护套线配线安装

（1）配件加工。按图 3-16（*b*）加工制作钢索护套线配线的接线盒固定钢板。

（2）确定安装位置。按要求确定接线盒和铝线卡的固定位置（要做好安装标记），线卡间距应均匀且符合技术要求。

（3）配件安装。将固定钢板及接线盒按要求的位置安装在钢索上。

（4）配线及安装。将护套线固定在钢索上，护套线应紧贴钢索，无垂度、缝隙、扭劲、弯曲和损伤等现象，最后安装灯具和连接导线。

第三节　室内暗配线路

室内暗配线路主要包括线管配线、母线槽配线及电缆配线等，本节主要简述线管配线和母线槽配线的基本形式以及配线要求、施工方法和配线工程的导线连接与封端。

一、线管配线

将绝缘导线穿入塑料管或钢管内再进行敷设的配电线路，称为线管敷设。这种配线方式比较安全可靠、优点很多：导线在管内受到保护，可避免多尘环境的影响、腐蚀性气体侵蚀和机械损伤；导线发生故障时不易外传，提高了供电可靠性；施工穿线和维修换线方便等。线管配线有两种敷设方式：将线管直接敷设在墙上或其他明露处，称明管配线（明设）；把线管埋设在墙、楼板或地坪内及其他看不见的地方，称暗管配线（暗设）。在工业厂房中多采用明管配线，在易燃易爆等危险场所必须采用明管配线，明设线管要做到横平竖直、整齐美观；在宾馆饭店、文教设施等公共场所，宜采用暗管配线。

（一）管材的选择

常用的管材有水煤气钢管、普通钢管电线管和塑料管（硬塑料管、半硬塑料管、软形塑料管和 PVC 工程塑料管等）。各种管材的性能特征、适用范围及规格参数可参阅第一章有关章节。

1. 线管管径的要求

为便于穿线并考虑到电线的截面、根数和管内径的配合，规范规定：管内绝缘电线或电缆的总截面（包括绝缘层），一般不应超过管内径截面的 25％～30％。单芯绝缘导线穿管选择见表 3-13。

单芯绝缘导线穿管选择表（BV、BLV）　　**表 3-13**

导线截面 (mm^2)	线管最小管径（mm）																								
	2 根单芯					3 根单芯					4 根单芯					5 根单芯					6 根单芯				
	TC	MC	SC	PC	VG	TC	MC	SC	PC	VG	TC	MC	SC	PC	VG	TC	MC	SC	PC	VG	TC	MC	SC	PC	VG
1	15	15	15	15	15	15	15	15	15	15	15	15	15	15	15	15	15	15	15	15	15	15	15	15	15
1.5	15	15	15	15	15	15	15	15	15	15	15	15	15	15	15	20	15	20	20	20	20	15	15	20	20
2.5	15	15	15	15	15	15	15	15	15	15	20	15	15	20	15	20	15	20	20	20	25	20	20	20	20
4	15	15	15	15	15	15	15	15	15	15	20	15	15	20	20	25	20	20	20	20	25	25	20	25	25
6	15	15	15	15	15	20	15	15	20	20	25	20	20	25	20	25	20	25	25	25	25	25	20	32	25
10	25	20	20	25	20	25	25	25	32	25	32	25	25	32	32	32	32	32	32	32	40	25	32	40	40
16	25	20	20	25	25	32	25	25	32	32	40	32	32	40	40	40	32	32	40	40	50	40	40	50	40
25	32	25	25	32	32	40	32	32	40	40	50	40	40	50	40	50	40	50	50	50	50	50	50	50	50
35	40	32	32	40	40	50	40	40	50	40	50	50	50	50	50	50	50	—	70	70	—	50	50	—	70
50	50	32	32	40	40	50	50	50	50	50	—	50	50	—	70	—	—	—	80	80	—	—	70	—	80
70	50	50	50	50	50	—	—	70	—	70	—	—	70	—	80	—	—	—	80	80	—	—	80	—	—
95	—	50	50	—	70	—	—	70	—	80	—	—	80	—	—	—	—	—	—	—	—	—	100	—	—
120	—	—	70	—	70	—	—	70	—	80	—	—	80	—	—	—	—	—	—	—	—	—	100	—	—
150	—	—	70	—	—	—	—	80	—	—	—	—	100	—	—	—	—	—	—	—	—	—	100	—	—

注：（1）DG 为薄钢电线管；MC 为厚钢电线管；SC 为水煤气钢管；PC 为聚氯乙烯塑料管。

（2）敷设在自然地面的素混凝土内应采用 SC 管；利用线管管壁兼做接地线应采用 MC 管；其他可采用 TC 管。

2. 线管质量的要求

选用的管材如有裂缝、瘪、陷等缺陷，应将其锯掉不用，其内壁及管内不能存有杂物、油污和积水，金属管不能有铁霄毛刺，以免穿线困难或损伤导线绝缘。

3. 线管的长度要求和垂直敷设要求

线管的长度要求和垂直敷设的要求，应符合本章第一节的配管和配线要求。

(二) 管材的加工

1. 管材的清扫

在配管前，应对选用的管材进行去除污垢和杂物等的清扫工作，对金属管还应进行除锈刷漆（可采用防锈漆或沥青漆）工作。

2. 锯管下料

(1) 长度的确定。应按现场的需要，根据接线盒或设备间的连接和转角情况（应考虑采用几根线管连接而成）确定实测长度（一般宜先确定弯曲部位再确定直线部位）。

(2) 下料。一般可使用手钢锯或管子割刀下料，当管径较大时可采用电动切割机或锯床进行下料。

3. 弯管

弯管时，其弯曲半径应符合表 3-5 中的规定，弯曲角度 α 应在 90°以上（见图 3-18（*a*）)，金属管的焊缝应放在弯曲的侧面（见图 3-18（*b*））。为了便于穿线，应尽可能减少弯头，管子弯曲处也不应出现凸凹和裂缝现象。

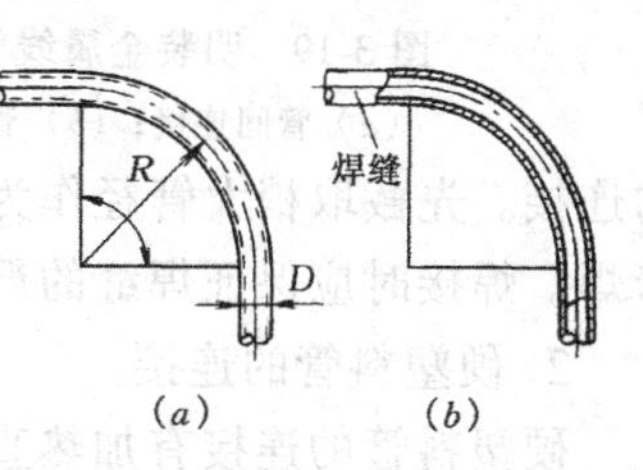

图 3-18 线管的弯曲要求

（*a*）弯曲半径与弯曲角度；（*b*）弯曲与焊缝配合

(1) 弯制金属管。弯制金属管通常用弯管器（适用于管径为 50mm 及以下的管子）弯制；当管子弯制的外观及形状要求较高时和弯制大量相同曲率半径的线管时，可采用滑轮弯管器（适用于管径为 50～100mm)；当管壁较厚或管径较粗时或需大量弯制线管，可采用专用的液压（或电动）顶弯机进行弯制。

(2) 弯制塑料管。热塑性塑料管一般采用热弯法。管径为 20mm 及以下时可采用直接加热煨弯法。

(3) 弯制 PVC 工程塑料管。目前广泛采用的 PVC 工程塑料管，由于其阻燃性能好、强度高、韧性好、易施工，已在工程建设中广泛使用，并在某些方面逐渐替代金属管。弯制时一般采用和管径相适应的钢丝弹簧，带入引线后再穿入管内至需要弯曲的部位直接进行弯制成型，弯制后将引线用钢丝弹簧抽出即可。

4. 钢管的套丝

明配线管一般应采用螺纹管箍连接，因此应使用管子绞板或板牙将线管端部绞制外螺纹。

(三) 管间或与箱体的连接

1. 金属配管的连接

(1) 螺纹连接。明配线管一般宜采用管箍螺纹连接，尤其是防爆线管必须采用管箍连接，明装金属线管的连接方式如图 3-19 所示。

(2) 接地连接。当配管有接地要求时，由于管箍连接会降低线管的导电性能，保证不了接地的可靠性，所以，为安全用电，管间及管盒间的连接处，应按图 3-19 所示的方法焊接跨接地线，跨接地线选择表见表 3-14。

跨接地线选择表（mm）　　**表 3-14**

公称直径		跨接地线	
电线管	钢管	圆钢	扁钢
<32	<25	$\phi6$	—
40	32	$\phi8$	—
50	40～50	$\phi10$	—
70～80	70～80	—	25×4

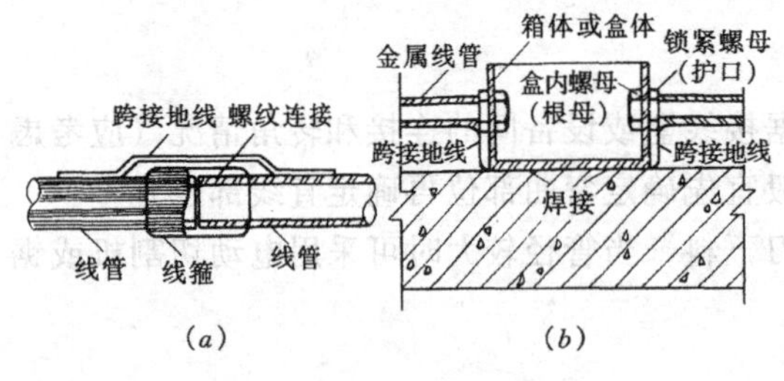

图 3-19　明装金属线管的连接

（a）管间连接；（b）管箱连接

（3）焊接连接。暗配线管一般多采用焊接连接，常用的有直接焊接和套管焊接。

1）直接焊接连接。主要适用线管的连接和管箱间的连接。为可靠接零或接地，焊接时应保证有足够的焊接面积，如不够时，应按上述方法加焊跨接地线。

2）套管焊接连接。主要适用于管间的连接。先截取稍大管径作为焊接套管，将两端连接管插入套管后，再用电焊在套管两端密焊。焊接时应保证焊缝的严密性，以防土建施工时水泥砂浆渗入管内。

2. 硬塑料管的连接

硬塑料管的连接有加热直接插接、模具胀管插接和套管连接等方法。现多采用套管连接法，它工艺简单、施工方便，适用于各种管径的硬塑料管和 PVC 工程塑料管的连接。

（1）截取套管。在同径管（PVC 工程塑料管多采用稍大管径）上截取长度为管径的 2.5～3 倍（管径为 50mm 及以下时取 2.5，管径为 50mm 以上时取 3）作为连接套管。

（2）管口清扫。将内、外管插接段的污垢擦净（如有油污时，可采用二氯乙烯、苯等溶剂）。

（3）插接。线管加热后（PVC 管无需加热）将内管插入段涂上胶合剂（如聚氯乙烯胶合剂等）后再插入套管，也可采用塑料焊接方法在套管两端密焊以保证其严密性。

（四）线管的敷设

1. 明配线管的一般步骤

（1）确定电器与设备（如配电箱、开关、插座、灯头等）的位置。

（2）划出线管走向的中心线和相互交叉的位置。

（3）埋设和安装预埋件和紧固件等。

（4）量测线管的实际长度（包括弯曲部位）。

（5）将线管按照建筑物的结构形状进行弯曲。

（6）根据实测长度进行切断（最好是先弯管再切断，这样容易掌握尺寸）。

（7）对需进行管箍连接的部位绞制外螺纹。

（8）将管子、接线盒等连接成整体或部分整体后进行安装固定。在连接中，应将引线钢丝穿入线管以备穿线，凡是向上的管口，均用木塞堵紧以防止杂物进入线管。

（9）固定线管时，明配管线敷设固定点的最大允许间距应符合表 3-15 的规定，且要均匀设置。

(10) 线管接地，按要求并参照图 3-19 所示的明装金属线管的连接。

2. 明配线管的敷设方式

如图 3-20，明配线管沿墙敷设和吊装敷设的一般做法。

(1) 沿墙敷设。沿墙敷设一般是采用鞍形管卡将线管直接固定在墙壁或墙壁的支架上，其基本敷设方法如图 3-20 (*b*)、(*e*) 所示。

(2) 吊装敷设。多根管子或管径较粗的线管在楼板下敷设时，可采用吊装敷设。其做法如图 3-20 (*d*)、(*f*)、(*g*) 所示。

明配线管敷设固定点的最大允许间距 (m) **表 3-15**

敷设方式	线管种类	钢管直径 (mm)				塑料管内径 (mm)		
		15～20	25～32	40～50	65 及以上	20 及以下	25～40	50 及以上
吊架、支架或沿墙敷设	厚壁钢管	1.5	2.0	2.5	3.5	—	—	—
	薄壁钢管	1.0	1.5	2.0	—	—	—	—
	硬塑料管	—	—	—	—	1.0	1.5	2.0

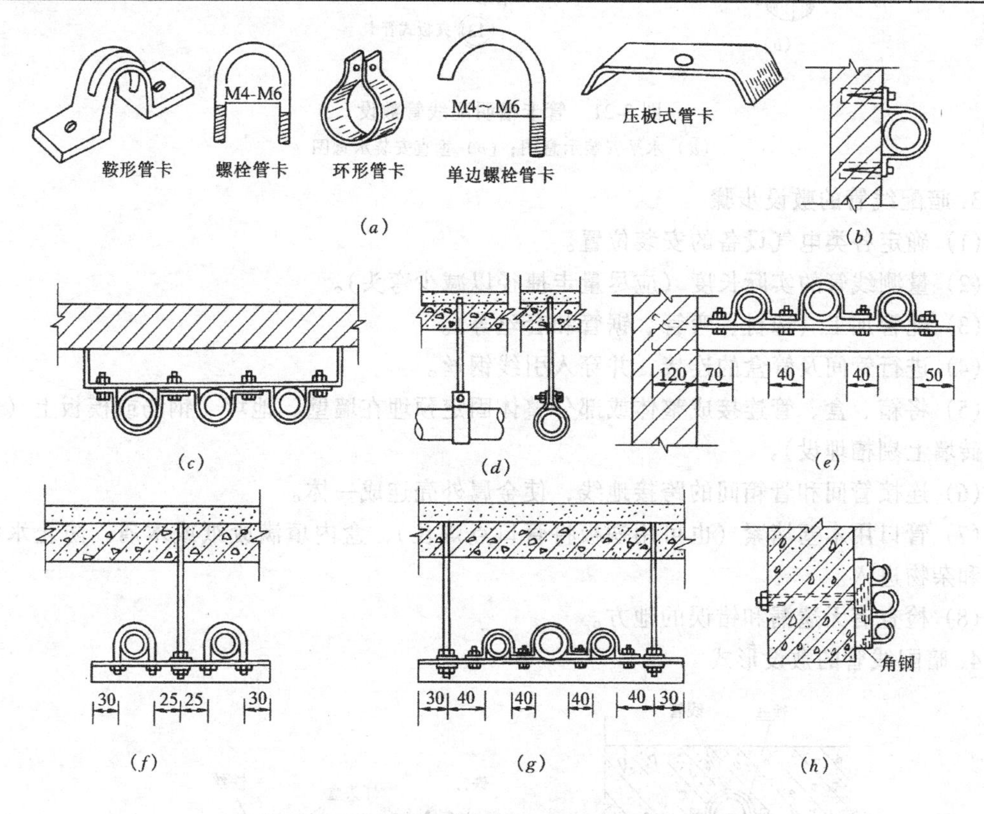

图 3-20 明配线管沿墙敷设和吊装敷设的一般做法

(*a*) 各类管卡；(*b*) 管卡沿墙敷设；(*c*) 多管垂直敷设；(*d*) 单管吊装敷设；
(*e*) 支架沿墙敷设；(*f*) 双管吊装；(*g*) 三管吊装；(*h*) 沿梁底侧面敷设

(3) 管卡槽敷设。将管卡板固定在管卡槽上，然后将线管安装在管卡板上，即为管卡槽明配线管敷设，如图 3-21 所示。它适用于多根线管的敷设。

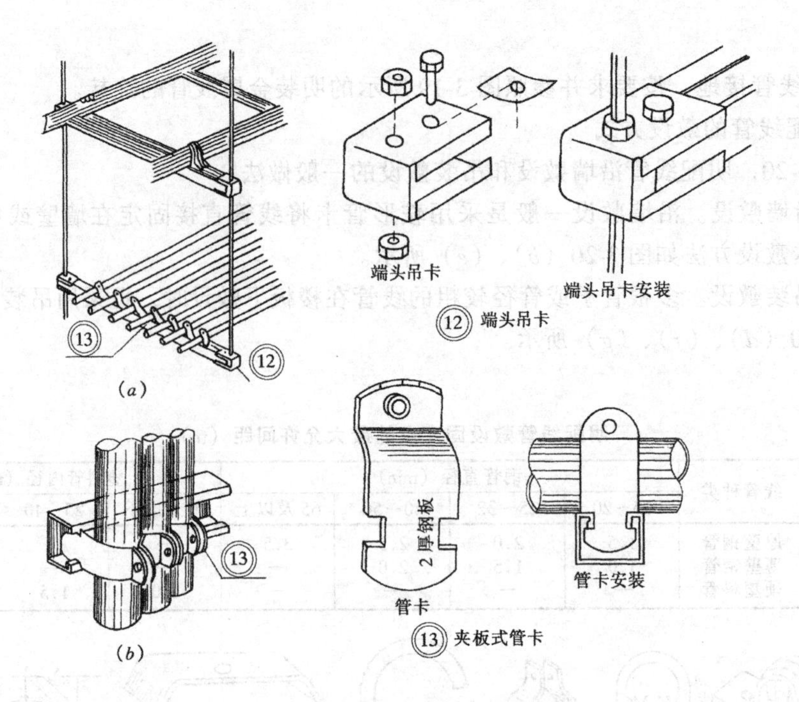

图 3-21　管卡槽明配线管敷设

（a）水平安装示意图；（b）垂直安装示意图

3．暗配线管的敷设步骤

（1）确定各类电气设备的安装位置。

（2）量测线管的实际长度（应尽量走捷径以减少弯头）。

（3）配管加工（选材、弯管、锯管和套丝等）。

（4）进行管间及管盒的连接，并穿入引线钢丝。

（5）将箱、盒、管连接成整体或部分整体固定预埋在墙壁、地坪、钢筋或模板上（也可在砖墙上剔槽埋设）。

（6）连接管间和管箱间的跨接地线，使金属外壳连成一体。

（7）管口用木塞堵紧（也可用铁板将管口点焊住），盒内填满废纸或木屑，防止水泥砂浆和杂物进入。

（8）检查有无遗漏和错误的地方。

4．暗配线管的敷设形式

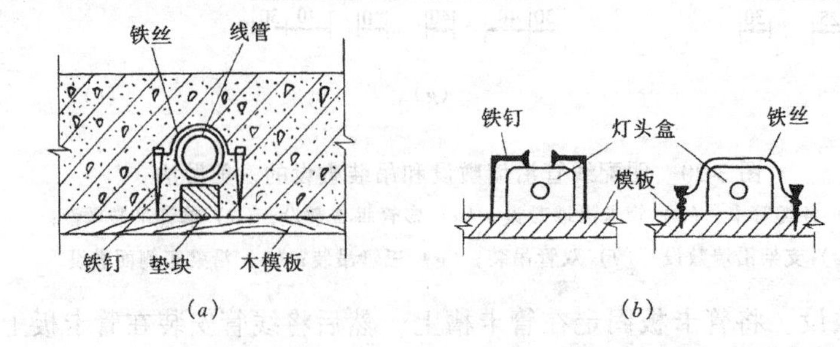

图 3-22　暗配线管与灯头盒在木模板上的固定与敷设

（a）线管的固定；（b）灯头盒的固定

暗配线管主要包括线管敷设、灯头盒敷设和接线盒敷设等项目。一般可预埋敷设，但线管与箱体在现浇混凝土内埋设时应固定牢靠，以防土建振捣混凝土或移动脚手架时使其移位；也可在土建墙壁粉刷前凿沟槽、孔洞，将管子和器件埋入后，再用水泥砂浆抹平。暗配线管与灯头盒在木模上的固定与敷设如图 3-22、线管与灯头盒在楼板内的敷设如图 3-23 所示。

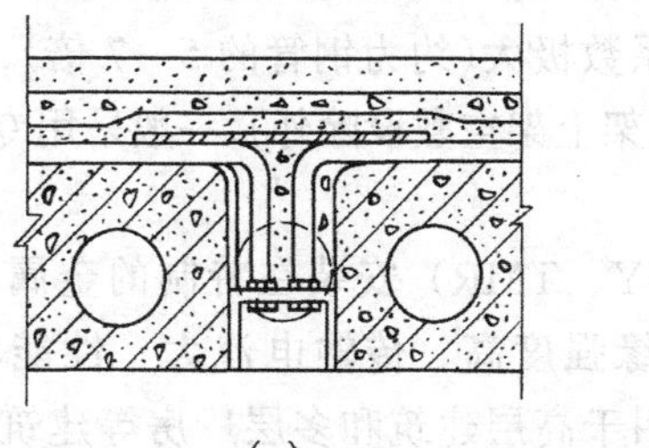

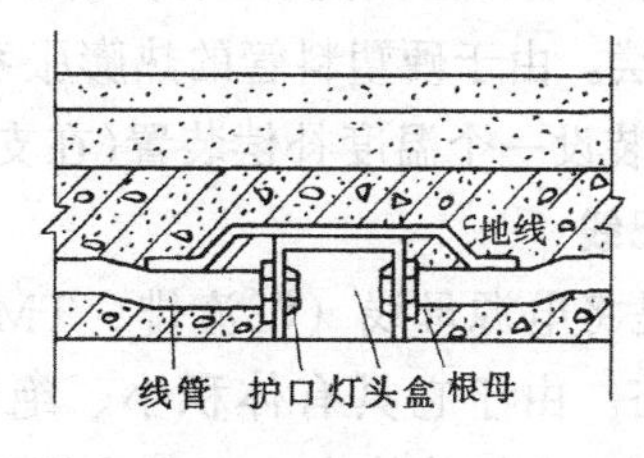

(a)　　(b)

图 3-23　线管与灯头盒在楼板内的敷设

(a) 在空心楼板内敷设；(b) 在现浇板内敷设

(五) 扫管穿线和敷设要求

1. 扫管穿线

扫管穿线工作一般在土建地坪和粉刷工作完毕后进行。

(1) 清扫线管。土建在施工中，管内难免进入尘埃和污水。为避免损伤导线和顺利穿线，在穿线前应清扫线管，以除去灰土杂物和积水。有时可向管内吹入滑石粉，使得导线润滑以利穿线。

(2) 导线穿管。导线穿管工作应由两人合作。将绝缘导线绑在线管一端的钢丝上，由一人从另一端慢慢拉引钢丝；另一人同时在导线绑扎处慢慢牵引导线入管。

(3) 剪断导线。导线穿好后，要剪断多余导线，并留有适当余量，以便于以后的接线安装。当管内导线根数较多时，应进行校线工作，以免产生接线错误。

2. 敷设要求

线管敷设时应符合以下要求。

(1) 导线穿管。不同电压和回路的导线，在一般情况下不应穿入同一根管内，但下列情况除外：

1) 供电电压为 65V 及以下的回路。

2) 同一设备的主回路和无抗干扰要求的控制回路。

3) 照明花灯的所有回路。

4) 同类照明的几个回路 (但管内导线总根数不应超过 8 根)。

(2) 硬塑料管的敷设。硬塑料管与金属管的敷设基本相同，但硬塑料管敷设还有以下特殊要求：

1) 硬塑料管敷设在易受机械损伤的场所 (如明设穿越楼板、地坪出线端等) 时应采用套管保护。

2) 硬塑料管的配线安装，均宜采用相应配套的塑料制品的开关盒和接线盒等附件，严禁在硬塑料管配线中使用金属盒。

3) 暗配线管硬塑料管入盒时，须用水泥砂浆浇注牢固。

4) 如硬塑料管在砖墙内剔槽敷设时，必须用强度大于 M10 号的水泥砂浆抹面保护，其厚度不应小于15mm。

(3) 装设补偿装置。在线管经过建筑物的沉降伸缩缝和硬塑料管较长时应装设补偿装置。

1) 金属管补偿。当金属线管经过建筑物的沉降伸缩缝时，为防止建筑物伸缩沉降不均匀而损坏线管，需在变形缝旁装设补偿装置。补偿装置连接管的一端用根母和护口拧紧固定或焊接，而另一端无需固定。当为明配线管时，可采用金属软管补偿。

2) 塑料管补偿。由于硬塑料管的热膨胀系数极大(约为钢管的5～7倍),所以当线管较长时,应每隔30m装设一个温度补偿装置(在支架上架空敷设除外),一般采用专用补偿器。

二、母线槽配线

母线槽配线是将电源母线（汇流排：TMY、TMR）安装在特制的金属槽内后，再进行敷设的配电线路。由于它具有体积小、绝缘强度高、传输电流大、性能稳定、供电可靠、规格齐全、施工方便等特点，现已广泛用于高层建筑和多层厂房等建筑。

（一）母线槽的构造和组成

1. 母线槽的构造

母线槽的基本构造主要由外壳、高强绝缘材料（绝缘子和其他绝缘材料）和母线导电排等构成，根据供电情况可分为三线型、四线型和五线型等形式。如图3-24所示；GMM型母线槽规格及容量如表3-16所示。

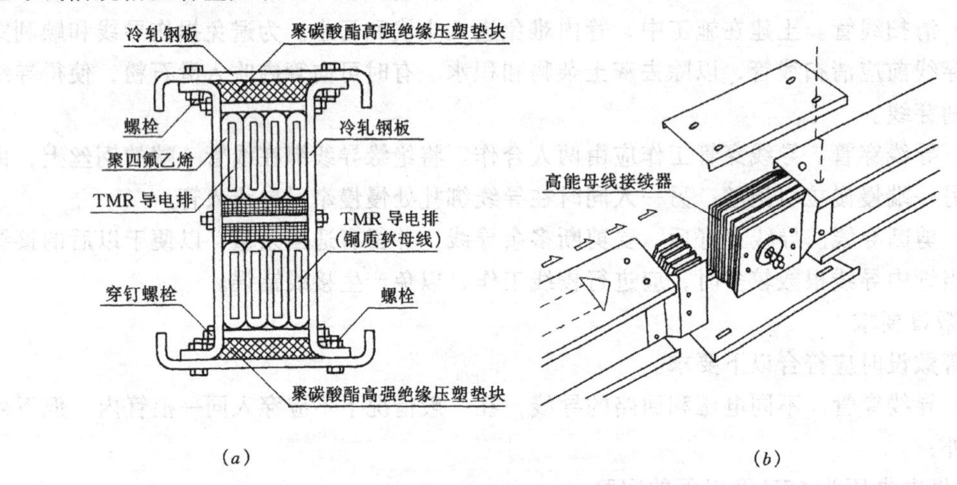

图3-24 母线槽的基本构造
(a) 母线槽构造；(b) 母线槽接续

GMM型母线槽规格及容量　　表3-16

额定容量(A)	导体规格(mm)(宽×厚)	母线槽规格(mm)(宽B×高H)	说明
250	30×6	150×85	(1) 母线槽分为三极、四极和五极； (2) GMM型母线槽采用TMR母线排； (3) 母线槽系统部件有直线型、插接分支型、终端型、转角型、三通分支型、四通分支型、变容型、温度补偿型和插接式配电箱等； (4) 母线长度 L 为500～3000mm（间隔长度为100mm）
400	40×6	170×95	
630	50×6	170×105	
800	60×6	170×115	
1000	80×6	170×135	
1250	100×6	170×155	
1600	140×6	170×195	
2000	175×6	170×230	
2500	230×6	170×285	
3150	2（140×6）	170×360	
4000	2（175×6）	170×435	

2. 母线槽的组成

母线槽系统由不同功能需要的系统部件，配以插接式配电箱、终端分线箱和安装配件等，可组成形式多样和灵活多变的供配电网络。母线槽系统组合与主要功能部件如图 3-25 所示。

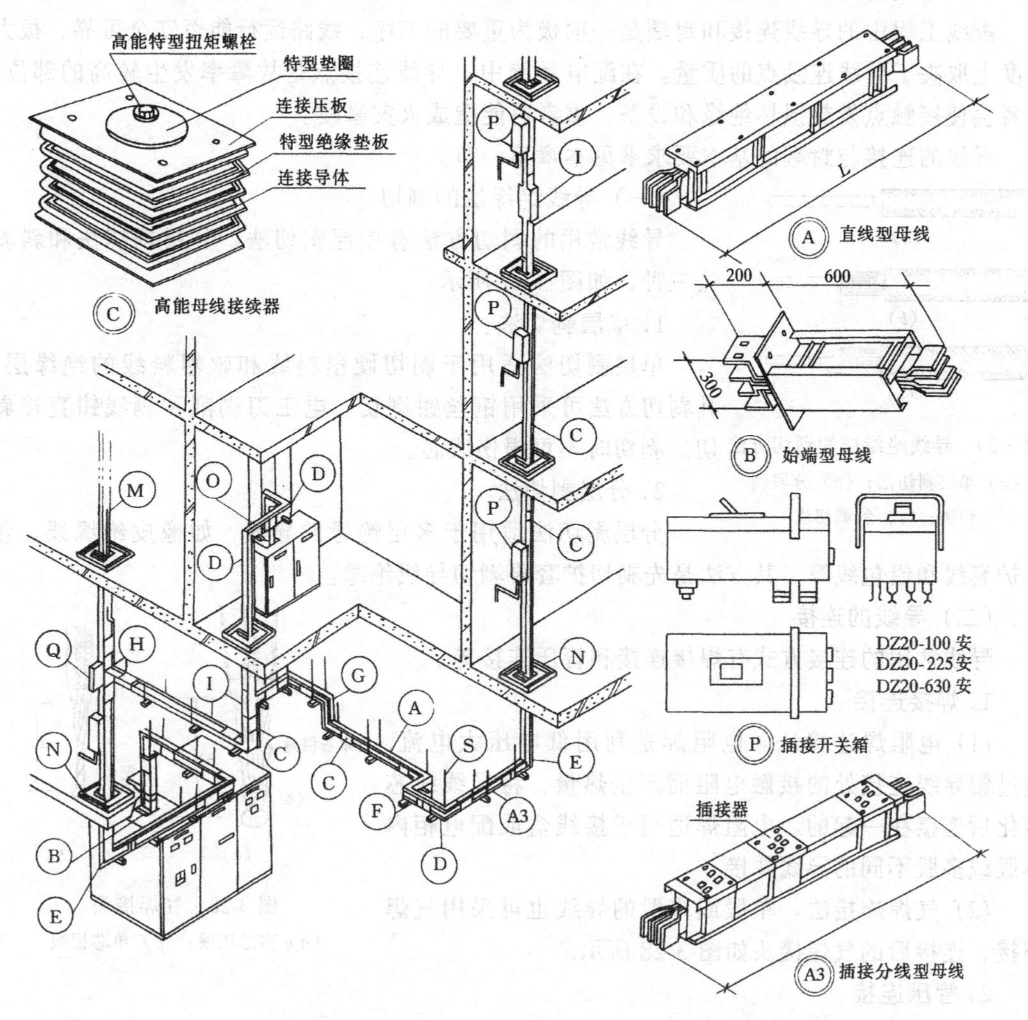

图 3-25　母线槽系统组合与主要功能部件

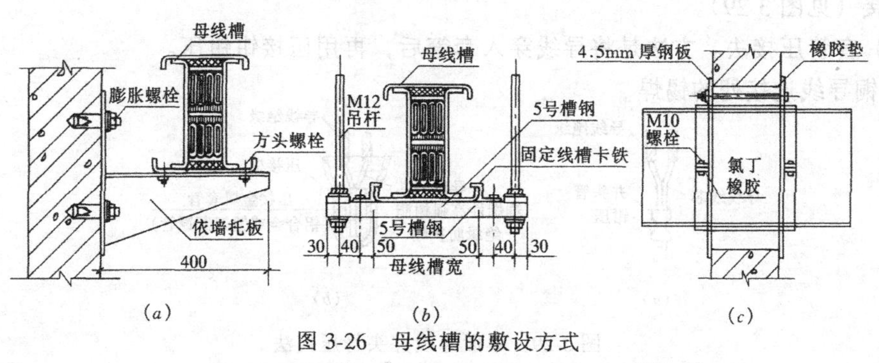

(*a*)　(*b*)　(*c*)

图 3-26　母线槽的敷设方式

(*a*) 母线槽沿墙敷设；(*b*) 母线槽吊装敷设；(*c*) 母线槽穿越墙壁

（二）母线槽的敷设方式

母线槽的敷设方式主要分为沿墙敷设和吊装敷设等（见图 3-26），其敷设方法与线管沿墙和吊装相类似。

三、导线的连接与封端

配线工程中的导线连接和封端是一项极为重要的工序，线路运行能否安全可靠，很大程度上取决于导线连接点的质量。在配电系统中，导线连接点是故障率发生较高的部位，轻者会使接触点发热损坏绝缘和设备，重者可能造成火灾事故。

导线的连接与封端的基本要求参见本章第一节。

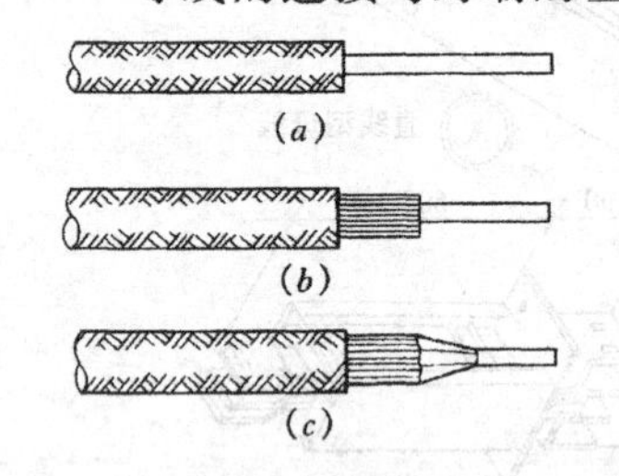

图 3-27　导线绝缘层的剥切方法
（a）单层剥切法；（b）分段剥切法；（c）斜剥切法

（一）导线绝缘层的剥切

导线常用的剥切方法有单层剥切法、分层剥切法和斜剥法三种，如图 3-27 所示。

1．单层剥切法

单层剥切法适用于剥切硬塑料线和软塑料线的绝缘层，其剥切方法可采用钢丝钳剥切、电工刀剥削和剥线钳直接剥切。剥切时不可损伤线芯。

2．分层剥切法

分层剥切法适用于多层绝缘的导线，如橡皮绝缘线、塑料护套线和铅包线等。其方法是先剥切护套再剥切导线绝缘。

（二）导线的连接

导线常用的连接方式有焊接连接和管压连接等。

1．焊接连接

（1）电阻焊连接法。电阻焊是利用低电压大电流，通过铝导线连接处的接触电阻而产生热量，将导线线芯熔化后连接在一起的。电阻焊适用于接线盒或配电柜内单股或多股不同的导线并接。

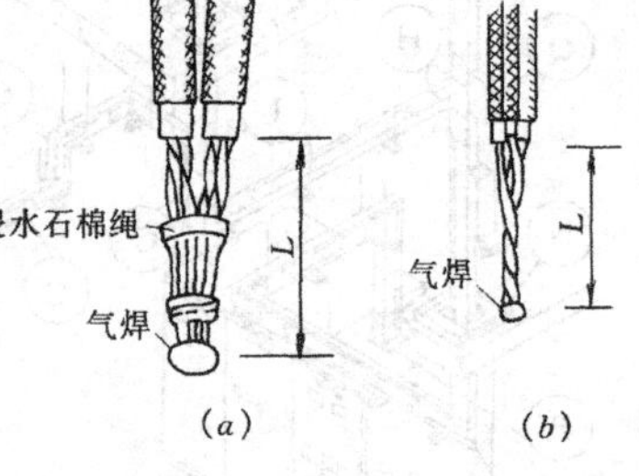

图 3-28　气焊接头
（a）多芯铝线；（b）单芯铝线

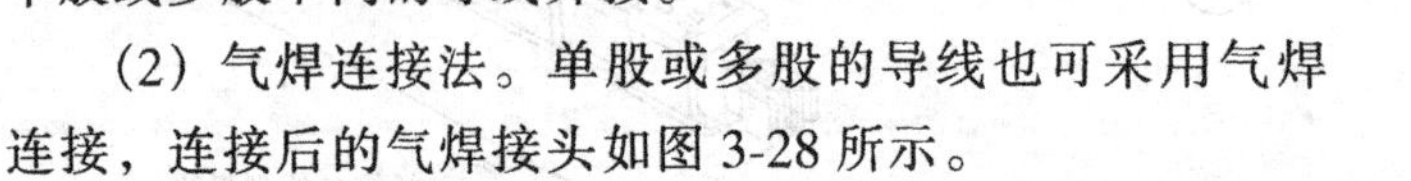

（2）气焊连接法。单股或多股的导线也可采用气焊连接，连接后的气焊接头如图 3-28 所示。

2．管压连接

（1）并头管和压接帽压接法。此方法适用于单股铝导线的并头连接和小截面铜导线的并头连接（见图 3-29）。

（2）套管压接法。方法是将导线穿入套管后，再用压接钳钳压。

3．铜导线连接处的锡焊

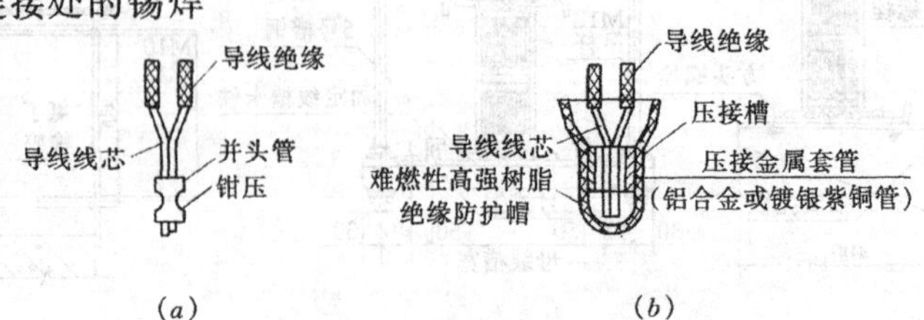

图 3-29　单股导线并头管压接法
（a）并头管压接；（b）压接帽

当铜导线连接要求较高或截面较大时，可在做好后的导线连接处再进行锡焊，以增强导电性能和机械强度，避免锈蚀和松动。锡焊一般有电烙铁锡焊法、喷灯锡焊法、浇锡法和刷锡法等。

（1）电烙铁锡焊法。此法适用于 $10mm^2$ 及以下的铜芯导线连接。

（2）喷灯锡焊法。此法适用于 $16mm^2$ 以下的铜芯导线连接。

（3）浇锡法。此法多用于 $16mm^2$ 及以上的大截面接头。先将焊锡放入容器中熔化，再用锡勺往接头上浇锡，直至接头温度升高，锡熔在接头上。

（4）涮锡法。与浇锡法相类似，只是用锡涮往接头上涮锡。

（三）绝缘层的恢复

导线连接完毕后，连接处通常采用黑胶布带、塑料胶带、黄蜡带和涤纶胶带等绝缘带缠绕包扎，以恢复绝缘层。如接头在室外时，可先包一层黑胶布带，再包防水胶带（如塑料胶带等）。

（四）导线的封端

安装后的配线出线端，最终要与电气设备相连接，其方法一般有直接连接和封端连接。

1. 导线的直接连接

直接连接适用于 $10mm^2$ 及以下的单股铜导线、$2.5mm^2$ 及以下的多股铜导线（或单股铝芯导线）与电气设备的连接。连接时一般可采用螺栓压接和螺钉压接。

（1）螺栓压接法。其导线弯圈和压接方法与二次接线的连接相同，如是多股铜芯导线应先拧紧、镀锡后再行连接。

（2）螺钉压接法。其方法与导线连接的螺钉压接法相同（将导线穿入电器的线孔内再把压接螺钉拧紧固定）。如胶壳开关、灯开关等均为此类压接方式。

2. 封端连接

将导线端部装设接线端子（见图 3-30），然后再与设备相连即为封端连接，其封端方式一般有锡焊法和压接法。

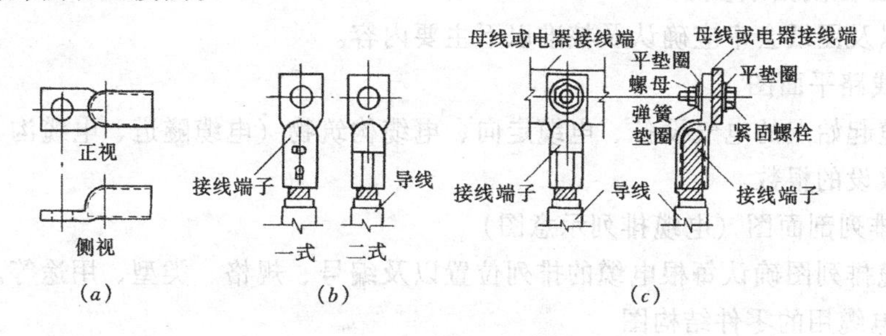

图 3-30 导线的封端

（*a*）接线端子示意；（*b*）接线端子压接；（*c*）接线端子连接

（1）压接封端法。适用于铜导线和铝导线与接线端子的封端连接。方法是先把线端表面清除干净，将导线插入接线端子孔内，再用导线压接钳进行钳压。

（2）锡焊封端法。也可采用先压接再锡焊的封端方法（适用于较大截面导线的出线端）。

四、配线工程竣工验收

（一）竣工验收前的试验

(1) 测量线路的绝缘电阻，并做好测试记录，一般采用500V摇表：低压电路绝缘电阻应≥1MΩ，潮湿场所应≥0.5MΩ；高压电路绝缘电阻应≥1MΩ/kV。

(2) 测量接地系统接地电阻应符合规范设计要求。

(二) 竣工验收基本要求

(1) 各种距离应符合规范要求；

(2) 导线支持件应符合规范和美观要求；

(3) 配管弯曲半径、盒箱设置应符合要求；

(4) 明配线路的允许偏差应符合要求；

(5) 导线的连接和绝缘电阻应符合要求；

(6) 非带电金属部分接地或接零应良好；

(7) 金属构件防腐性能良好。

(三) 竣工验收技术资料

(1) 工程竣工图应齐全，特别是变更部分或与设计图不相符时的竣工图应正确无误等。

(2) 变更设计的证明文件，如变更通知单等。

(3) 安装技术记录，如隐蔽工程验收单等。

(4) 试验记录，如绝缘电阻测试记录、接地电阻测试记录、调试记录等。

第四节 电 缆 配 线

将电缆按照一定的方式在室内外敷设，称为电缆配线（又称电缆敷设）。电缆线路的敷设方式较多，一般常用的有直埋地敷设、电缆沟敷设、排管敷设和室内外明敷设等。

一、电缆敷设的准备工作

电缆的性能、特征及表示参见第一章。

(一) 施工图及图纸会审

施工前以及图纸会审应确认及核准以下主要内容。

1. 电缆线路平面图

确认电缆起始点的电气设备、电缆走向、电缆构筑物（电缆隧道、电缆沟、电缆排管等）及电缆敷设的根数。

2. 电缆排列剖面图（电缆排列示意图）

根据电缆排列图确认每根电缆的排列位置以及编号、规格、类型、用途等。

3. 固定电缆用的零件结构图

确认每个零配件的结构尺寸和所用场所，一般按国家标准图集（D164）进行。

4. 电缆清单

确认电缆编号、型号、规格、截面、起始点及长度等，用以指导电缆施工。

(二) 材料检验和施工器具准备

电缆配线工程施工前应做好以下检验工作。

1. 剖验电缆

施工前应检查电缆截面、芯数、电压等级、外护层结构、长度、潮气、绝缘电阻、直流耐压等项目和参数应与设计相符，并做好剖验记录。

2. 电缆头制作材料

根据电缆头及中间接头的形式和数量对电缆头及中间接头的制作材料进行全面检查，包括连接管、接线端子、电缆保护板和电缆接头保护盒的规格、数量、连接机具等要规格齐全，质量应符合要求。

3. 电缆保护管

电缆线路穿越道路、公路、铁路等设施的电缆保护管应齐全、质量合格，管材、管径、长度应符合设计要求。

4. 准备施工器具

电缆施工用的器具和工具应准备齐全，同时进行全面检查并应符合要求，必要时可对工器具进行试验。

（三）验收电缆沟和其他构筑物

电缆构筑物土建质量应符合国家工程质量要求和电缆敷设要求。

（1）各类预埋件应符合设计要求，安装牢固可靠。

（2）土建抹面工作应结束，施工临时设施应拆除，土建施工现场应清理干净，道路畅通。

（3）电缆敷设完毕后不能再进行的土建工作应结束。

（4）电缆沟应排水畅通。

二、电缆敷设方法及步骤

电缆的敷设形式主要有直埋地电缆敷设、排管电缆敷设、电缆沟敷设等。

（一）电缆直埋地敷设（直埋电缆）

电缆直埋地的敷设方法无需复杂的结构设施，既简单又经济，电缆散热也好，适用于电缆根数少、敷设距离较长的场所，其电缆埋设示意如图 3-31 所示。

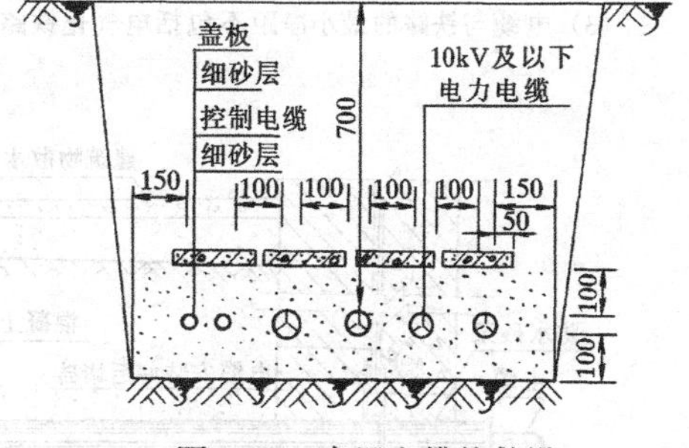

图 3-31　直埋电缆的敷设

1. 直埋电缆敷设要求

（1）埋设深度。电缆应埋设在冻土层以下。一般地区的埋设深度不应小于 0.7m，农田中不应小于 1m，如不能满足深度要求时，电缆应采取保护措施。

（2）敷设间距。多根电缆并排敷设时应具有一定的间距（见图 3-31 直埋电缆的敷设）。

（3）与设施的安全距离。直埋敷设的电缆与各种设施平行或交叉的安全净距，应符合表 3-17 的规定。电缆与道路及地下设施交叉时，应穿钢管保护（管径选择可参照表 3-9），保护管应伸出路基或设施边缘处 1m 以上，以防止电缆受机械损伤和便于拆换电缆。

（4）电缆沿坡敷设。电缆直埋敷设坡度较大时，中间要设桩将电缆固定牢靠。

（5）中间接头。电缆中间接头的下面，必须垫以混凝土基础板，以保持电缆接头段的水平度。

（6）引至建筑物的做法。由于屋内外湿差较大，所以进入建筑物的电缆应采取防水防渗的封闭措施，必要时再注以沥青或防水水泥密封。直埋电缆引入建筑物的做法参见图 3-32。

2. 直埋电缆的敷设步骤

(1) 挖电缆沟样洞。按施工图在电缆敷设线路上开挖试探样洞，以便了解土壤和地下管线布置情况。如有问题，应及时提出解决办法。样洞一般尺寸：长为0.4～0.5m，宽与深均为1m。开挖数量可根据电缆敷设的长度和地下管线的复杂程度来确定。

直埋电缆之间以及与各种设施的最小净距（m） 表3-17

电缆敷设形式	平行敷设	交叉敷设
建筑物、构筑物基础	0.5	—
电杆	0.6	—
乔木	1.5	—
灌木丛	0.5	—
1kV及以下电力电缆之间，控制电缆之间	0.1	0.5 (0.25)
通信电缆	0.5 (0.25)	0.5 (0.25)
热力管沟	2.0	(0.5)
水管、压缩空气管	0.5 (0.1)	0.5 (0.25)
可燃气体及易燃液体管道	1.0	0.5 (0.25)
铁路	3.0 (与轨道)	1.0 (与轨底)
道路	1.5 (与路边)	1.0 (与路面)
排水明沟	1.0 (与沟边)	1.0 (与沟底)

注：(1) 路灯电缆与灌木丛的平行距离不限；
(2) 表中括号数字，是指局部地段电缆穿管、加隔板保护或加隔热层保护后允许的最小净距；
(3) 电缆与铁路的最小净距不包括电气化铁路。

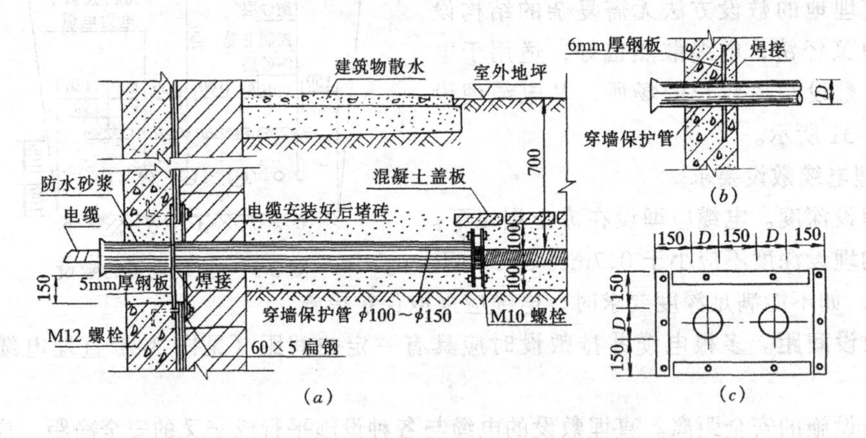

图3-32 直埋电缆引入建筑物的做法

(a) 一式剖面；(b) 二式剖面；(c) 埋墙钢板

(2) 放样划线。根据施工图和开挖样洞的资料确定电缆线路的实际走向，用石灰粉划出电缆沟的开挖宽度和路径。直埋电缆沟开挖宽度可参照表3-18选择，沟深一般为0.8m，如遇特殊情况则应适当加深。电缆的转弯处应开挖成圆弧形，以保证电缆敷设的弯曲半径要求。

(3) 开挖电缆沟。开挖电缆沟可采用人工和机械开挖。人工开挖时应注意不得掏空挖掘。

(4) 铺设下垫层。开挖工作结束后，根据图3-31直埋电缆的敷设示意，先在沟底铺一层100mm厚的细砂或松土，作为电缆沟的下垫层。

直埋电缆沟开挖宽度表（mm） **表 3-18**

10kV及以下电力电缆根数 \ 控制电缆根数	0	1	2	3	4	5	6
0	—	350	380	510	640	770	900
1	350	450	580	710	840	970	1100
2	550	600	780	860	990	1120	1250
3	650	700	880	1010	1140	1270	1400
4	800	900	1030	1160	1290	1420	1550
5	950	1050	1180	1310	1440	1570	1800
6	1120	1200	1330	1460	1590	1720	1850

（5）埋设电缆保护管。电缆如穿越铁路、公路、建筑物、道路、上下电杆或与其他设施交叉时，应事先埋设保护钢管（有时用水泥管等），以便电缆敷设时穿入管内。

（6）铺设电缆。应将电缆铺设在沟底砂土垫层的上面，电缆长度应略长于电缆沟长（一般加 1.0%～1.5%），并按波浪形铺设（不要过直），以便使电缆能适应土壤温度的冷热伸缩变化。其铺设方法可采用人工铺设或机械牵引铺设。

（7）铺设上垫层。电缆敷好后，在电缆上面再铺一层 100mm 厚的细砂或松土，然后在砂土层上铺盖水泥预制板或砖，以防电缆受机械损伤。

（8）回填土。将电缆沟回填土分层填实，覆土应高于地面 150～200mm，以防松土沉陷。如遇有含酸、碱等腐蚀物质的土壤，应更换无腐蚀性的松软土。

（9）设置电缆标示牌。电缆敷设完毕后，在电缆的引出入端、终端、中间接头、转弯等处，应设置防腐材料（如塑料、铅、水泥等）制成的标示牌。注明线路编号、电压等级、电缆型号规格、起始地点、线路长度和敷设时间等内容，以备检查和维护之用。

在含有酸、碱、矿渣、石灰等场所，电缆不应直接埋地敷设。如必须直埋敷设时，应采用缸瓦管、水泥管等防腐保护措施。

（二）电缆排管敷设

按照一定的孔数和排列预制好水泥管块，再用水泥砂浆将其在地面下浇筑成一个整体，然后将电缆穿入管中，这种敷设方法就称为电缆排管敷设（见图 3-33）。

1. 设置电缆人孔井

电缆在排管敷设时，为便于抽拉电缆或连接电缆，在排管的分支、转弯等处，均应设置便于人工操作的电缆人孔井。

2. 挖沟和下排管

挖沟方法与直埋电缆相同，沟宽应根据排管宽度而定。挖好沟后在沟底以素土夯实，再铺以水泥砂浆垫层。下排管前，应先将排管块孔内积灰杂物清除干净，打磨管孔的边缘毛刺。下排管时，应将其排列整齐，使两电缆人孔井方向有 1% 的坡度，以防管内积水。管块连接时，先在接口处缠上塑料胶粘带（防砂浆进入），再用水泥砂浆把接口封实。如在承重地段，排管外侧再用 C10 混凝土做 80mm 厚的保护层。

3. 敷设电缆

将电缆放在电缆人孔井口底较高一侧的外面。先用表面无毛刺的钢丝绳首端进行绑扎连接，再将其穿过排管接于另一人孔井的牵引设备上。牵引时要缓慢进行，必要时可在排管内壁或电缆外层涂以无腐蚀性润滑油。

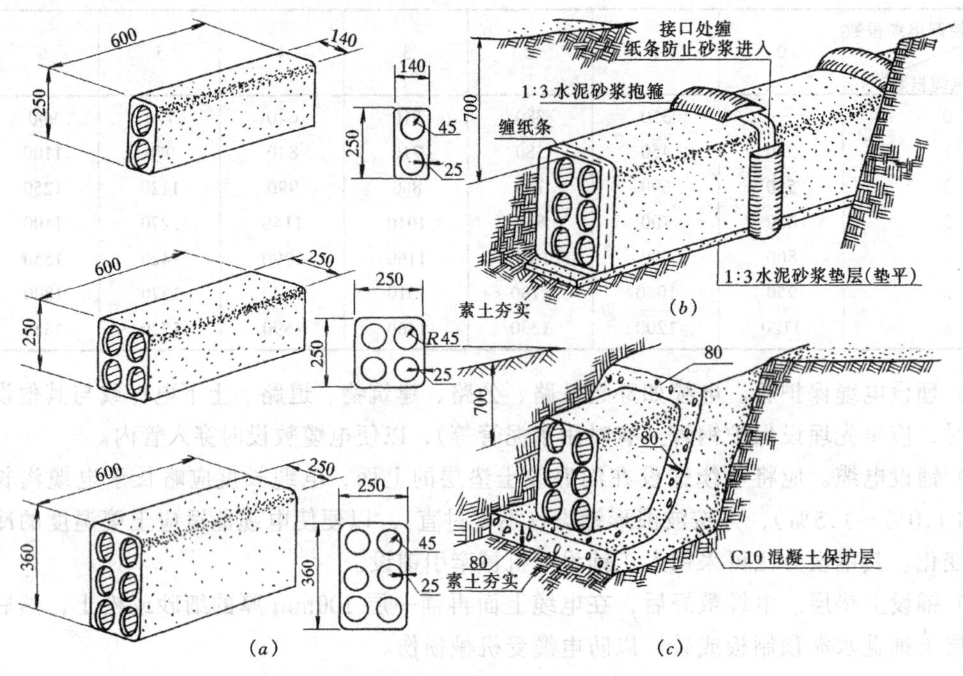

图3-33 电缆排管敷设

(a) 排管；(b)；普通地段；(c) 承重地段

(三) 电缆沟或隧道内敷设

电缆在专用电缆沟（见图3-34和图3-35）或隧道内敷设，是室内外常见的电缆敷设方法，主要适用于电缆根数较多的场合。电缆沟一般设在地面下，由砖砌筑或由混凝土浇筑而成，沟顶部用钢筋混凝土盖板封住。

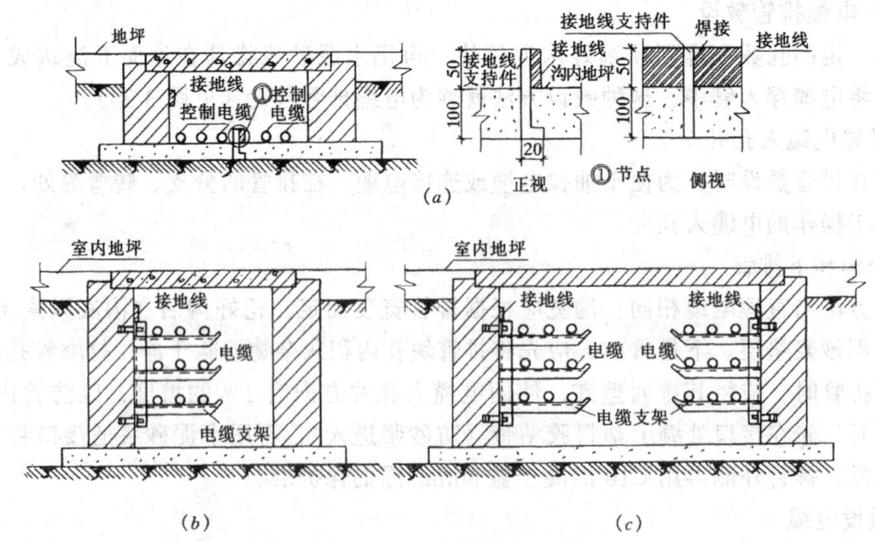

图3-34 室内电缆沟

(a) 无支架；(b) 单侧支架；(c) 双侧支架

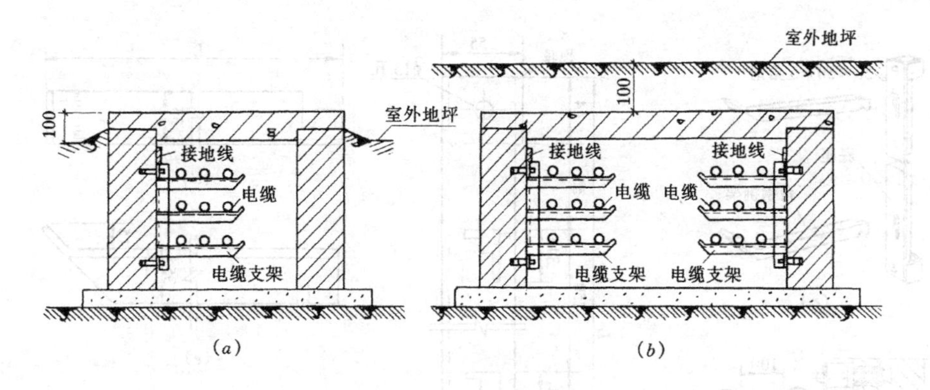

图 3-35　室外电缆沟

(a) 无覆盖层；(b) 有覆盖层

1. 电缆沟电缆敷设要求

(1) 熟悉施工图。电缆沟敷设的方式常用于多根电缆的敷设。所以在施工前，必须认真熟悉图纸，了解每根电缆的型号、规格、走向和用途。按实际情况折算电缆长度并合理安排，以免发生差错和造成浪费。

(2) 电缆沟。电缆沟底应平整，且有1%的坡度。沟内要保持干燥，根据要求设置适当数量的积水坑和排水设施，以便及时将沟内积水排出。电缆沟尺寸由设计确定，沟壁外应采用防水密封措施，沟内的沟壁沟底应采用防水砂浆抹面。

(3) 电缆排列。支架上的电缆排列应按照电缆敷设的一般要求。其排列的水平允许间距：高低压电缆为150mm；电力电缆为35mm（但不得小于电缆外径）；不同级电缆与控制电缆为100mm。电缆支架层间的垂直容许净距：10kV及以下电力电缆为150～200mm，控制电缆为120mm。

(4) 电缆支承间距。电缆支承（如支架或其他支持点）的间距应按设计规定施工。当无规定时，可参照表3-6选择。

(5) 电缆支架设置。电缆支架应平直无明显扭曲，安装牢固并保持横平竖直。电缆敷设前，支架必须经过防腐处理（如刷防锈漆等），并应在电缆下面衬垫橡皮垫、黄麻带或塑料带等软性绝缘材料，以保护电缆包皮。

(6) 穿越墙壁和楼板。当电缆需在沟内穿越墙壁和楼板时应穿钢管保护，以防机械损伤。电缆敷好后，用黄麻和沥青密封管口。

2. 电缆支架的形式

电缆支架的形式较多，以往常使用焊接角钢支架，而目前多采用组装式电缆支架，如角钢挑架、扁钢挂架和圆钢挂架等。电缆挑架、挂架的安装也适用于电缆沿墙敷设，其中扁钢挂架还适用于电缆吊装敷设。

(1) 角钢挑架。角钢挑架的形式及安装做法和规格尺寸，可参见图3-36和表3-19。

角钢挑架尺寸表　　　　表 3-19

	电缆层数	L（mm）		电缆根数	L（mm）
角钢底座	3	700	角钢挑架	1	160
	6	1450		2	200
	9	2200		3	310

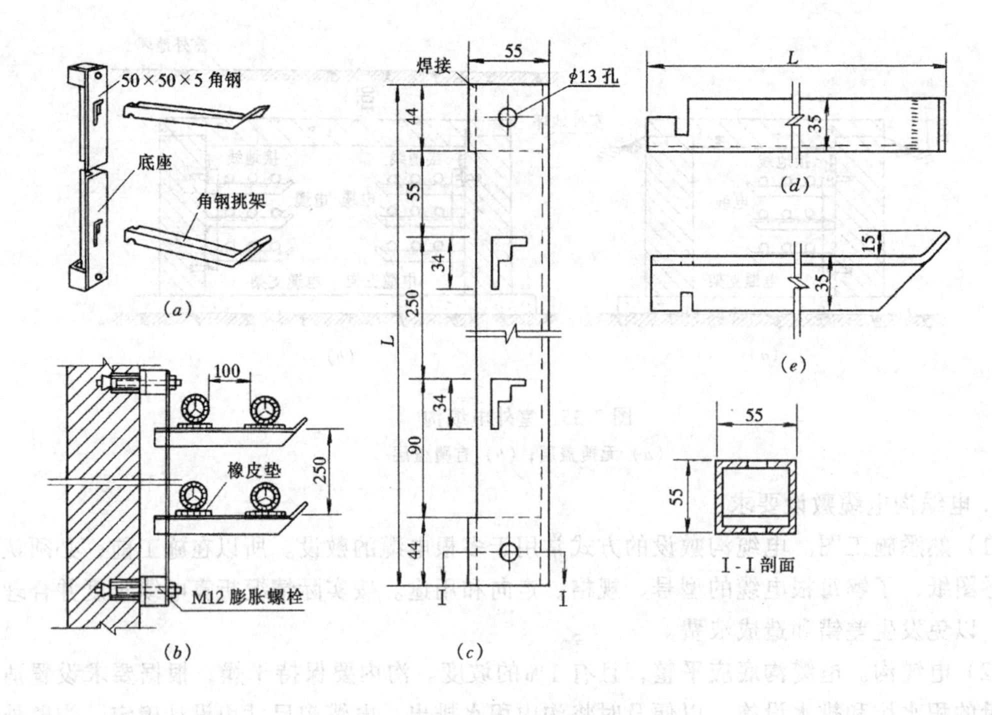

图 3-36　角钢挑架安装示意

（*a*）角钢挑架组合示意图；（*b*）安装做法图；（*c*）挑架底座；（*d*）挑架正面；（*e*）挑架侧面

（2）扁钢挂架。扁钢挂架的形式及安装做法如图 3-37 所示。

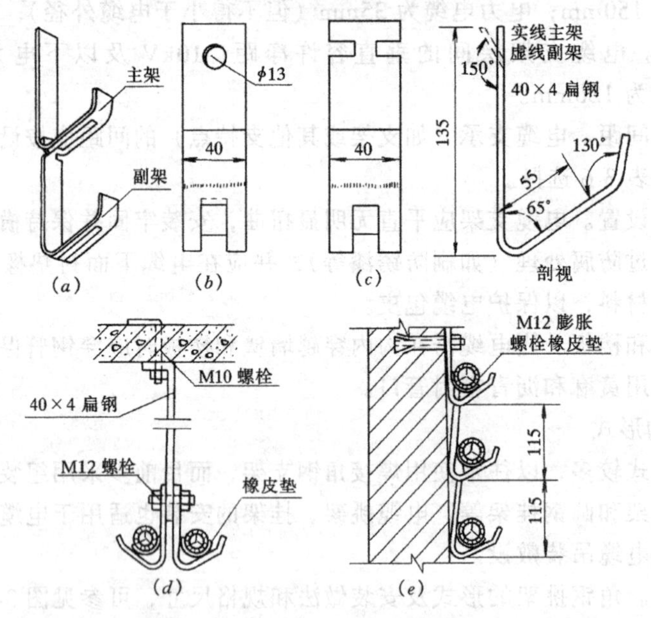

图 3-37　扁钢挂架安装示意

(*a*)组合;(*b*)主架;(*c*)副架;(*d*)扁钢挂架吊装;(*e*)扁钢挂架沿墙安装

（3）圆钢挂架。圆钢挂架的形式及安装做法如图 3-38 所示。

3．敷设电缆

（1）电缆的搬运、检验和放线与前述方法相同。

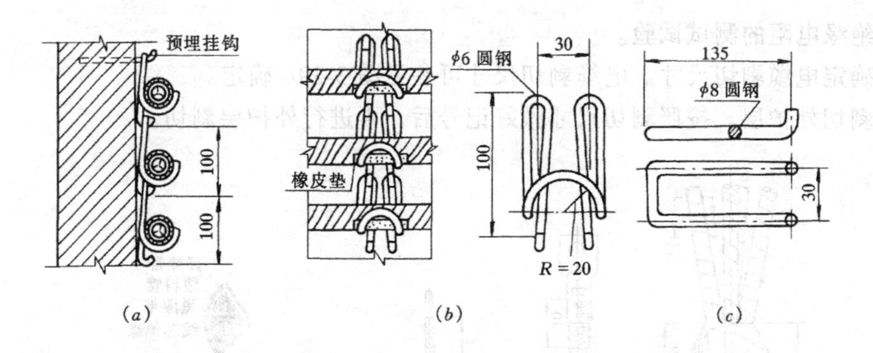

图 3-38 圆钢挂架安装示意

(a) 圆钢挂架沿墙安装；(b) 挂架；(c) 挂钩

(2) 在土建施工时，应按设计要求埋设电缆保护管及电缆支架等预埋件（当其工作由土建人员进行时，应及时检查，发现问题及时纠正）。

(3) 土建施工完毕后，即可进行电缆敷设，有时还需用电缆卡固定电缆；

(4) 电缆敷完后，按规定采用电缆沟盖板盖住电缆沟。

三、电力电缆的连接与电缆终端

电缆终端（俗称电缆头）和中间接头的安装做法很多：终端头有绕包式终端头做法、铁皮漏斗终端头做法、环氧树脂预制终端头做法等；中间接头有铅套管中间接头、绕包式中间接头、干封中间接头等。

(一) 电缆终端和中间接头的基本要求

1. 性能要求

(1) 密封性能。电缆连接的密封性能应良好，特别是油浸电缆，应防止渗油现象。

(2) 绝缘性能。电缆连接处的绝缘电阻应大于电缆本身绝缘强度。

(3) 机械性能。电缆连接处应具有防止受外来机械损伤的措施。

(4) 防潮性能。电缆连接处应具有防止潮气浸入电缆的措施。

(5) 安全距离。电缆与有关设施的安全距离应符合规范要求。

2. 施工要求

(1) 材料检验。电缆终端与中间接头制作前，应检验材料合格、工具齐全，并核对电缆规格、根数等符合施工图要求。

(2) 施工环境。施工的环境温度应符合要求：一般情况下为 5℃；塑料护套或全塑电缆为 0℃（参见表 3-7）。

(3) 施工条件。施工现场应保持清洁、无腐蚀性气体和导电粉尘，空气干燥、光线充足。

(4) 连续操作。电缆头和中间接头制作工作必须连续进行，操作时间应尽可能短。

(5) 电缆防损。电缆头制作过程中，不得损伤导线、绝缘层及电缆保护层。

(6) 检验。电缆头制作完毕后，应按规定进行电缆试验（如绝缘、相位等）。

(二) 电缆终端的安装做法

1. 干包终端电缆头制作

室内低压电缆终端干封（包）头的安装示意如图 3-39 所示，其基本制作步骤如下。

(1) 准备工作。检验工具、材料、电缆型号及规格、相序等应正确无误，必要时应进行潮气和绝缘电阻的测试试验。

(2) 确定电缆剥切尺寸。电缆剥切尺寸可参见图 3-39*b* 确定。

(3) 剥切外护层。按照剥切尺寸做好记号后，再进行外护层剥切。

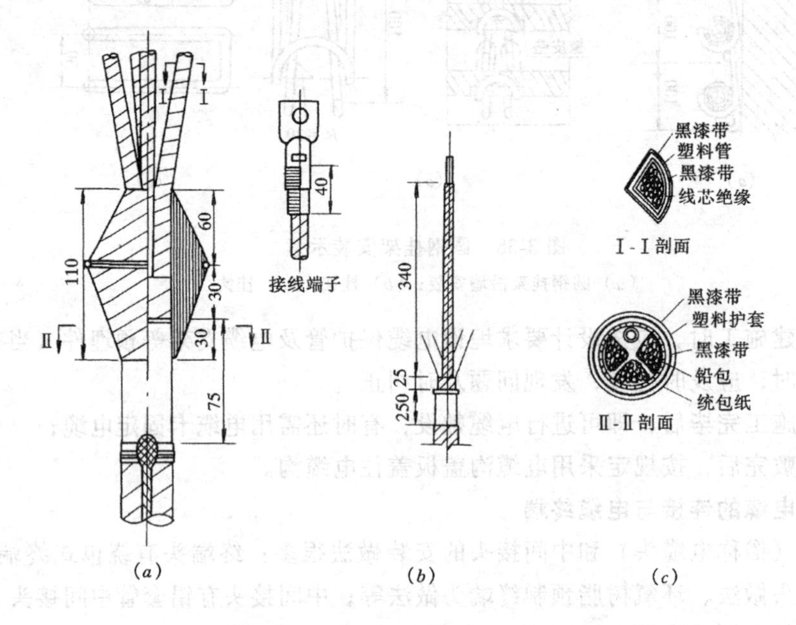

图 3-39 室内低压电缆终端干封头做法

(*a*) 电缆干封头；(*b*) 电缆剥切尺寸；(*c*) 剖面示意

(4) 铅（铝）包层处理。如为铅（铝）包电缆，则应先清除及擦净电缆铅（铝）包层，再剥切电缆铅（铝）包层。

(5) 连接地线。采用多股裸铜线连接电缆地线（适用铠装和铅包电缆）。

(6) 剥切统包线芯和分线芯。剥切电缆统包线芯，将各相线芯分开。

(7) 包缠内包层。采用分色绝缘带分相包缠各线芯的内包层。

(8) 套聚氯乙烯软手套。将聚氯乙烯或橡皮软手套套入线芯。

(9) 套聚氯乙烯软管和绑扎尼龙绳。将聚氯乙烯或橡皮软管套入各线芯，并采用尼龙绳绑扎牢固。

(10) 安装接线端子。按要求安装接线端子。

(11) 包绕外包层。采用分色绝缘带分相包缠各线芯的外包层。

(12) 安装固定。将电缆终端接头安装固定在构架上。

2. 室内环氧树脂终端接头制作工艺

室内 10kV 环氧树脂预制电缆终端做法如图 3-40 所示。

(1) 准备工作。准备工作内容与干包电缆头制作工艺要求相同。

(2) 环氧树脂浇注剂。准备好环氧树脂浇注剂。

(3) 其他材料。预制外壳（一般有成品外壳），准备好耐油橡胶套、绝缘包带（无碱玻璃丝带、白纱带、黄蜡带、聚氯乙烯带）等材料。

(4) 剥切电缆及钢带。剥切电缆外护层和电缆铠装钢带。

(5) 剥切统包绝缘层和分线芯。剥切电统包绝缘纸，将各相线芯分开。

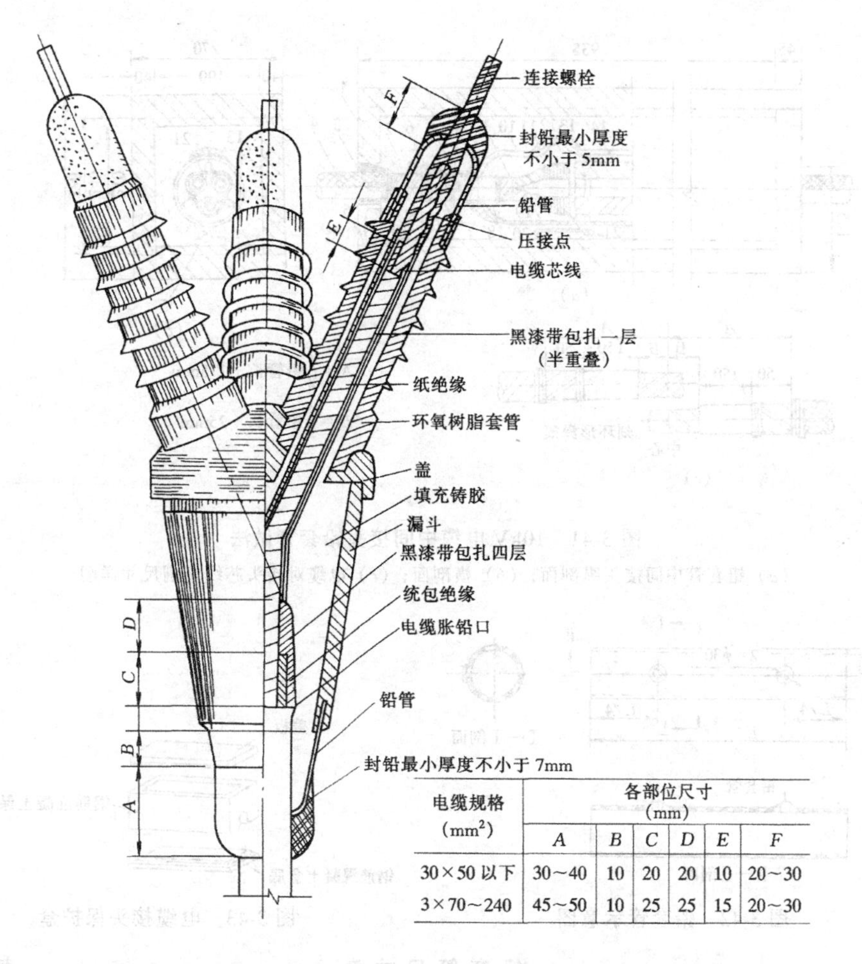

电缆规格 (mm^2)	各部位尺寸 (mm)					
	A	*B*	*C*	*D*	*E*	*F*
30×50 以下	30～40	10	20	20	10	20～30
3×70～240	45～50	10	25	25	15	20～30

图 3-40　室内 10kV 环氧树脂预制电缆终端做法

（6）套耐油橡胶套。将耐油橡胶套套入线芯。

（7）剥切线芯端部绝缘。按规定尺寸剥切线芯端部绝缘。

（8）安装接线端子。按要求安装接线端子。

（9）涂包绝缘层。用环氧树脂涂包绝缘层。

（10）固定壳体、浇注环氧树脂。将电缆头壳体固定牢靠后，浇注环氧树脂。

（11）包绕加固层。

（12）焊接地线。

（三）电缆中间接头的安装做法

1. 高压电缆中间接头

高压电缆中间接头的形式有铅套管式、环氧树脂浇注式、热缩式等；现以铅套管式中间接头为例，简要介绍 10kV 电缆中间接头铅套管做法（见图 3-41 及表 3-21）。

（1）铅套管。铅套管示意如图 3-42 所示，图中尺寸见表 3-20。电缆接头各部分的做法及要求见表 3-21 所示。

（2）电缆接头保护盒。电缆中间接头一般应设置在钢筋混凝土保护盒内，其外形示意见图 3-43。

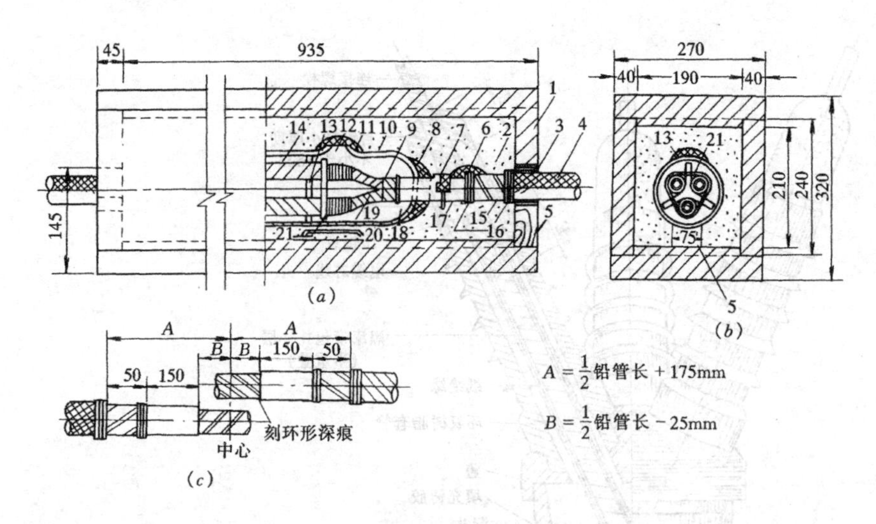

图 3-41　10kV 电缆中间接头铅套管做法

(a) 铅套管中间接头纵剖面；(b) 横剖面；(c) 电缆对接头芯线切割尺寸详图

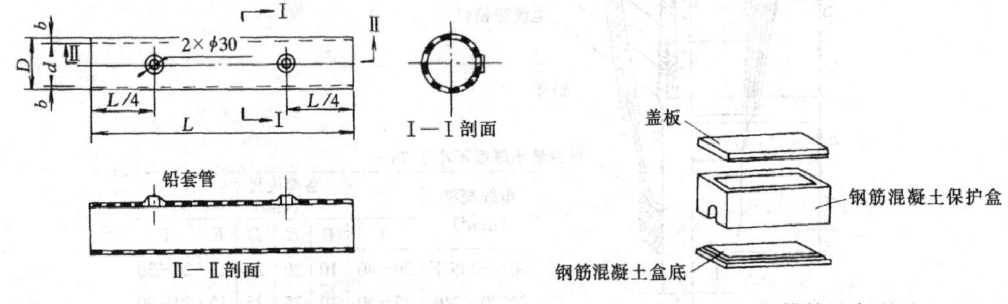

图 3-42　铅套管示意图　　　　图 3-43　电缆接头保护盒

铅套管尺寸表　　　　**表 3-20**

序　号	线芯截面 (mm²) 电压等级 (kV)		铅套管尺寸 (mm)			
	10	6	d	D	b	L
1	16～25	16～50	90	96	3.0	500
2	35～50	70～95	100	106	3.0	500
3	70～120	120～150	110	116	3.0	550
4	150～185	185	125	132	3.5	550
5	240	240	125	132	3.5	600

10kV 电缆中间接头各部做法及要求　　　　**表 3-21**

牵引号	做　法　要　求	牵引号	做　法　要　求
1	混凝土保护盒 (见图 3-43)	11	加剂孔封铅
2	混凝土盒内上下均用细土填实	12	加剂孔
3	垫以沥青麻填料	13	瓷隔板
4	电缆麻护层	14	相绝缘外缠油浸黑蜡布
5	油浸木制端头堵	15	电缆钢带保护层
6	将钢带与铅包用铅焊接在一起	16	用 1.0mm² 铜绑线三匝扎牢
7	电源侧电缆封铅后，挂上接头铭牌	17	电缆铅皮
8	封铅 (铅 65% + 锡 35%)	18	沥青绝缘剂
9	统包绝缘外包油浸黑蜡布	19	相绝缘外一般包油浸黑蜡布
10	铅套管 (见图 3-42)	20	铅管外涂三层热沥青，缠两层高丽纸
		21	用六层油浸白纱布带将三芯扎牢

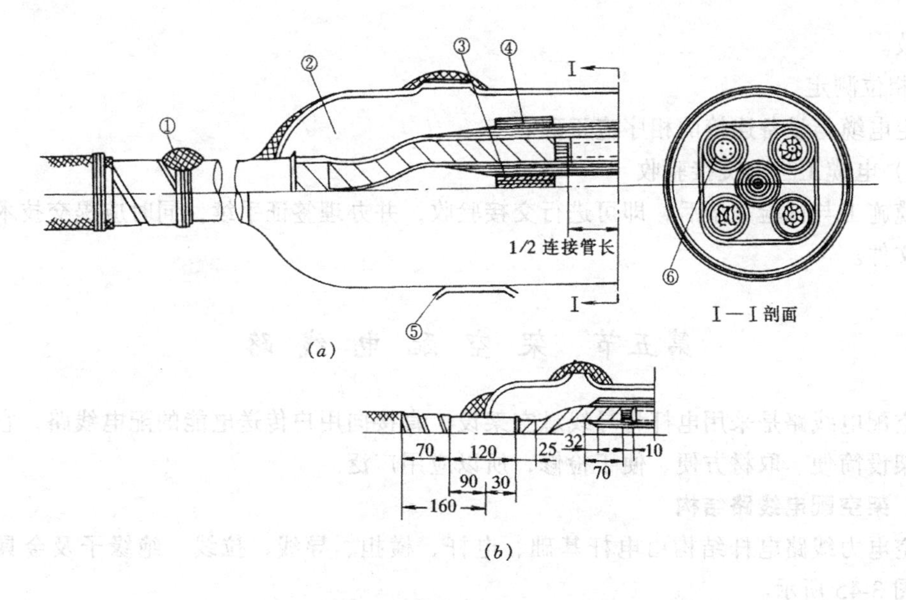

图 3-44 低压电缆中间接头做法及各部位尺寸

(a) 中间接头剖视图；(b) 各部尺寸要求图

2. 低压电缆中间接头

低压电缆中间接头的安装做法及各部位尺寸要求如图 3-44 所示，低压电缆中间接头各部位做法及要求见表 3-22。当铜铝电缆连接时，应采用铜铝过渡压接连接管（高低压通用)。

低压电缆中间接头各部做法及要求　　表 3-22

牵引号	做法及要求
①	用封铅将铅包与钢带焊接在一起
②	加灌沥青绝缘剂
③	在四芯电缆各线芯中间垫一卷黑蜡布：电缆截面 16～120mm² 时，其直径为 20mm； 电缆截面 150～185mm² 时，其直径为 25mm
④	用油浸白布带将线芯绑扎，其厚度为 3mm
⑤	凡接头铅管的裸漏部分，必须做好防腐处理，具体要求为：分层包纸并刷沥青（纸两层，沥青三层），一直包到电缆麻护层
⑥	地线芯的直径较小，可将绑扎直径加大

四、电缆交接试验及工程验收

电缆线路施工完毕，须经试验合格后，方可办理电缆工程交接验收手续和投入运行。

（一）电缆交接试验

1. 绝缘电阻测试

绝缘电阻测试应采用与电缆电压等级相适应的兆欧表测量绝缘电阻。如做吸收比试验，分别读取 15s 和 60s 时的绝缘电阻值，从而得出吸收比 R_{60}/R_{15} 的值，测量吸收比过程应连续进行。

2. 直流耐压试验与泄露电流试验

由于直流耐压试验与泄露电流试验所用设备和接线完全相同，所以一般情况下可同时进行。但其意义不同：直流耐压试验对包缠缺陷等比较有效；而泄露电流试验对绝缘受潮比较有效。

3. 相位测定

测定电缆与设备连接的相序应正确。

（二）电缆工程的交接验收

电缆施工与试验完毕后，即可进行交接验收，并办理签证手续，同时应提交技术资料和有关文件。

第五节　架空配电线路

架空配电线路是采用电杆将导线悬空架设、直接向用户传送电能的配电线路，它造价低廉、架设简便、取材方便、便于检修，所以应用广泛。

一、架空配电线路结构

架空电力线路电杆结构由电杆基础、电杆、横担、导线、拉线、绝缘子及金具等组成，如图 3-45 所示。

（一）电杆基础

电杆基础是架空电力线路电杆的地下设备总称：主要由底座、卡盘和拉线盘等组成。其作用是防止电杆因垂直负荷、水平负荷及事故负荷所产生的上拔、下压、甚至倾倒等。电杆基础一般均为钢筋混凝土预制件。

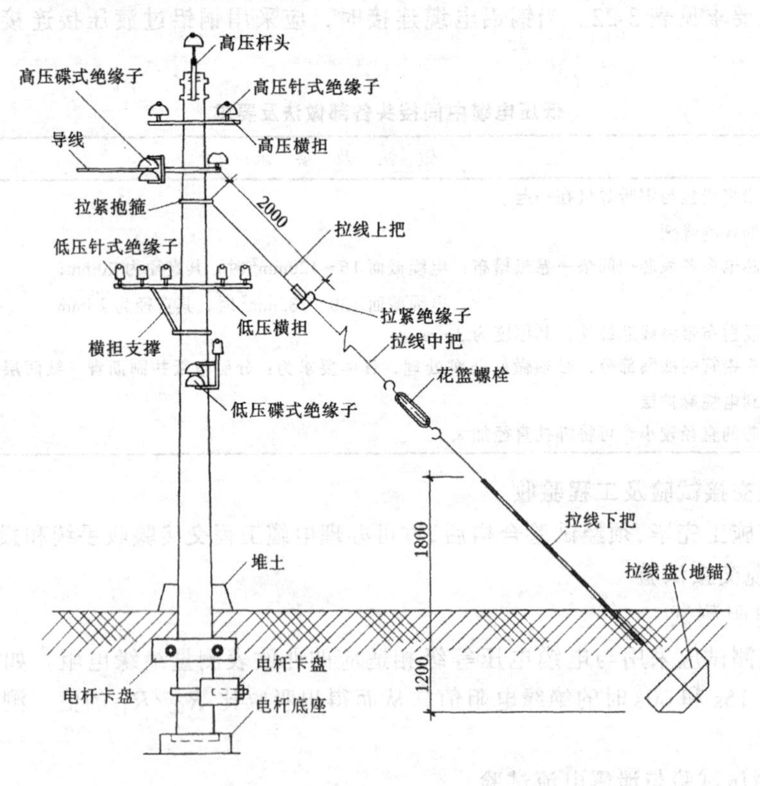

图 3-45　架空电力线路电杆结构图

（二）电杆

电杆的作用是支撑导线，主要用来安装横担、绝缘子及架设导线，其截面有圆形和方形，其长度见表 3-23。电杆可按材质、受力和作用等形式分为各种类型。

1. 按材质分类

按材质电杆可分为木杆、金属杆和钢筋混凝土杆。

(1) 木杆。由于木材奇缺、供应紧张，且木材又易腐烂、机械强度较低，所以现在已很少采用。

(2) 金属杆。金属杆一般是组装而成，其投资费用和维护费用较高，一般可用于架空电力线路的特殊部位（如跨越河流等）和运输不便的地区（如山区等）。

(3) 钢筋混凝土杆。俗称水泥杆。它能节约木材和钢材，坚实耐用、使用年限长（约 50 年）、维护工作量小、运行费用低，目前已广泛采用；缺点是较笨重、运输不便。其规格及埋设深度见表 3-23。

钢筋混凝土电杆规格及埋深表（mm） **表 3-23**

杆长 H（m）	7	8		9		10		11	12	13
杆顶直径 D_1	150	150	170	150	190	150	190	190	190	190
杆底直径 D_2	240	256	277	270	310	283	337	337	350	363
埋设深度 H_1	1200	1500		1600		1700		1800	1900	2000

2. 按受力分类

(1) 普通型电杆。主要用于一般挡距不大的低压架空线路。

(2) 预应力电杆。性能比普通杆优越，常用于高压架空线路。

3. 按作用分类

按电杆在线路中的作用，电杆可分为直线杆（中间杆）、耐张杆（承力杆）、转角杆、终端杆、跨越杆和分支杆，其装设部位和功用如图 3-46 所示。

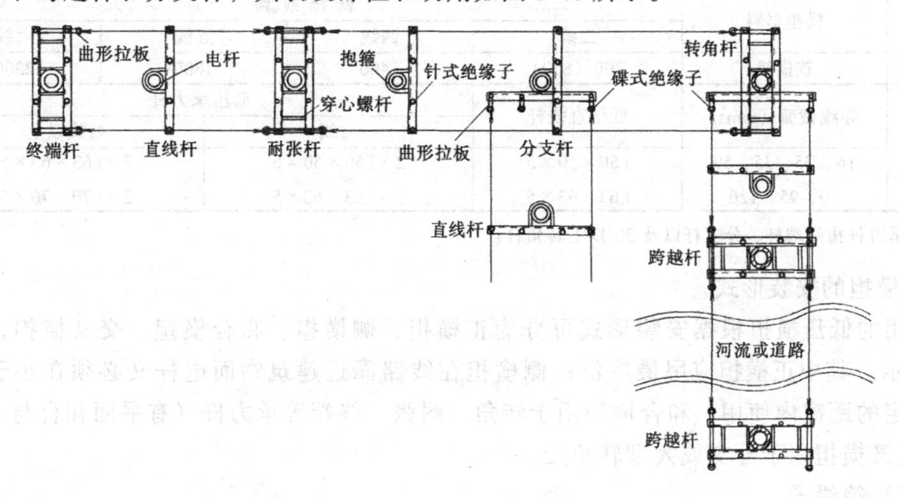

图 3-46　按作用分类

(1) 直线杆。位于架空线路的直线部位，只承受导线的垂直负荷，不承受顺导线方向的拉力，其性能要求不高。

(2) 耐张杆。位于线路的受力部位，能承受不平衡拉力，其机械性能要求较高。主要作用是防止事故断线时电杆两侧受力不均匀，一般在一定的距离内装设耐张杆。

(3) 转角杆。位于线路转弯部位，根据线路转角大小、档距长短、导线截面可选择直线转角型和耐张转角型。他不仅承受导线的垂直负荷，还承受两侧导线拉力的合力。

(4) 终端杆。位于线路终端部位，他不仅承受导线的垂直负荷，还承受线路方向的拉力，杆顶结构与耐张杆相类似。

(5) 跨越杆。位于线路跨越公路、铁路、河流、架空管道、电力线路、通信线路等部位，主要是满足导线的架设高度，同时能加强机械强度，现广泛采用金属杆。

(三) 导线

导线是用来传输电能（电流）的。由于架空线路经常受风、雨、雪、冰等各种荷载及气候的影响，以及空气中的化学杂质的侵蚀，因此要求架空导线应具有一定的机械强度和耐腐蚀性能。

架空线路常用的导线有：LGJ（钢芯铝绞线）、LJ（铝绞线）、TJ（铜绞线）、HLJ（铝合金绞合线）等，其性能与技术参数可参见本书第一章有关章节。

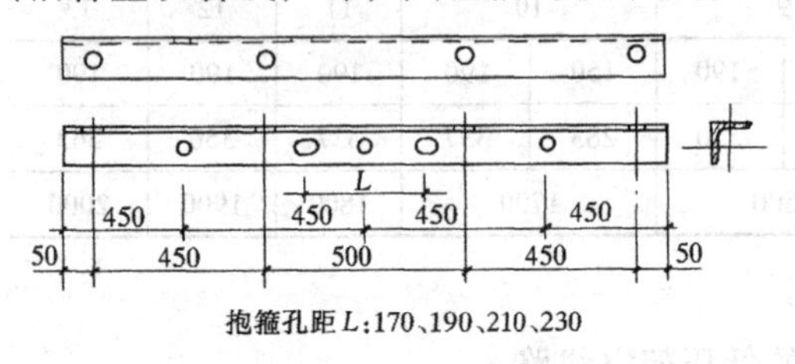

图 3-47 电杆横担

(四) 横担

架空线路横担用来安装绝缘子、固定开关设备、电抗器、避雷器等，因此要求有足够的机械强度和长度，横担一般由角钢制作，有时可采用陶瓷横担替代铁横担。

1. 横担的规格

电杆横担如图 3-47 所示，角钢横担长度与截面可参照表 3-24 选择。

角钢横担长度与截面的选择（mm） 表 3-24

横担长度选择	横担材料	低压线路			
		二线	四线	五线	六线
	铁横担	700（850）	1400	1800	2300

横担截面选择	导线截面（mm^2）	低压直线杆	低压承力杆	
			二线	四线以上
	16、25、35、50	∟50×50×5	2×∟50×50×5	2×∟63×63×5
	70、95、120	∟63×63×5	2×∟63×63×5	2×∟70×70×5

注：承力杆指终端杆、分支杆以及30°以上转角杆。

2. 横担的安装形式

常用的低压横担根据安装形式可分为正横担、侧横担、和合横担、交叉横担，如图 3-48 所示。其中正横担应用最广泛；侧横担在线路靠近建筑物而电杆又必须在小于与建筑物规定的距离内使用；和合横担用于转角、耐张、终端等承力杆（有平面和合与上下和合）；交叉横担用于分支或大型转角处。

(五) 绝缘子

绝缘子是用来固定导线，并使导线对地绝缘。此外，绝缘子还承受导线的垂直荷重和水平拉力，所以选用时应考虑绝缘强度和机械强度。常用的绝缘子有针式绝缘子、蝶式绝缘子、悬式绝缘子、拉紧绝缘子等（参见第一章有关章节）。

(六) 拉线

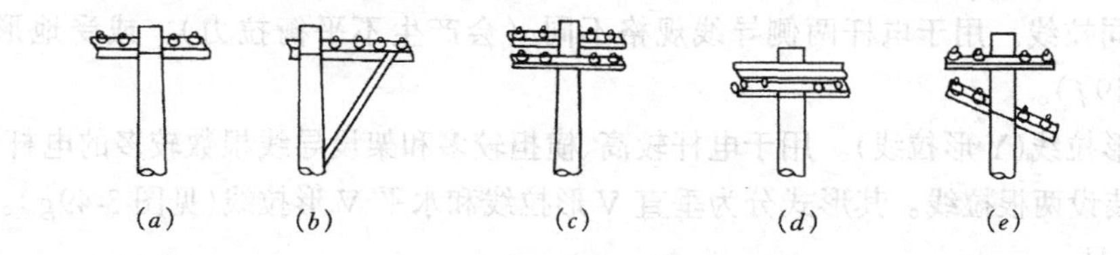

图 3-48　横担的安装形式

（a）正横担；（b）侧横担；（c）和合横担；（d）和合上下横担；（e）交叉横担

拉线的作用是平衡架空线路电杆各方向的拉力，防止电杆弯曲或倾倒。因此在承力杆（终端杆和转角杆）上应装设电杆拉线。

1. 拉线结构

拉线主要由拉线抱箍、楔形线夹、拉线钢索（钢绞线）、UT 型线夹、拉线棒和拉线盘等组成（参见图 3-45）。拉线绝缘子一般距地不应小于 2.5m。

2. 拉线种类

电杆拉线的种类有普通拉线、两侧拉线、四方拉线、水平拉线、共同拉线、V 形拉线、弓形拉线等，如图 3-49 所示。

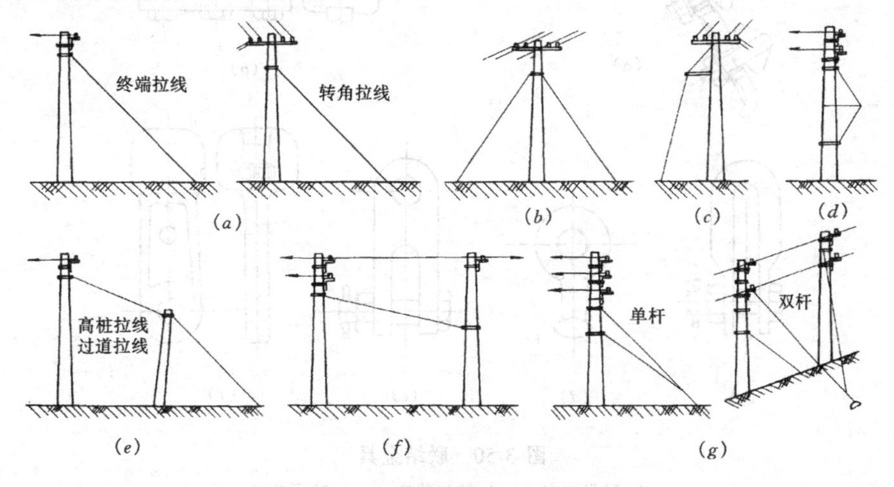

图 3-49　电杆拉线的类型

（a）普通拉线；（b）人字拉线；（c）弓形拉线；（d）自身拉线；
（e）水平拉线；（f）共同拉线；（g）V 形拉线

（1）普通拉线。一般用于终端、转角、分支和耐张等承力杆处（见图 3-49（a）），主要起平衡导线拉力的作用。

（2）两侧拉线（人字拉线）。主要用于增强抗风能力，由两组普通拉线组成（见图 3-49b）。

（3）四方拉线。又称十字拉线。主要用于土质较松软地域，以增强电杆的稳定性，一般可由两组人字拉线组成。

（4）自身拉线（弓形拉线）。受地形限制而不能装设普通拉线时可采用自身拉线或弓形拉线，其主要作用是防止电杆弯曲（见图 3-49（c）、（d））。

（5）水平拉线（又称高桩拉线或过道拉线）。受地域限制而无法安装普通拉线时采用水平拉线，由过道拉线和普通拉线组成（如拉线跨越道路，见图 3-49（e））。

(6) 共同拉线。用于电杆两侧导线规格不同（会产生不平衡拉力），或受地形限制等处（见图 3-49*f*）。

(7) V 形拉线(Y 形拉线)。用于电杆较高、横担较多和架设导线根数较多的电杆处，在拉力的合力点装设两根拉线。其形式分为垂直 V 形拉线和水平 V 形拉线(见图 3-49*g*)。

（七）金具

金具是用来固定横担、绝缘子、拉线、导线等的各种金属联结件，一般统称线路金具，按其作用主要分为联结金具、横担固定金具和拉线金具。

1. 线路联结金具

用于连接导线与绝缘子、绝缘子与杆塔横担等的金具称为联结金具。联结金具要求连接可靠、机械强度高、抗腐蚀性能好、维护方便。此类金具主要有耐张线夹、碗头挂板、球头挂环、直角挂板、U 形挂环等，如图 3-50 所示。

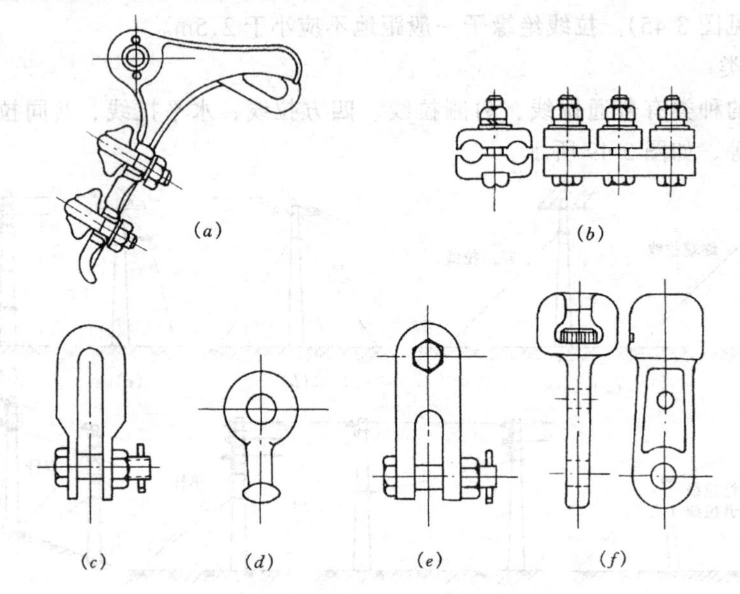

图 3-50 联结金具

(*a*) 耐张线夹；(*b*) 并沟线夹；(*c*) U 形挂环；(*d*) 球头挂环；(*e*) 直角挂板；(*f*) 碗头挂板

2. 横担固定金具

用于安装固定电杆横担的金具称为横担固定金具。主要有半圆夹板、U 形抱箍、穿心螺杆、横担垫铁、扁钢支撑等，如图 3-51 所示。

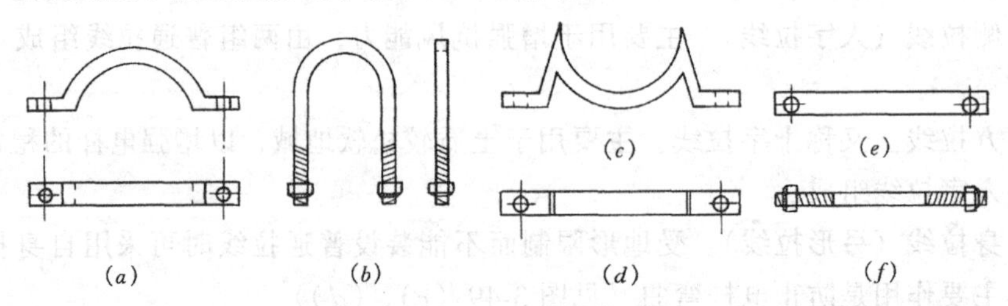

图 3-51 横担固定金具

(*a*)半圆夹板；(*b*)U 形抱箍；(*c*)M 形抱箍；(*d*)扁钢垫块；(*e*)扁钢支撑；(*f*)穿心螺杆

3. 拉线金具

用于拉线的连接和承受拉力。有楔形线夹、UT形线夹、钢丝卡、花篮螺栓、心形环、双拉线连板等，架空线路拉线金具如图3-52所示。

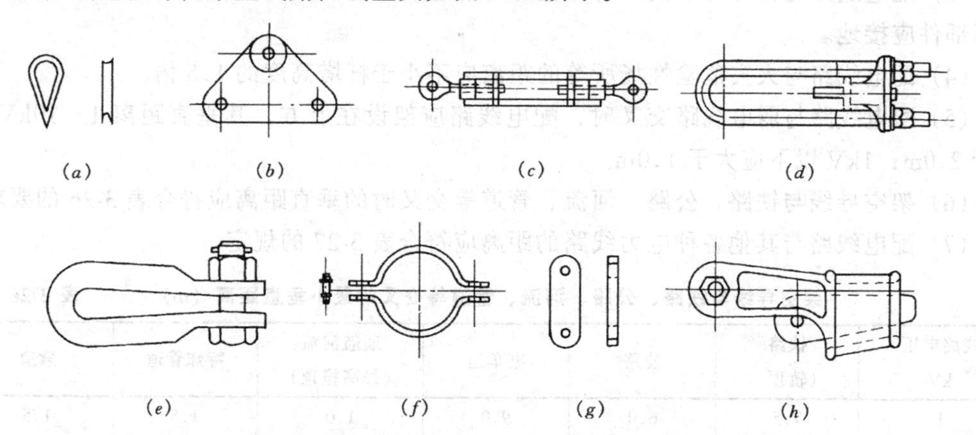

图3-52 架空线路拉线金具

(a) 心形环；(b) 双拉线联板；(c) 花篮螺栓；(d) 可调式UT线夹；(e) U形拉线挂环；(f) 拉线抱箍；(g) 双眼板；(h) 楔形线夹

二、架空配电线路的施工

架空配电线路施工的主要内容包括：线路路径选择、测量定位、基础施工、杆顶组装、电杆组立、拉线组装、导线架设及弛度观测、杆上设备安装以及架空接户线安装等。

(一) 架空配电线路路径选择

架空配电线路的路径和杆位的确定，必须根据设计所提供的线路平面图、断面图，结合现场实际情况对设计标定的线路中心桩进行复核。

1. 路径确定与杆位选择要求

最终确定的杆塔杆位，一般应遵循以下原则：

(1) 路径尽可能短，转角尽可能少并尽量减小转角的角度。

(2) 尽可能沿道路平行架设，便于施工和维护。

(3) 尽可能减少交叉与跨越，当无法避免时应符合跨越要求。

(4) 禁止从易燃易爆危险品堆放处通过。

2. 与其他设施的安全距离要求

(1) 架空导线与其他设施的最小距离应符合表3-25的要求，并不宜跨越易燃建筑物。

架空导线与其他设施的最小距离 (m) 表3-25

线路经过地区		线路电压	
		1kV以下	1～10kV
地面等	居民区	6.0	6.5
	非居民区	5.0	5.5
	交通困难地区	4.0	4.5
山坡等	步行可到达的山坡	3.0	4.5
	步行不能到达的山坡、峭壁、岩石	1.0	1.5
建筑物	导线与建筑物的垂直距离	2.5	3.0
	导线边线与建筑物的距离	1.0	1.5

(2) 配电线路通过林区时，应砍伐出通道（并加宽10m）。但符合下列条件时，可不砍伐通道：树木自然生长高度小于2m；导线与树木垂直距离大于3m。

(3) 配电线路与特殊管道交叉时，应尽可能避开检查井或检查孔，交叉处管道上所有金属部件应接地。

(4) 配电线路与火灾危险性场所等的距离应不小于杆塔高度的1.5倍。

(5) 配电线路与弱电线路交叉时，配电线路应架设在上方，其垂直距离1～10kV应大于2.0m；1kV以下应大于1.0m。

(6) 架空导线与铁路、公路、河流、管道等交叉时的垂直距离应符合表3-26的要求。

(7) 配电线路与其他各种电力线路的距离应符合表3-27的规定。

架空导线与铁路、公路、河流、管道等交叉的最小垂直距离（m） **表3-26**

线路电压 kV	铁路（轨顶）	公路	电车道	通航河流（最高桅顶）	特殊管道	索道
1	7.5	6.0	9.0	1.0	1.5	1.5
1～10	7.5	7.0	9.0	1.5	3.0	2.0

配电线路与各种架空电力线路的最小垂直距离（m） **表3-27**

线路电压 kV	各种电力线路（kV）				
	1以下	1～10	35～110	220	330
1	1	2	3	4	5
1～10	2	2	2	4	5

（二）基础施工

1. 线路测量定位

线路测量定位的主要内容包括检查杆位标桩、确定线路中心线的垂直线和量测基坑范围。一般可在杆位标桩中心线左右打辅助桩，确定基坑范围，用白灰划线。

(1) 直线单杆杆坑定位划线。杆坑坑口剖面和尺寸定位划线可由图3-53（a）和图3-54确定。

(2) 转角单杆杆坑定位划线。主要内容包括检查杆位标桩、作转角的二等分线及垂直线以及量测基坑范围（见图3-56（b））。

(3) 拉线坑定位划线。一般地形和特殊地形拉线坑可按图3-55进行定位划线。

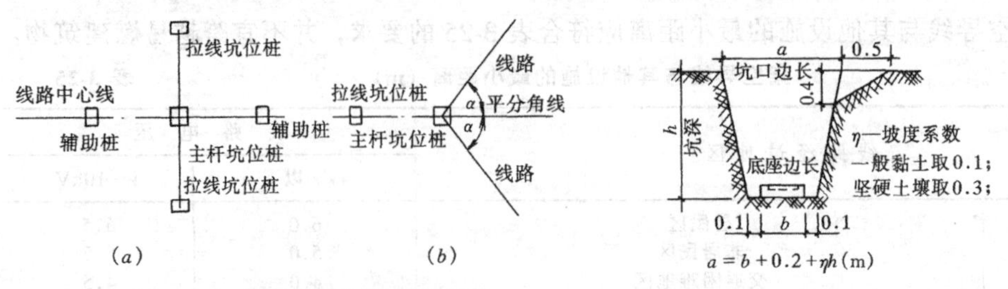

图3-53 电杆基础坑的定位划线
（a）直线杆；（b）转角杆

图3-54 杆坑剖面示意图

2. 挖坑

电杆坑有圆形坑和矩形坑，当采用人工立杆时需开马道（开在立杆方向）。

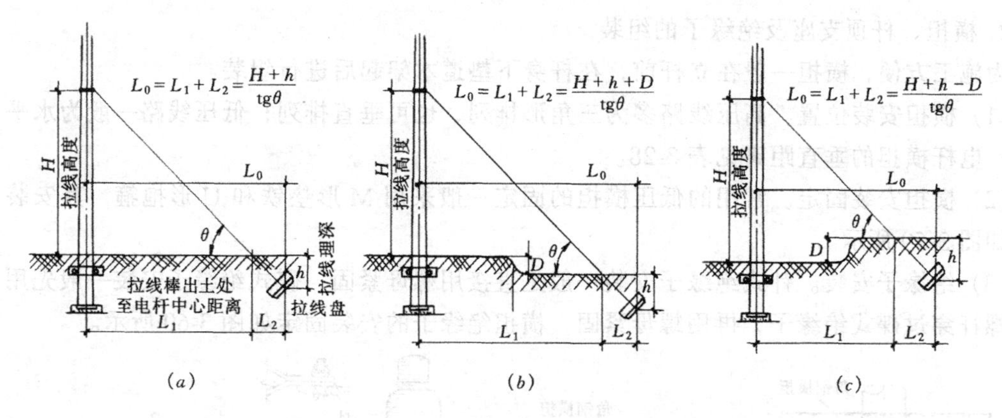

图 3-55 拉线坑定位划线

(a) 普通拉线坑；(b) 电杆地面高于拉线坑；(c) 电杆地面低于拉线坑

(1) 圆形坑的施工。适用于不带底座和卡盘的电杆；坑较深时，可采用阶梯形开挖。

(2) 矩形坑的施工。适用于带底座和卡盘的电杆；一般应采用阶梯形开挖，并注意采取防止塌方的措施。

(3) 坑深检查。坑深可按表 3-23 进行检查，一般误差为 +100mm、-50mm。

(4) 挖坑注意事项。挖坑用工具必须坚实牢固，并经常检查，以免发生事故；坑深超过 1.5m 时应带安全帽；严禁在坑内休息；坑边不应堆放重物和工具，以防垮塌和掉落；在有行人地区，应设置遮拦；夜间应装设红灯标志。

3. 底座和拉线盘的吊装和找正

一般采用撬杠，并结合拉绳或用人字抱杆进行底座和拉线盘的吊装。再用细铁丝，绑在前后的辅助桩上，最后利用吊线进行位置找正。

(三) 电杆组装

电杆组装就是按施工图要求装设杆塔本体、横担铁件、金具、绝缘子等器件。

1. 电杆及各部件的检查

(1) 钢筋混凝土电杆的质量检查。电杆高度、电杆稍径应符合设计要求；同时电杆表面应光滑整洁、内外壁厚度均匀，无裂纹、无漏筋、无跑浆等质量缺陷。

(2) 横担及金具的检查。横担及金具均应采用热镀锌件，并应光洁无裂纹、无毛刺、砂眼、气泡等质量缺陷。

(3) 绝缘子的质量检查。绝缘子型号规格应符合设计要求，瓷釉表面应干净光滑、无裂纹、缺釉、斑点、烧坏等缺陷，瓷件与铁件结合应紧密无活动现象。产品应有合格证，当无合格证时应做交流耐压试验或测量绝缘电阻：一般采用 2500V 兆欧表进行测量，悬式绝缘子绝缘电阻应≥500MΩ；针式绝缘子绝缘电阻应≥300MΩ。

电杆横担的垂直距离 (mm) **表 3-28**

类 别	最小距离	类 别	最小距离
高压上层横担距杆顶中间杆	800	高压与低压上下层	1200
高压耐张杆与终端杆上层横担距杆顶	1000	高压与高压转角上下层	500
低压上层横担距杆顶中间杆	200	低压与低压上下层	600
高压与高压上下层	800	低压与低压转角上下层	300

注：当使用悬式绝缘子及耐张线夹时，应适当加大上表有关距离。

2. 横担、杆顶支座及绝缘子的组装

为施工方便，横担一般在立杆前，在杆身下垫道木架起后进行组装。

（1）横担安装位置。高压线路多为三角形排列，也可垂直排列；低压线路一般为水平排列；电杆横担的垂直距离见表 3-28。

（2）横担安装固定。常用的低压横担的固定一般采用 M 形垫铁和 U 形抱箍，其安装固定如图 3-59 所示。

（3）绝缘子安装。针式绝缘子安装一般是直接用螺母紧固；碟式绝缘子安装一般先用穿钉螺杆穿过碟式绝缘子，再用螺母紧固，横担绝缘子的安装固定如图 3-60 所示。

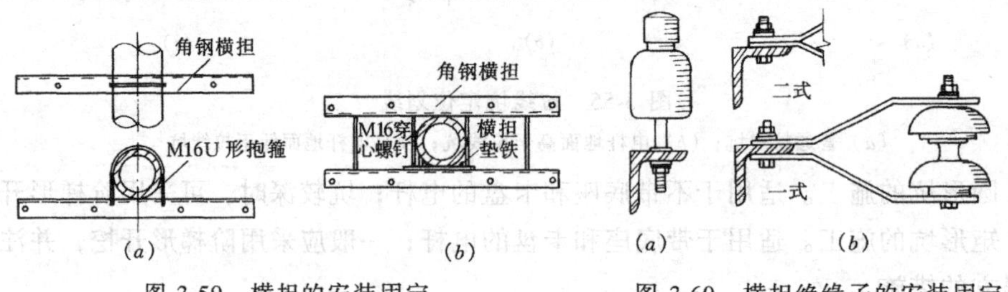

图 3-59 横担的安装固定

（a）单横担；（b）双横担

图 3-60 横担绝缘子的安装固定

（a）针式绝缘子；（b）碟式绝缘子

3. 卡盘与拉线盘安装

卡盘一般用 U 形包箍（见图 3-61*b*）固定在电杆上，拉线盘一般用拉线棒及螺栓固定。卡盘与拉线盘安装示意如图 3-61 所示。

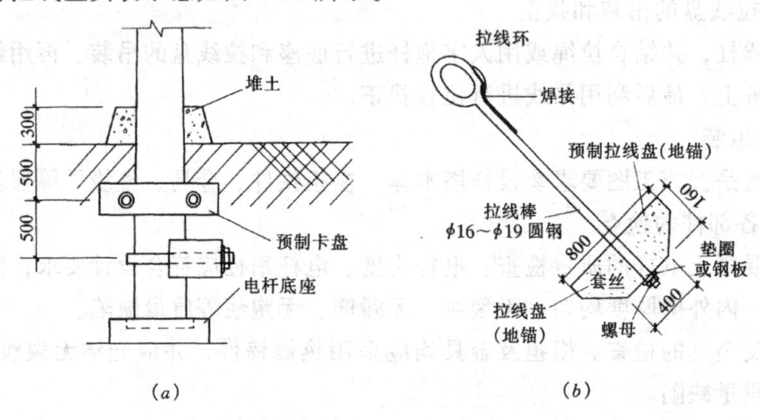

图 3-61 卡盘与拉线盘安装示意

（a）卡盘；（b）拉线盘

（四）电杆起立

电杆一般可采用人工（撑杆、架杆、抱杆）起立和机械（如汽车吊）起立。

1. 立杆的准备工作

（1）合理分工。立杆前应合理分工，听从指挥，由负责人详细交代工作任务、操作方法及安全注意事项。

（2）器具准备。如抱杆、撑杆、绞磨、钢丝绳、铁锹、木杠等器具工具应准备齐全。并检查质量合格，必要时应做强度试验。

（3）严密现场布置。起吊设备安放位置恰当、符合要求，经全面检查确认完全符合安全要求后，方可进行起吊工作。

(4) 指挥与监护。起吊工作必须有专人指挥和监护。

2. 立杆注意事项

(1) 立杆工作应严格按操作规程进行。

(2) 起吊器具应严密检查和做必要的性能试验。

(3) 起吊速度应均匀，过快易造成事故。

(4) 立杆工作不能中途中断。

(5) 杆身调整完毕并待杆坑完全填平夯实后，方可撤架杆、拉绳等起吊器具。

(6) 上杆工作人员必须精神正常、身体健康、无妨碍高空作业的疾病。

(五) 拉线安装

1. 拉线长度计算

拉线长度计算应与拉线盘的埋设相配合，它对拉线计算的长度影响较大。

(1) 拉线的计算长度。根据拉线与电杆的三角关系（见图 3-58）确定拉线装成后的计算长度。

(2) 拉线预割长度。拉线预割长度 = 拉线计算长度 - 拉线棒出土部分长度 + 两端金具出口尾部折回附加长度。

2. 拉线的安装

(1) 埋设拉线盘。先埋设拉线盘，再制作拉线下把及连接花篮螺栓。

(2) 制作拉线上把。拉线上把装设在电杆上，需用拉线抱箍及螺栓固定。

(3) 收紧拉线。将拉线上把经中把与下把连接起来，先绑扎上把与拉线的连接，并收紧拉线（一般采用紧线器）。

(4) 绑扎终端。拉线收紧后，采用 $\phi3.2$mm 的镀锌线用缠绕法绑扎固定，拉线终端的绑扎见图 3-62。

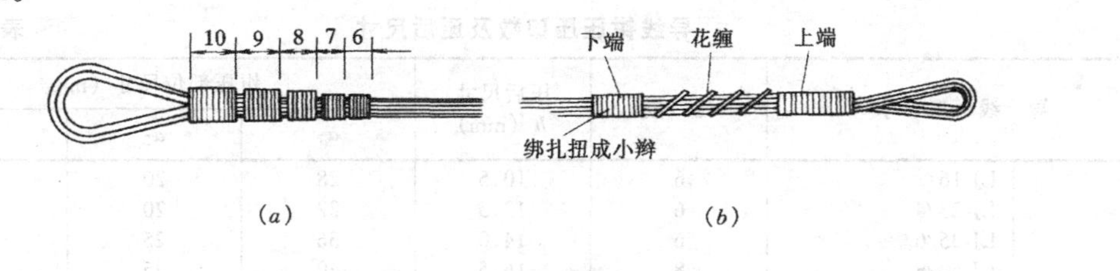

图 3-62 拉线终端的绑扎

(a) 自缠法；(b) 另缠法

3. 拉线的安装要求

(1) 拉线与电杆夹角不宜小于 45°，如受地形影响也不应小于 30°。

(2) 拉线的方向应正确无误，承力拉线与线路应对正，人字拉线（防风拉线）与线路应垂直。

(3) 拉线穿越公路或道路时，对地面的中心距离不应小于 6m。

(4) 在螺栓丝扣上应涂润滑油，拉线应可靠固定，花篮螺栓可调节。

(六) 导线的架设

导线架设是架空配电线路施工的最后一道工序，也是较为重要的一道工序，施工人员较多，又在较长距离同时作业，所以参加人员必须听从指挥，紧密配合。

1. 放线

(1) 放线准备工作。放线前要做好以下准备工作。

1) 查勘沿线情况，清理交叉、跨越等现场，并做好防范措施；全面检查电杆情况，位置校正、无缺件等。

2) 对于线路跨越时，一般应采用毛竹或圆木搭设跨越架。

3) 将线盘平稳放在放线架上，出线端应对准前方拖线方向，并下达各岗位的明确任务：线盘看管人和拖放线负责人；每根电杆的登杆人；交叉跨越架（处）的监护人；沿线通信负责人；沿线检查障碍物的负责人；确定通信联系信号等。

(2) 放线作业。一般采用人力与机械配合拖放导线，放线时应注意如下事项。

1) 一般应在电杆的横担上装设开口滑轮：铝质导线采用铝滑轮或木滑轮，钢质导线采用铁滑轮。

2) 当损伤导线和磨损导线时，应按施工及验收规范进行补修处理。

3) 放线过程应缓慢进行，指挥得当、用力一致。

2. 导线连接

(1) 导线连接要求。导线连接要求如下。

1) 对已展放和连接前的导线应进行外观检查，不应发生磨伤、断股、扭曲、金钩、断头等现象。

2) 导线连接应尽可能避免在档距内进行（必要时，同一根导线接头不应超过一个）；不同金属、不同规格、不同绞制方向的导线严禁在档距内连接。

3) 导线与连接管连接前，应清除导线表面和连接管污垢。铝质接触面应涂电力复合脂。

(2) 导线压接要求。导线与接续管采用钳压连接时应符合施工及验收规范的有关规定。

1) 接续管型号与导线的规格应配套。

2) 导线钳压压口数及压后尺寸应符合表 3-29 的规定。

导线钳压压口数及压后尺寸 **表 3-29**

导线型号		压口数	压后尺寸 h (mm)	钳压部位尺寸 (mm)		
				a_1	a_2	a_3
铝绞线	LJ-16/3	6	10.5	28	20	34
	LJ-25/4	6	12.5	32	20	36
	LJ-35/6	6	14.0	36	25	43
	LJ-50/8	8	16.5	40	25	45
	LJ-70/10	8	19.5	44	28	50
	LJ-95/20	10	23.0	48	32	56
	LJ-120/20	10	26.0	52	33	59
	LJ-150/20	10	30.0	56	34	62
	LJ-185/25	10	33.5	60	35	65
钢芯铝绞线	LGJ-16	12	12.5	28	14	28
	LGJ-25	14	14.5	32	15	31
	LGJ-35	14	17.5	34	42.5	93.5
	LGJ-50	16	20.5	38	48.5	105.5
	LGJ-70	16	25.0	46	54.5	123.5
	LGJ-95	20	29.0	54	61.5	142.5
	LGJ-120	24	33.0	62	67.5	160.5
	LGJ-150	24	36.0	64	70	166
	LGJ-185	26	39.0	66	74.5	173.5
	LGJ-240	2×14	43.0	62	68.5	161.5

注：压接处高度 h 值的允许误差：钢芯铝绞线连接管为±0.5mm；铝芯连接管为±1.0mm。

3）钳压压管接位置和顺序应符合图 3-63 的规定。

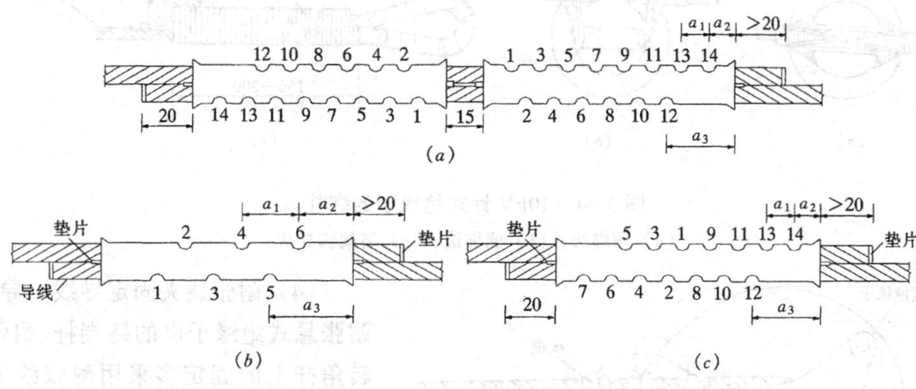

图 3-63　钳压管压接位置和顺序

（a）LGJ-240 钢芯铝绞线；（b）LJ-35 铝绞线；（c）LGJ-35 钢芯铝绞线

1、2、3、……表示压接顺序

4）钳压后导线端头漏出长度不应小于 20mm，导线端头绑线应保留。

5）钳压后的接续管弯曲度不应大于管长的 2%，有明显弯曲时应校正。

6）钳压后的或校直后的接续管不应有裂缝。

7）不同金属的连接应有可靠的过渡金具（如采用并沟线夹等）。

8）当同金属导线采用绑扎连接时，绑扎长度应符合规范要求。

（3）钳压连接准备工作。钳压连接前应做好压接器材检查以及压接前的净化等准备工作。

1）检查压接器材。压接工具和材料主要有压接钳、钢模（钳口）、连接管（压接管）、凡士林锌粉膏（防止氧化、减少连接的接触电阻）、钢丝刷、细铁丝、汽油、棉纱等，应检查规格配套、齐全、无质量缺陷等。

2）压接前净化。压接前做好压接管的净化工作。即先清洗连接管：用钢丝刷除去导线线头的污垢，再用汽油清洗，涂中性凡士林，最后用纱头堵包带至现场；

（4）压接操作。压接操作可按以下顺序进行。

1）检查导线规格与连接管规格配套。

2）将净化好的导线从两端塞入连接管。

3）按表 3-29 的导线钳压压口数及压后尺寸检查钢模。

4）按图 3-63 的导线钳压位置和顺序进行交错钳压连接。

3. 固定导线

导线在绝缘子上的固定方法有针式绝缘子的顶绑法、侧绑法和蝶式绝缘子终端绑扎法及耐张线夹固定导线法等。10kV 针式绝缘子的绑扎如图 3-64。

（1）顶绑法。导线在直线杆针式绝缘子上的固定多采用顶绑法，如图 3-64（a）所示。

（2）侧绑法。导线在转角杆针式绝缘子上的固定多采用侧绑法。如图 5-64（b）所示。

（3）蝶式绝缘子终端绑扎法（回头绑扎）。导线在终端蝶式绝缘子的固定多采用此法，如图 3-64（c）所示。

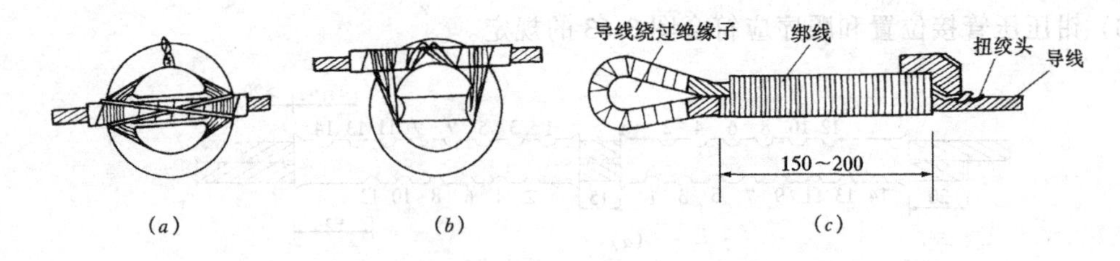

图 3-64　10kV 针式绝缘子的绑扎

(a) 顶绑法；(b) 侧绑法；(c) 终端绑扎法

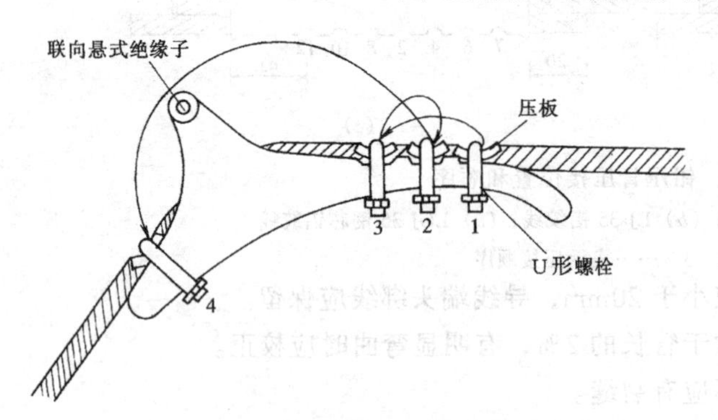

图 3-65　耐张线夹的固定

注：1、2、3、4 为螺栓拧紧顺序

(4) 耐张线夹固定导线。导线在耐张悬式绝缘子串的终端杆、耐张杆、转角杆上的固定多采用耐张线夹，耐张线夹的固定如图 3-65 所示。

4. 导线架设注意事项

(1) 导线绑扎在绝缘子上后不得滑动及过分弯曲。

(2) 裸导线绑扎时，应采用与导线材料相同的裸绑线；绝缘导线绑扎时，应采用带包皮的绑线。

(3) 导线绑扎时，应防止碰伤导线和绑线。

(4) 铅包带应包缠紧密无空隙。

(5) 绑线在绝缘子颈槽内按顺序排列，不得相互挤压。

5. 紧线与弛度观测

(1) 紧线。一般采用紧线器进行并与牵引放线配合进行紧线，同时应注意障碍物。

(2) 弛度观测。观测弛度应符合要求，一般与紧线同时进行。

三、接户线及进户线

接户与进户线是用户引接架空线路电源的装置，其低压架空线路电源引入线如图 3-66 所示。当接户距离超过 25m 时，应加装接户杆。

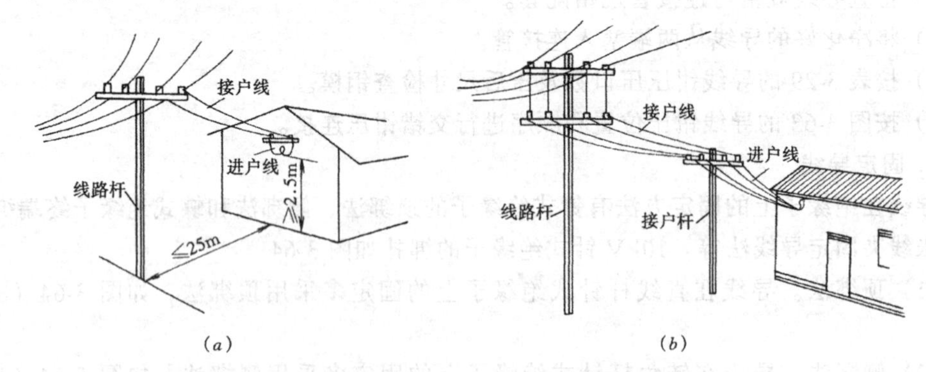

图 3-66　低压架空线路电源引入线

(a) 直接接户型；(b) 加杆接户型

(一) 接户线及安装

1. 接户线装置

接户线装置是指从架空线路电杆上引接到建筑物电源进户点前第一支持点的引接装置，它主要由接户电杆（或接户电杆横担上的绝缘子）、架空接户线（又称引下线）等组成（见图 3-71）。

2. 接户线安装要求

（1）电气距离。10kV 及以下电力接户线的安装，其各部电气距离应满足设计要求和国家有关规范的规定。

1）线间距离。低压接户线的线间最小距离应符合表 3-35 的要求。

2）最小截面。低压接户线一般应采用绝缘导线，其最小截面应符合表 3-4 的要求。

低压接户线的线间最小距离（mm） **表 3-35**

电　压	架设方式	档距（m）	线间距离（mm）
1kV 以下的低压线路	从电杆上引下	25 及以下	150
	沿墙敷设	6 及以下	100
		6 以上	150

3）与建筑物的距离。接户线与建筑物的最小垂直距离：（最大弛度下）通车街道为 6m；通车困难时为 3.0m；至屋顶为 2m；至进户点为 2.5m。

4）线路跨越。线路跨越各类设施时，应保证最小安全净距：管道、金属体为 500mm；与烟筒、电杆、拉线为 200mm；与弱电线路为 600mm。

（2）其他规定。10kV 及以下电力接户线的安装，应符合下列规定。

1）档距内不应有接头。

2）两端应设绝缘子固定，绝缘子安装时应防止瓷裙积水。

3）采用绝缘导线时，外漏部位应进行绝缘处理。

4）两端遇有铜铝连接时，应设置过渡措施。

5）导线在最大摆动时，不应有接触树木和其他建筑物的现象。

（3）导线绑扎。10kV 及以下电力接户线固定端当采用绑扎固定时，其绑扎长度应符合规范的规定。

3. 接户线安装

（1）低压接户线。其绝缘子应安装在角钢横担上，并装设牢固可靠，导线截面大于 $16mm^2$ 以上时应采用蝶式绝缘子。四线接户线安装形式可参见图 3-67。

（2）高压接户线。其绝缘子应安装在墙壁的角钢支架上，并通过高压穿墙套管进入建筑物，其安装可参见高压穿墙套管的安装方法。

（二）进户线

1. 进户线装置

进户线装置是户外架空电力线路与户内线路的衔接装置，即用户建筑物内部电力线路的电源引入点。它主要由进户电杆（或进户角钢支架上的绝缘子）、进户线（从用户户外第一支持点至用户户内第一支持点之间的连接导线）以及进户保护管（或高压穿墙套管）等组成。

2. 进户线安装要求

（1）进户保护管。低压架空进户线穿墙时，必须采用保护套管，管内应光滑畅通，伸

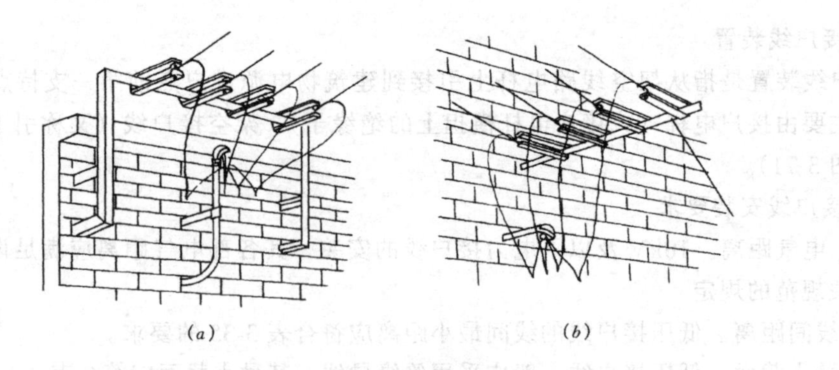

图 3-67 四线接户线

（*a*）垂直墙面；（*b*）平行墙面

出墙外部分应设置防水弯头；高压架空进户线穿墙时，必须采用穿墙套管。

（2）进户导线。进户线一般应采用绝缘导线，进户线中间不允许有接头。

（3）进户端支持物应牢固可靠，电源进口点的高度，距地面不应低于 2.7m。

3. 进户线安装

架空进户线的安装示意如图 3-68 所示。

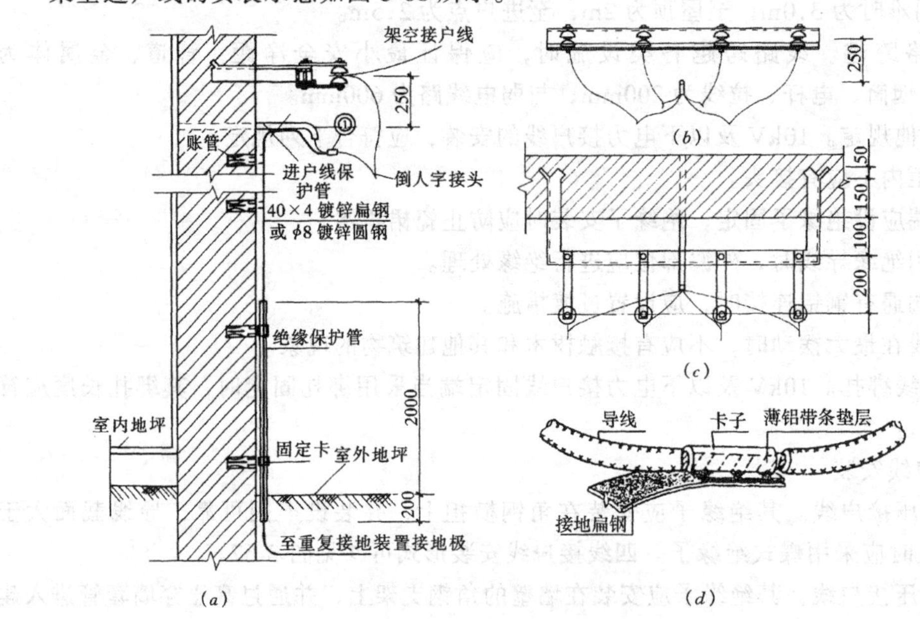

图 3-68 架空进户线安装示意图

（*a*）安装示意图；（*b*）正视图；（*c*）顶视图；（*d*）节点①

四、工程竣工交接验收

架空线路工程竣工交接验收主要包括隐蔽工程验收检查、施工过程验收检查和竣工验收检查以及工程交接验收。

（一）工程验收检查

施工完毕后，施工单位应组织力量进行竣工验收检查工作，对隐蔽工程、施工过程以及施工结束的工程质量进行全面的验收检查，各项检验指标均应符合设计要求和国家有关施工及验收规范的规定。

1. 隐蔽工程验收检查

隐蔽工程是在施工结束后无法进行直观检查的工程部分，因此在施工过程中应逐项进行检查，当符合要求时方可继续施工，同时应认真填写隐蔽工程检查及验收记录。其主要项目如下。

（1）基础坑深。电杆坑与拉线坑的坑深检测。

（2）预制基础埋设。电杆底盘、卡盘、拉线盘规格和安装位置等应符合要求。

（3）导线连接管。内外径长度、压接后外径长度、压接等质量检验。

（4）损伤导线的修补情况检查。

2. 施工过程验收检查

施工过程验收检查是在施工中间完成的分项工程部分，所以又称中间验收检查，在验收检查中应认真填写施工过程工程项目验收检查记录。其主要验收内容如下。

（1）电杆及拉线。电杆及拉线检查部分主要包括以下项目。

1）钢筋混凝土电杆的弯曲度和质量检验。

2）杆身高差、门型杆根开误差值及扭偏情况。

3）横担及金具安装，平正、紧密、牢固、方向正确。

4）回填土情况应符合要求。

（2）接地检查。实测接地电阻值应符合设计或施工及验收规范的要求。

（3）架线检查。架线检查主要包括以下项目。

1）导线弧垂和电杆在架设后的挠度。

2）跳线与各部件的安全距离；

3）相位正确无误。

4）各类金具的规格及连接情况；

5）压接管的位置与数量应正确无误。

6）线路与交叉跨越物的距离；线路与地面、建筑物之间的距离。

3. 竣工交接前验收检查

（1）线路路径、电杆形式、绝缘子形式、导线规格、线间距离等应符合设计要求。

（2）各类障碍物应拆除完毕。

（3）跳线的连接应正确、可靠和牢固。

（4）检查是否有遗漏项目。

（5）检查各项施工记录和试验记录的完整性。

（二）工程交接验收

工程交接验收是国家施工及验收规范规定的、在交接时应进行的验收检查和所应提供的工程资料和文件的验收检查。

1. 竣工交接验收检查

在交接验收时应按下列要求进行检查。

（1）采用器材的型号、规格。

（2）线路设备标志应齐全。

（3）电杆组立的各项误差。

(4) 拉线的制作与安装。

(5) 导线的弧垂、相间距离、对地距离、交叉跨越距离及对建筑物接近距离。

(6) 电气设备外观应完整无缺。

(7) 相位正确、接地装置符合规定。

(8) 沿线的障碍物、应砍伐的树及树枝等杂物应清除完毕。

2. 竣工验收资料

在交接验收时应提交下列资料和文件。

(1) 竣工图。

(2) 变更设计的证明文件(包括施工内容明细表)。

(3) 安装技术记录(包括隐蔽工程记录)。

(4) 交叉跨越距离记录及有关协议文件。

(5) 调整试验记录。

(6) 接地电阻实测记录。

(7) 有关的批准文件。

习　题

一、填空题

(1) 室内配线工程的敷设方式主要包括__________、__________、__________等。

(2) 电缆敷设的方法主要有__________、__________、__________等。

(3) 架空线路主要由__________、__________、__________、__________、__________等构成。

(4) 电杆按材料分为__________、__________和__________三种。

(5) 低压横担的常用安装方式有__________、__________、__________和__________四种。

(6) 电杆拉线主要由__________、__________和__________等构成。

(7) 常用架空导线的型号主要有__________、__________、__________、__________和__________等。

(8) 常用架空线路的拉线形式有__________、__________、__________、__________、__________和__________等。

(9) 架空导线在绝缘子上通常用__________方法固定。

二、是非题(是划√,非划×)

(1) 电路图中各电器触头所处的状态,均是按电磁线圈不通电或电器不受外力作用时的状态画出的。( )

(2) 绝缘导线穿入金属管内的接头不能超过一个,并应用绝缘胶带或绝缘胶布包扎好。( )

(3) 同一回路的各相绝缘导线和中性线,可穿入同一根线管内。( )

(4) 同类照明线路的几个回路,在同穿一根线管时,其导线的总根数不能超过 8 根。( )

(5) 当配电线路穿越墙壁或楼板时,均应采用套管保护。( )

(6) 电缆敷设时，电力电缆与控制电缆一般应分开排列。( )

(7) 对截面为 $10mm^2$ 及以上的多股导线，应先将导线接头处拧紧搪锡后，再直接与电器接线端子连接。( )

(8) 横担是用来安装绝缘子、固定开关设备及避雷器等电气设备的。( )

(9) 绝缘子是用来固定导线的，并使导线对地绝缘。( )

三、选择题（将正确答案写在空格内）

(1) 多股铝导线的焊接一般可采用__________。

a. 气焊；b. 电阻焊；c. 电弧焊；d. 锡焊

(2) 配电线路穿普通钢管敷设的字母表示符号为__________。

a. TC；b. SC；c. MC；d. VG；e. PC；

(3) 配电线路暗设在墙壁内的表示符号为__________；暗设在地坪内的表示符号为__________。

a. CLC；b. WC；c. FMC；d. CC；e. FC；

(4) 吸顶式灯具的安装方式的表示符号为__________；吊链式灯具的安装方式的表示符号为__________。

a. W；b. CH；c. S；d. CR；e. P；

(5) 架空接户线档距在 10m 以下时，采用铝绞线的最小截面是__________ mm^2。

a. 2.5；b. 4；c. 6；d. 10；e. 16

(6) 架空接户线的最大弧垂距地面至少为__________ m。

a. 2.5；b. 3.5；c. 4.5；d. 5

四、简答题

(1) 简述室内配线工程的一般要求。

(2) 试述线管配线的一般程序。

(3) 简述电缆配线的一般敷设步骤。

(4) 试述导线连接的一般要求。

(5) 试述导线连接的几种形式。

(6) 简述护套线敷设的一般步骤。

(7) 低压架空线路的常用绝缘子有哪些类型？

(8) 什么叫架空接户线？安装接户线时应注意哪些要求？

(9) 什么叫进户线？安装进户线时有哪些要求？

五、施工图图形符号与标注格式含义解释

(1) 请解释电气施工图（见图 3-74）中图形标注符号的含义。

(2) 请解释下面电气施工图中文字标注符号的含义。

(a) DZ20Y-100/3300-80A　　(b) BV (5×6) SC25-WC.FC

(c) VV22 (3×70+1×35) F　　(d) LMY-8×100

(e) BX (3×4) PVC20-WC　　(f) BLVV (2×2.5) WC

(g) 6-YG2 $\frac{2\times40}{2.8}$P

(3) 请解释电气施工图中线路与灯具文字标注符号的含义。

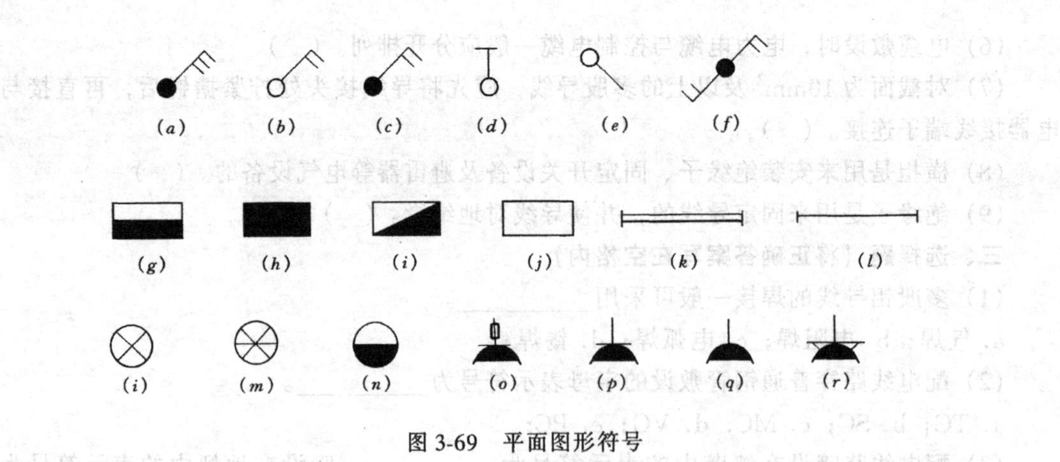

图 3-69　平面图形符号

第四章 电 气 照 明

建筑物和构筑物的采光一般分为自然采光和电照采光，其中电照采光是通过一定的电气设备和照明装置将电能转换成光能的，所以也称电气照明。在建筑电气工程中，大量的配线任务和安装工作是电气照明，所以有必要了解电气照明的基本知识和安装技能。

本章学习重点：

(1) 了解电气照明的基本知识。

(2) 熟悉常用电光源和照明装置及应用。

(3) 熟悉电气照明的一般要求和灯具的一般布置。

(4) 熟悉照明线路的组成、要求、负荷计算和导线选择。

(5) 掌握电气照明工程的安装步骤和安装工艺。

第一节 电气照明的基本知识

电能是现代社会应用最广泛的一种能量形式，而电气照明是现代建筑不可缺少的人工采光方式。根据社会与经济的发展，建筑的照度标准、艺术造型、照明质量、装饰美化等要求都在不断提高，作用也在日益增强。

一、电气照明的基本概念

(一) 电气照明的组成

电气照明主要由电源及配电装置、照明装置、控制装置、照明线路和测量保护装置等组成。

(1) 电源及配电装置。电源的作用是供给电能，配电装置是分配电能。

(2) 照明装置。照明装置（包括电光源、灯具等器具）的作用是将电能转换成光能。

(3) 控制装置。控制装置的作用是通断电源，根据照明场所的需要点亮照明或熄灭照明。

(4) 照明线路。照明线路的作用是给照明装置输送电能。

(5) 测量保护装置。测量保护装置的作用是测量电能和保护电气设备。

(二) 电气照明的种类

电气照明的种类（以下简称照明种类）就是照明设备按其工作状况而构成的基本类型。照明种类可分为正常照明、应急照明、值班照明警卫照明、景观照明和障碍照明。

1. 正常照明

永久安装的人工照明，保证工作人员在正常情况下的视觉照明。如教室、办公室、车间等场所的照明。

2. 应急照明

因正常照明的电源发生故障而启用的照明（有时称事故照明）。交通枢纽、通信中心、重要工厂控制室、大型商场及公共建筑等场所需设应急照明。应急照明包括疏散照明、安全照明和备用照明等。

(1) 疏散照明。用以确保安全出口通道能被有效地辨认和应用，在紧急情况下便利人们安全撤离建筑物或构筑物。

(2) 安全照明。用以确保照明场所潜在危险之中的人员安全。

(3) 备用照明。用以确保照明场所正常活动的继续进行。

3. 值班照明

用以工作值班的照明。

4. 障碍照明

用以装设航空等障碍标志（信号）的照明。

(三) 电气照明的方式

电气照明的方式（以下简称照明方式）就是照明设备按其安装部位和使用功能而构成的基本制式。

1. 照明方式的分类

照明方式一般分为一般照明、分区一般照明、局部照明和混合照明。

(1) 一般照明。一般照明是不考虑特殊部位的需要，为照亮整个场所而设置的照明方式，如办公室、一般商场、宴会厅、教室等场所的照明。

(2) 分区一般照明。分区一般照明是根据需要，加强特定区域照明的一般照明方式，如商品陈列处、专用柜台等场所的照明。

(3) 局部照明。为满足某些部位（通常限定在较小的范围之内）的特殊需要而设置的照明方式，如工作台照明、黑板照明等。

(4) 混合照明。以上照明方式混合使用。

2. 照明方式的设置原则

照明方式的设置原则应符合下列规定。

(1) 设置一般照明。在不固定或不适合装设局部照明的场所，应设置一般照明。

(2) 设置分区一般照明。要求较高照度的场所宜设置分区一般照明。

(3) 设置局部照明。一般照明和分区一般照明不能满足要求的场所，应增设局部照明。

(四) 光的基本概念

1. 可见光

光是一种电磁辐射能，它以电磁波的形式在空间传播。能引起视觉光感的电磁辐射能称为可见光，其波长范围为 380～780nm（$1nm=10^{-9}m$）。其余均为不可见光：当波长大于 780nm 为红外线、无线电波等；波长小于 380nm 为紫外线、x 射线等。而不同波长的可见光，会在人眼中视觉出不同的颜色。

2. 基本光度单位

常用的基本光度单位有光通量、发光强度、照度和亮度等。

(1) 光通量。光源在单位时间内向空间辐射能量的大小，称辐射能通量；能引起视觉光感的能量，称为光通量。用符号 Φ 表示，单位为流明（用符号 lm 表示）。

(2) 发光强度（光强）。光源在空间某一方向上的光通量的空间密度，称为光源在这一方向上的发光强度（简称光强）。用符号 I_θ 表示，单位为坎得拉（cd）。如灯泡加灯罩，光通量不变而桌面表现亮度增加，即某方向密度增大。

(3) 照度。单位面积上所接收的光通量，称为该被照面的照度。用符号 E 表示，单位为勒克斯（用 lx 表示）。即

$$E = \Phi / S \tag{4-1}$$

式中 Φ——光源的光通量（lm）；

S——被照面积（m^2）。

(4) 亮度。发光体在视线单位投影面积上的发光强度，称为该发光体的表面亮度（简称亮度）。用符号 L_θ 表示，单位为坎得拉/每平方米（cd/m^2）。如黑白物体其照度一样，但人眼感觉白色物体亮，因白色物体反光强。

二、照度标准与照明控制

（一）照度标准

1. 一般规定

照度标准应符合国家标准的规定。

(1) 照度标准值。国家规定的照度标准值分为 0.5、1、2、3、5、10、15、20、30、50、75、100、150、200、300、500、750、1000、1500、2000、3000（工业）lx 照度级。

(2) 标准值选取。根据各类工业企业和民用建筑的作业类别或不同活动情况，国家标准将照度标准值规定高、中、低三个值。设计选取时，应根据建筑等级、生产类别、功能要求、使用条件和经济水平，从照度标准中选取合适的标准值，一般情况下可取中间值。

(3) 维护系数。在照明设计施工时，应根据光源的光通衰减、灯具积尘和房间表面污染引起照度值降低的程度，将照度标准值除以表 4-1 中的维护系数。

维护系数 **表 4-1**

环境污染特征	车间与工作场所名称	车间与工作场所名称	
		白炽灯、荧光灯 高光强气体放电灯	卤 钨 灯
清 洁	住宅卧室、办公室、餐厅、阅览室、绘图室等	0.75	0.80
一 般	商业营业厅、候车室、候船室、影剧院观众厅等	0.70	0.75
污染严重	厨房、锅炉房等	0.65	0.70
室 外	室外庭园、体育场等	0.55	0.60

2. 工业企业照度标准

工业企业照明标准是国家为确保生产安全和生产质量、创造舒适的照明环境、提高生产劳动力而制定的。我国现行的工业企业照明标准为《工业企业照明设计标准》(GB50034—92)，参见表 4-2 和表 4-3，在设计施工时应遵照执行。

工业企业照度标准（GB50034—92） **表 4-2**

车间与工作场所名称		视觉工作等级	最低标准 (lx)									备注
			混合照明			混合照明中的一般照明			一般照明			
金属机加工车间	粗加工	Ⅲ乙	300	500	500	30	50	75	—	—	—	
	精加工	Ⅱ乙	500	750	1000	50	75	100	—	—	—	
	精密	Ⅰ乙	1000	1500	2000	100	150	200	—	—	—	

续表

车间与工作场所名称		视觉工作等级	最低标准（lx）									备注
			混合照明			混合照明中的一般照明			一般照明			
机电装配车间	大件装配	Ⅴ	—	—	—	—	—	—	50	75	100	
	小件装配、试车台	Ⅱ乙	500	750	1000	75	100	150	—	—	—	
	精密装配	Ⅰ乙	1000	1000	1500	100	150	200	—	—	—	
焊接车间	手焊接、切割、接触焊、电渣焊	Ⅴ	—	—	—	—	—	—	50	75	100	$h=0$
	自动化焊接、一般划线	Ⅳ乙	—	—	—	—	—	—	75	100	150	
	精密划线	Ⅲ甲	750	750	750	50	50	50	—	—	—	
	备料（如有冲压、剪切设备则参照其车间）	Ⅵ	—	—	—	—	—	—	30	30	30	
木工车间	机床区	Ⅲ乙	300	500	750	30	50	75	—	—	—	
	锯木区	Ⅴ	—	—	—	—	—	—	50	75	100	
	木模区	Ⅳ甲	300	500	750	50	75	100	—	—	—	
表面处理车间	电镀槽间、喷漆间	Ⅴ	—	—	—	—	—	—	50	75	100	
	酸洗间、法兰间、喷砂间	Ⅵ	—	—	—	—	—	—	30	50	75	
	抛光间	Ⅲ甲	500	750	1000	50	75	100	150	200	300	
	电泳涂漆间	Ⅴ	—	—	—	—	—	—	50	75	100	
钣金车间		Ⅴ	—	—	—	—	—	—	50	75	100	
冲压剪切车间		Ⅳ乙	200	300	500	30	50	75	—	—	—	
锻工车间		Ⅹ	—	—	—	—	—	—	30	50	75	
热处理车间		Ⅵ	—	—	—	—	—	—	30	50	75	
铸工车间	熔化、浇铸	Ⅹ	—	—	—	—	—	—	30	50	75	$h=0$
	型砂处理、清理、落砂	Ⅵ	—	—	—	—	—	—	20	30	50	
	手工造型	Ⅲ乙	300	500	750	30	50	75	—	—	—	
	机器造型	Ⅵ	—	—	—	—	—	—	30	50	75	
电修车间	一般	Ⅳ甲	300	500	750	30	50	75	—	—	—	
	精密	Ⅲ甲	500	750	1000	50	75	100	—	—	—	
	拆卸、清洗场地	Ⅵ	—	—	—	—	—	—	30	50	75	
试验室	理化室	Ⅲ乙	—	—	—	—	—	—	100	150	200	
	计量室	Ⅱ乙	—	—	—	—	—	—	150	200	300	
动力站房	压缩机房	Ⅵ	—	—	—	—	—	—	30	50	75	
	泵房、风机房、乙炔发生站	Ⅶ	—	—	—	—	—	—	20	30	50	
	锅炉房、煤气站的操作层	Ⅶ	—	—	—	—	—	—	20	30	50	
变配电所	变压器室、高压电容器室	Ⅶ	—	—	—	—	—	—	20	30	50	
	高低压配电室、低压电容器室	Ⅵ	—	—	—	—	—	—	30	50	75	
	值班室	Ⅳ乙	—	—	—	—	—	—	75	100	150	
	电缆间（夹层）	Ⅷ	—	—	—	—	—	—	10	15	20	
电源室	电动发电机室、整流间、柴油发电机室	Ⅵ	—	—	—	—	—	—	30	50	75	
	蓄电池室	Ⅶ	—	—	—	—	—	—	20	30	50	
控制室	一般控制室	Ⅳ乙	—	—	—	—	—	—	75	100	150	
	主控制室	Ⅱ乙	—	—	—	—	—	—	150	200	300	
	热工仪表控制室	Ⅲ乙	—	—	—	—	—	—	100	150	200	
电话站	人工交换台、转接机	Ⅴ	—	—	—	—	—	—	50	75	100	
	自动电话交换机室	Ⅵ	—	—	—	—	—	—	100	150	200	
	广播室	Ⅳ乙	—	—	—	—	—	—	75	100	150	

续表

车间与工作场所名称		视觉工作等级	最低标准（lx）									备注
			混合照明			混合照明中的一般照明			一般照明			
仓　库	大件储存	Ⅸ	—	—	—	—	—	—	5	10	15	
	中小件储存	Ⅷ	—	—	—	—	—	—	10	15	20	
	精细件储存、工具库	Ⅶ	—	—	—	—	—	—	15	20	30	
	乙炔瓶库、氧气瓶库、电石库	Ⅳ	—	—	—	—	—	—	10	15	20	
汽车库	停车间	Ⅷ	—	—	—	—	—	—	10	15	20	
	充电间	Ⅶ	—	—	—	—	—	—	20	30	50	
	检修间	Ⅵ	—	—	—	—	—	—	30	50	75	

注：*h*—规定照度的工作面高度。

工业企业辅助建筑的照度标准　　　　表 4-3

类别	照　明　场　所	参考平面及其高度（m）	照度标准（lx）					
			混合照明			一般照明		
			低	中	高	低	中	高
辅助建筑	工艺室、设计室、描图室	0.75	300	500	750	100	150	200
	阅览室、陈列室	0.75	—	—	—	100	150	200
	打字室	0.75	500	750	1000	150	200	300
	办公室、会议室、资料室、报告厅	0.75	—	—	—	75	100	150
	医务室	0.75	—	—	—	75	100	150
	食堂、车间休息室、单身宿舍	0.75	—	—	—	50	75	100
	浴室、更衣室、卫生间、楼梯间	地面	—	—	—	10	15	20
	洗室	地面	—	—	—	20	30	50
	托儿所、幼儿园卧室	0.4～0.5	—	—	—	20	30	50
	托儿所、幼儿园活动室	0.4～0.5	—	—	—	75	100	150
露天作业	视觉要求较高的场所	作业面	—	—	—	30	50	75
	用眼睛检查质量的金属焊接	作业面	—	—	—	15	20	30
	用仪器检查质量的金属焊接	作业面	—	—	—	10	15	20
	间断观测的仪表	作业面	—	—	—	10	15	20
	装卸工作	地面	—	—	—	5	10	15
	露天堆场	地面	—	—	—	0.5	1	0.5
道路和广场	主干道	地面	—	—	—	2	3	2
	次干道	地面	—	—	—	1	2	1
	厂前区	地面	—	—	—	3	5	3
站台	视觉要求较高的站台	地面	—	—	—	3	5	3
	一般站台	地面	—	—	—	1	2	1
装　卸　码　头		地面	—	—	—	5	10	15

3. 民用建筑照度标准

民用建筑照明标准是国家为符合建筑功能和保护人们视力的要求，为节约能源、技术先进、经济合理、使用安全和维护方便而制定的。我国现行的民用建筑照明标准为《民用建筑照明设计标准》（GBJ133—90）和《民用建筑电气设计规范》（JGJ/T16—92），参见表 4-4，在设计施工时应遵照执行。

民用建筑照度标准（GBJ133—90）（JGJ/T16—92）　　　　表 4-4

类　别		参考平面及其高度	照度标准值（lx）		
			低	中	高
图书馆建筑	一般阅览室、少年儿童阅览室、研究室、装饰修整间、美工室	0.75m 水平面	150	200	300
	老年读者阅览室、图书阅览室	0.75m 水平面	200	300	500
	陈列室、目录厅（室）、出纳厅（室）、视听室、缩微阅览室	0.75m 水平面	75	100	150
	读者休息室	0.75m 水平面	30	50	75
	书库	0.25m 水平面	20	30	50
	开敞式运输传送设备	0.75m 水平面	50	75	100

续表

类别		参考平面及其高度	照度标准值（lx）		
			低	中	高
办公楼建筑	办公室、报告厅、会议室、接待室、陈列室、营业厅	0.75m 水平面	100	150	200
	有视觉显示屏的作业	工作台水平面	150	200	300
	设计室、绘图室、打字室	实际工作面	200	300	500
	装订、复印、晒图、档案室	0.75m 水平面	75	100	150
	值班室	0.25m 水平面	50	75	100
	门厅	地面	30	50	75
商店建筑	一般商业营业厅：一般区域	0.75m 水平面	75	100	150
	柜台	柜台面上	100	150	200
	货架	0.5m 垂直面	100	150	200
	陈列柜、橱窗	货物所处平面	200	300	500
	室内菜市场营业厅	0.75m 水平面	50	75	100
	自选商场营业厅	0.75m 水平面	150	200	300
	试衣室（试衣位置 1.5m 高处垂直面）	1.5m 高垂直面	150	200	300
	收款处	0.75m 水平面	150	200	300
	库房	0.75m 水平面	30	50	75
影剧院建筑	门厅	地面	100	150	200
	门厅过道	地面	75	100	150
	观众厅：影院	0.75m 水平面	30	50	75
	剧院	0.75m 水平面	50	75	100
	观众休息厅：影院	0.75m 水平面	50	75	100
	剧院	0.75m 水平面	75	100	150
	贵宾室、服装室、道具间	0.75m 水平面	75	100	150
	化妆室：一般区域	0.75m 水平面	75	100	150
	化妆台	1.1m 高处垂直面	150	200	300
	放映室：一般区域	0.75m 水平面	75	100	150
	放映	0.75m 水平面	20	30	50
	演员休息厅	0.75m 水平面	50	75	100
	排演厅	0.75m 水平面	100	150	200
	声、光、电控制室	控制台面	100	150	200
	美工室	0.75m 水平面	100	150	200
	绘景室	0.75m 水平面	150	200	300
	售票房	售票台面	100	150	200
住宅建筑	起居室、卧室：一般活动区	0.75m 水平面	20	30	50
	书写、阅读	0.75m 水平面	150	200	300
	床头阅读	0.75m 水平面	75	100	150
	精细作业	0.75m 水平面	200	300	500
	餐厅或方厅、厨房	0.75m 水平面	20	30	50
	卫生间	0.75m 水平面	10	15	20
	楼梯间	地面	5	10	15
旅馆建筑	客房：一般活动区	0.75m 水平面	20	30	50
	床头	0.75m 水平面	50	75	100
	写字台	0.75m 水平面	100	150	200
	卫生间	0.75m 水平面	50	75	100
	会客间	0.75m 水平面	30	50	75
	梳妆台	0.5m 处垂直面	150	200	300
	主餐厅、客房服务台、酒吧柜台	0.75m 水平面	50	75	100
	西餐厅、酒吧间、咖啡厅、舞厅	0.75m 水平面	20	30	50
	大宴会厅、总服务台、主餐厅柜台、外币兑换处	0.75m 水平面	150	200	300
	门厅、休息厅	0.75m 水平面	75	100	150
	理发	0.75m 水平面	100	150	200

续表

类别		参考平面及其高度	照度标准值（lx）		
			低	中	高
旅馆建筑	美容	0.75m水平面	200	300	500
	邮电	0.75m水平面	75	100	150
	健身房、器械室、蒸汽浴室、游泳池	0.75m水平面	30	50	75
	游艺厅	0.75m水平面	50	75	100
	台球	台面	150	200	300
	保龄球	地面	100	150	200
	厨房、洗衣房、小卖部	0.75m水平面	100	150	200
	食品准备、烹调、配餐	0.75m水平面	200	300	500
	小件寄存处	0.75m水平面	30	50	75
铁路旅客站建筑	普通候车室、母子候车室、售票室	0.75m水平面	50	75	100
	贵宾室、软席候车室、售票厅、广播室、调度室、行车计划室、海关办公室、公安验证处、问讯处、补票处	0.75m水平面	75	100	150
	进站大厅、行李托运和领取处、小件寄存处	地面	50	75	100
	检票处、售票工作台、售票柜、结账交接台、海关检验处、票据存放室（库）	0.75m水平面	100	150	200
	公安值班室	0.75m水平面	50	75	100
	有棚站台、进出站地道、站台通道	地面	15	20	30
	无棚站台、人行天桥、站前广场	地面	10	15	20
港口旅客站建筑	检票口、售票工作台、结账交接台、票据存放库、海关检验厅、护照检查室	0.75m水平面	100	150	200
	贵宾室、售票厅、补票处、调度室、广播室、问讯处、海关办公室	0.75m水平面	75	100	150
	售票室、候船室、候车通道、迎送厅、接待室、海关出入口	0.75m水平面	50	75	100
	行李托运处、小件寄存处	地面	50	75	100
	栈桥、长廊	地面	20	30	50
	站前广场	地面	10	15	20
公共场所	走廊、厕所	地面	15	20	30
	楼梯间	地面	20	30	50
	盥洗间	0.75m水平面	20	30	50
	储藏室	0.75m水平面	20	30	50
	电梯前室	地面	30	50	75
	吸烟室	0.75m水平面	30	50	75
	浴室	地面	20	30	50
	开水房	地面	15	20	30
学校建筑	普通教室、书法教室、语言教室、音乐教室、史地教室、合班教室	课桌面	150	200	300
	实验室、自然教室	课桌面	100	150	200
	计算机教室	课桌面	150	200	300
	舞蹈教室	地板面	100	150	200
	琴房	谱架面	100	150	200
	美术教室、阅览室	课桌面	150	200	300
	办公室、保健室	桌面	100	150	200
	饮水处、走道、楼梯间、卫生间	地面	15	20	30

（二）电气照明的基本控制线路

电气照明的控制一般可采用灯开关，也可采用组合开关、负荷开关以及交流接触器等开关电器进行控制，而采用灯开关的基本控制线路有单处控制单灯线路、两处控制单灯线路和三处控制单灯线路等形式。

1. 单处控制单灯线路

单处控制单灯线路由一个单极单控开关组成，可在一处控制一盏（或一组）灯，如图4-1所示。它是电气照明最基本也是使用最普遍的一种照明控制线路，接线时应将相线接入开关，以使开关断开后灯头不带电。

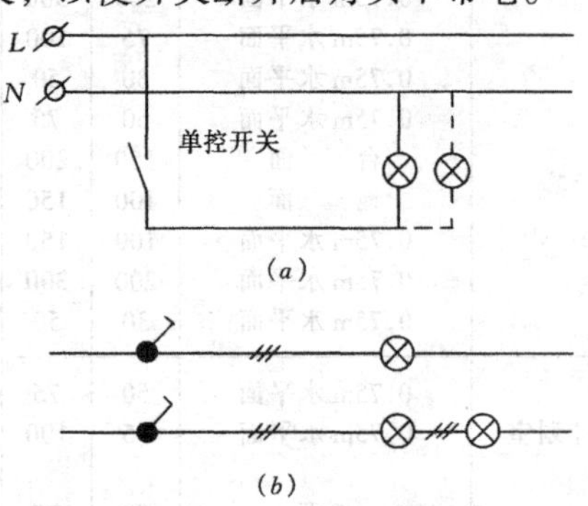

图 4-1 单处控制单灯线路

(a) 原理接线图；(b) 平面示意图

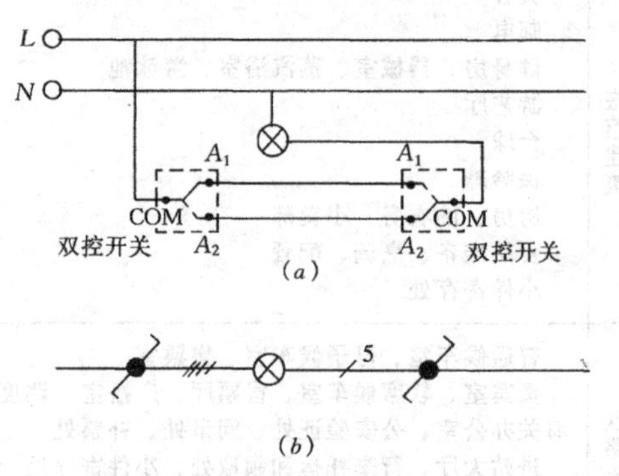

图 4-2 两处控制单灯线路

(a) 原理接线图；(b) 平面示意图

2. 两处控制单灯线路

两处控制单灯线路由两个单极双控开关组成，可在两处同时控制一盏（或一组）灯，相互间互不影响使用，如图4-2所示。此控制线路常用于楼梯、走廊、床头等场所的照明控制。

3. 三处控制单灯线路

三处控制单灯基本控制线路由两个单极双控开关和一个双极双控开关（有时称三联开关）组成，可在三处同时控制一盏（或一组）灯，如图4-3所示。此控制线路可用于三跑楼梯或较长走廊的照明控制。

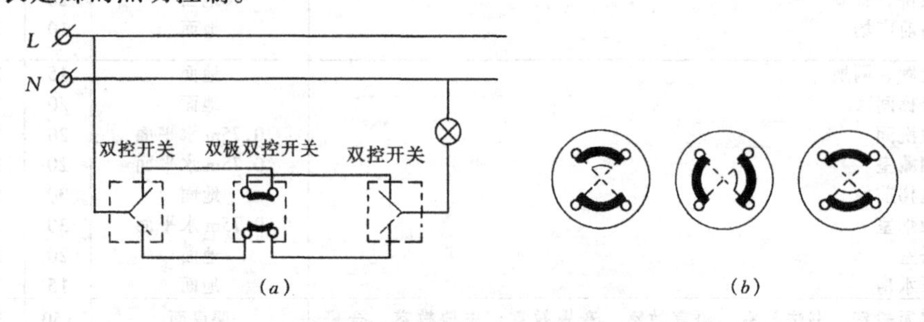

图 4-3 三处控制单灯基本控制线路

(a) 接线示意图；(b) 双极双控开关动作顺序示意图

4. 带指示灯的照明控制线路

如图4-4，这种控制线路由带指示灯的灯开关组成，其指示回路由氖灯和限流电阻串联组成。可用于在夜间指示开关的方位（简称方位指示），也可用于指示负载的通断状态（简称电流指示）。

(1) 单控开关方位指示。用带指示灯的照明控制线路能在夜间指示开关所处的方位，如图4-4 (a) 所示。即照明灯熄灭时，指示灯则点亮（指示灯开关的方位）；照明灯点亮时，指示灯则熄灭。

(2) 单控开关电流指示。采用带指示灯的照明开关控制线路能指示负载的通断状态，如图4-4 (b) 所示。即照明灯点亮时，指示灯则点亮（指示照明灯的通断状态）；而照明

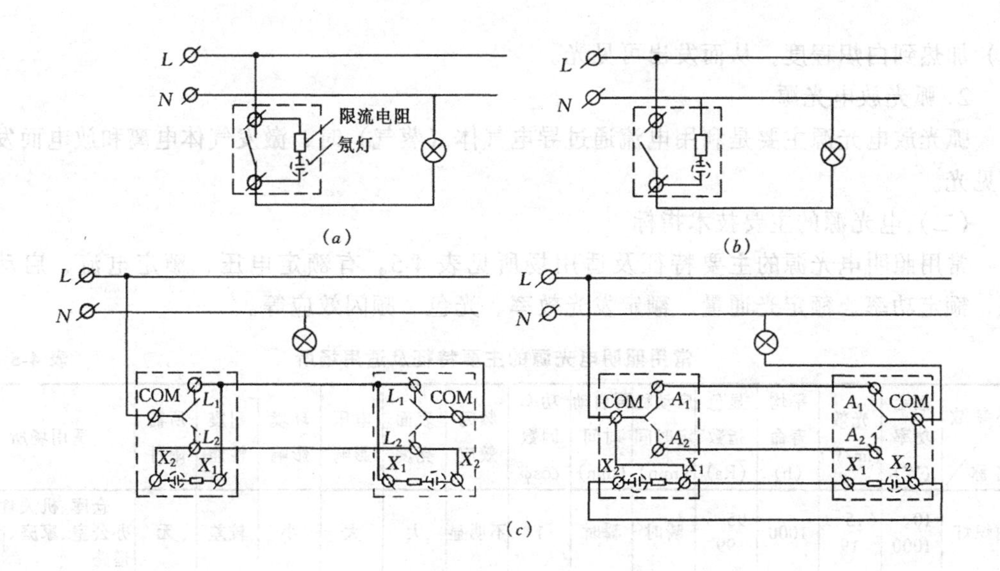

图 4-4　带指示灯照明控制线路

(a) 单控开关方位指示；(b) 单控开关电流指示；(c) 双控开关带指示灯

灯熄灭时，指示灯也熄灭。

(3) 双控开关带指示灯。双控开关带指示灯的照明基本控制线路如图 4-4 (c) 所示，此种控制线路能指示双控开关所处的方位。

第二节　电光源及照明器

电光源的功能是将电能转换成光能，而照明器（又称照明灯具或灯具）是由包括电光源在内的照明器具等组成的照明装置，其主要作用是将电光源的光通量进行重新分配，以合理利用光源和避免由光源引起的眩光，并达到固定光源、保护光源免受外界环境影响和装饰美化的效果。

一、电光源的类型与主要技术指标

(一) 电光源的类型

电光源分为热辐射电光源和弧光放电光源两大类，其主要类型如下所示。

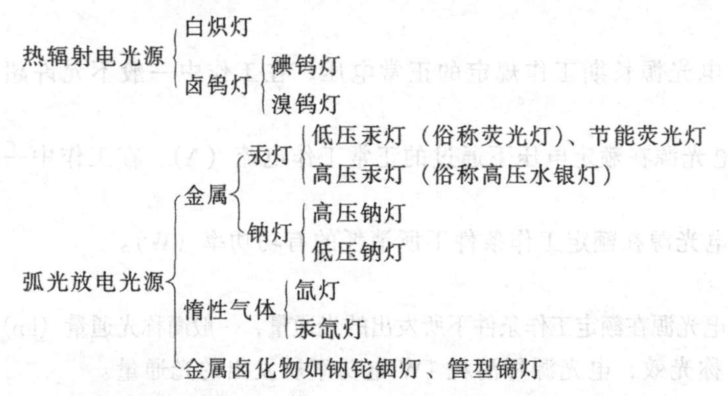

1. 热辐射电光源

热辐射电光源主要是利用电流的热效应，将具有耐高温、低挥发性的灯丝（多采用钨丝）加热到白炽程度，从而发出可见光。

2. 弧光放电光源

弧光放电光源主要是利用电流通过导电气体（蒸气）时，激发气体电离和放电而发出可见光。

（二）电光源的主要技术指标

常用照明电光源的主要特征及适用场所见表4-5。有额定电压、额定电流、启动电流、额定功率、额定光通量、额定发光效率、光色、频闪效应等。

常用照明电光源的主要特征及适用场所 表4-5

名称 \ 参数	额定功率(W)	光效(lm/W)	平均寿命(h)	显色指数(Ra)	启动稳定时间(min)	再启动时间(min)	功率因数 cosφ	频闪效应	表面亮度	电压影响	环境影响	耐震性能	所需附件	适用场所
白炽灯	10～1000	6.5～19	1000	95～99	瞬时	瞬时	1	不明显	大	大	小	较差	无	仓库、机关食堂、办公室、家庭、次要道路
卤钨灯	10～1000	6.5～19	1000	95～99	瞬时	瞬时	1	不明显	大	大	小	较差	无	装配车间、礼堂、广场、会场、游泳池、广告栏、建筑物等
荧光灯	6～125	25～67	2000～3000	70～80	1～3s	瞬时	0.33～0.70	明显	小	较大	小	较好	镇流器启辉器	表面处理、理化、计量、仪表装配、设计室、办公室、教室
高压汞灯	50～1000	30～50	2500～3000	30～40	4～8	5～10	0.44～0.67	明显	较大	较大	较小	好	镇流器	机械加工车间、热加工车间、主要道路、广场、车站、港口等
管形氙灯	1500～20000	20～37	500～1000	90～94	1～2	瞬时	0.50～0.9	明显	大	较大	小	好	镇流器触发器	广场、港口、大中型建筑工地和厂房、体育馆
高压钠灯	250～400	90～100	3000	20～25	4～8	10～20	0.44	明显	较大	大	较小	较好	镇流器	铸钢(铁)车间、广场、机场、车站、体育馆、露天工作场所等
金属卤化物灯	400～1000	60～80	3000	65～85	4～8	10～15	0.44～0.61	明显	大	较大	较小	好	镇流器触发器	铸钢车间、总装车间、冷焊车间等

1. 电气参数

（1）额定电压（U_N）。电光源长期工作规定的正常电压，在工作中一般不允许超过（V）。

（2）额定电流（I_N）。电光源在额定电压下通过的正常工作电流（A），在工作中一般不允许超过（A）。

（3）额定功率（P_N）。电光源在额定工作条件下所消耗的有功功率（W）。

2. 光参数

（1）额定光通量（ϕ_N）。电光源在额定工作条件下所发出的光通量，一般简称光通量（lm）。

（2）额定发光效率。简称光效，电光源每消耗1W电功率所发出的光通量。

（3）光色。光色具有以下两种意义。

1）色表或色温。人眼观看光源所发出光的颜色，称为光源的色表或色温。

2）显色性。光源发出的光，照射到物体上，它对物体实际颜色呈现的真实程度，称为显色性。

3. 其他参数

（1）频闪效应。电光源由于交流电的周期性变化，使得所发出的光也随之作周期性变化，因此会在人眼产生闪耀的感觉。这样容易使人眼产生错觉：当照射转动物体时，当转动频率刚好是电源频率的整倍数时，则转动的物体像静止一样。这种在以一定频率变化的光的照射下，观察到的物体运动显现出不同于其实际运动的现象，称为频闪效应。

（2）光源寿命。电光源使用的时间（一般为平均值，h)。

二、照明常用的电光源

目前常采用的照明电光源有白炽灯、卤钨灯、荧光灯、高压汞灯、高压钠灯、金属卤化物灯（镝灯、钠铊铟灯)、氙灯等。

（一）白炽灯（IN)

白炽灯（国标符号为IN）具有价格便宜、启动迅速、便于调光、显色性好、适用范围广、安装简便等优点，是应用最广泛的一种电光源。

1. 白炽灯的构造

白炽灯由灯头、灯丝（钨丝)、真空玻璃泡（透明玻璃、磨砂玻璃、乳白玻璃）等组成，如图4-5所示。大功率玻璃泡内充有氩、氮气等用以保护灯丝，灯头有螺口（E）和卡口（C）之分，

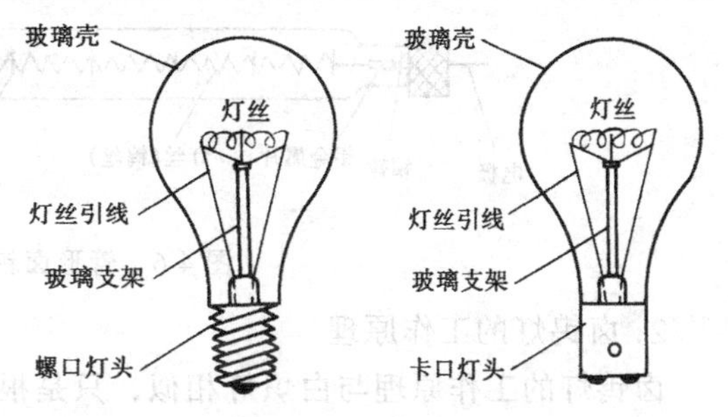

图4-5 白炽灯的构造

2. 白炽灯的工作原理

白炽灯的工作原理是利用电流的热效应而工作的，即灯丝通过电流被加热至白炽程度而发光。由于白炽灯热能损失较大，因此其发光效率较低，一般为20%左右。

3. 白炽灯技术数据

常用照明白炽灯的技术数据如表4-6所示。

常用照明白炽灯技术数据 表4-6

白炽灯型号	电压（V）	功率（W）	光通量（lm）	白炽灯型号	电压（V）	功率（W）	光通量（lm）
PZ220-10	220	10	65	JZ12-10	12	10	91
PZ220-15		15	110	JZ12-15		15	170
PZ220-25		25	220	JZ12-20		20	200
PZ220-40		40	350	JZ12-25		25	300
PZ220-60		60	630	JZ12-30		30	350
PZ220-75		75	850	JZ12-40		40	500
PZ220-100		100	1250	JZ12-60		60	850
PZ220-150		150	2090	JZ12-100		100	1600
PZ220-200		200	2920				
PZ220-300		300	4610	JZ36-15	36	15	135
PZ220-500		500	8300	JZ36-25		25	200
PZ220-1000		1000	18600	JZ36-40		40	460
JZ6-10	6	10		JZ36-60		60	800
JZ6-20		20		JZ36-100		100	1550

注：白炽灯平均寿命约1000h。

4. 白炽灯的特点与使用注意事项

(1) 电压变化对白炽灯寿命和光通量影响较大，所以在应用中尽可能减少电压偏移。

(2) 属纯电阻性负载，且灯丝在使用中不断挥发，易使玻壳发黑，使光通量降低。

(3) 启动迅速、频闪效应不显著，适用于重要照明场所和应急照明。

(4) 光谱能量会造成色觉偏差，其光色红光成分较多。

(5) 冷热态电阻差别较大，故启动电流较大，光源数量不宜控制过多。

(6) 玻璃泡温度较高，应防止水溅和碰触。

(二) 卤钨灯 (碘钨灯 I)

卤钨灯是在白炽灯的基础上改进而得的热辐射电光源。卤钨灯是在灯内充入微量的卤素元素 (充碘时为碘钨灯，充溴时为溴钨灯)，使蒸发的钨与卤素不断循环而起化学反应，从而弥补普通白炽灯玻壳发黑的缺陷。其技术性能较白炽灯优越。

1. 卤钨灯的构造

卤钨灯由电极 (相金属)、灯丝 (钨金属)、石英灯管等组成，内充微量的卤素元素 (碘或溴等)，管形卤钨灯的结构示意如图 4-6 所示。

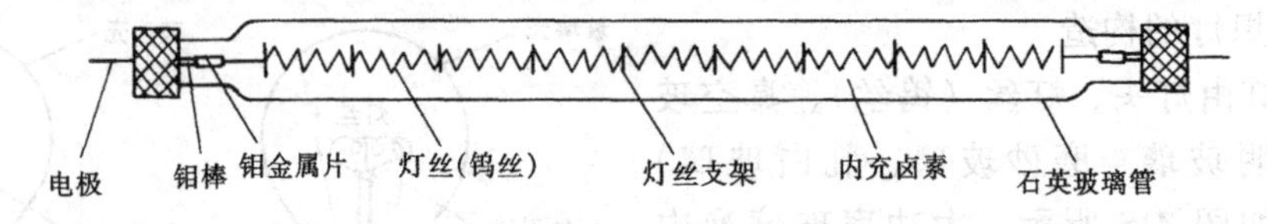

图 4-6 管形卤钨灯结构示意图

2. 卤钨灯的工作原理

卤钨灯的工作原理与白炽灯相似，只是根据钨金属与卤素的化合与分解特性加以改进而来的。即在灯丝处，温度较高，钨丝不断挥发；而在管壁处，温度较低，卤素与钨蒸气化合成卤化钨，使钨丝不至于沉淀在管壁上 (即弥补白炽灯玻壳发黑的缺陷)；而在灯丝高温处，卤化钨又分解为卤素和钨，并使钨元素又回到灯丝上。这样分解化合依次不断循环，所以卤钨灯又称卤钨循环灯。

3. 卤钨灯的技术数据

管形卤钨灯的技术数据见表 4-7。

管形卤钨灯的技术数据　　表 4-7

灯管型号	光电额定参数					外形尺寸		备注
	电压 (V)	功率 (W)	光通量 (lm)	色温 (K)	寿命 (h)	全长 (mm)	直径 (mm)	
LZG220-500A LZG220-500B LZG220-1000A LZG220-1000B LZG220-2000	220	500 500 1000 1000 2000	8500 9500 19000 19000 40000	2800	1000 1000 1500 1500 1000	149±3 151±3 206±3 208±3 273±3	12	重庆灯泡厂
LZG36-300	36	300	6000	2800	600	64±2	13	
LZG220-500 LZG220-1000	220	500 1000	16000 21000	2800	1000 1500	118 208	10	上海沪光灯具厂
LZG36-150	36	150	2400	2800	1500	149±3	9.5 10.5	山东
LZG220-1500 LZG220-2000	220	1500 2000	31500 42000	2800	1500	248 292	13	西安

4. 卤钨灯的特点与使用注意事项

(1) 卤钨灯光通量稳定、外形尺寸小、光色好、光效高及寿命长。

(2) 卤钨灯必须保持水平安装，以利卤钨循环。

(3) 灯丝及管壁温度较高（约600℃），紫外线辐射较多，应防止伤及皮肤，不能与易燃物接近并保持灯具安装高度。

(4) 卤钨灯耐震性差，不宜作移动照明使用。

(5) 卤钨灯应适配专用的照明灯具，不可直接使用。

(三) 荧光灯 (FL)

荧光灯（俗称日光灯）具有结构简单、适于大量生产、价格适宜、发光效率高、光通量分布均匀、表面亮度低等优点，是目前使用最广泛的弧光放电光源。

1. 荧光灯的构造

荧光灯由灯管、镇流器和起辉器等主要部件组成（见图4-7）。

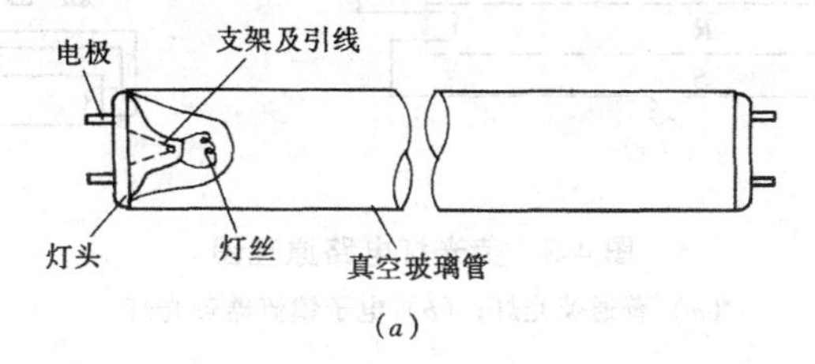

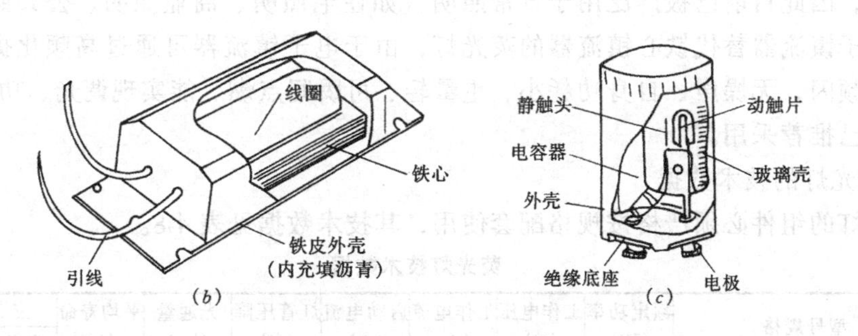

图4-7 荧光灯结构示意图

(*a*) 真空灯管；(*b*) 镇流器；(*c*) 启辉器

2. 荧光灯的工作原理

荧光灯的原理电路见图4-8。当电源接通时，电压全部加在起辉器上，氖气在玻璃泡内电离后辉光放电而发热，使动触片受热膨胀而与静触头接触将电路接通。此时灯丝通过电流加热后而发射电子，使灯丝附近的水银开始游离并逐渐气化。同时，起辉器触点接触后辉光放电随即停止，动触片冷却而缩回（即触点断开），使流经灯丝和镇流器的电流突然中断。在此瞬间，镇流器产生的自感电动势与电源电压串联后，全部加在灯管两端的灯丝间。由于灯丝间的电压骤增，整个灯管内的汞气在高电压作用下全部游离，从而产生弧光放电，辐射出不可见的紫外光，并激发管壁的荧光粉，发出近似日光的可见光（不同的荧光粉可发出不同的光色）。

近年来，节能型荧光灯（内壁涂烯土元素）、细管型荧光灯、紧凑型荧光灯、高频无极荧光灯等新型荧光灯光源较普通型荧光灯发光效率更高、日光色荧光灯的显色指数也在

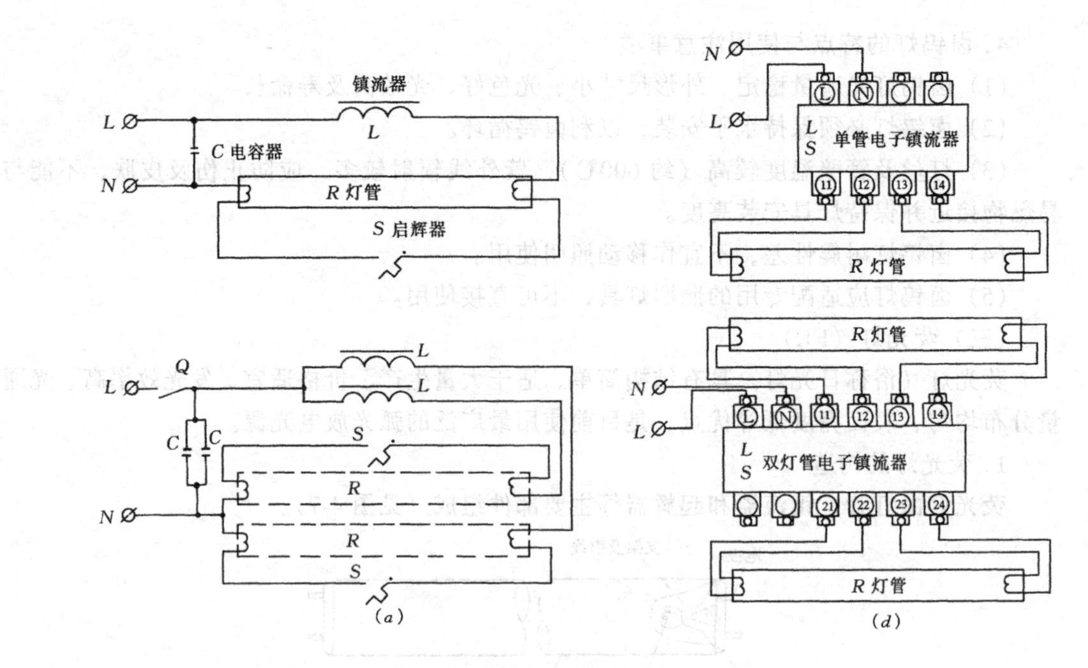

图 4-8　荧光灯电路原理图

(a) 普通荧光灯；(b) 电子镇流器荧光灯

不断提高，因此目前已被广泛用于日常照明（如住宅照明、商业照明、公共照明等）。特别是由电子镇流器替代铁心镇流器的荧光灯，由于电子镇流器可通过高频化提高灯效率，他具有无频闪、无燥声、自身功耗小、重量轻、可瞬间点燃、能实现调光、功率因数高等优点，现已推荐采用。

3. 荧光灯的技术数据

荧光灯的组件必须严格按规格配套使用，其技术数据见表 4-8。

荧光灯技术数据　　　　表 4-8

	型号规格	额定功率 (W)	工作电压 (V)	工作电流 (A)	启动电流 (A)	灯管压降 (V)	光通量 (lm)	平均寿命 (h)	主要尺寸 (mm) 直径	全长	管长
直管荧光灯	YZ4RR	4	35	0.11			70	700	16	150	134
	YZ6RR	6	55	0.14			160	1500	16	226	210
	YZ8RR	8	60	0.15			250	1500	16	302	288
	YZ10RR	10	45	0.25			410	1500	26	345	330
	YZ12R	12	91	0.16			580		18.5	500	484
	YZ15RR	15	51	0.33	0.44	52	580	3000	38.5	451	437
	YZ20RR	20	57	0.37	0.50	60	930	3000	38.5	604	589
	YZ30RR	30	81	0.41	0.56	89	1550	5000	38.5	909	894
	YZ40RR	40	103	0.45	0.65	108	2400	5000	38.5	1215	1200
	YZ85RR	85	120	0.80			4250	2000	40.5	1778	1764
	YZ100RR	100		1.50			5000	2000	38	1215	1200
	YZ125RR	125	149	0.94			6250	2000	40.5	2389	2357

	型号规格	配用灯管功率 (W)	电源电压 (V)	工作电压 (V)	工作电流 (A)	启动电压 (V)	启动电流 (A)	功率损耗 (W)	功率因数 (cosφ)	配用补偿电容器 (μF)
镇流器	YZ1-220/6	6		203	0.14		0.18	4	0.34	
	YZ1-220/8	8		200	0.15		0.19	4	0.38	
	YZ1-220/15	15		202	0.33		0.44	8	0.33	
	YZ1-220/20	20	220	196	0.35	215	0.46	8	0.36	2.50
	YZ1-220/30	30		180	0.36		0.56	8	0.50	3.75
	YZ1-220/40	40		165	0.41		0.65	8	0.53	4.75
	YZ1-220/100	100		185	1.50		1.80	20	0.37	

续表

	型号规格	配用灯管功率（W）	电源电压（V）	起辉电压（V）	平均寿命次	全压启动	
						电压	时间（s）
起辉器	YQI-220/4～8	4～8	220	＞75	5000	200	＜5
	YQI-220/15～40	15～40		＞75		200	＜4
	YQI-220/30～40	30～40		＞75		200	＜4
	YQI-220/100	100		＞75		200	＜5
	220～250V4～80	4～80		＞75		190	＜4

注：(1) 启动电压均大于190V。

(2) Y—荧光灯；Z—直管型；RR—日光色。

4. 荧光灯的特点与使用注意事项

(1) 荧光灯不宜频繁启动。

(2) 荧光灯红光少、黄绿光多；故显色性差，不宜用于需要仔细分辨颜色的照明场所。

(3) 启动前需预热，所以不宜做应急照明。

(4) 因使用镇流器，功率因数较低，大量使用时，应加装电容器补偿。

(5) 频闪效应显著，大面积使用时应采取消除措施。

(6) 环温不宜过低（低于15℃时启动困难）和过高（高于35℃时光效下降）。

(四) 高压汞灯（Hg）

高压汞灯（又称高压水银灯）是在荧光灯（又称低压汞灯）的基础上改进而来的，是普通荧光灯的改进型，也是气体放电光源，有镇流式和自镇流式两种类型。高压汞灯具有光效高、寿命长、耐震、省电等优点，广泛用于大面积的照明场所。

1. 高压汞灯的构造

镇流式高压汞灯由灯头、石英放电管、玻璃外壳、镇流器等组成，玻璃外壳内壁涂荧光粉，内部抽真空并充适量氩气，高压汞灯结构及电路接线图如图4-9所示。

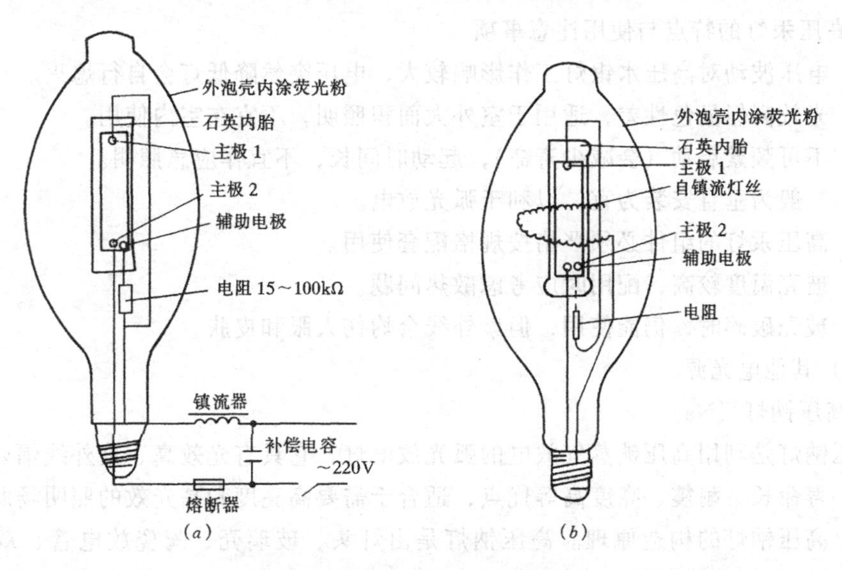

图4-9 高压汞灯结构及电路接线图

(a) 镇流式高压汞灯；(b) 自镇流高压汞灯

2. 高压汞灯的工作原理

(1) 镇流式高压汞灯。其工作原理与荧光灯相似，它是先经过主辅极电极间的辉光放电，再逐步过渡到主电极的弧光放电而发光的。其结构示意和原理接线见图 4-9*a* 所示。

(2) 自镇流高压汞灯。是通过灯泡内部结构实现整流作用的，并由水银放电管（石英内胎）、自整流灯丝和荧光粉组成光色较好的复合光源，其结构示意如图 4-9*b* 所示。

(3) 反射式高压汞灯。玻壳内壁镀反射层，因此具有光效高、寿命长、光线集中和良好的定向照射特性。

3. 高压汞灯技术数据

高压汞灯的组件也必须严格按规格配套使用，其技术数据见表 4-9。

高压汞灯技术数据 **表 4-9**

灯泡型号	额定电压 (V)	额定功率 (W)	工作电压 (V)	工作电流 (A)	启动电压 (V)	启动电流 (A)	再启动时间 (min)	光通量 (lm)	光效 (lm/W)	显色指数 (Ra)	平均寿命 (h)	配用镇流器数据		
												型号	损耗 (W)	功率因数 cosφ
GGY50		50	95	0.62		1.0		1575	32		3500	GGY-50-Z	6	0.44
GGY80		80	110	0.85		1.3		2940	37		3500	GGY-80-Z	10	0.51
GGY125		125	115	1.25		1.8		4990	40		5000	GGY-125-Z	13	0.55
GGY175	220	175	130	1.50	≥180	2.3	5～10	7350	91	35～40	5000	GGY-175-Z	14	0.61
GGY250		250	130	2.15		3.7		11025	91		6000	GGY-250-Z	25	0.61
GGY400		400	135	3.25		5.7		21000	122		6000	GGY-400-Z	36	0.61
GGY1000		1000	145	7.50		13.7		52500	182		5000	GGY-1000-Z	100	0.67
GYZ100		100		0.46		0.56		1150						
GYZ160		160		0.75		0.95		2560						
GYZ250	220	250	220	1.20	180	1.70	3～6	4900	—	—	3000	自镇流高压汞灯		
GYZ400		400		1.90		2.70		9200						
GYZ450		450		2.25		3.50		11000						
GYZ750		750		3.55		6.00		225000						

4. 高压汞灯的特点与使用注意事项

(1) 电压波动对高压水银灯工作影响较大，电压突然降低灯会自行熄灭。

(2) 光效高但显色性差，适用于室外大面积照明，不宜在室内使用。

(3) 不可频繁启动（会减少寿命），起动时间长，不宜作应急照明。

(4) 一般为垂直安装为宜，以利于弧光放电。

(5) 高压汞灯的组件必须严格按规格配套使用。

(6) 玻壳温度较高，配用时应考虑散热问题。

(7) 玻壳破碎时，仍能使用，但紫外线会灼伤人眼和皮肤。

(五) 其他电光源

1. 高压钠灯（Na）

高压钠灯是利用高压钠蒸气放电的弧光放电灯，它具有光效高、紫外线辐射小、透雾能力强、寿命长、耐震、亮度高等优点，适合于需要高亮度和高光效的照明场所使用。

(1) 高压钠灯的构造原理。高压钠灯是由灯头、玻璃壳、陶瓷放电管、双金属接点（热控开关）和加热线圈等组成，高压汞灯及电路连接如图 4-10 所示。当通过钠灯加热线圈预加热后，由双金属接点的高温变形而断开电路，使镇流器产生高压自感电势使陶瓷放电管击穿放电。由于在点燃后双金属接点靠放电管热量保持分断状态，所以灯泡熄灭后不能立刻再启动。

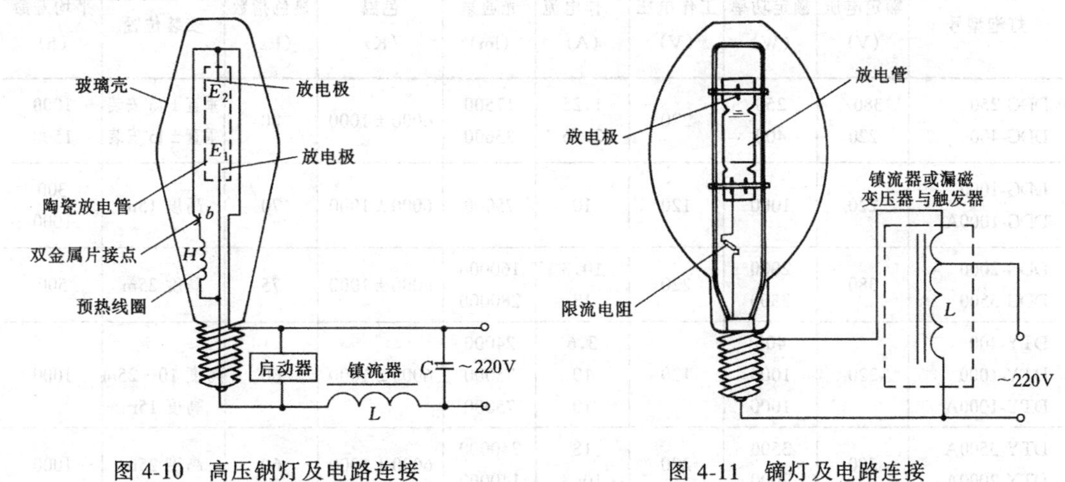

图 4-10 高压钠灯及电路连接　　　图 4-11 镝灯及电路连接

（2）高压钠灯的技术数据。高压钠灯镇流器与灯泡必须严格按规格配套使用。其技术数据见表 4-10。

钠灯技术数据　　**表 4-10**

灯泡型号	额定电压（V）	额定功率（W）	工作电压（V）	工作电流（A）	光通量（lm）	光效（lm/W）	显色指数（Ra）	配用镇流器
NG-110	220	110	95	1.40	2000	73	20～25	GGY-125-Z
NG-215		215	100	2.45	16125	75		GGY-250-Z
NG-250		250	100	3.0	20000	80		GGY-250-Z
NG-360		360	105	3.85	32400	90		GGY-400-Z
NG-400		400	100	4.6	38000	95		GGY-400-Z
NG-1000	380	1000	185	6.5	100000	100	20～25	
ND-18	220	18		0.60	1800	—		—
ND-35		35	70	0.60	4800	—		
ND-55		55	109	0.59	8000	—		
ND-90		90	112	0.94	12500	—		
ND-135		135	164	0.95	21500	100		
ND-180		180	240	0.91	31500	—		

注：NG 型为高压钠灯；ND 型为低压钠灯。

2．金属卤化物灯

金属卤化物灯的主要优点是光效高和光色好（接近天然光），适用于要求高照度、高显色性的场所。由弧光放电介质（金属卤化物：碘化镝、碘化钠、碘化铊、碘化铟等）的不同分为镝灯、钠铊铟灯等。

（1）镝灯。镝灯是在高压汞灯的基础上改进而得，其构造原理与高压汞钠灯相似，镝灯及电路连接如图 4-11 所示，其启动器与镇流器有分体式和一体式。

（2）钠铊铟灯。钠铊铟灯的结构、启动性能和构造原理也与高压钠灯相似，但需适配专用的镇流器和触发器，石英放电管内充的金属卤化物（钠、铊、铟）作为弧光放电介质。

（3）主要技术数据。常用金属卤化物灯主要技术数据见表 4-11。

常用金属卤化物灯主要技术数据　　表 4-11

灯泡型号	额定电压（V）	额定功率（W）	工作电压（V）	工作电流（A）	光通量（lm）	色温（K）	显色指数（Ra）	安装位置	平均寿命（h）
DDG-250 DDG-400	380/ 220	250 400	220	1.25 2.75	17500 33600	6000±1000	80	垂直±15°安装 垂直±15°安装	1000 1500
DDG-1000 DDG-1000A	220	1000	120	10	75000	6000±1000	70	高度 15m	300 1000
DDG-2000 DDG-3500	380	2000 3500	220	10.3 18	160000 280000	6000±1000	75	高度 25m	500
DTY-400 DTY-1000 DTY-1000A	220	400 1000 1000	120	3.6 10 10	24000 75000 75000	6000±1000	60	高度 10～25m 高度 15m	1000
DTY-3500A DTY-2000A	380	3500 2000	220	18 10.3	240000 140000	6000±1000	60	高度 25m	1000

注：DDG 型为管形镝灯，DTY 型为钠铊铟灯。

3. 混光灯

混光灯是将两种或两种以上不同的光源装设在同一灯具中进行混合应用，充分吸取各类光源的优点，避免其缺点，以达到高效节能、改善光色和扩大适应场所。

三、常用照明器

（一）照明器的分类

照明器（灯具）一般可按配光曲线、结构特点、安装方式进行分类。

1. 按配光曲线进行分类

照明器可按配光曲线（以照明器中心为坐标原点，将各个方向上的配光描绘成曲线，即表示照明器在空间各个方向上发光强度的特性曲线）的形状进行分类，也可按光通量照射在空间上、下两半球的分配比例分类。

（1）按配光曲线的形状进行分类。如图 4-12，照明器按配光曲线的形状可分为正弦分布型、广照型、均匀配照型、深照型和特深照型灯具等。

1）正弦分布型。光强是空间角度的正弦函数，在 $\theta=90°$ 处光强最大。

2）广照型。光强分布角度较大，照射区域较广。

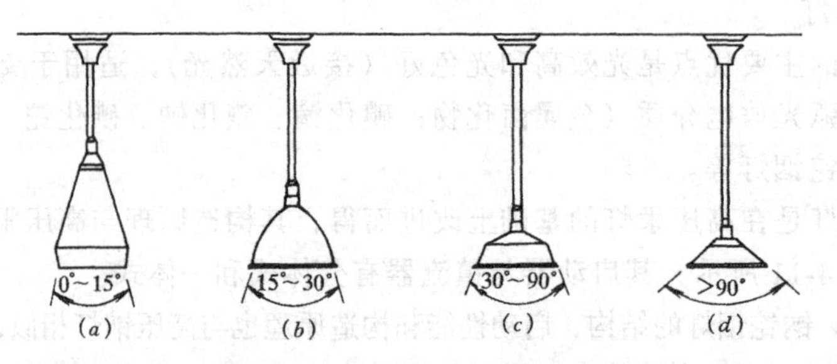

图 4-12　按配光曲线的形状进行分类

（a）特深照型；（b）深照型；（c）配照型；（d）广照型

3）配照型。各个角度的光强基本一致，光强均匀分配。

4）余弦分布型。光强是角度的余弦函数，$\theta=0°$光强最大。

5）深照型。光通量和最大光强集中在0～30°所对应的立体角内，光强分布角度较小，照射区域较小。

6）特深照型。光通量和最大光强集中在0～15°所对应的立体角内，光强分布角度特别小。

（2）按光通量照射在空间的分配比例分类。照明器按光通量照射在空间的分配比例可分为直射型、半直射型、漫射型、半反射型和反射型灯具，如表4-12所示。

按光通量照射在空间的分配比例分类 表4-12

灯具类型		直射型	半直射型	漫射型	半反射型	反射型
光通量分配比例（%）	上半球	0～10	10～40	40～60	60～90	90～100
	下半球	100～90	90～60	60～40	40～90	10～0
光线特点		光线集中，工作面上可得到充分的照度	光线平和，主要光强向下射出，其余透过灯罩向四周射出，可改善光线	光线柔和，各方向光强基本上一致，可达到无弦光，但光损失较多	光线主要反射到顶棚或墙上再反射下来，使光线比较柔和均匀	光线全部反射，能最大限度减弱阴影和弦光，但光的利用率较低
配光曲线示意图						

1）直射型灯具。其灯罩由反光性能良好的不透明材料制成，如搪瓷、铝和镀银镜面等。它发光效率高，但在灯具以上的空间几乎没有光线，因此顶棚很暗，又由于光线比较集中、方向性强，产生的阴影也较深。

2）半直射型灯具。能将较多的光线照射到工作面上，并使上部空间的照明环境得以适当改善。这种灯具的灯罩常采用半透明材料制成下面开口的样式，如玻璃碗形灯罩等。

3）漫射型灯具。一般是乳白玻璃球形灯，用漫射材料制成封闭式的灯罩，造型美观，光线均匀和柔和，但光线损失较多。

4）半反射型灯具。这种灯具的灯罩上半部用透明材料，下半部用漫射透光材料制成。由于上半部光通量增加，增强了室内反射光的照明效果，使光线比较均匀柔和。但在使用中，上部很容易积灰尘，影响发光效率。一般可用于实验室的照明。

5）反射型灯具。这类灯具的全部光线由上半球射出，经顶棚反射到室内及工作面上，使光线更加均匀柔和，无大的阴影和眩光。但光的损失较大、经济性较差，多用于剧场、展览馆和医院的一般照明。

2．按灯具的结构特点分类

按灯具的结构特点可分为开启式、保护式、密闭式和防爆式灯具。

（1）开启式灯具。开启式灯具光源与外界环境直接相通，如普通荧光灯等。

（2）保护式灯具。保护式灯具有闭合的透光灯罩，但灯具内外的空气仍能自由流通，如半圆罩天棚灯和乳白玻璃球形灯等。

(3) 密闭式灯具。密闭式灯具的透光灯罩将灯具内外环境加以隔绝和封闭，如防水防潮及防尘灯具等。

(4) 防爆式灯具。防爆式灯具（有时称隔爆式）防护严密，其透光灯罩将灯具内外空气完全隔绝，且灯具内外均能承受一定的压力，一般不会因灯具而引起爆炸。

3. 按灯具的安装方式分类

按灯具的安装方式可分为悬吊式、吸顶式、壁式、嵌入式、半嵌入式、落地式、台式、庭院式、道路式和广场式灯具等。如图 4-13 所示。

(1) 悬吊式。灯具采用悬吊式安装，其悬吊方式有吊线式、吊链式和吊管式等，见图 4-13 (*a*)、(*b*)、(*c*)。

(2) 吸顶式。灯具采用吸顶式安装，即将灯具直接安装在顶棚的表面上，见图 4-13 (*e*)。

(3) 嵌入式。灯具采用嵌入式 (*R*) 安装，即将灯具嵌入安装在顶棚的吊顶内，有时也采用半嵌入式安装。

(4) 壁式。灯具采用墙壁式 (*W*, *B*) 安装，即将灯具安装在墙壁上，见图 4-13 (*d*)。

(5) 其他。其他安装形式的灯具还有落地式、台式、庭院式、道路式、广场式等。

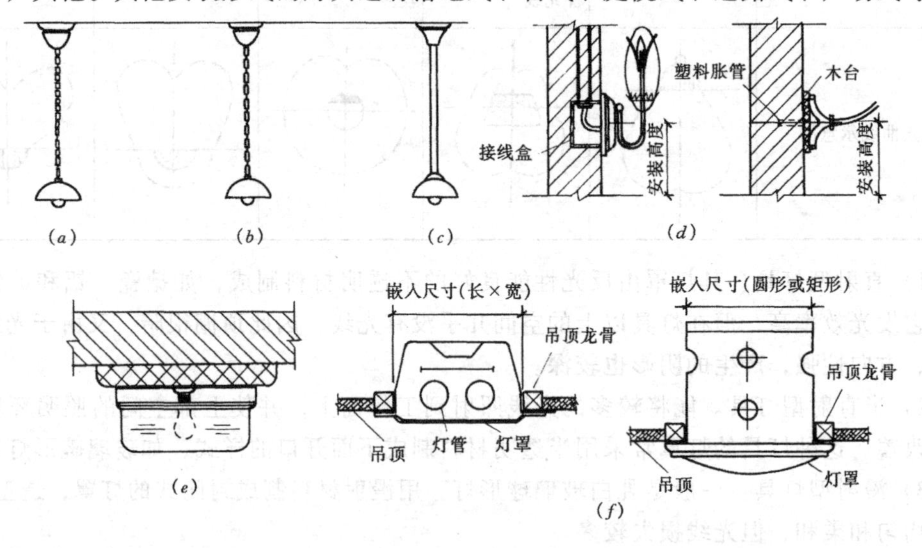

图 4-13　按灯具的安装方式分类

(*a*) 吊线灯 *CP*1；(*b*) 吊链灯 *CH*；(*c*) 吊管灯 *P*；(*d*) 壁灯 *W*；

(*e*) 吸顶灯 *S*；(*f*) 嵌入灯 *R*、CR

(二) 常用灯具及技术数据

常用的照明灯具主要有工厂灯、荧光灯、建筑灯等类型，其技术数据主要包括产品名称、型号、规格等。目前我国生产的灯具尚无统一的技术标准和规格，全国各生产厂家的产品型号（包括规格和名称）也很不一致，现多采用上海和北京的产品型号。

1. 常用工厂灯

工厂灯主要是用于工业企业的照明灯具。常用工厂灯主要包括一般工厂灯（配照型、广照型、深照型、斜照型等）、防水防尘灯、防爆灯和防潮灯等，其光源有各种类型，它多用于工业企业的生产照明。

(1) 型号意义。工厂灯型号意义如下所示。

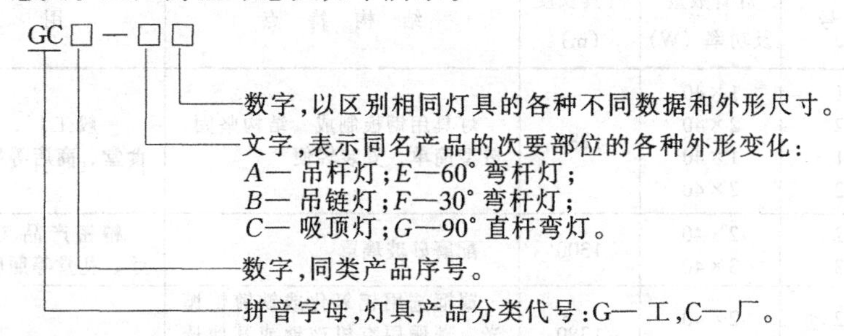

(2) 常用灯具。常用工厂灯主要技术数据参见表 4-13。

常用工厂灯主要技术数据 **表 4-13**

灯具名称	灯具型号	功率范围(W)	光通量(lm)	外形尺寸(mm)			
				D	*L*	*H*	*d*
配照型工厂灯	GC1-A、B-1	60～100		355	300～1000	209	100
	GC1-D、E、F、G-1	60～100		355	300	209	100
	GC1-C-2	150～200		405	—	220	120
广照型工厂灯	GC3-A、B-1	60～100		355	300～1000	209	100
	GC3-D、E、F、G-1	60～100		355	300	209	100
	GC3-C-2	150～200		406	—	220	120
深照型工厂灯	GC5-A、B-2	150～200		250	300～1000	209	100
	GC5-D、E、F、G-2	150～120		250	300	209	100
	GC5-C-2	300		310	—	220	120
防水防尘灯	GC9-A、B-1	60～100		355	300～1000	209	100
	GC11-A、B-1	60～100		355	300～1000	209	100
	GC15-A、B-2	60～100		355	300～1000	220	120
防爆灯	B3C-200	200		210		365	
	B3C-100	100		205		420	
	B3B-200	200		193		355	

注:(1) 灯具外形中:*D*—灯罩直径;*L*—吊杆(链)长度;*H*—灯罩高度;*d*—安装座直径。

(2) 防水防尘灯中:GC9—广照型防水防尘灯;GC11—广照型有保护网防水防尘灯;GC15—散照型防水防尘灯。

2. 常用荧光灯

荧光灯是目前各类建筑中应用最广泛的照明灯具,一般可分为吊链式、吊管式、吸顶式、嵌入式、防水防尘式及隔爆式荧光灯。

(1) 型号意义。荧光灯型号标注意义如下所示(以上海地区为例)。

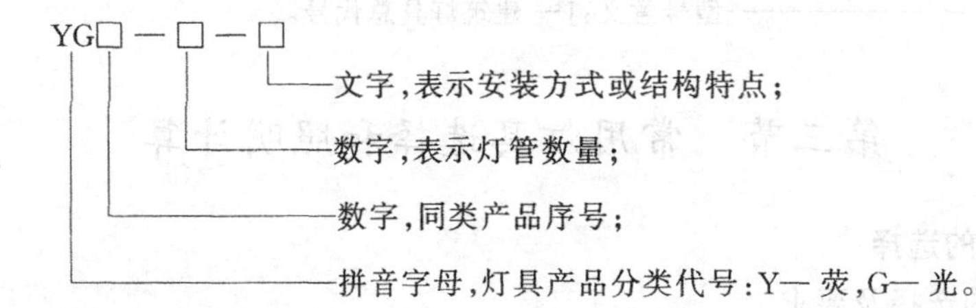

(2) 常用灯具。常用荧光灯的主要技术数据见表 4-14。

常用荧光灯主要技术数据　　　　表 4-14

名　称	型　号	灯管数量及功率（W）	灯具长度（m）	结　构　特　点	用　　途
筒式荧光灯	YG1-1 YG1-2 YG2-1 YG2-2	1×40 2×40 1×40 2×40	1280	灯具用钢板制成，结构坚固，造型简单，安装轻便	一般工厂、办公室、车间、食堂、商店等照明
嵌入式荧光灯	YG3-2 YG3-3	2×40 3×40	1300	配磨砂玻璃罩	精密产品工厂、车间、大厅、礼堂等照明
	YG9-2 YG9-3	2×40 3×40	1380	罩框选用铝氧化或铁镀铬抛光，隔珊用有机玻璃或其他透明材料	
	YG14-2 YG17-3	2×40 3×40	1395 1420	配磨砂玻璃罩，嵌顶式安装，检修在灯具下进行	制药厂、仪表、无线电元器件制造及大厅
密闭型荧光灯	YG4-1 YG4-2 YG4-3	1×40 2×40 3×40	1380	灯座内有密封圈可防止潮气及有害气体浸入。灯具有吊链和双吊杆，不能吸顶安装	化工厂、印染厂及有潮湿蒸汽及有害气体等场所照明
三角罩荧光灯	YG5-2	2×40	1300	灯具顶部为两个角度陡峭的斜面，尘埃等不宜集结，有聚光效果	纺织厂、制鞋厂、配电站、食品加工厂等照明
吸顶式荧光灯	YG6-2 YG6-3	2×40 3×40	1280	灯具用钢板制成，结构坚固，造型简单，安装轻便	一般工厂、办公室、车间、食堂、商店等
	YG16-2 YG16-3	2×40 3×40	1350	装设隔珊并配磨砂玻璃作侧光灯罩，加装饰圈	发电厂、变电所主控室、制药、仪表厂等

注：YG1、YG2 还可制成 20W、30W 等规格，相应的灯具长度为 680、980mm。

3. 建筑灯

建筑灯主要包括壁灯、吸顶灯、嵌入灯、吊链花灯、吊杆花灯、组合灯等多种类型（型号表示如下），主要用于建筑的装饰照明。多数光源为白炽灯及荧光灯（或节能荧光灯），也有其他类型的光源。建筑灯的型号、类型、规格、样式较多，在实际应用中可查阅有关电工手册和灯具产品样本。

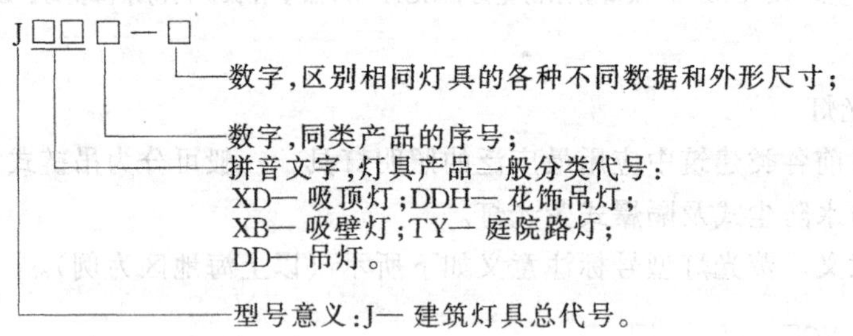

第三节　常用灯具选择和照明计算

一、照明器的选择

（一）光源的选择及要求

一般情况下可参照表 4-5 选择照明场所的光源，并应根据使用场所的环境条件和光源的特征进行综合选用。在选用光源和灯具时，一般应符合下列要求。

(1) 民用建筑照明中无特殊要求的场所，宜采用光效高的光源和效率高的灯具。

(2) 开关频繁、要求瞬时启动和连续调光等场所，宜采用白炽灯和卤钨灯光源。

(3) 高大空间场所的照明，应采用高光强气体放电灯。

(4) 大型仓库应采用防燃灯具，其光源应选用高光强气体放电灯。

(5) 应急照明必须选用能瞬时启动的电光源，当应急照明作为正常照明的一部分，并且应急照明和正常照明不出现同时断电时，应急照明可选用其他光源。

(二) 根据配光特性选择灯具

(1) 在一般民用建筑和公共建筑内，多采用半直射型、漫射型和荧光灯具，使顶棚和墙壁均有一定的光照，使整个室内的空间照度分布均匀。

(2) 在生产厂房等高大建筑物内多采用直射深照型或配照型灯具，使光通量全部投射到工作面上，高大厂房可采用深照型灯具。

(3) 特殊照明场所，要求光线柔和装饰美化时，可采用半反射式和反射式灯具。

(4) 室外照明多采用广照型灯具。

(三) 根据环境条件选择灯具

(1) 在一般干燥房间和正常环境中，宜选用开启式灯具。

(2) 在潮湿场所，应采用防潮防水的密闭式灯具。在可能受水滴浸蚀的场所，宜选用带防水瓷质灯头的开启式灯具。

(3) 含有大量尘埃的照明场所，应采用防尘密闭型灯具。

(4) 在易燃易爆等危险场所，应采用防爆式灯具。

(5) 在有机械碰撞的场所，应采用带有防护罩的保护式灯具。

(四) 根据经济条件选择灯具

选择照明灯具的经济性可由初投资和年运行费用（包括电费、更换光源费、维护管理费和折旧费等）两个因素决定，因此需要充分论证，并与建筑专业人员配合后进行选择。

二、照明器的布置

室内灯具的布置就是确定灯具在屋内的空间位置。它对光的投射方向、工作面的照度、照度的均匀性、眩光阴影限制及美观大方的效果等，均有直接的影响，也是照度计算的基础。

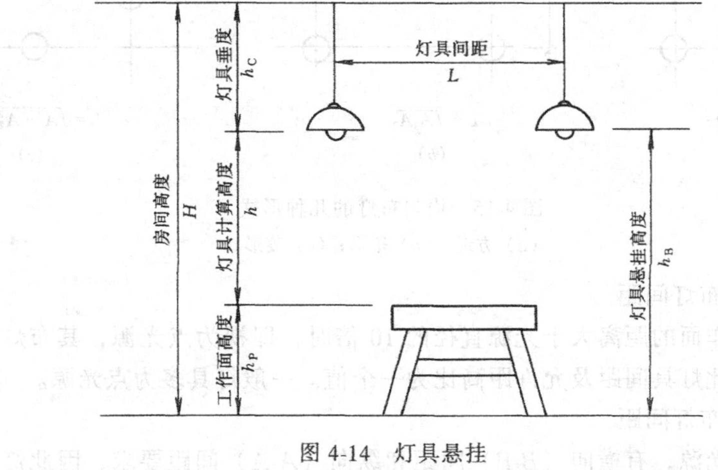

图 4-14 灯具悬挂

灯具布置应根据工作面的分布情况、建筑物的结构形式和视觉的工作特点等条件进行。有时应偏重于建筑空间的照明均匀度（如办公室、家庭居室等），有时则偏重于照明的装饰美化效果（如厅堂照明只要求亮度），有时只注重照明的局部场所（如工作台等），必要时需对亮度、均匀度、装饰性进行统筹考虑。

（一）照明灯具布置的悬挂高度

1. 灯具悬挂

灯具悬挂如图 4-14 所示，其中灯具垂度 h_c 一般为 0.3~1.5m（多取用 0.7m）。

2. 最低悬挂高度

照明灯具的悬挂高度主要是考虑眩光和防止触电。室内照明灯具的最低悬挂高度 h_B 应根据表 4-15 进行选择。

室内照明灯具的最低悬挂高度（m）　　表 4-15

光源种类	灯具形式	灯具保护角	灯泡功率（W）	最低悬挂高度（m）
白炽灯	带反射罩	10°～30°	≤100 150～200 300～500 >500	2.5 3.0 3.5 4.0
	乳白玻璃漫射罩	—	≤100 150～200 300～500	2.0 2.5 3.0
荧光高压汞灯	带反射罩	10°～30°	≤250 ≥400	5.0 6.0
卤钨灯	带反射罩	≥30°	1000～2000	6.0 7.0
荧光灯	无　罩	—	≤40	2.0

（二）照明灯具的布置间距（L）

灯具的布置间距（L）就是灯具布灯的平面距离（有纵向距离和横向距离）一般用 L 表示，均匀布灯的几种形式如图 4-15 所示，其光源形式分为点光源和线光源。

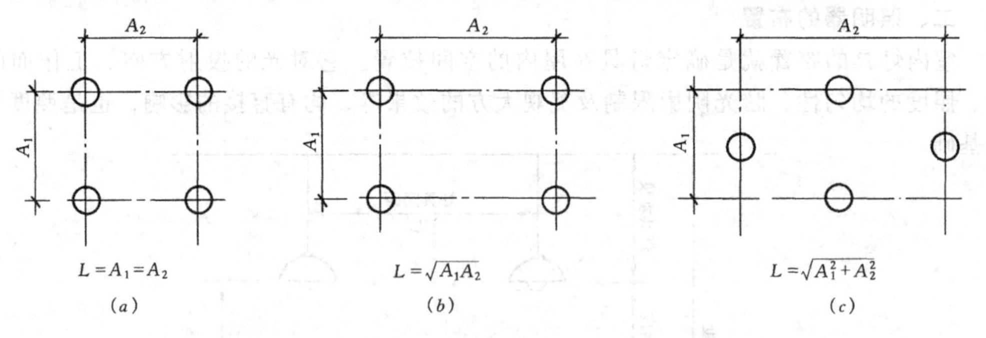

图 4-15　均匀布灯的几种形式

（a）方形；（b）矩形；（c）菱形

1. 点光源的布灯间距

当光源至工作面的距离大于光源直径的 10 倍时，即视为点光源，其布灯间的纵横间距是相同的，因此灯具间距及允许距高比为一个值。一般灯具多为点光源。

2. 线光源的布灯间距

荧光灯为线光源，有横向（B-B）间距和纵向（A-A）间距要求，因此灯具间距允许距高比有两个数值，在校验灯具允许距高比时应同时满足两个参数要求。

3．布灯边距

在布灯时，距墙壁的距离有工作面时一般为（0.25～0.3）L；无工作面时一般为（0.4～0.5）L。

（三）照明灯具的允许距高比（L/h）

1．距高比与允许距高比

灯具布置的距高比就是灯具的布置间距（L）与灯具的悬挂计算高度（h）的比值，用 L/h 表示。灯具布置的允许距高比就是灯具的布置间距（L）与灯具的悬挂计算高度（h）的允许比值。

2．布灯的合理性

对于照明场所而言，布灯是否合理，主要取决于 L/h 的比值是否适宜：L/h 值小，照度均匀性好，但经济性相对较差；L/h 值大，则布灯稀，满足不了一定的照度均匀性。为了兼顾两者的优点，应使 L/h 的值符合表 4-16 中的有关数值（部分灯具的推荐数值）。如校验荧光灯的允许距高比时，应同时满足表 4-17 中的横向和纵向的两个数值要求。

部分灯具的最大允许距高比（L/h） **表 4-16**

灯具名称	灯具型号	光源种类及容量（W）		允许距高比 L/h	最小照度系数 z
		白炽灯（IN）	水银灯（Hg、FL）		
配照型灯具	GC1-A.B-1 GC1-A.B-2 GC19-A.B-1	IN150	 Hg125 Hg125	1.25 1.41	 1.33 1.29
广照型灯具	GC3-A-2 GC3-B-2	IN150、200	 Hg125	1.02 0.98	1.32 1.33
深照型灯具	GC5-A-3 GC5-B-3 GC5-A-4 GC5-B-4	 IN300 IN500	 Hg125 Hg125	1.40 1.45 1.40 1.23	1.29 1.32 1.31 1.32
房间较矮 反射条件较好		灯排数≤3 灯排数＞3		1.15～1.2 1.10～1.2	
其他白炽灯具 布置合理时				1.10～1.2	

荧光灯具的最大允许距高比（L/h） **表 4-17**

灯具名称	灯具型号	功率（W）	灯具效率（%）	距高比 L/h		光通量（lm）	间 距 示 意
				A-A	B-B		
普通荧光灯	YG1-1 YG2-2 YG2-2	1×40 1×40 2×40	81 88 97	1.62 1.46 1.33	1.22 1.28 1.28	1×2 200 1×2 200 2×2 200	A A B B
密闭型荧光灯	YG4-1 YG4-2	1×40 2×40	84 80	1.52 1.41	1.27 1.26	1×2 200 2×2 200	
吸顶式荧光灯	YG6-2 YG6-3	2×40 3×40	86 86	1.48 1.50	1.22 1.26	2×2 200 3×2 200	
嵌入式荧光灯 （塑料格栅） （铝格栅）	YG15-3 YG15-2	3×40 2×40	45 88	1.07 1.20	1.07 1.20	3×2 200 2×2 200	

各类灯具的允许距高比值一般由灯具的配光曲线所决定的，在实际应用时可查阅有关电工手册或灯具产品手册。

三、照度计算

照度计算的方法主要包括逐点计算法和平面照度计算法。本节简要介绍平面照度计算的概算曲线法和单位容量法（又称比功率法）。

（一）照度计算常用参数

1. 平均照度（E_{av}）

照明工作面上各点照度的平均值称平均照度，一般用 E_{av} 表示。

2. 最小照度（E_{min}）

照明工作面上某点照度的最低值称最低照度，一般用 E_{min} 表示。

3. 最小照度系数（z）

照明工作面上的平均照度 E_{av} 与最低照度 E_{min} 之比，称为最小照度系数，用 z 表示，即

$$z = E_{av}/E_{min} \tag{4-2}$$

（二）概算曲线法

采用灯具的概算曲线来进行照度计算，即称为概算曲线法。其特点是计算简便，主要适用于照明场所平均照度的计算，但计算精确度较法低。

1. 概算曲线

为简化计算，将各类灯具采用利用系数法的计算结果绘制成曲线图表，即称为概算曲线；然后利用概算曲线来求取照明灯具的数量，所以称概算曲线法。

2. 概算曲线法的计算步骤

（1）首先确定照明场所的照度标准（参见表 4-2～表 4-4）。

（2）确定灯具的型号和光源的种类。

（3）确定房间的计算高度 h 和房间面积 S。

（4）确定顶棚、墙壁和地面的反射系数（可根据环境条件选定）。

（5）根据以上选定的条件再由概算曲线图表（参见图 4-16 和图 4-17）查得所需照明器的图表数量 N。

（6）当平均照度 E_{av} 和维护系数 k 与概算曲线不相符时，可按式 4-3 进行换算。

$$n = N \cdot \frac{Ek'}{100k} \tag{4-3}$$

式中 n——灯具的实际安装数量（盏）；

N——概算曲线查得的灯具数量（盏）；

E——实际的平均照度（lx）；

k'——概算曲线的维护系数；

k——实际采用的维护系数。

（三）单位容量法（比功率法）

采用灯具的单位面积安装容量（即比功率）来进行照度计算，即称为单位容量法。其特点是计算较简便，主要适用于照明负荷的估算，也可用于平均照度的计算，但计算精确度较概算曲线法更低。

1. 单位容量

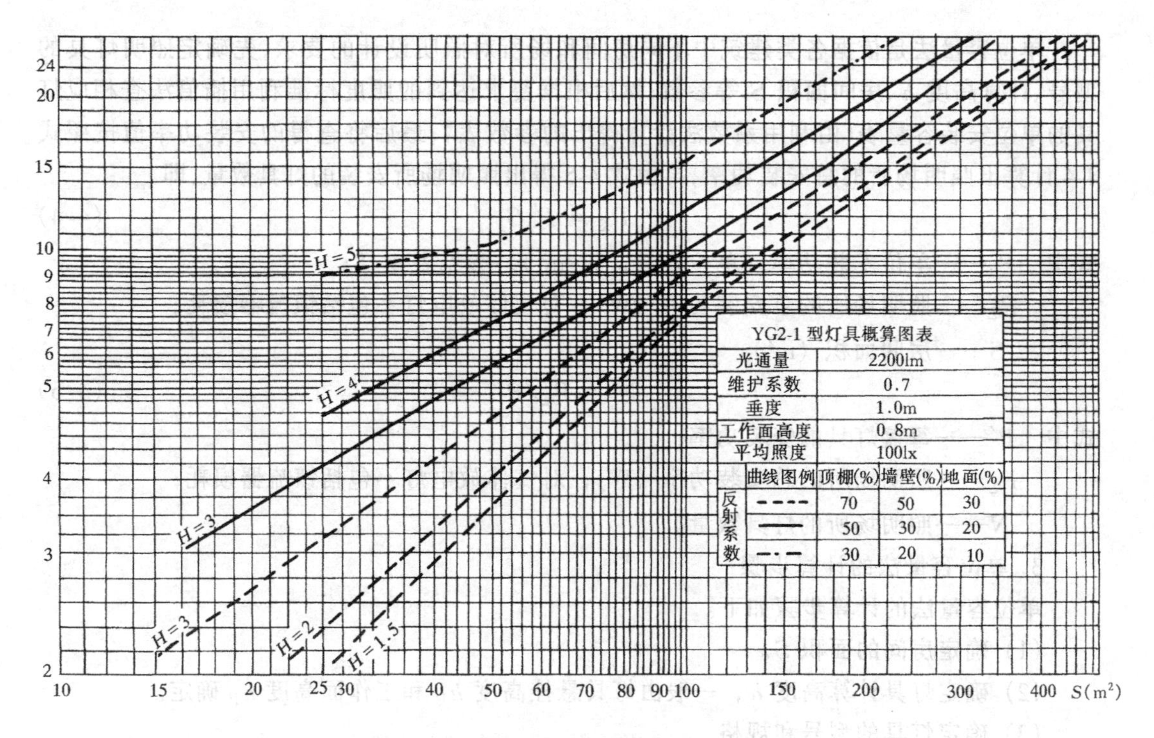

图 4-16　YG2-1 荧光灯概算曲线图表

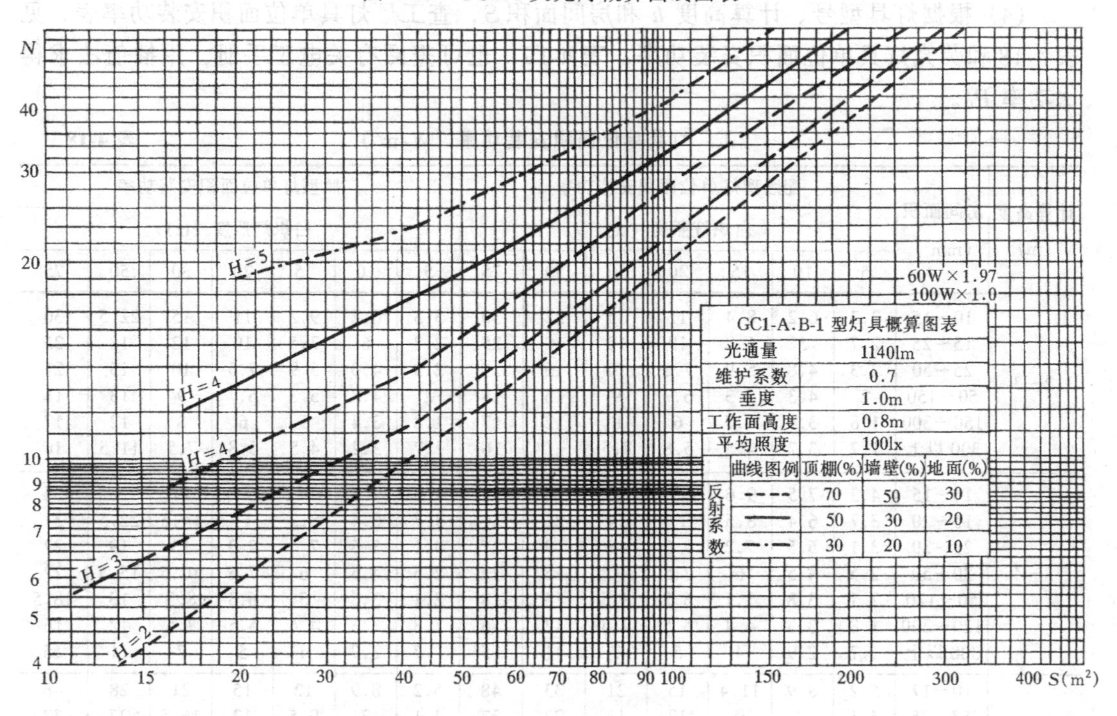

图 4-17　GC2-A 工厂灯概算曲线图表

单位容量（又称比功率和单位安装功率）是指在均匀照度的照明场所中，每单位被照面积上所需的光源安装容量，用 P_0 表示（单位为 W/m^2）。

2. 计算公式

单位容量法是依据各类建筑中不同房间和场所对照明设计的要求，先确定照明灯具的型号、计算高度 h、房间面积 S 等参数；然后根据要求达到的照度标准利用插值法查相应灯具的单位安装容量表(由利用系数法计算得出的参数表)；最后将查得的安装功率值按照式4-4计算出照明场所的总安装功率，再由式4-5得出照明场所安装的灯具数量，即

$$P_{\Sigma} = P_0 S \tag{4-4}$$

式中 P_0——单位安装功率（单位容量，W/m^2），参见表4-18；

P_{Σ}——照明场所的总安装功率（W）；对气体放电灯不包括镇流器损耗；

S——房间面积（m^2）。

$$N = P_{\Sigma}/P' \tag{4-5}$$

式中 P'——每盏灯具的安装功率；

P_{Σ}——照明场所的总安装功率（W）；对气体放电灯不包括镇流器损耗；

N——照明场所的灯具数量。

3. 单位容量法的计算步骤

单位容量法的计算步骤如下。

（1）确定房间的面积 S。

（2）确定灯具计算高度 h，一般由灯具悬挂高度 h_B 和工作面高度 h_P 确定。

（3）确定灯具的型号和规格。

（4）根据灯具型号、计算高度 h 和房间面积 S，查工厂灯具单位面积安装功率表，见表4-18和荧光灯具单位面积安装功率，表4-19，也可查阅有关电工手册，用插值法求得比功率 P_0。

工厂灯具单位面积安装功率（W/m^2） **表4-18**

计算高度（m）	房间面积（mm^2）	配照型灯单位面积安装功率							广照型灯单位面积安装功率						
		白炽灯照度（lx）							白炽灯照度（lx）						
		5	10	15	20	30	50	75	5	10	15	20	30	50	75
2～3	10～15	3.3	6.2	8.4	11	15	22	30	3.3	6.2	9.2	11	15	22.5	30
	15～25	2.7	5	6.8	19	12	18	25	2.7	6	7.5	19	12	18	25
	25～50	2.3	4.8	5.9	7.5	10	15	21	2.3	4.3	5.9	7.5	10	15	21
	50～150	2	4.3	5.3	6.7	9	13	18	2	4.8	5.3	6.7	9	13	18
	150～300	1.8	3.4	4.7	6	8	12	17	1.8	3.4	5	6	8	12	17
	300以上	1.7	3.2	4.5	5.8	7.5	11	16	1.7	3.2	4.5	5.8	7.5	11.5	16
3～4	10～15	4.3	7.5	9.6	12.7	17	26	36	4.3	7.5	10.1	12.7	17	26	36
	15～20	3.7	6.4	8.5	11	14	22	31	3.7	6.4	8.2	11	14.5	22.5	31
	20～30	3.1	5.5	7.2	9.3	13	19	27	3.1	5.5	7.4	9.3	13	19	27
	30～50	2.5	4.5	6	7.5	10.5	15	22	2.5	4.5	6	7.5	10.5	15.5	22
	50～120	2.1	3.8	5.1	6.3	8.5	13	18	2.1	3.8	5	6.3	8.5	13	18.5
	120～300	1.8	3.3	4.4	5.5	7.5	12	16	1.8	3.3	4.4	5.5	7.5	12	16
	300以上	1.7	2.9	4	5	7	11	15	1.7	2.9	4	5	7	11	15
4～6	10～17	5.2	8.9	11.4	15	21	33	48	5.2	8.9	12	15	21	28	48
	17～25	4.1	7	9	12	16	27	37	4.1	7	9.5	12	16.5	27	37
	25～35	3.4	5.8	7.7	10	14	22	32	3.4	5.8	7.9	10	14	22.5	32
	35～50	3	5	6.8	8.5	12	19	27	3	5	6.8	8.5	12	19	27
	50～80	2.4	4.1	5.6	7	10	15	22	2.4	4.1	5.6	7	10	15	22
	80～150	2	3.3	4.6	5.8	8.5	12	17	2	3.3	4.6	5.8	8.5	12.5	17.5
	150～400	1.7	2.8	3.9	5	7	11	15	1.7	2.8	3.9	5	7	11	15.5
	400以上	1.5	2.5	3.5	4.5	6.3	10	14	1.2	2.2	3.5	4.5	6.8	10	14

续表

计算高度（m）	房间面积（mm^2）	配照型灯单位面积安装功率							广照型灯单位面积安装功率						
		白炽灯照度（lx）							白炽灯照度（lx）						
		5	10	15	20	30	50	75	5	10	15	20	30	50	75
6～8	25～35	4.2	6.9	9.1	12.3	17	28	41	4.2	6.9	9.6	12.3	17.6	28	41
	35～50	3.4	5.7	7.9	10.5	15	23	35	3.4	5.7	8.1	10.5	15.5	23	35
	50～65	2.9	4.9	6.8	9.1	13	20	30	2.9	4.9	7	9.1	13	20	30
	65～90	2.5	4.3	6.2	8	11	17	26	2.5	4.3	6.2	8	11.5	17.5	26
	90～135	2.2	3.3	5.1	6.5	9	14	22	2.2	3.7	5.1	6.5	9	14.5	22.5
	135～250	1.8	3	4.2	5.4	7.5	12	18	1.8	3	4.2	5.4	7.5	12	18
	250～500	1.5	2.6	3.6	4.6	6.5	10	16	1.5	2.6	3.6	4.6	6.5	10.5	16
	500 以上	1.4	2.4	3.2	4	5.5	9.5	15	1.4	2.4	3.2	4	5.5	9.5	15

荧光灯具单位面积安装功率（W/m^2）　　**表 4-19**

计算高度（m）	房间面积（mm^2）	YG1-1 型荧光灯单位面积安装功率						YG2-1 型荧光灯单位面积安装功率					
		照　度（lx）						照　度（lx）					
		30	50	75	100	150	200	30	50	75	100	150	200
2～3	10～15	3.9	6.5	9.8	13	19.5	26	3.2	5.2	7.8	10.4	15.6	21
	15～25	3.4	5.6	8.4	11.1	16.7	22.2	2.7	4.5	6.7	8.9	13.4	18
	25～50	3.0	4.9	7.3	9.7	14.6	19.4	2.4	3.9	5.8	7.7	11.6	15.4
	50～150	2.6	4.2	6.3	8.4	12.6	16.8	2.1	3.4	5.1	6.8	10.2	13.6
	150～300	2.3	3.7	5.6	7.4	11.1	14.3	1.9	3.3	4.7	6.3	9.4	12.5
	300 以上	2.0	3.4	5.1	6.7	10.1	13.4	1.8	3.0	4.5	5.9	8.9	11.8
3～4	10～15	5.9	9.8	14.7	19.6	29.4	39.2	4.5	7.5	11.3	15	23	30
	15～20	4.7	7.8	11.7	15.6	23.4	31.2	3.8	6.2	9.3	12.4	19	25
	20～30	4.0	6.7	10	13.3	20	26.6	3.2	5.3	8.0	10.6	15.9	21.2
	30～50	3.4	5.7	8.5	11.3	17	22.6	2.7	4.5	6.8	9	13.6	18.1
	50～120	3.0	4.9	7.3	9.7	14.6	19.4	2.4	3.9	5.8	7.7	10.6	15.4
	120～300	2.6	4.2	6.3	8.4	12.6	16.8	2.1	3.4	5.1	6.6	11.2	13.5
	300 以上	2.3	3.8	5.7	7.5	11.2	14.9	1.9	3.2	4.8	6.3	9.5	12.6

（5）根据式 4-4 计算总安装功率 P_{Σ}。

（6）根据式 4-5 计算照明器的安装数量 N。

【例 4-1】　某学校教室面积为6.5m×10.5m，房间高度 H 为 3.6m，灯具悬挂高度 h_B 为 2.6m，现拟采用 YG2-1 型荧光灯灯具，试确定所需的灯具数量 N。

解：1. 采用单位容量法确定灯具的数量

（1）确定照度标准。由表 4-4 查得教室的照度标准为 200lx（取中值）。

（2）确定房间面积。$S=6.5\times10.5=68.25m^2$

（3）确定计算高度。$h=h_B-h_P=2.6-0.7=1.9m$

（4）确定单位容量。根据 YG2-1 型荧光灯、照度标准 $E_{av}=200lx$，$h=1.9m$、房间面积 $S=68.25m^2$，采用插值法在表 4-19 中查得 $P_0=13.6W/m^2$。

（5）计算总安装容量。$P_0=13.6\times68.25=928.2m^2$

（6）计算灯具数量。$N=P_0/P'=628.2/40=23.2$ 盏

2. 采用概算曲线法确定灯具的数量

（1）确定照度标准、房间面积、和计算高度。$E_{av}=200lx$，$h=1.9m$，$S=68.25m^2$。

（2）确定概算曲线灯具数量。根据 YG2-1 型荧光灯、$h=1.9\text{m}$、$S=68.25\text{m}^2$，采用插值法在图 4-16（YG2-1 荧光灯概算曲线表）中查得 $N=5.2$。

（3）确定实际灯具数量。由于照度标准为 200lx，维护系数为 0.75（见表 4-1），所以采用式 4-3 换算出实际灯具数量，即

$$n = N \cdot \frac{Ek'}{100k} = 5.2 \cdot \frac{200 \times 0.75}{100 \times 0.7} = 19.8 \text{盏}$$

3. 可取 $n=20$ 盏，也可采用 10 盏 YG2-2 型双管荧光灯。

解毕。

第四节　照　明　供　电

照明供电主要包括：照明电源、供配电设备、照明线路（照明负荷计算及导线选择和敷设等）、控制电器和保护电器、接地等组成。

一、照明供电基本要求

（一）照明电源

照明电源一般采用交流电源供电，应急照明有时采用直流电源供电。

1. 供电形式和供电电压

（1）三相交流电源。照明线路的供电一般应采用 380/220V 三相四线制（TN-C 接地系统）中性点直接接地的交流电（需在进建筑物处作重复接地），也可采用三相五线制（TN-C-S 接地系统）交流电源。

（2）单相两线制。如负荷电流小于 15A 时，可采用 220V 单相二线制的交流电源。

（3）两相三线制。负荷电流为 15～30A 时，可采用 380V 两相三线制的交流电源。

2. 安全电压

易触电、工作面较窄、特别潮湿的场所（如地下建筑）和局部移动式的照明，应采用 36、24、12（V）的安全电压供电，一般情况下可采用 380（220）/12～36V 的干式变压器供电（不允许采用自耦变压器供电）。

3. 电源设置位置

供电电源照明配电箱的设置位置应尽可能靠近供电负荷中心（同时还应满足照明供电支线的要求），并略偏向于电源侧，同时应便于配电箱的通风散热和操作维护。

（二）供电线路

1. 照明供电线路的基本形式

照明供电线路的基本形式分为架空进线和电缆进线，如图 4-18 所示。架空线路进线主要包括引下线（又称接户线）、进户线、总配电箱、重复接地、分配电箱、干线和支线等；当采用电缆进线时无引下线。

2. 照明供电线路的供电方式

照明干线的供电方式主要是指干线（照明干线）的供电方式。从总配电箱到分配电箱的干线主要有放射式、树干式、混合式属于树干式供电方式，如图 4-19 所示。

（1）放射式。各分配电箱分别由各条干线供电（见图 4-19（*a*））。当某分配电箱发生故障时，保护开关将其电源切断，不影响其他分配电箱的正常工作。所以放射式供电方式

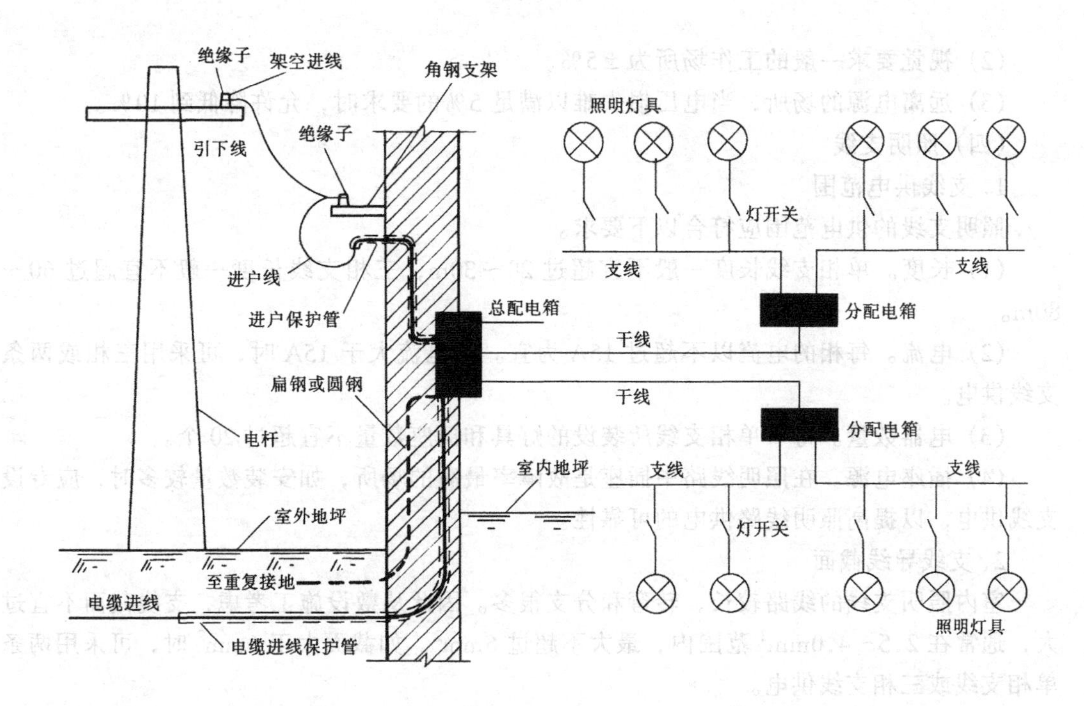

图 4-18　照明供电

的电源较为可靠，但材料消耗较大。

(2) 树干式。各分配电箱的电源由一条公用干线供电（见图 4-19 (b)）。当某分配电箱发生故障时，影响到其他分配电箱的正常工作。所以电源的可靠性差，但节省材料，经济性较好。

(3) 混合式。放射式和树干式的供电方式混合使用（见图 4-19 (c)），由此可吸取两式的优点，即兼顾材料消耗的经济性又保证电源具有一定的可靠性，这是目前采用较多的供电方式。

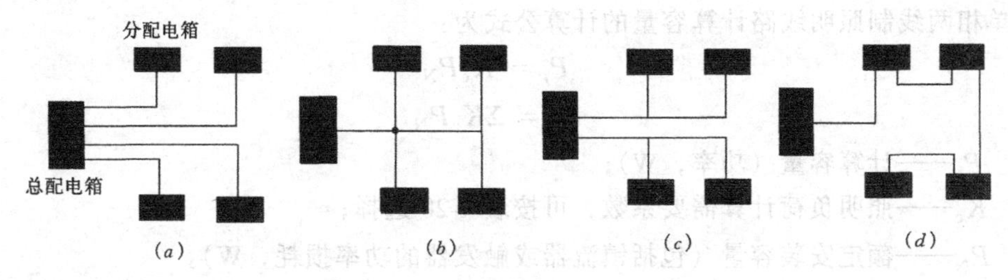

图 4-19　照明干线的供电方式

(a) 放射式；(b) 树干式；(c) 混合式；(d) 链接式

(4) 链接式。建筑面积较大或较长的建筑物可采用链式连接供电方式供电，见图 4-19 (d)。

(三) 电压偏移

照明灯具的电压偏移，一般不应高于其额定电压的 5%，而照明线路的电压损失应符合下列要求：

(1) 视觉要求较高的工作场所为 2.5%。

(2) 视觉要求一般的工作场所为±5%。

(3) 远离电源的场所，当电压损失难以满足5%的要求时，允许降低到10%。

(四) 照明支线

1. 支线供电范围

照明支线的供电范围应符合以下要求。

(1) 长度。单相支线长度一般不宜超过20～30m，三相支线长度一般不宜超过60～80m。

(2) 电流。每相的电流以不超过15A为宜。如电流大于15A时，可采用三相或两条支线供电。

(3) 电器数量。每一单相支线所装设的灯具和插座数量不宜超过20个。

(4) 插座电源。在照明线路中插座是故障率最高的场所，如安装数量较多时，应专设支线供电，以提高照明线路供电的可靠性。

2. 支线导线截面

室内照明支线的线路较长，转弯和分支很多。因此从敷设施工考虑，支线截面不宜过大，通常在2.5～4.0mm² 范围内，最大不超过6mm²。如截面大于6mm² 时，可采用两条单相支线或三相支线供电。

3. 频闪效应的限制措施

为限制交流电源的频闪效应，一般可采用三相照明支线供电的方式进行弥补，其灯具可按相序排列方法进行连接。

二、照明负荷计算与导线选择

(一) 照明负荷计算

照明负荷一般可采用需要系数法进行计算。当三相负荷不均匀（应尽可能设置均匀）时，取最大一相的计算结果作为三相四线制照明线路的计算电流（或计算容量）。

1. 容量计算

单相两线制照明线路计算容量的计算公式为：

$$P_j = K_c P_N \tag{4-6}$$

或

$$P_j = \Sigma K_c P_N \tag{4-7}$$

式中 P_j——计算容量（功率，W）；

K_c——照明负荷计算需要系数，可按表4-20选择；

P_N——额定安装容量（包括镇流器或触发器的功率损耗，W）。

照明负荷计算需要系数 K_c 值表 **表4-20**

序号	建筑类别	需要系数 K_c
1	大型厂房及仓库	1.0
2	大型生产厂房	0.95
3	图书馆、行政机关、公用事业	0.9
4	分隔或多个房间的厂房或多跨厂房	0.85
5	试验室、厂房辅助部分、托儿所、幼儿园、学校、医院	0.8
6	大型仓库、变配电所	0.6
7	支线	1.0

2. 电流计算

单相两线制照明线路的计算电流根据其光源类别可分为热辐射电光源、弧光放电光源和混合光源进行计算。

(1) 热辐射电光源照明线路。即只包含白炽灯和卤钨灯的照明线路，其计算公式如下：

单相线路
$$I_j = \frac{P_j}{U_P} = \frac{K_c P_N}{U_P} \tag{4-8}$$

三相线路
$$I_j = \frac{P_j}{\sqrt{3}U_L} = \frac{K_c P_N}{\sqrt{3}U_L} \tag{4-9}$$

(2) 弧光放电光源照明线路。即只包含荧光灯和其他弧光放电光源的照明线路，其计算公式如下：

单相线路
$$I_j = \frac{K_c P_N}{U_P \cos\varphi} \tag{4-10}$$

三相线路
$$I_j = \frac{K_c P_N}{\sqrt{3}U_L \cos\varphi} \tag{4-11}$$

(3) 混合光源照明线路。既包含白炽灯和卤钨灯又包含荧光灯和其他弧光放电光源的照明线路，一般可由下列计算公式进行计算：

各类光源的电流分量

$$\left.\begin{aligned} I_{yg} &= \frac{P_N}{U_P} = \frac{P_N}{220} \\ I_{wg} &= I_{yg}\mathrm{tg}\varphi \end{aligned}\right\} \tag{4-12}$$

线路工作电流

$$I_g = \sqrt{(\Sigma I_{yg})^2 + (\Sigma I_{wg})^2} \tag{4-13}$$

线路功率因数

$$\cos\varphi = \frac{\Sigma I_{yg}}{I_g} \tag{4-14}$$

线路计算电流

$$I_j = K_c I_g \tag{4-15}$$

式 4-8～式 4-15 中 P_N——额定安装容量 (W)；

U_P——额定相电压，一般为 220V；

U_L——额定线电压，一般为 380V；

K_c——需要系数，可按表 4-20 选择；

I_{yg}——线路有功电流 (A)；

I_{wg}——线路无功电流 (A)；

I_g——线路工作电流 (A)；

I_j——线路计算电流 (A)；

$\cos\varphi$——线路功率因数。

【例 4-2】 某建筑物的三相四线照明线路上，有 250W 高压水银灯和 25W 白炽灯两种电光源，各相负载分配如下：

相序	250W 高压水银灯	25W 白炽灯
L_1	4 盏，1000W	100 盏，2500W
L_2	8 盏，2000W	50 盏，1250W
L_3	2 盏，500W	150 盏，3750W

试计算三相四线制线路的计算电流。

解：由表 4-9 查得 250W 高压水银灯的 $\cos\varphi=0.61$（$\mathrm{tg}\varphi=1.3$），其镇流器损耗为 25W。照明负荷计算见表 4-21。

照明负荷计算 表 4-21

相　序	$P_{N(Hg)}$	$I_{yg(Hg)}=\frac{K_{C1}P_{N(Hg)}}{220}$	$I_{wg(Hg)}=I_{yg(Hg)}\mathrm{tg}\varphi$	P_N
L_1	（250+25）×4=1100W	5.00A	6.50A	2500W
L_2	（250+25）×8=2200W	10.00A	13.00A	1250W
L_3	（250+25）×2=550W	2.5A	3.25A	3750W

相　序	$I_{yg(IN)}=\frac{K_{IN}P_{N(Hg)}}{220}$	$I_g=\sqrt{(I_{yg(Hg)}+I_{yg(IN)})^2+(I_{wg(Hg)})^2}$	$\cos\varphi=\frac{I_{yg}}{I_g}$
L_1	11.38A	17.60A	0.93
L_2	5.68A	20.37A	0.77
L_3	17.04A	19.81A	0.98

注：下标 Hg 为荧光高压水银灯；IN 为白炽灯。

由于 V 相电流最大，故三相四线制的线路计算电流为：

$$I_j = K_{c2}I_j = 0.95\times20.37 = 19.35\text{A}$$

线路功率因数

$$\cos\varphi=0.77$$

解毕

（二）照明线路敷设与导线选择

1. 导线的型号选择与敷设方式

照明线路一般应根据敷设场所和现场条件选择相应的导线类型、型号以及敷设方式(参见表 4-22)。各类导线敷设方式的特征及应用范围，可参见第三章配线工程的有关章节。

导线型号及敷设方式选择表 表 4-22

导　线　型　号	敷　设　方　式	干燥	潮湿	腐蚀	多尘	高温	火灾危险	爆炸危险	屋外沿墙
BLVV、BXVV	直敷配线（线卡固定）	○	–	–	–	–	×	×	–
BLX（BX）	钢管明配线	+	+	+	○	+	○	○	+
BLX（BX）	钢管暗配线	+	○	+	○	○	○	+	+
BLX	电线管明配线	+	○	×	+	+	+	×	+
BLX、BLV（BX、BV）	硬塑料管明配线	+	○	○	○	–	+	×	–

续表

导 线 型 号	敷 设 方 式	干燥	潮湿	腐蚀	多尘	高温	火灾危险	爆炸危险	屋外沿墙
BLX、BLV（BX、BV）	硬塑料管暗配线	+	○	○	○	−		×	+
BLVV、BXVV	板孔暗布线	○	+	+	+	−			
VLV、XLV	电缆明敷	+	+	+	+	−	+	+	−
BLX、BLV	半硬塑料管暗配线	○	+	+	+				

注：(1)“○”为推荐采用；“+”可采用，“−”不宜采用，空格不允许采用；

(2) 鼓形或针式绝缘子布线时：高温场所应采用 BLV-105 型导线，室外采用 BLXF 型，其余场所可采用 BLV、BLX 型导线。

2. 导线的截面选择

导线截面选择应根据机械强度要求、额定电流（持续电流）和电压损失要求的三个原则来进行，选择方法可参照第二章变配电系统有关章节。

室内照明线路机械强度（线路固定敷设）的最小允许截面应符合表 3-4 的要求。

三、照明控制与保护设备

（一）选择原则

一般照明控制与保护设备应根据周围环境特性、电压级别、电流大小、保护要求等条件进行选择。

1. 根据周围环境特性选择

根据电气照明周围的环境特性（如环境温度、海拔高度、相对湿度、摇动或振动场所、易燃易爆场所、是否有腐蚀性气体和尘埃等）来选择照明控制和保护设备。

2. 根据电压与电流选择

根据照明线路的工作电压以及线路的额定电流来选择照明控制和保护设备。

3. 根据保护要求选择

根据照明线路与照明装置的保护要求（如过负荷、短路、失压保护以及控制功能等）来选择照明控制和保护设备。

（二）熔断器和断路器选择

在照明线路的干线和支线上均可采用断路器或熔断器作为线路或用电设备的保护装置，保护设备额定电流的选择应满足设备额定电流和短路故障的分断能力。

1. 熔断器熔体的选择

当熔断器主要用于照明支线的保护时，可根据式 4-16 进行熔断器熔体的选择。

$$I_{NR} \geqslant K_m I_j \tag{4-16}$$

式中 I_{NR}——熔断器熔体的额定电流（A）；

I_j——线路计算工作电流（A）；

K_m——熔体计算系数，取值范围可按表 4-23 选择。

2. 断路器整定值的选择

断路器是可用于照明干线和支线的保护装置，其整定值（即脱扣器额定电流）可根据式 4-17 和式 4-18 进行选择。

照明线路熔断器熔体计算系数 K_m 表 4-23

熔断器型号	熔体材料	熔体额定电流（A）	熔体计算系数 K_m		
			白炽灯、荧光灯、卤钨灯、卤化物灯	高压水银灯	高压钠灯
RCA1	铅、铜	≤60	1	1~1.5	1.1
RL1	铜、银	≤60	1	1.3~1.7	1.5

$$I_{0P1} \geqslant K_{k1} I_j \quad (4\text{-}17)$$

$$I_{0P3} \geqslant K_{k3} I_j \quad (4\text{-}18)$$

式中 I_{0P1}——断路器热脱扣器整定电流（A）；

I_{0P3}——断路器瞬时脱扣器整定电流（A）；

I_j——线路计算电流（A）；

K_{k1}——断路器热脱扣计算系数，高压汞灯为1.1，其余为1；

K_{k3}——断路器瞬时脱扣计算系数，一般可选取6（照明用断路器一般为5~10）。

（三）电气照明装置件的选用

电气照明装置件（有时称照明器具）的种类较多，常用的有灯具、灯座、开关、插座、挂线盒等。有时还包括吊扇、壁扇、照明配电箱（板）等。

1. 电气装置件的选用

电气照明常用的开关、灯座、挂线盒及插座等常称为电气装置件或照明附件。

（1）灯座。灯座（见表4-24）的作用是固定灯泡（或灯管）并供给电源。按其结构形式分为螺口和卡口（插口）灯座；按其安装方式分为吊式灯座（俗称灯头）、平灯座和管式灯座；按其外壳材料分为胶木、瓷质和金属灯座；按其用途还可分为普通灯座、防水灯座、安全灯座和多用灯座等。

常用灯座技术参数表 表 4-24

灯座名称	种类	规格	外形	外形尺寸（mm）	备注
普通插口灯座	胶木 铜质	250V，4A，C22 50V，1A，C15		ϕ34×48 ϕ25×40	一般使用
普通螺口灯座	胶木 铜质	250V，4A，E27		ϕ40×56	安装螺口灯泡
插口安全灯座	胶木	250V，4A，C22		ϕ43×75 ϕ43×65	可防止触电还有带开关式

续表

灯座名称	种类	规格	外形	外形尺寸(mm)	备注
螺口安全灯座	胶木 铜质 瓷质	250V，4A，E27		$\phi43\times75$ $\phi43\times65$	可防止触电，还有带开关式
悬挂式防雨灯座	胶木 瓷质	250V，4A，E27		$\phi40\times56$	装设于室外防雨
管接式灯座	胶木 铁质 瓷质	250V，4A，E27 E40 C22		$\phi40\times77$ $\phi40\times61$ $\phi40\times56$	用于管式安装，还有带开关式
平装式插口灯座	胶木 瓷质	250V，4A，C22 50V，1A，C15		$\phi57\times41$ $\phi40\times35$	装于顶棚上、墙壁上和行灯内等
平装式螺口灯座	胶木 铜质 瓷质	250V，4A，E27		$\phi57\times50$ $\phi57\times55$	装于顶棚上、墙壁上和行灯内等
荧光灯灯座	胶木	250V，2.5A		$\phi45\times29.5$ $\phi45\times32.5$ $\phi45\times54$	荧光灯专用灯座
荧光灯起辉器座	胶木	250V，2.5A		$40\times30\times12$ $50\times32\times12$	荧光灯专用起辉器座

(2) 开关。开关的作用是接通或断开照明电源，一般称灯开关。根据安装形式分为明装式和暗装式：明装式有拉线开关（现已很少使用）、扳把开关（又称平开关）等；暗装式多采用扳把开关（有时称跷板式开关）。按其结构可分为单极开关、双极开关、三极开关、单控开关、双控开关、多控开关、旋转开关以及带指示灯开关等。

(3) 插座。插座的作用是为移动式照明电器、家用电器或其他用电设备提供电源的器件。它连接方便、灵活多用，也有明装和暗装之分。按其结构可分为单相双极双孔、单相三极三孔（有一极为保护接地或接零）、三相四极四孔、三相五极五孔（有一极为保护接地或接零）和组合式多孔插座等。

(4) 挂线盒。挂线盒（或称吊线盒）的作用是用来连接线路和悬挂吊线灯，一般有塑料和瓷质两种。

常用电气装置件的技术参数见表 4-25。

常用电气装置件参数表 **表 4-25**

装置件名称	型　号	规　格	外形示意	外形尺寸(mm)	说　明
扳把明装平开关 跷板式明装开关		220V，5A		ϕ72×30 55×40×30	胶木结构 单控与双控 带指示灯式
跷板式一位暗开关 二位暗开关 三位暗开关 四位暗开关	86K11-10 86K21-10 86K31-10 86K41-10	250V，6A 250V，10A		86×86 86×86 86×86 146×86	胶木结构 单控与双控 带指示灯式
跷板式四位暗开关 五位暗开关 六位暗开关 八位暗开关	H86K41-10 H86K51-10 H146K61-10 H146K81-10	250V，6A 250V，10A		86×86 86×86 146×86 146×86	胶木结构 单控与双控 带指示灯式
三态开关	A86KFY250	250V，250VA		86×86	适用于卫生间
调光开关	H86KT150 H86KT200	250V，150VA 250V，200VA		86×86	灯泡调 光开关
调速开关	H86KTS150 H86KTS250	250V，150VA 250V，250VA		86×86	吊扇调 速开关
单相两极暗插座 单相两极双用暗插座 单相三极暗插座 单相二、三极暗插座 单相七极暗插座	A86Z12-10 A86Z22-10 A86Z13-10 A86Z223-10 A86Z323-10	220V，10A		86×86	胶木结构 带开关式 带指示灯式 带熔断器式
三相四极暗插座 三相四极明插座	A86Z14-16、25 ZM14-16、25	250V，16、25A 250V，16、25A		86×86	
单相双三极暗插座 单相双两三极暗插座	A146Z12-10 A146Z22-10	220V，10A		146×86 146×86	带开关式 带指示灯式
电视串接插座 电视终端插座	HG86ZTVⅠF7 HG86ZTVⅡ	衰减 4、6、 7dB		86×86	串接一分支 器电视出口
电话插座（出线座）	HG86ZDⅠ HG86ZDⅡ			86×86	
挂线盒		250V，5A 250V，10A		ϕ57×32	胶木、瓷质

第五节　电气照明工程施工

一、电气照明施工图

电气照明施工图是电气设计人员根据建筑工程设计提供的空间尺寸和照明场所的环境状况，结合照明场所的使用要求，遵照照明设计的有关规定及合理的照明种类和照明方式，选择适宜的照明光源及照明灯具，以及负荷和供配电及导线敷设情况而绘制出来的。施工图采用工程语言表达了设计人员的设计思想和设计意图。

(一) 施工图的主要内容

1. 施工说明与有关表格

(1) 施工说明。施工说明又称设计说明或设计施工说明，它是设计人员用文字或符号对以下主要内容进行综合说明：

1) 电源进线的型号和规格、进线的方式、方位和安装工艺要求等。

2) 设计的总安装容量、计算容量和计算电流等电气安装工程主要参数。

3) 电气安装工程所采用的一些施工安装的常规要求和特殊做法。

4) 在平面图和系统图上标注不便、无法表示或不宜表达清楚之处等的说明。

(2) 图例符号与主材表。施工图标注有电气图例的摘录说明（如图例的图形、名称、规格、型号、安装做法等）以及设备主材表等。有时将图例符号与主材表合二为一。

(3) 导线穿管表。施工图有时提供导线穿管的管径表和项目做法表等。

另外施工图一般还标注全套施工图纸的目录编号，以便于施工人员对有关内容进行寻找和查询。

2. 电气照明平面布置图

电气照明平面布置图也称电气平面图或照明平面图（参见图 4-20），其主要内容有：

(1) 建筑条件。施工图有建筑和工艺设备及室内平面布置轮廓（其符号表示参见附表一）、各场所的名称、尺寸和照度标准等。

(2) 电器位置。施工图按国标的电气图形符号（参见附表二）标出的全部灯具、配电箱、插座、开关等电器安装的空间位置。

(3) 线路参数。根据线路标注（参见附表三）格式，标出的导线型号、根数、截面、线路走向和敷设方式（穿管敷设时还标出穿管管径）等。

(4) 灯具参数。根据灯具标注（参见附表三）格式，标出的灯具数量、型号、每盏灯具光源的数量和容量、安装高度和安装方式等（同一房间内相同的灯具，一般只标注一处）。

(5) 标注的配电箱型号、规格和编号等。

有时灯具、配电箱、电气设备与线路等参数在图例说明中统一标注。

3. 照明供电系统图

供电系统图也称电气系统图或照明系统图（参见图 4-21），供电系统图主要包括以下内容。

(1) 电气系统连接。系统图标明各级配电箱和照明线路的系统连接情况。

(2) 配电箱参数。系统图标明各配电箱的编号、型号　外形尺寸以及箱内电器配置和连接情况等。

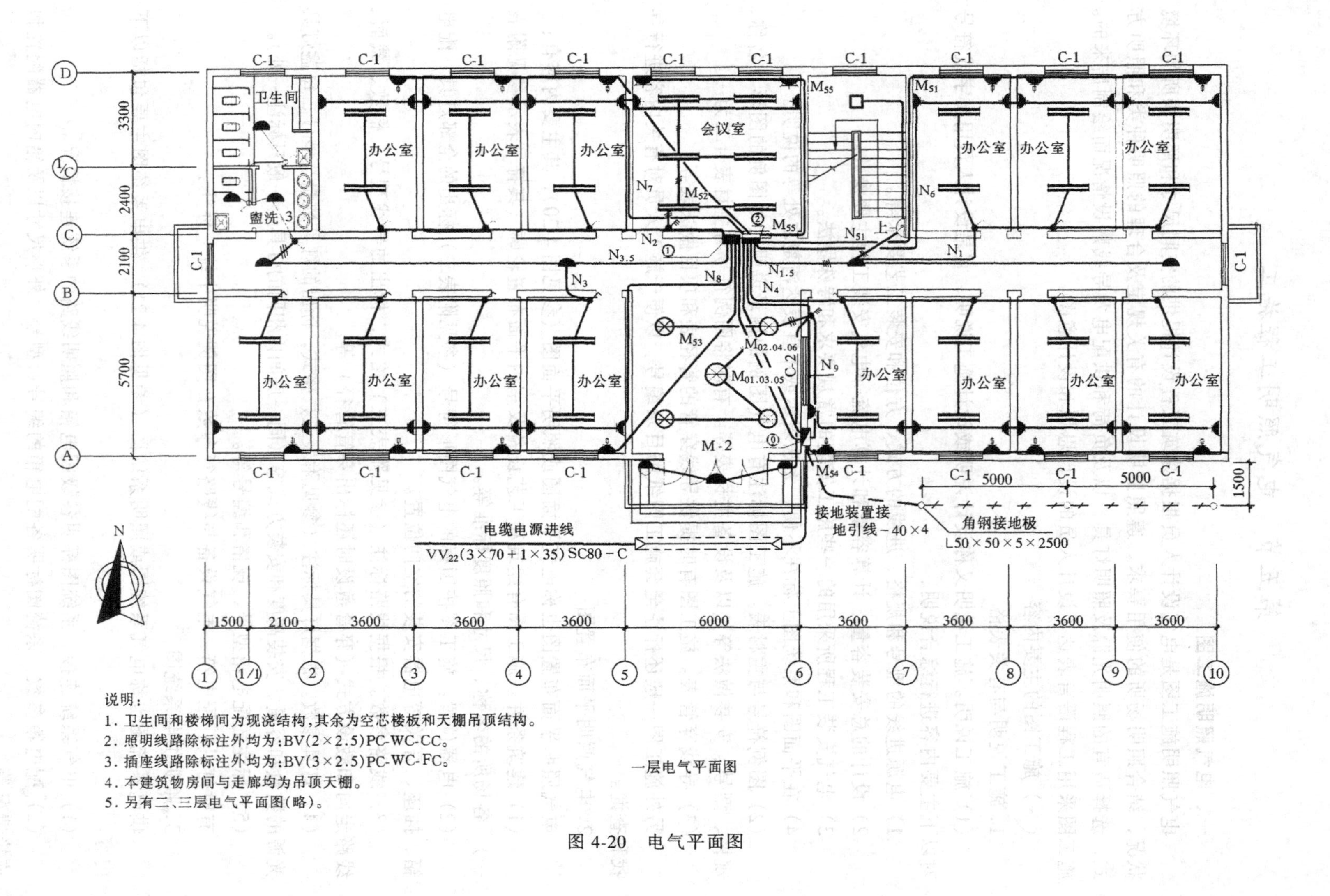

说明：

1. 卫生间和楼梯间为现浇结构，其余为空芯楼板和天棚吊顶结构。
2. 照明线路除标注外均为：BV(2×2.5)PC-WC-CC。
3. 插座线路除标注外均为：BV(3×2.5)PC-WC-FC。
4. 本建筑物房间与走廊均为吊顶天棚。
5. 另有二、三层电气平面图(略)。

图 4-20　电气平面图

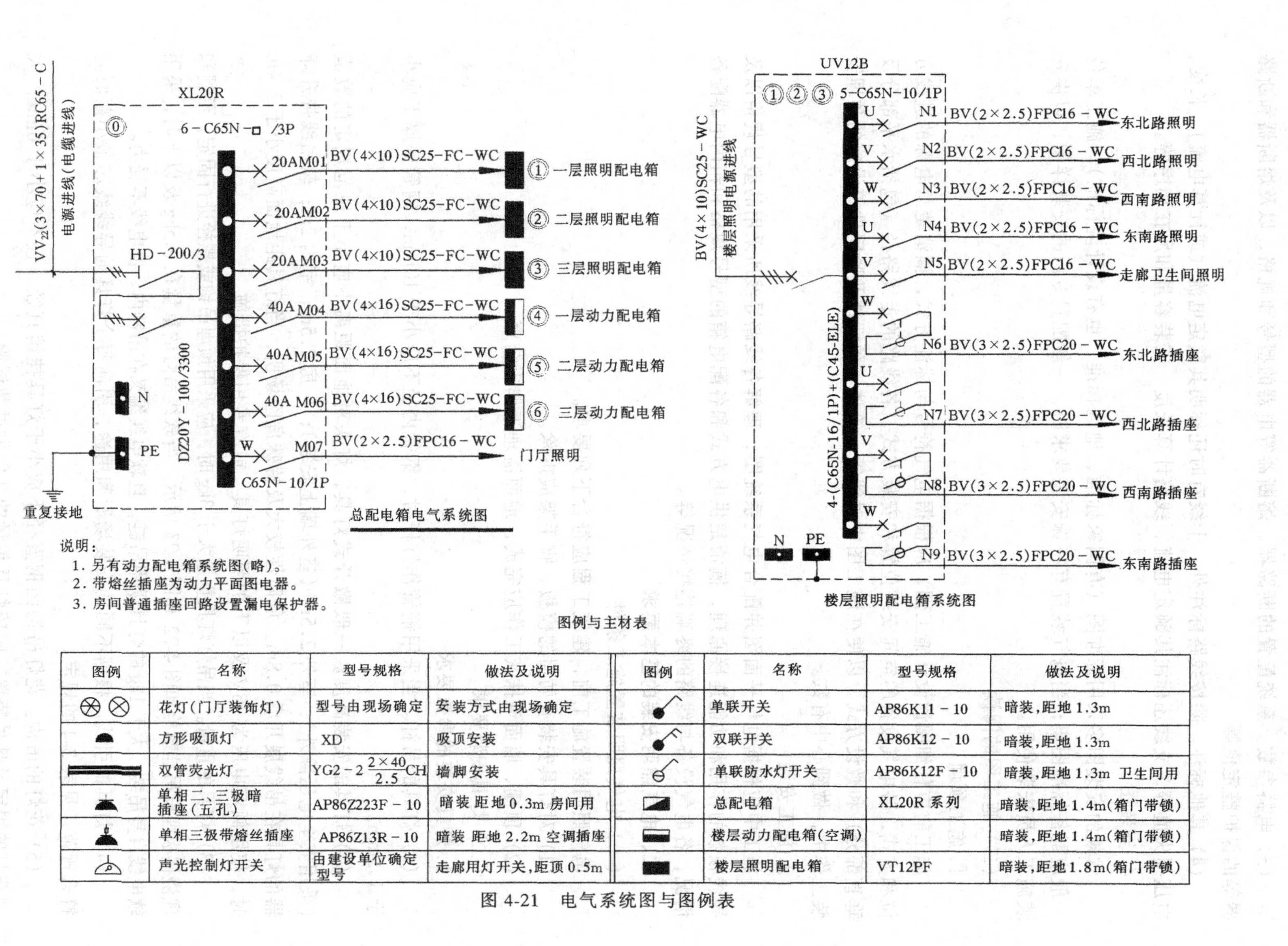

说明：
1. 另有动力配电箱系统图(略)。
2. 带熔丝插座为动力平面图电器。
3. 房间普通插座回路设置漏电保护器。

图例与主材表

图例	名称	型号规格	做法及说明	图例	名称	型号规格	做法及说明
	花灯(门厅装饰灯)	型号由现场确定	安装方式由现场确定		单联开关	AP86K11－10	暗装，距地1.3m
	方形吸顶灯	XD	吸顶安装		双联开关	AP86K12－10	暗装，距地1.3m
	双管荧光灯	YG2－2 $\frac{2\times40}{2.5}$CH	墙脚安装		单联防水灯开关	AP86K12F－10	暗装，距地1.3m 卫生间用
	单相二、三极暗插座(五孔)	AP86Z223F－10	暗装 距地0.3m 房间用		总配电箱	XL20R 系列	暗装，距地1.4m(箱门带锁)
	单相三极带熔丝插座	AP86Z13R－10	暗装 距地2.2m 空调插座		楼层动力配电箱(空调)		暗装，距地1.4m(箱门带锁)
	声光控制灯开关	由建设单位确定型号	走廊用灯开关，距顶0.5m		楼层照明配电箱	VT12PF	暗装，距地1.8m(箱门带锁)

图 4-21 电气系统图与图例表

(3) 电器参数。系统配置的断路器、熔断器等电器的型号和规格，以及熔断器和断路器等的保护整定值等。

(4) 其他标注。除按线路标注外，干线有时还标明其额定电流（或计算电流）、长度、电压损失值等，支线还标注其额定电流、线路计算长度、安装容量和所在相序等。

4. 安装图

常规的安装图多采用标准图（有国家标准、地区标准、也有设计院标准），施工单位一般应配备标准图集；当电气装置有特殊安装要求时，一般配置专门的安装详图，以供安装施工人员安装使用。

(二) 施工图的阅读

1. 施工预埋

施工前应仔细阅读设计施工图，应根据电气符号与标注方式，搞清楚总电源的进线方位和方式，各电气设备的空间安装位置和安装方式，各线路的走线路径（包括水平部分及垂直部分）和敷设方式，以便在施工图中对线管、箱体、预埋件及紧固件等设施的预埋安装工作中，做到心中有数。

2. 施工安装

施工中应根据电气平面图并配合电气系统图，理解各线路导线所采用的型号规格以及导线根数的作用和功能连接原理，搞清楚供电方式和各配电箱的型号规格和箱内电器配备情况，各电气设备与线路的终端连接情况等。

二、电气照明安装的基本要求

(一) 电气照明装置施工条件

电气照明装置施工前，建筑工程应符合下列要求。

(1) 对灯具安装有妨碍的模板、脚手架应拆除。

(2) 顶棚、墙面等抹灰工作应完成，地面清理工作应结束。

(二) 灯具安装要求

1. 灯具安装的参数要求

(1) 灯具的吊杆。当采用钢管作灯杆时，钢管内径不应小于10mm，钢管壁厚不应小于1.5mm。

(2) 灯具的安装高度。一般敞开式灯具，灯头对地面距离不应小于规范规定的数值(采用安全电压除外)：室外2.5m（室外墙上安装）；厂房2.5m；室内2m；软吊线带升降器的灯具在吊线展开后0.8m。危险性较大及特殊危险场所，当灯具距地面高度小于2.4m时，使用额定电压为36V及以下的照明灯具，或有专用保护措施。

(3) 灯具的重量。当吊灯灯具重量大于3kg时，应采用预埋吊钩或螺栓进行固定，预制和现浇楼板埋设吊挂螺栓如图4-22和图4-23所示。当软线吊灯的重量在0.5kg及以下时，采用软电线自身吊装，大于1kg的灯具采用吊链，且软电线编叉在吊链内，使电线不受力。

(4) 灯具的引线。根据不同的安装场所和用途，引向每个灯具的导线线芯最小截面应符合规范，见表3-4的规定。

(5) 花灯的吊钩。花灯吊钩圆钢直径不应小于灯具挂销直径，且不应小于6mm。大型花灯的固定及悬吊装置，应按灯具重量的2倍做过载试验。

2. 灯具安装其他要求

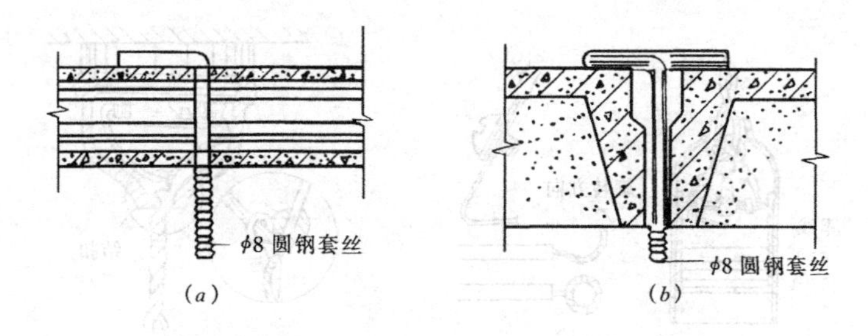

图 4-22 预制楼板埋设吊挂螺栓

(a) 空芯楼板吊挂螺栓；(b) 沿预制板缝吊挂螺栓

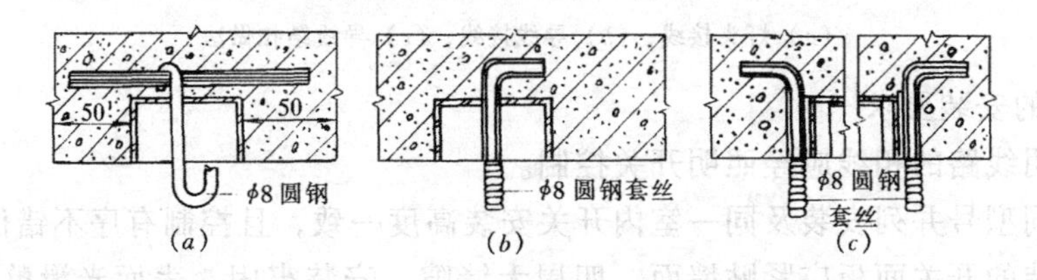

图 4-23 现浇楼板埋设吊挂螺栓

(a) 吊钩；(b) 单螺栓；(c) 双螺栓

(1) 灯具及其配件齐全，无机械损伤、变形、涂层剥落和灯罩破损等缺陷。

(2) 灯头的绝缘外壳不破损和漏电；带有开关的灯头，开关手柄无裸露的金属部分。

(3) 变电所内，高低压配电设备及裸母线的正上方不应安装灯具。

(4) 装有白炽灯泡的吸顶灯具灯泡不应紧贴灯罩；当灯泡与绝缘间距小于 5mm 时，灯泡与绝缘台间应采取隔热措施。

(5) 安装在重要场所的大型灯具的玻璃罩，应采取玻璃罩碎裂后向下溅落的措施。

(6) 投光灯的底座及支架应固定牢固，枢轴应沿需要的光轴方向拧紧固定。

(7) 安装在室外的壁灯应有泄水孔，绝缘台与墙面之间应有防水措施。

(8) 同一室内或场所成排安装的灯具，其中心线偏差不应大于 5mm。

3. 灯具的安装与接线

(1) 灯具的接线。电气照明装置的接线应牢固，电气接触良好。软线吊具的软线两端应做保护扣（见图 4-24 (*c*)），两端芯线搪锡。当安装升降器时，套塑料软管，采用安全灯头。当采用螺口灯座或灯头时，应将相线（即开关控制的火线）接入螺口内的中心触点的端子上，零线应接入螺纹的端子上（见图 4-24 (*a*)）。采用双芯棉织绝缘线时（俗称花线），其中有色花线应接相线，无花单色导线接零线。

(2) 接地连接。需接地或接零的灯具、开关、插座等非带电金属部分，应有明显标志的专用接地螺钉。当灯具距地面高度小于 2.4m 时，灯具的接近裸露导体必须接地（PE）或接零（PEN）可靠，并应有专用接地螺栓，且有标识。

(3) 灯具的固定。灯具应固定牢固可靠，不使用木楔。每个灯具固定用的螺钉或螺栓不应少于 2 个；当绝缘台直径为 75mm 及以下时，方可采用 1 个螺钉或螺栓进行固定。

(三) 开关与插座的安装要求

暗装的插座和开关应采用专用接线盒；接线盒的四周不应有空隙，且盖板应端正，并紧贴墙面。

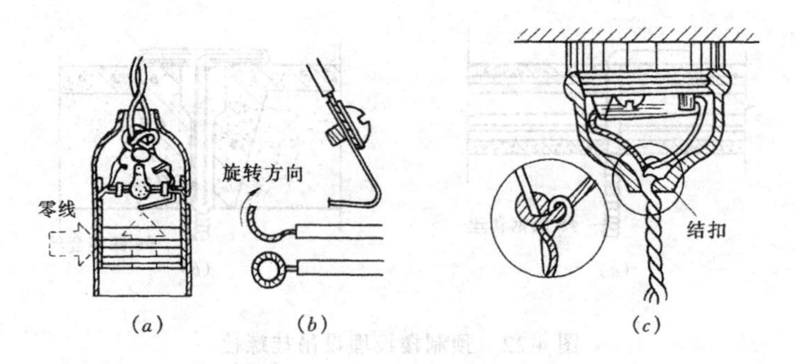

图 4-24　灯头接线和绳扣做法

(a) 灯头接线；(b) 导线接线；(c) 导线结扣做法

1. 开关的安装要求

(1) 照明线路的相线应经照明开关控制。

(2) 相同型号并列安装及同一室内开关安装高度一致，且控制有序不错位。

(3) 暗装的开关面板应紧贴墙面，四周无缝隙，安装牢固，表面光滑整洁、无碎裂、划伤，装饰帽齐全。

(4) 安装在同一建筑物、构筑物内的照明开关，采用同一系列的产品，开关的通断位置一致，操作灵活、接触可靠。

2. 插座的安装要求

(1) 当交流、直流或不同电压等级的插座安装在同一场所时，应有明显的区别，且必须选择不同结构和不能互换的插座；其配套的插头，应按交流、直流或不同电压等级区别使用。

(2) 当接插有触电危险家用电器的电源时，采用能断开电源的带开关插座，开关断开相线。

(3) 潮湿场所采用密封型并带保护接地线触头的保护型插座，安装高度不低于 1.5m。

(4) 当不采用安全型插座时，托儿所、幼儿园及小学等儿童活动场所安装高度小于 1.8m。

(5) 暗装的插座面板应紧贴墙面，四周无缝隙，安装牢固，表面光滑整洁、无碎裂、划伤，装饰帽齐全。

(6) 车间及试（实）验室的插座安装高度距地面不小于 0.3m；特殊场所暗装的插座不小于 0.15m；同一室内插座安装高度一致。

(7) 同一场所安装插座高度应一致，并列安装的相同型号的插座高度差不宜大于 1mm。

三、电气照明的安装

(一) 电气装置件的安装

电气装置件明装时，应先在定位划线处预埋木楔或膨胀螺栓（多采用塑料胀管）以固定木台，然后在木台上安装开关和插座等电气装置件。电气装置件暗装时，应设置专用接线盒、开关盒或灯头盒，一般是先行预埋，再用水泥砂浆填实抹平，接线盒口应与墙面粉刷层平齐，待穿线完毕和土建墙面粉刷后再安装开关和插座等电气装置件，其盖板或面板应紧贴墙面。

1. 开关的安装

(1) 灯开关安装位置。室内照明开关一般安装在门边便于操作的位置上，开关边缘距门框的距离宜为0.15～0.2m，开关距地面高度1.3m，拉线开关（现已很少采用）距地面高度宜为2～3m（或距顶棚0.3～0.5m），且拉线出口应垂直向下。如图4-25所示。

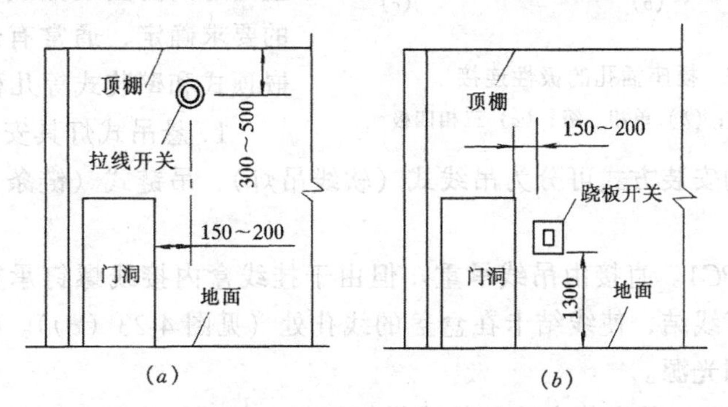

图4-25 灯开关安装位置

(a) 拉线开关；(b) 跷板开关

(2) 安装做法。开关安装的一般做法如图4-26所示。所有开关均应接在电源的相线上，其扳把接通或断开的上下位置，在同一工程中应一致。

2. 插座的安装

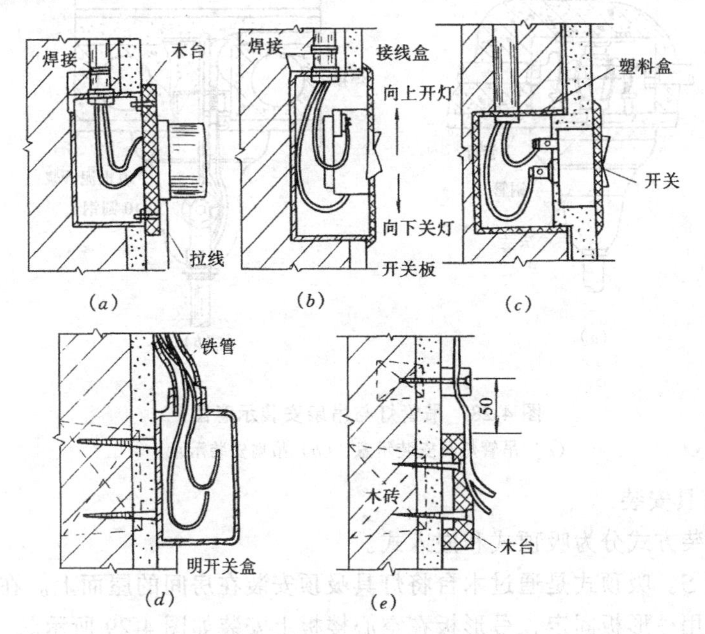

图4-26 开关安装

(a) 拉线开关；(b) 暗装扳把开关；(c) 活装跷板开关；(d) 明管开关或插座；(e) 明线开关或插座

安装插座的方法与安装开关相类似（见图4-26（d）、（e）），其插孔插座的极性连接应按图4-27的要求进行，切勿乱接。插座的接地端子（或保护接零端子）不应与零线端子（工作零线端子）连接。同一场所的三相插座，接线的相序一致。接地（PE）或接零

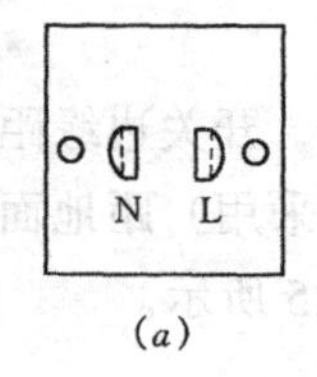

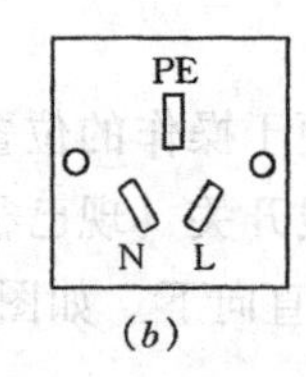

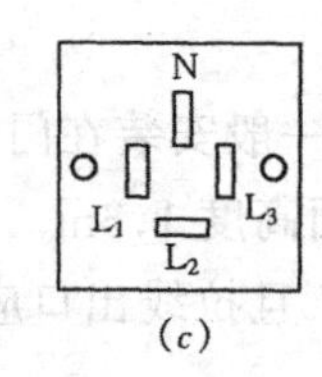

图 4-27 插座插孔的极性连接

(a) 单相两极；(b) 单相三级；(c) 三相四极

(PEN) 在插座间不串联连接。

(二) 灯具的安装

照明灯具的安装有室内室外之分，室内灯具的安装方式，应根据设计施工的要求确定，通常有悬吊式 (悬挂式)、嵌顶式和壁装式等几种。

1. 悬吊式灯具安装

悬吊式灯具的安装方式可分为吊线式 (软线吊灯)、吊链式 (链条吊灯) 吊 (杆) 管式 (钢管吊灯)。

(1) 吊线式 *PC*1。直接由吊线承重。但由于挂线盒内接线螺钉承重较小，因此安装时需在吊线内打好线结，使线结卡在盒盖的线孔处 (见图 4-23 (*c*))。软线吊灯多采用普通白炽灯作为照明光源。

(2) 吊链式 *CH*。其安装方法与软线吊灯相似，但悬挂重量由吊链承担，下端固定在灯具上，上端固定在吊线盒内或挂钩上，灯线应与吊链编插在一起。

(3) 吊管式 *P*。当灯具自重较大时，可采用钢管来悬挂灯具，有时称吊杆式。施工时可先预埋螺栓 ($\phi8\sim\phi10$)，其安装做法与埋设吊扇吊钩相类似 (参见图4-28和图4-32)；其固定方法可参见图 4-28。

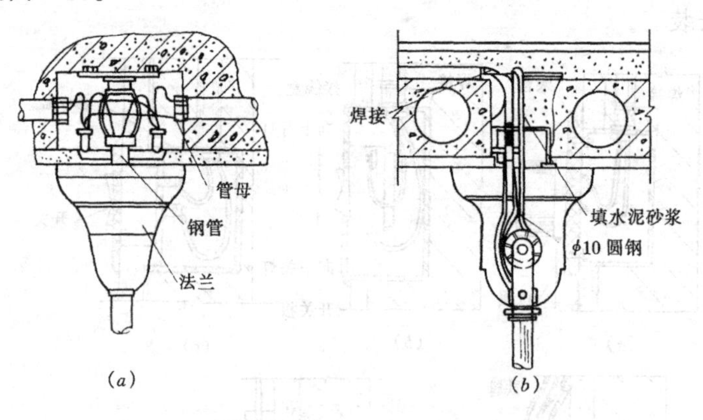

图 4-28 吊管灯与吊扇安装示意图

(a) 吊管灯具安装示意；(b) 吊扇安装示意

2. 嵌顶式灯具安装

嵌顶灯的安装方式分为吸顶式和嵌入式。

(1) 吸顶式 *S*。吸顶式是通过木台将灯具吸顶安装在房间的屋面上。在空心楼板上安装木台时，可采用弓形板固定，弓形板在空心楼板上安装如图 4-29 所示。

(2) 嵌入式 R (CR)。嵌入式适用于室内有吊顶的场所。其安装方法是在吊顶制作时，根据灯具的嵌入尺寸预留孔洞，然后再将灯具嵌装在吊顶上，其安装形式如图 4-13 (*f*) 所示。

3. 壁式灯具安装 *W*

将灯具装设在墙壁或柱上 (见图 4-13 (*d*)) 等安装方式，称壁式灯具 (简称壁灯)。安装前应埋设木台固定件，如安装膨胀螺栓、焊接铁件或预埋木砖等，壁灯固定件的埋设

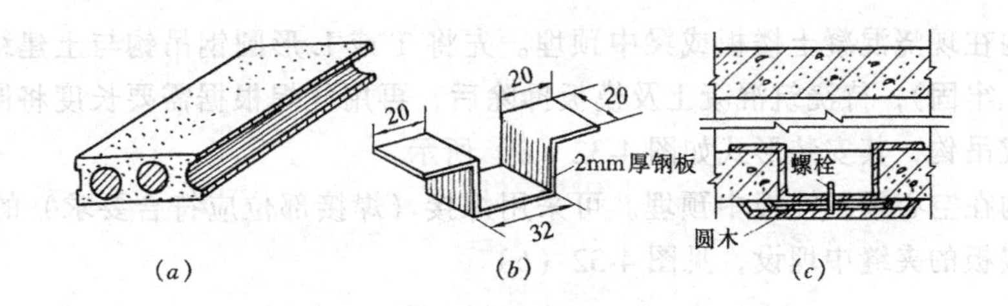

图 4-29　弓形板在空芯楼板上安装

(a) 弓板位置示意；(b) 弓板示意；(c) 安装做法

如图 4-30 所示。

(三) 吊扇安装

吊扇是常见的降温设备之一，主要由小容量单相电动机、扇叶、吊杆、底座和调速开关等组成。电源电压一般均为 220V，扇叶直径有 900、1200、1400 (mm) 等规格。

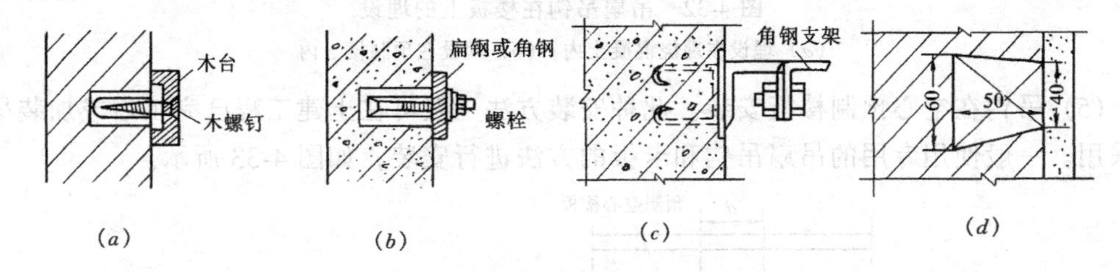

图 4-30　壁灯固定件的埋设

(a) 安装塑料胀管；(b) 安装金属膨胀螺栓；(c) 预埋铁件；(d) 预埋木砖

1. 吊扇吊钩安装

吊扇吊钩一般应采用大于 $\phi10$ 的圆钢制作，其伸出建筑物顶棚的长度应以装上吊杆护罩后，能将整个吊钩外露部分完全遮住为宜，且吊钩重心应与吊钩垂直部分在同一垂直线上。

(1) 在木结构上安装固定。将弯制好的吊钩由下方对准木梁的中心，然后在木梁上方用螺母固定吊钩，如图 4-31 (a) 所示。

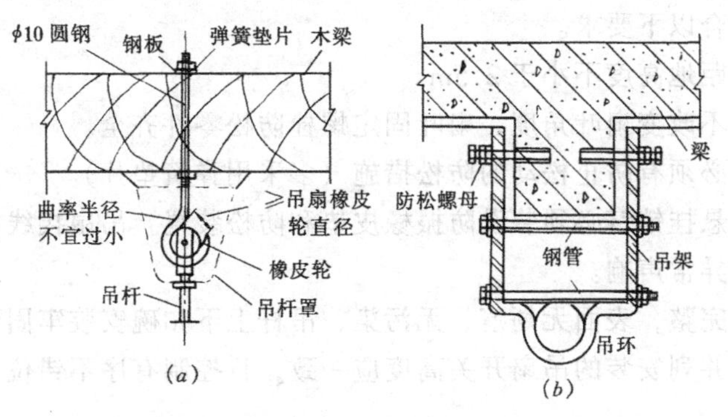

图 4-31　吊钩在木结构上和梁上的安装

(a) 在木梁上安装；(b) 在混凝土梁上安装

(2) 吊钩在矩形混凝土梁上安装。吊扇吊钩在矩形梁上的安装示意，如图 4-31 (b) 所示。

(3) 吊钩在现浇混凝土楼板或梁中预埋。先将 T 或 L 形圆钢吊钩与土建结构主钢筋焊接（或绑扎牢固），待浇筑混凝土及模板拆除后，再用气焊根据需要长度将圆钢外露部分加热弯制成吊钩，其安装形式如图 4-32（*a*）所示。

(4) 吊钩在空心预制楼板中预埋。可采用焊接（焊接部位应符合要求）的 T 形圆钢在两块预制楼板的夹缝中埋设，见图 4-32（*b*）。

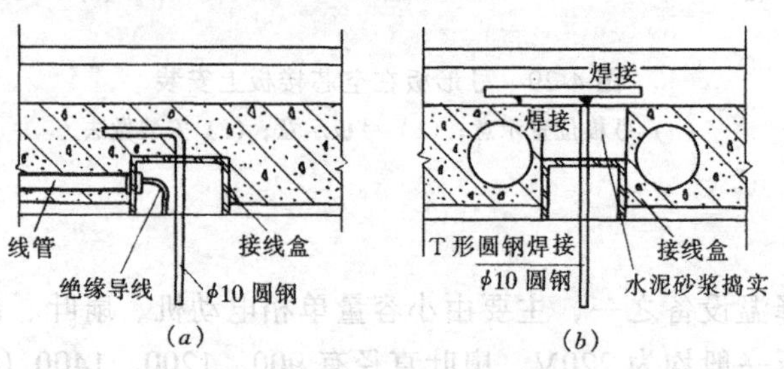

图 4-32　吊扇吊钩在楼板上的埋设

（*a*）埋设在现浇混凝土内；（*b*）埋设在预制楼板内

(5) 吊钩在空心预制楼板安装。此种安装方法一般可在土建工程已完工后或加装吊扇时采用。一般使用专用的吊扇吊钩和卡板的方法进行安装，如图 4-33 所示。

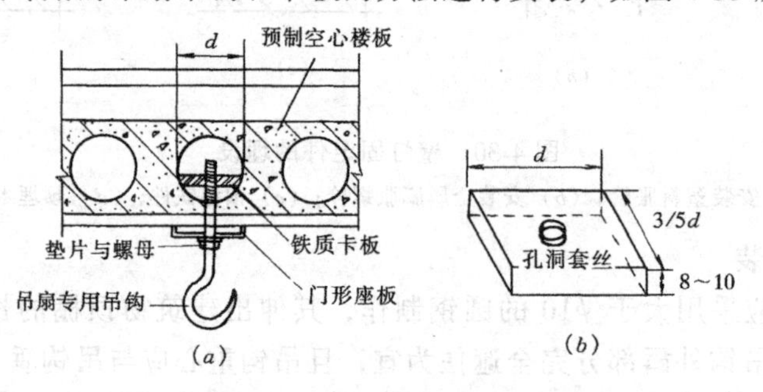

图 4-33　吊扇卡板与吊钩的安装

（*a*）吊钩安装；（*b*）铁质卡板

2. 吊扇安装

安装吊扇应符合以下要求。

(1) 吊扇扇叶距地高度不小于 2.5m。

(2) 吊扇组装不改变扇叶角度，扇叶固定螺栓防松零件齐全。

(3) 吊扇扇叶必须有防止松动的防松措施（多采用弹簧垫片）。

(4) 吊杆上的悬挂销钉必须装设防振橡皮垫和防松装置，吊扇接线应正确，当运转时扇叶无明显颤动和异常声响。

(5) 吊扇涂层完整，表面无划痕、无污染，吊杆上下扣碗安装牢固到位。

(6) 同一室内并列安装的吊扇开关高度应一致，且控制有序不错位。

习　题

一、填空题

(1) 电气照明主要由________、________、________、________等组成。

(2) 常用的照明电光源主要有________、________、________、________、________等。

(3) 常用的照明灯具主要有________、________、________、________、________等。

(4) 照明灯具的安装方式主要有________、________、________、________等。

(5) 导线的截面应根据________、________、________三个原则进行选择。

(6) 照明线路（干线）的供电方式主要有________、________、________等。

(7) 按光通量的分配比例分类的照明灯具有________、________、________、________、________等。

(8) 照明器按配光曲线分为________、________、________和________等。

(9) 荧光灯主要由________、________、________等组成。

(10) 照明常用的弧光放电光源有________、________、________、________、________、________等。

二、是非题（是划√，非划×）

(1) 当线路阻抗一定时，负荷越大（线路电流越大），则线路电压降就越小，负荷端电压就越高。(　　)

(2) 允许距高比越大越好。(　　)

(3) 插座的安装接线应按相序要求进行连接。(　　)

(4) 在三相照明线路中，当各相负荷的额定电压等于线电压的1/3时，负荷应作△连接。(　　)

(5) 把一个额定电压 $U_N = 220V$、额定功率 $P_N = 40W$ 的灯泡和一个 $U_N = 110V$、$P_N = 40W$ 的灯泡串入220V的交流电源中，前一个灯泡比后一个灯泡亮。(　　)

三、选择题（将正确答案写在空格内）

(1) 照明线路的单相支线所装设的灯具与插座的数量，一般不超过________个。

a.10；　b.15；　c.20；　d.25；　e.30

(2) 易燃易爆的照明场所应选择________灯具；有腐蚀性气体的照明场所应选择________灯具；而________灯具多为露天照明或特别潮湿的照明场所采用。

a. 开启式；　b. 保护式；　c. 密闭式；　d. 防水式；　e. 防爆式

(3) 照明线路的单相支线，其电流一般以不超过________为宜。

a.10A；　b.15A；　c.20A；　d.25A；　e.30A

(4) 照明线路的单相支线，其截面通常在________ mm^2 范围内；最大不超过________ mm^2。

a.2.5；　b.4.0；　c.6.0；　d.10；

(5) 照明用荧光灯具的型号，多采用________表示；工厂灯具的型号，多采用________表示。

a.JXD；　b.B3C；　c.YG；　d.GC

(6) 吸顶式灯具的安装方式的表示符号为________；吊链式灯具的安装方式的表示符号为________。

a.S；　b.R；　c.CH；　d.W；　e.CP_1

(7) 指出下面________是照明灯具的标注格式。

a.3～50Hz，38V；b.4-GA123L $\frac{2\times40}{—}$S；c.DZ10-100/330；d.BV-（4×6）SC25-WC

四、名词解释

(1) 电光源；　　(2) 照度标准；　　(3) 照度；

(4) 光通量；　　(5) 照明种类；　　(6) 灯具布置；

(7) 距高比；　　(8) 照明方式；　　(9) 频闪效应；

(10) 照明器；　　(11) 电压损失；　　(12) 供电方式。

五、简答题

(1) 电光源有哪些主要技术指标？他们反映了电光源的哪些性质？

(2) 热辐射电光源和弧光放电光源有何区别？

(3) 简述电光源的种类及特点。

(4) 照明质量是根据哪几项指标来评估的？

(5) 简述照明支线的设置要求。

(6) 一般情况下，应根据什么来选择灯具？

(7) 试叙述灯具布置距高比的意义及对照明场所的影响

(8) 照明线路保护设备的整定电流应如何选择？

(9) 试叙述限制眩光的主要措施。

(10) 简述导线截面的选择原则。

六、识图练习

(1) 照明电气平面图如图 4-34 所示，请画出 Y11 的内部接线图。

(2) 请画出图 4-34 中 Y12 处的内部接线图。

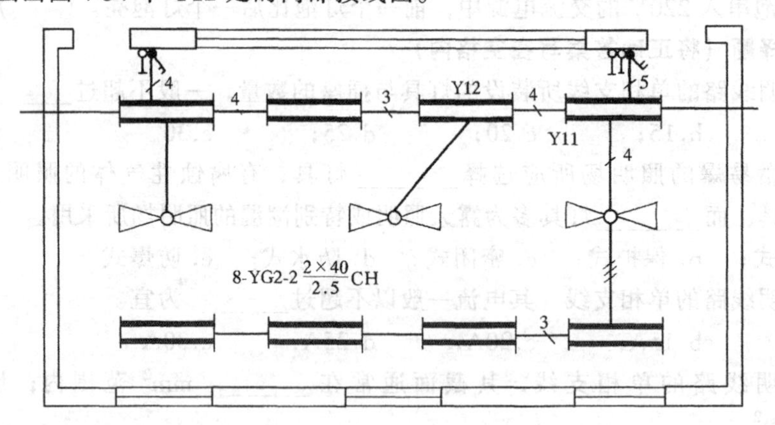

图 4-34　平面图画接线图

七、应用题

(1) 某学校有一阅览室，面积为 $15\times20\text{mm}^2$，室内高度为 3.6m，试进行照明器的选择、照明器的布置、导线截面积的选择。

(2) 某综合建筑采用交流 380V 三相四线制照明供电线路，其长度为 120m，允许电压损失率为 2.5%，此线路现接有荧光灯、高压水银灯、白炽灯三种电光源和吊扇（$\cos\varphi=0.5$），各相序分配如表 4-26 所示，试计算三相四线制照明供电线路的工作电流、计算电流和线路功率因数，并选择电缆进线的截面积。

(3) 某装配车间面积为 $15\times25mm^2$，顶棚高度为 5.2m，选择工作面高度为 0.8m、垂度为 0.5m，现拟采用 GC1-A 广照型工厂灯（150W 白炽灯）作车间普通照明，试采用概算曲线法和单位容量法进行照明器的布置。

照明负荷相序分配表 表 4-26

所接相序	高压汞灯 250W	荧光灯 40W	白炽灯 200W	吊　扇 85W
L_1	6 盏	38 盏	12 盏	10 台
L_2	8 盏	28 盏	15 盏	12 台
L_3	10 盏	32 盏	14 盏	8 台

(4) 在某建筑物中有一单相支线，送电距离为 40m，此线路负荷现接有 20 盏 60W 的白炽灯，如允许这段线路的电压损失率为 2.5%，试选择这条照明支线的导线截面应为多少？以及保护设施的整定值？

(5) 对 (3) 题进行配电设计。

(6) 根据 (5) 题编制该照明工程的主要设备和材料。

第五章　动　力　工　程

电能是现代大量应用的一种能量形式，而电能的生产、转换、传输、分配、使用和控制等都离不开电机（包括发电机、电动机、变压器等）和进行能量转换的设备（如机床、传送带、起重设备、混凝土搅拌机、机械加工设备、排灌设备、家用电器等），同时还需要对其进行供电和控制。所以在建筑电气工程中，安装人员与技术人员要经常安装和使用电动机和动力设备等。因此，安装人员应熟悉电动机和动力设备等有关动力工程的基本知识和安装使用的基本技能。

本章教学要求：

（1）了解电动机的类型、构造原理和铭牌数据。

（2）了解常用动力设备的类型、用途、构造原理和常用数据。

（3）熟悉动力设备工程及安装。

第一节　三相交流电动机

一、旋转磁场

（一）旋转磁场的产生

1. 产生条件

旋转磁场产生的条件是电机必须具有三相对称绕组并通以三相对称交流电源。

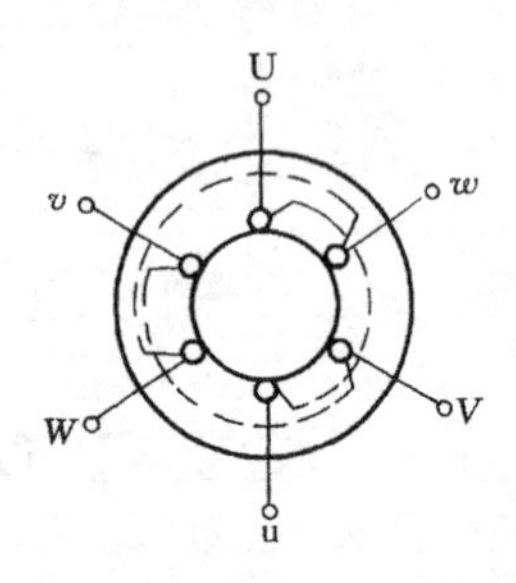

图 5-1　六槽电动机的定子

（1）三相对称绕组。由三个单相绕组组成，分别在电机中产生磁势。它们对称嵌入放置在电动机定子的线槽内，在空间位置互差120°相位差（如为一对磁极，则空间位置角度就等于相位差），因此产生的磁势在空间也是互差120°相位差。图5-1为最简单异步电动机的定子与绕组示意图，它的铁心只有六个槽，三相定子绕组对称分布在这6个槽内。即三相绕组的首端 U、V、W（或末端 u、v、w）的空间位置均互差120°。

（2）三相对称交流电。由三相交流电源产生三相对称交流电。

1）对称电流。若将三相对称绕组（绕组参数相同和空间相位互差120°）接成星形或三角形，然后将 U、V、W 分别接在三相对称交流电源上，三相对称绕组通入电源后会产生三相对称的交流电流，即

$$i_a = I_m \sin(\omega t + 90^\circ)$$

$$i_b = I_m \sin(\omega t - 30^\circ) \tag{5-1}$$

$$i_c = I_m \sin(\omega t - 150^\circ) = I_m \sin(\omega t + 210^\circ)$$

2）电流波形。由三相对称电源和绕组产生的电流波形如图5-2（a）所示。为了便于

分析，习惯地规定：电流的正方向从绕组首端流向绕组的末端：即从首端流入从末端流出为正“+”，流入端用“⊗”表示；从末端流入从首端流出则为负“-”，流出端用“⊙”表示。

2. 旋转磁场

当三相电流流入定子绕组时，每相电流产生一个交变磁场，三相电流的合成磁场则是一个旋转磁场。为了说明问题，可在图 5-2 中取几个不同瞬间（$\omega t=0$、$\omega t=120^\circ$、$\omega t=240^\circ$、$\omega t=360^\circ$），来分析旋转磁场的形成。

（1）在 t_1 瞬间。即 $\omega t=0$，此时 i_A 为正“+”说明 L_1 相电流从 U 端流入，从 u 端流出；i_V、i_W 为负“-”说明 L_2 相电流从 v 端流入，从 v 端流出；L_3 相电流从 w 端流入，从 W 端流出。然后用右螺旋法则，确定合成磁场的方向，如图 5-2（b）中的虚线所示，为一对极的磁场，并标出其 N、S 极。

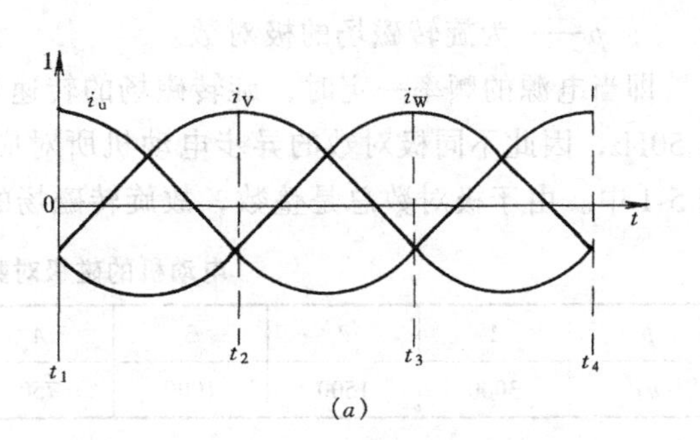

(a)

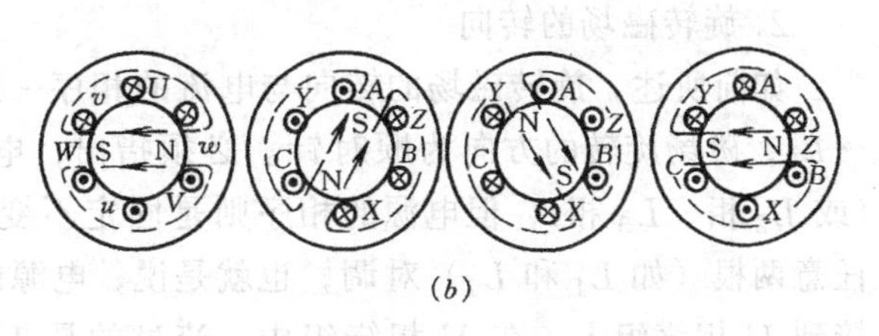

(b)

图 5-2 一对极的旋转磁场和旋转磁势

（a）三相电流的波形；（b）旋转磁场

（2）在 t_2 瞬间。即 $\omega t=120^\circ$，此时 i_A、i_C 为负“-”说明 A 相电流从 X 端流入，从 U 端流出；L_3 相电流从 w 端流入，从 W 端流出；i_V 为正“+”说明 L_2 相电流从 v 端流入，从 v 端流出，同样可用右螺旋法则确定合成磁场的方向。在图 5-2（b）之中，t_2 瞬间与 t_1 瞬间相比，磁场沿着顺时针方向旋转了 120°。

同理，可画出 t_3（$\omega t=240^\circ$）、t_4（$\omega t=360^\circ$）两个瞬间的磁场，如图 5-2（b）所示，这时磁场继续沿着顺时针方向旋转。

由此可见，定子绕组由三个在空间相隔 120° 的线圈组成时，通入三相对称电流，便能产生两极（$p=1$）旋转磁场；且电流变化一周时，合成磁场在空间旋转 360°。磁场旋转的方向与线圈中三相电流的相序一致。

旋转磁场的极数与定子绕组的排列有关，如果每相定子绕组由两个线圈串联而成。当三相绕组接成星形或三角形，并通入三相对称电流时，用上述方法分析，可得出四极旋转磁场（$p=2$）。

（二）旋转磁场的性质

1. 旋转磁场的转速

根据以上分析，可以看出旋转磁场的转速与磁极对数、定子电流的频率之间存在一定的关系，现在叙述如下。

一对极的旋转磁场，电流变化一周时，磁场在空间转一圈；

二对极的旋转磁场，电流变化一周时，磁场在空间转 1/2 圈；

P 对极的旋转磁场，电流变化一周时，磁场在空间转 $1/p$ 圈；

P 对极的旋转磁场，电流变化 f_1（Hz/s）（周/秒）时，磁场在空间的转速为 f_1/P（r/s）（转/秒）。通常转速是以每分钟的转数来表示的，所以旋转磁场转速的一般公式为

$$n_1 = \frac{60 f_1}{p} \tag{5-2}$$

式中 n_1——为旋转磁场的转速，又称为同步转速（r/min）；

f_1——为定子电流的频率（Hz）；

p——为旋转磁场的极对数。

即当电源的频率一定时，旋转磁场的转速与极对数成反比。我国规定的电网标准频率为 50Hz，因此不同极对数的异步电动机所对应的旋转磁场的转速也就不同，分别列入下表 5-1 中。由于极对数总是整数，故旋转磁场的转速也为整数。

电动机的磁极对数与转速关系 表 5-1

p	1	2	3	4	5	6	7	8
n_1	3000	1500	1000	750	650	500	428	375

2. 旋转磁场的转向

如前所述，旋转磁场的转向与电流的相序一致，在图 5-2 中，电流的相序为 $L_1 \rightarrow L_2 \rightarrow L_3$，磁场旋转的方向为顺时针。必须指出，电动机三相绕组的任一相都可以是 L_1 相（或 L_2 相、L_3 相），但电源的相序则是固定不变的。因此，如果我们将三根电源线中的任意两根（如 L_1 和 L_2）对调，也就是说，电源的 L_1 相接到 L_2 相绕组上，电源的 L_2 相接到 U 相绕组上，在 V 相绕组中，流过的是 L_1 相电流，而在 U 相绕组中，流过的是 L_2 相电流，这时定子三相绕组中电流的相序将是 $L_1 \rightarrow L_3 \rightarrow L_2$（为逆时针），所以旋转磁场的转向也变为逆时针了。读者可自己作图证明。

综合以上分析可知，产生旋转磁场的条件是：在三相对称的定子绕组中，通入三相交流对称电源。

二、三相异步电动机的工作原理

（一）电动机转动原理

当电动机的定子绕组通以三相交流电时，便在气隙中产生旋转磁场，设某瞬间绕组中的电流方向与合成磁场的方向，如图 5-3 所示为异步电动机的工作原理。

1. 感应电势与感应电流

旋转磁场以 n_1 的速度顺时针旋转后，当磁场与导体（转子绕组）有相对运动时，即旋转磁场切割转子绕组，因而在转子导体中产生感应电势。感应电势的方向用右手定则来确定（注意：用右手定则时，应假定磁场不动，导体以相反的方向切割磁力线）。于是，得出转子上半部分导体的感应电势方向垂直于纸面并向外“⊙”；而下半部分导体的感应电势方向垂直于纸面并向里“⊗”。由于转子电路是一闭合回路，因此便在感应电势的作用下，转子电路则产生感应电流。如果忽略转子的电感，则转子电流与转子感应电势的相位相同，即图5-3中所标的电势方向也就是电流的方向。

2. 产生电磁力

载流导体切割磁力线后，载流导体就会在磁场中受电磁力的作用，所以带有感应电流

的转子导体在旋转磁场中将受到电磁力的作用。电磁力的方向用左手定则确定，上部电磁力 F 向右，下部电磁力 F 向左。从而形成电磁力矩使转子随旋转磁场旋转，当旋转磁场反方向时，转子转向亦反方向，如图 5-3 中所示。对于转轴来说，电磁力 F 产生电磁转矩 M，转子便以一定的速度沿着旋转磁场的旋转方向转动起来。这时异步电动机从电源取得电能，通过电磁作用将电能转换为机械能。

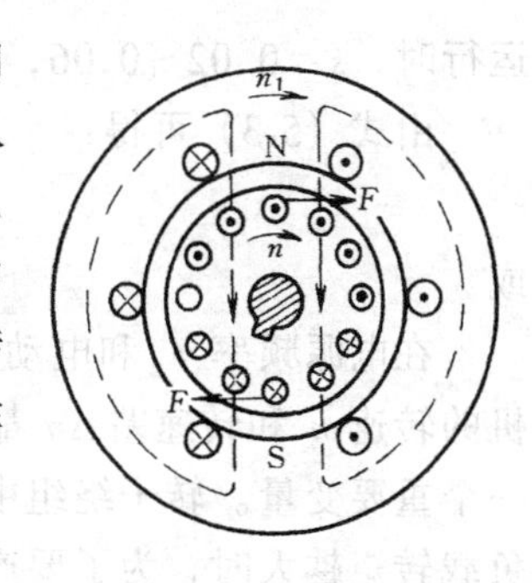

图 5-3 异步电动机的工作原理

3. 电动机转动特征

(1) 转动条件。综上所述，异步电动机旋转力矩的产生必须具备两个条件：其一，气隙中有旋转磁场；其二，转子导体中有感应电流。从结构上来讲，若要满足这两个条件，三相定子绕组必须对称排列并通以对称三相交流电源；转子绕组必须构成闭合电路。

(2) 转动方向。从上面的分析可知，异步电动机转子的旋转方向与磁场的旋转方向一致，而磁场的旋转方向又是由电流的相序所决定。因此，要使电动机改变旋转方向，只需任意对调两根电源线就行了。

(3) 异步转速。异步电动机转子旋转的方向虽然和磁场旋转方向一致，但它的转速 n 始终小于旋转磁场的转速 n_1。这是由异步电动机的工作原理所决定的。如果 $n = n_1$，即转子与旋转磁场同步，则转子与磁场之间便无相对运动，转子导体将不被磁场切割，因而也不可能有感应电动势和感应电流产生，电动机也就不能产生电磁力和旋转。也就是说，这种电动机的转速不可能等于同步转速，故称为异步电动机。又由于转子电动势和转子电流是感应产生的，故又称为感应电动机。

(二) 转差率

1. 同步转速与异步转速

旋转磁场的转速称同步转速 (n_1)；而转子的转速称异步转速 (n)。

2. 转速差

转子与磁场的相对速度称转速差，一般用 Δn (即 $n_1 - n$) 表示。

3. 转差率

如上所述可知，异步电动机转子的转速总是小于同步转速。通常，同步转速 n_1 与转子转速 n 之差 $\Delta n = n_1 - n$，称为转速差，而转速差 Δn 与同步转速 n_1 之比称为转差率 (或称滑差)，用符号 s 表示，即

$$s = \frac{n_1 - n}{n_1} \text{ 或 } s = \frac{n_1 - n}{n_1} \times 100\% \tag{5-3}$$

式中 s——转差率；

n——转子转速 (异步转速)；

n_1——旋转磁场转速 (同步转速)；

当电动机启动瞬间，即 $n = 0$，则 $s = 1$。

当电动机的转速达到同步转速 (称为理想空载状态，电动机在实际运行中是不可能的)，即 $n = n_1$，则 $s = 0$。

由此可见，异步电机在电动机运行状态下，转差率的范围为 $0 < s < 1$。在额定状态下

运行时，$s=0.02 \sim 0.06$，用百分数表示，则 $s=2\% \sim 6\%$。

由式（5-3）可得：

$$n=(1-s)\ n_1 \tag{5-4}$$

或

$$\Delta n = sn_1 \tag{5-5}$$

在电源频率 f_1 和电动机的极对数 p 一定时，同步转速 $n_1 = 60f_1/p$ 是一常量。电动机的转速 n 和转速差 Δn 都与转差率 s 有关，因而转差率 s 是决定异步电动机运行情况的一个重要变量。转子绕组中的感应电势的大小与转速差成正比，亦即与转差率成正比。当负载转矩越大时，为了要产生足够的电磁转矩，必须有较大的转子电势和转子电流，因而必须有较大的转差率；当负载转矩越小时，情况却相反，则转差率也较小。在理想空载情况下，因无阻力转矩，电磁转矩为零，这时，转子电势和转子电流均为零，转子达到同步转速，因而转差率为零。

三、异步电动机的结构

异步电动机的结构与其他旋转电机一样，主要由固定不动的部分（定子）和旋转的部分（转子）等组成，定、转子间有气隙。此外，尚有端盖、轴承、风冷装置和接线盒等。图 5-4 为笼型异步电动机的结构剖面示意图。

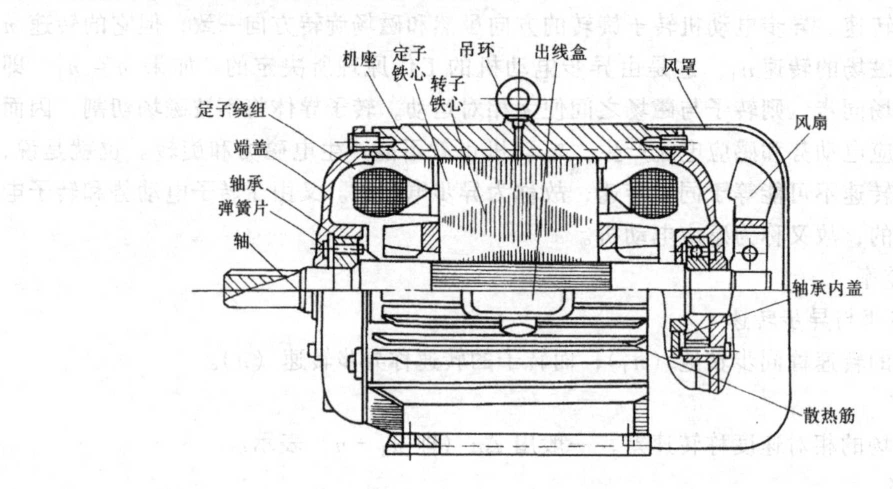

图 5-4 笼型异步电动机的结构剖面图

（一）定子

定子为电机的固定部分，主要用以产生旋转磁场，它主要由定子铁心、定子绕组和机座三部分组成。

1. 定子铁心

定子铁心是电机磁路的一部分。其作用一是导磁，二是安放绕组。为减少交变磁通在铁心中产生磁滞和涡流损耗，铁心一般采用导磁性能较好、厚度为 0.5mm 左右、涂有绝缘漆的硅钢片迭压而成，并用压圈与扣片紧固。铁心冲片内圆有均匀分布的槽，用以嵌装定子绕组。通常的槽形有半闭口、半开口与开口槽，如图 5-5 所示。铁心外径较小时，钢片冲成整圆片，见图 5-5（d）；外径较大时，用扇形片拼成。为了散热，铁心留有径向风沟或轴向通风孔。

2. 定子绕组

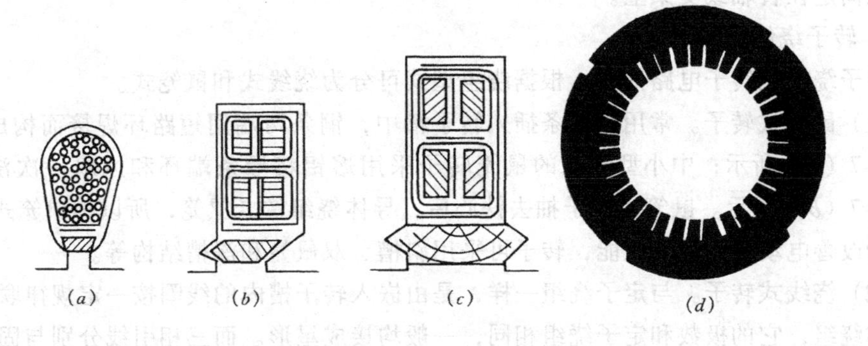

图 5-5 定子冲片和槽形
（a）半闭口槽；（b）半开口槽；（c）开口槽；（d）定子冲片

定子绕组是电机定子电路的一部分。每相绕组由若干个良好绝缘的线圈组成，嵌放在槽内，并按一定规律联结。小容量电机常采用单层绕组，由高强度漆包线绕制，可分散嵌入半闭口槽中；一般高压和大、中容量电机常采用双层短距绕组，并由玻璃丝包扁铜线绕制，外包多层绝缘烘压为成型绕组，嵌装在半开口槽或开口槽内。

高压和大、中型电机的定子绕组常采用Y接法，只有三根引出线，即 U_1、V_1、W_1；而中、小容量低压电机常引出三相六个线柱为 U_1-U_2，V_1-V_2，W_1-W_2，根据需要可接成△、Y形，如图 5-6 所示。

3. 机座

其作用是支撑定子铁心，转子通过轴承、端盖固定在机座上。一般采用铸铁机座、小型电机有铝合金铸成或注塑成型机壳，大中型电机则采用钢板焊接机座。为了增加散热能力，一般封闭式机座表面都装有散热筋，防护式机座两侧开有通风孔。

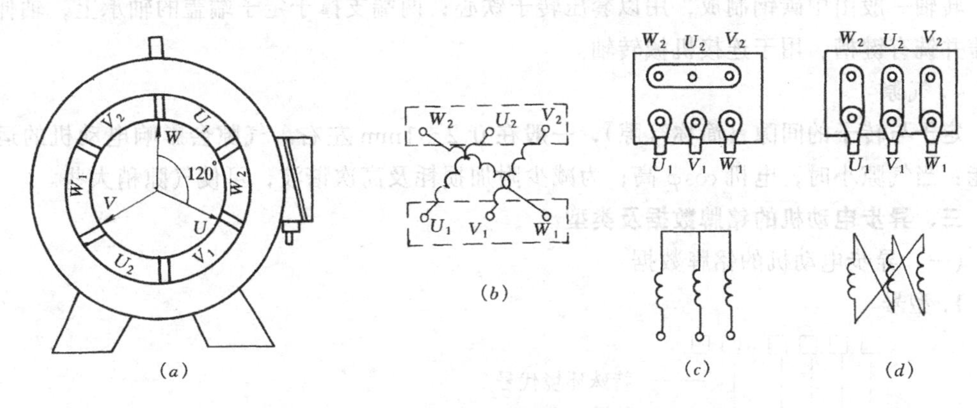

图 5-6 三相异步电动机绕组安排联结示意图
（a）定子绕组及引接示意；（b）电机绕组引接示意；（c）星形接法；（d）三角形接法

（二）转子

转子是电机的转动部分，其作用是产生机械转矩并拖动负载。

1. 转子铁心

转子铁心是电机磁路一部分。其作用一是导磁，二是嵌装绕组。它由 0.5mm 厚的硅钢片叠压而成，片间绝缘，外圆开有分布线槽，用于嵌入或浇注转子绕组，并压装在转轴上套压固定在转轴或支架上。

2. 转子绕组

转子绕组是转子电路部分。根据绕组型式可分为绕线式和鼠笼式。

(1) 鼠笼式转子。常用裸铜条插入转子槽中，铜条两端用短路环焊接而构成鼠笼状，如图5-7 (*a*) 所示；中小型电机的鼠笼转子采用熔铝将导条端环和风扇一次浇注而成，如图5-7 (*b*) 所示。鼠笼式转子抽去铁心后，导体绕组像老鼠笼，所以称鼠笼式。

为改善电动机的启动性能，转子可采用斜槽、双鼠笼和深槽结构等。

(2) 绕线式转子。与定子绕组一样，是由嵌入转子槽内的线圈按一定规律联结构成三相对称绕组，它的极数和定子绕组相同，一般均接成星形。而三相引线分别与固定在转轴上相互绝缘的三个滑环相连，滑环通过固定电刷与外电路的启动或调速变阻器相连接，如图5-8所示。

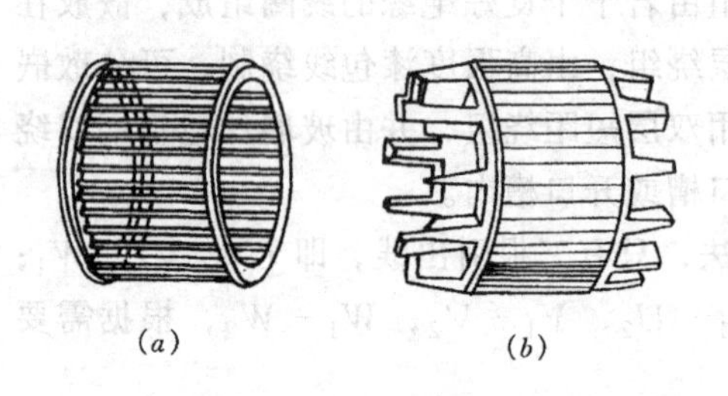

图5-7 鼠笼转子

(*a*) 铜条鼠笼转子；(*b*) 铸铝鼠笼转子

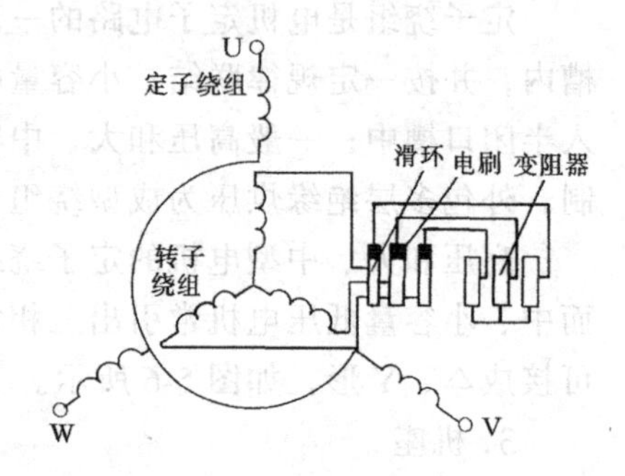

图5-8 绕线式异步电动机

3. 转轴

转轴一般由中碳钢制成，用以套压转子铁心；两端支撑于定子端盖的轴承上，轴伸出端盖并铣有键槽，用于连接机械转轴。

4. 气隙

定子与转子的间隙（简称气隙），一般在0.2～1mm左右。气隙会影响电动机的运行性能：当气隙小时，电机 $\cos\varphi$ 高；为减少附加损耗及高次谐波，可使气隙稍大些。

三、异步电动机的铭牌数据及类型

（一）异步电动机的铭牌数据

1. 型号

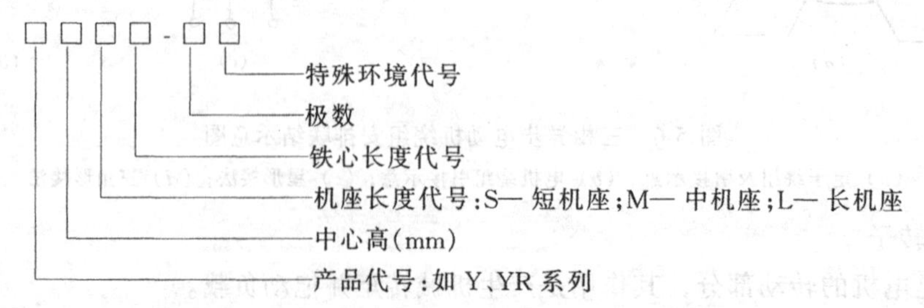

注：电机防护等级代号由表征字母IP及附加在后的两个表征数字组成：第一位数字（0～5）表示电机外壳对人和壳体内部的防护等级；第二位数字（0～8）表征外壳进水而引起有害影响的防护等级组成。有时标注在系列代号后。电机防护等级代号含义参见表5-2。

例如 Y（IP44）160L-4：Y 表示 Y 系列异步电动机，160 表示铁心中心高度为160mm，L 表示机座为长机座，4 表示电动机旋转磁场的磁极数为 4：IP44 表示电机外壳能防护大于 1mm 固体的电机（防止直径大于 1mm 的固体异物进入壳内）及防溅水的电机（可承受任何方向的溅水）。

电机防护等级的代号含义　　　　表 5-2

	代号	简　述	含　　义
第一位表征数字代号及含义	0	无防护电机	无专门防护
	1	防护大于 50mm 固体的电机	能防止大面积的人体（如手偶然或意外触及或接近壳内带电或旋转部件（但不能防止故意接触） 能防止大于 50mm 固体异物进入电机壳内
	2	防护大于 12 mm 固体的电机	能防止手指或长度不超过 80mm 的类似物体，触及或接近壳内带电或旋转部件 能防止大于 12mm 固体异物进入电机壳内
	3	防护大于 2.5mm 固体的电机	能防止直径大于 2.5mm 的工具或导线触及或接近壳内带电或旋转部件 能防止大于 2.5mm 固体异物进入电机壳内
	4	防护大于 1mm 固体的电机	能防止手指或长度不超过 80mm 的类似物体，触及或接近壳内带电或旋转部件 能防止大于 1mm 固体异物进入电机壳内
	5	防尘电机	能防止触及或接近壳内带电或旋转部件，进尘量不足以影响电机的正常运行
第二位表征数字代号及含义	0	无防护电机	无专门防护
	1	防滴电机	垂直滴水应无有害影响
	2	15°防滴电机	当电机从正常位置向任何方向倾斜至 15°以内任何角度时，垂直滴水应无有害影响
	3	防淋水电机	与垂直角成 60°范围以内的淋水应无有害影响
	4	防溅水电机	承受任何方向的溅水应无有害影响
	5	防喷水电机	承受任何方向的喷水应无有害影响
	6	防海浪电机	承受猛烈的海浪冲击或喷水时，电机的进水量应不达到有害的程度
	7	防浸水电机	当电机浸入规定压力的水中经规定时间后，电机的进水量应不达到有害的程度
	8	防潜水电机	电机在制造厂规定的条件下长期潜水，电机一般为水密型，但对某些类型电机可允许水进入，但应不达到有害的程度。

2. 额定参数

（1）额定电压 U_N。指加于定子绕组上的额定线电压（V、kV）。

（2）额定电流 I_N。指输入定子绕组的额定线电流（A）。

（3）额定频率 f_N。指电机所接电源的频率，我国规定为 50Hz。

（4）额定功率 P_N。指额定工作时传动轴端输出的机械功率（kW）。

$$P_N = \sqrt{3} U_N I_N \eta_N \cos\varphi \tag{5-6}$$

（5）额定转速 n_N。指电机在额定负载下的转速，即在额定电压、额定电流、额定功率时转子的额定旋转速度 n_N（转/分钟，r/min）。

(6) 额定效率 η_N。额定运行时输入功率 P_1 与轴输出功率 P_N 的比值，即

$$\eta_N = \frac{P_N}{P_1} = \frac{P_N}{\sqrt{3}U_N I_N \cos\varphi} \tag{5-7}$$

3．接法

接法是指定子绕组的连接方法“Y、△”，它与电源电压有关，如 Y/△、380/220V。

4．定额

定额是指电动机根据发热条件不同而规定的不同运行方式，或在额定功率条件下的允许运行时间，有连续运行、短时运行和断续运行三种。同一台电动机在不同的运行方式下，会得到不同的温升，所以允许输出的机械功率也不同；当作短时运行和断续运行时的输出功率可以比作连续运行大一些。

(1) 短时。只能按电动机额定值作短时运行，不能连续运行。

(2) 断续。只能按电动机额定值作短时运行，并可作重复周期性断续运行。

(3) 连续。可按额定值连续运行。

5．绝缘等级或温升

绝缘等级或温升标明电动机的温度特征。

(1) 温升。温升＝本体温度－环境温度。

(2) 绝缘等级。绝缘等级标明电动机绝缘材料的耐热性能：Y-90℃、A-105℃、E-120℃、B-130℃、F-155℃、H-180℃、C-180℃以上。

对绕线式电机，还应标明有转子电压、额定转子电流。

(二) 电动机的类型

电动机可按不同的形式进行分类。

(1) 按防护型式分类。按防护形式可分为开启式、防护式、封闭式、防爆式电动机。

(2) 按转子结构分类。按转子结构可分为绕线式异步电动机和鼠笼式异步电动机。

(3) 按定子相数分类。按定子相数可分为单相、两相和三相电动机。

(4) 按电压分类。按电压可分为高压电机（＞1kV）和低压电机（≤1kV）。

(5) 按安装方式分类。按安装方式可分为立式电机和卧式电机。

(三) 异步电动机系列简介

(1) Y 系列。为全封闭、自扇风冷、鼠笼型转子异步电动机，防护等级 IP44。该系列具有高效率、启动转矩大，噪声低，振动小，性能优良和外形美观等优点。其功率等级、安装尺寸、防护等级和接线端标志均符合国际电工委员会 IEC 有关标准的规定。

(2) DO_2 系列。为微型单相电容运转式异步电动机。广泛用作录音机、家用电器、风扇、记录仪表等驱动设备。

四、三相异步电动机的特性

(一) 转矩特性

前已述及，异步电动机的电磁转矩是由定子绕组产生的旋转磁场与转子绕组的感应电流相互作用而产生的。磁场越强，转子电流越大，则电磁转矩（用 T 表示）也越大。可以证明，三相异步电动机的电磁转矩 T 与转子电流 I_2、定子旋转磁场的每极磁通 Φ 及转子电路的功率因数 $\cos\varphi_2$成正比，可表示为

$$T = K_T \Phi I_2 \cos\varphi_2 \tag{5-8}$$

式中 K_T——为与电动机结构有关的常数；

Φ——为旋转磁场的每极磁通。

当把磁通 Φ 和转子电流 I_2 的关系式代入以后，可得出电磁转矩的另一表达式，即

$$T = KU_1^2 \frac{sR_2}{R_2^2 + (sX_{20})^2} \tag{5-9}$$

式中 K——是比例常数；

s——为转差率；

U_1——为加于定子每相绕组的电压；

X_{20}——为转子静止时每相绕组的感抗，一般也是常数；

R_2——为每相转子绕组的电阻，在绕线式转子中可外接可变电阻器改变 R_2。

由此可见，在式（5-9）中，可以人为改变的参数是 U_1、R_2 和 s，它们是影响电动机机械特性的三个重要因素。

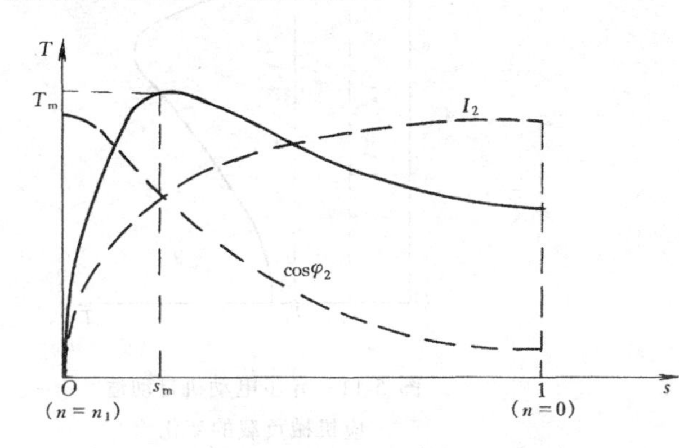

图 5-9 三相异步电动机的转矩特性曲线

式（5-9）表明，当电源电压 U_1 和转子电阻 R_2 一定时，电磁转矩 T 是转差率 s 的函数，其特性曲线如图 5-9 所示。通常称 $T=f$（s）曲线为异步电动机的转矩特性曲线。图中给出的虚线是为了便于联系式 5-8 来理解。可以看出，三相异步电动机的电磁转矩 T 与转子电流 I_2、转子电路的功率因数 $\cos\varphi_2$ 的乘积成正比。

从三相异步电动机的转矩特性可以看到，当 $s=0$，即 $n=n_1$ 时，$T=0$，这是理想的空载运行；随着 s 的增大，T 也开始增大（这时 I_2 增加快而 $\cos\varphi_2$ 减得慢），但到达最大值 T_m 以后，随着 s 的继续上升，T 反而减小（这时 I_2 增加慢而 $\cos\varphi_2$ 减得快）。最大转矩 T_m 又称临界转矩，对应于 T_m 的 s_m 称为临界转差率。

（二）机械特性

转矩特性 $T=f$（s）曲线表示了电源电压一定时，电磁转矩 T 与转差率 s 的关系。但在实际应用中，更直接需要了解的是电源电压一定时，转速 n 与电磁转矩 T 的关系，即 $n=f$（T）曲线，这条曲线称为电动机的机械特性曲线。如不改变电路参数，其机械特性称为电动机的固有机械特性。

根据异步电动机的转速 n 与转差率 s 的关系，可将 $T=f$（s）曲线变换为 $n=f$（T）曲线。只要把 $T=f$（s）曲线中的 s 轴变换为 n 轴，把 T 轴平移到 $s=1$，即 $n=0$ 处，再按顺时针方向旋转 90°，便得到 $n=f$（T）曲线，如图 5-10 所示。用它来分析电动机的工作情况更为方便。

为了正确使用异步电动机，应注意 $n=f$（T）曲线上的两个区域和三个重要转矩。

1. 稳定区和不稳定区

以最大转矩 T_m 为界，机械特性分为两个区：上部为稳定区（工作区）；下部为不稳定区（非工作区）。

(1) 稳定区。当电动机工作在稳定区上某一点时，电磁转矩 T 能与轴上的负载转矩 T_L 相平衡（忽略空载损耗转矩）而保持匀速转动。如果负载转矩 T_L 变化，电磁转矩 T 将自动适应随之变化达到新的平衡而稳定运行。现以图 5-11 来说明，例如当轴上的负载转矩 $T_L = T_a$ 时，电动机匀速运行在 a 点，此时的电磁转矩 $T = T_a$，转速为 n_a，如果 T_L 增大到 T_b，在最初瞬间由于机械惯性的作用，电动机转速仍为 n_a，因而电磁转矩不能立即改变，故 $T < T_L$，于是转速 n 下降，工作点将沿特性曲线下移，电磁转矩自动增大，直至增大到 $T = T_b$，即 $T = T_L$ 时，n 不再降低，电动机便稳定运行在 b 点，即在较低的转速下达到新的平衡。同理，当负载转矩 T_L 减小时，工作点上移，电动机又可自动调节到较高的转速下稳定运行。

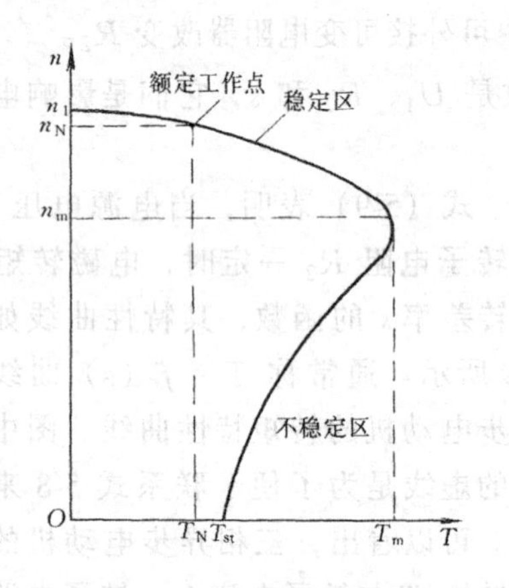

图 5-10 三相异步电动机的机械特性曲线

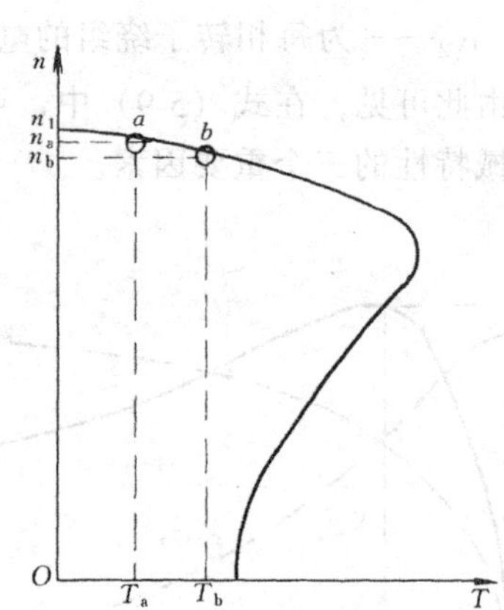

图 5-11 异步电动机自动适应机械负载的变化

由此可见，电动机在稳定运行时，其电磁转矩和转速的大小都决定于它所拖动的机械负载。

异步电动机机械特性的稳定区比较平坦，当负载在空载与额定值之间变化时，转速变化不大，一般仅 2%～8%，这样的机械特性称为硬特性，三相异步电动机的这种硬特性很适应于金属切削机床等工作机械的需要。

(2) 不稳定区。如果电动机工作在不稳定区，则电磁转矩不能自动适应负载转矩的变化，因而不能稳定运行。例如负载转矩 T_L 增大使转速 n 降低时，工作点将沿特性曲线下移，电磁转矩反而减小，会使电动机的转速越来越低，直到停转（堵转）；当负载转矩 T_L 减小时，电动机转速又会越来越高，直至进入稳定区运行。

2. 三个重要转矩

(1) 额定转矩 T_N。额定转矩是电动机在额定电压下，以额定转速运行，输出额定功率时，其轴上输出的转矩。因为电动机转轴上的功率等于角速度 ω 和转矩 T 的乘积，即 $P = T \cdot \omega$，故

$$T_N = \frac{P_N}{\omega_N} = \frac{P_N \times 10^3}{\frac{2\pi n_N}{60}} = 9550 \frac{P_N}{n_N} \tag{5-10}$$

式中 ω——为角速度 (rad/s)；

P_N——为额定功率（kW）；

n_N——为电动机额定转速（r/min）；

T_N——为电磁转距（N·m）。

异步电动机的额定工作点通常大约在机械特性稳定区的中部，如图5-10所示。为了避免电动机出现过热现象，一般不允许电动机在超过额定转矩的情况下长期运行，但允许短期过载运行。

（2）最大转矩 T_M。最大转矩 T_M 是电动机能够提供的极限转矩。由于它是机械特性上稳定区和不稳定区的分界点，故电动机运行中的机械负载不可超过最大转矩，否则电动机的转速将越来越低，很快导致堵转。异步电动机堵转时电流最大，一般达到额定电流的4～7倍，这样大的电流如果长时间通过定子绕组，会使电动机过热，甚至烧毁。因此，异步电动机在运行中应注意避免出现堵转，一旦出现堵转应立即切断电源，并卸掉过重的负载。

为了描述电动机允许的瞬间过载性能，通常用最大转矩与额定转矩的比值 T_M/T_N 来表示，称为过载系数或过载能力，用 λ 表示，即

$$\lambda = T_M/T_N \tag{5-11}$$

一般三相异步电动机的过载系数为1.8～2.2，在电动机的技术数据中可以查到。

（3）启动转矩 T_{st}。电动机在接通电源被启动的最初瞬间（$n=0$，$s=1$），这时的转矩称为启动转矩 T_{st}。如果启动转矩小于负载转矩，即 $T_{st}<T_L$，则电动机不能启动。这时与堵转情况一样，电动机的电流达到最大，容易过热烧毁。因此当发现电动机不能启动时，应立即断开电源停止启动，在减轻负载或排除故障以后再重新启动。

如果启动转矩大于负载转矩，即 $T_{st}>T_L$，则电动机的工作点会沿着 $n=f(T)$ 曲线从底部上升，电磁转矩 T 逐渐增大，转速 n 越来越高，很快越过最大转矩 T_m，然后随着 n 的升高，T 又逐渐减小，直到 $T=T_L$ 时，电动机就以某一转速稳定运行。由此可见，只要异步电动机的启动转矩大于负载转矩，一经启动，便迅速进入机械特性的稳定区运行。

异步电动机的启动性能通常用启动转矩与额定转矩的比值 T_{st}/T_N 来表示，称为启动系数或启动能力，用符号 λ_{st} 表示，即

$$\lambda_{st} = T_{st}/T_N \tag{5-12}$$

一般三相鼠笼式异步电动机的启动能力是不大的，T_{st}/T_N 约为0.8～2.2，绕线型异步电动机由于转子可以通过滑环外接电阻器，因此启动能力显著提高。启动能力也可在电动机的技术数据中查到。

【例5-1】 已知两台异步电动机的额定功率都是5.5kW，其中一台电动机额定转速为2900r/min，过载系数 λ_1 为2.2，另一台的额定转速为960r/min，过载系数 λ_2 为2.0，试求它们的额定转矩和最大转矩各为多少？

【解】 第一台电动机的额定转矩

$$T_{N1} = 9550\frac{P_{N1}}{n_{N1}} = 9550\times\frac{5.5}{2900}\text{N·m} = 18.1\text{N·m}$$

最大转矩 $$T_{m1} = \lambda_1 T_{N1} = 2.2\times 18.1\text{N·m} = 39.8\text{N·m}$$

第二台电动机的额定转矩

$$T_{\mathrm{N2}}=9550\frac{P_{\mathrm{N2}}}{n_{\mathrm{N2}}}=9550\times\frac{5.5}{960}\mathrm{N\cdot m}=54.7\mathrm{N\cdot m}$$

最大转矩 $T_{\mathrm{m2}}=\lambda_2 T_{\mathrm{N2}}=2.0\times54.7\mathrm{N\cdot m}=109\mathrm{N\cdot m}$

此例说明，若电动机的输出功率相同，而转速不同，则转速低的电动机转矩较大。

3. 影响机械特性的三个重要因素 U_1、R_2 和 f_1

前已述及，在式（5-9）中，可以人为改变的参数是外加电源电压 U_1 和转子电路电阻 R_2 以及电源频率 f_1，它们是影响电动机机械特性的几个重要因素，由其形成的机械特性称为人为机械特性。

(1) 改变电源电压 U_1。在保持转子电路电阻 R_2 不变的条件下，在同一转速（即相同转差率）时，电动机的电磁转矩 T 与定子绕组的外加电压 U_1 的平方成正比。因此，当 U_1 降低时，机械特性向左移。例如当电源电压降到额定电压的70%时，最大转矩和启动转矩都降为额定值的49%；若电压降到额定值的50%，则转矩降到额定值的25%。可见电源电压对异步电动机电磁转矩的影响是十分显著的。电动机在运行时如果电源电压降低，则其转速会降低，导致电流增大，引起电动机过热，甚至使最大转矩小于负载转矩而造成堵转。

(2) 改变转子电阻 R_2。在保持外加电压 U_1 不变的条件下，增大转子电路电阻 R_2 时，电动机机械特性的稳定区保持同步转速 n_1 不变，而斜率增大，即机械特性变软。电动机的最大转矩 T_{m} 不随 R_2 而变，而启动转矩 T_{st} 则随 R_2 的增大而增大，启动转矩最大时可达到与最大转矩相等。由此可见，绕线型异步电动机可以采用加大转子电路电阻的办法来增大启动转矩。

(3) 改变电源频率 f_1。当改变电动机电源频率 f_1 时，则电动机转子导体切割磁场的速度、转子电流频率等电磁感应参数也会改变，所以电动机的转速就会随之变化，从而以达到电动机调速目的。但在改变 f_1 时，必须改变电源电压 U_1，以防止电机磁路饱和及激磁电流增加。

第二节 常用动力设备

一、起重机及其主要电气设备

本书简要介绍交流工频供电的通用型电动桥式起重机。

（一）起重机简介

1. 电动桥式起重机

电动桥式起重机（又称天车），是工厂生产活动中普遍使用的重要生产机械。一般可分为专用型和通用型两大类。专用型的有冶金用的装料起重机；锻造用的锻造起重机；热处理用的淬火起重机以及配有电磁吸盘、抓斗等装置的专用天车。在工厂的车间、毛坯库、材料库等场所，用以起吊和装卸重物的起重机属于通用型天车。在建筑上使用的有塔吊、升降机等。

2. 起重机的构成

通用起重机主要由桥架（又称大车）、起重小车（简称小车）、主升降机构（主钩）和辅助升降机构（副钩）等几大部分组成。各部分的运行速度大约为：大车 68～120m/min；小车 30～45m/min；主钩 3.5～20 m/min；副钩 7～25 m/min。

3. 起重机的起重能力

起重机的起重能力决定于主钩所能承受的额定重量。以吨为计算单位，一般可分为小、中、大型三级。小型为 5～10t（此型不设副钩）；中型为 15～50t；大型为 75t 及其以上。不论属于哪个等级，其跨度（大车行走轨道的中心距）有 10.5～31.5m 共 8 个档次可供选用。

4. 起重机的工作方式

起重机的工作方式属于重复短时工作制，对电气上影响最大的是它的负载持续率（有时称暂载率，*FS*（%））及每小时接通的次数（*N*）。由这两个指标可以看出一台车的忙闲程度。轻级工作制的起重机，其 *FS*（%）＝15%，$N<30$，中级工作制时 *FS*（%）＝25%，$N=30～90$；重级工作制时 *FS*（%）＝40%，$N>90$。轻级的一般用于维修部门或小批量生产车间，中级的用于中等批量的生产场所，这是用得较多的一种，而重级的则用于大批量的生产车间或繁忙场所。

（二）主要电气设备

1. 绕线式异步电动机

起重机用的异步电动机，在结构、性能等方面都与通用型电动机有所不同。为了适应由频繁启动、制动、过载和超速（可达额定转速的 2 倍以上）而带来的机械上的冲击和振动，要求它具有较高的机械强度和较小的转动惯量，具有较大的过载能力，其最大转矩与额定转矩之比可达 2.5～3。为加强电动机工作的可靠性，将定、转子之间的气隙设计的比一般电动机要大，致使空载电流达额定电流的 60%～70%，故功率因数较低。

起重机用异步电动机的常用型号为 JZR 及 JZR2 型，相应的新型号为 YZR 型，都是绕线型（俗称滑环式）电机，它们的技术数据，可以在有关手册中查到。

起重电动机常工作于多粉尘和高温的环境中，要求静止散热能力较强。允许温升可达 80℃以上。其工作制式为带频繁启动与制动的断续周期工作制，基准负荷持续率设计为 *FS*（%）＝25%。当在工作中实际的负载持续率大于 25%时，电动机的额定容量就应相应降低，否则电机将因过热而损坏。

2. 控制器

（1）凸轮控制器。凸轮控制器是一种手动控制多触点开关电器，为立式结构。触点有单排列式和双排列式两种，触点的闭合或分断，是根据电路的需要，由一组用绝缘物制成的凸轮来控制的，可直接用以控制电动机的定、转子回路及相关的控制回路。操作频率允许可达 600 次/小时。作定子主回路控制电机可逆运行的触点，为延长使用寿命及防止相间因电弧引起短路，特将其置于隔弧罩内。常用的凸轮控制器有 KTS1 和 KT10 等系列。

凸轮控制器既可用于平移机构的控制，也可用于升降机构的控制。由凸轮控制器组成的控制电路，有可逆对称和可逆不对称之分，可逆对称控制电路可用来控制两台转子接有三相对称电阻的电动机，如大车行走便属于这种控制。可逆不对称控制电路则用以控制一台转子接有三相不对称电阻的电动机，如小车、副钩等的控制。

（2）主令控制器。当被控制的电动机功率较大（如中型及中型以上起重机主钩的电动机），或连续操作凸轮控制器使驾驶人员极易疲劳时，可采用主令控制器对拖动部位进行控制。主令控制器为卧式结构，内部构造及触点的开闭动作与凸轮控制器类似，其控制程式为主令—接触器—电动机。

目前常用的主令控制器多为 LK_1—12 系列，额定工作电压为 380V，有 12 对触点，额定电流为 20A。其触点具有 100A 的接通能力，可满足大容量接触器线圈启动的需要。

4. 交流接触器

用主令控制器操作的起重机，必须用交流接触器来控制电动机的定子和转子回路。在起重机上常用 CJl2 系列的交流接触器，这是一种单断点、平面布置、条架式结构的接触器，主触点的动触头与电磁机构的衔铁装在同一转动轴上，直接由转动轴带动。在接通或分断电路的过程中，动触头对静触头有相对滚滑运动，以改善触头的分、合能力及延长触头的使用寿命。在静触点上接装有串联磁吹灭弧线圈，每对主触点都配有纵缝式灭弧罩，故具有较强的灭弧能力。

这种接触器有六对双断点的辅助触点，由连接衔铁的转动轴间接带动。六对辅助触点均可作动合、动断的任意组合，便于应用。吸引线圈一般都按供电电源选用 380V 的线圈，可在额定电压的 85%～105%时可靠地工作。

5. 电阻器和频敏变阻器

电阻器和频敏变阻器是用于起重型绕线式异步电动机转子回路中的变阻性器件。

(1) 电阻器。电阻器是起重机上电力拖动的主要部件之一，它是由电阻元件按电动机的容量及所要求的拖动特性，以箱式结构组装而成。成套的电阻器有三相平衡型及三相不平衡型两种，前者适用于用主令控制器控制的电动机，后者适用于凸轮控制器作三相不平衡控制的电动机。

常用的电阻器有 ZX1、ZX2、ZX9、ZX15 等系列，其中 ZXl 系列的电阻元件由铸铁制成片状，再组装成电阻箱。这种电阻器价格便宜，广为采用。其缺点是阻值误差较大，机械强度较差，易折断，片间的接触电阻稳定性较低，因而渐有被合金型电阻器取代之势。ZX2、ZX4 系列的电阻器采用康铜带或康铜丝绕制的元件制成，额定电流依元件不同为 1.2～43A，元件阻值范围为 0.2～260Ω；ZX9，ZX15 系列的电阻器用的是铁铬铝合金元件组成的电阻箱，其额定电流与阻值范围与 ZXl 系列相同，电流为 20～215A，电阻为 0.1～11Ω。以上各系列电阻箱的安装尺寸都相同，可互相代用。

电阻器有长期、反复短时和短时三种工作制，起重机上用的是反复短时工作制。通电持续率有 70%、50%、35%。25%等几种，通电的周期规定为 60s。

(2) 频敏变阻器。频敏变阻器实际就是一台铁心损耗特别大的三相电抗器，其铁心一般由铸铁片或厚钢板叠成，在铁心上套有三相线圈，线圈都接成星形。它利用了铁磁材料对交流电的频率极为敏感的特征，可自动平滑地使异步电动机作无级的变速启动。

频敏变阻器结构简单，成本低，线路精简，运行可靠，无需经常维修，但其功率因数较低，一般为 0.5～0.75。与电阻器相比较，它的启动转矩要小些，启动电流要大些，如果参数配合调整得当，可使电动机接近于恒转矩启动。启动完毕后，可用接触器将频敏变阻器从电路中切除。在频敏变阻器的系列产品中，按铁心分成 0、2、3、4、5、6、7 几种规格，其中 0、4、5、6 号铁心为反复短时工作制，适合起重机的平移机构使用，能在通电持续率为 15%、25%、40%、60%的情况下可靠工作，并允许长期接在转子电路里使用，不必另设接触器短接切除。

6. 制动器

制动器是起重机上不可缺少的重要部件。它在起重机上担负着满足工艺要求和确保运行安全的双重任务。对升降机构来说，在吊钩从轻载到满载甚至到允许的超载情况下，制动器应能保证重物稳定地停留在空间的任意高度上；对平移机构来说，制动器应能保证在任意速度下使运动部位可靠地停下来。

起重机上常用的制动器，有电磁铁式和液压推杆式两种。电磁铁式制动器的结构如图 5-12 所示。

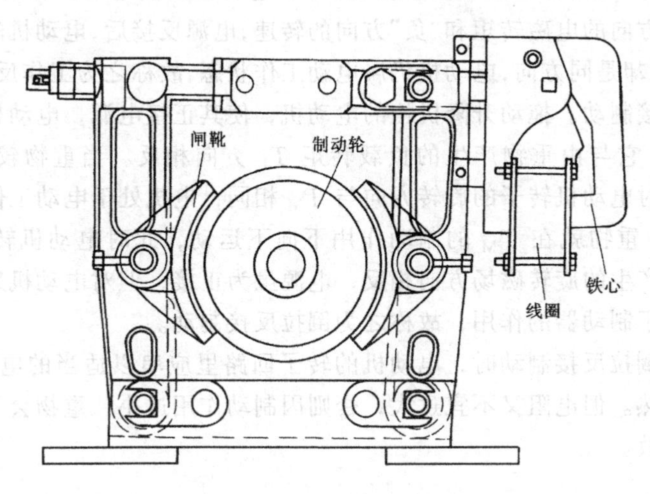

图 5-12　电磁铁式制动器

MZ系列电磁铁式制动器由抱闸机构和电磁机构两部分构成。机械部分主要有制动轮、闸靴、连杆、弹簧等，电气部分则由线圈、铁心等形成电磁机构。工作时电磁机构与被控电动机同时得电，闸靴放松制动轮，电动机拖动机构转动；当电动机切断电源时，制动器亦失电，闸靴就紧抱制动轮，使电动机受到制动。电磁机构有单相和三相两种，单相制动器是短行程的，其磁铁行程 10～16mm，适用直径为 100～300mm 的制动轮；三相制动器是长行程的，行程为 45mm，适用于制动轮的直径为 400～500mm。

液压推杆式制动器有两种，一种是 YWZ 型，用一台三相微电机带动；另一种是 YDWZ型，用一个由硅整流装置供电的直流电磁铁带动。它们都是按失电制动工作的。液压推杆式与 MZ 系列电磁铁式制动器比较，具有动作快、工作平稳，没有冲击，噪声小和省电等一系列优点，故在起重机上应用日益增多。

（三）起重电动机的几种工作状态

起重电动机的工作状态主要有电动状态、反接状态和发电状态。

1. 电动状态

电动机的定子绕组接上三相电源后，旋转磁场与转子感应电流相互作用，产生电磁转矩而使转子旋转。电动机带上负载时，由电磁转矩克服负载转矩后，转子仍保持继续稳定旋转。起重电动机的负载是升降机构和平移机构，它们所形成的转矩称负载转矩，其大小不随电动机的转速变化而改变，属于恒转矩性质。负载转矩的方向，对平移机构来说，它始终与电磁转矩方向相反；对升降机构来说，重物上升时，它与电磁转矩方向相反，重物下降时，它与电磁转矩方向相同。

电动机工作于电动状态时，其电磁转矩的方向与负载转矩的方向是相反的，且转子旋转方向与电磁转矩方向一致，即电动机具有“正”方向的转速和“正”方向的转矩。

2. 反接状态

起重电动机有两种情况是处于反接状态的，一种叫做工作反接，即负载需要做反方向的运动时，给电动机接以反向电源，另一种就是反接制动。

(1) 工作反接。当电动机所拖动的工作机械需要做反方向的运动，例如大车由向右移动改为向左移动等，此时将电源的相序改变，即令电动机反接电源。相对于正接电源来说，电动机具有“负”方向的电磁转矩和“负”方向的转速，电源反接后，电动机的转矩和转速同时为“负”，二者之间却是同方向，电动机仍属电动工作状态，故称之为工作反接。

(2) 倒拉反接制动。拖动升降机构的电动机，使其正接电源，电动机便有“正”方向的电磁转矩 T_M，它与由重物产生的负载转矩 T_L 方向相反。当重物较轻时，$T_M > T_L$，重物被提升。此时电动机转子的旋转方向与 T_M 相同，电机处于电动工作状态。当重物很重时，$T_M < T_L$，重物就在 T_M 的制动作用下向下运动，此时电动机转子的实际旋转方向，与定子绕组产生的旋转磁场方向相反，电源虽为正接，但对电动机来说却等效于电源反接，电动机起了制动器的作用，故称之为倒拉反接制动。

必须指出，倒拉反接制动时，电动机的转子回路里应串以适当的电阻，以限制电流，避免电机过分发热。但电阻又不宜过大，否则因制动作用过小，重物会下降过快，电机严重超速，造成事故。

3. 发电状态

在升降机构所带的负载需以较快的速度下降时，常采用强迫下降（又称动力下降）的方法，即令电动机的旋转方向与重物下降的方向一致，这可以通过相对于重物上升时将电源反接来实现，但这与前述的工作反接情况不同，重物是一种位势负载，在重物位能的作用下，电动机的转速 $-n$ 将高于其同步转速 $-n_1$，即出现 $-n > -n_1$，电动机处于超同步速度运行，根据右手定则，电动机转子绕组里电流的方向与原方向相反。这表明电动机把重物的位能转换成电能回输给电网，电动机处于发电运行状态，而该状态时产生的电磁转矩 T_M 与负载转矩 T_L 方向相反，对重物下降起制动作用，故称之为发电（再生）制动。

处于发电制动状态的电动机，其转子回路里所串电阻的大小会影响重物下降的速度，所串电阻大，则重物下降就快，不串电阻，则 $-n$ 仅略高于同步转速。

二、电磁启动器

电磁启动器（又称磁力启动器、电磁开关等）是专门用于远距离控制三相交流异步电动机的启动、停止、可逆运转和 Y－△转换的低压动力电气设备，同时也具有电动机的失压和过载保护等功能。

（一）电磁启动器的构造原理

1. 构造组成

电磁启动器主要由交流接触器、热继电器（或电机保护器）、按钮开关等组成，交流接触器和热继电器装于同一铁壳（其外形与铁壳开关相似）内。按钮开关多安装于控制室进行远方控制，也可装于箱门上进行就地控制。

2. 工作原理

电磁启动器的控制原理如图 5-13（*a*）所示，其接线示意如图 5-13（*b*）所示。

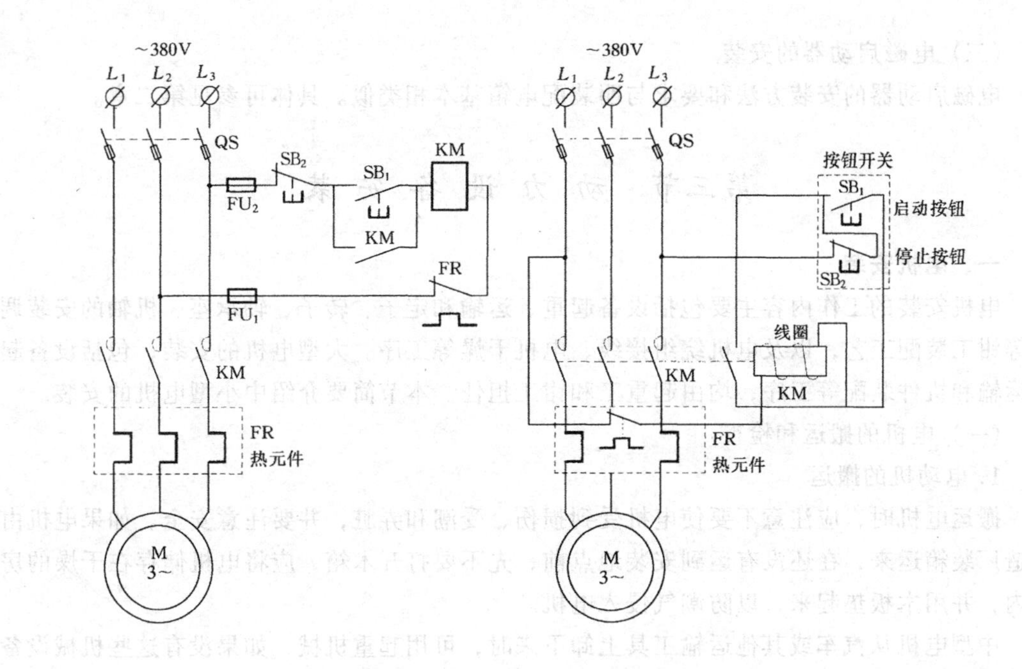

图 5-13　电磁启动器原理与接线示意图

（*a*）原理图；（*b*）接线图

（二）电磁启动器的型号

1. 型号表示

电磁启动器型号表示如下：

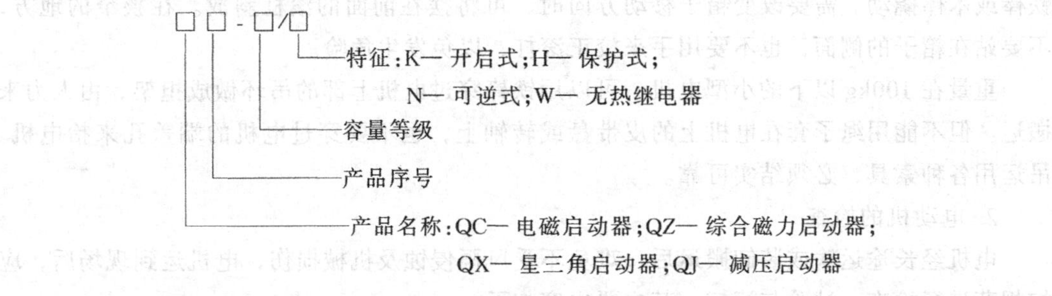

2. 常用电磁启动器

QC12 系列电磁启动器技术数据见表 5-3。

QC12 系列电磁启动器技术数据　　表 5-3

型　号	主触头额定电流（A）	控制电动机的最大容量（kW）			吸引线圈功耗	
		220V	380V	500V	启动（VA）	吸持（W）
QC12-2	10	2.2	4	4	65	11/5
QC12-3	20	5.5	10	10	140	22/9
QC12-4	40	11	20	20	230	32/12
QC12-5	80	17	30	30	485	95/26
QC12-6	150	29	50	50	760	105/27
QC12-7		47	75	75		
QX3-13		7.5	13	13		
QX3-30		17	30	30		

(三）电磁启动器的安装

电磁启动器的安装方法和要求与明装配电箱基本相类似。具体可参见第二章。

第三节 动力设备安装

一、电机安装

电机安装的工作内容主要包括设备起重、运输和定子、转子、轴承座、机轴的安装调整等钳工装配工艺，以及电机绕组接线、电机干燥等工序。大型电机的安装，包括设备起重运输和机件装配等工序，均由起重工和钳工担任。本节简要介绍中小型电机的安装。

（一）电机的搬运和检查

1.电动机的搬运

搬运电机时，应注意不要使电机受到损伤、受潮和弄脏，并要注意安全。如果电机由制造厂装箱运来，在还没有运到安装地点前，先不要打开木箱，应将电机储存在干燥的房间内，并用木板垫起来，以防潮气侵入电机。

中型电机从汽车或其他运输工具上卸下来时，可用起重机械，如果没有这些机械设备时，可在地面与汽车之间搭斜板，将电机平推在板上，利用斜板慢慢地滑下来，但必须用绳子将机身重心拖住，以防滑动太快或滑出木板。在斜板上滑动时，不能用滚杠垫在电机下面。所用木板的厚度要在50mm以上。为了避免斜板弯曲，斜板下面可垫上木板或石块。

搬运大型电机时，电机下面可垫一块排子，再在排子的下面塞入滚杠。滚杠可用同一口径的金属管或圆木做成。如果电机是装箱搬运时，可将滚杠直接放在箱子下面，然后用铁棒或木棒撬动。需要改变箱子移动方向时，可将摆在前面的滚杠斜放。在狭窄的地方，不要站在箱子的侧面，也不要用手来校正滚杠，以免发生危险。

重量在100kg以下的小型电机，可以用铁棒穿过电机上部的吊环做成担架，由人力来搬运。但不能用绳子套在电机上的皮带盘或转轴上，也不要穿过电机的端盖孔来抬电机。吊运用各种索具，必须结实可靠。

2.电动机的检查

电机经长途运输或装卸搬运后，难免不受风雨侵蚀及机械损伤，电机运到现场后，应按规范进行检查、试验与清扫，其主要内容如下。

(1) 检查电动机的型号、容量和安装方式是否与图纸相符。

(2) 电动机（包括电加热器）及电动执行机构的可接近裸露导体必须接地（PE）或接零（PEN)。

(3) 电动机（包括电加热器）及电动执行机构绝缘电阻值应大于0.5MΩ。

(4) 100kW以上的电动机，应测量各相直流电阻值，相互差不应大于最小值的2%；无中性点引出的电动机，测量线间直流电阻值，相互差不应大于最小值的1%。

(5) 电气设备安装应牢固，螺栓及防松零件齐全，不松动。防水防潮电气设备的接线入口及接线盒盖等应做密封处理。

(6) 除电动机随带技术文件说明不允许在施工现场抽芯检查外，有下列情况之一的电动机，应抽芯检查：

1）出厂时间已超过制造厂保证期限，无保证期限的超过出厂时间一年以上。

2）外观检查、电气试验、手动盘动和试运转，有异常情况。

（7）电动机抽芯检查应符合下列规定：

1）线圈绝缘层完好、无伤痕，端部绑线不松动，槽楔固定、无断裂，引线焊接饱满，内部清洁，通风孔道无堵塞。

2）轴承无锈斑，注油（脂）的型号、规格和数量正确，转子平衡块紧固，平衡螺丝锁紧，风扇叶片无裂纹。

3）连接用紧固件的防松零件齐全完整。

4）其他指标符合产品技术文件的特有要求。

（8）在设备接线盒内裸露的不同相导线间和导线对地间最小距离应大于 8mm，否则应采取绝缘防护措施。

电机经检查后，应用手动吹风器将机身上尘垢吹扫干净。如电机较大，最好用压力不超过 2 大气压干燥的压缩空气吹扫。

（二）电机的安装和校正

1．电机的安装形式

电机的安装形式由代号 IM（“国际安装”的缩写：International Mounting）表示；B 代表“卧式安装”；V 代表“立式安装”；连同 1 位或 2 位数字组成。如 IMB3、IMV1 等（参见表 5-4 电机安装形式的代号含义）。

电机安装形式的代号含义 表 5-4

代 号	安 装 形 式
B14	机座无地脚；端盖上带凸缘，凸缘上有螺孔并有止口；借凸缘平面安装
IMB3	机座有地脚；端盖无凸缘；安装在基础构件上
IMB34	机座有地脚；端盖上带凸缘，凸缘上有螺孔并有止口；借地脚安装在基础构件上，并附用凸缘平面安装
IMB35	机座有地脚；端盖上带凸缘，凸缘有通孔；借地脚安装在基础构件上，并附用凸缘安装
IMB5	机座无地脚；端盖上带凸缘，凸缘有通孔；借凸缘安装
V1	机座无地脚；轴伸向下；端盖上带凸缘，凸缘有通孔；借凸缘在低部安装

2．电机的安装

电机通常安装在基座上，基座固定在基础上。电机的基础一般用混凝土浇注或砖砌而成。混凝土基础要在电机安装前 15 天做好，砖砌基础要在安装前 7 天做好。用水平尺检查基础高度，用卷尺检查基础各部分尺寸。基础面应平整，基础尺寸应符合设计要求，并留出装底脚螺丝的孔眼，其位置应正确，孔眼要比螺丝大一些，便于灌浆。底脚螺丝的下端要做成钩形，以免拧紧螺丝时，螺丝跟着转动。浇灌底脚螺丝可用 1:1 的水泥砂浆，灌浆前应用水将孔眼灌湿冲净，然后再灌浆捣实。

安装电机时，重量在 100kg 以下的小型电机，可用人力抬到基础上。比较重的电机，应用滑轮组或倒链安装。

3．电机的校正

电机的校正有两个内容：即纵向、横向水平校正和传动装置校正。

电机的水平校正，一般用水准器（水平仪）进行。并用0.5～5mm厚的钢片垫在机座下，来调整电机的水平，但不能用木片或竹片来代替，以免影响安装质量。用水平仪校正电机水平如图5-14所示。

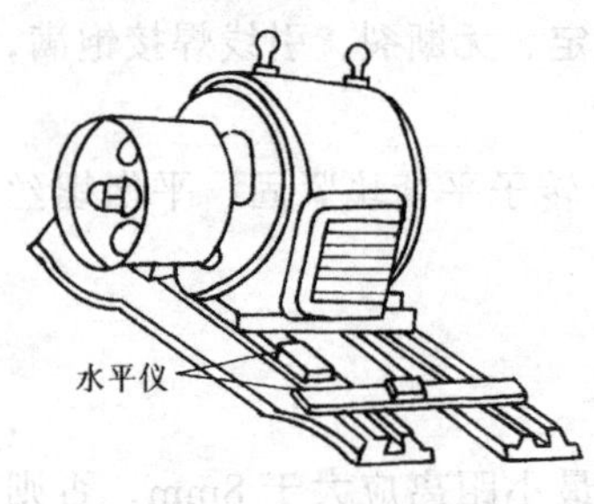

图 5-14　用水平仪校正电机水平

电动机传动装置校正可按下述几种方法进行：

(1) 皮带传动。以皮带作为传动媒体时，电机皮带轮的轴和被传动机器皮带轮的轴应平行。它们的皮带轮宽度的中心线应在同一直线上。

1) 两皮带轮宽度相同。如果这两个皮带轮的宽度相同，校正时可在皮带轮的侧面上进行，如图5-15（a）所示。利用一根细绳，一人拿细绳的一端，使绳触及轮缘A、B两点，另一人将细绳拉直，如果两轴已平行，则A、B、C、D四点应同时碰到皮带轮上，如图中虚线所示；如果两轴不平行，则成为图中实线所示位置，应进行调整。

2) 两皮带轮宽度不同。假如皮带轮的宽度不同，先准确地量出两个皮带轮宽度的中心线，并在其上用粉笔做出记号。如图5-15（b）中的1、2和3、4所示的两根线，然后用一根细绳，对准1、2这根线，并将细绳拉直，如果两轴已平行，则细绳与3、4那根线相重合。

(2) 联轴器传动。用联轴器传动的机组其转轴在转子和轴的自身重量作用下，在垂直平面内有一挠度使轴弯曲。如果两相连机器的转轴安装得比较水平，那么联轴器的两接触平面将不会平行，并处于图5-16（a）所示的位置。如果在这种情况下把联轴器连接起来，当联轴器两接触面相接触后，电机和机器的两轴承将会受到很大的应力，使机组在运转时振动。为了避免这种现象，应将两端轴承装得比中间轴承高一些，使联轴器两平面平行，同时，还要使这对转轴的轴线在联轴器处重合。

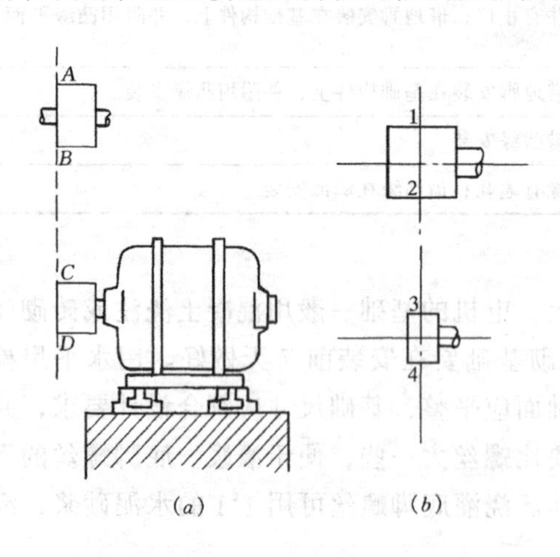

图 5-15　皮带轮的找正

（a）两皮带轮宽度相同；（b）两皮带轮宽度不同

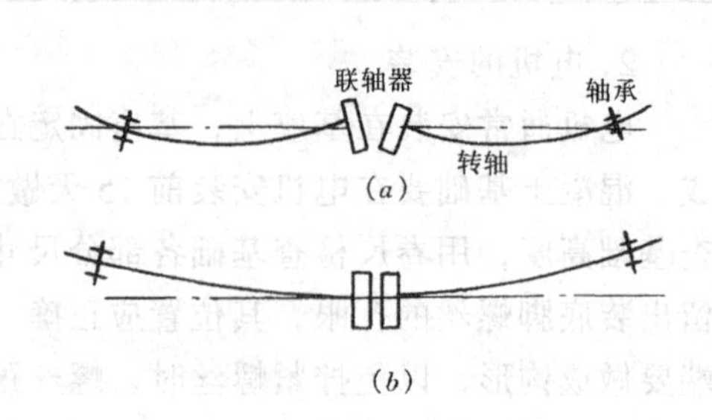

图 5-16　轴的弯曲

（a）接触面不平行；（b）接触面平行

校正联轴器通常是用钢板尺进行校正，如图5-17所示。校正时先取下连接螺丝，用钢板尺测量纵向的间隙 a 和轴向的间隙 b，然后把联轴器转 180°再测量。这样重复几次，每次所测得的 a 值和 b 值应相同，否则应调整。

(3) 齿轮传动。齿轮传动时，电机的轴与被传动的轴应保持平行，两齿轮应咬得合适。可用塞尺测量两齿轮间的齿间间隙，如果间隙均匀，说明两轴已平行。

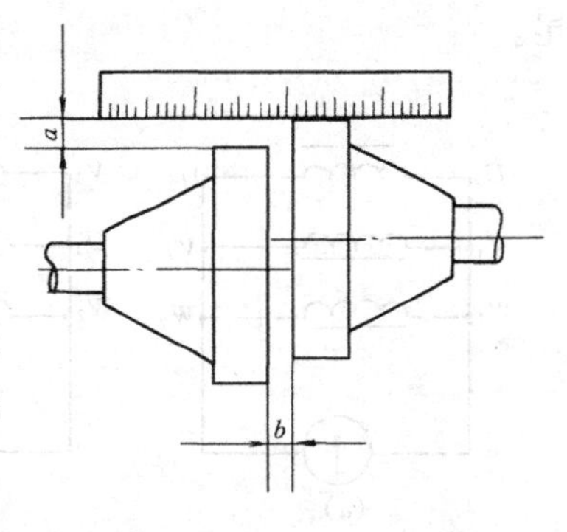

图 5-17 用钢板尺校正联轴器

(三) 电动机的接线

电动机接线在电动机安装中是一项非常重要的工作，如果接线不正确，不仅电动机不能正常运行，还可能造成事故。接线前应查对电动机铭牌上的说明或电动机接线板上接线端子的数量与符号，然后根据接线图接线。

1. 电动机的端子与接线

(1) 电动机的接线端子。三相感应电动机共有三个绕组，计有六个端子，各相的始端用 U_1、V_1、W_1 表示，终端用 U_2、V_2、W_2 表示。标号 $U_1 \sim U_2$ 为第一相，$V_1 \sim V_2$ 为第二相，$W_1 \sim W_2$ 为第三相。

(2) 电动机的连接。如果三相绕组接成星形（Y），U_2、V_2、W_2 连在一起，U_1、V_1、W_1 接电源线；如果接成三角形（△），U_1 和 W_2，V_1 和 U_2，W_1 和 V_2 相连，如图 5-18 所示。

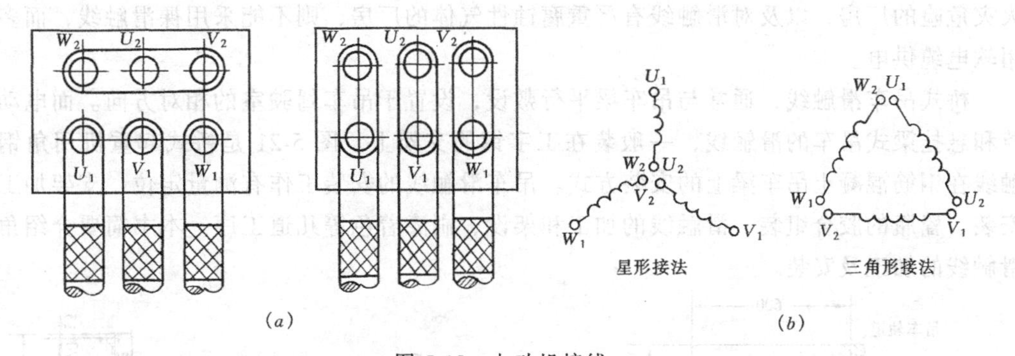

图 5-18 电动机接线

（a）接线盒连接示意；（b）三相绕组连接示意

2. 电动机绕组的判别

当电动机没有铭牌，或端子标号不清楚时，应先用仪表或其他方法进行检查，然后再确定接线方法。

(1) 万用表法：首先将万用表的转换开关放在欧姆档上，利用万用表分出每相绕组的两个出线端，然后将万用表的转换开关转到直流毫安档上，并将三相绕组接成图 5-19 所示的线路。接着，用手转动电动机的转子，如果万用表指针不动，则说明三相绕组的头尾区分是正确的，见图 5-19（a）；如果万用表指针动了，说明有一相绕组的头尾反了，见图 5-19（b），此时应一相一相分别对调后重新试验直到万用表指针不动为止。该方法是利用转子铁心中的剩磁在定子三相绕组内感应出电动势的原理进行的。

(2) 绕组串联法：用万用表分出三相绕组之后，先假定每相绕组的头尾，并接成如图 5-20 所示线路。将一组绕组接通 36V 交流电，另外两相绕组串联起来接上灯泡，如果灯泡发亮，说明相连两相绕组头尾假定是正确的。如果灯泡不亮，则说明相连两相绕组不是头尾相连。这样，这两相绕组的头尾便确定了。然后，再用同样方法区分第三相绕组的头尾。

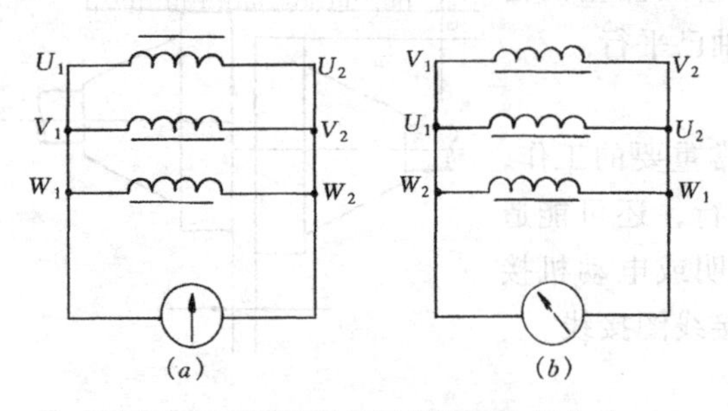

图 5-19 用万用表区分绕组头尾方法

(a) 标号正确；(b) 标号不正确

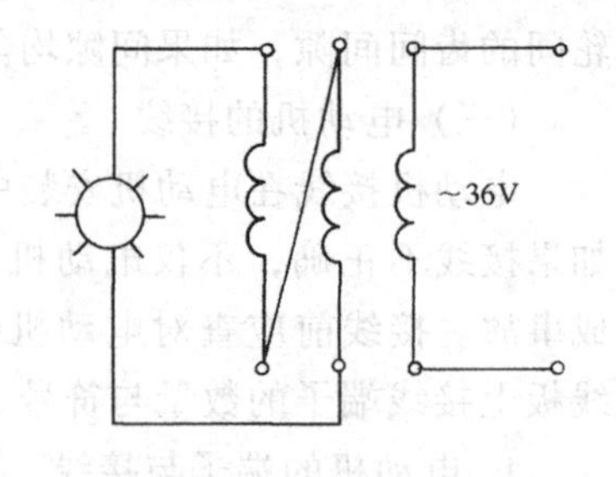

图 5-20 用绕组串联法区分绕组头尾

二、滑触线安装

在工业建筑或厂房内，常采用滑触线来连接起重设备的电源，常用的起重设备有桥式吊车（俗称行车、天车）、悬挂梁式吊车和电动葫芦等。特别是桥式吊车多采用角钢形式的滑触线。此外，还有圆钢、扁钢、铜电车线等形式的滑触线。但在有爆炸危险和 H-1 级火灾危险的厂房，以及对滑触线有严重腐蚀性气体的厂房，则不能采用裸滑触线，而多采用软电缆供电。

桥式吊车滑触线，通常与吊车梁平行敷设，设置于吊车驾驶室的相对方向。而电动葫芦和悬挂梁式吊车的滑触线，一般装在工字钢的支架上。图 5-21 是桥式起重机用角钢滑触线在钢筋混凝土吊车梁上的安装方式。吊车滑触线的安装工作有测量定位、支架加工和安装、瓷瓶的胶合组装、滑触线的加工和架设、刷漆着色等几道工序。本书简要介绍角钢滑触线的加工及安装。

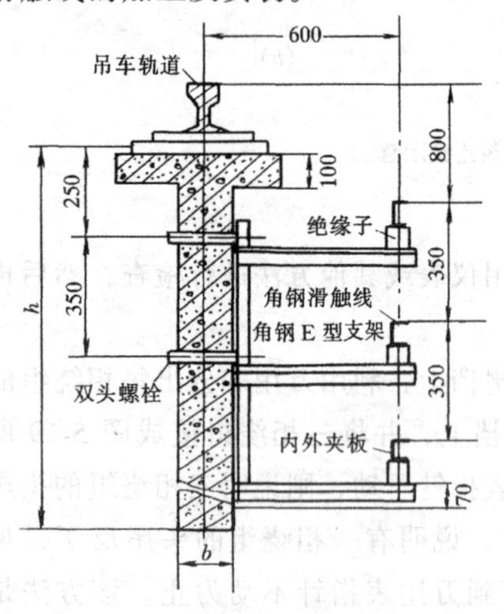

图 5-21 桥式起重机用角钢滑触线安装示意图

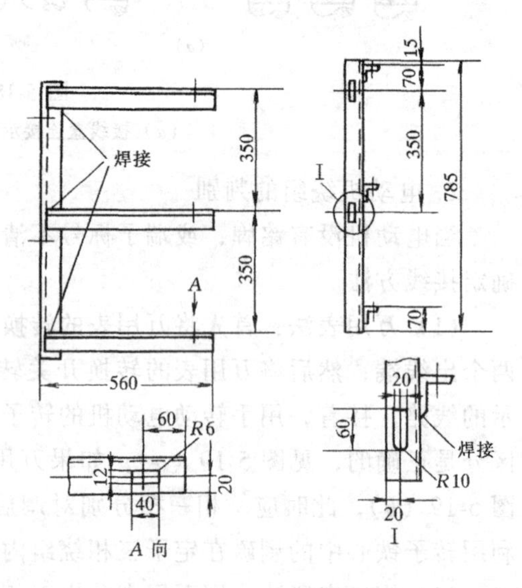

图 5-22 E 型支架尺寸图

(一) 滑触线安装准备工作

1. 测量定位

根据设计图纸测出每个支架的安装位置。测量时，应以支架螺栓孔中心为准，划出支架间隔距离的明显标志。装设支架的位置一般放在吊车梁的预留孔处，或预埋铁件处。若是钢梁，则将支架焊接在加强筋上。

2. 支架的制作

支架的形式较多，一般是根据设计要求或现场实际需要，选用国家标准图集 D363 中的某一种形式或自行设计。制作时应该认真地核对加工尺寸，必要时可到施工现场测量建筑物的实际尺寸，并绘制草图，按图制作。E 型支架是角钢滑触线广泛使用的一种形式，用角钢焊接而成，其外形及尺寸如图 5-22 所示。

制作时将角钢放在铁平台上，按图示尺寸下料、组对，先点焊数点，然后用角尺测量支架横向角钢与垂直角钢之间的垂直度。以及测量横向角钢相互间的间距，校正后正式焊牢。如果制作的支架较多，可做一个定位靠模，来控制支架的垂直度和尺寸。支架制成后需去除焊渣，并刷上一层防锈漆和一层灰色调和漆或按图纸要求刷漆。

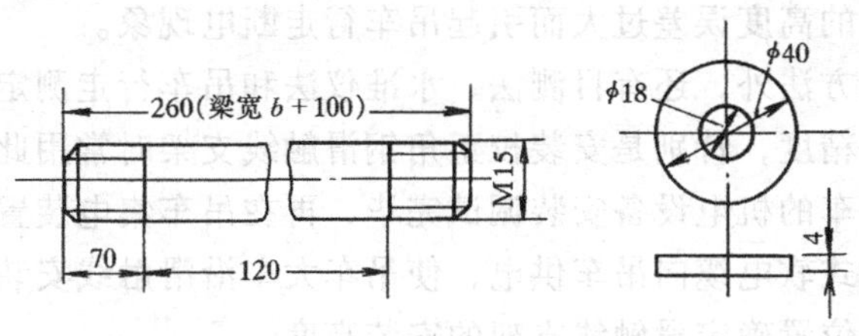

图 5-23　双头螺栓和宽边垫圈

E 型支架固定在吊车梁上，均采用双头螺栓。双头螺栓的规格为 M16×（b+100)，b 为吊车梁的厚度。螺栓选用直径 16mm 的圆钢绞制成 M16 螺纹，螺纹绞成后需涂上机油或黄油以防锈蚀。在固定E 型支架时，还应配用螺母、垫圈及弹簧垫圈，以防吊车运行振动引起支架松动。由于混凝土吊车梁上预留孔的孔径及位置常有一定的误差，故在吊车梁不安装 E 型支架的一侧应采用粗制宽边大垫圈。双头螺栓和宽边垫圈的加工尺寸如图 5-23 所示。

3. 绝缘子的加工

固定滑触线的瓷瓶，通常采用 WX-01 型电车瓷瓶。瓷瓶必须胶合螺栓（M12×70）后才能安装在支架上。

4. 角钢滑触线的矫直和连接

用作滑触线的角钢，应尽量选择整根平直的角钢，如有弯曲，则应将其平直，在选用滑触线的角钢时、对表面粗糙，平直度差又不易矫直的角钢不宜采用。角钢还应锯头，因为角钢在轧制时，头部变形较大，应根据情况把头部弯曲部分（约 30mm）去掉。

一根角钢的长度有限，需要采用电焊将矫直的角钢拼接起来，拼接时需用一段角钢托板（常称连接板）衬垫在滑触线接触面的背面，用电焊固定。角钢托板的规格与滑触线角钢相同，长度不小于 100mm。焊接位置见图 5-25。连接时，为了使连接托板与角钢滑触线贴紧，应把角钢托板直角棱边刨去。接头处的接触面应平整光滑，其高低差不应大于 0.5mm，连接后高出部分应修整平正。

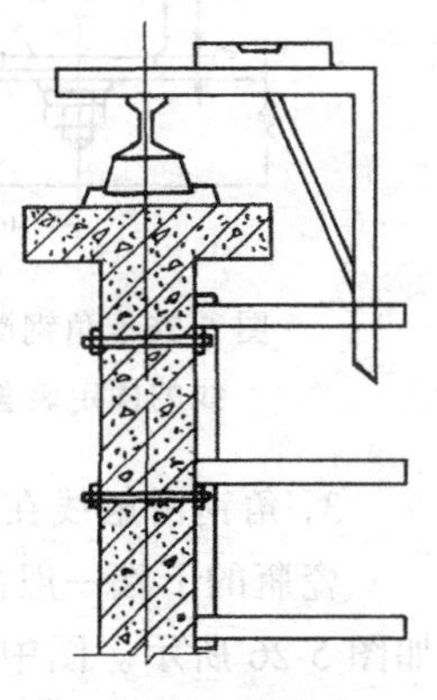
图 5-24　用样板角尺校正支架或滑线

角钢滑触线部分的拼接一般可在地面上进行。但所拼接的滑触线不宜超过 2～3 根，否则造成起吊困难和弯曲变形。其余的拼接只能在安装 E 型支架之后进行。

（二）滑触线安装工作

1.E 型支架的安装

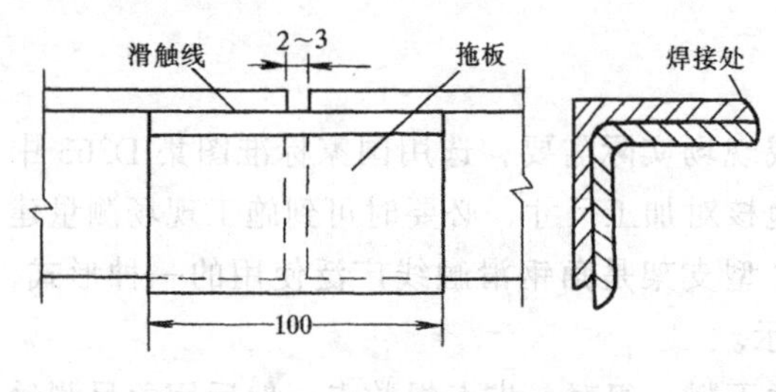

图 5-25　角钢滑触线的连接

安装 E 型支架通常在吊车轨道安装校平之后进行，以吊车轨道的水平面作基准面，如图 5-24 所示。安装时，可从吊车梁的一端开始，根据轨道与支架的距离，用铁板或木板制作一个样板角尺，借助样板尺将支架定位，再用螺栓和螺母把支架固定；所有支架应安装在同一水平高度上，并需保证一定的垂直度。若在钢梁上固定支架，则用同样的方法定位找正后，直接用电焊固定。若在混凝土中预埋件上固定支架，安装时可先焊两头的支架，然后在中间每隔 20 多米焊一支架，两支架之间用铁丝拉一直线，其余支架一律以此线为基准。这样，可以防止钢轨两头的高度误差过大而引起吊车行走断电现象。

滑触线支架安装找正找平方法除上述方法外，还有目测法、水准仪法和吊车行走测定法。其中吊车行走测定法可获得比较高的精度，特别是安装校正角钢滑触线支架时常用此法。即在安装桥式吊车滑触线前，先将吊车的机电设备安装调试完毕，再在吊车集电装置处搭设一临时安装用脚手架，由临时移动式软电缆向吊车供电，使吊车大车沿滑触线安装位置逐步低速行走，以吊车集电装置实际位置确定滑触线支架的安装高度。

2. 绝缘子的安装

将胶合螺栓后的滑触线瓷瓶固定安装在 E 型支架上。

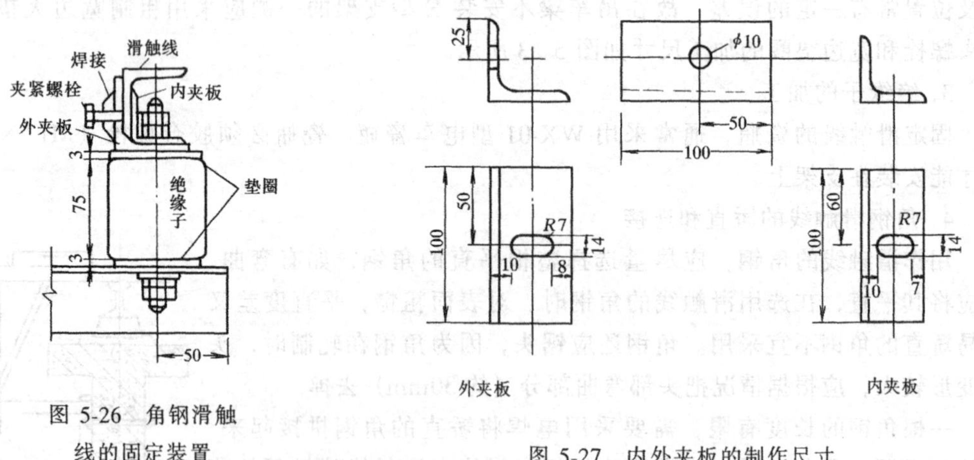

图 5-26　角钢滑触线的固定装置

图 5-27　内外夹板的制作尺寸

3. 角钢滑触线在瓷瓶上的安装固定

瓷瓶的下端一般由螺母固定在 E 形角钢支架上，上端装上内外夹板用以固定滑触线，如图 5-26 所示。图中外夹板的角钢规格和滑触线角钢规格应相同，内夹板角钢的规格应比外夹板角钢小一号。外夹板的侧面钻直径 10mm 孔，焊上 M8 螺母一个，旋入 M8×20 螺栓，作为角钢滑触线的卡紧螺栓。在正常情况下，滑触线应处于内外夹板自然夹持状态，故卡紧螺栓可以不旋紧或不装。但在吊车运行振动剧烈的场所，应用卡紧螺栓卡紧。内外夹板的制作尺寸如图 5-27 所示。

在多尘厂房内，角钢滑触线的固定方法如图 5-28 所示。

4. 温度补偿装置的制作和安装固定

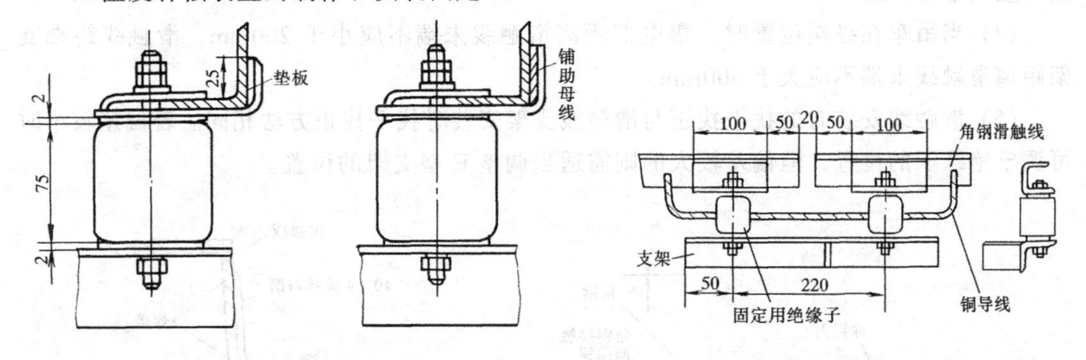

图 5-28　多尘厂房滑触线固定方法　　图 5-29　角钢滑触线温度补偿装置

滑触线跨越建筑物伸缩缝及长度超过 50m 时，应设补偿装置，以适应建筑物的沉降和温度的变化。补偿装置安装方法见图 5-29（图中是三相中一相的情况）。在温度补偿装置处的两根角钢滑触线之间，应留 10～20mm 的间隙，间隙两侧的滑触线应加工圆滑，接触面应安装在同一水平面上，两端之间的高低差不应大于 1mm。装有温度补偿装置的 E 型支架需另外制作，支架上需焊上短角钢托板，用以安装瓷瓶支持滑触线，补偿装置间隙两侧均应有滑触线支持点，且支持点间距离不应大于 150mm。由于滑触线在电气上不能间断，故补偿装置间隙两侧的滑触线应用软导线跨接，垮接线应留有余量，其允许载流量不应小于电源导线的允许载流量。补偿装置应安装在离建筑物伸缩缝最近的一个 E 型支架上。

5. 检修段装置的制作安装

在同一条滑触线线路上有两台吊车时，一般常在两端设置检修段。检修段的宽度应比吊车实际宽度宽 2m 左右，检修段与运行段滑触线分段间隙为 20mm。检修段支架的制作与温度补偿装置支架相同。检修段电源采用从运行段滑触线引出的绝缘导线穿管引下，经一开关，再穿管引至检修段角钢滑触线，用这一开关的分合来控制检修段滑触线电源。另外，在运行段滑触线和检修段滑触线的分段间隙处，也可用硬质绝缘材料的托板连接，托板与滑触线的接触面应在同一水平面上，见图 5-30。采用这种分段托板时，在分段处可以不设检修段专用的 E 型支架。

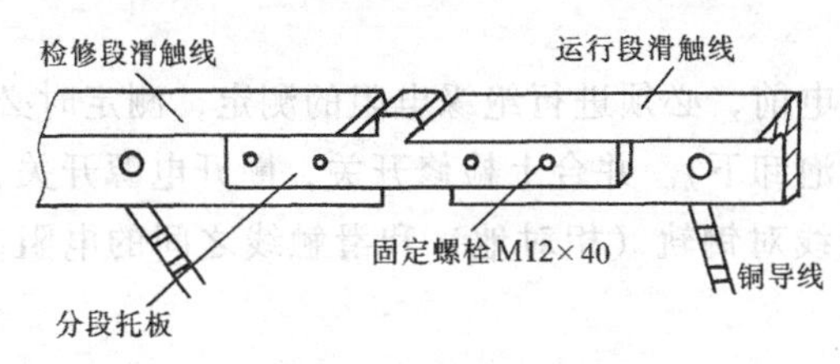

图 5-30　分段拖板安装示意图

6. 角钢滑触线的架设

滑触线在地面上加工好后，可根据需要在屋架下弦设置几个小型滑轮，用绳子把滑触线吊到支架上。起吊时，为避免滑触线弯曲变形，一般起吊点之间的距离不应大于 6m，角钢滑触线放入绝缘子上的夹板中之后，再进行水平度和垂直度的找正，并应符合下列要求：

(1) 滑触线安装应平直，固定在支架上应能在水平方向伸缩；

(2) 滑触线的中心线应与吊车轨道的实际中心线保持平行，其偏差不应大于长度的千分之一，最大偏差不应大于 10mm；

(3) 滑触线之间的水平或垂直距离应一致，其偏差不应大于长度的千分之一，最大误差不应大于 10mm；

(4) 当吊车在终端位置时，集电器距离滑触线末端不应小于 200mm，滑触线终端支架距离滑触线末端不应大于 800mm。

(5) 滑触线安装时的找平找正与滑触线支架安装时找平找正方法相同。若偏差较小时可调整绝缘子的位置，但偏差较大的则需适当调整 E 型支架的位置。

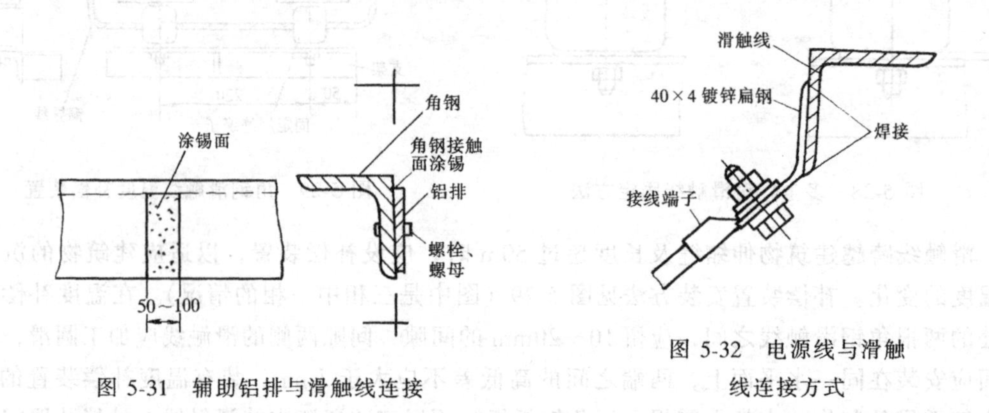

图 5-31　辅助铝排与滑触线连接

图 5-32　电源线与滑触线连接方式

7. 辅助导线安装

当滑触线的线路较长，电压降超过允许值时，滑触线上应另加辅助铝排，沿滑触线敷设并和角钢滑触线一起放在内外夹板之中夹紧。另外，还应每隔不大于 12m 处与滑触线进行一次可靠的连接，其连接方法如图 5-31。

8. 滑触线电源安装

电源线与角钢滑触线的连接方法如图 5-32 所示。用一根 40×4 的镀锌扁钢焊在滑触线上，扁钢应在焊接前钻好螺栓孔。

9. 滑触线刷漆着色及绝缘电阻的测定和检验

(1) 滑触线刷漆着色。角钢滑触线与吊车集电器接触的一面应除去氧化膜和铁锈，以便保证接触面平直光滑和接触良好。其他非接触面均应涂刷红色防锈漆或相色漆，但在接线孔等部位不应刷漆。

(2) 绝缘电阻测定。安装好的滑触线在通电前，必须进行绝缘电阻的测定，测定时必须拆除构成回路的电源指示灯的接线（或将灯泡卸下）。并合上检修开关，断开电源开关，清除滑触线线路中的杂物，分别测定三根滑触线对钢轨（相对地）和滑触线之间的电阻，其阻值不应小于 0.5MΩ。

(三) 试车

如果吊车机电设备已安装调试完毕，则可试车。首次应开慢车，仔细逐点观察集电器与滑触线的移动接触情况，若接触火花较大，或发生集电器跳动、脱落等情况应立即停车检查。发生这种情况的原因可能是滑触线角钢表面不光滑（如有毛刺和铁锈等）或者是安装的精度较差等原因所致，应根据情况采取相应的措施。

三、低压电气动力设备试验和试运行

低压电气动力设备试验和试运行应符合有关施工质量验收规范。

(一) 基本要求

(1) 试运行前，相关电气设备和线路应符合规范的规定试验合格。

(2) 现场单独安装的低压电器交接试验项目应符合规范规定（见表5-4）。

低压电器交接试验 **表5-4**

序号	试验内容	试验标准或条件
1	绝缘电阻	用500V兆欧表摇测，绝缘电阻值应≥1MΩ；潮湿场所，绝缘电阻值应≥0.5MΩ
2	低压电器动作情况	除产品另有规定外，电压、液压或气压在额定值的85%～110%范围内能可靠动作
3	脱扣器的整定值	整定值误差不得超过产品技术条件的规定
4	电阻器和变阻器的直流电阻差值	符合产品技术条件固定

(二) 一般要求

(1) 成套配电(控制)柜、台、箱、盘的运行电压、电流应正常，各种仪表指示正常。

(2) 电动机应试验通电，检查转向和机械转动有无异常情况；可空载试运行的电动机，时间一般为2h，记录空载电流，且检查机身和轴承的温升。

(3) 交流电动机在空载状态下（不投料）可启动次数及间隔时间应符合产品技术条件的要求；无要求时，连续启动2次的时间间隔不应小于5min，再次启动应在电动机冷却至常温下。空载状态（不投料）运行，应记录电流、电压、温度、运行时间等有关数据，且应符合建筑设备或工艺装置的空载状态运行（不投料）要求。

(4) 大容量（630A及以上）导线或母线连接处，在设计计算负荷运行情况下应做温度抽测记录，温升值稳定且不大于设计值。

(5) 电动执行机构的动作方向及指标，应与工艺装置的设计要求保持一致。

第四节 动力负荷计算

一、动力支路负荷计算

所谓动力负荷，系指除照明及一般插座用电以外的所有电力负荷。它包括电动机、电热器、整流器、专用变压器等用电设备。因为动力负荷的容量较大，且往往单独使用，所以基本上是一台设备一个支路。一台设备可能是一个用电环节，也可能是几个用电环节；因此动力支路的设备容量，是一台设备的总容量。大型设备的各环节用电量较大，需若干支路送电，则每个支路的设备容量是其各个环节中的总容量。对于非连续运行的用电设备，需将其功率进行换算。

动力支路的计算容量一般即为其设备容量。当用电设备是由多个环节组成，而又不可能同时使用时，其计算方法有多种情况，下面举例说明。

1. 冷暖两用空调机及类似的设备

冷暖两用空调机有制冷压缩机、电加热器、送风机、加湿机等，其中制冷压缩机与电加热器不可能同时使用，因此这类设备的动力支路将其设备总容量减去制冷压缩机的容量，即为计算容量。

2. 吊车及类似设备

吊车中有主钩、副钩、大车、小车等环节，它们不可能同时用电，因此其设备容量不等于设备总容量。

对于单台的电动葫芦及单台的梁式吊车，由于电动机功率较小数量又少，取其主钩电动机的功率作为计算容量。

对于单主梁桥式吊车及双梁桥式吊车，一般采用综合系数法确定计算功率，如下式：

$$P_{js}=K_z P_N \tag{5-13}$$

式中 P_{js}——计算容量（kW）；

P_N——额定功率（kW）；

K_z——综合系数，见表5-6。

综合系数　　表5-6

吊车额定负载持续率	吊车台数	综合系数
0.25	1	0.4
	2	0.3
	3	0.25
0.4	1	0.5
	2	0.38
	3	0.32

对于其他多台电动机组成的设备，可根据运行工作情况以及同时参加运行的电机容量总和作为计算容量。但若不参加同时运行的电机容量很小时，为了简化计算，支路的计算容量就等于总设备容量。

二、动力负荷需用系数

动力计算负荷的确定，一般有需用系数、二项式、负荷分析等计算方法。对于民用建筑及一般小型生产车间，考虑到工艺的变化和发展，我们认为采用需用系数法是简单可行的。问题在于如何确定需用系数。当无确切资料时，如电动机的数量较多，每台设备容量相差不太悬殊，且属于单独运行，可直接选用表5-7左栏中的需用系数。

当电动机的容量差别较大时，可按容量级别划为若干组，然后根据各组的台数，取表5-7右栏中的需用系数，求得各组的计算容量，其和乘以同时使用系数0.9～1可得总的计算容量。单台电动机容量差别特别悬殊时，同时使用系数可取1。

电动机成组运行时，应根据其运行工作情况选取需用系数。一般每组电动机的需用系数可取0.8～0.9。数组电动机总计算容量可按各组电动机计算容量之和乘以同时使用系数0.9～1。

电动机与电力负荷需用系数　　表5-7

容量接近的电动机台数	需用系数	多台民用电力负荷类别	需用系数
3台及以下	1	厨房电力	0.5～0.7
4台	0.85	洗衣房电力	0.65～0.75
5台	0.8	实验室电力	0.2～0.4
6～10台	0.7	医院电力	0.4～0.5
10～15台	0.65	空调器	0.7～0.8
15～20台	0.6	电热水器	0.3～0.5
20～30台	0.55	电梯	0.6～0.8
30～50台	0.5	锅炉房电力	0.65～0.85
		计算机房电力	0.5～0.6
		电话机房电力	0.7～0.8
		消防电力	1（不计备用机组）

注：当动力设备为3台以下时，其需用系数为1。

三、负荷分析计算法

民用建筑的电力负荷往往很复杂，照明负荷中有各类照明以及用电插座等，动力负荷中有给排水系统机泵、空调系统机泵、消防系统机泵以及各种专用设备用电，同时这些负荷在配电系统中，由于其容量差别、分布区域、供电要求、工作状态以及电度计费等因素有不同的组合。因此，在负荷计算中如果笼而统之地采用需用系数法，既不适用也不易提供可参考的数据。根据实践，可采用“负荷分析计算法”来确定计算负荷。

所谓“负荷分析计算法”主要是分析负荷的组成及运行工况：先以负荷工作性质、设备容量大小分组；每组再按备用因素、设备负载率、电机效率、运行时间求出各自的半小时计算负荷；然后根据各组使用参差的情况，得出几组计算数据，其中最大的一组即选作为总的计算负荷。

【例 5-2】 某动力系统的负荷计算，其负荷如下：

第一组负载：一般电梯 1×11.2kW　消防电梯 1×11.2kW　管道泵 1×1.5kW　共计 23.9kW

第二组负载：复印机 1×6.4kW　复印机 2×3.5kW　照排机 1×0.6kW
固版机 1×2kW　胶印机 1×0.2kW　共计 16.2kW

第三组负载：搅拌机 1×1.5kW　和面机 1×2.2kW　切面机 1×2 .2kW
馒头机 1×3kW　饺子机 1×3kW　绞肉机 1×1.2kW
切肉机 1×0.6kW　切菜机 1×0.5kW　洗碗机 1×3kW
冷藏柜 3×1.5kW　电烤箱 1×7kW　共计 28.7kW

第四组负载：生活水泵 2×7kW　污水泵 2×0.6kW　共计 15.2kW

第五组负载：消防水泵 2×40kW　共计 80kW

第六组负载：电话交换机 10kW　共计 10kW　六组总计 152.8kW

解：第一组：　$P'_j = 11.2 + 11.2 = 22.4\text{kW}$

$P''_j = 11.2 + 11.2 + 1.5 = 23.9\text{kW}$

$K'_z = 22.4/23.9 = 0.937$

取 K_z 为 0.95 得　$P_j = 22.4 \times 0.95 = 21.3\text{kW}$

第二组：　$P'_j = 6.4 + 3.5 + 2 = 11.9\text{kW}$

$K'_z = 11.9/16.2 = 0.735$

取 K_z 为 0.75 得　$P_j = 16.2 \times 0.75 = 12.2\text{kW}$

第三组：　$P'_j = 2.2 + 1.2 + 0.5 + 1.5 + 1.5 + 7 = 13.9\text{kW}$

$K'_z = 13.9/21.5 = 0.647$

取 K_z 为 0.65 得　$P_j = 21.5 \times 0.65 = 14\text{kW}$

第四组：　$P'_j = 7 + 0.6 = 7.6\text{kW}$

$K'_z = 7.6/15.2 = 0.5$

取 K_z 为 0.5 得　$P_j = 7.6\text{kW}$

第五组：　$P'_j = 40\text{kW}$

$K'_z = 40/80 = 0.5$

取 K_z 为 0.5 得　$P_j = 40\text{kW}$

第六组：　$P'_j = 10 \times 0.8 = 8\text{kW}$

$$K'_z = 8/10 = 0.8$$

取 K_z 为 0.8 得 $P_j = 8\text{kW}$

总路：$P'_j = 21.3 + 12.2 + 13.9 + 7.6 + 6 = 61\text{kW}$

$$K'_z = 61/152.8 = 0.399$$

$$P''_j = 23.9 + 40 = 63.9\text{kW}$$

$$K''_z = 63.9/152.8 = 0.418$$

取 K_z 为 0.45 得 $P_j = 152.8 \times 0.45 = 68.6\text{kW}$

第五节　电　梯　设　备

一、电梯的分类

国产电梯一般按电梯用途、拖动方式、提升速度、控制方式等进行分类。

（一）按用途分类

1. 乘客电梯

为运送乘客而设计的电梯，主要用于宾馆、饭店、办公楼等客流量大的场合。这类电梯为了提高运送效率，其运行速度比较快，自动化程度比较高，轿厢的尺寸和结构形式多为宽度大于深度，使乘客能畅通地进出。而且安全设施齐全，装潢美观，乘坐舒适。

2. 载货电梯

为运送货物而设计的并通常有人伴随的电梯，主要用于两层楼以上的车间和各类仓库等场合。这类电梯的自动化程度和运行速度一般比较低，其装潢和舒适感不太讲究，而载重量和轿厢尺寸的变化范围则较大。

3. 客货两用电梯

主要用于运送乘客，但也可运送货物，它与乘客电梯的区别在于轿厢内部装饰结构不同。

4. 病床电梯

为运送病人、医疗器械等而设计的电梯。轿厢窄而深，有专职司机操纵，运行比较平稳。

5. 杂物电梯（服务电梯）

供图书馆、办公楼、饭店运送图书、文件、食品等。此类电梯的安全设施不齐全，禁止乘人，由门外按钮操纵。

除上述几种外，还有轿厢壁透明、装饰豪华的供乘客观光的观光电梯，专门用作运送车辆的车辆电梯，用于船舶上的船舶电梯等。

（二）按速度分类

1. 低速梯

速度不大于 1m/s（米/秒）的电梯为低速电梯。

2. 快速梯

速度大于 1m/s，低于 2m/s 的电梯为快速电梯。

3. 高速梯

速度在 2m/s 以上的电梯为高速电梯。

（三）按拖动方式分类

1. 交流电梯

包括采用单速交流电机拖动、双速交流电机拖动、三速交流电机拖动、调速电机拖动的电梯。此类电梯多为低速梯和快速梯。

2. 直流电梯

包括采用直流发电机—电动机组拖动；直流晶闸管励磁拖动；晶闸管整流器供电的直流拖动的电梯。此类电梯多为快速梯和高速梯。

（四）按控制方式分类

1. 手柄操纵控制电梯

由电梯司机操纵轿厢内的手柄开关，实行轿厢运行控制的电梯。

司机用手柄开关操纵电梯的启动、上、下和停层。在停靠站楼板上、下 0.5～1m 之内有平层区域，停站时司机只需在到达该区域时，将手柄扳回零位，电梯就会以慢速自动到达楼层停止。有手动开、关门和自动门两种，自动门电梯停层后，门将自动打开。手柄操纵方式一般应用在低楼层的货梯控制。

2. 按钮控制电梯

操纵层门外侧按钮或轿厢内按钮，均可使轿厢停靠层站的控制。

（1）轿内按钮控制按钮箱安装在轿厢内，由司机进行操纵。电梯只接受轿厢内按钮的指令，厅门上的召唤按钮只能以燃亮轿厢内召唤指示灯的方式发出召唤信号，不能截停和操纵电梯，多用于客货两用梯。

（2）轿外按钮控制由安装在各楼层厅门口的按钮箱进行操纵。操纵内容通常为召唤电梯、指令运行方向和停靠楼层。电梯一旦接受了某一层的操纵指令，在完成前不接受其他楼层的操纵指令，一般用在杂物梯上。

3. 信号控制电梯

将层门外上下召唤信号、轿厢内选层信号和其他专用信号加以综合分析判断，由电梯司机操纵控制轿厢的运行。

电梯除了具有自动平层和自动门功能外，还具有轿厢命令登记、厅外召唤登记、自动停层、顺向截停和自动换向等功能。这种电梯司机操作简单，只需将需要停站的楼层按钮逐一按下，再按下启动按钮，电梯就能自动关门启动运行，并按预先登记的楼层逐一自动停靠、自动开门。在这中间，司机只需操纵启动按钮。当一个方向的预先登记指令完成后，司机只需再按下启动按钮，电梯就能自动换向，执行另一个方向的预先登记指令。在运行中，电梯能被符合运行方向的厅外召唤信号截停。采用这种控制方式的常为住宅梯和客梯。

4. 集选控制电梯

将各种信号加以综合分析，自动决定轿厢运行的无司机控制。

乘客在进入轿厢后，只需按一下层楼按钮，电梯在等到预定的停站时间时，便自动关门启动运行，并在运行中逐一登记各楼层召唤信号，对符合运行方向的召唤信号，逐一自动停靠应答，在完成全部顺向指令后，自动换向应答反向召唤信号。当无召唤信号时，电梯自动关门停机或自动驶回基站关门待命。当某一层有召唤信号时，再自动启动前往应答。

由于是无司机操纵，轿厢需安装超载装置。采用这种控制方式的，常为宾馆、办公大楼中的客梯。

集选控制电梯一般都设有有/无司机操纵转换开关。实行有司机操纵时，与信号控制电梯功能相同。

5. 并联控制电梯

2~3台集中排列的电梯，公用层门外召唤信号，按规定顺序自动调度，确定其运行状态的控制，电梯本身具有自选功能。

6. 群控电梯

对集中排列的多台电梯，公用层门外按钮，按规定程序的集中调度和控制，利用微机进行集中管理的电梯。

二、电梯的基本结构

电梯是机、电合一的大型复杂产品，机械部分相当于人的躯体，电气部分相当于人的神经，机与电的高度合一，使电梯成了现代科学技术的综合产品。下面简单介绍电梯的机械部分，其结构示意见图 5-33。

（一）曳引系统

功能：输出与传递动力，使电梯运行。

组成：主要由曳引机、曳引钢丝绳、导向轮、电磁制动器等组成。

1. 曳引机

曳引机是电梯的动力源，由电动机、曳引轮等组成。以电动机与曳引轮之间有无减速箱曳引机又可分为无齿曳引机和有齿曳引机。

无齿曳引机由电动机直接驱动曳引轮，一般以直流电动机为动力。由于没有减速箱为中间传动环节，它具有传动效率高、噪声小、传动平稳等优点。但存在体积大、造价高等缺点，一般用于 2m/s 以上的高速电梯。

有齿曳引机的减速箱具有降低电动机输出转速，提高输出力矩的作用。减速箱多采用蜗轮蜗杆传动减速，其特点是启动传动平稳、噪声小，运行停止时根据蜗杆头数不同起到不同程度的自锁作用。有齿曳引机一般用在速度不大于 2m/s 的电梯上。配用的电动机多为交流机。曳引机安装在机房中的承重梁上。

曳引轮是曳引机的工作部分，安装在曳引机的主轴上，轮缘上开有若干条绳槽；利用两端悬挂重物的钢丝绳与曳引轮槽间的静摩擦力，提高电梯上升、下降的牵引力。

2. 曳引钢丝绳

连接轿厢和对重（也称平衡重），靠与曳引轮间的摩擦力来传递动力，驱动轿厢升降。钢丝绳一般有 4~6 根，其常见的绕绳方式有半绕式和全绕式。

3. 导向轮

因为电梯轿厢尺寸一般比较大，轿厢悬挂中心和对重悬挂中心之间距离往往大于设计上所允许的曳引轮直径，所以要设置导向轮，使轿厢和对重相对运行时不互相碰撞。导向轮安装在承重梁下部。

4. 电磁制动器

是曳引机的制动用抱闸。当电动机通电时松闸，电动机断电时将闸抱紧，使曳引机制动停止，由制动电磁铁、制动臂、制动瓦块等组成。制动电磁铁一般采用结构简单、噪声

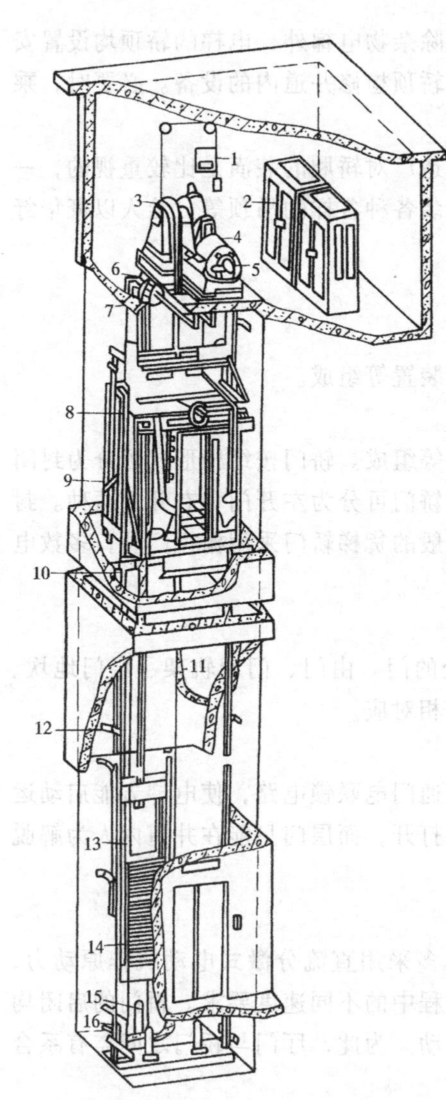

图 5-33　电梯的基本结构

1—极限开关；2—控制柜；3—曳引轮；4—电动机；5—手轮；6—限速器；7—导向轮；8—开门机；9—轿厢；10—安全钳；11—控制电缆；12—导轨架；13—导轨；14—对重；15—缓冲器；16—钢绳张紧轮

小的直流电磁铁。电磁制动器安装在电动机轴与减速器相连的制动轮处。

（二）导向系统

功能：限制轿厢和对重的活动自由度，使轿厢和对重只能沿着导轨作升降运动。

组成：由导轨、导靴和导轨架组成。

1. 导轨

在井道中确定轿厢和对重的相互位置，并对它们的运动起导向作用的组件。导轨分轿厢导轨和对重导轨两种，对重导轨一般采用 75mm×75mm×(8～10)mm 的角钢制成，而轿厢导轨则多采用普通碳素钢轧制成 T 字形截面的专用导轨。每根导轨的长度一般为 3～5m，其两端分别加工成凹凸形状窄槽，安装时将凹凸榫槽互相对接好后，再用连接板将两根导轨紧固成一体。

2. 导靴

装在轿厢和对重架上，与导轨配合，是强制轿厢和对重的运动服从于导轨的部件。导靴分滑动导靴和滚动导靴。滚动导靴主要由两个侧面导轮和一个端面导轮构成。三个滚轮从三个方面卡住导轨，使轿厢沿着导轨上下运行，并能提高乘坐舒适感，多用在高速电梯中。

3. 导轨架

是支承导轨的组件，固定在井壁上。导轨在导轨架上的固定有螺栓固定法和压板固定法两种。

（三）轿厢

功能：用以运送乘客或货物的电梯组件，是电梯的工作部分。

组成：由轿厢架和轿厢体组成。

1. 轿厢架

固定轿厢体的承重构架。由上梁、立柱、底梁等组成。底梁和上梁多采用 16～30 号槽钢制成，也可用 3～8mm 厚的钢板压制而成。立柱用槽钢或角钢制成。

2. 轿厢体

是轿厢的工作容体，具有与载重量和服务对象相适应的空间，由轿底、轿壁、轿顶等组成。

轿底用 6～10 号槽钢和角钢按设计要求尺寸焊接框架，然后在框架上铺设一层 3～4mm 厚的钢板或木板而成。轿壁多采用厚度为 1.2～1.5mm 的薄钢板制成槽钢形，壁板的两头分别焊一根角钢作头。轿壁间以及轿壁与轿顶、轿底间多采用螺钉紧固成一体。轿顶的结构与轿壁相仿。轿顶装有照明灯，电风扇等。除杂物电梯外，电梯的轿顶均设置安全窗，以便在发生事故或故障时，司机或检修人员上轿顶检修井道内的设备。必要时，乘用人员还可以通过安全窗撤离轿厢。

轿厢是乘用人员直接接触的电梯部件，各电梯制造厂对轿厢的装潢是比较重视的，一般均在轿壁上贴各种类别的装潢材料，在轿顶下面加装各种各样的吊顶等，给人以豪华舒适的感觉。

（四）门系统

功能：封住层站入口和轿厢入口。

组成：由轿厢门、层门、门锁装置、自动门驱动装置等组成。

1. 轿门

设在轿厢入口的门，由门、门导轨架、轿厢地坎等组成。轿门按结构形式可分为封闭式轿门和栅栏式轿门两种。如按开门方向分，栅栏式轿门可分为左开门和右开门两种。封闭式轿门可分为左开门、右开门和中开门三种。除一般的货梯轿门采用栅栏门外，多数电梯均采用封闭式轿门。

2. 层门

层门也称厅门，设在各层停靠站通向井道入口处的门。由门、门导轨架、层门地坎、层门联动机构等组成。门扇的结构和运动方式与轿门相对应。

3. 门锁装置

设置在层门内侧，门关闭后，将门锁紧，同时接通门电联锁电路，使电梯方能启动运行的机电联锁安全装置。轿门应能在轿内及轿外手动打开，而层门只能在井道内人为解脱门锁后打开，厅外只能用专用钥匙打开。

4. 开关门机

使轿门、层门开启或关闭的装置。开关门电动机多采用直流分激式电动机作原动力，并利用改变电枢回路电阻的方法，来调节开、关门过程中的不同速度要求。轿门的启闭均由开关门机直接驱动，而厅门的启闭则由轿门间接带动。为此，厅门与轿门之间需有系合装置。

为了防止电梯在关门过程中将人夹住，带有自动门的电梯设有关门安全装置，在关门过程中只要受到人或物的阻挡，便能自动退回，常见的是安全触板。

（五）重量平衡系统

功能：相对平衡轿厢重量，在电梯工作中能使轿厢与对重间的重量差保持在某一个限额之内，保证电梯的曳引传动正常。

组成：由对重和重量补偿装置组成。

1. 对重

由对重架和对重块组成，其重量与轿厢满载时的重量成一定比例，与轿厢间的重量差具有一个恒定的最大值，又称平衡重。

为了使对重装置能对轿厢起最佳的平衡作用，必须正确计算对重装置的总重量。对重装置的总重量与电梯轿厢本身的净重和轿厢的额定载重量有关，它们之间的关系常用下式来决定：

$$P = G + QK \tag{5-14}$$

式中 P——对重装置的总重量（kg）；

G——轿厢净重（kg）；

Q——电梯额定载重量（kg）；

K——平衡系数（一般取0.45～0.5）。

2. 重量补偿装置

在高层电梯中，补偿轿厢侧与对重侧曳引钢丝绳长度变化对电梯平衡设计影响的装置，分为补偿链和补偿钢丝绳两种形式。补偿装置的链条（或钢丝绳）一端悬挂在轿厢下面，另一端挂在对重下面，并安装有张紧轮及张紧行程开关。当轿厢墩底时，张紧轮被提升，使行程开关动作，切断控制电源，使电梯停驶。

（六）安全保护系统

功能：保证电梯安全使用，防止一切危及人身安全的事故发生。

组成：分为机械安全保护系统和机电联锁安全保护系统两大类。机械部分主要有：限速装置、缓冲器等。机电联锁部分主要有终端保护装置和各种联锁开关等。

1. 限速装置

限速装置由安全钳和限速器组成。其作用是限制电梯轿厢运行速度。当轿厢超过设计的额定速度运行处于危险状态时，限速器就会立即动作，并通过其传动机构—钢丝绳、拉杆等，促使（提起）安全钳动作抱住（卡住）导轨，使轿厢停止运行，同时切断电气控制回路，达到及时停车，保证乘客安全的目的。

（1）限速器：限速器安装在电梯机房楼板上，其位置在曳引机的一侧。限速器的绳轮垂直于轿厢的侧面，绳轮上的钢丝绳引下井道与轿厢连接后再通过井道底坑的张紧绳轮返回到限速器绳轮上，这样限速器的绳轮就随轿厢运行而转动。

限速器有甩球限速器和甩块限速器两种。甩球限速器的球轴突出在限速器的顶部，并与拉杆弹簧连接，随轿厢运行而转动，利用离心力甩起球体控制限速器的动作。甩块限速器的块体装在心轴转盘上，原理与甩球相同。如果轿厢向下超速行驶时，超过了额定速度的15%，限速器的甩球或甩块的离心力就会加大，通过拉杆和弹簧装置卡住钢丝绳，制止钢丝绳移动。但若轿厢仍向下移动，这时，钢丝绳就会通过传动装置把轿厢两侧的安全钳提起，将轿厢制停在导轨上。

（2）安全钳：安全钳安装在轿厢架的底梁上，即底梁两端各装一副，其位置和导靴相似，随轿厢沿导轨运行。安全钳楔块由拉杆、弹簧等传动机构与轿厢侧限速器钢丝绳连接，组成一套限速装置。

当电梯轿厢超速，限速器钢丝绳被卡住时，轿厢再运行，安全钳将被提起。安全钳是有角度的斜形楔块并受斜形外套限制，所以向上提起时必然要向导轨夹靠而卡住导靴，制止轿厢向下滑动，同时安全钳开关动作，切断电梯的控制电路。

2. 缓冲器

缓冲器安装在井道底坑的地面上。若由于某种原因，当轿厢或对重装置超越极限位置发生墩底时，它是用来吸收轿厢或对重装置动能的制停装置。

缓冲器按结构分有弹簧缓冲器和油压缓冲器两种。弹簧缓冲器是依靠弹簧的变形来吸收轿厢或对重装置的动能，多用在低速梯中。油压缓冲器是以油作为介质来吸收轿厢或对重的动能，多用在快速梯和高速梯中。

3. 端站保护装置

端站保护装置是一组防止电梯超越上、下端站的保护开关，能在轿厢或对重碰到缓冲器前，切断控制电路或总电源，使电梯被曳引机上电磁制动器所制动。常设有强迫减速开关、终端限位开关和极限开关。

(1) 强迫减速开关。强迫减速开关是防止电梯失控造成冲顶或墩底的第一道防线，由上、下两个限位开关组成，一般安装在井道的顶端和底部。当电梯失控，轿厢行至顶层或底层而又不能换速停止时，轿厢首先要经过强迫减速开关，这时，装在轿厢上的碰块与强迫减速开关碰轮接触，使强迫减速开关动作，迫使轿厢减速。

(2) 终端限位开关。终端限流开关是防止电梯失控造成冲顶和墩底的第二道防线，由上、下两个限位开关组成，分别安装在井道的顶部或底部。当电梯失控后，经过减速开关而又未能使轿厢减速行驶，轿厢上的碰铁与终端限位开关相碰，使电梯的控制电路断电，轿厢停驶。

(3) 极限开关。极限开关由特制的铁壳开关，和上、下碰轮及传动钢丝绳组成。钢丝绳的一端绕在装于机房内的特制铁壳开关闸柄驱动轮上，并由张紧配重拉紧。另一端与上、下碰轮架相接。

当轿厢超越端站碰撞强迫减速开关和终端限位开关仍失控时（如接触器断电不释放），在轿厢或对重未接触缓冲器之前，装在轿厢上的碰铁接触极限开关的碰轮，牵动与极限开关相连的钢丝绳，使只有人工才能复位的极限开关拉闸动作，从而切断主回路电源，迫使轿厢停止运行。

(4) 钢丝绳张紧开关。电梯的限速装置、重量补偿装置、机械选层器等的钢绳或钢带都有张紧装置。如发生断绳或拉长变形等，其张紧开关将断开，切断电梯的控制电路等待检修。

(5) 安全窗开关。轿厢的顶棚设有一个安全窗，是便于轿顶检修和断电中途停梯而脱离轿厢的通道，电梯要运行时，必须将打开的安全窗关好后，安全窗开关才能使控制电路接通。

(6) 手动盘车。当电梯运行在两层中间突然停电时，为了尽快解脱轿厢内乘坐人员的处境而设置的装置。手动盘轮安装在机房曳引电动机轴端部，停电时，人力打开电磁抱闸，用手转动盘轮，使轿厢移动。

三、电梯的电力拖动方式

电梯的电力拖动方式经历了从简单到复杂的过程。目前，用于电梯的拖动系统主要有：交流单速电动机拖动系统；交流双速电动机拖动系统；交流调压调速拖动系统；交流变频变压调速拖动系统；直流发电机——电动机组拖动系统；晶闸管直流电动机拖动系统等。

交流单速电动机由于舒适感差，仅用在杂物电梯上。交流双速电动机具有结构紧凑，维护简单的特点，广泛应用于低速电梯中。

交流调压调速拖动系统多采用闭环系统，加上能耗制动或涡流制动等方式，具有舒适感好、平层准确度高、结构简单等优点，使它所控制的电梯能在快、低速范围内大量取代直流快速和交流双速电梯。

直流发电机一电动机组拖动系统具有调速性能好、调速范围宽等优点，在 70 年代以前得到广泛的应用。但因其机组结构体积大、耗电大、造价高等缺点，已逐渐被性能与其相同的交流调速系统所取代。

晶闸管直流电动机拖动系统在工业上早有应用，但用于电梯上却要解决低速时的舒适感问题，因此应用较晚，它几乎与微机同时应用在电梯上，目前世界上最高速度的(10m/s) 电梯就是采用这种系统。

交流变频变压拖动系统可以包括上述各种拖动系统的所有优点，已成为世界上最新的电梯拖动系统，目前速度已达 6m/s 以上。

习　题

一、填空题

(1) 电动机主要由________、________、________、________等构成。

(2) 三相异步电动机采用 Y－△换接启动时，启动电流可减少到直接启动电流的________；但启动转矩也只有原来的________。

(3) 按电动机转子的结构形式，电动机可分为________和________________等。

(4) 电动机的启动方法主要有________、________、________、________等。

(5) 电动机的调速方法主要有________、________、________等。

(6) 常用的电动机保护电器主要有________、________、________、________、________等。

二、是非题（是划√，非划×）

(1) 异步电动机的旋转磁场计算公式为：$n_1=60f/p$，所以二极电机的旋转磁场转速为 1500r/min；四极电机的旋转磁场转速为 750r/min。(　)

(2) 三相异步电动机的额定电压是 380V/220V，与它对应的电机连接方式为 Y/△；这就意味着电源电压为 380V 时，电机应采用 Y 接，电源电压为 220V 时，电机应采用△接。(　)

(3) 三相异步电动机采用降压启动，可以减少启动电流的大小，由于电压降低，启动时电磁转矩也要相应减少。如电压降低到额定电压的 80%，则电磁转矩也要降低到原来的 80%。(　)

(4) 按电动机旋转磁场的分类，电动机可分为异步电机和同步电机。(　)

三、名词解释

(1) 旋转磁场；(2) 转差率；(3) 电动机制动；

(4) 启动转矩；(5) 滑触线；(6) 电动机调速；

(7) 机械特性；(8) 工作制；(9) 电动机额定功率；

(10) 额定转矩；(11) 电动机启动；(12) 电动机接线方式。

四、简答题

(1) 简述异步电动机的工作原理。

(2) 简述异步电动机的各类调速方法。

(3) 电梯曳引系统主要有哪几部分组成？曳引轮、导向轮各起什么作用？

(4) 电梯门系统主要有哪几部分组成？门锁装置的主要作用？

(5) 电梯限速器与安全钳是怎样配合对电梯实现超速保护的？

(6) 电梯端站保护装置有哪三道防线？

(7) 起重机由几部分组成？起重机属于什么工作方式？

(8) 起重机有几种工作状态？

(9) 电动机安装前应进行哪些检查？

(10) 电动机在什么情况下必须经过干燥才能投入运行？

(11) 圆钢滑触线与角钢滑触线的安装方法有什么区别？

(12) 吊车用角钢滑触线的施工包括哪些内容？

(13) 通常在什么情况下，角钢滑触线需另加辅助母线？

(14) 什么叫动力负荷？确定动力计算负荷的计算方法有几种？

五、应用题

(1) 根据图 5-2 画出 i_U、i_V、i_W 分别达到最大值时刻的旋转磁场。

(2) 有一台四极三相异步电动机，电源频率为 50Hz，带负载运行时转差率为 0.03，求同步转速和电动机实际转速。

(3) 两台三相异步电动机的电源频率为 50Hz，额定转速分别为 1430r/min 和 2900 r/min，试问它们各是几极电动机？额定转差率分别是多少？

(4) 已知电源频率为 50Hz，求上题两台电动机转子电流的频率各是多少？

(5) Y180L-6 型异步电动机的额定功率为 15kW，额定转速为 970r/min，额定频率为 50Hz，最大转矩为 295N·m，试求电动机的过载系数 λ。

(6) 某笼型异步电动机，当定子绕组作三角形联结并接于 380V 电源时，最大转矩 $T_m = 60N·m$，临界转差率 $s_m = 0.18$，启动转矩 $T_{st} = 36N·m$。如果把定子绕组改接成星形，再接到同一电源上，则最大转矩和启动转矩各变为多少？

(7) 有一台三相异步电动机在额定状态下工作，其转速为 990r/min，试问电动机的同步转速是多少？此电动机有几对磁极？此时的转差率是多少？

(8) 有一台三相异步电动机，铭牌数据为：$P_N = 55kW$，$U_N = 380V$、$I_N = 31.4A$、$n_N = 97r/min$、$f_N = 50Hz$、$\cos\varphi_N = 0.88$。试问：

1) 当电源线电压为 380V 时，电动机应采用何种接法？

2) 电动机额定运行时，其输入功率、效率、转差率、额定转矩各等于多少？

3) 当电源线电压为 220V 时，电动机能否接入电源工作？为什么？

(9) 一台电动机的铭牌数据如表 5-8 所示：又知其满载时的功率因数为 0.8、启动能力为 2.1、过载能力为 2、启动电流倍数为 5.6。求

电动机铭牌数据 **表 5-8**

三相异步电动机			
型号	Y112M-4	接法	△
功率	4.0kW	电流	8.8A
电压	380V	转速	1440r/min

1）电动机的极数；

2）电动机满载运行时的输入电功率；

3）电动机启动电流和运行时的额定电流；

4）额定转差率；

5）额定效率；

6）额定转矩、最大转矩及启动转矩。

（10）有一380V线路，供电给机修车间的冷加工机床电动机容量共150kW，行车容量5.1kW，通风机容量7kW。试用需要系数法确定各设备组和380V线路的计算负荷。

（11）某220/380V的TN-C线路，供电给大批生产的冷加工机床电动机，总容量为105kW，其中较大容量的电动机有：7.5kW 2台，5.5kW 1台，4kW 5台。试用需要系数法计算其计算负荷。

（12）现有9台220V单相电阻炉，其中4台1kW，3台1.5kW，2台2kW。试合理分配上列各电阻炉于220/380V的TN-C线路上，并计算其计算负荷。

（13）有一台电梯的额定载重量为1000kg，轿厢净重为1200kg，若取平均系数为0.5，求对重装置的总重量P为多少？

第六章　建筑电气控制

建筑电气控制技术发展迅速，是现代建筑的重要组成部分，目前已广泛应用于建筑工业和建筑物中。其内容主要涉及常用低压控制电器、继电接触控制电路的基本环节、建筑电气常用控制电路和常用可编程序控制器的性能特点及应用等。

本章学习重点：

(1) 熟悉常用控制电器的性能及用途。

(2) 掌握常用控制电器选择及安装时的注意事项。

(3) 熟悉继电接触控制电路基本环节的分析方法及灵活应用。

(4) 掌握常用控制电路的工作原理。

(5) 了解可编程控制器的功能作用和应用。

第一节　常用低压控制电器

低压控制电器是对电能进行分配、控制和调节的控制器件，由其组成的自动控制系统，称为继电器-接触器控制系统，简称继电接触控制系统。控制电器种类繁多、结构各异，其主要作用是对电能进行分配和控制。

一、交流接触器

交流接触器可以用来接通和分断电动机或其他负荷主电路，它是利用电磁吸力与弹簧反作用力配合使触头自动切换的开关电器，并具有失（欠）压保护功能，它具有控制容量大、适于频繁操作和远距离控制、工作可靠且寿命长等特点。因此，在电力拖动与自动控制系统中得到了及其广泛的应用。

1. 交流接触器的构造

交流接触器由电磁机构、触头系统和灭弧装置三部分组成。

(1) 电磁机构。电磁机构由激励线圈、铁心和衔铁等构成（见图6-1)。线圈一般采用电压线圈，可以通单相交流电。交流接触器的电磁机构由交流电激励，因此铁心中的磁通也要随着激磁电流而变化，所以其稳定性要差于直流接触器。

(2) 触头系统。触头系统是接触器的执行元件，起分断和闭合主电路的作用，要求导电性能良好。触点系统包括主触头、辅助触头及使触点复位用的弹簧。主触点用以通断主回路（大电流电路），常为三对动合触点。而辅助触点则用以通断控制回路（小电流回路），起电气联锁、信号、自动控制等作用。

触点按结构形式分为桥式触点和线接触指形触点；按通断形式分为动合触点（动作位置为闭合状态，非动作位置为断开状态）和动断触点（动作位置为断开状态，非动作位置为闭合状态）。

(3) 灭弧装置。当分断带有电流负荷的电路时，在动、静两触头间会形成电弧，而交

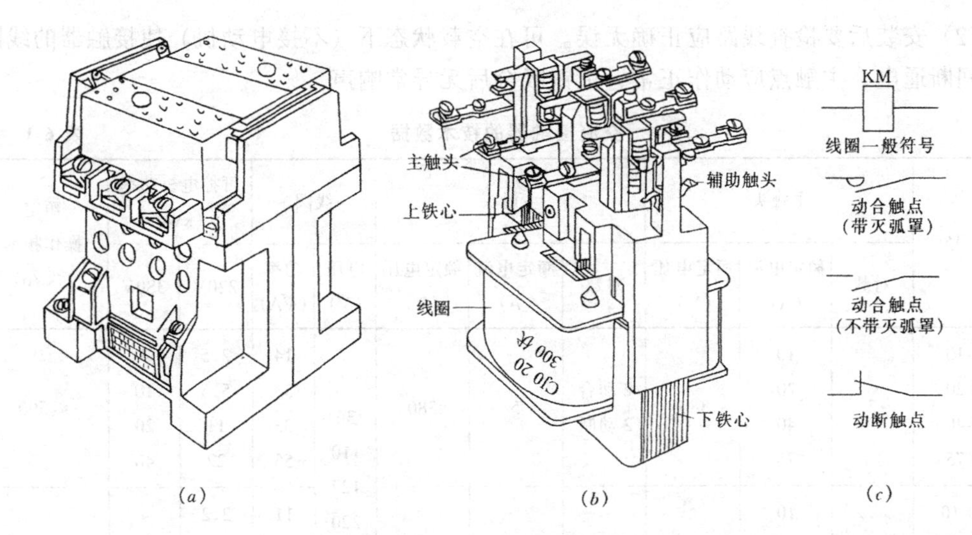

图 6-1 交流接触器

(a) 外形示意；(b) 结构示意；(c) 符号

流接触器要经常接通和分断带有负荷电流的电路，所以交流接触器常设置灭弧装置（一般为灭弧罩），其目的是加强去游离作用，促使电弧尽快熄灭，以防造成相间短路，同时也可延长触点寿命。

2. 交流接触器工作原理

当接触器线圈通以单相交流电时，铁心被磁化为电磁铁，产生电磁吸力，克服弹簧的反弹力将衔铁吸合，带动触点动作，使动合触点闭合、动断触点打开。当线圈失电后，电磁铁失磁，电磁吸力随之消失，在弹簧作用下触点复位。

3. 交流接触器的型号与参数

交流接触器的常用技术数据见表 6-1，其型号意义如下：

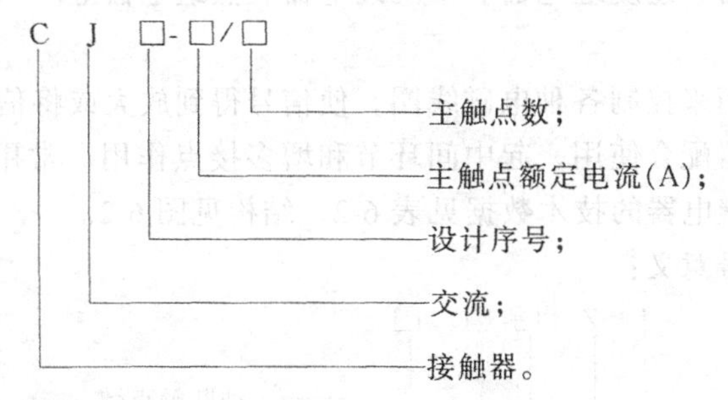

4. 交流接触器的选择

（1）交流接触器主触点的额定电流不低于负荷的额定电流。

（2）交流接触器线圈的额定电压与所接电源电压应相符合。

（3）交流接触器触点数量、种类、电流等应满足控制电路的要求。

5. 交流接触器的安装

（1）安装前要检查接触器的型号、规格、技术数据应符合设计和使用要求。触点接触应紧密，固定主触点的触头杆应固定牢靠，不得有松动现象。连接线路时，导线型号规格应符合设计和安装要求，导线排列应整齐、无杂乱现象。

（2）安装后要检查线路应正确无误。可在空载状态下（不接电动机）使接触器的线圈进行间断通电，主触点应动作正常，衔铁吸合后无异常响声。

交流接触器的技术数据 **表 6-1**

型 号	主触头			主触头			线圈		可控电机功率（kW）		额定操作频率（次/h）
	对数	额定电流（A）	额定电压（V）	对数	额定电流（A）	额定电压（V）	电压（V）	功率（VA）	220V	380V	
CJ0-10	3	10	380	2 动合 2 动断	5	380	36 110 127 220 380	14	2.5	4	≤500
CJ0-20		20						33	5.5	10	
CJ0-40		40						33	11	20	
CJ0-75		75						55	22	40	
CJ20-10	3	10	380	2 动合 2 动断	5	380		11	2.2	4	≤500
CJ20-20		20						22	5.5	10	
CJ20-40		40						32	11	20	
CJ20-60		60						70	17	30	
CJ32-6	3	6	380	1 动合 3 动断 63A 可 拼 8 对	5	380	24		1.7	2.2	120
CJ32-16		16					36		4.5	7.5	
CJ32-25		25					110		5.5	11	
CJ32-45		45					220		13	22	
CJ32-63		63					380		18	30	

二、继电器

继电器是一种根据外界输入的电信号或非电信号的变化而通断控制电路，进行自动控制和保护电力拖动装置用的低压控制电器。继电器的种类很多，常用的有电流继电器、电压继电器、时间继电器、速度继电器、中间继电器、热继电器等。

（一）中间继电器

中间继电器一般用来控制各种电磁线圈，使信号得到放大或将信号同时传给几个控制元件，多与交流接触器配合使用，起中间环节和增多接点作用。常用的中间继电器有 JZ7 和 JZ8 等系列。中间继电器的技术数据见表 6-2，结构见图 6-2。

中间继电器的型号意义：

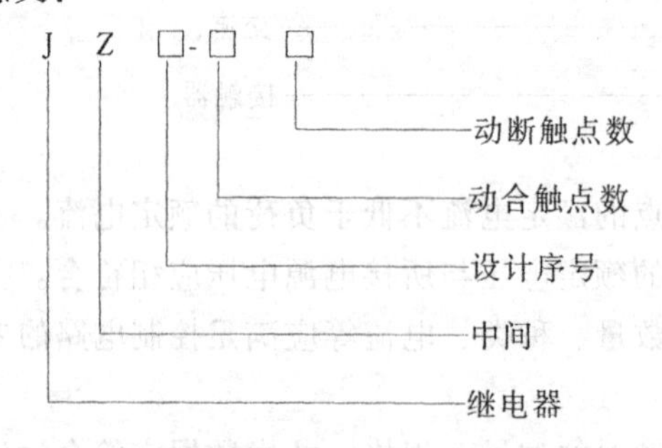

1. 构造原理

中间继电器由线圈、动铁心、静铁心、触头系统及复位弹簧等组成（见图 6-2），其工作原理是靠通电线圈的电磁作用来通断触头。中间继电器的线圈一般为电压线圈，当线圈通电后，铁心被磁化为电磁铁，产生电磁吸力，当吸力大于反力弹簧的弹力时，将衔铁吸引，带动其触点动作，当线圈失电后，机构在弹簧作用下使触点复位。

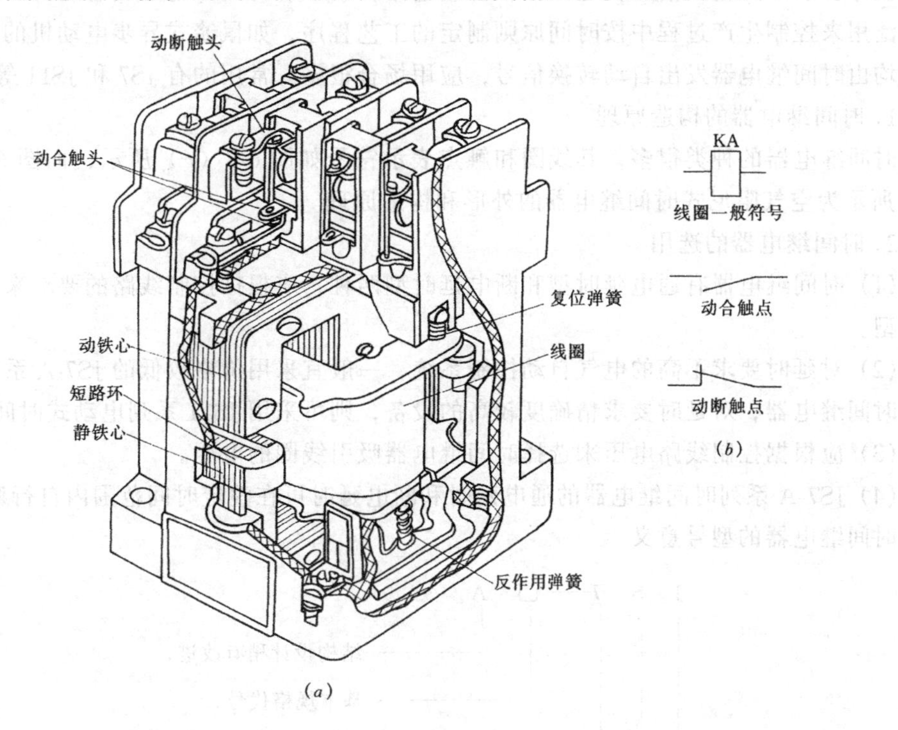

图 6-2 中间继电器

(a) 结构；(b) 符号

中间继电器的特点是：触点数目多（6 对以上），可完成多回路的控制；动作灵敏(动作时间不大于 0.05s)；但触点电流不大（一般约 5A)。与接触器不同的是触点无主、辅之分。

2. 中间继电器的选用

中间继电器主要是根据被控制电路的电压等级（吸引线圈电压）进行选用，同时还应考虑触点数量、种类及容量，以满足控制电路的要求。中间继电器的安装方法与交流接触器相似。

常用中间继电器技术数据　　表 6-2

型号	触头额定电压(V)		触头额定电流(A)	触头数量(对)		额定操作频率(次/h)	线圈电压(V)		线圈功耗(VA)	
	直流	交流		动合	动断		50Hz	60Hz	启动	吸持
JZ7-44	440	500	5	4	4	1200	12、24、36、48、110、127、220、380、420、440、500	12、36、110、127、220、380、440	75	12
JZ7-62	440	500	5	6	2	1200			75	12
JZ7-80	440	500	5	8	0	1200			75	12

（二）时间继电器

时间继电器在电路中起着控制动作时间的作用，它是利用电磁原理或机械动作原理来延缓触点闭合或打开的，当它的感测系统接受输入信号以后，需经过一定的时间，它的执行系统才会动作并输出信号，进而操纵控制电路，所以说时间继电器具有延时的功能。它被广泛用来控制生产过程中按时间原则制定的工艺程序，如鼠笼式异步电动机的几种降压启动均由时间继电器发出自动转换信号，应用场合很多。常用的有 JS7 和 JS11 等系列。

1. 时间继电器的构造原理

时间继电器的种类很多，其线圈和触点表示符号如图 6-3（*c*）所示，而图 6-3（*a*）、（*b*）所示为空气阻尼式时间继电器的外形和构造原理。

2. 时间继电器的选用

（1）时间继电器有通电延时型和断电延时型两种，应根据控制线路的要求来选择需要的类型。

（2）对延时要求不高的电气自动控制系统，一般宜采用价格较低的 JS7-A 系列空气阻尼式时间继电器；对延时要求精确度较高的设备，则可采用 JS11 系列电动式时间继电器。

（3）应根据控制线路电压来选择时间继电器吸引线圈的电压。

（4）JS7-A 系列时间继电器的通电延时和断电延时可在整定时间范围内自行调节。

时间继电器的型号意义

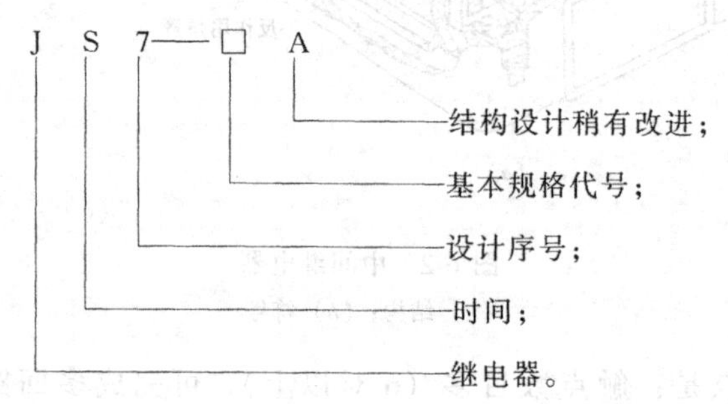

（三）过电流继电器

过电流继电器是电流继电器中常用的一种保护电器，在反复短时工作制的电动机中应用较多。过电流继电器主要由线圈和动断触点等部件组成。其工作原理是：当通过过电流继电器线圈的电流超过整定值后，电磁吸力大于反作用弹簧拉力，铁心吸引衔铁使触头动作，适用于作过电流保护。常用的有 JT4 和 JL12 等系列。

1. 过电流继电器的型号意义

过电流继电器的型号意义如下，其技术数据见表 6-3 和表 6-4。

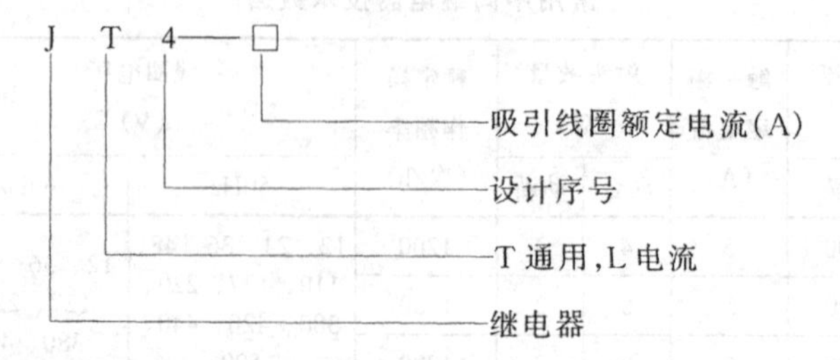

2. 过电流继电器的选择和安装

（1）过电流继电器的触头种类、数量、额定电流应满足控制电路的要求。

（2）过电流继电器线圈的额定电流应大于或等于电动机的额定电流。

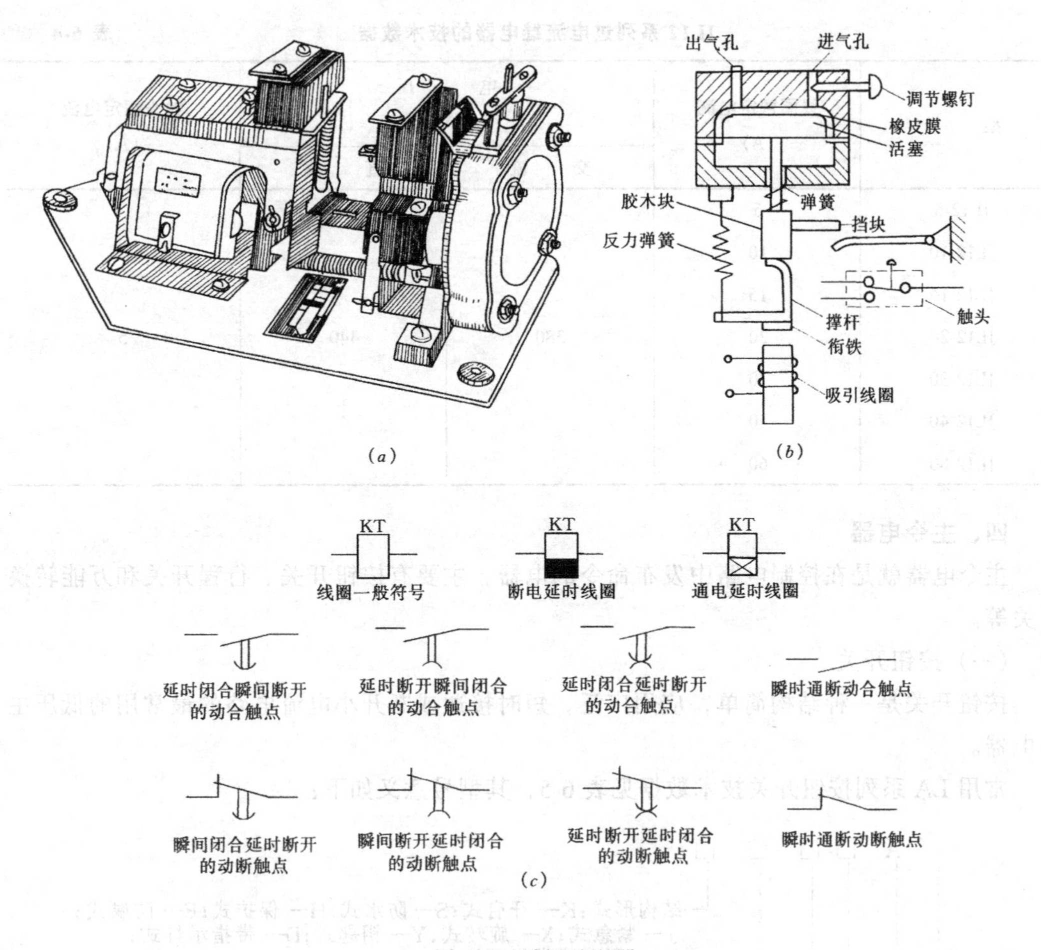

图 6-3 时间继电器

(*a*) 外形结构；(*b*) 原理示意；(*c*) 符号

(3) 过电流继电器的动作电流，一般为电动机额定电流的 1.7～2 倍；频繁启动时，为电动机额定电流的 2.25～2.5 倍。

(4) 安装过电流继电器时，需将电磁线圈串联于主电路中，动断触头串接于控制电路中与接触器线圈连接，从而起到保护作用。

JT4 系列过电流继电器的技术数据 **表 6-3**

型号	吸引线圈额定电流 (A)	触头数量 (对)	复位方式		动作电流
			自动	手动	
JT4-□□L JT4-□□S	5、10、15、20、40、80、150、300、600	2 动合 2 动断 或 1 动合 1 动断	自动	手动	吸引电流在线圈额定电流的 110%～350% 范围内调节
JT4-□□J	5、10、15、20、40、50、80、100、150、200、300、400、600	1 动合 或 1 动断	自动		吸引电流在线圈额定电流的 75%～200% 范围内调节

JL12 系列过电流继电器的技术数据 表 6-4

型　　号	线圈额定电流（A）	电　压（V）		触头额定电流（A）
		交　流	直　流	
JL12-5	5	380	440	5
JL12-10	10			
JL12-15	15			
JL12-20	20			
JL12-30	30			
JL12-40	40			
JL12-60	60			

四、主令电器

主令电器就是在控制电路中发布命令的电器，主要有按钮开关、行程开关和万能转换开关等。

（一）按钮开关

按钮开关是一种结构简单，应用广泛，短时接通或断开小电流电路的最常用的低压主令电器。

常用 LA 系列按钮开关技术数据见表 6-5，其型号意义如下：

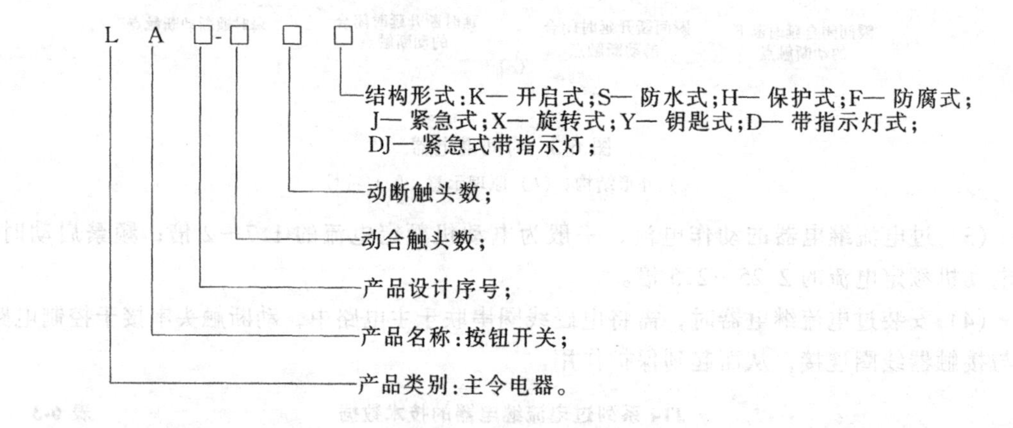

1. 按钮开关构造原理

按钮开关一般是由按钮帽、恢复弹簧、桥式动触头、静触头和外壳等组成（见图 6-4）。当按下按钮帽时，先断开动断触点，然后接通动合触点。当手松开后，在恢复弹簧的作用下使按钮帽及触点复原。按钮的种类很多，常用的有 LA2、LA18、LA19 和 LA20 等系列。

2. 按钮的选用

（1）可根据使用场合、操作需要的触点数目及区别的颜色来选择合适的按钮。

（2）按钮之间的距离宜为 50～80mm，按钮箱之间的距离宜为 50～100mm；当倾斜安装时，其水平的倾角不宜小于 30°。

(3) 按钮操作应灵活、可靠、无卡阻现象。

(4) 集中在一起安装的按钮，应有编号或不同的识别标志；“紧急”按钮应有明显标志并设保护罩。

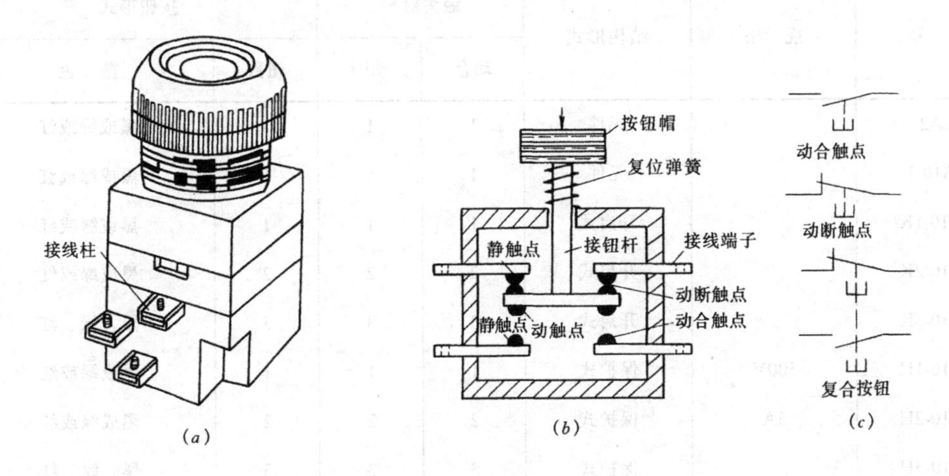

图 6-4　按钮开关

(a) 外形示意；(b) 结构示意；(c) 符号

(二) 行程开关

行程开关又叫限位开关，其作用与按钮开关基本相似。它是利用机械撞块的压力使其触点闭合或断开，从而接通或分断电路，实现限制电动机械的位置或行程，常用的有 LX19 和 JLXK1 等系列。

行程开关的型号意义：

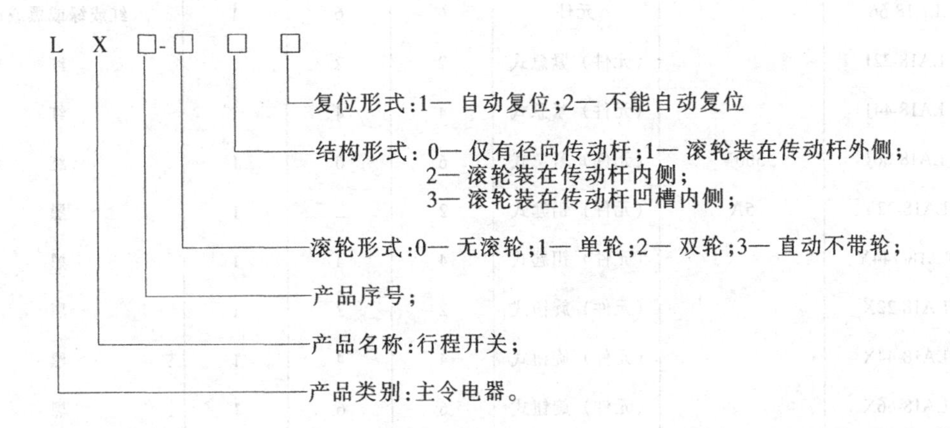

LX 前有 J 表示机床用电器（机床用行程开关）。

1. 行程开关的构造原理

行程开关主要由推杆，动静触头和复位弹簧等组成。其外形结构示意和符号表示如图 6-5 所示；常用技术数据见表 6-6。

2. 行程开关的选择和安装

(1) 行程开关可根据动作要求、触点数量和安装部位进行选择。

(2) 行程开关的安装位置应能使开关正确动作，但不应妨碍机械部件的运动。

LA 系列按钮开关技术数据 **表 6-5**

型　号	规　格	结构形式	触头对数		按钮形式	
			动合	动断	钮数	颜　色
LA2		元件	1	1	1	黑或绿或红
LA10-1		元件	1	1	1	黑或绿或红
LA10-1K		开启式	1	1	1	黑或绿或红
LA10-2K		开启式	2	2	2	黑或绿或红
LA10-3K		开启式	3	3	3	黑、绿、红
LA10-1H	500V	保护式	1	1	1	黑或绿或红
LA10-2H	5A	保护式	2	2	2	黑或绿或红
LA10-3H		保护式	3	3	3	黑、绿、红
LA10-1S		防水式	1	1	1	黑或绿或红
LA10-2S		防水式	2	2	2	黑或绿或红
LA10-3S		防水式	3	3	3	黑、绿、红
LA10-2F		防腐式	2	2	2	黑或绿或红
LA18-22		元件	2	2	1	红或绿或黑或白
LA18-44		元件	4	4	1	红或绿或黑或白
LA18-66		元件	6	6	1	红或绿或黑或白
LA18-22J		(元件) 紧急式	2	2	1	红
LA18-44J		(元件) 紧急式	4	4	1	红
LA18-66J	500V	(元件) 紧急式	6	6	1	红
LA18-22Y	5A	(元件) 钥匙式	2	2	1	黑
LA18-144Y		(元件) 钥匙式	4	4	1	黑
LA18-22X		(元件) 旋钮式	2	2	1	黑
LA18-44X		(元件) 旋钮式	4	4	1	黑
LA18-66X		(元件) 旋钮式	6	6	1	黑
LA19-11		元件	1	1	1	红或绿或黄或蓝或白
LA19-11J	500V	(元件) 紧急式	1	1	1	红
LA19-11D	5A	(元件) 带指示灯	1	1	1	红或绿或黄或蓝或白
LA19-11DJ		(元件) 紧急式	1	1	1	红
		带指示灯				

JLXK1 与 LX19 系列行程开关的技术数据　　表 6-6

型　号	规格	结　　构	触头对数		工作行程	超行程
			动合	动断		
JLXK1-11		单轮防护式			12～15°	≤30°
JLXK1-11	500V	双轮防护式	1	1	≈45°	≤45°
JLXK1-11	5A	直动防护式			1～3mm	2～4mm
JLXK1-11		直动滚轮防护式			1～3mm	2～4mm
LX19K		元件			3mm	1mm
LX19-111		单轮，滚轮装在传动杆内侧，能自动复位			≈30°	约 20°
LX19-121		单轮，滚轮装在传动杆外侧，能自动复位			≈30°	约 20°
LX19-131	500V	单轮，滚轮装在传动杆凹槽内侧，能自动复位			≈30°	约 20°
LX19-212	5A	双轮，滚轮装在 U 形传动杆内侧，不能自动复位	1	1	≈30°	约 15°
LX19-222		双轮，滚轮装在 U 形传动杆外侧，不能自动复位			≈30°	约 15°
LX19-232		双轮，滚轮装在 U 形传动杆内外侧，不能自动复位			≈30°	约 15°
LX19-001		无滚轮，仅有径向传动杆，能自动复位			＞4mm	3mm

(3) 限位用的行程开关，应与机械装置配合调整，确认动作可靠后，方可接入电路使用。

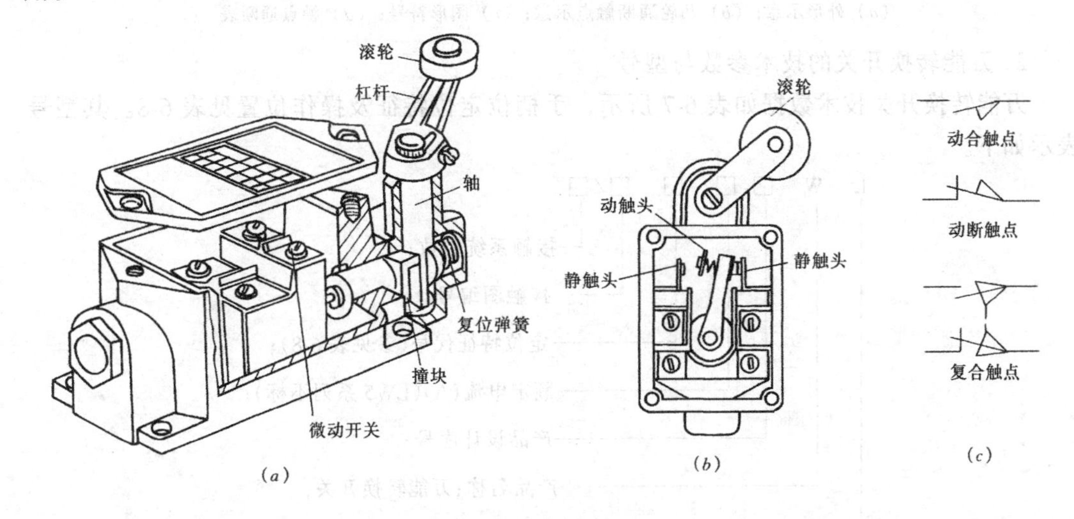

图 6-5　行程开关

(*a*) 外形；(*b*) 结构；(*c*) 表示符号

(三) 万能转换开关

万能转换开关是一个多档式、能控制多回路和复杂电路的主令电器。一般可作为各类配电设备的远距离功能切换开关、电压表的换相切换开关，也可作为自动装置的切换开关等，另外也可以作为小容量电动机（2.2kW 以下）的启停、调速、正反转、制动的功能控制开关。因此种开关触点多、档位多、控制回路多，能适应复杂控制的需要，故有“万能”之称。常用的有 LW5 和 LW15 等系列。

1. 万能转换开关的构造

万能转换开关的构造与组合开关相类似，只是容量较组合开关小，组合开关主要用于电气系统的一次回路，万能转换开关主要用于电气系统的二次回路。

万能转换开关主要由多层触点底座（每层触点底座内装有 1～3 对触点）叠装而成，内有转轴和装在转轴上的凸轮及操作手柄（见图 6-6）。操作时，手柄带动转轴一起旋转，凸轮就可接通或分断触点。由于凸轮的形状不同，当手柄在不同的操作位置时，触点的分合情况也就不同，从而达到换接电路的目的。

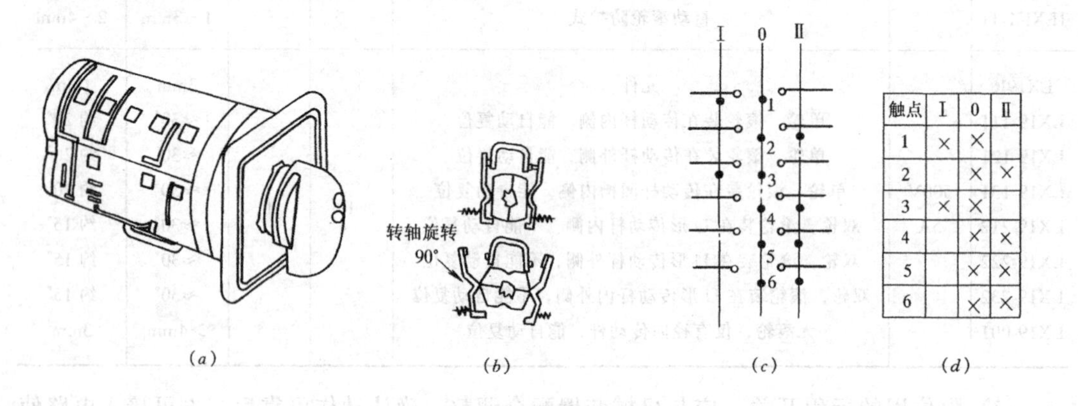

触点	Ⅰ	0	Ⅱ
1	×	×	
2		×	×
3	×	×	
4		×	×
5		×	×
6		×	×

图 6-6　万能转换开关

（*a*）外形示意；（*b*）凸轮通断触点示意；（*c*）图形符号；（*d*）触点通断表

2. 万能转换开关的技术参数与型号

万能转换开关技术数据如表 6-7 所示，手柄位定位特征及操作位置见表 6-8。其型号表示如下。

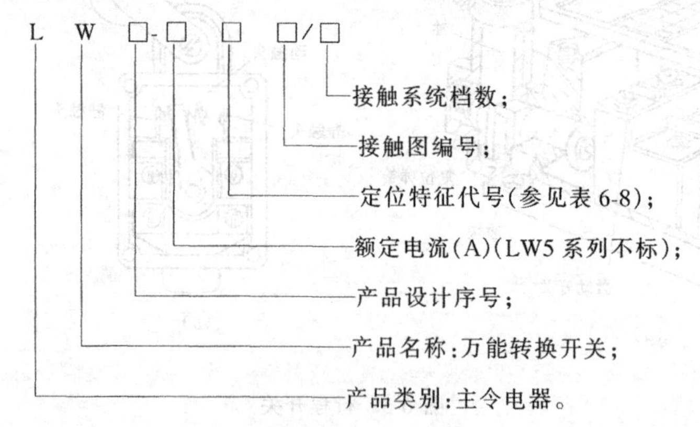

万能转换开关技术数据　　　　表 6-7

型　号	额定电压 额定电流	档　数	操作频率 (次/h)	型　号	额定电压 额定电流	档　数	操作频率 (次/h)
LW5-1		1		LW5-6		6	
LW5-2		2		LW5-7		7	
LW5-3	380V 15A	3	120	LW5-8	380V 15A	8	120
LW5-4		4		LW5-9		9	
LW5-5		5		LW5-10		10	

万能转换开关手柄定位特征及操作位置 **表 6-8**

手柄定位特征		操作手柄位置											
自复式	A						0°	45°					
	B					45°	0°	45°					
定位式	C						0°	45°					
	D					45°	0°	45°					
	E					45°	0°	45°	90°				
	F				90°	45°	0°	45°	90°				
	G				90°	45°	0°	45°	90°	135°			
	H			150°	90°	45°	0°	45°	90°	135°			
	I			150°	90°	45°	0°	45°	60°	135°	180°		
	J		150°	90°	60°	30°	0°	30°	60°	90°	120°		
	K		150°	90°	60°	30°	0°	30°	60°	90°	120°	150°	
	L	150°	150°	90°	60°	30°	0°	30°	60°	90°	120°	150°	
	M	150°	150°	90°	60°	30°	0°	30°	60°	90°	120°	150°	180°

例：LW5—15D 0321/2　表示有 2 档触点，接线图编号为 0321，定位特征为 D，定位式，手柄有顺 45°、0°及逆 45°三种位置，额定电流为 15A 的万能转换开关。

LW5 系列万能转换开关的额定电压在 380V 时，额定电流为 12A；额定电压在 500V 时，额定电流为 9A。额定操作频率为每小时 120 次，机械寿命为 100 万次。

3. 万能转换开关的应用

(1) 万能转换开关的选择应根据用途、触点的档数、电路的电压及触点额定电流来选择。

(2) 安装万能转换开关时，其手柄位置指示应与相应的接线端位置对应，定位机构应可靠，触点在任何位置均应接触良好。

(3) 万能转换开关应安装在便于观察和操作的位置上，操作手柄位置高度宜为 800～1200mm。

五、新型低压电器

目前采用的按钮、接触器、继电器等有触点的电器，是通过外界对这些电器的控制，利用其触点闭合与断开来接通或切断电路，以达到控制目的。随着开关速度的加快，依靠机械动作的电器触点难以满足复杂快速的控制要求；同时，有触点电器还存在着一些固有的缺点，如机械磨损、触头的电蚀损耗、触头分合时往往有颤动而产生电弧等。因此，较容易损坏，开关动作不可靠。

随着微电子技术、电力电子技术的不断发展，人们应用电子元件组成各种新型低压控制电器，可以克服有触点电器的一系列缺点。

(一) 接近开关

接近开关又称无触点行程开关。它的用途除行程控制和限位保护外，还可作为检测金属体的存在、高速计数、测速、定位、变换运动方向、检测零件尺寸、液面控制及用作无触点按钮等。它具有工作可靠、寿命长、无噪声、动作灵敏、体积小、耐振、操作频率高和定位精度高等优点。

接近开关以高频振荡型最为常用，它利用金属物体接近振荡线圈时，以参数变化改变原振荡回路的品质因素 Q 值，使之振荡回路进行状态改变，从而变换接近开关的通断状态。使用接近开关时应注意选配合适的有触点继电器作为输出器，同时应注意温度对其定位精度的影响。

（二）电子式电流型漏电开关

如图 6-7。电子式电流型漏电开关由主开关、实验回路、零序电流互感器、压敏电阻、电子放大器、晶闸管及脱扣器等组成。当漏电或触电信号（I_0）通过零序电流互感器送入电子放大器后，放大器与基准稳压输出的信号进行比较；当漏电信号小于基准信号（即漏电动作电流）时，电子放大器保持其初始状态；反之，如漏电信号大于基准信号及确认时，放大器通过晶闸管驱动脱扣器，使主开关动作跳闸。为克服电子器件耐压低的缺点，线路中加入 MYH 型压敏电路作过电压吸收元件。

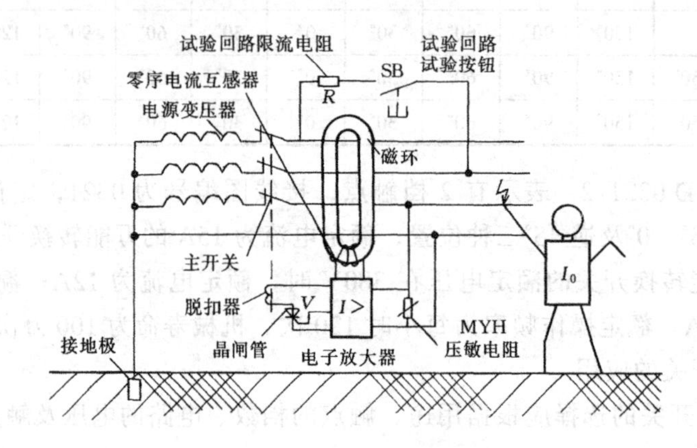

图 6-7　电子式电流型漏电开关

目前常用的主要有 DZL18 等系列。其额定电压为 220V，额定漏电动作电流有 30mA、15mA 和 10mA 三种，对应的漏电不动作电流为 15mA、7.5mA 和 6mA，动作时间小于 0.1s。而 C63-ELM 系列漏电保护器需与 C65 系列断路器配合使用。

（三）光电继电器

光电继电器是利用光电元件把光信号转换成电信号的光电器件，广泛用于计数、测量和控制等方面。光电继电器分亮通和暗通两种电路：亮通是指光电元件受到光照射时，继电器 KA 吸合动作；暗通是指光电元件无光照射时，继电器 KA 吸合动作。但需注意光电继电器在安装和使用时，应避免振动及阳光、灯光等其他光线的干扰。

（四）固态继电器

固态继电器（用 SSR 表示）是近年发展起来的一种新型电子继电器，具有开关速度快、工作频率高、重量轻、使用寿命长、噪声低和动作可靠等一系列优点，不仅在许多自动化装置中代替了常规电磁式继电器，而且广泛应用于数字程控装置、调温装置、数据处理系统及计算机输入输出接口等电路。固态继电器按其负载类型分类，可分为直流型（DC-SSR）和交流型（AC-SSR）。

图 6-8（a）为 SSR 的外部引线图。一般在电路设计时，应让 SSR 的开关电流至少为断态电流的 10 倍，负载电流若低于该值，则应该并联电阻 R，以提高开关电流值，如图 6-8（b）所示。

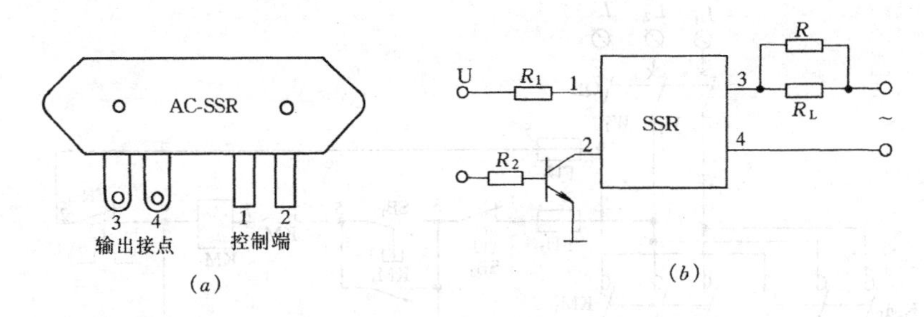

图 6-8 交流 SSR 固态继电器外部引线图

（a）外部引线连接；（b）小负载接线

第二节 继电接触器控制电路的基本环节

一、基本概念

1. 电气图形的绘制标准

电气控制系统是由电气设备及电气元件按一定的要求连接而成的，为了充分表达电气控制系统的组成结构及工作原理，同时也为了电气控制系统的安装、调试和检修，必须用统一的工程语言，即工程图的形式来表达，这种工程图称为电气控制系统图。

电气控制系统一般有多种表示方法：电路原理图、电器布置图、安装接线图等。电气控制图应根据国家标准，采用国标规定的图形符号（GB4728—85）、文字符号（GB7159—87）及规定的画法（参见附录 2）绘制而成。

2. 电路原理图

电路原理图习惯上称电路图（见图 6-9），它一般是根据控制电路的工作原理和控制功能及控制顺序绘制而成的。

电路图一般分主电路（或称一次接线）和辅助电路（或称二次接线）两部分。主电路是电气控制线路中从电源到电动机强电流通过的路径；辅助电路是电气控制线路中控制弱电流通过的部分，它包括控制电路、信号电路、保护电路、计测电路和自动装置电路等。

主电路一般可用粗实线画出，以区别于辅助电路。辅助电路由继电器和接触器的线圈及按钮、信号灯、小型变压器等电气元件组成，一般用细实线画出。

3. 电气元件布置图

电气元件布置图主要是表明电气设备上所有电器的实际位置，为电气控制设备的安装及维修提供必要的技术资料。布置图可根据电气设备的复杂程度集中绘制或分别绘制。绘制布置图时，设备的轮廓线用细实线或点划线表示，电气元件一般用粗实线绘制出简单的外形轮廓。

4. 电气安装接线图

电气安装接线图是实际电器位置和线路连接的实际接线图，其主要目的是便于控制电路的安装接线、线路检查、线路维修和故障处理等。接线图绘制时，将各电气元件的组成部分（如同一电器的线圈与触点）画在一起，文字符号、元件连接顺序、电路号码编制等是与电气原理图一致的，一般可与原理电路配合阅读。

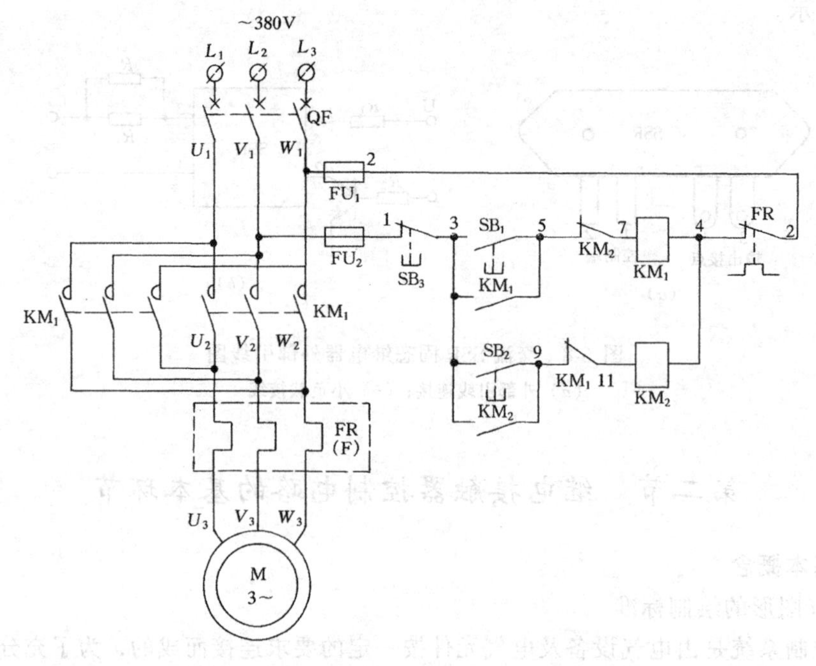

图 6-9 三相异步电动机正反转控制原理电路图

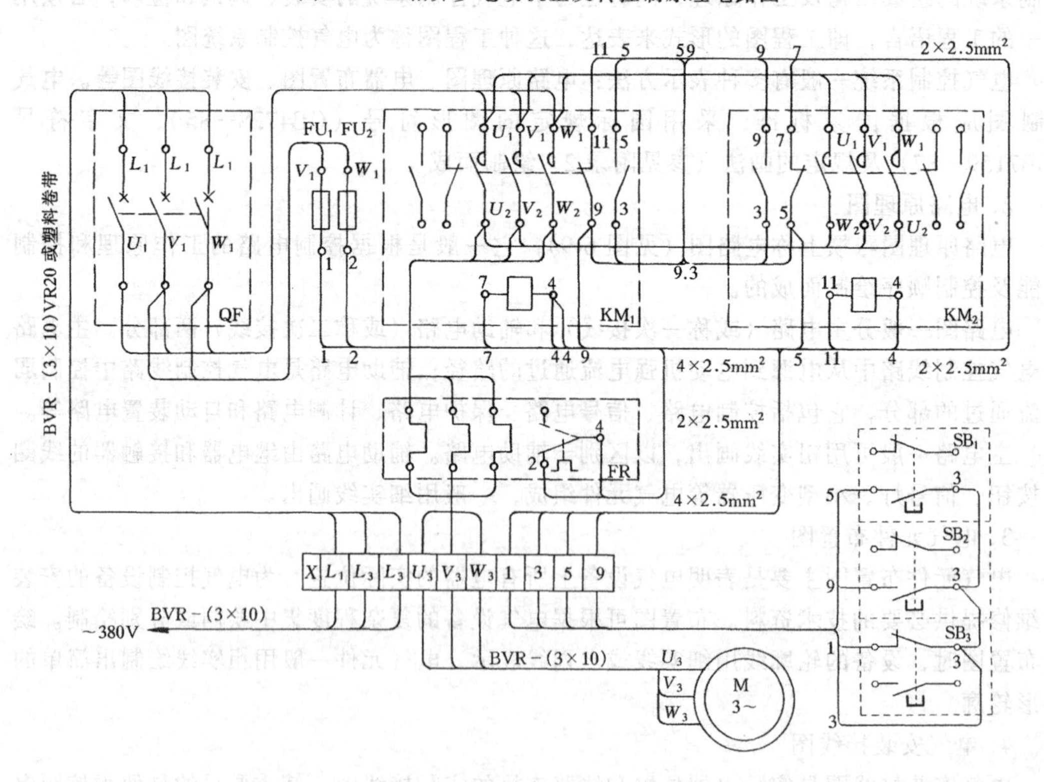

图 6-10 三相异步电动机正反转安装接线图控制电路

图 6-10 是三相异步电动机正反转的安装接线图。

二、继电-接触控制的基本环节

电气控制电路是由各类低压控制电器(如交流接触器、继电器、按钮开关等),按一定的要求连接而成的,其主要作用是实现对电动机的启停、调速、制动、正反转等控制功能。

(一) 联锁控制基本环节

根据生产实际需要，很多电气控制电路采用了各类联琐控制方式，这是电气控制的基本环节之一。

1. 自锁控制

(1) 自锁功能。自锁控制是电气控制最基本和最常用的联锁方式，用于电动机的直接启动（全压启动）控制电路中，能对电动机的启、停进行自动控制，同时可实现动力线路的失压保护。

(2) 电路原理。电路如图 6-11 所示（即电动机单向运转控制电路)。合上电源开关(断路器 QF 或闸刀开关 QS)，按下启动按钮 SB_2，接触器 KM 线圈得电（电流通过停止按钮 SB_1 动断触点—启动按钮 SB_2 动合触点—接触器 KM 线圈—热继电器 FR 动断触点而形成回路)，衔铁吸合并带动机构动作，主触点（动合）闭合使电动机接通电源启动运行，其辅助触点（动合）也同时闭合，用以在 SB_2 按钮开关复位后（即手松开后）维持接触器 KM 线圈继续通电。这就是所谓的“自锁”功能，其触点常称“自锁”接点或“自保持”接点。当按下停车按钮 SB_1（或电动机过载，FR 触点断开）后，接触器线圈失电使主触点断开，电动机停止运行；当交流电源失电时，接触器辅助触点随主触点一并断开，来电后也不会自行启动；从而满足电动机的短路、过载和失压保护等功能。

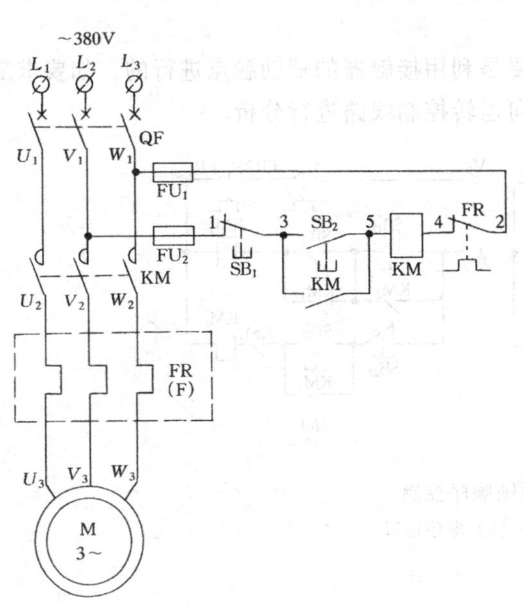

图 6-11　自锁控制（电动机单向运转控制)

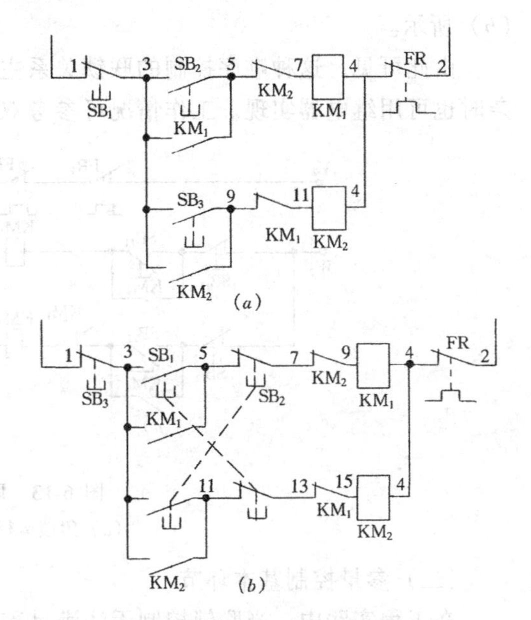

图 6-12　互锁控制电路

（a）接触器互锁控制；（b）双重互锁控制

2. 互锁控制

(1) 互锁功能。在生产实践中，往往要求各类机械具有上下、左右及前后等相反的运动方向，因此要求电动机的运行具有可逆性，通常是借助于两个交流接触器以改变电动机定子绕组的相序来实现电动机的正反向运转。但为保证两个接触器不能同时工作（同时工作会造成电源相间短路），利用互锁控制功能（将各自的接触器辅助动断触点相互串接在对方接触器的控制电路中）防止两接触器同时工作：即正（反）转接触器工作时，将反（正）转接触器控制回路电源切断，从而达到“互锁”功能，以保证电动机的安全运行。

（2）电路原理。电路如图 6-12（*a*）所示。接触器 KM_1 和 KM_2 的动断触点相互串联在对方的控制回路中，则任一接触器得电后，其动断辅助触点即可断开另一接触器的控制回路电源，即使按下相反方向的启动按钮也无济于事，从而实现“互锁”功能。图 6-12（*b*）为双重互锁（接触器互锁和按钮互锁）的控制电路，利用各启动按钮的动断触点分别串接在对方的控制回路中，以增强互锁作用，以上常称电气互锁。为更可靠保证互锁关系，有时将机械杠杆机构装设在两接触器间（常用于磁力启动器），利用杠杆原理来保证只能一只接触器工作，这种互锁方式常称机械互锁。

3. 顺序控制

为了实现多台电机的相互联系又相互制约的关系引出这种顺序联锁控制线路。如锅炉房的引风机与鼓风机之间、斜面皮带与水平煤之间的控制就需要进行顺序控制。下面举两个实例说明顺序控制的联锁关系。其一要求是 KM_1 通电后，不允许 KM_2 通电；KM_1 释放停止运行后，KM_2 才能启动运行，如图 6-13（*a*）所示。其二要求是 KM_1 通电后，才允许 KM_2 通电，KM_2 释放后，才允许 KM_1 释放；即两电动机启动时，必须 KM_1 先运行、KM_2 后运行，两电动机停止时，必须 KM_2 先停止运行、KM_1 后停止运行，如图 6-13（*b*）所示。

由此可见，这种顺序控制的联锁关系主要是利用接触器的辅助触点进行的，如要求复杂时也可用继电器实现。工作情况可参考双向运转控制线路进行分析。

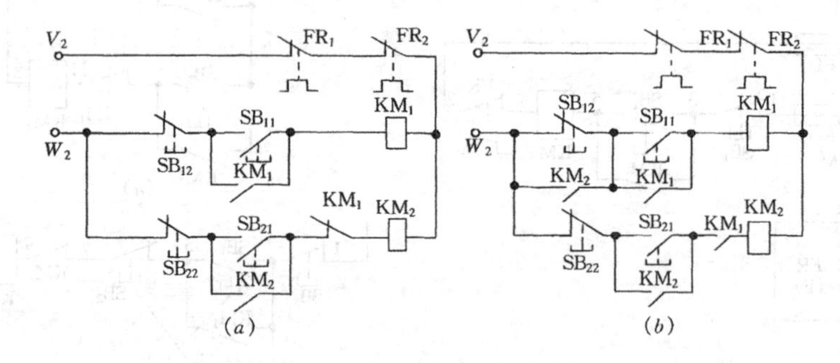

图 6-13　联锁顺序控制

（*a*）闭锁运行；（*b*）顺序运行

（二）参量控制基本环节

在工程实践中，当联锁控制无法满足需要时，可根据生产工艺过程的特点，利用控制过程的变化参量作为控制信号，以构成满足生产需要的控制电路，同时也可提高生产过程的自动化程度。

常用控制过程的主要变化参量有：行程（位置）、电压、电流、速度、时间等物理量。

1. 行程控制

行程控制是以行程或位置作为物理参量来自动控制电动机的运行。

(1) 电路功能。在生产实际中常有需要按行程进行控制的要求。如桥式起重机、混凝土搅拌机的提升限位，万能铣床升降台的限位以及龙门刨床工作台的自动往返，建筑物水箱水位等，均需进行行程或自动循环控制。

(2) 电路连接。自动循环控制电路如图 6-14 所示。行程开关 SQ_1 的动断触点串接在正转控制电路中，把另一个行程开关 SQ_2 的常闭触点串接在反转控制电路中，而 SQ_3、SQ_4 用于两个方向的终点限位保护。

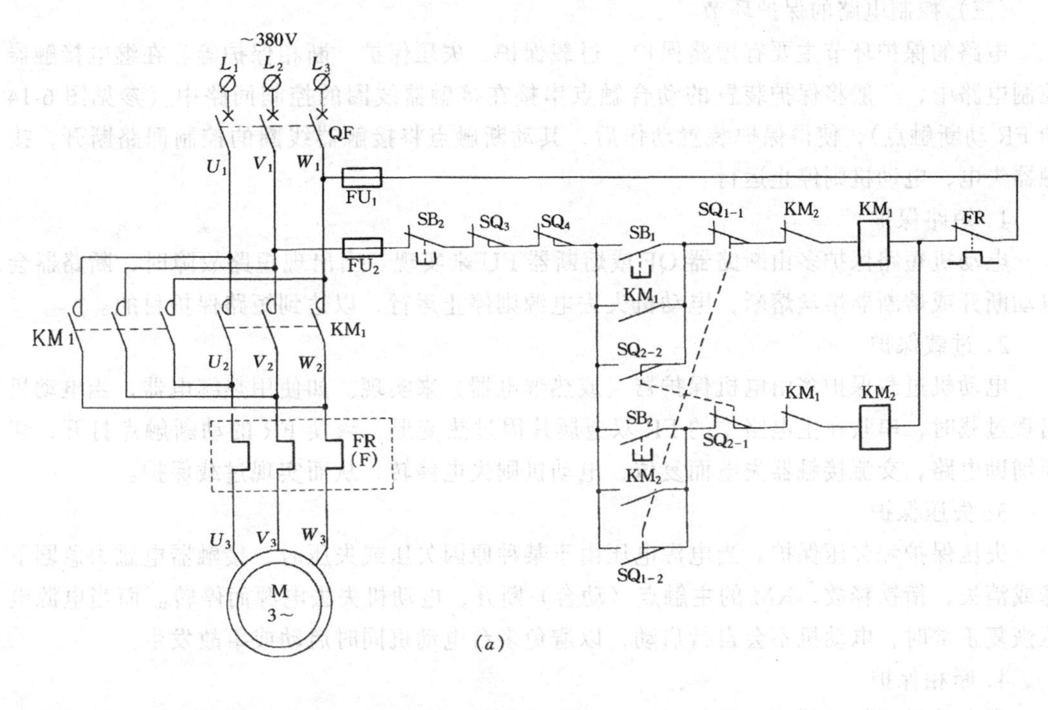

(a)

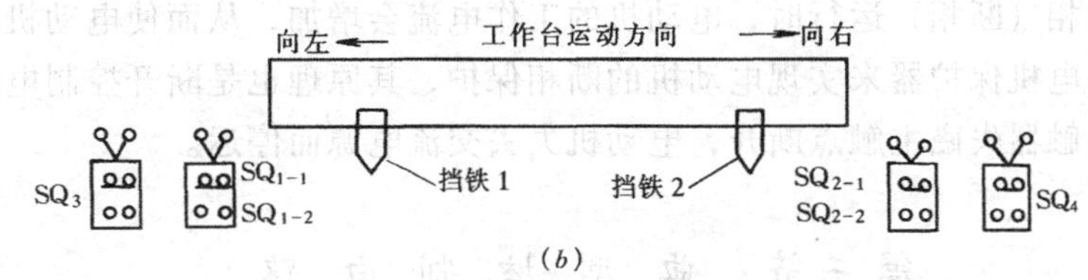

(b)

图 6-14 自动循环控制电路
(a) 电路图；(b) 限位开关安装位置示意

(3) 电路原理。当合上电源开关 QS，按下正向启动按钮 SB1 时，正向运转接触器 KM_1 线圈通电，其主辅触点同时动作。主触点闭合后，使电机正向运转并带动往返行走的运动部件向左移动，当左移到设定位置时，运动部件上安装的撞块（挡铁）碰撞左侧安装的限位开关 SQ_1，使它的动合触点断开、动断触点闭合，KM_1 失电释放；而反向运转接触器 KM_2 线圈通电，其触点动作，电机反转并带动运动部件向右移动。当移动到限定的位置时，撞块碰撞右侧安装的限位开关 SQ_2，使其动作后使 KM_2 失电释放，KM_1 又一次重新通电，部件又左移。如此进行自动往返，直到按下停止按钮 SB_3 时为止。一旦 SQ_1 或 SQ_2 出现故障时，可通过 SQ_3 或 SQ_4 做终端限位保护。

2. 时间控制

时间控制是以时间作为物理参量来控制电动机的启动或停止运行。

时间控制环节就是根据电动机的启动性能或电路的功能要求，利用时间参量来控制电动机的启停过程和电路的动作过程，以满足电动机的启停要求和电路的动作时间要求。如后面介绍的定子串自耦变压器降压启动电路和 Y-△转换降压启动电路，均采用时间继电器来控制电动机启动过程，以减弱电动机启动电流对电网的影响。

（三）控制电路的保护环节

电路的保护环节主要有短路保护、过载保护、失压保护、断相保护等。在继电接触器控制电路中，一般将保护装置的动合触点串接在接触器线圈的控制回路中（参见图 6-14 的 FR 动断触点），使得保护装置动作后，其动断触点将接触器线圈的控制回路断开，接触器失电，电动机则停止运行。

1. 短路保护

电动机短路保护多由断路器 QF 或熔断器 FU 来实现。当出现短路故障时，断路器会自动断开或熔断器熔丝熔断，电动机失去电源则停止运行，以达到短路保护目的。

2. 过载保护

电动机过载保护多由电机保护器（或热继电器）来实现。如使用热继电器，当电动机出现过载时，串联在主电路中的 FR 双金属片因过热变形，致使 FR 的动断触点打开，切断辅助电路，交流接触器失电而复位，电动机则失电停转，从而实现过载保护。

3. 失压保护

失压保护和欠压保护。当电源电压由于某种原因欠压或失压时，接触器电磁力急剧下降或消失，衔铁释放，KM 的主触点（动合）断开，电动机失去电源而停转。而当电源电压恢复正常时，电动机不会自行启动，以避免多台电动机同时启动或事故发生。

4. 断相保护

当电动机两相（断相）运行时，电动机的工作电流会增加，从而使电动机过热而烧毁电机。目前多由电机保护器来实现电动机的断相保护，其原理也是断开控制电路中的动断触点，使交流接触器失磁主触点断开，电动机失去交流电源而停运。

第三节 典型控制电路

三相笼型异步电动机在建筑工程设备中应用及其广泛，而对其控制主要是采用继电器、接触器等电器元件。三相笼型异步电动机有全压启动和降压启动两种方式。电动机启动时将额定电压直接加到电动机定子绕组上，称为直接启动或全压启动。全压启动所用电气设备少、电路简单，但启动电流大，会使电网电压降低而影响其他电气设备的稳定运行。因此，容量较大的电动机通常采用降压启动，以减少启动电流及影响电网电压。

（一）电动机单向运转的控制线路

三相笼型异步电动机单方向运转启动可用开关或接触器控制。对于容量较小。并且工作要求简单的电动机，如小型台钻、砂轮机、冷却泵的电动机，可用手动开关在动力电路中接通电源直接启动。

1. 电路组成

单向运转控制电路（即全压启动控制线路）主要由断路器（或刀闸开关）、交流接触器、按钮开关、电机保护器等组成，电路连接和工作原理可参见图 6-11 所示。此控制电路也可称之为电动机长动控制电路。电路分为两部分，主电路由断路器、接触器主触点、热继电器（或电机保护器）、电动机等组成；辅助电路由按钮、接触器辅助触点、保护电器动断触点等组成。控制接触器线圈的通断电，即可实现对主电路及电动机的通断控制。

2. 工作原理

见自锁控制电路原理叙述。

（二）单向运转点动控制电路

在图 6-11 中，如将接触器 KM 自锁触点去除，即成为电动机点动控制电路。按启动按钮 SB_2 电动机启动运行，当手松开按钮 SB_2 时，按钮开关 SB_2 动合触点随即断开，接触器失电，电动机则停止运行。

（三）双向运转控制电路

在生产实践中，很多设备需要两个相反的运行方向，例如机床工作台的前进和后退，起重机吊钩的上升和下降等，这些两个相反方向的运动均可通过电动机的正转和反转来实现。从电机知识可知，只要任意改变电动机定子绕组的三相电源相序，即可改变电动机的转向。

1. 电路组成及连接

双向运转控制原理电路如图 6-9 所示，电路主要由两只接触器和三只按钮开关等组成。要使电机可逆运转，需用两只接触器的主触头把主电路电源任意两相对调，再用两只启动按钮控制两只接触器的通电，用一只停止按钮控制接触器失电。同时要考虑两只接触器不能同时通电，以免造成电源相间短路，为此采用接触器的动断触点串接在对方的控制线路中进行“互锁”控制，其他构思与单向运转电路相同。

2. 工作原理

电路工作原理如下：启动时，合上电源开关 QF，将电源接通。现以电机正转为例：按下正向启按钮 SB_1，正向接触器 KM_1 线圈通电，其主触头闭合，使电机正向运转，同时辅助动合触点闭合形成自锁，辅助动断触点断开形成互锁，切断了反转通路，防止误按反向启动按钮而造成的电源短路现象。

如想反转时，必须先按下停止按钮 SB_3，使 KM_1 线圈失电释放，电机停止，然后再按下反向启动按钮 SB_2，电机才可反转运行。

某些建筑设备中电动机的正反转控制也可采用磁力启动器直接实现。磁力启动器一般由两只接触器、一只热继电器及按钮开关等组成。磁力启动器内部设置有机械联锁装置，保证在同一时刻只有一只接触器处于吸合状态。

（四）远方多处控制电路

多地点控制是实现远动控制的常用手段，其实质就是将各地点的按钮开关动合触点并联，而将按钮开关动断触点串联（参见图 6-15）。如建筑设备中的加压水泵，可同时在控制室和设备现场同时控制水泵电动机的启停运行。

（五）星形—三角形降压启动控制电路

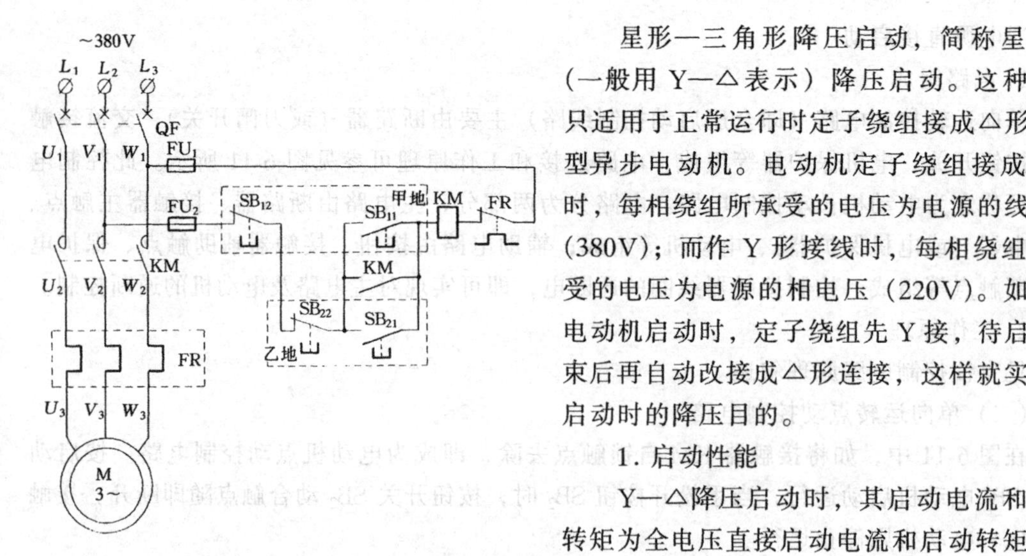

星形—三角形降压启动，简称星三角（一般用 Y—△表示）降压启动。这种方法只适用于正常运行时定子绕组接成△形的笼型异步电动机。电动机定子绕组接成△形时，每相绕组所承受的电压为电源的线电压（380V）；而作 Y 形接线时，每相绕组所承受的电压为电源的相电压（220V）。如果在电动机启动时，定子绕组先 Y 接，待启动结束后再自动改接成△形连接，这样就实现了启动时的降压目的。

1. 启动性能

Y—△降压启动时，其启动电流和启动转矩为全电压直接启动电流和启动转矩的三分之一，并具有线路简单，经济可靠等优点，适用于空载或轻载状态下鼠笼式三相异步电动机的启动。但它要求电动机具有六个出线端子，而且只能用于正常运行时定子绕组接成三角形的笼型异步电动机，这在很大程度上又限制了它的使用范围。

图 6-15　三相异步电动机两地启停控制控制电路

2. 电路组成及连接

三相异步电动机 Y—△转换降压自动启动控制电路主要由三只交流接触器、一只时间继电器和两只按钮开关等组成，如图 6-16 所示。

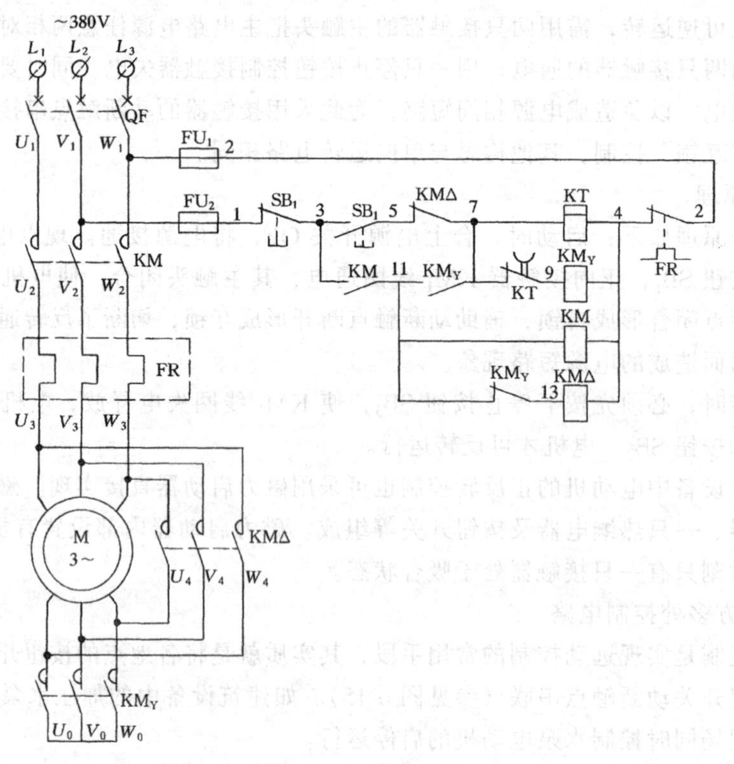

图 6-16　三相异步电动机 Y—△转换降压自动启动控制电路

3. 工作原理

电路工作原理如下：启动时，合上断路器 QF，按下启动按钮 SB_1，Y 形连接接触器 KM_Y 和时间继电器 KT 的线圈同时通电，KM_Y 的主触头闭合，使电机为 Y 接状态。同时 KM_Y 的辅助动合触点闭合，使主接触器 KM 线圈通电，于是电动机在 Y 接下进行降压启动。待启动结束，KT 的触点则延时打开，使 KM_Y 失电释放，△连接接触器 $KM_\triangle$ 线圈通电，其主触点闭合，将电机连接成△形状态，这时电机在△形接法下全电压稳定运行。同时 $KM_\triangle$ 的动断触点使 KT 和 KM_Y 的线圈均失电，停机时按下停止按钮 SB_2 即可。

（六）定子串自耦变压器（TM）的降压启动控制

本电动机启动电流的限制，是依靠自耦变压器的降压作用来实现的。电动机启动时，定子绕组得到的电压是自耦变压器的二次电压（即串接在定子绕组的自耦变压器上）。启动结束后，自耦变压器被切除，电动机便在全电压下稳定运行。

1. 电路组成

三相异步电动机定子串自耦变压器（TM）的降压启动控制电路如图 6-17 所示。它主要由两只接触器、两只按钮开关和一只时间继电器等组成，利用时间参量来控制电动机的启动过程，以达到降低电动机启动电流和增大启动转矩的目的。

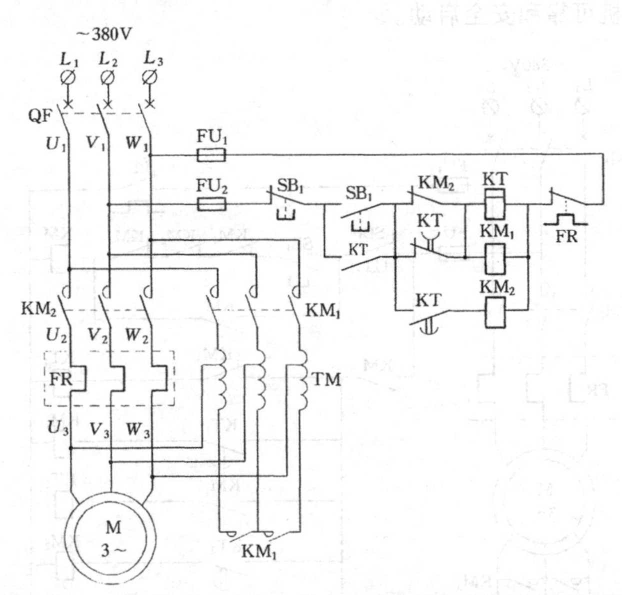

图 6-17　三相异步电动机定子串自耦变压器的降压启动控制电路

2. 电路原理

合上电源开关 QF，按下启动按钮 SB_1，接触器 KM_1 和时间继电器 KT 线圈同时通电，电动机串接自耦变压器 TM 降压后启动运行，而时间继电器的瞬时闭合延时断开的动断触点仍为闭合状态，延时闭合的动合触点保持断开状态；待电动机启动结束后，时间继电器的延时动断触点才动作断开（其动作时间就是电动机启动过程的时间），使 KM_1 失电，TM 被切除；而延时闭合的动合触点闭合，接触器 KM_2 通电，电动机在全电压下稳定运行。需停止时按下 SB_2 即可。

（七）绕线式异步电动机启动控制电路

三相绕线式异步电动机的优点是可以通过滑环在转子绕组中串联外加电阻（用于串电

阻启动时称启动电阻）或频敏变阻器，以达到减小启动电流、提高转子电路的功率因数和增加启动转矩的目的。绕线式异步电动机广泛应用于要求启动转矩较高的场合，特别是起重机多采用绕线式异步电动机。

1. 启动过程

在启动时，串接在三相转子绕组中的启动电阻先全部接入转子电路，随着启动过程的进行，启动电阻被逐段的短接，直至启动结束，启动电阻全部短接切除。其短接的方法有三相电阻不对称短接法和三相电阻对称短接法两种。所谓不对称短接是每一相的启动电阻是轮流被短接的，而对称短接是三相中的启动电阻同时被短接。

2. 电路组成

三相绕线式异步电动机转子串电阻启动的控制电路如图 6-18 所示，其主要功能是依靠时间继电器来依次自动短接启动电阻的控制电路。它主要由一只主接触器（接于定子绕组回路）、三只辅助接触器及转子启动电阻（接于转子绕组回路）、三只时间继电器（提供时间参量）等组成。转子回路三段启动电阻的短接是依靠 KT_1、KT_2、KT_3 三只时间继电器及 KM_1、KM_2、KM_3 三只接触器的相互配合来实现的。在控制电路中，KM_1、KM_2、KM_3 三个动断辅助触点串联的作用是：只有全部电阻接入时（即三接触器均为断电状态）才能启动，以确保电机可靠和安全启动。

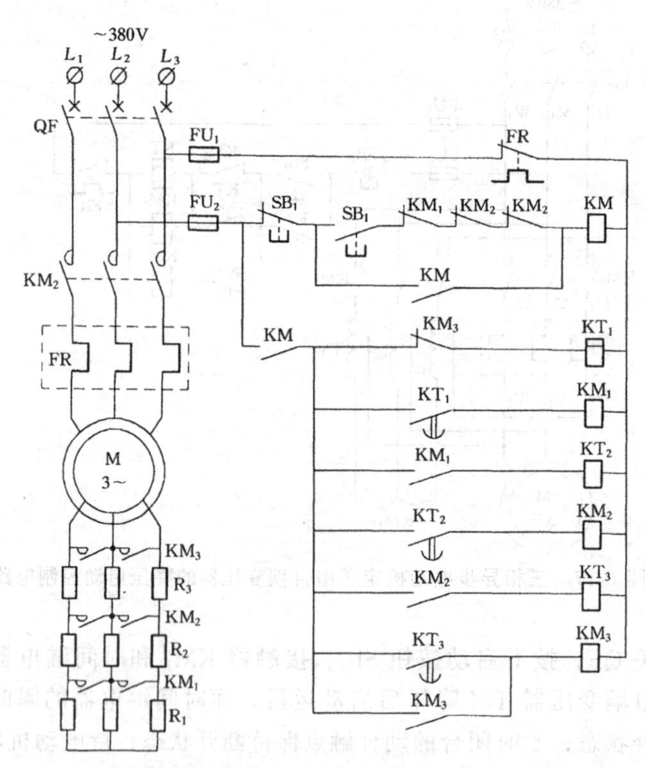

图 6-18　三相绕线式异步电动机转子串电阻启动控制电路

3. 电路原理

启动时，合上刀开关 QS，按下启动按钮 SB_1，接触器 KM 通电，电动机串联全部电阻开始启动，同时时间继电器 KT_1 线圈通电，经一定延时后 KT_1 动合触点闭合，使 KM_1

通电，KM_1 主触点闭合，将 R_1 短接，电机加速运行；同时 KM_1 的辅助动合触点闭合，使 KT_2 通电。经延时后，KT_2 动合延时触点闭合，使 KM_2 通电，KM_2 的主触点闭合，将 R_2 短接，电机继续加速；同时 KM_2 的辅助动合触点闭合，使 KT_3 通电。再经延时后，KT_3 动合延时触点闭合，使 KM_3 通电，KM_3 的主触头闭合，将 R_3 短接；同时 KM_3 由其辅助触点进行自锁，并断开 KT_1 线圈的电源。至此，全部启动电阻被短接，于是电动机进入稳定运行状态。

线路存在的问题是：一旦时间继电器损坏时，线路将无法实现电动机的正常启动和运行，如维修不及时，电动机就有被迫停止运行的可能。另一方面，在电动机启动过程中，逐段减小电阻的瞬间过程，电流及转矩突然增大，有可能产生不必要的机械冲击。

第四节　建筑电气常用控制电路

在生产实际中，生产设备和建筑设备电气控制电路的实例很多，如电梯控制电路、水泵控制电路、混凝土搅拌机控制电路、起重机电气控制电路、锅炉房电气控制电路、电动防火门控制电路和电气设备控制电路等，由于篇幅有限，本节简要介绍建筑常用的水泵控制电路和框架式断路器控制电路。

一、水泵控制电路

水泵常用于建筑的高位水箱给水（或低位水池排水）和供水管网加压等。水泵的运行常采用水位控制和压力控制等，有单台泵控制方案、两台泵互为备用不直接投入控制方案、两台泵互为备用直接投入控制方案和降压启动控制方案等数种。

（一）水位控制器

水位控制器有干簧管式、水银开关式、电极式等多种类型，常用的是干簧管式水位控制器，其组成部分包括干簧管、永久磁钢浮标和塑料管等。干簧管水位控制器是在密封的玻璃管内固定两片用弹性好、导磁率高、有良好导电性能的玻莫合金制成的干簧接点片，当永久磁钢套在干簧管上时，两个干簧片被磁化相互吸引或排斥，使其干簧接通或断开电路，当永久磁钢离开后，干簧管中的两个簧片利用弹性恢复成原来状态。图 6-19 为干簧管水位控制器安装和接线示意图。其工作原理是：在塑料管内固定有上、下水位干簧管 SL_2 和 SL_1，塑料管下端密封防水进入，连线在上端接线盒引出；塑料管外套一个能随水位移动的浮标（或浮球），浮标中固定一个永久磁环，当浮标移到上水位或下水位时，对应的干簧管接受到磁信号即动作，发出水位电开关信号。因为干簧管中有动合与动断两种形式，因此可组成一动合、一动断，也可组成两动合的水位控制器。

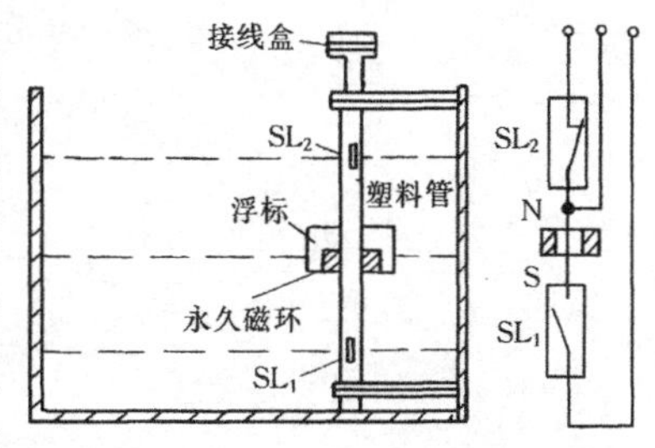

图 6-19　干簧管水位控制器及安装接线图

（二）双台水泵控制电路

两台泵互为备用直接投入控制电路如图 6-20 所示。水泵准备运行时，电源开关 QS_1、QS_2、S 均合上。SA 为转换开关，其手柄有三档，共有 8 对触头，可依次排列为 1 至 8，通过转换开关 SA 的手柄转换来改变水泵的运行状态。

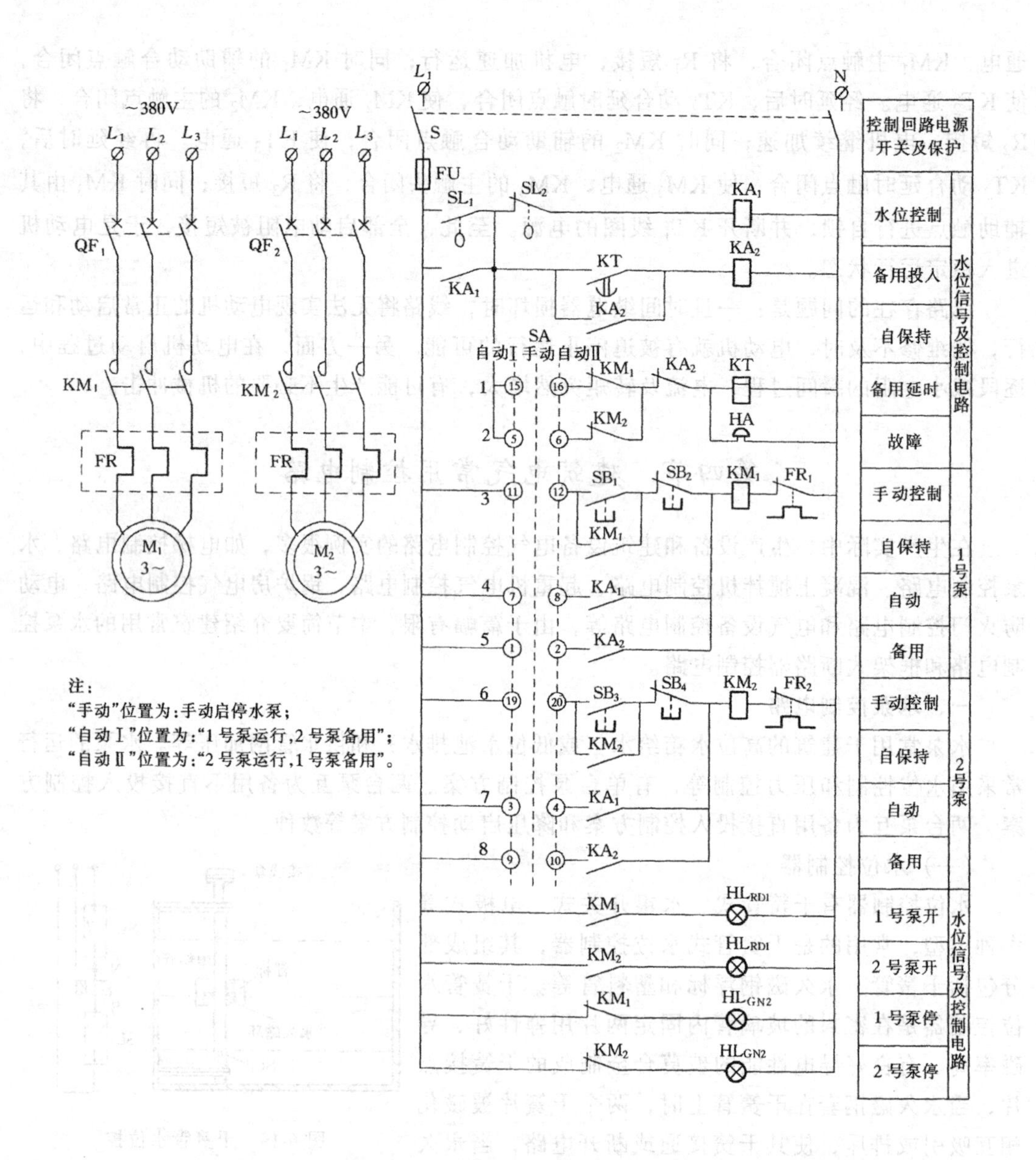

图 6-20　两台泵互为备用直接投入控制电路

电路工作原理如下：

1. 手动转换开关 SA 在“手动”位置

当 SA 手柄在中间位置时，3 和 6 两对触点闭合，水泵为手动操作控制。按下启动按钮 SB_1，由于 SA_3 已闭合，KM_1 通电吸合，1 号泵投入运行。按下启动按钮 SB_3，由于 SA 触头 6 已闭合，KM_2 通电吸合，2 号泵投入运行。按下停止按钮 SB_2（或 SB_4），可分别控制两台泵的停止，此时两台泵不受水位控制器控制。

2. 手动转换开关 SA 在“自动：1 号运行、2 号备用”位置

当 SA 手柄扳向左侧位置时，1、4、8 三对触头闭合，水泵为自动操作控制，此时 1 号泵为常开泵，2 号泵为备用泵。若水位在低水位时，浮标磁环对应于 SL_1 处，此时 SL_1 闭合。水位信号电路中的中间继电器 KA_1 线圈通电，其动合触点闭合，与 SL_1 并联的

KA_1 动合触点起自锁作用，KA_1 另一对动合触点通过 SA 的触点 4 使 KM_1 通电，1 号泵投入运行加压送水。当水位达到高水位时，浮标磁环进入 SL_2，此时 SL_2 动断触点断开使 KA_1 断电，KA_1 动合触点复位切断 KM_1 回路，KM_1 失电释放，1 号水泵停止运行。

如果 1 号泵在投入运行时发生过载或者交流接触器 KM_1 接受信号不动作，由于 SA 的触点 1 已闭合，时间继电器 KT 通电，同时警铃 HA 声响报警，接通备用延时和故障回路。KT 延时闭合动合触点（约延时 5～10s）闭合，中间继电器 KA_2 通电，接通备用泵投入回路，KA_2 动合触点闭合，由于 SA 的触点 8 已闭合，交流接触器 KM_2 通电，接通 2 号泵回路，使 2 号泵自动投入运行。当 KA_2 通电时其动断触点断开，使 KT 和 HA 断电。

3. 手动转换开关 SA 在“自动：2 号运行、1 号备用”位置

当 SA 手柄扳向右侧位置时，2、5、7 三对触头闭合，水泵为自动操作控制，此时 2 号泵为常用泵，1 号泵为备用泵，其控制原理与上述相同。

（三）室内消火栓加压水泵控制电路

高层工业与民用建筑以及水箱不能满足消火栓水压要求的其他低层建筑，一般设置消防加压水泵，每个消火栓处可设置直接启动消防水泵的按钮，以便及时启动消防水泵，供应火灾现场灭火用水。按钮应设有保护设施，一般放置在消防水带箱内，或放在有玻璃保护的小壁龛内以防止误操作。消防水泵一般都设置两台泵互为备用。

图 6-21 为室内消防给水加压泵控制电路的一种方案，两台泵互为备用可自动投入。

正常运行时电源开关 QF_1、QF_2 和控制开关 S_1、S_2 均合上，S_3 为水泵检修转换开关，不检修时放在运行位置。SB_{10} 至 SBn 为各消火栓箱消防启动按钮，无火灾时被按钮玻璃面板压住，中间继电器 KA_1 通电，消防水泵不启动。SA 为转换开关，手柄放在中间时，为泵房和消防控制室操作启动，不接受消火栓内消防按钮控制指令；SA 扳向左，1 号泵自动，2 号泵备用。

当发生火灾时，打开消火栓箱门，用硬物击碎消防按钮面板玻璃，其按钮常开触头复原，使 KA_1 断电，时间继电器 KT_3 通电，其延时动断触点闭合，接通 KA_2 电路，KA_2 动合触点闭合，使接触器 KM_1 吸合，1 号泵电动机启动运行。如 1 号泵过载或 KM_1 卡住不动，KT_1 通电，其延时动合触点闭合，使 KM_2 通电，2 号泵自动投入运行。

当消防给水水压过高时，管网压力继电器触头 BP 闭合，使 KA_3 通电发出停泵指令，KA_3 动作，其常闭触头断开 KA_2 电路，KA_2 断电，使工作泵停止并进行声光报警。

当低位消防水池缺水时，低水位控制器 SL 闭合，使 KA_4 通电，可发出低位消防水池缺水的声、光报警信号。

当水泵需要检修时，将检修开关 S_3 扳向检修位置，KA_5 通电，发出声、光报警信号。S_2 为消铃开关。

二、配电柜二次接线

配电柜二次接线多用于变配电所及高层或大型建筑物中的配电柜，为电气设备的控制电路，其原理电路如图 6-22 所示，其中围框虚线为框架式断路器内部设施，其余在配电柜中设置，它主要由断路器合闸回路、断路器跳闸回路、电压表切换回路、电流表回路等组成。读者可根据控制原理和电路图说明自行分析。

三、控制电路的识读与施工

目前在建筑物中，常常有电气控制电路的安装工作，包括建筑设备的控制电路、火灾

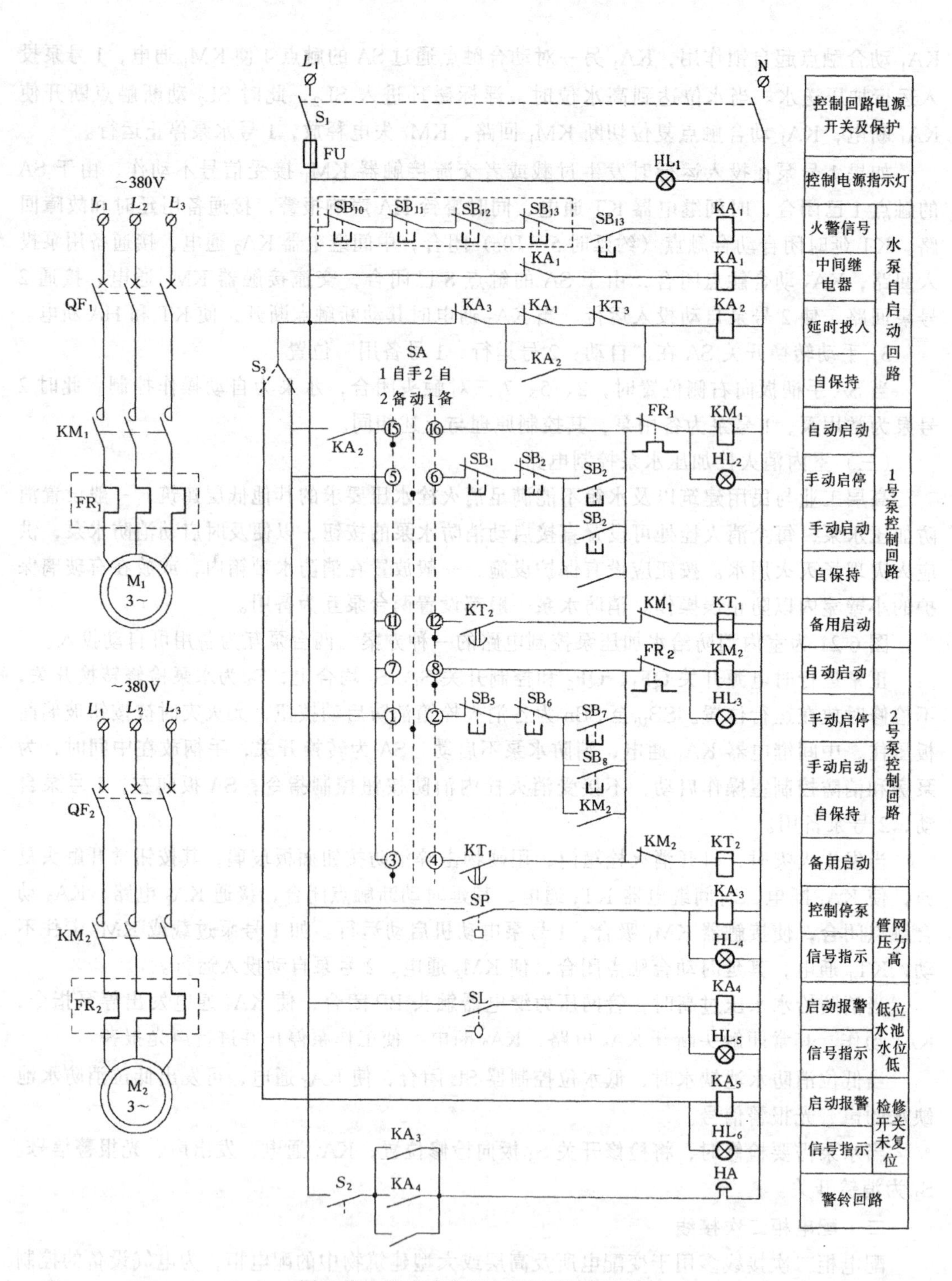

图 6-21　室内消防给水加压泵控制电路

报警联动系统的联动及减灾设备的控制电路等，因此学习和理解控制电路的施工图识读和安装是建筑设备安装人员的重要基本功，为以后进行大型建筑控制系统的安装打下必要的基础。现以建筑物地下室自动排水潜水泵的控制电路为例，简要说明控制电路的识读和安装。

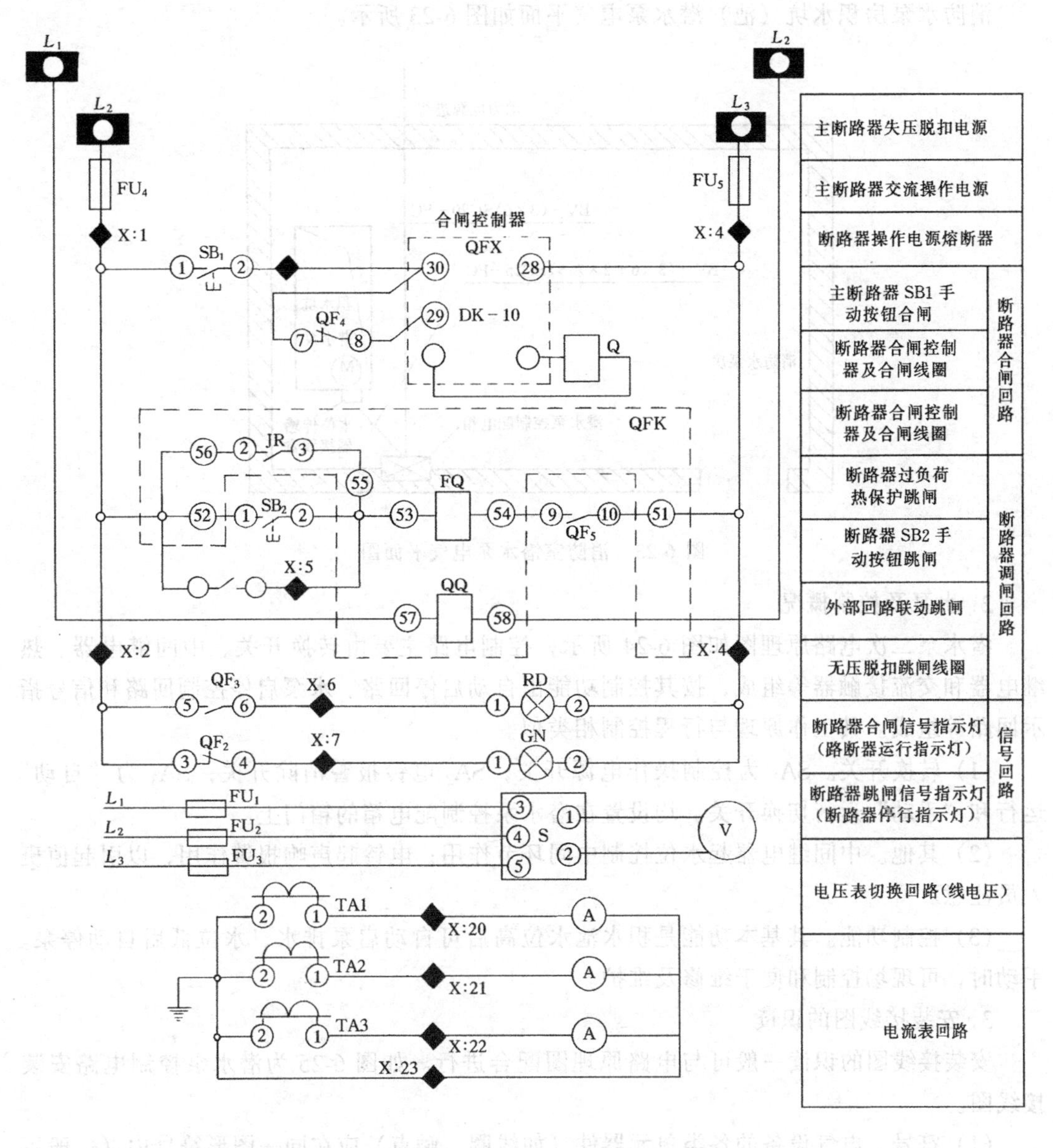

说明：

(1) ㉘㉙㉚为断路器合闸控制器接线端子（QFK）；㉛～㊳为断路器接线端子（QFX）；

◆X：4为配电柜接线端子（X）。

(2) QF_1～QF_6为断路器辅助接点编号；QFX、QFK、FQ、QQ、Q均为断路器（DW15-600）自身配备。

(3) K为电压表切换开关、Q为断路器合闸线圈、FQ为断路器跳闸线圈、QQ为断路器无压脱扣线圈。

图6-22　配电柜二次回路

（一）控制电路施工图的识读

1. 水泵设置概况

本潜水泵本体设置在建筑物地下室消防水泵房的排水池内，潜水泵控制箱设置在地下室消防水泵房的墙壁上（暗敷）、水位控制器设置在排水池旁。各类管线均为暗管敷设；控制配电箱为半嵌入式安装。也可在消防中心设置水位控制器，以起监测作用。

消防水泵房积水坑（池）潜水泵电气平面如图 6-23 所示。

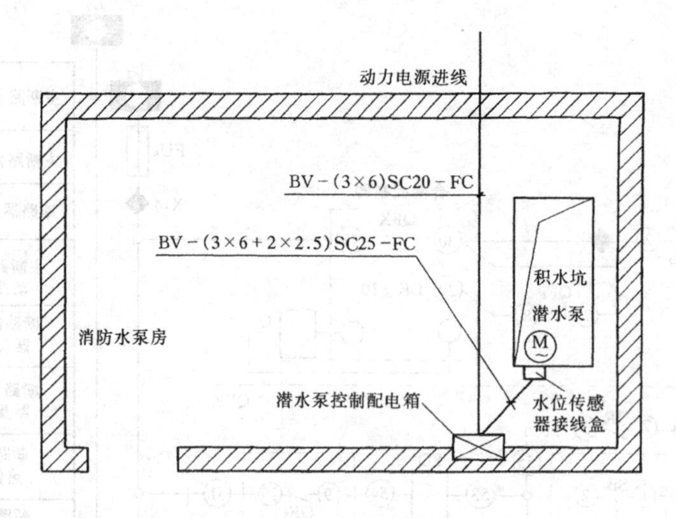

图 6-23　消防室潜水泵电气平面图

2. 水泵及控制概况

潜水泵二次电路原理图如图 6-24 所示，控制电路主要由转换开关、中间继电器、热继电器和交流接触器等组成，按其控制功能由自动启停回路、水泵启停控制回路和信号指示回路等组成。其工作原理与行程控制相类似。

(1) 转换开关。SA_1 为控制操作电源开关；SA_2 电铃报警消除开关；SA_3 为“自动”运行和“手动”运行切换开关。均设置在潜水泵控制配电箱的箱门上。

(2) 其他。中间继电器起水位控制中间环节作用；电铃起声响报警作用，以引起值班人员注意。

(3) 控制功能。其基本功能是积水池水位高后可自动启泵排水、水位低后自动停泵。手动时，可现场控制和便于维修及维护。

3. 安装接线图的识读

安装接线图的识读一般可与电路原理图配合进行。如图 6-25 为潜水泵控制电路安装接线图。

(1) 符号。电气设备的各类单元器件（如线圈、触点）应在同一图形符号内（一般用方框虚线表示）；文字符号（如 KM、KA 等）表示设备的名称，有时为简化图纸和图面清晰，也有用数字表示（如 10 号设备表示交流接触器 KM）。

(2) 接线。各设备器件的接线，连接至原理电路要求和表示的器件上。如 13 号设备（中间继电器 KA2）2 号接线端子上面导线的“14:2”含义是：14 表示所接设备编号或名称，即表示去连接 14 号设备（即中间继电器 KA3），2 表示 14 号设备的接线端子号，即表示去连接 14 号设备的 2 号接线端子；另一根导线的“12:11”表示去连接 12 号设备（中间继电器 KA_1）的 11 号接线端子；同时还应使 7 号导线所连接的设备满足电路原理图的连接要求。以此类推。

为更方便安装接线和维护，有时还用阿拉伯数字（如 1、2、3 等）表示各段导线的编号，线圈左侧用奇数表示（如 1、3、5 等）、线圈右侧用偶数表示（如 2、4 等），其作用

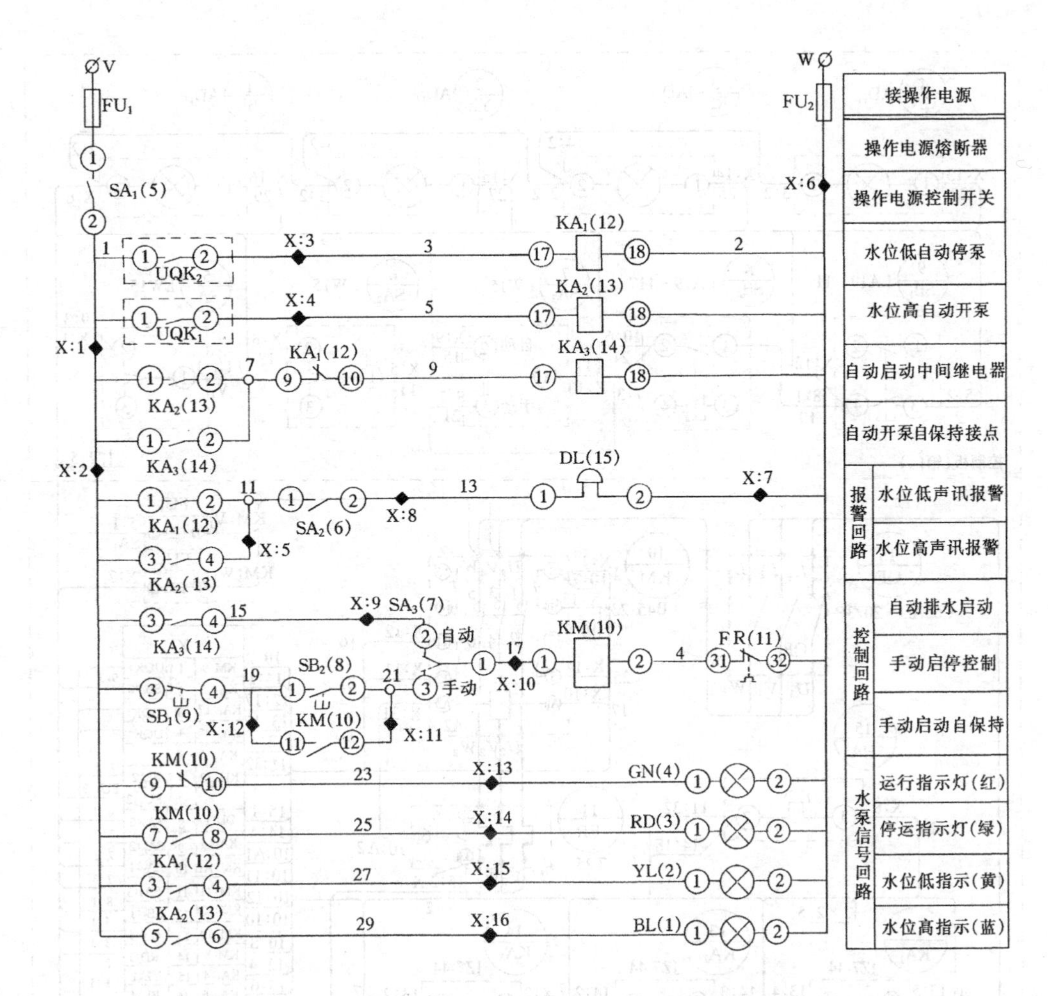

图 6-24 潜水泵二次回路原理电路图

主要为安装接线和故障查找提供方便。

(二) 控制电路的安装施工

控制配电箱一般由专门工厂定型生产，电气设备安装人员主要任务是进行箱体及板芯安装、有关线路敷设及控制电路的外部连接等。为熟悉控制电路的识读和安装技能，现简要介绍控制电路的一般安装步骤、方法及要求。

1. 安装步骤

(1) 电器摆放。将各电器（如断路器、接触器、继电器等）按照安装接线图标注的位置进行摆放，控制板应先行定位和钻孔。

(2) 电器固定。待各电器间距合适后，再进行划线和钻孔，然后将电器固定牢固，电磁型电器应垫平垫圈和弹簧线圈，以防长期通断运行振动后松动。

(3) 一次电路连接。根据安装接线图进行一次电路的连接，即将断路器、接触器、保护装置等的一次线路按照安装接线图进行连接。

(4) 二次电路连接。照安装接线图进行二次电路的连接。即将接触器辅助触点、继电器辅助触点、保护装置接点、接线端子等，按照安装接线图进行二次电路的连接。

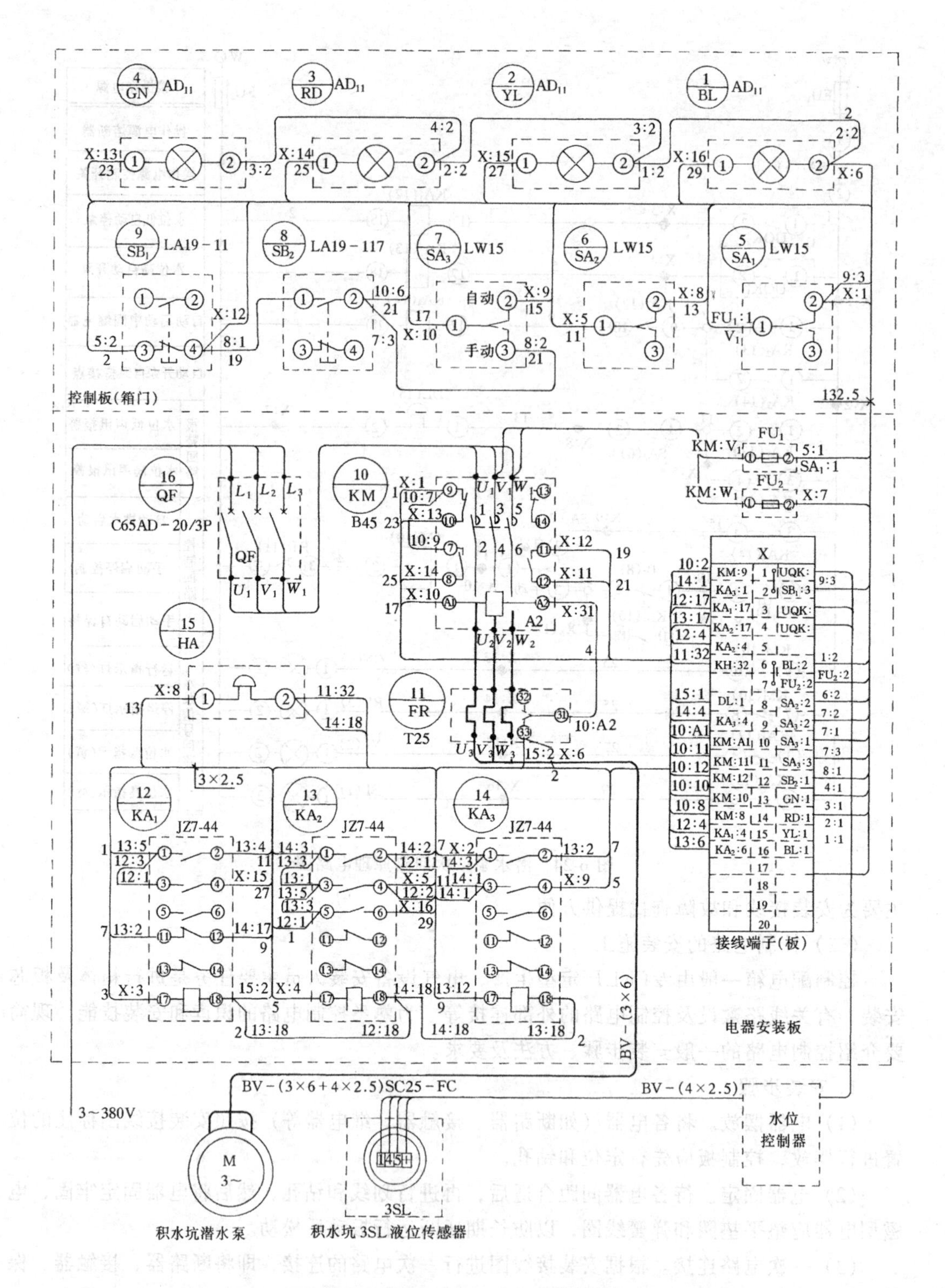

图 6-25　潜水泵控制电路安装接线图

（5）外部电路连接。将已敷设好的外部线路（如三相动力电源一次线路、水位传感器二次线路等）按照安装接线图和电路原理图的功能要求及控制要求与控制箱（如潜水泵控制箱）连接起来。

2. 安装要求和注意事项

（1）箱内电器和一二次线路的布置应横平竖直。

（2）二次导线一般可用软型塑料卷带进行绑扎，并不得有杂乱现象。

（3）二次导线的每个接线端，一般连接1根导线，最多不超过2根。

（4）其他可参见第二章二次电路敷设的有关内容和要求。

第五节　可编程序控制器及应用

可编程序控制器（Programmable Controller，简称PLC），是专门为工业控制设计的通用型自动控制装置，可替代较为复杂的继电-接触型控制电路。它将计算机技术、自动控制技术和通信技术融为一体，成为实现单机控制、区域控制和建筑物自动化控制中心的核心设备。

一、可编程序控制器的基本概念

（一）PLC的基本功能与特点

PLC的基本功能有逻辑控制功能、定时控制功能、计数控制功能、步进控制功能、数据处理功能、回路控制功能、通信联网功能、监控功能和停电记忆功能等。

1.PLC的基本功能

（1）逻辑控制功能。逻辑控制功能实际上就是位处理功能，是PLC的最基本功能之一。PLC设置有"与"、"或"、"非"等逻辑指令，利用这些指令，根据外部现场（开关、按钮或其他传感器）的状态，按照指定的逻辑进行运算处理后，将结果输出到现场的被控对象（电磁阀、电机等）。因此，PLC可代替继电器进行开关控制，完成接点的串联、并联、串并联等各种连接。另外，在PLC中一个逻辑位的状态可以无限次的使用，逻辑关系的修改和变更十分方便。

（2）定时控制功能。定时控制功能是PLC基本功能之一。PLC中有许多可供用户使用的定时器，其功能类似于继电器线路中的时间继电器。定时器的设定值（定时时间）可以在编程时设定，也可以在运行过程中根据需要进行修改，使用方便灵活。程序执行时，PLC将根据用户用定时器指令指定的定时器对某个操作进行限时或延时控制，以满足生产工艺的要求。

（3）计数控制功能。计数控制功能是PLC的最基本功能之一。PLC为用户提供了许多计数器，计数器计数到某一数值时，产生一个状态信号（计数值到），利用该状态信号实现对某个操作的计数控制。计数器的设定值可以在编程时设定，也可以在运行过程中根据需要进行修改。程序执行时，PLC将根据用户用计数器指令指定的计数器对某个控制信号的状态改变次数（如某个开关的闭合次数）进行计数，以完成对某个工作过程的计数控制。

（4）步进控制功能。PLC为用户提供了若干个移位寄存器，可以实现由时间计数或其他指定逻辑信号为转步条件的步进控制。即在一道工序完成以后，在转步条件控制下，自动进行下一道工序。有些PLC还专门设置了用于步进控制的步进指令操作指令，编程和使用都极为方便。

(5) 数据处理功能。PLC 大部分都具有数据处理功能，可以实现算术运算、数据比较、数据传送、数据移位、数制转换、译码编码等操作。大、中型 PLC 数据处理功能更加齐全，可完成开方、PID 运算、浮点运算等操作，还可以和 CRT、打印机相连，实现程序、数据的显示和打印。

(6) 回路控制功能。有些 PLC 具有 A/D、D/A 等转换功能，可以方便地完成对模拟量的控制和调节。

(7) 通信联网功能。有些 PLC 采用通信技术，实现远程 I/O 控制、多台 PLC 之间的同位链接、PLC 与计算机之间的通信等。

(8) 监控功能。PLC 设置了较强的监控功能。利用编程器或监视器，操作人员可对 PLC 有关部分的运行状态进行监视。利用编程器，可以调整定时器、计数器的设定值和当前值，并可以根据需要改变 PLC 内部逻辑信号的状态及数据区的数据内容，为调试和维护提供了极大的方便。

(9) 停电记忆功能。PLC 可以对系统构成某些硬件状态、指令的合法性等进行自诊断，发现异常情况，发出报警并显示错误类型，如属严重错误则自动中止运行。PLC 的故障自诊断功能，大大提高了 PLC 控制系统的安全性和可维护性。

2.PLC的性能特点

(1) 灵活通用。在实现一个控制任务时，PLC 有很高的灵活性。首先，PLC 产品已系列化，结构形式多种多样，在机型上具有很大的选择余地。其次，同一机型的 PLC，其硬件构成具有很大的灵活性，用户可根据不同任务的要求，选择不同类型的输入输出模块或特殊模块，组成不同硬件结构的控制装置。再者，PLC 是利用软件实现控制的，在软件编程上具有较大的灵活性。在实现不同的控制任务时，PLC 具有良好的通用性。相同硬件构成的 PLC，利用不同的软件可以实现不同的控制任务。在被控制对象的控制逻辑需要改变时，利用 PLC 可以很方便地实现新的控制要求，而利用一般继电器控制线路则很难实现。

(2) 安全可靠。为满足工业设备对监控设备安全可靠性的要求，PLC 采用微电子技术，大量的开关动作由无触点的半导体电路来完成。选用的电子器件一般是工业级，有的甚至是军用级，PLC 的平均无故障时间在两万小时以上。PLC 完善的自诊断功能能及时诊断出 PLC 系统的软、硬件故障，并能保护故障现场，保证了 PLC 控制系统的工作安全性。

(3) PLC 具有良好的环境适应性，可用于较恶劣的工作现场。例如，有的 PLC 在电源电压 AC220V±15%，电源瞬时断电 10ms 的情况下，仍可正常工作；具有很强的抗空间电磁干扰的能力，可以对抗峰值 1000V，脉宽 10μs 的矩形空间电磁干扰；具有良好的抗振能力和抗冲击能力；对环境温湿度要求不高，在环境温度 −20～65℃，相对湿度 35%～85%情况下可正常工作。

(4) 使用方便和维护简单。PLC 的用户界面十分友好，给使用者带来很大的方便。PLC 提供标准通讯接口，可以很方便的构成 PLC 网络或计算机－PLC 网络。PLC 控制信号的输入输出非常方便，对于逻辑信号来说，输入输出均采用开关方式，不需要进行电平转换和驱动放大；对于模拟信号来说，输入输出均采用传感器，仪表的标准信号。PLC 程序的编制和调试非常方便，PLC 的编程语言一般采用梯形图语言，与继电器控制线路图很相似，即使没有计算机知识的人也很容易掌握；PLC具有监控功能，利用编程器或监视器可以对PLC的运行状态，内部数据进行监视或修改，增加了调试工作的透明度。PLC系统控制的维护非常简单，利用PLC的自诊断功能和监控功能，可以迅速查找到故障点，及时予以排除。

PLC的运行速度与单片机等计算机相比相对较低，单片机两次执行程序的时间间隔可以是ms级甚至是μs级。一般的PLC两次执行程序的时间间隔是10ms级。PLC的一般输入点在输入信号频率超过十几赫后就很难正常工作，为此，有的PLC设有高速输入点，可输入频率数千赫的开关信号。PLC的价格也较高，是单片机系统的2～3倍。但是，从整体上来说，PLC的性能价格比是令人满意的。

（二）PLC的分类

PLC的种类很多，其实现的功能、内存容量、控制规模、外形等方面均存在较大差异。因此，PLC的分类没有一个严格的统一标准，而是按照结构形式、控制规模实现的功能进行大致地分类。

1.按实现的功能分类

按照PLC所能实现的功能不同，可以把PLC大致地分为低档、中档和高档机三类。一般地，低档机为小型PLC，采用整体式结构；中档机可分为大、中、小型PLC，其中小型PLC多采用整体式结构，中型和大型PLC采用组合式结构；高档机多为大型PLC，采用组合式结构。目前，在国内工业控制中应用最广泛的是中、低档机。

2.按结构类型分类

PLC按照硬件的结构形式可以分为整体式和组合式。整体式PLC外观上是一个长方形箱体，又称为箱式PLC。组合式PLC在硬件构成上具有较高的灵活性，其模块可以像拼积木似的进行组合，构成不同控制规模和功能的PLC，因此这种PLC又称为积木式PLC。

3.按控制规模分类

输入输出的总线路，又称为I/O点数，是表征PLC控制规模的重要参数。因此，按控制规模对PLC分类时，可根据I/O点数的不同大致分为小型，中型和大型PLC。

（三）PLC常用术语

PLC是在继电器控制系统和计算机的基础上发展起来的，因此PLC控制系统中使用了一些继电器控制系统术语和计算机术语，但其含义又不完全相同。为便于理解和叙述，对PLC中的一些常用术语简述如下。

1.位（Bit）

位是PLC中逻辑运算的基本元素，通常也称为内部继电器。位实际上是PLC存储器中的一个触发器，有两个状态，即“0”和“1”，有时也称为OFF和ON。位可以作为条件参与逻辑运算，相当于继电器的触点，但可以无限次的使用。位也可以作为输出存放逻辑运算的结果，相当于继电器的线圈。在程序中一个位只能进行一次输入操作。

2.I/O点（I/O Point）

PLC中可以直接和输入设备相连接的触点（位）称为输入点，可以直接和输出设备相连接的触点（位）称为输出点，输入点和输出点通称为PLC的I/O点，PLC的I/O点数越多，控制规模越大。有时也常用I/O点数来表征PLC的规模。

3. 通道（Channel）

通道是 PLC 中数据运算和存储的基本单位，又称为字（Word）。一个通道由 16 个位组成，通道内位号编排如下：

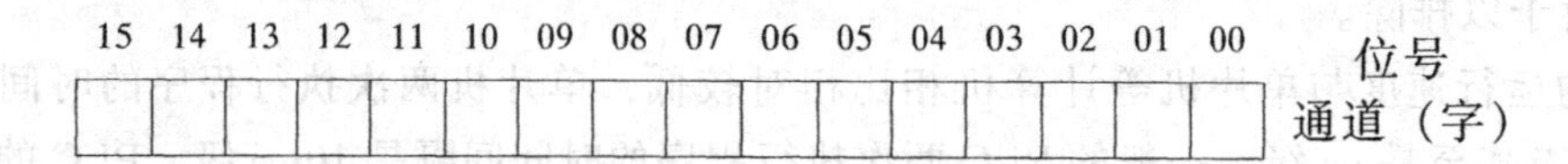

4. 区（Area）

区是相同类型通道的集合。PLC 中一般有数据区、定时/计数器区、内部继电器区等。不同类型的 PLC，所具有的区的种类、容量差别较大。

（四）PLC 的组成

1.PLC 的硬件系统

PLC 的硬件一般由主机、I/O 扩展机及外部设备等组成，其硬件简化框图如图 6-26 所示。仅有主机无扩展机的构成方式称为基本构成；带有扩展机的构成方式称为扩展构成方式。

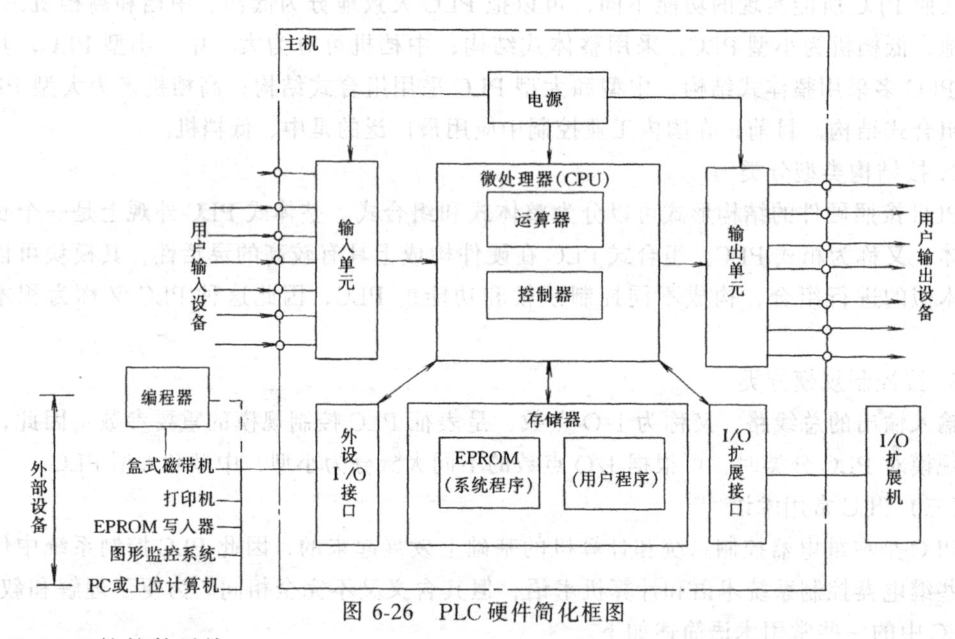

图 6-26　PLC 硬件简化框图

2.PLC 的软件系统

（1）系统程序。系统程序是 PLC 赖以工作的基础，一般采用汇编语言编写，在 PLC 出厂时就已固化于 ROM 型系统程序存储器中，不需要用户干预。系统程序分为系统监控程序和解释程序。系统监控程序用于监视并控制 PLC 的工作，如诊断 PLC 系统工作是否正常，对 PLC 各模块的工作进行控制，与外设交换信息，根据用户的设定使 PLC 处在编辑用户程序状态或者处在运行用户程序状态等。解释程序用于把用户程序解释成微处理器能够执行的程序。当 PLC 处在运行方式时，系统监控程序启动解释程序，解释程序将用户利用梯形图语言或语句表编制的用户程序解释成处理器可执行的指令组成的程序，处理器执行这些处理后的程序完成用户的控制任务。与此同时，系统监控程序对这一过程进行监视并控制，发现异常立即进行报警并作出相应的处理。

(2) 用户程序。用户程序又称为应用程序，是用户为完成某一特定的控制任务利用PLC的编程语言编制的程序。用户程序通过编程器输入到PLC的用户程序存储器中。一般地，在用户程序编程和调试阶段及试运行阶段选用电池支持式RAM型用户程序存储器较好，程序便于修改；程序经过试运行定型后，宜选用EEPROM型用户程序存储器，既能对程序进行少量的调整，又避免了更换电池，可长期使用。

(3) 编程语言。各种型号的PLC都有其自己的编程语言，但这些编程语言基本可分为两类：梯形图语言和语句表语言。语句表语言类似于计算机汇编语言，是用指令助记符来编程的。其表达形式为：

操作码　　操作数
(指令)　　(数据)

用若干条语句构成了语句表语言程序，如：

LD	00100	表示逻辑操作开始，动合触点00100与母线相连
OR	00500	表示动合触点00500与前面的触点并联
ANDNOT	00101	表示动断触点00101与前面的触点串联
OUT	00500	表示前面的逻辑运算结果输出给00500
END		表示程序结束

梯形图语言是类似于继电器控制线路图的一种编程语言，它面向控制过程，直观易懂，是PLC编程语言中应用最多的一种语言。图6-27为电机启停控制电路的梯形图语言。

对照图6-27梯形图和前面的语句表程序，可以发现，根据梯形图可以很方便的写出语句表，根据语句表也可以很方便的画出梯形图。在实际应用中，往往利用梯形图进行编程。

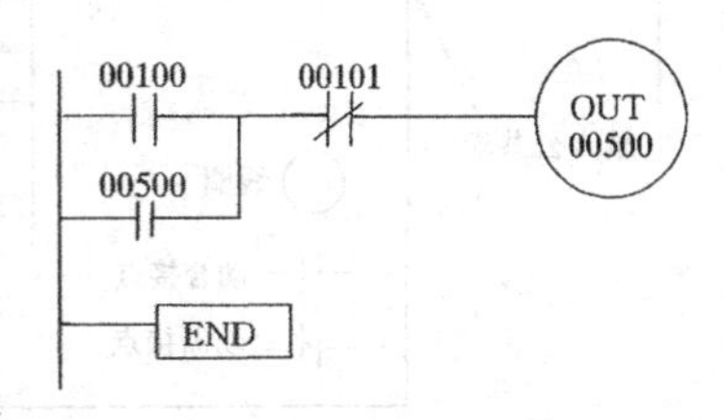

图6-27　电机启停控制梯形图

二、可编程序控制器的应用

目前，在冶金、化工、机械、电子、轻工、建筑建材、交通等几乎所有的工业控制过程均可采用PLC实现。但是，不同档次的PLC又有其不同的应用范围。低档小型PLC可广泛地代替继电器控制线路，进行逻辑控制，适用于开关量较多，没有或只有很少几路模拟量的场合，如行车的自动控制等。中档PLC可广泛应用于具有较多开关量，少量模拟量的场合，如自动加工机床等。高档PLC适用于具有大量开关量和模拟量的场合，如化工生产过程等。

(一) 存储程序控制

可编程序控制器是一种存储程序控制器，支配控制系统工作的程序存放在存储器中，利用程序来实现逻辑控制，完成控制任务。在可编程序控制器构成的控制系统中，要实现一个控制任务，首先要针对具体的被控对象，分析它对控制系统的要求，然后编制出相应的控制程序，利用编程器将控制程序写入可编程序控制器的程序存储器中。系统运行时，可编程序控制器依次读取程序存储器中的程序语句，对它们的内容解释并加以执行。

根据输入设备的状态或其他条件，可编程序控制器将其程序执行结果输出给相应的输出设备，控制被控对象工作。可编程序控制器是利用软件来实现控制逻辑的，能够适应不同控制任务的需要，通用、灵活、可靠性高。

由可编程序控制器（PLC）构成的存储程序控制系统，一般由三部分组成：

输入部分：它们直接接受来自操纵台上的操作命令，或来自被控对象上的各种状态信息，如按钮、开关、各类传感器等。

输出部分：它们用来接受程序执行结果的状态，以操作各种被控对象，如电动机、电磁阀、状态指示部件等。

控制部分：采用微处理器和存储器，执行按照被控对象的实际要求编程并存入程序存储器的程序，来完成控制任务。

对于使用者来说，在编制应用程序时，可以不考虑微处理器和存储器的复杂构成及其适用的计算机语言，而把 PLC 看成是内部由许多“软继电器”组成的控制器，用提供给使用者的近似于继电器控制线路图的编程语言进行编程。这些“软继电器”的线圈、动合接点、动断接点一般可用符号表示，其组成示意如图 6-28 所示。

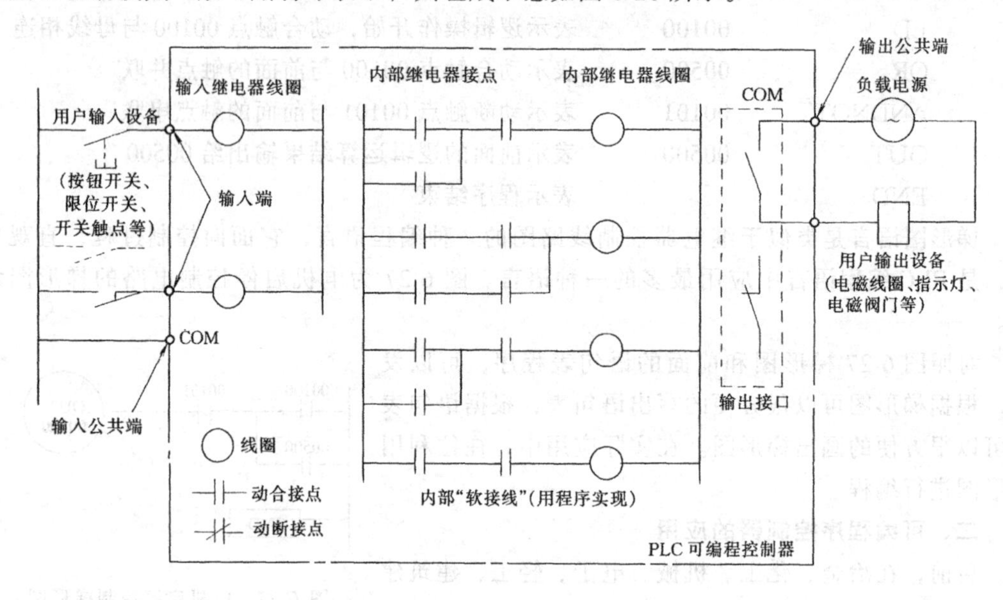

图 6-28 PLC 控制系统的组成

应当注意，PLC 内部的继电器并不是实际的物理继电器，它实质上是存储器中的某些触发器，该位触发器的“1”态时，相当于继电器接通；该位触发器为“0”态时，则相当于继电器断开。

PLC 为用户提供的继电器一般是：输入继电器、输出继电器、辅助继电器、特殊功能继电器、移位寄存器、计时/计数器等。其中输入输出继电器一般与外部输入、输出设备相连接，而其他继电器与外部设备没有直接联系，因此可统称为内部继电器。

不同机型 PLC 中各类继电器的数量及使用方法不尽相同，实际应用中请注意。

习 题

一、是非题（是打√，非打×）

(1) 交流接触器可以用来频繁的接通和分断电动机主电路。(　　)

(2) 热继电器是在电动机主电路中作过载保护的电器。(　　)

（3）中间继电器通常作为辅助电路的保护元件。（　　）

（4）互锁控制是控制电路最基本的环节之一。（　　）

（5）电动机控制电路主要包括过载、短路、失压、断相等保护功能。（　　）

（6）两个相同的交流接触器其线圈可串联使用。（　　）

二、填空题

（1）交流接触器由________、________和________三部分组成。

（2）________与________配合可组成磁力启动器。

（3）常用的继电器有________、________、________等。

（4）电路图一般分为________和________两部分。

（5）电动机电路的四种基本保护是指________、________、________和________。

（6）PLC 按实现的功能分类，可以大致地分为________、________和________机三类。

三、名词解释

（1）主令电器；（2）自锁控制；（3）时间控制；（4）行程控制；

（5）互锁控制；（6）顺序控制；（7）失压保护；（8）继电器。

四、简答题

（1）交流接触器频繁启动后，线圈为什么会过热？

（2）已知交流接触器吸引线圈的额定电压为 220V，能否给线圈通以 380V 的交流电？为什么？

（3）水位控制器有哪几种类型？常用的是哪种？

（4）电气控制电路主要有哪些典型线路？

五、应用题

（1）在电动机双向旋转控制线路中，自锁和互锁触头各起什么作用？举例说明双向旋转控制线路在实际中的应用。

（2）如果将电动机的控制电路接成如图 6-29 的四种情况，欲实现自锁控制，试标出图中的电器元件文字符号，再分析线路接线有无错误，并指出错误将造成什么后果？

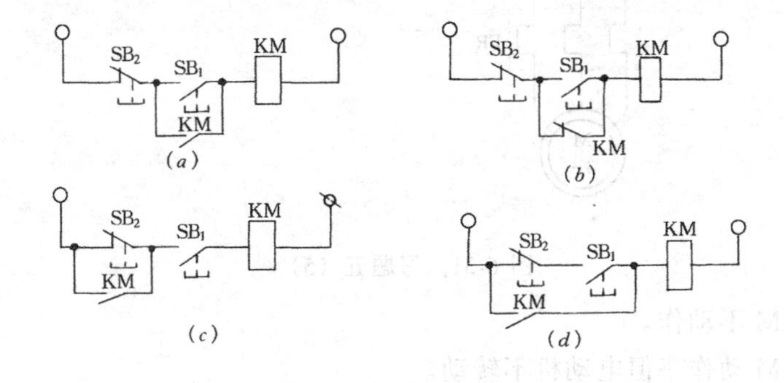

图 6-29　习题五（2）

（3）在锅炉房的电气控制中，要求引风机和鼓风机联锁，即启动时，先启动引风机，停止时相反，试设计满足上述要求的线路。

（4）如图 6-30 所示，双向旋转控制线路的几种主电路及控制电路，试指出各图的接线有无错误，如有错误将会造成什么现象？

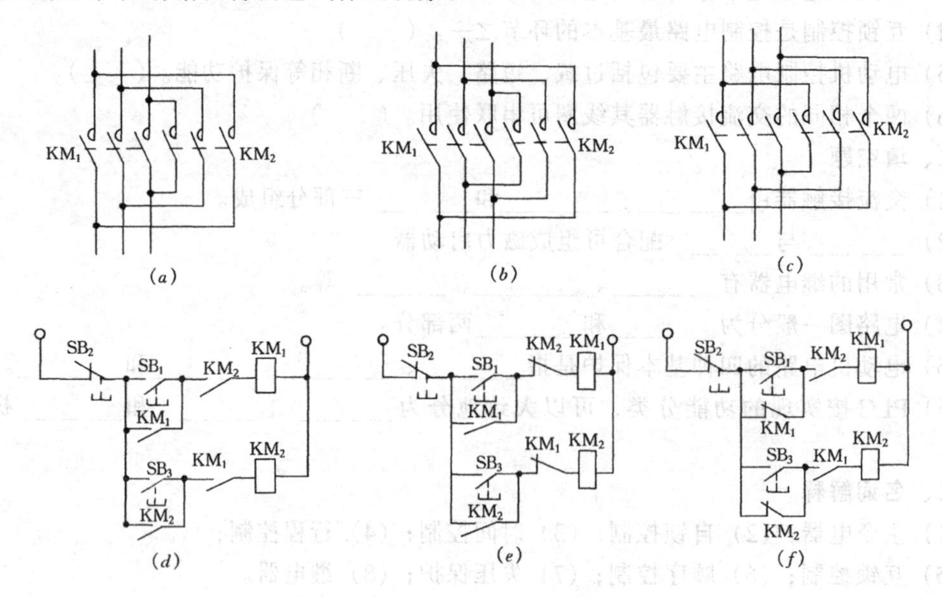

图 6-30　习题五（4）

（5）图 6-31 为单向旋转的控制线路。现将转换开关 QS 合上后，按下启动按钮 SB_1，根据下列不同故障现象，试分析原因，提出检查步骤，确定故障部位，并提出故障处理办法。

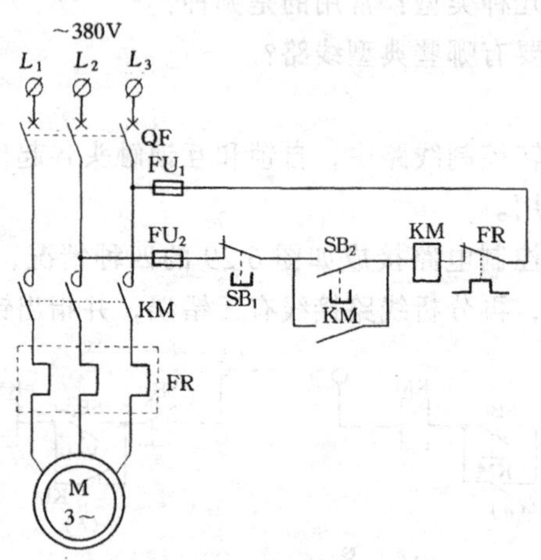

图 6-31　习题五（5）

1）接触器 KM 不动作。

2）接触器 KM 动作，但电动机不转动。

3）接触器 KM 动作，电动机转动，但一松开按钮 SB_1，接触器 KM 即复原，电动机停转。

4）接触器线圈冒烟甚至烧坏。

第七章 接地与防雷

防雷与接地是保障供电系统正常运行、防范电气设备遭受破坏及防范人身伤亡的重要保护措施，它是电气工程的重要组成部分。

本章学习重点：

（1）电气接地的一般概念。

（2）电气接地的常见型式。

（3）建筑防雷的基本措施。

（4）接地装置的组成及安装方法。

（5）防雷装置的组成及安装方法。

（6）接地电阻的测试方法。

第一节 接地基本概念

为了满足电气装置和系统的工作特性和安全防护的需要，而将电气装置和供电系统的某一部位通过接地装置与大地土壤作良好的连接即为接地。

一、接地的作用与接地装置

（一）接地的作用

1. 工作接地

工作接地是为保证电气设备的可靠运行并提供部分电气设备和装置所需要的相电压，将电力系统中的变压器低压侧中性点通过接地装置与大地直接连接的接地方式。

2. 保护接地

保护接地是为了防止电气设备由于绝缘损坏而造成触电事故，将电气设备的金属外壳通过接地线与接地装置连接起来的接地方式。其连接线称为保护线（PE）或保护地线和接地线。

（二）接地装置

接地装置包括接地体和接地引线（见图 7-1)。

1. 接地体

埋入地下直接与土壤接触的金属导体或金属导体组称为接地体。接地体分自然接地体和人工接地体。

（1）自然接地体。埋入地下的金属管道、建筑物的钢筋基础的接地等称之为自然接地体。

（2）人工接地体。因接地需要而特意装设的金属体，称为人工接地体。常用的接地体有钢管、角钢、扁钢、圆钢等。

2. 接地引线

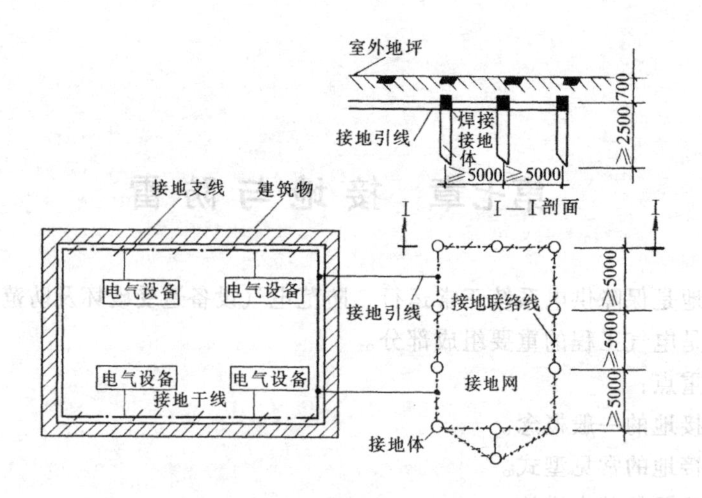

图 7-1　接地装置示意图

电气设备与接地体之间的连接线称为接地引线。它包括接地干线和接地支线，也可分为自然接地线和人工接地线。

（1）接地干线。接地干线是与接地体直接相连的连接引线。

（2）接地支线。接地支线是连接电气设备与接地干线的引线。

二、接地参数与接地方式

（一）接地参数

1. 接地电阻参数

（1）散流电阻。散流电阻是接地电流从接地体向大地周围散流所遇到的全部电阻。其数值为接地体对地电压与对地电流之比。

（2）接地电阻。接地电阻是接地体的散流电阻与接地引线的电阻之和。由于接地线和接地体本身的电阻很小，可忽略不计。因此，可以认为接地电阻等于散流电阻。

2. 接地电流参数

（1）接地电流。从带电设备流入大地中的电流称为接地电流。

（2）接地短路电流。电气设备因绝缘损坏导致一相接地，这时的接地电流称作接地短路电流或接地故障电流。

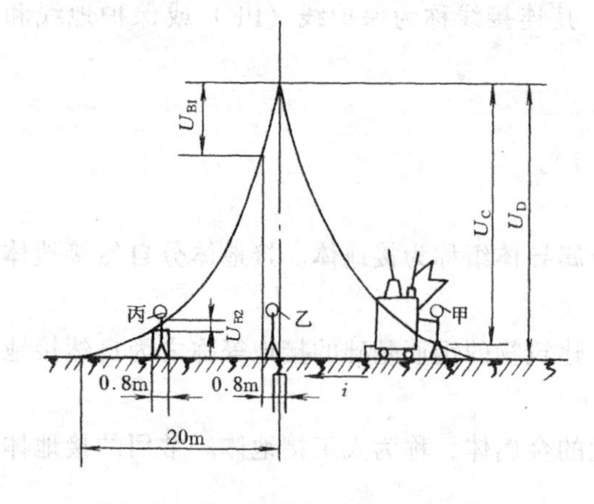

图 7-2　单一接地体的对地电压曲线

3. 接地电压参数

（1）接地电压。就是指电气装置接地部分与零电位“地”之间的电位差。如图 7-2 中的 U_D。

（2）接触电压。在接地短路电流回路上，一个人同时触及有不同电位的两点所承受的电位差，称为接触电压。在图 7-2 中，甲人站在地上触及漏电设备的外壳，手足之间的电压 U_C（即接触电压）等于漏电设备的电位 U_D 与他所站地点的电位之差。

（3）跨步电压。在距触地点或接地体的

20m 范围内，如人站在这区域内，人的两只脚之间（一般按 0.8m 考虑）的电位差称为跨步电压。如乙、丙两人，乙人离接地点很近，其承受的跨步电压 U_{B1} 比丙人承受的跨步电压 U_{B2} 要高得多。所以当发现电网有接地现象时，要尽量远离触地点。

（二）接地与接零方式

1. 接地

（1）工作接地。工作接地示意如图 7-3 所示。

（2）保护接地。保护接地示意如图 7-4 所示。

（3）重复接地。当线路较长或接地电阻要求较高时，为尽可能降低零线的电阻，除变压器低压侧中性点直接接地外，将零线上一处或多处再进行接地（图 7-5），这种接地方式称为重复接地。

（4）防雷接地。为泄掉雷电电流而设置的防雷接地装置（图 7-6），称为防雷接地。

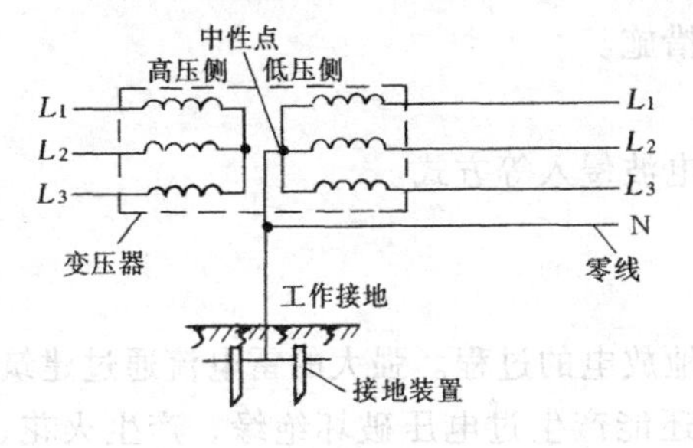

图 7-3　工作接地示意图

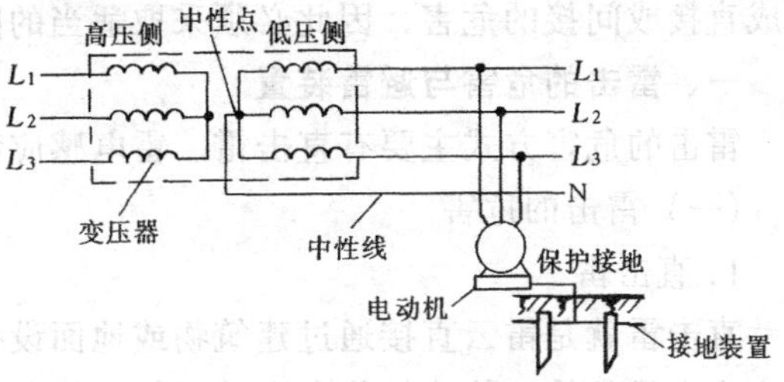

图 7-4　保护接地示意图

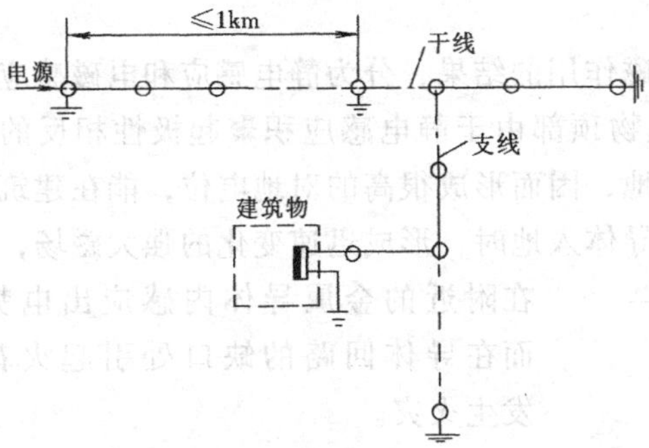

图 7-5　重复接地示意图

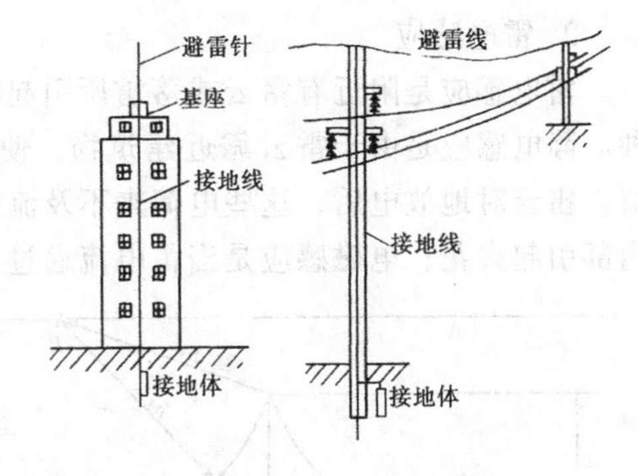

图 7-6　防雷接地示意图

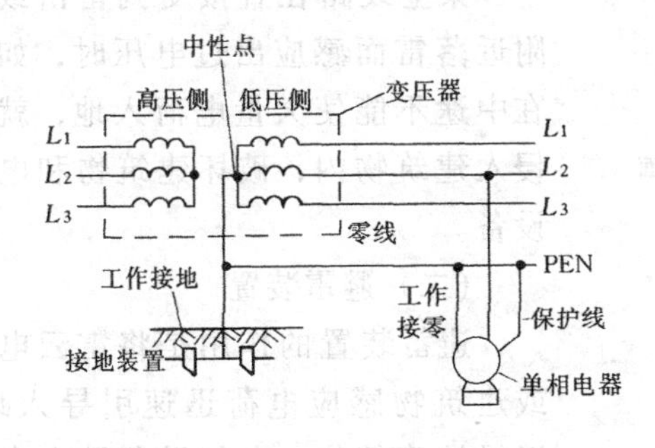

图 7-7　工作接零示意图

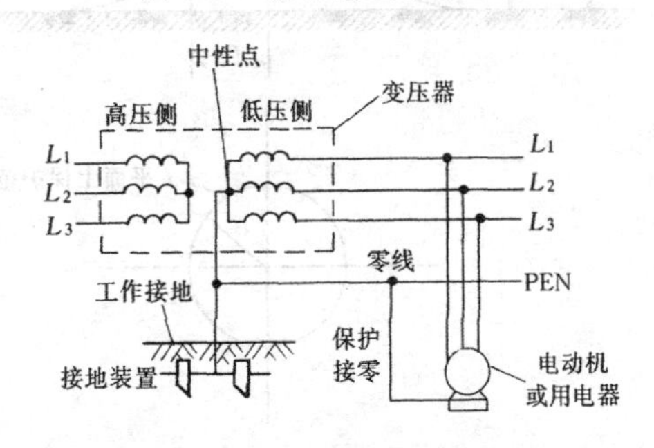

图 7-8　保护接零示意图

2. 接零

(1) 工作接零。当单相用电设备为取得单相电压而接的零线（见图 7-7），称为工作接零。其连接线称中性线（N）或零线，与保护线（PE）共用的称为 PEN 线。

(2) 保护接零。为了防止电气设备因绝缘损坏而使人身遭受触电危险，将电气设备的金属外壳与电源的中性线（零线）用导线连接起来（见图 7-8），称为保护接零。其连接线也称为保护线（PE）或保护零线。

第二节　建　筑　防　雷

雷电现象是自然界大气层中在特定条件下形成的。雷云对地面泄放电荷的现象，称为雷击。雷击产生的破坏力极大，它对地面上的建筑物、电气线路、电气设备和人身都可能造成直接或间接的危害，因此必须采取适当的防范措施。

一、雷击的危害与避雷装置

雷击的危害方式主要有直击雷、雷电感应和雷电波侵入等方式。

（一）雷击的危害

1. 直击雷

直击雷就是雷云直接通过建筑物或地面设备对地放电的过程。强大的雷电流通过建筑物产生大量的热，使建筑物产生劈裂等破坏作用，还能产生过电压破坏绝缘、产生火花、引起燃烧和爆炸等。其危害程度在三种方式中最大。

2. 雷电感应

雷电感应是附近有雷云或落雷所引起的电磁作用的结果，分为静电感应和电磁感应两种。静电感应是由于雷云靠近建筑物，使建筑物顶部由于静电感应积聚起极性相反的电荷，雷云对地放电后，这些电荷来不及流散入地，因而形成很高的对地电位，能在建筑物内部引起火花；电磁感应是当雷电流通过金属导体入地时，形成迅速变化的强大磁场，能在附近的金属导体内感应出电势，而在导体回路的缺口处引起火花，发生火灾。

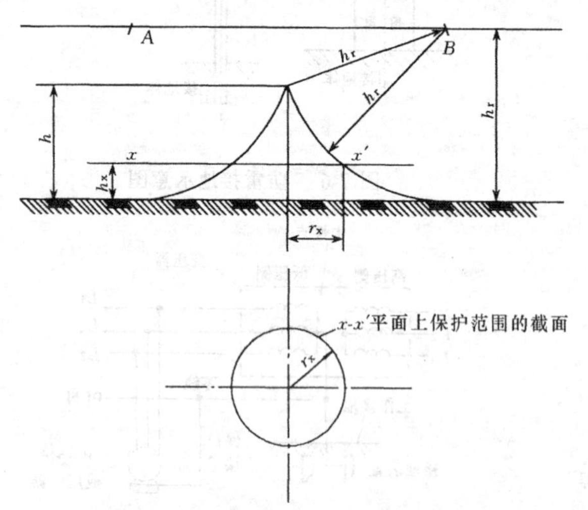

图 7-9　滚球法确定单支避雷针的保护范围
h—避雷针的高度；h_x—被保护物体的高度；h_r—滚球半径；r_x—在 h_x 高度的 xx' 平面上的保护半径

3. 雷电波侵入

架空线路在直接受到雷击或因附近落雷而感应出过电压时，如果在中途不能使大量电荷入地，就会侵入建筑物内，破坏建筑物和电气设备。

（二）避雷装置

避雷装置的作用是将雷云电荷或建筑物感应电荷迅速引导入地，以保护建筑物、电气设备及人身不受损害。其主要由接闪器、引下线和接地装置等组成。

1. 接闪器

接闪器是引导雷电流的装置。接闪器的类型主要有避雷针、避雷线、避雷带、避雷网和避雷器等。避雷器主要防范雷电波侵入。

(1) 避雷针。避雷针一般用镀锌圆钢或镀锌钢管制成，其长度在1m以下时，圆钢直径不小于20mm，针长度在1～2m时，圆钢直径不小于16mm，钢管直径不小于25mm；烟囱顶上的避雷针，圆钢直径不小于20mm，钢管不小于40mm。单支避雷针的保护范围可以用滚球法来确定，如图7-9所示。滚球法是以半径 h_r 的一个球体，沿需要防直击雷的部位滚动，当球体只触及接闪器（包括被利用作为接闪器的金属物），或只触及接闪器和地面（包括与大地接触并能承受雷击的金属物），而不触及需要保护的部位时，则该部分就得到接闪器的保护。滚球半径 h_r 根据建筑物防雷类别不同按规定取值。

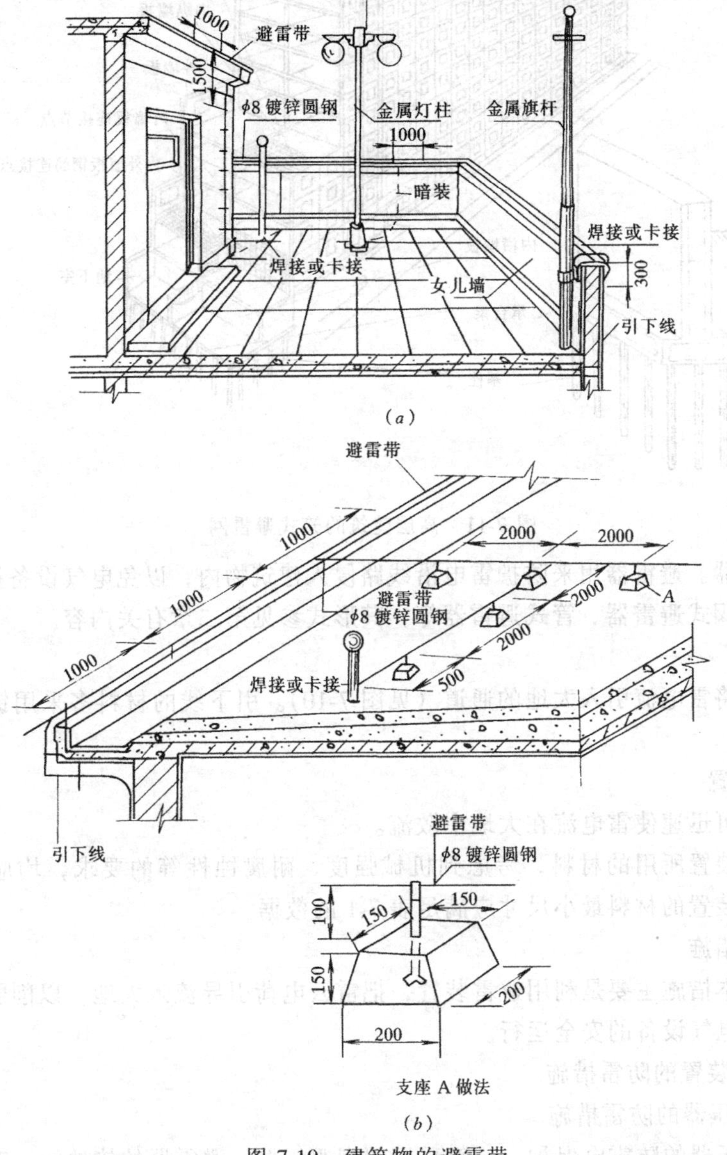

图7-10 建筑物的避雷带

(a) 有女儿墙平屋顶的避雷带；(b) 无女儿墙平屋顶的避雷带

（2）避雷线。避雷线一般采用截面不小于 $35mm^2$ 的镀锌钢绞线，架设在架空线路之上，以保护架空线路免受雷击（见图 7-6）。

（3）避雷带。避雷带是沿建筑物易受雷击的部位（如屋脊、屋角等）装设的带形导体。避雷带在建筑上的做法如图 7-10（*a*）、（*b*）所示。

（4）避雷网。避雷网是在屋面上纵横敷设的避雷带组成网格形状的导体。高层建筑常把建筑物内的钢筋连接成笼式避雷网，如图 7-11 所示。

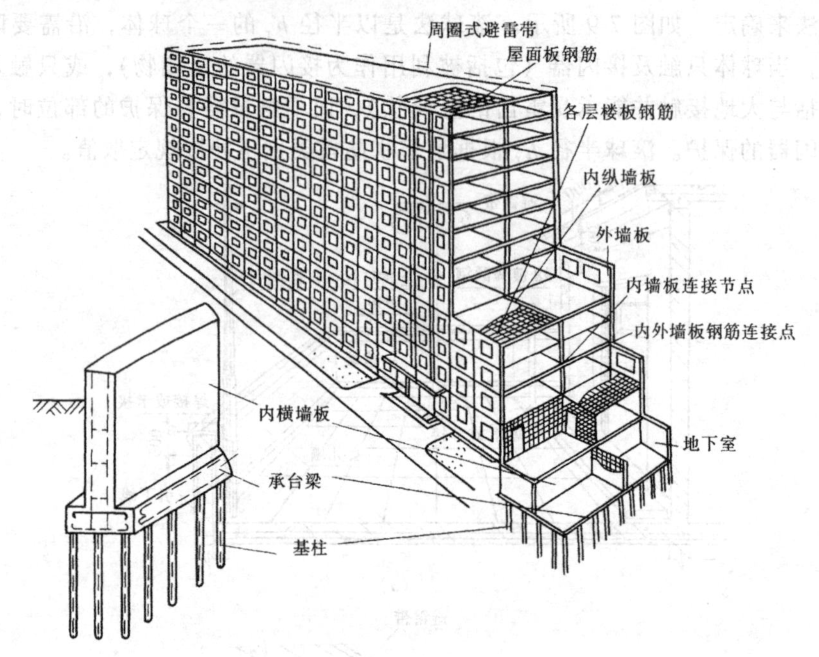

图 7-11　高层建筑的笼式避雷网

（5）避雷器。避雷器用来防护雷电沿线路侵入建筑物内，以免电气设备损坏。常用避雷器的型式有阀式避雷器、管式避雷器等，其形式参见第二章有关内容。

2. 引下线

引下线是将雷电流引入大地的通道（见图 7-10）。引下线的材料多采用镀锌扁钢或圆钢。

3. 接地装置

接地装置可迅速使雷电流在大地中散流。

以上避雷装置所用的材料，考虑到机械强度、耐腐蚀性等的要求，均应采用镀锌材料。作为避雷装置的材料最小尺寸应满足表 7-1 的数据。

二、防雷措施

防雷的基本措施主要是利用避雷装置，把雷云电荷引导流入大地，以削弱其危害，确保电力系统和电气设备的安全运行。

（一）电气装置的防雷措施

1. 配电变压器的防雷措施

对配电变压器的防雷电保护，一般采用阀型避雷器。避雷器的接地线、变压器的外壳及低压侧的中性点接地线应连接在一起后，统一连接到接地装置上，如图 7-12 所示。如果变压器低压侧为中性点不接地系统，应在中性点装设击穿保险器。

避雷装置材料的最小尺寸 **表 7-1**

名称		接闪器						引下线		接地体	
		避雷针			避雷线	避雷网带	烟囱顶上避雷环	一般处所	装在烟囱上	水平埋地	垂直埋地
		针长（m）		烟囱上							
		1 以下	1～2								
圆钢直径（mm）		12	16	20	—	8	12	8	12	10	10
钢管直径（mm）		20	25	40	—	—	—	—	—	—	—
扁钢	截面（mm^2）	—	—	—	—	48	100	48	100	100	—
	厚度（mm）	—	—	—	—	4	4	4	4	4	—
角钢厚度（mm）		—	—	—	—	—	—	—	—	—	4
钢管壁厚（mm）		—	—	—	—	—	—	—	—	—	3.5
镀锌钢绞线（mm^2）		—	—	—	35	—	—	—	25	—	—

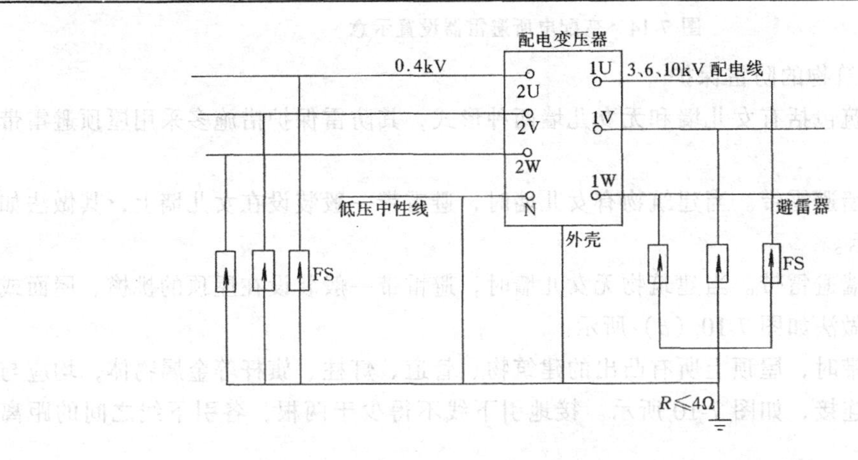

图 7-12 3～10kV/0.4kV 线路变压器防雷保护接线

2. 架空线路的防雷措施

3～10V 及以下架空线路的防雷保护一般采用装设避雷器和避雷线的方法，架空线路杆上固定的金属构件应接地。

3. 低压接户线的防雷措施

为了防止雷电波沿低压线路侵入建筑物内，应将接户线入户端绝缘子铁脚接地，其冲击接地电阻应不大于30Ω（如图 7-13 所示）。

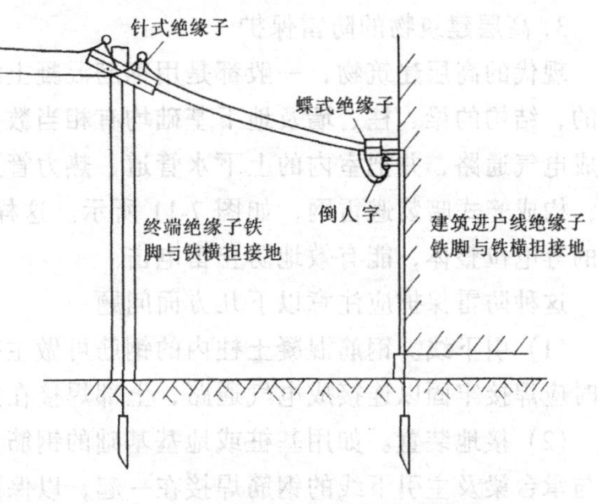

图 7-13 低压接户线的防雷保护

4. 变配电所的防雷措施

变配电所的防雷措施主要是采用避雷针（防止直击雷）和装设阀型避雷装置（防止雷电波侵入），变配电避雷器设置示意见图 7-14。

（二）建筑物与构筑物的防雷措施

建筑物主要有平屋顶、坡屋顶和高层建筑等类型，一般应根据其特点来设置建筑物的防雷保护装置。

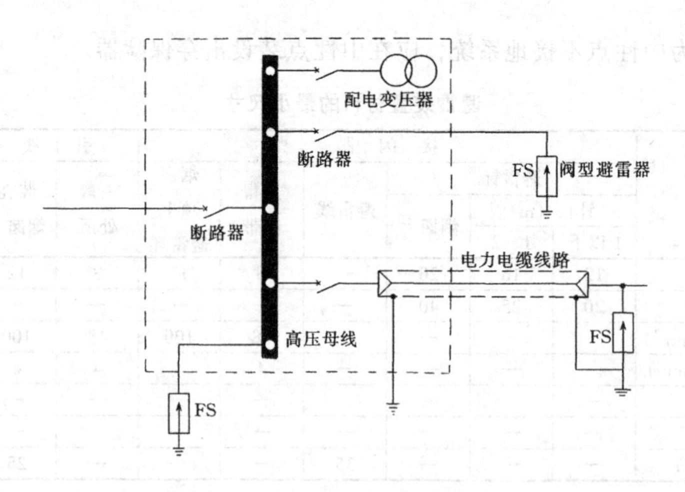

图 7-14　变配电所避雷器设置示意

1．平屋顶建筑物的防雷保护

平屋顶的建筑包括有女儿墙和无女儿墙两种形式，其防雷保护措施多采用屋顶避雷带（又称防雷带）。

（1）有女儿墙避雷带。当建筑物有女儿墙时，避雷带一般装设在女儿墙上，其做法如图 7-10（*a*）所示。

（2）无女儿墙避雷带。当建筑物无女儿墙时，避雷带一般装设在屋顶的挑檐、屋面或凸出部位上，其做法如图 7-10（*b*）所示。

在装设避雷带时，屋顶上所有凸出的建筑物、管道、灯柱、旗杆等金属物体，均应与避雷带进行可靠连接，如图 7-10 所示。接地引下线不得少于两根，各引下线之间的距离不得大于 25m。

2．坡屋顶建筑物的防雷保护

坡屋顶建筑物的防雷保护，一般可在坡屋顶建筑物的顶部墙壁上装设避雷针，也可装设屋顶避雷带，采用镀锌圆钢沿最容易遭受雷击的屋角、屋脊、屋檐及沿屋顶所有凸出的金属构筑物（如烟囱、通气管等）敷设（屋顶避雷带的装设方法参见图 7-10）。

3．高层建筑物的防雷保护

现代的高层建筑物，一般都是用钢筋混凝土浇注而成的，或用预制装配式壁板装配而成的，结构的梁、柱、墙及地下基础均有相当数量的钢筋。可把这些钢筋从上到下全部连接成电气通路，并把室内的上下水管道、热力管道、钢筋网等全部金属物体连接成一个整体，构成笼式暗装避雷网，如图 7-11 所示。这样，使整个建筑物成为一个与大地可靠连接的等电位整体，能有效地防止雷电击。

这种防雷保护应注意以下几方面问题：

（1）引下线。钢筋混凝土柱内的钢筋可做主引下线（每根柱至少使用两根），钢筋搭接时应焊接牢固以连接成电气通路，上部焊接在接闪器上，下部焊接在接地装置上。

（2）接地装置。如用基桩或地基基础的钢筋作接地装置时，应将基桩或基础的钢筋甩头与承台梁及主引下线的钢筋焊接在一起，以保证可靠的电气连通。

（3）钢筋搭接。建筑物的钢筋并不要求全部焊接，一般可采用铅丝绑扎和可靠连接。对预制结构的梁和柱，如搭接不可靠，应每隔 20～24m 左右焊接一点。

(4) 设备接地连接。建筑物内的设备在接地连接时，应由下部直接连接到接地装置上或地板的钢筋上；各种金属线路由最下层管线路或在入口处连接到接地装置或地板的钢筋上，为增加可靠程度，应连接3～4个点以上。

(5) 屋面避雷网。建筑物的屋面板内的钢筋可作暗装避雷网，此时预制屋面板间的甩头钢筋应可靠连接，然后再与明装避雷网连接起来。若建筑物顶部有凸出物，如金属旗杆、透气管、栏杆等，都应与避雷网焊接在一起。

(6) 接地电阻。利用基础钢筋作接地装置时，如基础垫以油毛毡之类的防水材料，接地电阻不能满足要求时，需另外装设人工接地装置。

4. 金属屋面的防雷措施

当建筑物为金属屋面时，宜利用其屋面作为避雷装置的接闪器（除有爆炸危险外）。

第三节　低压配电系统的接地型式

一、接地型式

低压配电系统按接地连线的型式分TN系统、TT系统及IT系统三种。

（一）TN系统

如图7-15，电力系统有一点直接接地，电气装置的外露可导电部分通过保护线与接地点相连接。TN系统可分为TN-S系统、TN-C系统和TN-C-S系统。

1. TN-S系统

整个系统的中性线与保护线是分开的供电系统（即通常称之为三相五线制系统），如图7-15（*a*）所示。

2. TN-C系统

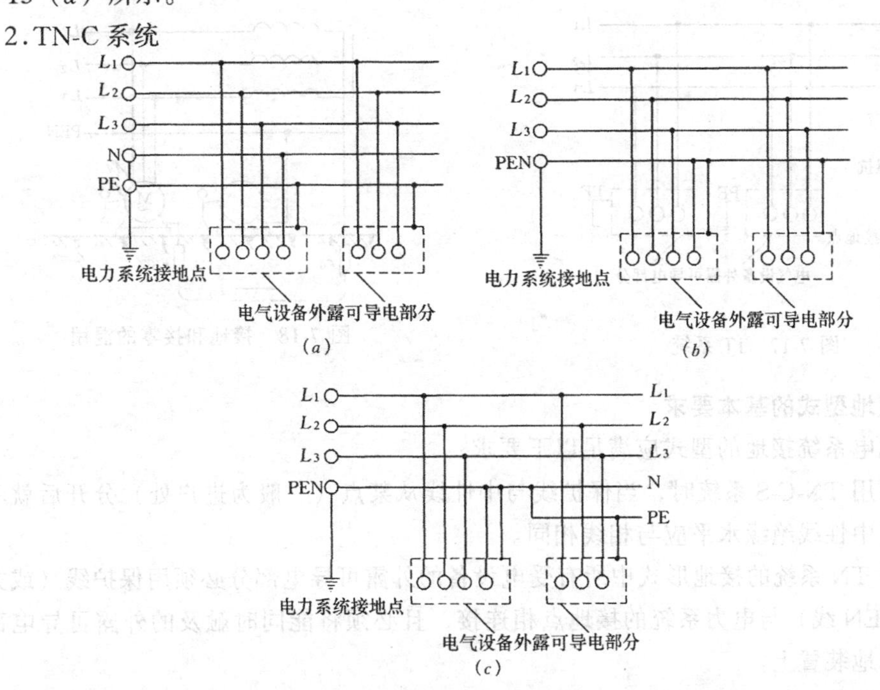

图7-15　TN系统

（*a*）TN-S系统；（*b*）TN- C系统；（*c*）TN-C-S系统

整个系统的中性线与保护线是合一的供电系统（即通常称之为三相四线制系统），如图 7-15（*b*）所示。

3.TN-C-S 系统

系统中有一部分线路的中性线与保护线是合一的，另一部分中性线与保护线是分开的供电系统，如图 7-15（*c*）所示。

（二）TT 系统

电力系统有一点直接接地，电气设备的外露可导电部分，通过保护接地线，接至与电力系统接地点无关的接地极，见图 7-16。

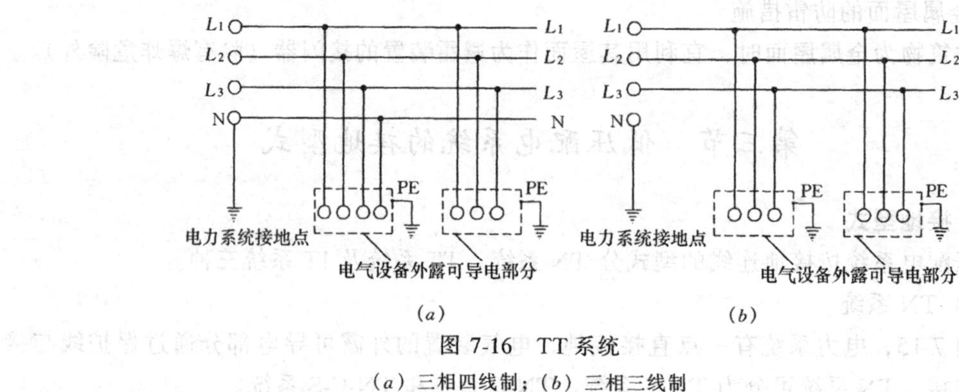

图 7-16 TT 系统

（*a*）三相四线制；（*b*）三相三线制

（三）IT 系统

电力系统与大地间不直接连接（经过高电阻连接），而电气装置的外露可导电部分，通过保护接地线与接地体连接（图 7-17 所示）。

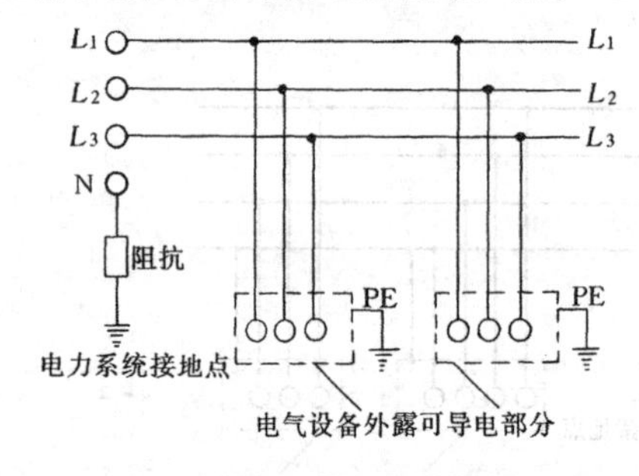

图 7-17 IT 系统

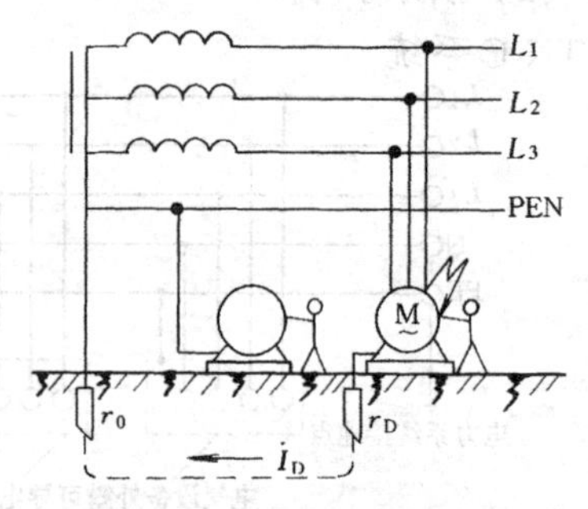

图 7-18 接地和接零的混用

二、接地型式的基本要求

低压配电系统接地的型式应满足以下要求：

（1）采用 TN-C-S 系统时，当保护线与中性线从某点（一般为进户处）分开后就不能再合并，且中性线绝缘水平应与相线相同。

（2）在 TN 系统的接地形式中所有受电设备的外露可导电部分必须用保护线（或共用中性线即 PEN 线）与电力系统的接地点相连接，且必须将能同时触及的外露可导电部分接到同一接地装置上。

（3）保护线上不应设置保护电器及隔离电器，但允许设置供测试用的只有工具才能断开的接点。

(4) 在选择系统接地型式时，应根据系统安全保护所具备的条件，并结合工程实际情况选定其中的一种。

(5) 由同一台发电机、配电变压器或同一段母线供电的低压电力网，不宜采用两种系统接地型式。例如在同一低压配电系统中，不宜同时采用 TN 系统（保护接零）和 TT 系统（保护接地），即两种接地系统不宜混用。

图 7-18 是同一台中性点接地的变压器供电的两个电动机，其中一台采用的是保护接零，另一台采用的是保护接地。当接地的一台电动机发生相线碰壳漏电事故时，故障电流通过 r_D 和 r_0 构成回路。在此情况下，电流一般不太大，线路可能断不开，所以故障点未被发现而长期存在。这时，除了与接地电动机有接触的人有触电的危险外，由于零线电压升高到：

$$U_0 = r_0 \times U / (r_D + r_0)$$

所以，与另一台接零电动机接触的人也有触电危险。因此，在同一低压配电系统中的保护接地和保护接零两种保护方式不能同时混用。

第四节　防雷与接地的安装

一、接地工程施工图

接地工程图主要包括接地系统图和接地装置平面布置图。接地系统图主要表现各电气设备与接地装置相连的情况，通常只用接地符号表示（见图 7-14）。接地装置平面布置图主要说明接地体、接地线的具体布置与安装方法可参见图 7-19。

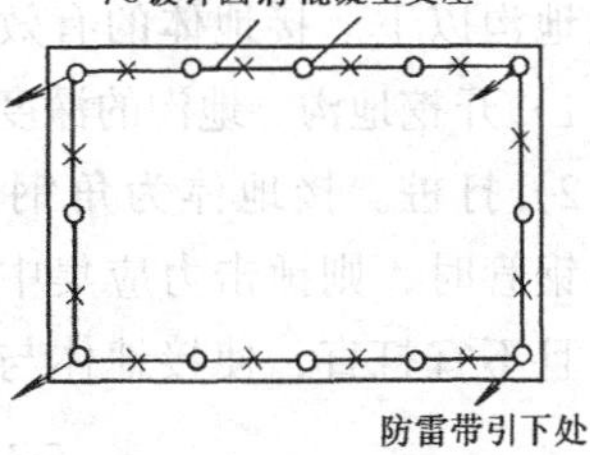

图 7-19　防雷平面图

二、接地装置的安装

（一）接地体及安装

安装人工接地体时，一般应按设计施工图进行。接地体的选用材料均应采用镀锌钢材，并应充分考虑材料的机械强度和耐腐蚀性能。

1. 垂直接地体

垂直接地体的布置形式如图 7-20 所示，其每根接地极的水平间距应大于或等于 5m。

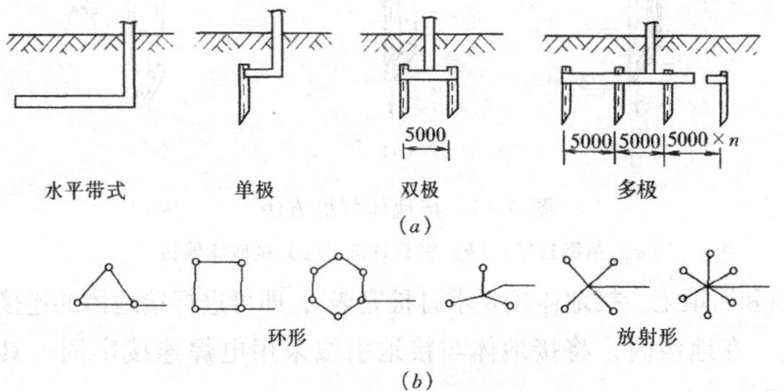

图 7-20　垂直接地体的布置形式

(a) 剖面；(b) 平面

(1) 垂直接地体的制作。垂直安装的人工接地体，一般采用镀锌角钢或圆钢制作。

1) 垂直接地体的规格。如采用角钢,其边厚不应小于4mm;如采用钢管,其管壁厚度不应小于3.5mm;角钢或钢管的有效截面积不应小于$48mm^2$;如采用圆钢,其直径不应小于10mm。角钢边宽和钢管管径均应≥50mm;长度一般在2.50~3m之间(不允许短于2m)。

2) 垂直接地体的加工。垂直接地体所用的材料不应有严重锈蚀。如遇有弯曲不平的材料,必须矫直后方可使用。用角钢制作时,其下端应加工成尖形,尖端应在角钢的角脊上,并且两个斜边应对称(见图7-21(*a*));用钢管制作时,应单边斜削,保持一个尖端(见图7-21(*b*))。

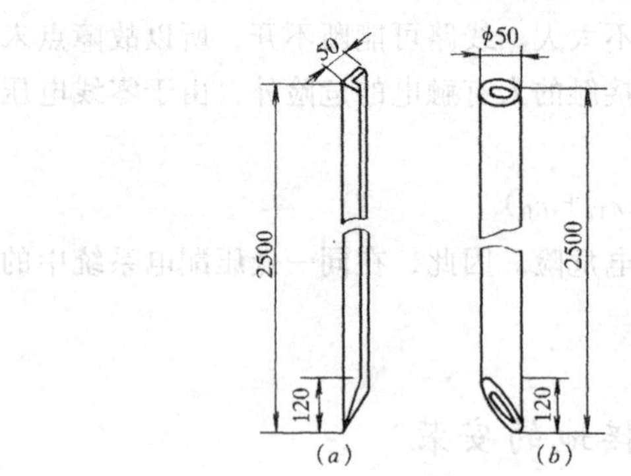

图 7-21 垂直接地体的制作

(*a*) 角钢；(*b*) 钢管

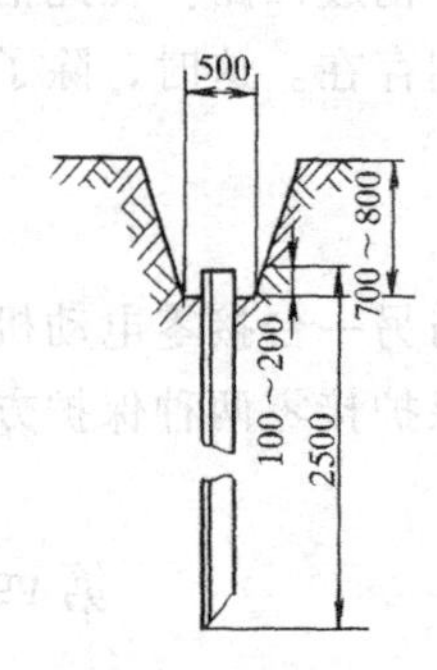

图 7-22 垂直接地体的埋设

(2) 垂直接地体的安装。安装垂直接地体时一般要先挖地沟，再采用打桩法将接地体打入地沟以下。接地体的有效深度不应小于2m，其埋设示意见图7-22。

1) 开挖地沟。地沟的深度一般为0.7~0.8m,沟底应留出一定的空间以便用于打桩操作。

2) 打桩。接地体为角钢时，应用锤子敲打角钢的角脊线处，如图7-23（*a*）所示。如为钢管时，则锤击力应集中在尖端的顶点位置，如图7-23（*b*）所示。否则不但打入困难，且不宜打直，使接地体与土壤产生缝隙（见图7-23（*c*)），从而增加接地电阻。

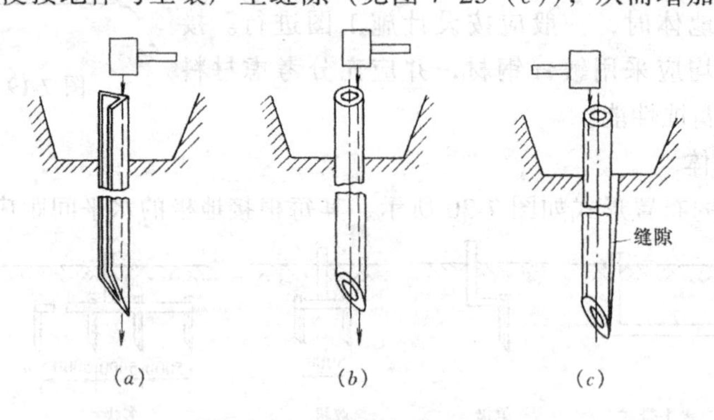

图 7-23 接地体打桩方法

(*a*) 角钢打桩；(*b*) 钢管打桩；(*c*) 接地体偏斜

(3) 连接引线和回填土。接地体按要求打桩完毕后,即可进行接地体的连接和回填土。

1) 连接引线。在地沟内，将接地体与接地引线采用电焊连接牢固，具体做法应按接地线的连接要求进行。

2) 回填土。连接工作完成后，应采用新土填入接地体四周和地沟内并夯实，以尽可能降低接地电阻。

2．水平接地体

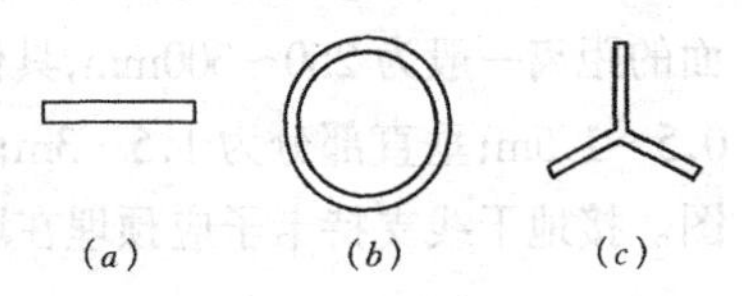

图 7-24　水平接地体

(a) 带型；(b) 环型；(c) 放射型

水平接地体常见的形式有带型、环型和放射型等几种，如图7-24所示。水平安装的人工接地体，其材料一般采用镀锌圆钢或扁钢制作。如采用圆钢，其直径应大于10mm；如采用扁钢，其截面尺寸应大于100mm²，厚度不应小于4mm。其规格参数一般由设计确定。水平接地体所用的材料也不应有严重锈蚀或弯曲不平，否则应更换或矫直。水平接地体的埋设深度一般应在0.7～1m之间。

(1) 带型。带型接地体多为几根水平布置的圆钢或扁钢并联而成。

(2) 环型。环型接地体一般采用圆钢或扁钢焊接而成。

(3) 放射型。放射型接地体的放射根数多为 3 根或 4 根。

(二) 接地线的安装

人工接地线一般包括接地引线、接地干线和接地支线等。

1. 人工接地线的材料

为了使接地连接可靠并有一定的机械强度，人工接地线一般均采用镀锌扁钢或圆钢制作。移动式电气设备或钢质导线连接困难时，可采用有色金属作为人工接地线。但严禁使用裸铝导线作接地线。

(1) 工作接地线。配电变压器低压侧中性点的接地线，一般应采用截面为 35mm² 以上的裸铜导线；变压器容量在 100kVA 以下时，可采用截面为 25mm² 的裸铜导线。

(2) 设备外壳接地线。电气设备金属外壳的接地线所用材料的截面规格，可按表7-2进行选择。

(3) 接地干线。接地干线通常选用截面不小于 12mm × 4mm 的镀锌扁钢或直径不小于 6mm 的镀锌圆钢。

(4) 移动电器。移动电器的接地支线必须采用铜芯绝缘软导线。

(5) 中性点不接地系统。在中性点不直接接地的低压配电系统中，电气设备接地线的截面应根据相应电源相线的截面确定和选用：接地干线一般为相线的1/2，接地支线一般为相线的1/3。

设备或装置接地线的选用　　表 7-2

材　料	类　别	最小截面 (mm²)	最大截面 (mm²)
铜	移动电器引线的接地线	生活用 0.2 生产用 1.0	25
	绝缘铜线	1.5	
	裸铜线	4.0	
铝	绝缘铝线	2.5	35
	裸铝线	6.0	
扁钢	户内：厚度不小于 3mm	24.0	100
	户外：厚度不小于 4mm	48.0	
圆钢	户内：直径不小于 5mm	19.0	100
	户外：直径不小于 6mm	28.0	
钢管	室内使用：壁厚不小于 2.5mm	48.0	
铜	电缆接地芯线以及与相线包在同一保护壳内的多芯导线的接地线	1.0	25
铝		1.5	

2．接地干线的安装

(1) 敷设。接地干线应水平和垂直敷设（也允许与建筑物的结构线条平行），在直线段不应有弯曲现象。安装的位置应便于维修，并且不妨碍电气设备的拆卸与检修。

(2) 间距及安装。接地干线与建筑物或墙壁间应留有 10～15mm 的间隙。水平安装时离地面的距离一般为 250～300mm,具体数据由设计决定。接地线支持卡子之间的距离:水平部分为 0.5～1.5m;垂直部分为 1.5～3m;转弯部分为 0.3～0.5m。图 7-25(*a*)是室内接地干线安装示意图。接地干线支持卡子应预埋在墙上,其大小应与接地干线截面配合,如图 7-25(*b*)所示。

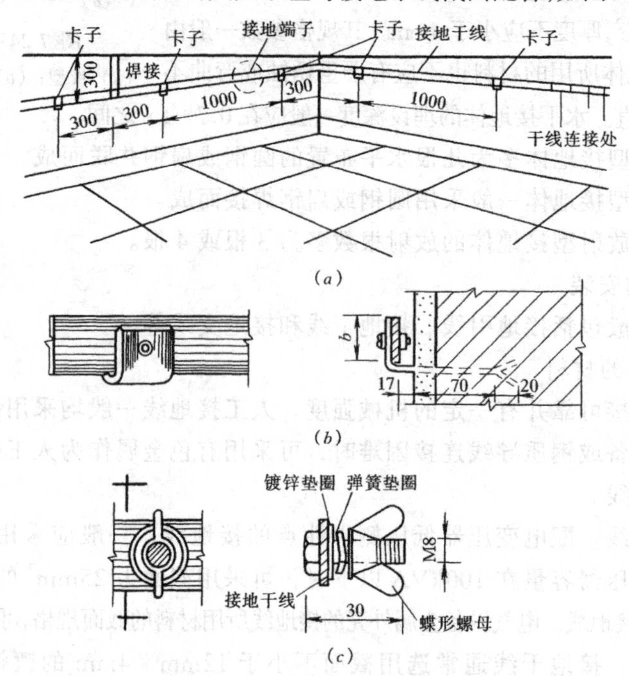

图 7-25　室内接地干线安装图

(*a*) 室内接地干线安装示意图; (*b*) 支持卡子安装图; (*c*) 接地端子图

(3) 接线端子。接地干线上应装设接线端子(位置一般由设计确定),以便连接支线,其安装做法如图 7-25 (*c*) 所示。

(4) 引出入。接地干线由建筑物引出或引入时,可由室内地坪下或地坪上引出或引入,接线干线由建筑物内引出做法如图 7-26 所示。

(5) 穿越。当接地线穿越墙壁或楼板时,应在穿越处加套钢管保护。钢管伸出墙壁至少 10mm,在楼板上至少要伸出 30mm,在楼板下至少要伸出 10mm。接地线穿过后,钢管两端要用沥青棉纱封严。接地线穿越墙壁和楼板的做法如图 7-27 所示。

(6) 跨越。接地线跨越以下场所时,需要采取特别的措施。

1) 跨越门框。接地线跨越门框时,可将接地线埋入门口的地面下,或让接地线从门框上方通过,其安装做法如图 7-28 所示。

2) 跨越振动场所。接地线跨越或经过有振动的场所时,应略有弯曲,以便有伸缩余地,防止断裂。

3) 跨越建筑物伸缩缝。接地线跨越建筑物的伸缩缝时,应采取补偿措施。补偿方法可采用将接地线本身弯曲成圆弧形状,如图 7-29 所示。

4) 交叉。接地线与电缆或其他电线交叉时,其间隔距离至少为 25mm。

(7) 连接。接地线的连接应按以下进行。

1) 与接地体的连接。接地干线与角钢或钢管接地体连接时,一般采用焊接连接并要

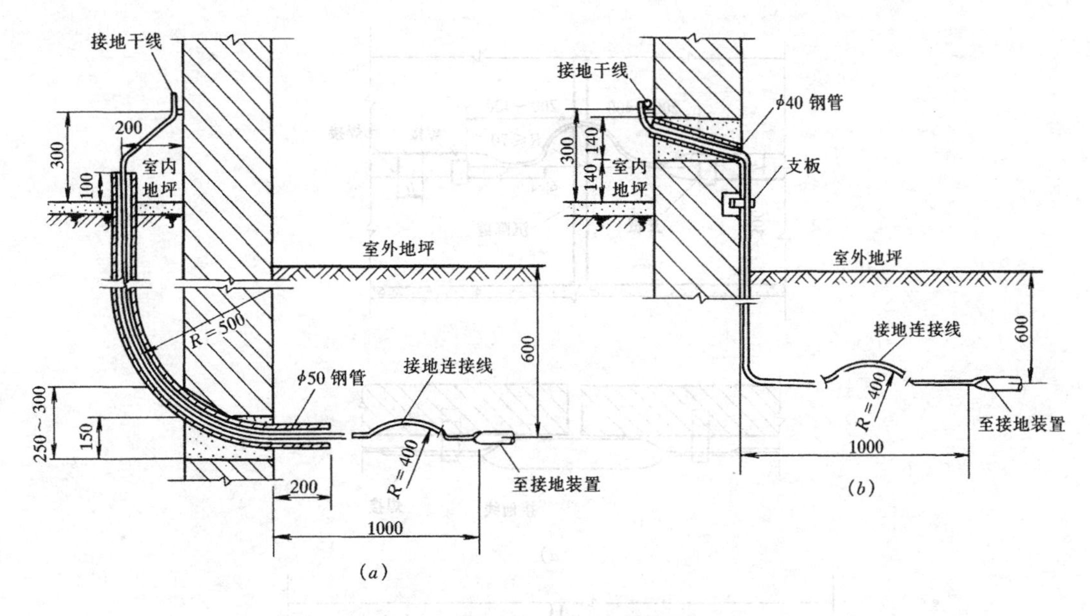

图 7-26　接线干线由建筑物内引出

（*a*）接地线由室内地坪下引出；（*b*）接地线由室内地坪上引出

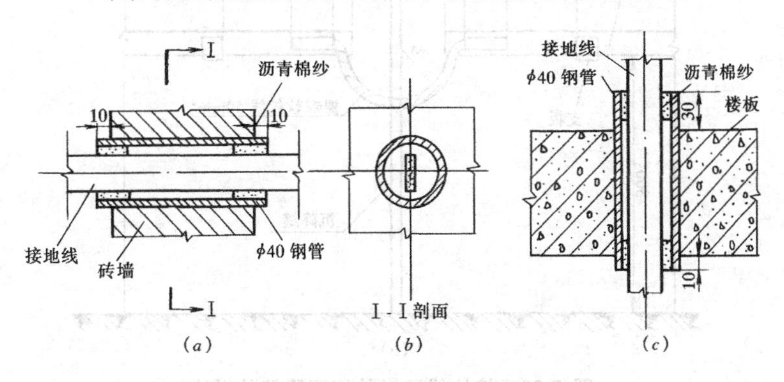

图 7-27　接地线穿越墙壁和楼板的做法

（*a*）穿越墙壁；（*b*）剖面；（*c*）穿越楼板

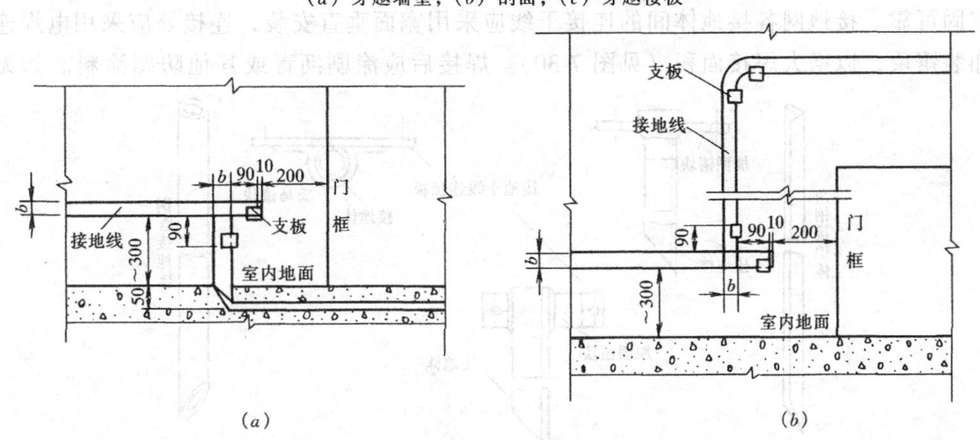

图 7-28　接地线跨越门框的做法

（*a*）接地线埋入门下地中；（*b*）接地线从门框上方跨越

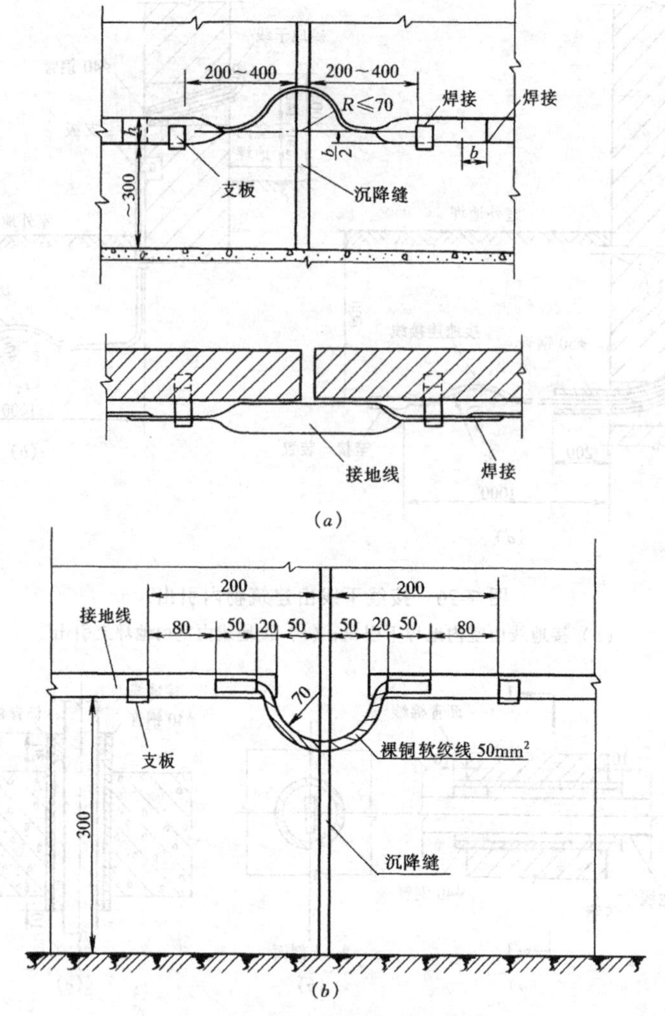

图 7-29 接地线通过伸缩沉降缝的做法

（a）硬接地线；（b）软接地线

求牢固可靠。接地网各接地体间的连接干线应采用宽面垂直安装，连接处应采用电焊连接并加装镶块，以增大焊接面积（见图 7-30）。焊接后应涂刷沥青或其他防腐涂料。如无条

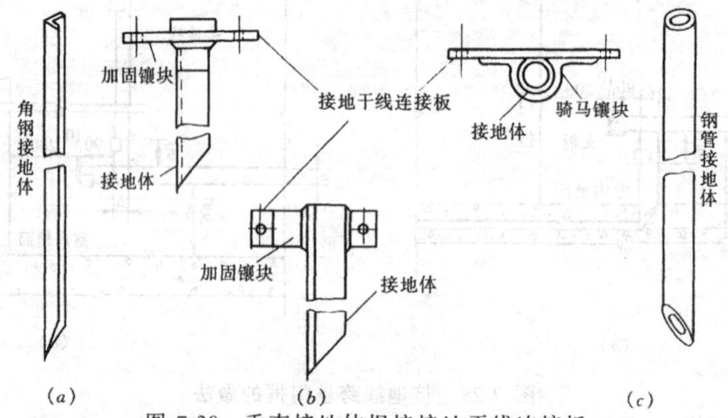

图 7-30 垂直接地体焊接接地干线连接板

（a）角钢顶端装连接板；（b）角钢垂直面装连接板；（c）钢管垂直面装连接板

件焊接时，也可采用螺栓压接（现已不常使用），并应先在接体上装设接地干线连接板。如需另外提供接地引线时，可将接地干线安装敷设在地沟内。或采用焊接备用接地线引到地面下 300mm 左右，再用土覆盖以备用。如不需另外提供接地引线时，接地干线则埋入地面 300mm 以下，在与接地体的连接区域可与接地体的埋设深度相同。地面以下的连接点应采用焊接，并在地面标明接地干线的走向和连接点的位置，以便于维护和检修。

2）接地干线间的连接。当接地线需连接时，必须采用焊接连接。圆钢与角钢或扁钢搭接时，焊缝长度至少为圆钢直径（D）的 6 倍（如图 7-31（*a*）、（*b*）、（*c*）所示）；两扁钢搭接时，焊缝长度为扁钢宽度（*b*）的两倍（如图 7-31（*d*）所示）；如采用多股绞线连接时，应使用接线端子进行连接（如图 7-31（*e*）所示）。

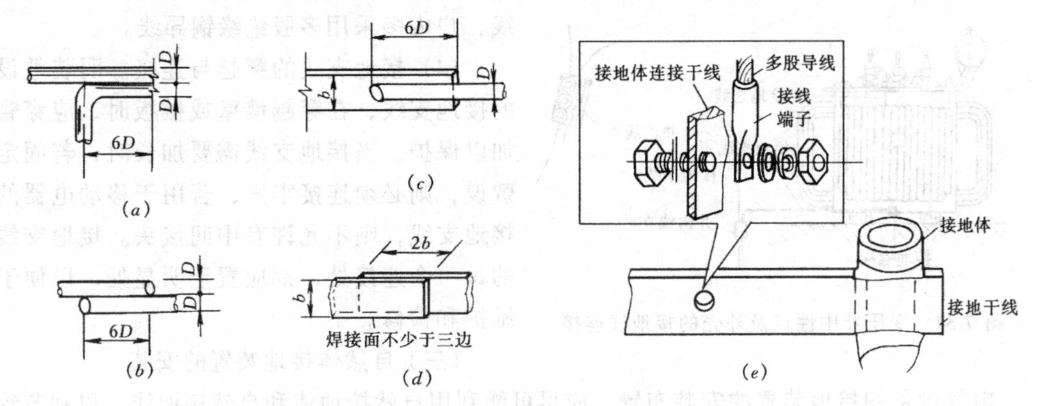

图 7-31　接地干线的连接

（*a*）圆钢直角搭接；（*b*）圆钢与圆钢搭接；（*c*）圆钢与扁钢搭接；（*d*）扁钢直接搭接；（*e*）扁钢与多股导线的连接

3. 接地支线的安装

（1）接地支线与干线的连接。多个电气设备均与接地干线相连时，每个设备的接地点必须用一根接地支线与接地干线相连接。不允许用一根接地支线把几个设备接地点串联后再与接地干线相连，也不允许几根接地支线并接在接地干线的一个连接点上。接地支线与干线并联连接的做法如图 7-32 所示。

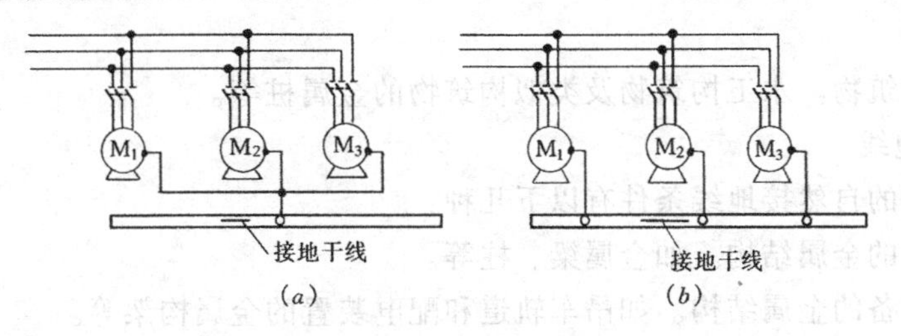

图 7-32　多个电气设备的接地连接示意图

（*a*）错误；（*b*）正确

（2）接地支线与金属构架的连接。接地支线与电气设备的金属外壳及其他金属构架连接时（如是软性接地线，应在两端装设接线端子），应采用螺钉或螺栓进行压接，其安装做法如图 7-33 所示。

（3）接地支线与变压器中性点的连接。接地支线与变压器中性点及外壳的连接方法，如图 7-34 所示。接地支线与接地干线用并沟线夹连接，其材料在户外一般采用多股铜绞

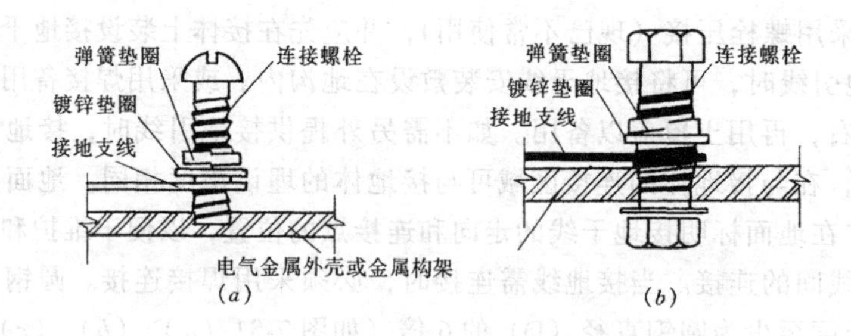

图 7-33 设备金属外壳或金属构架与接地线连接

（a）电器金属外壳接地；（b）金属构架接地

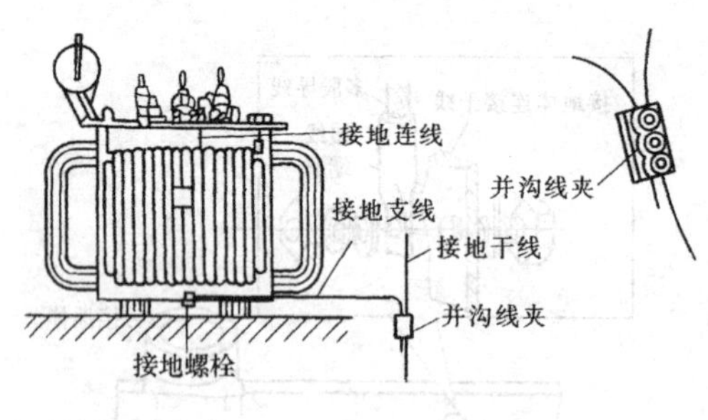

图 7-34 变压器中性点及外壳的接地线连接

线，户内多采用多股绝缘铜导线。

(4) 接地支线的穿越与连接。明装敷设的接地支线，在穿越墙壁或楼板时，应穿管加以保护。当接地支线需要加长时，若固定敷设，则必须连接牢固；若用于移动电器的接地支线，则不允许有中间接头。接地支线的每一个连接处，都应置于明显处，以便于维护和检修。

（三）自然体接地装置的安装

电气设备的接地装置的安装布置，应尽可能利用自然接地体和自然接地线，以利节约钢材和减少施工费用。

1. 自然接地体

一般可利用的自然接地体条件有以下几种：

(1) 金属管道。地下的给排水管道、热力管道以及其他不会引起燃烧和爆炸的所有地下金属管道。

(2) 金属结构。与大地有可靠连接的建筑物、构筑物等的金属结构。

(3) 电缆金属外皮。除包有黄麻、沥青等绝缘物外，所有直埋地敷设的有金属外皮的电力电缆。

(4) 水工构筑物。水工构筑物及类似构筑物的金属桩等。

2. 自然接地线

一般可利用的自然接地线条件有以下几种：

(1) 建筑物的金属结构。如金属梁、柱等。

(2) 生产设备的金属结构。如吊车轨道和配电装置的金属构架等。

(3) 配线用的钢管。

(4) 电缆金属外皮。电力电缆的铅、铝等外包皮。

(5) 金属管道。不会引起燃烧和爆炸的所有金属管道。

3. 自然体接地装置的安装要求

利用自然接地体和接地线时，其安装一般应按以下要求进行：

(1) 焊接。利用自然条件作接地体时，至少应做两根以上的引出线与接地干线连接，其引出线与接地体和接地干线的连接多采用焊接。焊接要求是：引出线采用圆钢时，焊缝长度应不小于圆钢直径（D）的 6 倍，如图 7-35（*a*）所示；引出线采用扁钢时，焊接长度应不小于扁钢宽度 *b* 的 2 倍，焊接面不少于三个棱边，如图 7-35（*b*）所示。焊接后，焊接处应涂刷沥青以防腐蚀。

（2）金属管壁。利用地下金属管道作自然接地体或利用地下及地上金属管道和配线钢管等作自然接地线时，其管壁厚度不得小于 1.5mm。

（3）导电通路。利用建筑物或生产用的金属结构作自然接地线时，必须保证它们具有良好的导电通路或有可靠的封闭回路。为此，所有钢筋搭接处、各个用螺钉连接的金属杆件之间，均应采用截面为 100～160mm 的钢材焊接。焊缝长度应大于圆钢直径的 6 倍，不少于扁钢宽度的 2 倍。

（4）跨接

1）跨越建筑伸缩缝。在建筑物的伸缩沉降缝处，为避免建筑物伸缩和下沉不均造成用作接地线的金属结构变形或断裂，必须采用截面不小于 $12mm^2$ 的多股铜导线作为接地跨接线，以通过建筑物的伸缩沉降缝。

2）金属管道的跨接要求。在管道接头及接线盒处，应采用跨接线进行可靠焊接，以保证电气连通：管径为 50mm 及以下时，跨接采用 $\phi6$ 的圆钢；管径为 50mm 以上时，跨接线采用 L25×4mm 的扁钢，其跨接方法如图 7-36 所示。

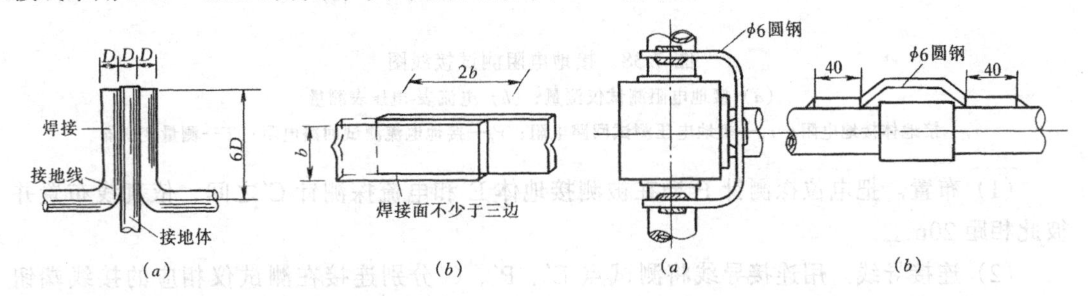

图 7-35　引出线与接地干线的焊接

（*a*）圆钢焊接；（*b*）扁钢焊接

图 7-36　金属管道跨接线连接

（*a*）接线盒的跨接线；（*b*）管接头的跨接线

（5）电缆外皮引接。利用电力电缆的金属外包皮作自然接地体或接地线时，其引出线须用管卡箍进行连接（见图7-37）。安装连接前，先将电缆的外包皮刮干净，再在电缆和管卡箍之间垫上 2mm 厚的铅带，然后再进行紧固连接。管卡箍、螺钉、螺母、垫圈等连接附件，均应采用镀锌件，以防生锈。

（6）接地电阻。利用自然接地体或接地线时，其接地电阻应符合要求。如不能满足要求时，应增设人工接地体或接地线。

（7）禁止利用铝导体。禁止利用在地下敷设的裸铝导体为自然接地体和自然接地线。

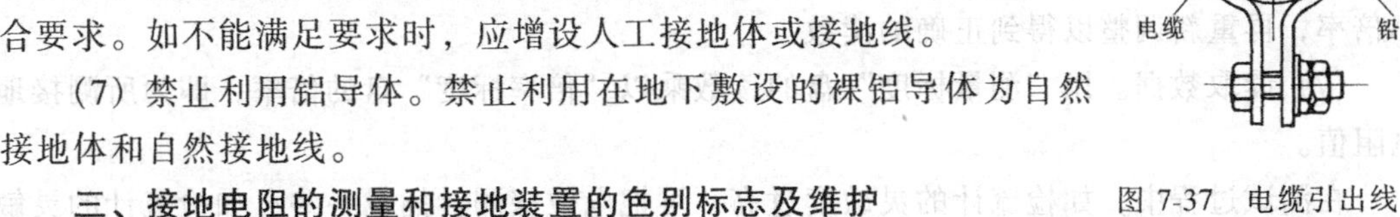

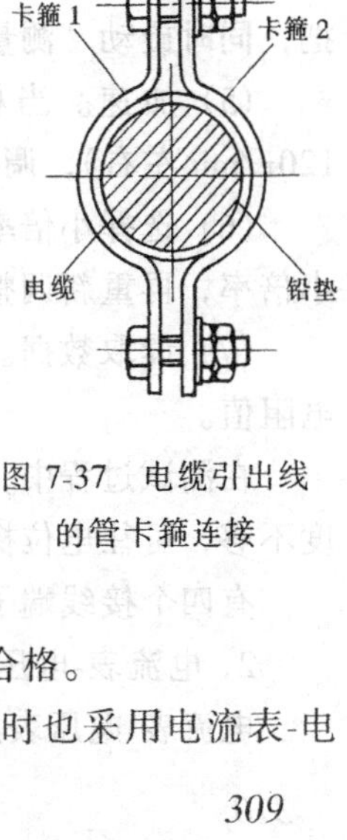

图 7-37　电缆引出线的管卡箍连接

三、接地电阻的测量和接地装置的色别标志及维护

（一）接地电阻的测量

接地装置安装完毕后，必须进行接地电阻的测量工作，以检验接地电阻是否符合设计和施工要求。如不符合则应采取措施直至测量合格。

测量接地电阻的方法通常采用专用的接地电阻测试仪测量法，有时也采用电流表-电压表测量法。

1. 接地电阻测试仪测量法

常用的接地电阻测试仪主要有ZC-8型和ZC-29型以及新型的数字接地电阻测试仪。ZC-8型测试仪主要由手摇发电机、电流互感器、滑线电阻器及检流计等组成,全部机构都装在铝合金铸造的携带式外壳内,外形与普通摇表差不多,所以有时也称接地摇表。常用的测试仪有三个接线端子(也有四个接线端子的),其附件包括两支接地探测针,三根连接导线(5m长的用于接地极;20m长的用于电位探测计;40m长的用于电流探测计)。图7-38(*a*)为三个接线端子的测试仪接线图,其连接操作和测量步骤可按下述方法进行:

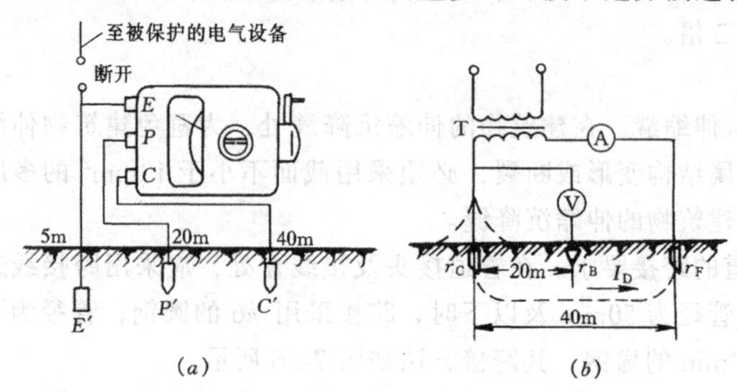

图7-38 接地电阻测试接线图

(*a*)接地电阻测试仪测量;(*b*)电流表-电压表测量

r_C—接地体接地电阻;r_B—接地电压测试回路电阻;r_F—接地电流测试回路电阻;T—测量变压器

(1) 布置。把电位探测针P′插在被测接地体E′和电流探测针C′之间,依直线布置并彼此相距20m。

(2) 连接导线。用连接导线将测试点E′、P′、C′分别连接在测试仪相应的接线端钮E、P、C上。

(3) 校正。将测试仪安放于水平位置,使检流计的指针指于中心线上(如指针不在中心线上,可用零位调整器进行校正)。

(4) 选择最大倍率与调整。将"倍率标度"盘置于最大倍率,然后摇动发电机的摇把,同时旋动"测量标度"盘使检流计的指针指于中心线。

(5) 加速。当检流计的指针接近平衡时,再加快发电机摇把的转速(使转速达120r/min左右),调整"测量标度"盘使检流计的指针指于中心线。

(6) 选择小倍率。如"测量标度"盘的指示值小于1时,应将"倍率标度"盘置于较小倍率,再重新调整以得到正确的读数。

(7) 读取数据。用"测量标度"盘的读数乘以"倍率标度"盘的倍率,即为所测接地电阻值。

在测试过程中,如检流计的灵敏度过高,可把电位探测针插浅一些;如检流计的灵敏度不够,可往电位探测针和电流探测针插入部位注水使土壤湿润。

有四个接线端子的小量程接地电阻测试仪,还可以测量土壤电阻率。

2. 电流表-电压表测量法

电流表-电压表测量法(见图7-38(*b*))是由测量变压器提供测量电源,利用接地区

域的接地电压 U_V 和接地电流 I_D 之间的比例关系，间接地测出接地电阻值（接地棒之间的距离与测试仪要求相同）。

3. 测量注意事项

为保证测量精度和人身安全，测量接地电阻时应注意以下几方面：

(1) 设备断开。测量前应将被测接地装置与电气设备断开。

(2) 探针方向。电流探测针和电位探测针应布置在与线路或地下金属管道垂直的方向。

(3) 测量天气。不要在雨中或雨后立即测量接地电阻。

(4) 测量电源。如采用电流表-电压表测量法测量接地电阻，测量用的电源应为工频交流电源。

(5) 测量安全。测量时，因接地体和辅助接地体周围都有较大的跨步电压，所以在30～50m范围内严禁人、畜进入。

4. 降低接地电阻的措施

如果设置接地装置的地区土壤电阻率较高（如砂、砾石、岩石等较多），则应根据地理环境和当地条件，采取有效措施以降低接地电阻。

(1) 延长接地体。当接地处打入垂直接地体较为困难时，可将接地体延长（一般为80m左右）至有低电阻率的场所，如河、湖、池、沼等地带，如图7-39所示。

(2) 土壤混合法。在接地体周围适当混合一些诸如煤渣、木炭粉、炉灰之类的低阻性材料，以提高土壤导电率。

(3) 土壤浸渍法。用食盐溶液、专用接地电阻溶液或其他类似的高导电率的溶液材料浸渍接地体周围的土壤。

(4) 土壤换土法。将接地体周围换成如黏土、黑土、煤粉等电阻率低的土壤，如图7-40所示。

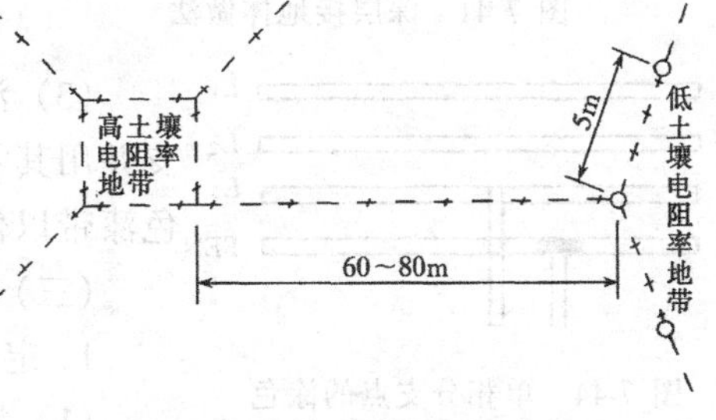

图7-39 水平延长接地体做法

(5) 增加埋设深度。当表面岩石或高电阻率土壤不太厚时，可采用钻孔深埋或开挖深埋接地体的方法（四周用炭粉浆灌入）降低接地电阻，如图7-41所示。

(二) 接地线的色别标志

1. 符号标志

(1)黑色标记。在接地线引向建筑物内的入口处,可在建筑物的外墙上标以黑色标记“⏚”。

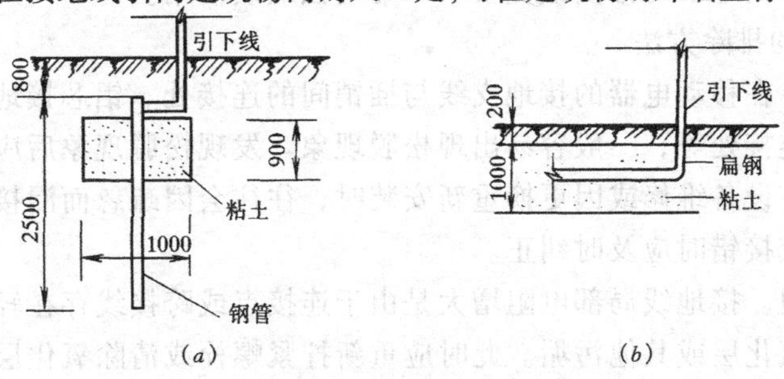

图7-40 降低接地电阻的换土法

(a) 垂直接地体；(b) 水平接地体

(2) 白底黑色标记。在室内干线备有检修用的临时接线处，应在上面刷白底的黑色标记“⏚”。

2. 色别标志

明装敷设接地线安装完毕后，应按规定进行相序色别的涂色工作，以引起人们注意不能轻易触摸。

(1) 紫底黑条。按规定，接地线采用扁钢或圆钢等硬母线时，应涂以紫色漆带，并在一定的间隔涂以黑色条纹漆，如图 7-42 所示。

(2) 涂黑漆。如因建筑物的要求涂以其他颜色时，应在接地线的连接处和分叉处，用黑漆在两端涂刷色带，如图 7-43 所示。

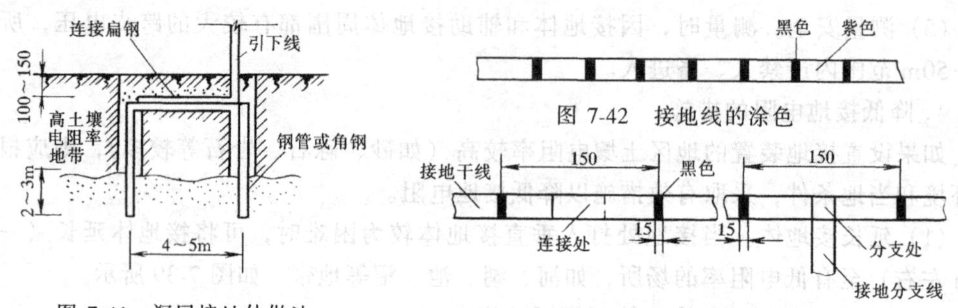

图 7-41 深层接地体做法

图 7-42 接地线的涂色

图 7-43 接地线连接处的涂色

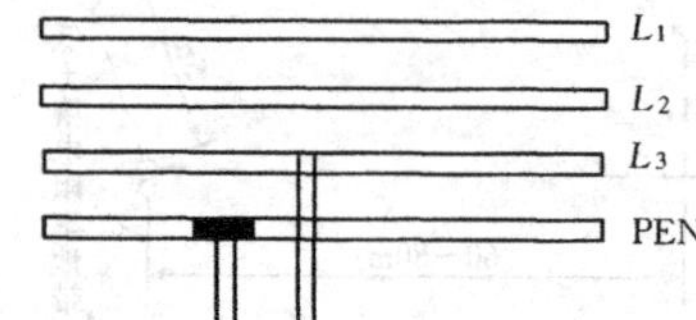

图 7-44 单相分支点的涂色

(3) 涂黑带。在三相四线制配电系统中，如有单相分支并用其零线做接地线（PEN）时，应在零线分支处涂黑色漆带以便识别，如图 7-44 所示。

（三）接地装置的维护

1. 定期检查和维护保养

(1) 接地电阻的复测。接地电阻须定期复测：工作接地半年复测一次；保护接地 1~2 年复测一次。如接地电阻增大时，不可勉强使用，应及时修复。

(2) 连接点的检查。接地装置的连接点，尤其是螺钉或螺栓连接点，每隔半年到一年检查一次(发现松动应及时拧紧)。采用电焊连接的，应定期检查焊接是否完好及有无锈蚀。

(3) 支持点的检查。接地干线的每个支持点都应定期检查，如有松动、脱落或损坏现象，应及时紧固或更换。

(4) 线路有无锈蚀。应定期检查接地装置连接干线、接地干线和支线有无严重锈蚀现象。若严重锈蚀，则应及时修复或更换，不可勉强继续使用。

2. 常见故障的排除方法

(1) 连接点。在移动电器的接地支线与插销间的连接处、铝芯接地线的连接处、具有振动的设备接地连接处等，一般容易出现松脱现象。发现松脱现象后应及时紧固和修复。

(2) 遗漏。在设备维修或因更换重新安装时，往往会因疏忽而漏接接地线头或接错位置。发现有漏接或接错时应及时纠正。

(3) 局部电阻。接地线局部电阻增大是由于连接点或跨接线存在轻度松散，以及连接点的接触面存在氧化层或其他污垢。此时应重新拧紧螺栓或清除氧化层及污垢后再接妥。

(4) 接地体接地电阻。接地体接地电阻增大，通常是由于接地体严重锈蚀或连接干线连接点接触不良所引起的，此时应更换接地体或把连接处重新连接。

四、避雷装置的安装

(一) 接地装置的安装

1. 接地材料

常见的防雷接地装置的形式和安装方法与电气系统接地装置的要求大致相同，只是材料尺寸和数量稍有增大。

2. 接地电阻

避雷装置的接地电阻一般为30Ω、20Ω、10Ω，特种情况下要求在4Ω以下，具体数据按设计确定。

3. 安全距离

为了防止跨步电压对人体造成危险，避雷装置距建筑物出入口及人行道的距离不应小于3m。当小于3m时，应在接地体上铺50～80mm的沥青层，其宽度应超出接地装置2m以外，或将水平接地线局部埋设在距地面1m以下。

(二) 引下线的安装

1. 安装要求

(1) 断接卡子。引下线的安装路径应短直，其紧固件及金属支持件均应采用镀锌材料。如果引下线有多根时，为便于测量接地电阻，宜在引下线距地1.8m处装设断接卡子。

(2) 保护管。明设安装时，应在引下线地上1.7m至地下0.3m的一段加装塑料管（或竹管）保护。

2. 安装做法

引下线的安装做法如图7-45所示。

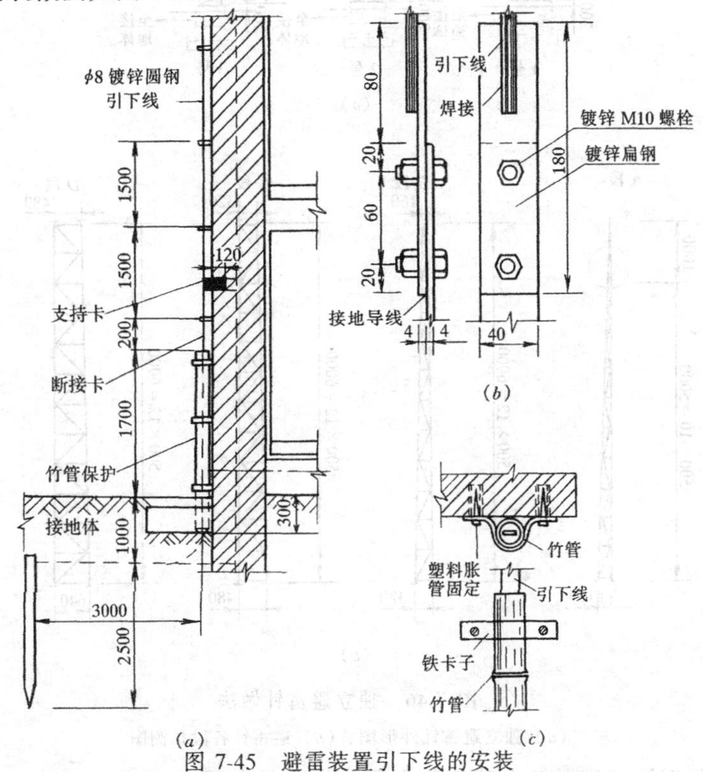

图7-45 避雷装置引下线的安装

(a) 引下线安装方法；(b) 断接卡子连接；(c) 引下线竹管保护做法

(三) 接闪器的安装

1. 避雷针的安装

(1) 独立避雷针。独立避雷针的安装如图 7-46 所示。制作时，一般可按图中形式和表 7-3 的尺寸进行分段预制，然后在现场进行组合吊装。独立避雷针的针、杆、塔等一般应根据工程设计，并参考有关标准图制作安装。

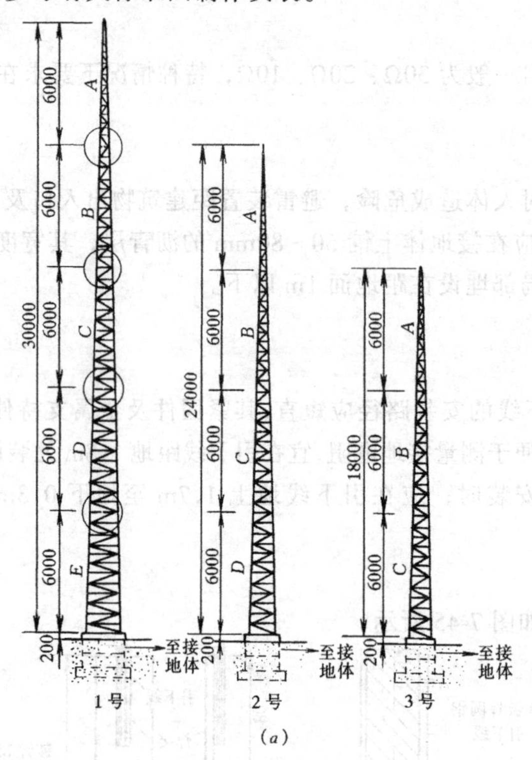

(*a*)

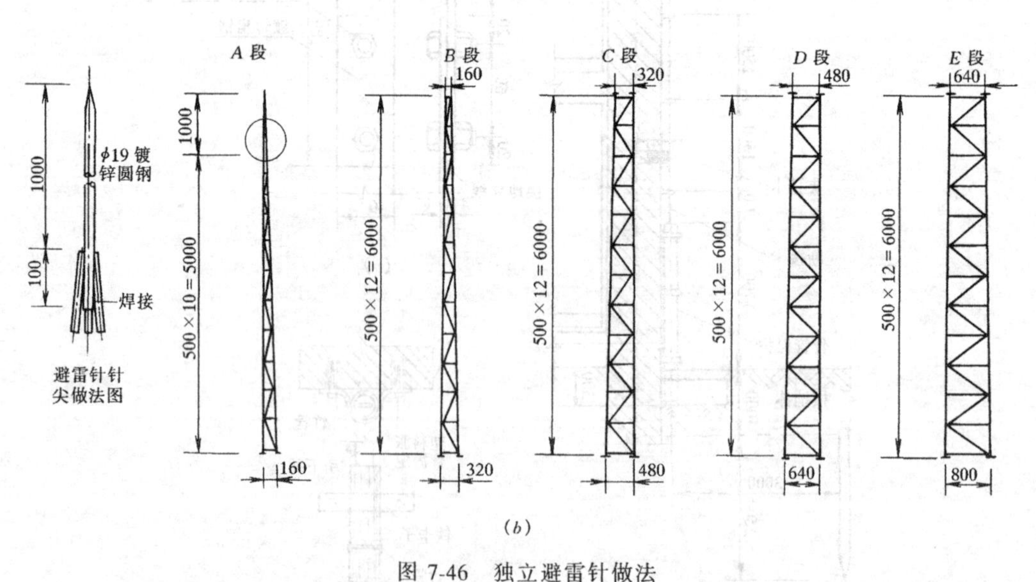

(*b*)

图 7-46 独立避雷针做法

(*a*) 独立避雷针外形图；(*b*) 避雷针各段预测图

(2) 屋顶避雷针。避雷针在建筑物上的安装方法如图 7-47 所示。

2. 避雷带的安装

避雷带（网）一般均采用镀锌圆钢或扁钢制作，规格应符合表 7-1 的尺寸要求。安装方法可参见图 7-10 进行。

独立避雷针各段尺寸 **表 7-3**

段别		A段	B段	C段	D段	E段
各段材料规格	主材	ϕ16 圆钢	ϕ19 圆钢	ϕ22 圆钢	ϕ25 圆钢	ϕ25 圆钢
	横材	ϕ12 圆钢	ϕ16 圆钢	ϕ16 圆钢	ϕ19 圆钢	ϕ19 圆钢
	斜材	ϕ12 圆钢	ϕ16 圆钢	ϕ16 圆钢	ϕ19 圆钢	ϕ19 圆钢
	接合板厚度	8mm 钢板	12mm 钢板	12mm 钢板	12mm 钢板	12mm 钢板
	支撑板	L50×50×5	L50×50×5	L50×50×5	L75×75×6	L75×75×6
	—	—	—	L75×75×6	—	—
	螺栓	M16×70	M16×75	M18×75	M18×75	—
	质量（kg）	39	99	134	206	229

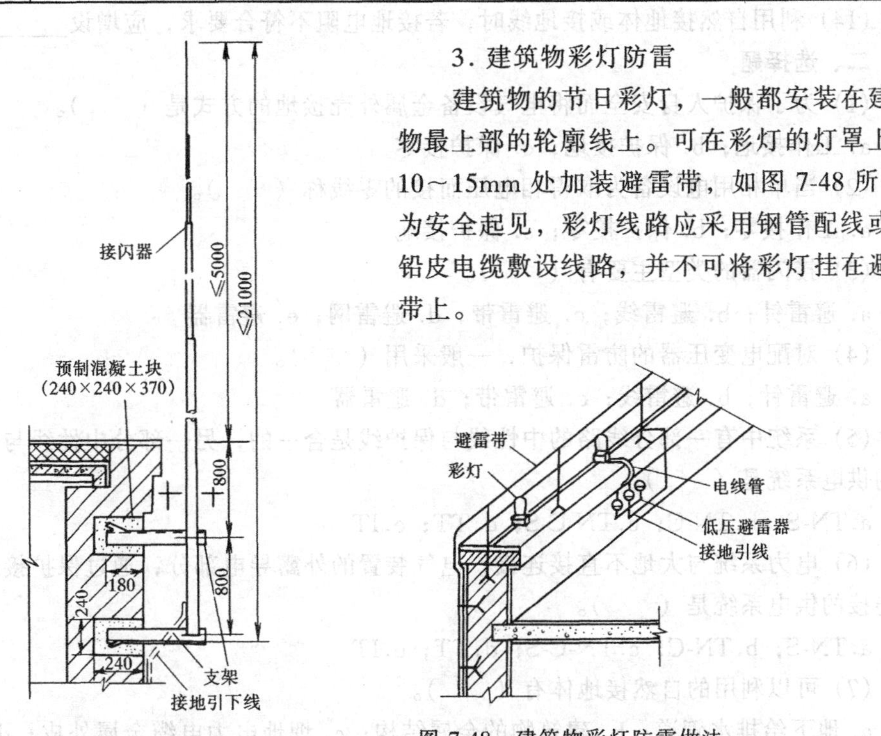

图 7-47 避雷针在建筑物上的安装

3. 建筑物彩灯防雷

建筑物的节日彩灯，一般都安装在建筑物最上部的轮廓线上。可在彩灯的灯罩上面 10～15mm 处加装避雷带，如图 7-48 所示。为安全起见，彩灯线路应采用钢管配线或用铅皮电缆敷设线路，并不可将彩灯挂在避雷带上。

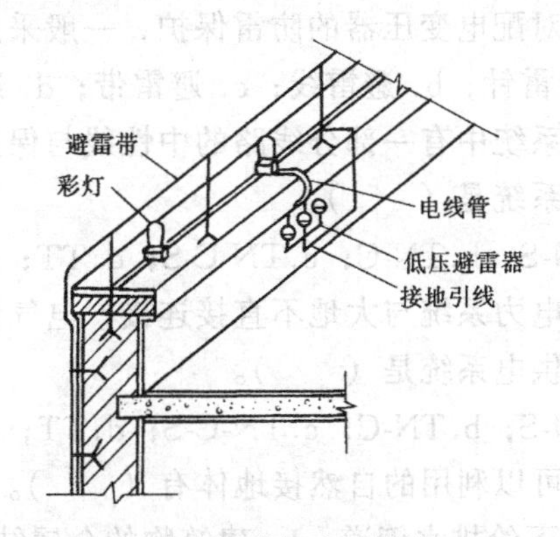

图 7-48 建筑物彩灯防雷做法

习　　题

一、填空题

(1) 工作接地的作用是＿＿＿＿＿＿；保护接地的作用是＿＿＿＿＿＿。

(2) 接地装置主要由＿＿＿＿＿和＿＿＿＿＿等构成。

(3) 接地方式包括＿＿＿＿、＿＿＿＿、＿＿＿＿和＿＿＿＿；接零方式包括＿＿＿＿和

______。

（4）人工接地体常用的材料有______、______、______、______等。

（5）工作接零是为了给单相用电设备提供______而接的零线，其连接线称为______或______，与保护线共用的称为______。

（6）保护接零是将______与电源的中性线用导线连接起来。

（7）保护接地是将电气设备的金属外壳通过接地线与______连接起来。

（8）雷击的危害方式主要有______、______和______。

（9）避雷装置主要由______、______和______组成。

（10）接闪器的类型主要有______、______、______、______、______和______等。

（11）低压配电系统有______、______及______。

（12）TN 系统可分为______、______和______。

（13）中性线与保护线是分开设置的供电系统用符号______表示；中性线与保护线是合一设置的供电系统用符号______表示。

（14）利用自然接地体或接地线时，若接地电阻不符合要求，应增设______。

二、选择题

（1）为了保护人身安全而将电气设备金属外壳接地的方式是（　　）。

a. 工作接地；b. 保护接地；c. 保护接零

（2）当单相用电设备为取得相电压而接的零线称（　　）。

a. 工作接零；b. 保护接零；c. 保护接地

（3）接闪器的类型主要有（　　）。

a. 避雷针；b. 避雷线；c. 避雷带；d. 避雷网；e. 避雷器

（4）对配电变压器的防雷保护，一般采用（　　）。

a. 避雷针；b. 避雷线；c. 避雷带；d. 避雷器

（5）系统中有一部分线路的中性线与保护线是合一的，另一部分中性线与保护线是分开的供电系统是（　　）。

a. TN-S；b. TN-C；c. TN-C-S；d. TT；e. IT

（6）电力系统与大地不直接连接，电气装置的外露导电部分，通过保护接地线与接地体连接的供电系统是（　　）。

a. TN-S；b. TN-C；c. TN-C-S；d. TT；e. IT

（7）可以利用的自然接地体有（　　）。

a. 地下给排水管道；b. 建筑物的金属结构；c. 埋地电力电缆金属外皮；d. 地下煤气管道

（8）利用金属管道作为自然接地体或自然接地线时，其管道壁厚不得小于（　　）mm。

a. 0.05；b. 1；c. 1.5

（9）垂直接地体的埋设有效深度不应小于（　　）m。

a. 0.5；b. 1；c. 1.5；d. 2

（10）移动电器的接地支线可采用（　　）。

a. 角钢；b. 圆钢；c. 铜芯绝缘软线；d. 铝芯绝缘线

(11) 降低接地电阻的措施是（　　）。

a. 增加埋设深度；b. 延长接地体；c. 土壤浸渍；d. 土壤换土；e. 土壤混合

(12) 现有 M_1、M_2、M_3 三台电气设备，按图 7-49 所示进行外壳接零，（　　）的方法是正确的。

a. 第一种接法；b. 第二种接法；c. 第三种接法

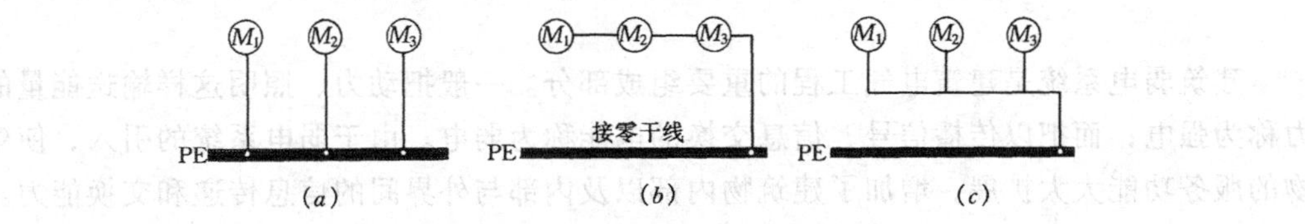

图 7-49　电气设备的外壳接零法

(a) 第一种接法；(b) 第二种接法；(c) 第三种接法

三、是非题（是划√，错划×）

(1) 在单相负荷的接地线和接零线上不能装设熔断器（　　）。

(2) 当采用镀锌角钢作垂直接地体时，其规格多采用 ∟50×50×5。（　　）。

(3) 两根垂直接地极连在一起的总接地电阻，极间距离近的比极间距离远的为小。（　　）。

四、名词解释

(1) 接地电阻；(2) 接地装置；(3) 人工接地体；(4) 保护接零；

(5) 接地极；(6) 接地电流；(7) 自然接地体；(8) 重复接地。

五、简答题

(1) 接地的作用是什么？接地的方式有哪些？

(2) 雷电的危害形式有哪些？

(3) 简述避雷装置的组成。

(4) 简述电气装置的防雷措施。

(5) 简述建筑物与构筑物的防雷措施。

(6) 简述高层建筑防雷措施应注意的问题。

(7) 简述低压配电系统的接地型式。

(8) 简述接地形式的基本要求。

(9) 列举可以作为自然接地线的物体。

(10) 列举可以作为人工接地体的物体。

(11) 简述自然接地装置安装的要求。

(12) 简述垂直接地装置的安装步骤。

(13) 简述接地干线和安装要求。

(14) 简述接地支线的安装要求。

(15) 简述用接地电阻测试仪测量接地电阻的步骤。

(16) 简述降低接地电阻的措施。

(17) 简述测量接地电阻时的注意事项。

(18) 简述接地装置的维护方法。

第八章　建筑弱电系统

建筑弱电系统是建筑电气工程的重要组成部分。一般把动力、照明这样输送能量的电力称为强电；而把以传播信号、信息交换的电能称为弱电。由于弱电系统的引入，使建筑物的服务功能大大扩展，增加了建筑物内部以及内部与外界间的信息传递和交换能力。目前建筑弱电系统主要包括：CATV电缆电视系统、电话通信系统、有线广播音响系统、火灾自动报警和自动灭火系统以及其他建筑弱电系统等。

本章学习重点：

(1) 熟悉电话系统的常用设施和电话线路及施工安装。

(2) 熟悉电缆电视系统的常用设施和传输线路及施工安装。

(3) 熟悉火灾自动报警系统的组成及各设备的作用。

第一节　CATV电缆电视系统

CATV电缆电视系统是建筑弱电系统中应用最普遍的系统之一，它是多台电视机共用一套接收装置或天线的系统。国际上称为"Community Antenna Television"，缩写为CATV。由于系统各部件之间采用了大量的同轴电缆作为信号传输线，因而CATV系统也叫电缆电视系统。电缆电视系统是一个有线分配网络，除收看当地电视台的电视节目外，还可以通过卫星地面站接收卫星传播的电视节目。如果该系统配合一定的设备，如摄像机、录像机、调制器等，可自行编制节目，向系统内各用户进行播放。

一、CATV系统及组成

CATV电缆电视系统一般由前端网络、干线传输网络、用户分配网络三部分组成，其基本构成方框图如图8-1所示，组成示例如图8-2所示。

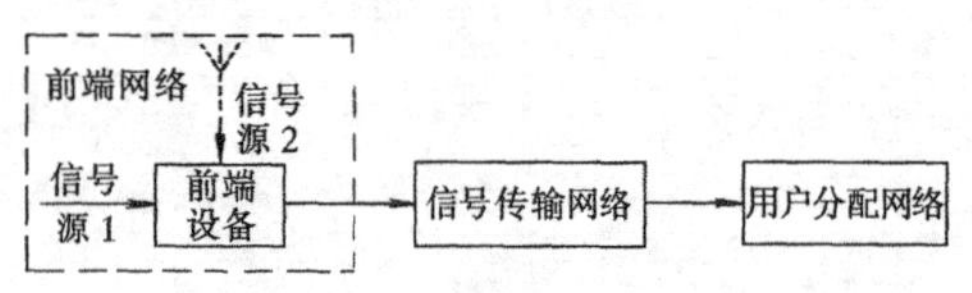

图8-1　CATV电视系统的基本构成

(一) 前端网络

前端网络由信号源和前端设备等组成。

1. 信号源

信号源部分是对CATV系统提供视频和音频信号的装置，视频和音频信号的混频信号称射频信号。主要器件及设备有电视接收天线、卫星天线、光缆信号源、各类摄录放像设备、多媒体计算机设备等。

(1) 天线。天线是接收空间电视信号的元件。引向天线是共用天线系统中最常见的天线，它可以做成单频道的，也可以做成多频道或全频道的，其常用的主要参数有天线输入阻抗、频带宽度、方向性和增益等。

(2) 电缆信号源。考虑到现代技术和城市的发展趋势，同时为达到美化城市的要求、减少众多的电视天线以及由于城市高层建筑对接收信号的影响等因素，目前各地广播电视部门多统一建设有线电视网络，因此，目前城市建筑物已广泛采用当地 CATV 电视系统有线网络作为 CATV 电视系统信号源，一般由光缆或同轴射频电缆引接。

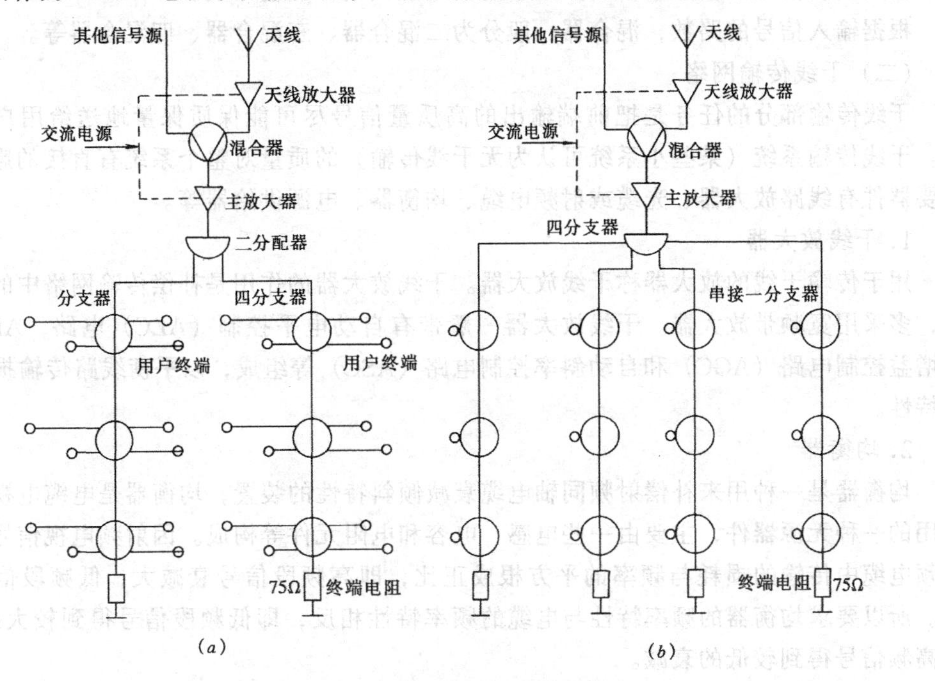

图 8-2 CATV 电视系统组成示例

(*a*) 用户终端位置不一致；(*b*) 用户终端位置一致

2. 前端设备

前端设备是对 CATV 系统提供的信号进行必要的处理和控制，主要器件有天线放大器、主干放大器、卫星接收器、频道变换器、制式转换器、衰减器、混合器、解调器、调制器等。

(1) 放大器。将输入的微弱信号通过专用设备进行信号的放大，从输出端可得到较强的信号电平，这种设备就称信号放大器（一般简称放大器）。按其功能和所装部位可分为天线放大器、干线放大器、分支放大器和分配放大器、线路延长放大器等，其工作原理基本相似，只是功能要求和构造原理以及技术指标有所差异。

(2) 主干放大器。主干放大器主要用来提高 CATV 系统的信号电平，一般设置在前端箱内，多采用宽频带放大器。宽频带放大器可用于放大多个频道混合后的信号，频带覆盖面较宽。目前通常所指的全频道放大器的频率范围一般为 40～860MHz，即 VHF～UHF 全频道放大器。

(3) 天线放大器。直接与天线联用的放大器称天线放大器。天线放大器主要用来放大弱场强区的接收信号，提高接收天线的输出电平，以满足处于弱场强区和电视信号阴影区主干放大器输入电平的要求。天线放大器通常安装在天线的附近，由专门的远程供电器供电。

(4) 混合器。将两个或多个输入端上的信号混合后馈送给一个输出端的装置称为混合器。混合器在 CATV 系统中能将多路电视（电视接收、卫星频道、放像设备等）信号混合成一路射频输出，并共用一根同轴电缆进行传输。混合器结构简单、无需调整，但插入损耗大且随着混合路数的增加而增加。有时，分配器的反向使用就能替代混合器：如分配器的输出端接信号源输入端，而分配器的输入端接信号源输出端。

根据输入信号的路数，混合器一般分为二混合器、三混合器、四混合器等。

（二）干线传输网络

干线传输部分的任务是把前端输出的高质量信号尽可能保质保量地送给用户分配网络。干线传输系统（某些小系统可认为无干线传输）的质量对整个系统有直接的影响。其主要器件有线路放大器、光缆或射频电缆、均衡器、电源供给器等。

1. 干线放大器

用于传输干线的放大器称干线放大器。干线放大器的作用是补偿传输网络中的信号损失，多采用宽频带放大器。干线放大器一般带有自动电平控制（ALC）电路，ALC由自动增益控制电路（AGC）和自动斜率控制电路（ASC）等组成，以平衡线路传输损耗的倾斜特性。

2. 均衡器

均衡器是一种用来补偿射频同轴电缆衰减倾斜特性的装置，均衡器是电缆电视系统中使用的一种无源器件，主要由一些电感、电容和电阻元件等构成。因射频电视信号在同轴射频电缆中传输的损耗与频率的平方根成正比，即高频段信号衰减大，低频段信号衰减小。所以要求均衡器的频率特性与电缆的频率特性相反，即低频段信号得到较大的衰减，而高频信号得到较低的衰减。

3. 同轴射频电缆

在电缆电视系统中，各种信号都是通过电视传输线（又称馈线）进行传输的，它是信号传输的通道，根据装设部位可分为主干线、分支干线和分支线等。传输线主要是同轴电缆和光缆，目前CATV用户系统的传输多采用同轴射频电缆，光缆主要用于大中城市主干线的信号传输。

（1）同轴电缆结构。同轴电缆是用高频绝缘介质，使内、外导体绝缘且保持轴心重合的特殊电缆，一般由内导体、绝缘体、外导体、护套四部分组成，如图8-3所示。最常使用的有SYV型、SYFV型、SDY型、SYKV型、SYDY型等。

1）内导体。同轴电缆内导体是传输信号的主要通路。它通常是一根实心导体，截面一般为圆形，材料多采用铜质，也可采用空心铜管或双金属线。

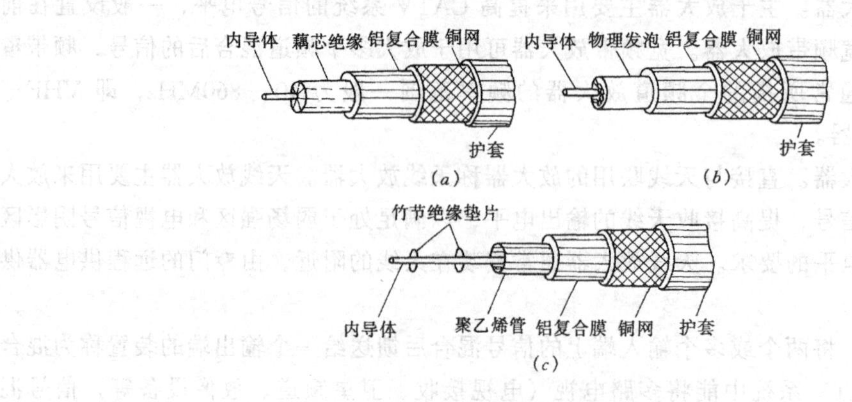

图8-3 同轴电缆结构
(a) 藕心电缆；(b) 物理发泡电缆；(c) 竹节电缆

2）绝缘体。同轴电缆绝缘体的作用是将内导体与外部导体相互隔离。其材料主要有聚乙烯、聚氯乙烯等，常用的是介质损耗小、工艺性能好的聚乙烯，其形式可分为实芯绝缘、半空气绝缘、空气绝缘等。

3）外导体。射频电缆外导体有双重作用，它即作为传输回路的一根导体，又具有屏蔽作用。它一般有金属管状结构（采用铝带纵包焊接，或者用无缝铝管挤包拉延而成）、铝箔纵包搭接结构（这种结构制造成本低，但会泄露电磁波，较少采用）和铜网及铝箔纵包组合结构（这种结构柔软性好、重量轻、接头可靠，其屏蔽作用主要由铝箔完成，由镀锡铜网完成导电功能，目前已广泛采用这种同轴电缆结构）等。

4）护套。其主要作用是抵抗电缆的老化及隔离外部环境，一般多采用聚氯乙烯或聚乙烯材料制作。

(2) 同轴电缆的标注。我国同轴电缆型号的基本组成形式如下所示。

分类代号	绝缘	护套	派生	—	特性阻抗	—	线芯绝缘外径	—	结构序号

其电缆型号字母代号的表示意义如下：

S—同轴射频电缆；Y—聚乙烯；YK—聚氯乙烯纵孔半空气绝缘；V—聚氯乙烯；D—稳定聚乙烯空气绝缘。

如SYV-75-5表示聚乙烯绝缘、聚氯乙烯护套、特性阻抗为75Ω、线芯绝缘外径为5mm的同轴射频电缆；SYKV-75-9表示聚乙烯纵半孔空气绝缘（藕心）、聚氯乙烯护套、特性阻抗为75Ω、线芯绝缘外径为9mm的同轴射频电缆。

(3) 同轴电缆的种类。同轴电缆的种类主要是依据对内外导体间绝缘介质的处理方法不同而分为下列几种：

1）实芯同轴电缆。此种电缆的内外导体填充以实心的绝缘材料。

2）藕芯同轴电缆。这种电缆将聚乙烯绝缘介质经过物理加工，使之成为纵孔（即藕心状）半空气绝缘介质。比实芯同轴电缆损耗小，但防水性能较差。

3）物理高发泡同轴电缆。这种电缆是在聚乙烯绝缘介质中注入气体（如氮气）使介质发泡，它不宜老化、不宜受潮，传输损耗小，一般可作干线性传输电缆。

(4) 同轴电缆的基本参数。同轴电缆的基本参数主要有特性阻抗、衰减常数和温度系数等。

1）特性阻抗。同轴电缆均匀传输线上任意一点的入射波电压与入射波电流的比值，称为同轴电缆的特性阻抗（一般均为75Ω)。

2）衰减常数。电视信号在同轴电缆中传输时存在传输损耗，传输损耗的大小用衰减常数β来表示（参见表8-1)，单位为dB/km、dB/100m、dB/m等。经过分析可知，信号频率越高损耗越大，因此系统传输频率越高、电缆长度越长，则同长度电缆高低频之间的电平差就越大。其弥补方法一般可在放大器输入端外加斜率均衡器，利用均衡器来补偿频率特性；也可采用本身具有斜率均衡功能的放大器（放大器内均衡）。

3）温度系数。同轴电缆损耗除与频率有关外，还随着环境温度的变化而改变，这种特性就称为电缆的温度特性，一般用温度系数来反映温度特性的影响程度，电缆越长温度特性的影响就越显著。

常用同轴电缆主要性能参数 **表 8-1**

型　号	电视电缆简称	回波损耗(dB)	特性阻抗(Ω)	电容(pF/m)	衰减量 β (dB/100m)		
					反向隔离 30MHz	反向隔离 200MHz	反向隔离 800MHz
SYV-75-5	聚氯乙烯护套聚乙烯同轴	>15	75±3	76	7.8	21.1	
SYV-75-7			75±3	76	5.1	14.0	
SYV-75-9			75±2	76	3.6	10.4	
SYV-75-5-2	聚氯乙烯护套聚乙烯藕心同轴		75±2.5	54.5±3	3.2	8.9	18.3
SYLV-75-7			75±2.5	54±3	2.8	6.7	13.9
SYKV-75-5	聚氯乙烯护套聚乙烯藕心同轴	>18	75±3	54±3	3.3	9.0	19.2
SYKV-75-7			75±3	60±2	2.3	6.4	14.1
SYDV-75-5			75±2.5	60	2.1	5.7	12.5
SIOV-75-5	藕式聚乙烯护套同轴		75±3	60	4.7	12.5	28.0
SIOV-75-5	竹管式聚乙烯护套同轴		75±3	60	4.5	11.0	22.0
SIOY-75-7-A	藕式铝塑纵包聚乙烯护套同轴		75±2.5	60	2.6	7.1	15.2
SYDY-75-9-5	垫片式聚乙烯护套同轴		75±2.0	60	1.6	4.0	8.0

（三）用户分配网络

用户分配网络是把干线传输过来的射频信号分配给系统内的所有用户，并保证各用户的信号质量和各用户终端的电平均衡度。主要器件有射频电缆、线路延长放大器、分支器、分配器、用户终端（即电视出口插座）等。

1. 线路延长放大器

线路延长放大器就是起到线路延长的作用而得名，外形体积较小。通常安装在支干线上，用来补偿分支损耗、插入损耗和电缆损耗，输出端不再接分配器，输出电平约为 103～105dB。

2. 分配器

将一路高频信号的电平能量平均地分成二路或二路以上的输出装置，称为分配器，其表示符号如图 8-4 所示。它主要使线路信号能量平均分配，可用于前端网络和用户分配网络。通常有二分配器、三分配器、四分配器和六分配器，主要技术参数见表 8-2。

(1) 分配器的作用。分配器主要起分配、隔离和匹配等作用。

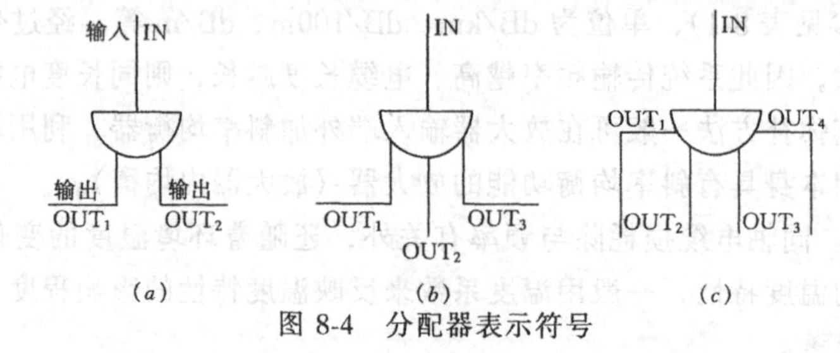

图 8-4　分配器表示符号

(a) 二分配器；(b) 三分配器；(c) 四分配器

1）分配作用。它的主要任务是将输入信号平均地分配给各条输出线路，且插入损耗不超过规定的范围。

2）隔离作用。分配器的隔离作用是指分配输出端之间应有一定的信号隔离，相互之间不影响。如由任一路中电视机产生高频自激振荡时，对其他输出线上的电视接收机应不产生影响。

3）匹配作用。输入信号传输线阻抗为75Ω，经分配器分配为多路后，各输出线的阻抗也应为75Ω。以使得输入阻抗与输入线路阻抗匹配，各输出端的输出阻抗与输出线路阻抗匹配。

（2）分配器的主要技术数据。分配器的主要技术数据有分配损失、隔离度和特性阻抗等。

1）分配损失。分配器的分配损失（又称分配损耗或分配衰减）是指信号从输入端分配到输出端的传输损失。

2）隔离度。分配器的隔离度（又称耦合衰减）是指在一个输出端加入的输出电平信号电平与另一输出端的信号电平之差。隔离度的大小是衡量分配器输出端间相互影响大小的一个重要指标，一般要求在20dB以上。

3）特性阻抗。为与系统各器件匹配，分配器输入阻抗与输出阻抗均为75Ω。

部分分配器主要技术参数 **表8-2**

名　称	型　号	频率特性（MHz）	分配损失（dB）	隔离度（dB）	电压驻波比	反射损耗(MHz)
二分配器	AGP204	48.5～798	≤2	≥18	≤2	
四分配器	AGP408	48.5～798	≤2	≥18	≤2	
二分配器	XP20401	VHF	4	≥20	≤2	
四分配器	XP40801	VHF	8	≥20	≤2	
二分配器	FP42	V-U	≤4	≥20	≤2	
四分配器	FP44	V-U	≤8	≥20	≤2	
二分配器	JZP203	V-U	≤4.2	≥18	≤2	
三分配器	JZP3SP	V-U	≤7.4	≥18	≤1.9	
四分配器	JZP403	V-U	≤10	≥18	≤1.9	
二分配器	QFZP2	V-U	≤4	>18	<1.8	
四分配器	QFZP4	V-U	≤6.3	>18	<1.8	
六分配器	QFZP6	V-U	≤8	>18	<1.8	
二分配器		45～450	<1.8	>35		>16
四分配器		45～450	<1.8	>35		>16
六分配器		45～450	<1.8	>35		>16
二分配器	2SP	V-U	4	18～35	<1.6	
三分配器	3SP	V-U	6	18～35		
四分配器	4SP	V-U	8	18～35		
六分配器	5SP	V-U	10	18～35		

3．分支器

从干线上取出小部分信号传送给分支线路或电视接收机，而大部分信号仍传送给干线的器件，称为分支器，其图形表示符号如图8-5所示。

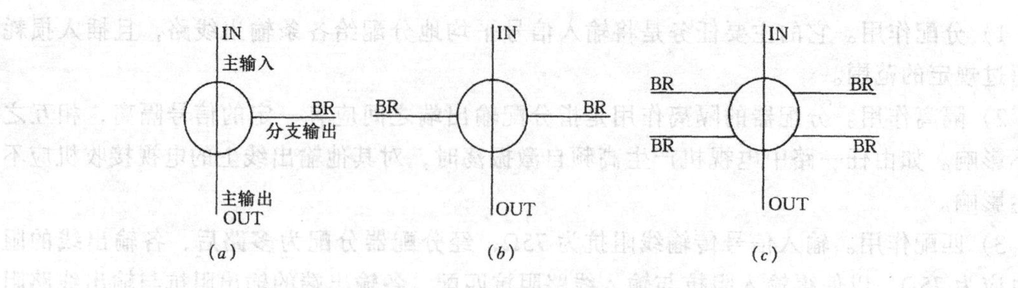

图 8-5 分支器表示符号

(a) 一分支器；(b) 二分支器；(c) 四分支器

(1) 分支器及作用。分支器的特点是以较小的插入损耗从传输干线或分配线上分出部分信号经衰减后送至分支线路或直接送至各用户终端。它由一个主输入端、一个主输出端和若干个分支输出端组成。根据分支输出端的数量，分支器分为一分支器、二分支器、三分支器、四分支器等几种。

输出端口直接插接电视机用户插头的一分支器和二分支器称串接一分支器（或称串接单元）和串接二分支器（串接二单元）。

(2) 分支器主要技术数据。分支器技术数据主要有插入损失、分支损失、反向隔离、分支隔离和特性阻抗等，其主要技术参数见表 8-3。

1）插入损失。从分支器主输入端输入的信号电平传输到主输出端信号电平的损失，就称为分支器的插入损失，在使用频率范围内，分支器插入损耗的大小与所传输信号的频率无关，只与分支器的分支损耗有关：分支损耗大，则插入损耗就小。其值一般约为 0.3～4dB。

2）分支损失。分支损失是指分支器主输入端信号电平转移到分支输出端信号电平的损失，它又称分支偶合衰减量或分支偶合损失。分支损失值一般约为 4～35dB。

3）特性阻抗。分支器的输入和输出阻抗均要求为 75Ω。

4．用户终端

CATV 电缆电视系统的用户终端是为供给电视机电视信号的接线器，又称为用户接线盒或用户出线盒。有单孔盒和双孔盒之分。单孔盒仅输出电视信号，双孔盒既能输出电视信号又能输出调频广播的信号。

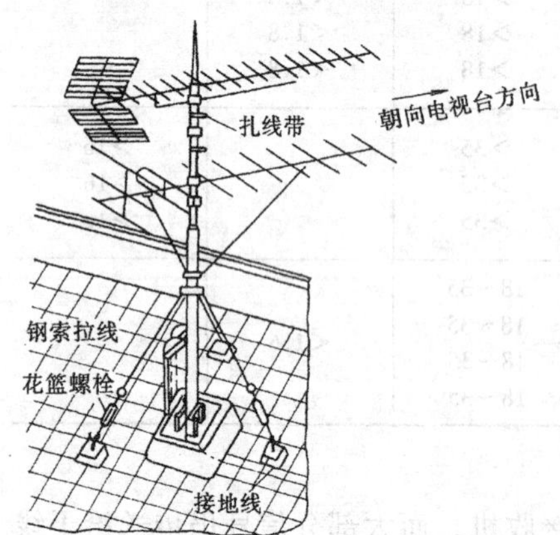

图 8-6 天线在屋顶安装示意图

二、CATV 系统的施工

建筑 CATV 电缆电视系统安装工程就是以国家有关施工和验收规范和电缆电视系统施工图（参见附图）为依据，施工人员将系统设备、线路、器材等装置按照一定的规律安装和连接起来。其施工步骤与电气配线工程基本相似，但施工工艺和线路连接有所差异。

（一）接收天线的安装

天线在屋顶安装示意如图 8-6 所示。

1．天线位置的选择

天线位置的选择应符合以下要求。

(1) 天线尽量安装在周围开阔并无高大阻挡物体的地带，以防信号反射产生图像重影。

部分分支器主要技术参数 **表 8-3**

名　　称	型　号	频率特性 (MHz)	插入损失 (dB)	分支损失 (dB)	反向隔离 (dB)	相互隔离 (dB)	电压驻波比	反射损耗 (dB)
一分支器	JZZ1		0.5~1	8、12、16、20、	>17			
二分支器	JZZ2		1~2	8、12、16、20、	>17			
四分支器	JZZ4	V~U	2~4.5	12、16、20	>17		≤1.9	
串接一分支器	JZ1DC		1~1.5	10、15、20、25、	>16			
串接二分支器	JZ2DC		0.8~2.5	10、14、18	>16			
一分支器	AGZ1	48.5~798	0.8~2.5	8、12、16、20	>17		<2	
二分支器	AGZ2	48.5~798	0.8~2.5	8、10、12、16、20、24	>16		<2	
串接一分支器	AGC1	48.5~798	0.8~2.5	8、12、16、20	>17		<2	
串接二分支器	AGC2	48.5~798	0.8~3.5	8、12、16、20、24	>17		<2	
一分支器	XZ1	V~U	0.5~3 0.5~3 0.5~3	6、8、10、12、14、16、18、20、24、26、28	>25		≤1.5	
二分支器	XZ2	V~U	≤4	10、12、14、16、18、20、22、24、26、28、30	>25		≤1.5	
四分支器	XZ4	V~U	≤8	12、14、16、18、20、24、26、28、30	>25		≤1.5	
一分支器	FZ42	V~U		10、14、19、22	>22		<2	
三分支器	FZ44	V~U		14、18、22	>22		<2	
串接一分支器	CQ1	V~U		1、12、17	>18		<2	
一分支器	GXC108	45~550	<1	8±1	>30	>30		>16
	GXC112		<1.5	12±1	>30			
	GXC116		<1	16±1	>30			
	GXC120		<0.5	20±1	>34			
	GXC124		<0.5	24±1	>38			
二分支器	GXC208	45~550	<3.5	8±1	>30	>30		>16
	GXC212		<2	12±1	>30			
	GXC216		<1.5	16±1	>30			
	GXC220		<1	20±1	>30			
	GXC224		<0.5	24±1	>34			
	GXC228		<0.5	28±1	>38			
三分支器	GXC108	45~550	<3.5	8±1	>30	>30		>16
	GXC112		<2	12±1	>30			
	GXC116		<1.5	16±1	>30			
	GXC120		<1	20±1	>34			
	GXC124		<1	24±1	>38			
四分支器	GXC108	45~550	<3.5	8±1	>30	>30		>16
	GXC112		<2	12±1	>30			
	GXC116		<1.5	16±1	>30			
	GXC120		<1	20±1	>34			
	GXC124		<1	24±1	>38			

(2) 天线尽可能选择用户区的中心及高层建筑物的屋顶，使之能接收到较强的电视信号，一般应将天线最大接收方向朝向电视发射台，其间应无遮挡物。

(3) 天线要远离各种干扰源，如高频设备、雷达站、汽车点火系统等。

(4) 注意保持建筑物的美观，并应考虑安装和维护方便。

2. 天线基础

(1) 天线基础形式。天线基础的形式一般均采用钢筋混凝土结构，并与土建施工密切配合将天线基础底座设置在土建承重墙（或柱）上。当建筑物为新建楼房时，基础底座应与土建的梁柱同时浇灌混凝土，以保证天线基础有足够的结构强度。

(2) 天线基础制作。天线基础的制作应按设计施工图进行（基础底座一般多为钢筋混凝土结构），在施工前加工好有关预埋件，并与土建施工配合进行预埋安装工作。

3. 天线立杆与拉线安装

天线的立杆材料一般均采用 $\phi50 \sim \phi80$mm 的镀锌钢管，立杆各节的材料和规格可按设计进行。立杆施工可以采用架杆立杆或拉线立杆的方法，并由人工配合进行。

当立杆完成时，再将拉线、拉线耳环、花篮螺栓等连接起来，进行拉线的安装。

4. 天线的装配与安装

(1) 天线装配。天线单元一般由生产厂家制造，在抵达施工现场时，各振子、反射器、支架等均为散件，需安装人员按照产品说明书或施工图进行天线单元的装配。

(2) 天线安装。天线单元装配完成后，即可根据施工图的排列顺序，将各天线单元安装于天线立杆上。天线单元安装顺序一般应自上而下，以免安装时相互影响。

(3) 附件安装。各单元天线安装完成后，即可进行天线附件的安装，如接线盒、避雷器、合成器、带通滤波器、天线放大器等。

(4) 天线连接。天线与附件安装完成后，即可按施工图要求进行天线网络的连接。

各天线单元及附件安装也可同时进行，各部位具体尺寸及安装方法可参见有关图集。

5. 注意事项

(1) 天线单元的方向应尽可能准确，一般可通过场强仪测试确定。

(2) 天线及附件应固定牢靠，并采取防松动措施。

(3) 每副天线要与地面平行，但离地面或楼板的距离应大于 2m。

(4) 一般高频天线架设在上层，低频天线架设在下层，

(5) 天线的引下线尽可能穿管敷设，可单独敷管也可利用天线立管。

(6) 安装与接线工作完成后，应检查其防水性能和防雷接地应符合要求。

(二) 前端设备安装

前端设备主要包括前端箱和其他视音频设备，以及在前端箱内安装的混合器、放大器、分配器、分支器、衰减器等设备。其安装方式也符合系统中间箱的安装，一般均可简称 CATV 系统箱。前端设备箱内一般均装设放大器，因此需引入交流电源。

1. 前端箱的安装

CATV 系统前端箱的安装方式与配电箱的安装方式基本相似，也可分为嵌墙式（嵌入式与半嵌入式）、壁柱式和杆上式等，暗装箱体和板芯应分别进行安装。

(1) 安装要求。前端箱应安装在干燥、明亮、不易受振、便于维护的场所；系统箱的金属构件及器件金属外壳，均应做好接地连接；系统箱的箱体与墙面的接触部分应进行防

锈处理，如刷防锈漆等。

(2) 嵌墙式安装。在建筑物内（特别是新建建筑物），系统箱多采用嵌墙式安装，其安装方式分为嵌入式和半嵌入式安装，如图 8-7 所示。

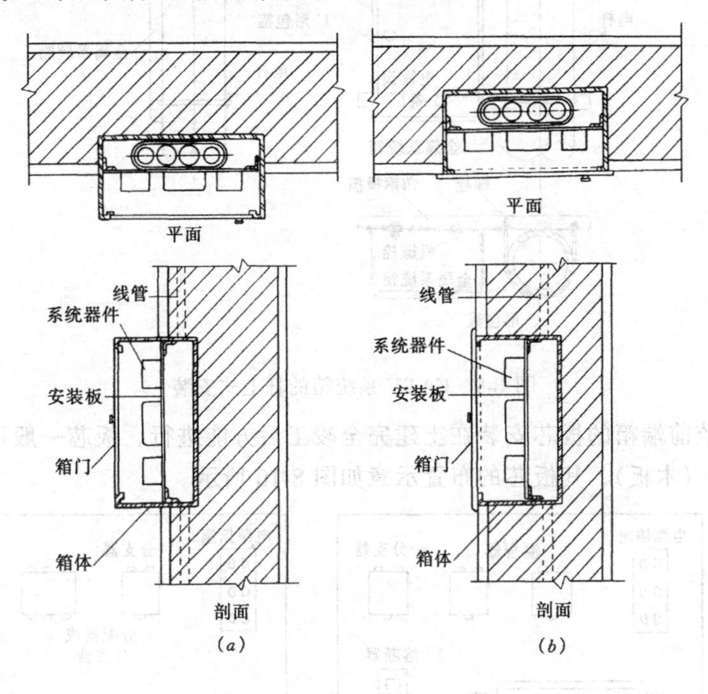

图 8-7　CATV 系统箱的嵌墙式安装

(a) 半嵌入式；(b) 嵌入式

(3) 壁挂式安装。在建筑物内加装 CATV 系统，系统箱可采用壁挂式安装，如图 8-8 所示。

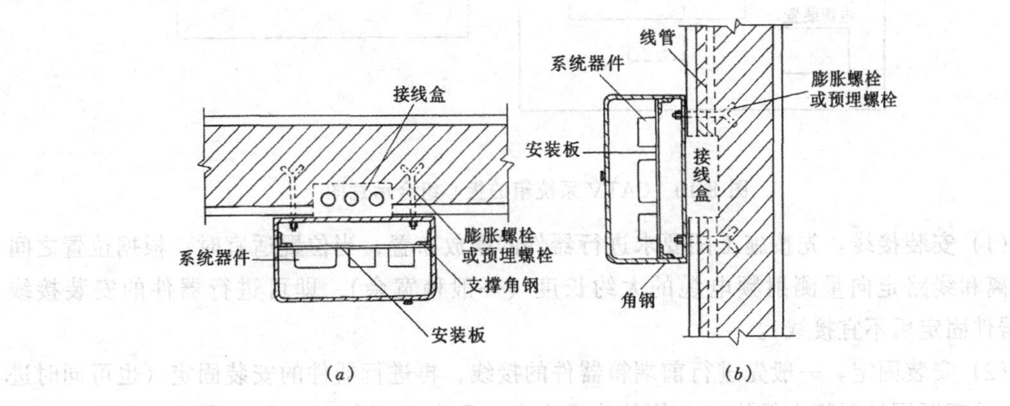

图 8-8　CATV 系统箱的壁挂式安装

(a) 平剖面；(b) 纵剖面

(4) 杆上式安装。中间系统箱一般可采用杆上式安装，主要用于 CATV 系统在建筑物之间的网络连接点以及分支点等场所，其安装示意如图 8-9 所示。

2. 前端设备的组装

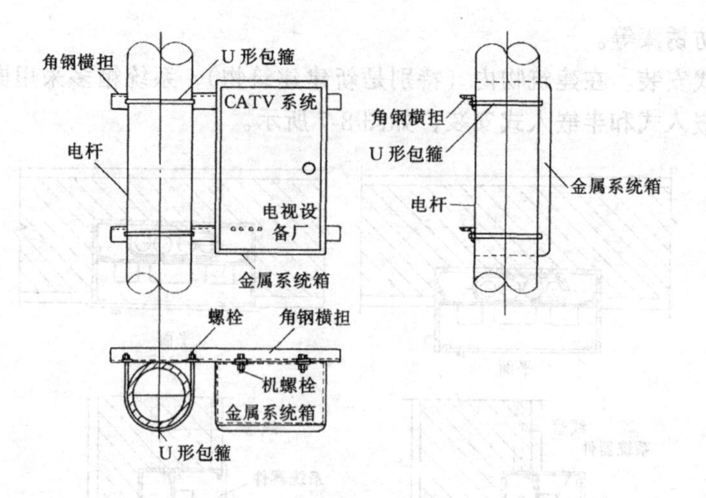

图 8-9　CATV 系统箱的杆上式安装

CATV 系统前端箱的板芯安装在土建完全竣工后方能进行，板芯一般可采用金属材料（钢板）或木质（木板），其板芯的布置示意如图 8-10 所示。

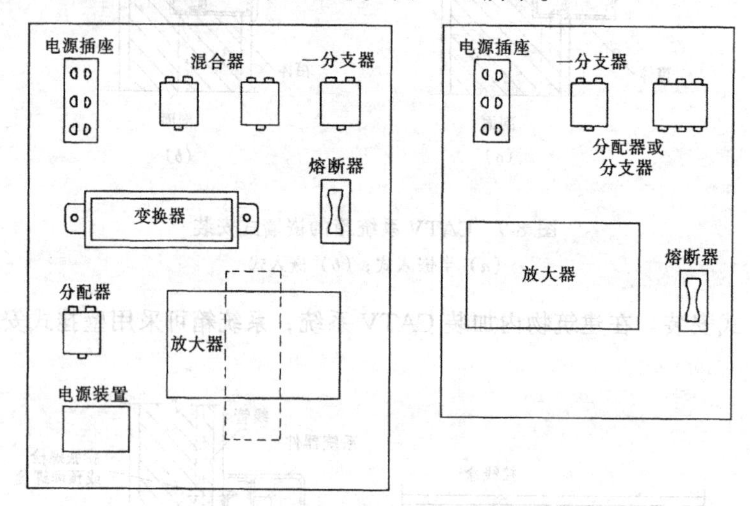

图 8-10　CATV 系统箱的板心组合示意图

（1）安装接线。先按施工图要求进行器件的摆放布置，当位置适宜时，根据位置之间的距离和线路走向量测射频电缆的大约长度（一般稍宽余），即可进行器件的安装接线（当器件固定后不宜接线）。

（2）安装固定。一般先进行前端箱器件的接线，再进行器件的安装固定（也可同时进行），并理顺同轴射频电缆线路，使其美观大方，无杂乱现象。但在理顺时，应注意不要损伤同轴电缆，以免影响信号质量。

（三）传输线路安装

CATV 系统的传输线路主要是指同轴射频电缆，同时架空明线与沿墙明设也适用于光缆的敷设，其安装方式有室外型和室内型。室外型安装方式主要有架空明线（又称钢索配线）等，其安装形式是将同轴射频电缆敷设于钢索上，它主要用于中、长距离传输和建筑物之间的联络线路；室内型安装方式主要有穿管敷设、沿墙明设、沿墙壁挂等，它主要用于建筑物内的用户分配网络系统。

1. 架空明线敷设

架空明线敷设（又称钢索配线）一般是根据施工图规定的线路走向，先在墙壁上安装拉线耳环或拉线板，然后再进行钢索安装，最后将同轴射频电缆敷设在钢索上。

(1) 钢索安装。钢索安装施工方法可参见第三章配线工程有关内容；也可采用承受侧向拉力的拉线板，拉线板安装示意见图8-11。

(2) 同轴电缆敷设。同轴电缆敷设在钢索或铁丝上，一般采用电缆吊钩或铁塑线绑扎，如图8-12所示，其固定间距30～50cm左右。

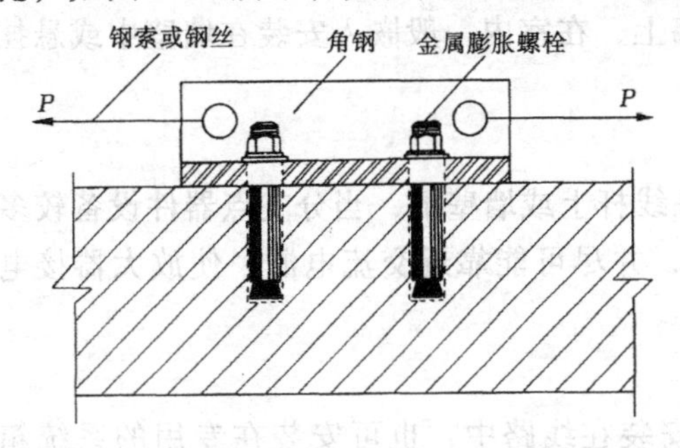

图 8-11 拉线板安装示意图

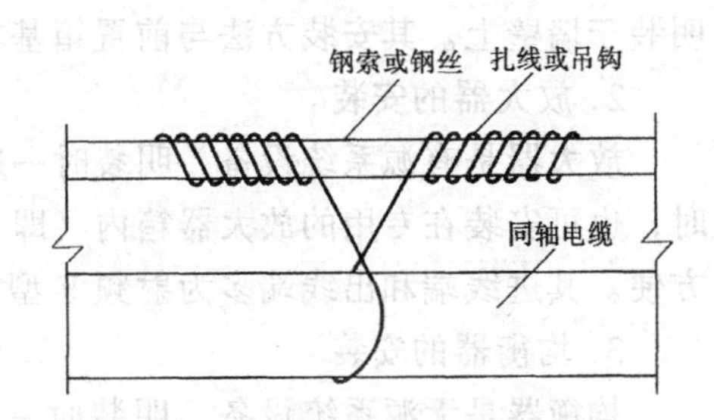

图 8-12 同轴电缆在钢索或钢丝上敷设

2. 穿管敷设

将同轴射频电缆穿在管内敷设，称为穿管敷设或线管敷设。这种敷设方式比较安全可靠，同轴射频电缆在管内受到保护，可避免雨水和多尘环境的影响，具有防止腐蚀性气体侵蚀和机械损伤、施工穿线和维修换线方便等优点。线管敷设有明设和暗设两种方式：明设是将线管直接敷设在墙上或其他明露处；暗设是把线管埋设在墙、楼板或地坪内及其他看不见的地方。为了美化建筑物和防止意外的断线故障，同轴射频电缆在建筑物内多采用穿管暗敷，特别是新建建筑物的用户分配网络的分支线路和终端线路，一般均采用暗管敷设。其安装施工方法与室内配线工程相类似（参见第三章有关内容）。

同轴电缆一般宜采取穿钢管暗敷设，一根管子一般穿一根电缆，钢管需连成一体并接地，以增强对电场的屏蔽作用。

3. 沿墙明设

同轴射频电缆在建筑物内的沿墙明设多用于原有建筑的线路加装和改造，一般有沿墙线卡敷设、沿墙挂钩敷设、沿墙塑料槽板敷设等。

4. 线路敷设注意事项

(1) 同轴电缆线路在明设时，距离低压交流电力线路必须在2m以上。

(2) 同轴电缆线路穿越道路和铁路时，应保持安全距离。线路距道路的垂直距离应大于5m，距铁路的垂直距离应大于7.5m。

(3) 电缆吊钩或铁塑线绑扎电缆时，应使电缆与吊钩之间沿走线方向能自由运动以满足电缆受温度变化而引起的伸缩需要。

(4) 线路中间一般不宜设置射频接头，如有接头应做好防水和防潮措施。

(5) 同轴电缆线路的敷设应避开暖气管道等热源，或与其保持一定的安全距离。

(四) 系统设备安装

在用户分配网络系统，如为新建建筑物，其系统设备通常设置在屋内专用的放大器箱或系统箱内，并嵌入安装在墙壁中；而原有建筑物，其系统设备可设置在屋内或屋外，并尽可能设置在专用系统箱内或遮雨处，以防风刮雨淋而影响信号传输质量。

在电缆电视系统中的设备部件，如分支器、分配器回路等，如有个别的输出、输入端暂时空闲不用，则需要加装75Ω匹配电阻，防止系统阻抗失配。

1. 系统箱的安装

CATV系统箱一般设置在线路分支点或器件设备较多的场所，在室外通常设置在CATV线路的电杆上或悬挂明装于建筑物的山墙上，在室内一般嵌入安装在墙壁中或悬挂明装于墙壁上。其安装方法与前置箱基本相同。

2. 放大器的安装

放大器是有源系统设备，明装时一般安装在线杆上或墙壁上，当分支点器件设备较多时，也可安装在专用的放大器箱内（即系统箱），并尽可能靠近交流电源，使放大器接电方便。其进线端和出线端多为射频F型接头。

3. 均衡器的安装

均衡器是无源系统设备，明装时一般串接安装在线路中，也可安装在专用的系统箱内，其进线端和出线端多为射频F型接头。如安装在室外，电缆线芯备用长度稍多留些，以预防冬季线芯冷缩造成“抽芯”现象，同时应做好防水措施。

4. 分支器与分配器的安装

分配器与分支器的安装方式相同，也有明装和暗装之分。

(1) 分配器与分支器的明装。分配器与分支器明装明一般安装在墙壁上，选择安装位置时，应注意防雨措施，如设置在阳台下、房檐下或加装防雨罩等。安装时一般采用塑料胀管固定，先进行定位、钻孔、填入塑料胀管，再用木螺钉或自攻螺丝固定，如图8-13所示。

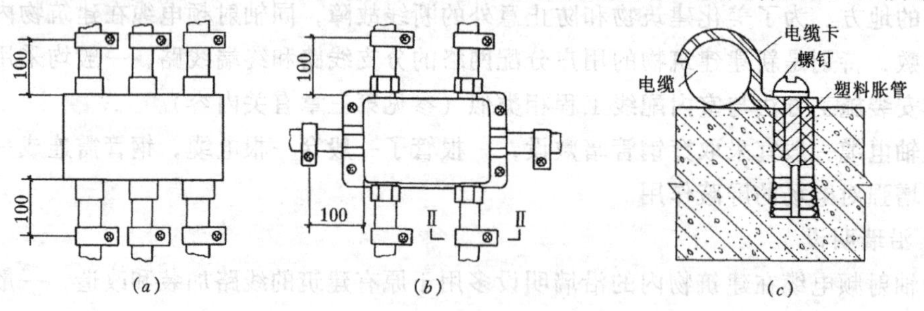

图 8-13 分配器与分支器明装示意图

(a) 线端压接式做法；(b) 线端F式连接做法；(c) Ⅱ-Ⅱ剖面

(2) 分配器与分支器的暗装。分配器与分支器暗装时，一般安装在墙壁内的系统箱或专用接线箱内，箱体尺寸一般按设计施工图确定，或以容纳所安装的器件而定。高层建筑应尽可能采用金属接线箱，其箱体要进行电气的接地连接。其安装方式和安装方法与前端箱基本相同，干线引入接线箱时，应留有一定余量（约15～25cm）。分配器与分支器暗装做法如图8-14所示。

5. 串接单元与终端器的安装

串接单元与终端器是用户室内的出线端（出线插座)，其安装方式相同，也有明装（见图-15）和暗装(见图 8-16）之分。

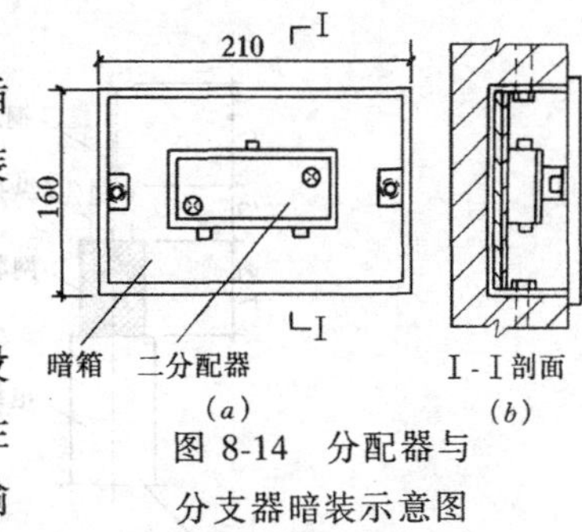

(a) (b)

图 8-14 分配器与分支器暗装示意图

(a) 安装示意；(b) I-I 剖面

（五）CATV 系统连接

在 CATV 系统中，传输线路之间、传输线与器件设备之间等都要进行系统连接，它的安装与连接是技术性很强的工作，接头连接质量的好坏直接影响信号的传输质量，尤其是线头连接质量不好，会给调试、测量和检查造成很大的麻烦。所以，在安装和连接过程中，施工人员不能草率行事，应认真细致、一丝不苟，切实保证安装和连接质量。

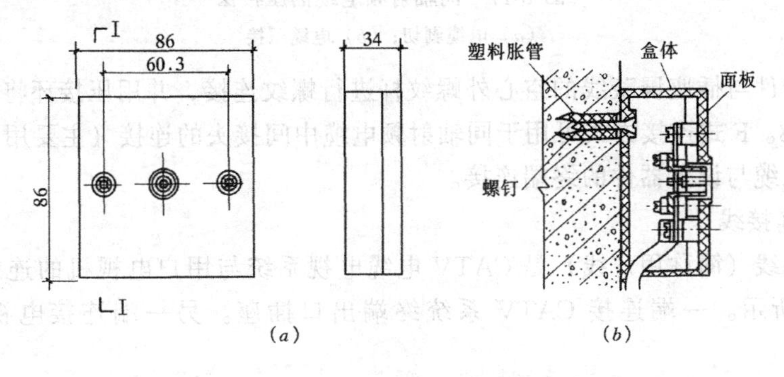

(a) (b)

图 8-15 串接单元和终端器明装示意图

(a) 外形；(b) I-I 剖面

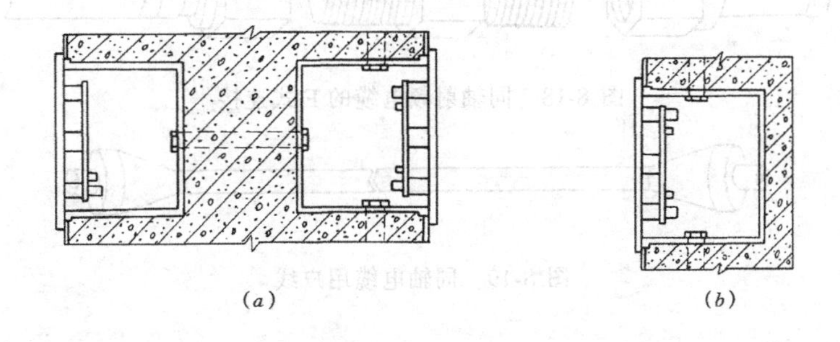
(a) (b)

图 8-16 串接单元和用户终端暗装示意图

(a) 串接二分支器；(b) 串接一分支器或用户终端

CATV 系统的连接方式主要有压接法、F 头连接法、室外变径连接以及用户连接线等。

1. 压接式安装

压接式安装时，一般要打开设备或器件的端盖，此时可观看到器件的内部结构。其方法是先将同轴射频电缆按器件接线端的长度进行分层剥切，参见图 8-17（*a*），再将电缆线头用螺丝压接在器件的接线端子上，参见图 8-17（*b*）。

2.F 式连接

F 式连接是将射频电缆的接头线芯直接插入器件的 F 式插座中，然后将插头连接屏蔽

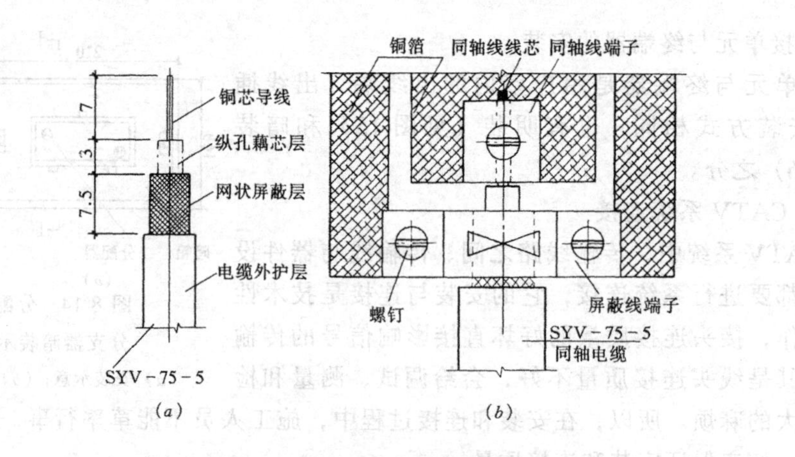

图 8-17　同轴射频电缆的压接法

(*a*) 电缆剥切；(*b*) 电缆压接

网的内螺纹器件与插座屏蔽线的空心外螺纹杆进行螺纹连接，并用压接环将电缆与接头固定参见图 8-18。F 式连接方式可用于同轴射频电缆中间接头的连接（主要用于线路较长的干线中）和电缆与设备器件的终端连接。

3. 用户连接线

用户连接线（简称用户线）是 CATV 电缆电视系统与用户电视机的连接部件，其形式如图 8-19 所示。一端连接 CATV 系统终端出口插座。另一端连接电视机天线入口（IN）插座。

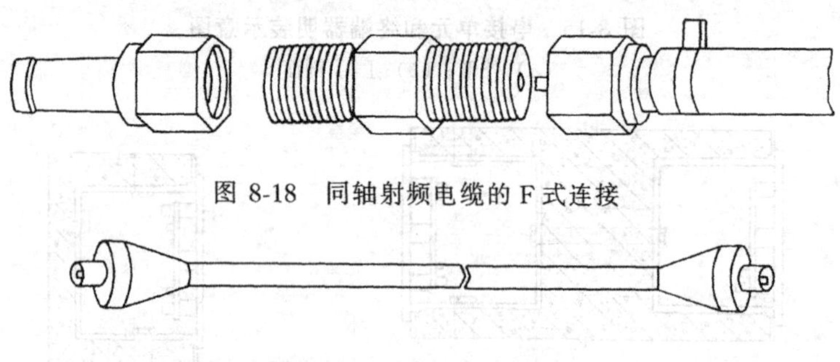

图 8-18　同轴射频电缆的 F 式连接

图 8-19　同轴电缆用户线

第二节　电 话 通 信 系 统

现代化的通信技术包括语言、文字、图像、数据等多种信息传递，计算机及程控电话（电脑电话）系统的出现标志着这方面的技术开始向深度和广度方面发展，将成为快捷、方便和普遍采用的通信手段。

信息的有线传递按传输方式可分为模拟传输和数字传输两大类。模拟传输是将信息源转换为与之相应大小的电流模拟量进行传输，例如普通的电话就是采用模拟语言信息，这种传输方式传输的信息范围受到限制，而且易受干扰、保密性差，优点是设备简单。数字传输是将信息按一定编码方式转换为数字信号进行传输，例如现在的程控电话即采用数字传输各种信息。

信息的传递按传输媒介可分为有线传输（明线、电缆、波导等）及无线（微波中断、散射通信、卫星通信等）传输。信息的传输按地区和距离有市内、长途、移动通信及国外通信等。现就建筑物常用的电话通信系统作一简要介绍。

一、电话通信系统及组成

电话通信系统一般由交换网络、传输网络、终端分配网络等组成。

（一）电话交换网络

电话交换网络主要由电话交换机、配线设备、电源设备以及接地等组成，一般可称之为电话交换站或电话站。

1. 电话交换机

电话交换机可分为两大类：一类为布控式，它是用布置好的线路进行通信交换，因而通信功能较少，属于这类交换机的有磁石式交换机、单式共电交换机、复式共电交换机、步进制交换机、纵横制交换机、一般电子式或准电子式交换机（属于自动交换机）；另一类为程控式，它是按软件的程序进行通信交换，可以实现上百种通信功能。

（1）纵横制电话交换机。纵横制交换机采用继电器与纵横接线器为主要元件。其优点是无旋转部分、动作迅速、噪声小、体积小、寿命长，但接线器需采用铂接点，投资较高，且因电路较复杂，接触器的动触点纵横交错密集在一起，故维护水平较高。所以新建建筑物已很少采用。

（2）程控电话交换机。程控电话又称电脑电话。它主要由话路系统、中央处理系统和输入输出系统等三部分所组成。它预先将交换动作的顺序编成程序集中存放在存储器中，然后由程序的自动执行来控制交换机的交换接续动作，以完成用户之间的通话。此外，还可以与传真机、个人用电脑、文字处理机、主计算机等办公室自动化设备连接起来，形成综合的业务网。因而可以有效的利用声音、图像进行信息交换，同时可以实现外围设备和数据的共享，如图 8-20 所示。

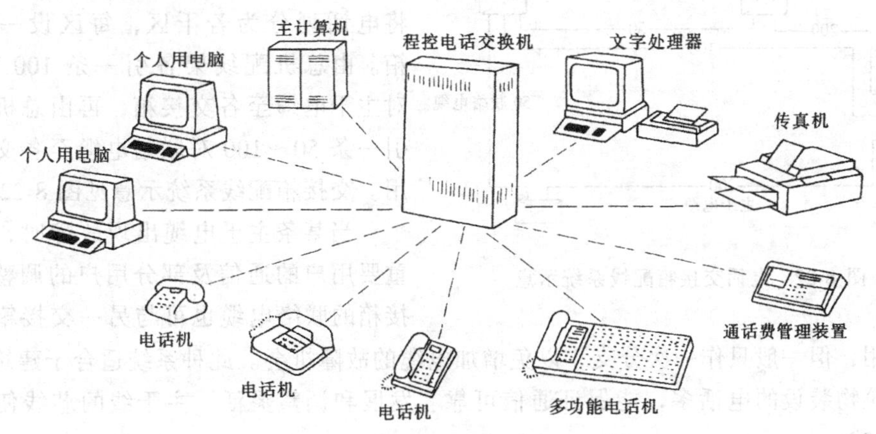

图 8-20　程控电话交换机

程控交换机由于具有软件包，故可制成适用于各种用途的设备与场合，规模可大可小。例如有大型的数百门乃至数千门的酒店或办公楼用的程控电话交换机，也有小型的数十门、数百门的学校、商店、医院、办公用程控电话交换机。

2. 配线设备

配线设备用于电话局电信设备和交换机及用户之间的线路连接，能使配线整齐、接头固定，并可进行跨接、跳线和在障碍时作各种测试之用。配线设备还包括保安设备，其功能是在外线遭受雷击或与电力线相碰超过规定的电流、电压时能自动旁路接地，以保护设备和人身的安全。

配线设备有箱（柜）式和架式两类。配线设备的容量，一般为电话机门数的1.2～1.6倍。电话线路的配接方式分为直接配线、交接箱配线及这两种的混合配线系统。

（1）直接配线。直接配线是建筑物采用较多的配接系统，它是由总机配线架或主干电话电缆直接引出干线电缆（参见图8-21）。再从干线电缆上分支到各用户的组线箱（分线箱、端子箱）内。其优点是节省投资、施工维护简单，但灵活性差、芯线使用率低（一般在65%～80%）、发展受限制，当干线电缆发生故障时将影响整条线路的通信，故通信可靠性较差。为了提高芯线使用率（达到70%～90%）及有调节的可能性，可采用复接电缆分线箱，如图8-21中电缆线序21～30。直配系统的每条电缆容量一般不超过100对。

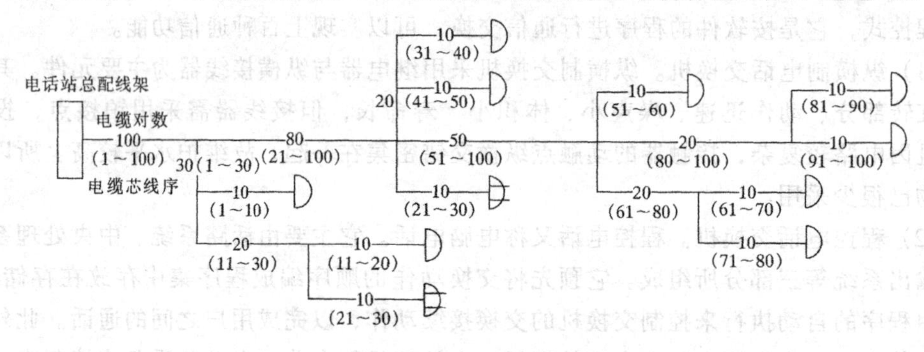

图 8-21　电话直接配线系统示意

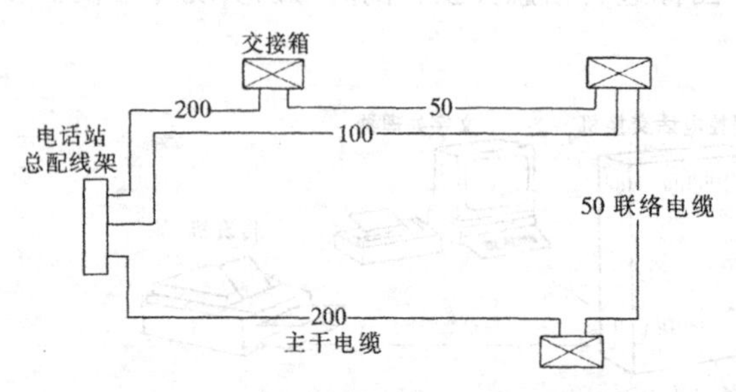

图 8-22　电话交接箱配线系统示意

（2）交接箱配线。交接箱配线系统是将电话划分为若干区，每区设一个交接箱。由总机配线架各引一条100对、200对主干电缆至各交接箱，再由总机配线架引一条50～100对联络电缆至各交接箱备用。交接箱配线系统示意见图8-22。

当某条主干电缆出现故障时，能保证重要用户的通信及部分用户的调整。一交接箱的联络电缆也可与另一交接箱的主干电缆合用，但一般只作一次分支，以免增加电缆的故障机会。此种系统适合于建筑群，且每栋建筑物装设的电话多，能保证通信可靠、发展和调整灵活，主干线的芯线使用率为80%～92%。

3．电源设备

电源设备包括交流电源、整流装置、蓄电池组及直流屏等。

电话系统的供电方式分为直供方式、充放制及浮充供电制等，目前常用直供方式和浮充供电制。采用交流直供方式用于话务量较小的400门以下电话站，且要求交流停电时间不能超过12小时，整流设备应有稳压及滤波性能并备用一台，蓄电池也应备用一组。

交流电源的可靠性要求，一般按二级负荷考虑，限于条件也可按三级负荷处理，但在直流方面需采取加大电池容量的措施。

DZ626-60/50型通信用硅整流器用可控硅作整流和控制元件，具有自动稳压性能。一备一用的两台整流器具有自动转换功能，工作的一台发生故障时，自动转换至备用整流器。

蓄电池分为酸性及碱性两类。酸性蓄电池又分为固定式开口型、固定式防酸隔爆型、固定型密闭防酸雾型及起动用铅蓄电池。电话站内的蓄电池组，尽量采用防酸隔爆型、密闭防酸型或碱性镉镍蓄电池组，后者价钱较高。

4. 电话站的接地

电话站的接地包括：直流电源接地、电信设备机壳的保护与屏蔽接地、入站通信电缆的金属护套或屏蔽层接地、避雷器及防高电位侵入接地等，这些接地一般采取一点接地方式，总接地电阻不大于4Ω，当与建筑物的供电系统接地、防雷接地互相连在一起时，总接线电阻不应大于1Ω。

（二）电话传输网络

电话传输网络主要由各类电话通信电缆和传输设备等组成。从电信局或电话交换站的总配线架，需经过传输网络设备和传输线路，才能到达用户端的电信接收设备，通过电信电缆和电话线路将通信网络设备与用户终端设备有机的连接起来，才能高质量的传送音频、数据等电信信号。

通信电缆的结构、型号及主要技术参数可参见第一章有关内容。

电话系统主干线路的传输多采用电话电缆，常用的电话电缆型号有HQ、HQ1、HQ2、HYV、HYVC等。室内电话配线常用的型号有HPV、HVR、RVB、RVS等。室外电话电缆线路架空敷设宜在100对及以下。架空电话电缆不宜与电力线路同杆架设，如同杆敷设时应采用铅包电缆（外皮接地），且与低压380V线路相距1.5m以上。

（三）终端分配网络

终端分配网络是用户终端的分配系统，他是建筑设备工程中经常涉及的弱电安装工程之一。其主要设施有电话交接箱、分线箱、分线盒、用户线、用户出线盒等，如图8-23所示。

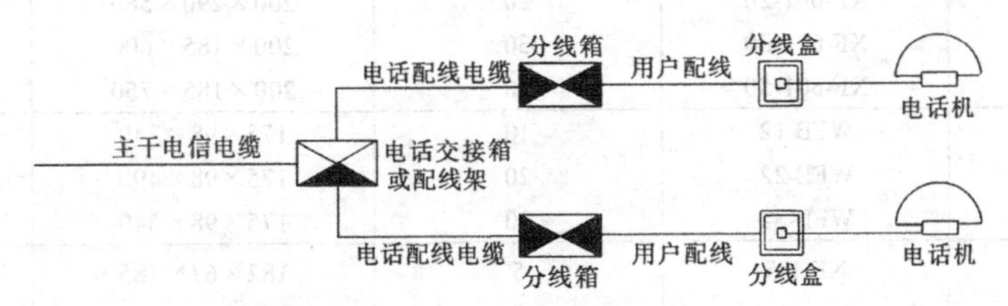

图 8-23　用户分配网络示意图

1. 电话交接箱

电话交接箱是连接主干电缆与配线电缆的接口装置。其结构主要由接线模块（接线端子、保安装置等组成）、箱架结构（支撑和固定电缆和端子排）和箱体（金属构造，其主要作用是保护箱内设施）等构成。按设置方式分为杆上架空式交接箱、落地式交接箱和挂墙式交接箱等。容量范围约600～3600对。

2. 电话分线箱与分线盒

电话分线箱与分线盒（端子箱）是电话配线电缆转换为电话配线的交接点，是配线电缆分线点所使用的分线设备。它将其出线分给各电话出线盒，按安装场所分为室外分线箱（盒）及室内分线箱。

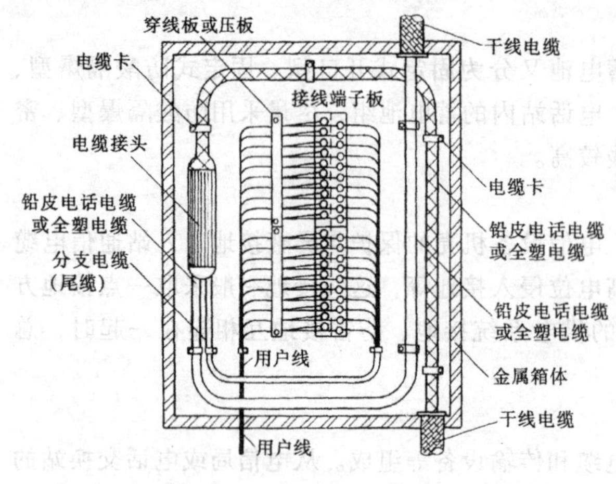

图 8-24 室内分线箱（盒）内部结构示意图

（1）分线箱。分线箱装有保安装置，以防雷电或其他高压从明线进入电信电缆，因此分线箱主要用于用户引入线为明线的情况下。室内分线箱箱内部结构如图 8-24 所示。箱内均设专用电话接线端子板（5、10、20、30、50 对等），主干电缆一般为纸包或铅包绝缘和包皮，需换接为塑料绝缘电缆后与电话接线端子板的一端连接，另一端引出即采用普通电话线与电话用户盒连接，主干电缆需在组线箱内、外预留一段长度，以备再次拆接线时使用。

（2）分线盒。分线箱不带保安装置，适用于容量不大的电话电缆引入线，且不大可能有强电浸入电缆的情况下。部分分线箱（盒）主要技术参数见表 8-4。

3. 电话出线盒

电话出线盒（出口终端）是连接电话用户线路和电话机的装置，用户盒内设接线端子一对，一端与线路连接，另一端与电话连接。按安装方式分为墙式（安装于墙壁上）和地式（安装于地面上）。

部分分线箱（盒）主要技术参数　　表 8-4

名　称	型　号	容　量（对）	外形尺寸（mm）长×宽×高	质　量（kg）
室内分线箱	XF-601-10	10	200×185×400	7
	XF-601-20	20	200×290×580	8
	XF-601-30	30	200×185×600	16
	XF-601-50	50	200×185×750	18
室外分线箱	WFB-12	10	175×98×340	4.5
	WFB-22	20	175×98×490	6.5
	WFB-32	30	175×98×640	8.5
室内分线盒	NF-1-5	5	182×67×185	
	NF-1-10	10	182×67×255	
	NF-1-20	20	182×67×409	
	NF-1-30	30	182×67×493	
	NF-1-50	50	182×67×563	
室外分线盒	WF-10	10	146×86×190	1.5
	WF-20	20	17×103×294	3.5
	WF-30	30	206×132×405	5.2

二、电话通信系统的施工

电话通信系统施工质量的好坏，直接影响到通信线路的通信质量和通信电缆及线路的使用寿命。本节主要以民用建筑物内常用的电话线路与分线设备为例，简要介绍电话通信线路工程的施工方法及安装要求。

（一）电话通信系统施工图

建筑物电话通信系统的施工图与电力施工图相类似，一般主要包括平面图和系统图（即配线施工图）。

1. 电话通信系统平面布置图

电话通信系统平面布置图主要标注了电话分线设备、通信电缆及电话配线在建筑物内的空间位置（包括平面位置和安装高度），标明各电信设备和通信线路的走线路径、安装方式及敷设方式。

2. 电话通信系统配线施工图

电话通信系统配线施工图（可简称电话系统图）主要标注了电话交接设备与分线设备的编号、型号、规格及安装方式，通信电缆及电话配线的型号、规格及敷设方式，以及电话通信系统设备与电话线路的连接关系。

（二）电话通信系统的安装施工

电话通信系统的安装施工内容主要包括室内外电话线路的敷设、电话交接箱或分线箱、电话线路过路盒以及出线盒等的安装布置。电话系统暗配线管安装示意如图 8-25 所示。

1. 电话线路的敷设

(1) 电话电缆的敷设。室外电话电缆一般多采用地下暗敷设，其敷设方式主要有管道

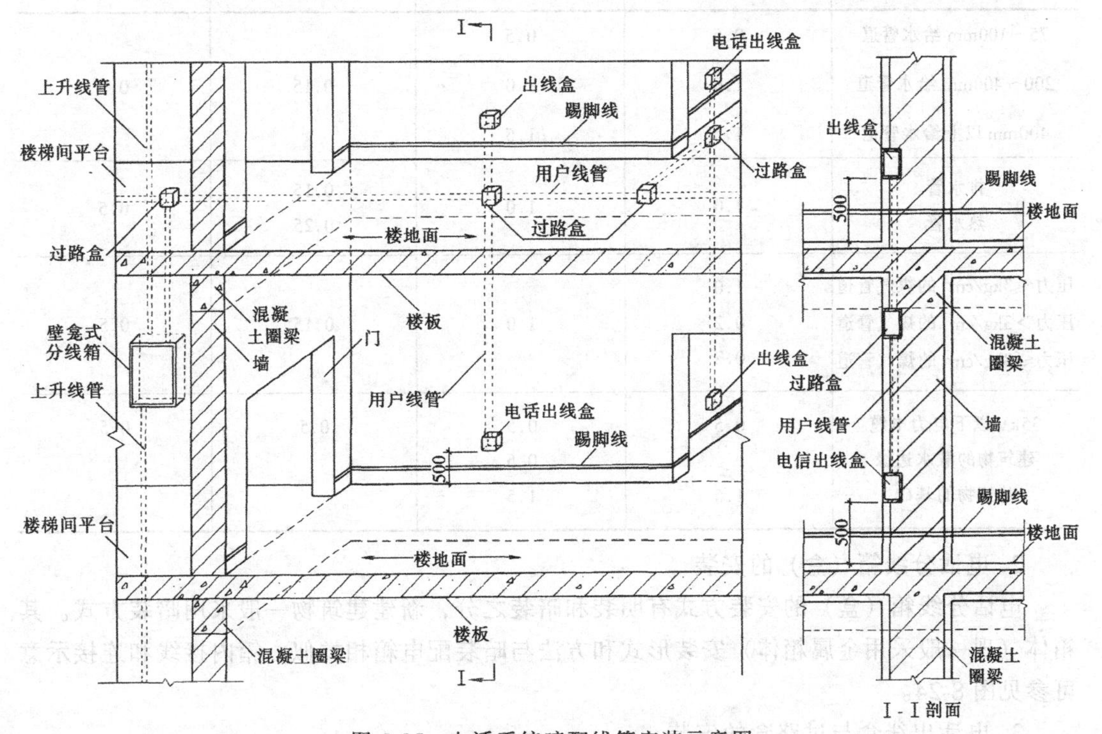

图 8-25　电话系统暗配线管安装示意图

敷设、直埋敷设、挂墙敷设和电缆沟敷设等，一般可采用直埋电缆；当与室内电话管道有接口要求或线路重要有较高要求时宜采用管道电缆。室内电话电缆一般采用钢管暗敷设。电话电缆的敷设方法与电力电缆线路基本相同。

（2）电话用户线路的敷设。室内电话的用户线路（即分支线路）分为明配和暗配两种方式。明配线是在工程完毕后，根据需要在墙角或踢脚板处用卡钉敷设或塑料线槽敷设，主要用于电话通信系统的工程改造和建筑物内部线路加装。暗敷设可采用钢管、塑料管埋于墙内或楼板内，或采用线管敷设于吊顶内，暗配线一般用于新建建筑物，其敷设方法与照明线路基本相同。

（3）敷设要求。电话线路敷设时，一般应注意以下事项。

1）电话电缆与电力电缆同沟架设时，应尽量各置地沟的一侧，宜采用铠装电缆，室内地沟环境较好时可采用塑料护套电缆。电话电缆宜置于托架的上面层次内。

2）电话电缆穿管管径的选择应符合电缆总截面不小于管子截面的30%。

3）用户配线导线一般可采用RVB或RVS型2×(0.2～0.4)或4×(0.2～0.4)铜芯塑料绝缘双股软线；穿管管径一般以不超过25mm为宜；每根线管的电话线一般不超过5对，以便于线路检修和更换。

4）一般薄壁电线管内径为$\phi 15$者可穿两对线，$\phi 20$者可穿四对线，$\phi 25$可穿五对线。塑料管内径为$\phi 15$者可穿三对，$\phi 20$者可穿五对。

5）电话电缆与其他管道和建筑物的最小允许间距应符合表8-5的要求。

电话电缆与其他管道和建筑物的最小允许间距 　　表8-5

靠近设施名称	平行净距（m）		交叉净距（m）	
	电缆管道	直埋电缆	电缆管道	直埋电缆
75～100mm给水管道	0.5	0.5		
200～400mm给水管道	1.0	1.0	0.15	0.5
400mm以上给水管道	1.5	1.5		
排水管	1.0	1.0	0.15	0.5
热水管			0.25	
压力≤3kg/cm² 的煤气管道	1.0			
压力＞3kg/cm² 的煤气管道	0.2	1.0	0.15	0.5
压力≤8kg/cm² 的煤气管道	0.2			
35kV以下电力电缆	0.5	0.5	0.5	0.5
建筑物的散水边缘		0.5		
建筑物的基础	1.5	1.5		

2．电话分线箱（盒）的安装

电话分线箱（盒）的安装方式有明装和暗装之分，新建建筑物一般采用暗装方式。其箱体（现一般采用金属箱体）安装形式和方法与暗装配电箱相类似；箱内接线和连接示意可参见图8-24。

3．电话出线盒与过路盒的安装

电话出线盒与过路盒盒体的安装方式与电源插座盒相类似，但一般应与电源插座的安装高度应有明显区别。

第三节　火灾自动报警系统

火灾自动报警系统用以监视建筑物现场的火情,当存在火患开始冒烟而还未明火之前,或者是已经起火但还未成灾之前发出火情信号,以通知消防控制中心及时处理并自动执行消防前期准备工作和灭火工作,如自动确认火灾、发出火灾报警信号,同时还可自动启动减灾设备(如启动通风机、防火卷帘等)、灭火设备(如启动消防水泵、自动喷淋设备等)和指挥灭火(启动消防广播和消防电话)等。本节简要介绍火灾自动报警系统的组成及安装。

一、火灾自动报警系统及组成

火灾自动报警系统主要由火灾探测器（称感应器件）、火灾报警控制器（称火灾报警装置）、声光信号报警装置（称火灾警报装置，有时直接装于火灾报警控制器内）以及具有其他辅助功能的装置等组成，其组成示意如图 8-26 所示。

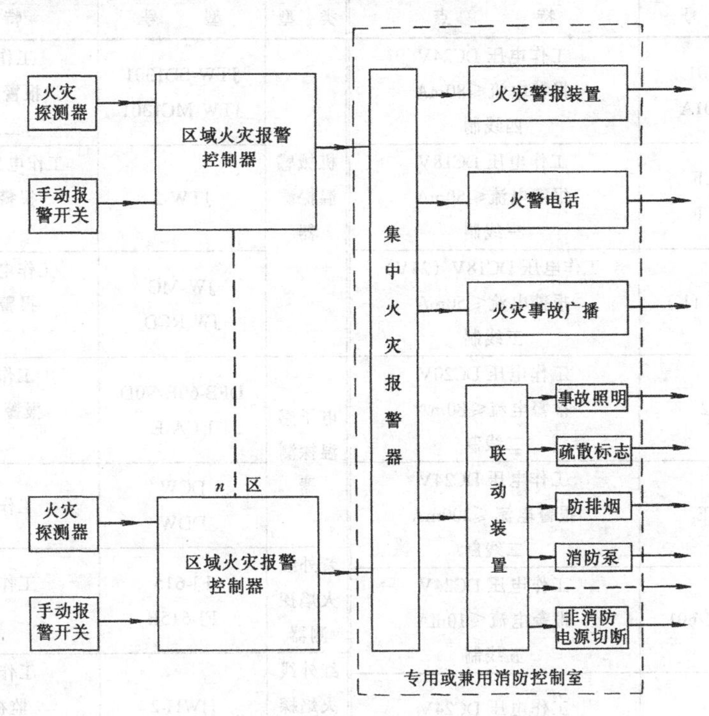

图 8-26　火灾自动报警系统组成示意图

(一) 火灾探测器

火灾探测器是能对火灾参数响应、自动产生火灾报警信号的感应器件，它将火灾产生的烟、光、温等信号转换成电气报警信号。火灾探测器按其被探测的烟雾、高温、火光及可燃性气体等四种火灾参数，可分为四种基本类型，即感烟探测器、感温探测器、感光探测器、可燃气体探测器。火灾探测器的外形如图 8-27 所示，常用数据见表 8-6。

(二) 火灾手动报警按钮

手动报警按钮是用手动方式启动火灾自动报警系统的器件，是火灾自动报警系统的配

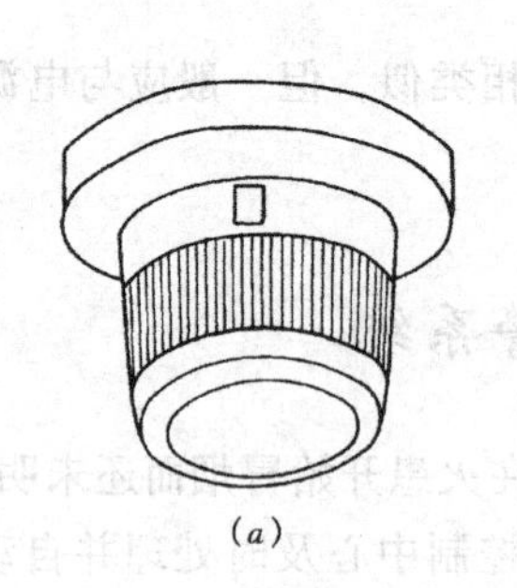

(a)

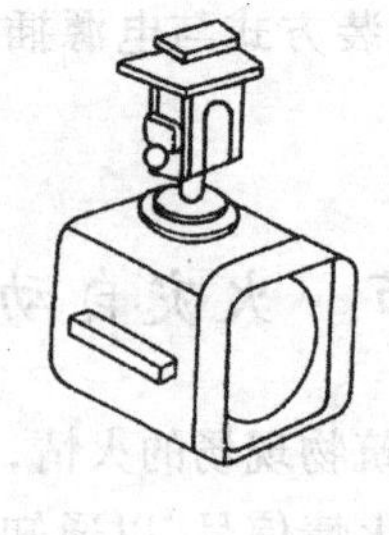

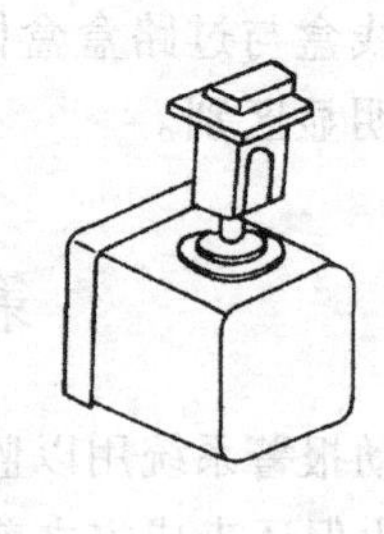

(b)

图 8-27 火灾探测器外形

(a) 感烟探测器；(b) 红外光束感烟探测器

套器件，如JB-SB-101型报警按钮，它应用于火灾现场的紧急人工报警。当被监控现场确切发生火灾后，由现场人员紧急打碎面板上的玻璃，则内部微动开关动作，发出紧急报警信号。手动火灾报警按钮的紧急程度比探测器报警紧急，一般不需要确认，所以手动按钮要求更可靠、更确切，处理火灾要求更快。

探测器型号及特点 表 8-6

类 型	型 号	特 点	类 型	型 号	特 点
离子感烟探测器	FJ-2701 FJ-2701A	工作电压 DC24V 报警电流≤80mA 四线制	机械感温探测器	JTW-SD1301 JTW-MC1301	工作电压 DC24V 报警电流≤100mA 二线或四线制
	FT-CF FT-CF	工作电压 DC18V 报警电流≤50mA 三线制		JTW-2	工作电压 DC14.5～28V 报警电流≤50mA 三线制
	FT2-LZ（K）	工作电压 DC18V（24V） 报警电流≤50mA 三线制		JW-MC JW-RCD	工作电压 DC18～24V 报警电流≤30mA 三线制
	F712	工作电压 DC20V 报警电流≤80mA 二线制	电子感温探测器	DFB-60B/90D DCA-E	工作电压 DC24V 报警电流≤300mA 二线制
	SIF-E	工作电压 DC24V 报警电流≤300mA 二线制		DCW DDW	工作电压 DC18V
	1TY-LZ/601	工作电压 DC24V 报警电流≤10mA 五线制	紫外线火焰探测器	FJ-615 FJ-615B	工作电压 DC24V 二线制
	JTY-LZ-1101	工作电压 DC24V 二线制	红外线火焰探测器	HWH-2	工作电压 DC18V 监视角 3°×3°、 90°×90°
机械感温探测器	FJ-2704 FJ-2705	工作电压 DC24V 报警电流≤100mA 四线制	红外线光束感烟探测器	JTX-HS	工作电压 DC24V 报警电流≤2000mA 三线制 保护面积 200×14m²

手动报警按钮宜与消防控制室直接连接，且能单独显示报警情况。因为在消防控制室内能更快采取措施，在没有消防控制室的场合，才接入区域控制器，但应占用一个部位号，且应加上终端电阻和终端二极管。手动报警按钮不能与探测器并联使用，因为并联使用后，区域控制器的部位灯发光报警，无法确定是探测器报警还是手动报警按钮报警，也

就不能立即采取措施。

(三) 火灾自动报警控制器

火灾自动报警控制器是为火灾探测器供电并接收、显示和传递火灾报警信号的自动控制装置，也是能对自动消防设备发出控制信号的一种火灾报警联动装置。按功能有区域火灾报警控制器和集中火灾报警控制器之分（参见图8-26）。

1. 火灾报警控制器的基本功能

报警控制器主要有以下基本功能。

(1) 供电。其功能是对火灾探测器提供电源。

(2) 火灾自动报警。接受探测器的火灾报警信号后，发出声光报警信号并指示部位。

(3) 故障报警。能对探测器的内部故障及线路故障报警，发出声光信号，指示故障部件及种类。当故障与火灾报警先后或同时出现，应优先发出火灾报警信号。

(4) 自检或巡检。可以人工自检和自动巡检报警控制器内部及外部系统器件和线路是否完好，以提高整个系统的完好率。

(5) 自动计时。可以自动显示第一次火警时间或自动记录火警及故障报警时间。

(6) 电源监测及自动切换。主电源断电时能自动切换到备用电源上，主电源恢复后立即复位。并设有主、备电池的状态指示及过压、过流和欠压保护。

(7) 外控功能。当发生火灾报警时，应能驱动外控继电器，以便联动所需控制的消防设备或外接声光报警信号。

(8) 区域报警控制器能将火灾信号输入集中报警控制器。

2. 区域火灾报警控制器

区域报警控制器的作用是将一个防火区的火警信号汇集到一起进行报警显示，并输出火灾信号给集中报警器。

火灾探测器与区域报警器连接见图8-28示意。

根据区域报警控制器与火灾探测器的接线方式，报警控制器分为多线制区域报警控制器和总线制区域报警控制器。

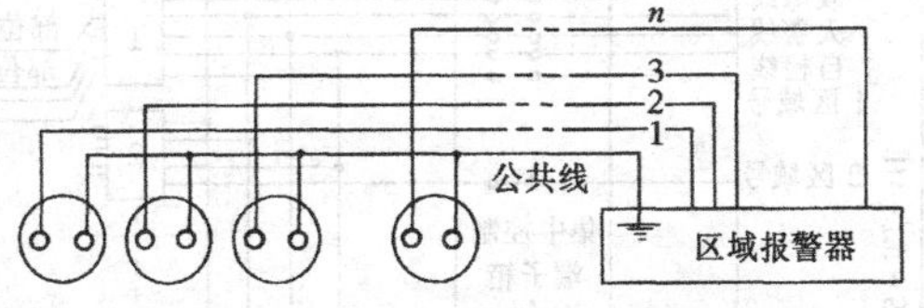

图 8-28 火灾探测器与区域报警器连接

(1) 多线制区域报警控制器。区域报警控制器与火灾探测器的接线方式由多根导线连接而成，即称为多线制区域报警控制器。该类型报警器又可分为有巡检功能和无巡检功能两类。JB-QB-50-101型区域火灾报警控制器就是无巡检功能的。它的主要功能是能直接或间接地接收来自火灾探测器（或手动报警按钮开关）的火灾报警信号，发出声光报警。当报警控制器与火灾探测器之间的连线或电源发出故障时，能自动发出同火灾报警信号有区别的声、光故障信号。在故障、火警同时存在时，优先发出火警信号。能手动检查控制器自身的火灾报警功能，并能检查控制器与探测器之间的连线是否完好。多线制区域报警控制器一般可用于小型火灾报警系统。

(2) 总线制区域报警控制器。区域报警控制器与火灾探测器的接线方式按总线连接而成，即称为总线制区域报警控制器。在大的报警系统中一般宜采用总线制区域报警控制器，总线制区域报警控制器大多由微机组成。与多线制区域报警控制器相比，除系统配线有区别外，对探测器也有不同要求。总线制区域报警控制器要求探测器必须具有编码底座，这实际上就是探测器与总线之间的接口元件。编码底座有两种基本形式，一种是采用机械式的微型编码开关，另一种是电子式的专用集成电路。由于这两种编码信息的传输技术不同，前者需要4根传输线，称四总线制。后者只需2根传输线，称二总线制。

JB-TB-W-101型火灾报警控制器是微机四总线通用火灾报警控制器。它采用单片机技术控制，既可用于做区域报警器，又可做集中报警器，状态由机内开关设定。其基本功能包括：显示部分、声光报警部分、打印部分、自检功能等。显示部分全部采用彩色液晶显示器，显示火警首报时间、报警部位号、报警层号；数字电压表显示主、备电源工作时的直流电压，有一个电子钟正常走时。当有火警时，控制器对报信装置复位、延时，进行蓄积确认，只有连续两次采集到同样信号时，才视为有火警，否则认为误报。蓄积时蓄积灯亮，如有误报或报警时，蓄积灯灭。报火警时，火警灯亮，发出火警音响，显示首报时间，打印机打印记录。音响可手动消除，不影响下次报警。

3．集中火灾报警控制器

集中报警控制器的组成与工作原理和区域报警控制器基本相同。它的作用是将若干个区域报警控制器连成一体(见图8-26和图8-28),将所监视的各个探测区域内的区域报警控制器输入的电信号以声、光的形式显示出来,它不仅具有区域报警的功能,而且还能向消防联动控制设备发出指令。如JB-JT-50-101型台式集中报警控制器与JB-QB-50-101型区域报警控制器配套使用,接收区域控制器发出的火灾信号和故障信号,能及时指示出火灾区域与故障区域,并发出声、光报警信号。该型集中报警控制器与区域报警控制器之间的连线数为 $m+4$,其中 m 为区域控制器的台数,4为四根公用线,即故障信号线、火警信号线、负线和自检线。

集中报警控制器与区域报警控制器与火灾探测器之间的连接示意如图8-29所示。

(四) 火灾自动报警系统的供电

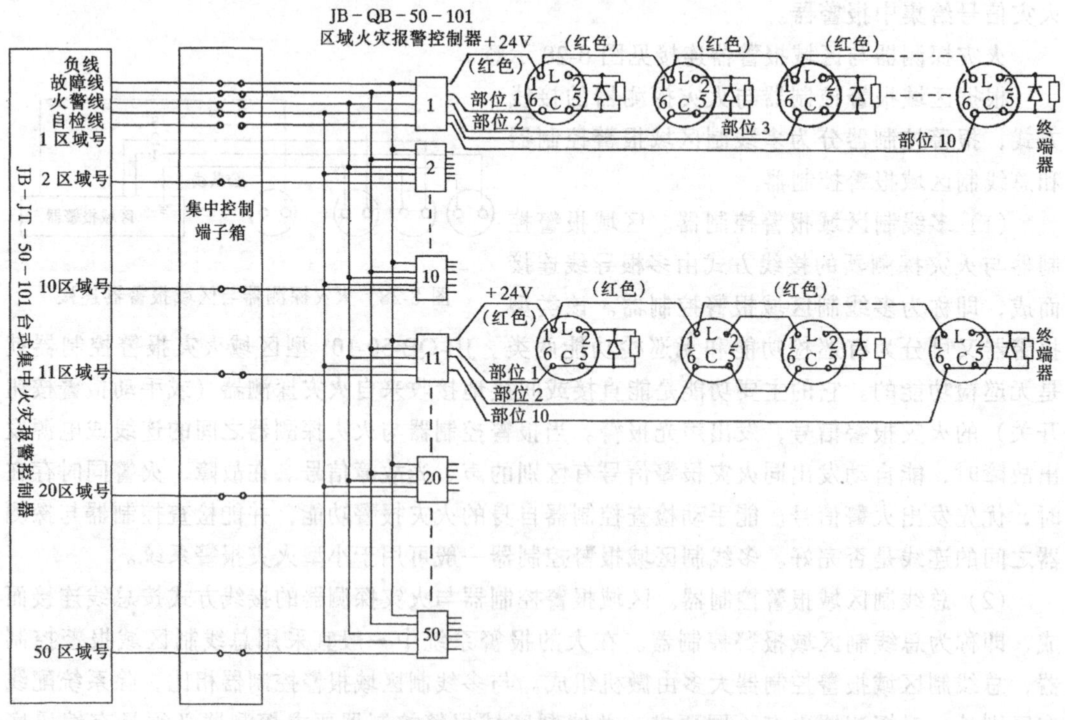

图8-29　集中报警器、区域报警器与火灾探测器接线示意

根据我国消防法规规定，火灾自动报警系统的供电电源分为主电源和备用电源。主电源的交流电源，一般由当地电网取电，并应按电力系统有关规定确定供电等级；备用电源一般可采用蓄电池组或自备柴油发电机组，以确保火灾自动报警系统不受停电事故的影响。主、备电源应能保证在极短的时间内可靠完成切换或起动过程，以实现对消防系统的可靠供电。

二、火灾自动报警系统的施工安装

（一）火灾探测器的安装

烟感、温感探测器一般通过探测器底座安装在建筑物上。探测器底座按结构形式分为普通型底座、防水型底座、编码型底座和防爆型底座等。探测器按安装方式可分为明装和暗装，也可分为直接安装方式和预埋盒安装方式。

1. 探测器及底座安装

探测器底座一般有两个安装孔，其间距多为65mm。当探测线路为暗敷设时，探测器底座应固定在预埋接线盒（其预埋形式及方法与灯头接线盒及灯开关接线盒相同）的安装孔上（接线盒的安装孔距为65mm）；当探测线路为明敷设时，探测器底座可直接固定在顶板上。其安装示意如图8-30所示。

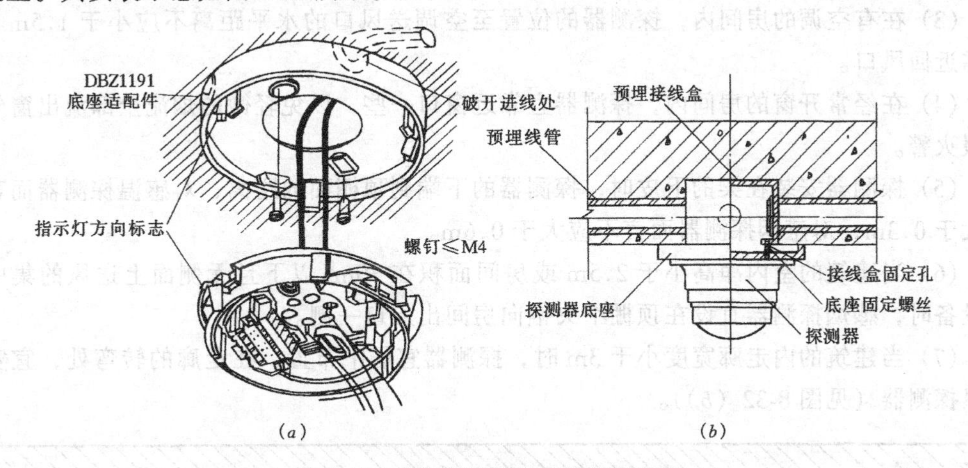

图8-30 火灾探测器及底座安装示意
（*a*）探测器明装示意图；（*b*）探测器暗装示意图

2. 探测器的线路

（1）穿管敷设。探测器线路宜穿入管内或线槽内敷设。暗敷时宜采用金属管，能起到电磁屏蔽作用；对于周围环境电磁干扰较小的场合，也可采用塑料管埋设。明敷设时可采用金属线槽、铠装电缆或金属管。管内穿线时，导线的总直径不得超过管径的1/3。

（2）导线选用。探测器线路应采用绝缘等级不低于250V的铜芯绝缘导线；导体的允许载流量不应小于线路的负荷工作电流，其线路电压损失一般不应超过探测器额定工作电压的50%。当线路穿管敷设或在线槽内敷设时导线截面不得小于$0.75mm^2$；当采用多芯电缆时，芯线截面不得小于$0.2mm^2$。连接探测器的正负电源线、信号线、故障检查线等，宜选用不同颜色的绝缘导线，以易识别和便于安装维修。

3. 探测器的接线

探测器的接线是指探测器与报警控制器的接线方式，一般分为多线制和总线制（接线有所差异）。三线制底座接线示意如图8-31所示："+"和"-"为探测器电源线、"S"为信号线；K为编码底座，P为普通底座。

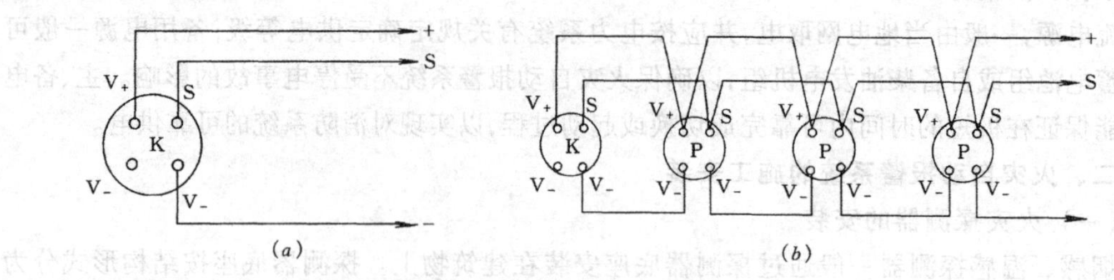

图8-31 火灾探测器的三线制底座接法

(*a*) 回路接单只探测器；(*b*) 回路接多只探测器

4. 探测器布置与安装注意事项

探测器布置与安装示意如图8-32所示，同时应注意以下几个方面。

(1) 探测器的设备位置距探测区域内的货物、设备的水平和垂直距离应大于0.5m。

(2) 当通风管道的下表面距顶棚超过150mm时，则探测器与其侧面的水平距离不应小于0.5m。

(3) 在有空调的房间内，探测器的位置至空调送风口的水平距离不应小于1.5m。并需靠近回风口。

(4) 在经常开窗的房间内，探测器宜靠近窗口一些，以免轻微的烟流全部流出窗外而漏报火警。

(5) 探测器安装在梁的下皮时，探测器的下端到顶棚面的距离，对感温探测器而言不应大于0.3m，对感烟探测器而言不应大于0.6m。

(6) 当建筑的室内净高小于2.5m或房间面积在$30m^2$以下且无侧面上送风的集中空调设备时，感烟探测器宜设在顶棚中央偏向房间出入口一侧。

(7) 当建筑的内走廊宽度小于3m时，探测器宜居中布置，在走廊的转弯处，宜安装一只探测器（见图8-32（*b*））。

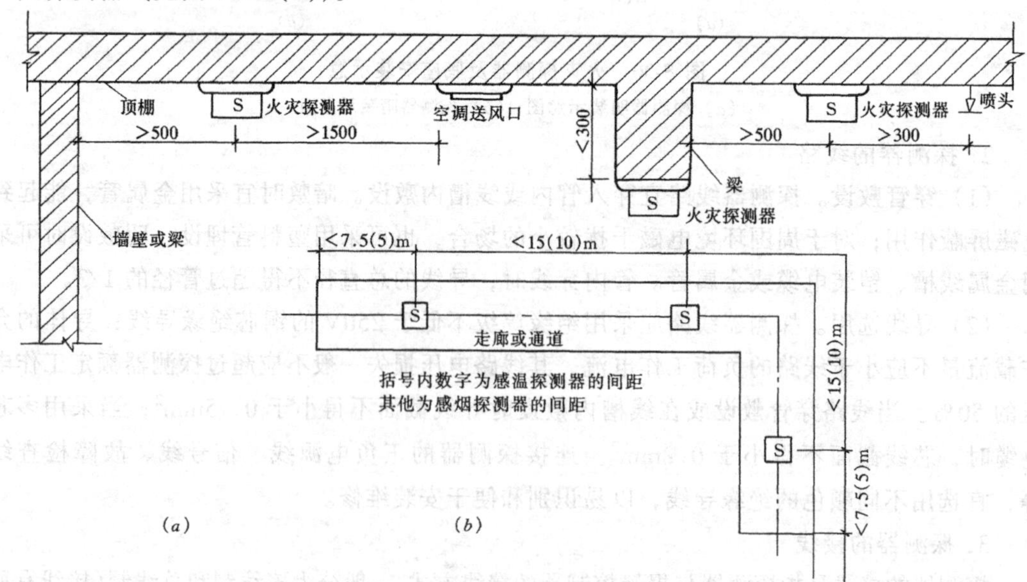

图8-32 火灾探测器的布置与安装

(*a*) 剖面图；(*b*) 走廊布置平面图

(8) 电梯井内应在井顶设置感烟探测器。当其机房有足够大的开口，且机房内已设置感烟探测器时，井顶可不设探测器。

(9) 敞开楼梯、坡道等，可按垂直距离每隔 10～15m 设置一只感烟探测器。

(10) 顶棚为人字形其斜度大于 15°时，应在屋脊处设置探测器。

(11) 火灾探测器在顶棚上一般应水平安装，当必须有倾斜时，倾斜角不应大于 45°。

(二) 手动火灾报警按钮的安装

手动火灾报警按钮与火灾探测器一样，一般设计安装在探测总线中，一般可安装于消防栓内或安全出口、楼梯口等便于接近和操作的墙壁上(先行预埋接线盒)。其组装示意如图 8-33 所示。一般可用钥匙开门更换玻璃(操作时可打碎玻璃起动报警按钮)，关门后按钮复位。

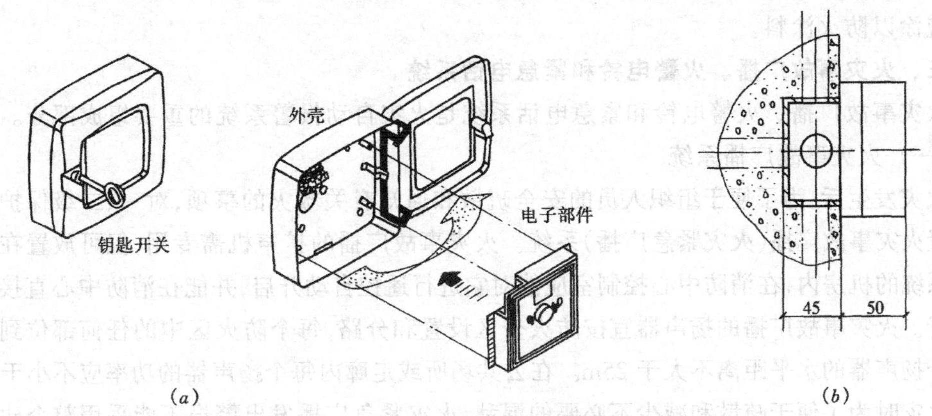

图 8-33　手动火灾报警按钮安装示意
(a) 组装示意；(b) 接线盒预埋

(三) 报警控制器的安装

区域报警器及集中报警器分为台式、壁挂式和落地式等形式。

1. 台式报警器的安装

台式报警器设于工作台上，如图 8-34 (a) 所示，它需配用嵌入式线路端子箱，装入报警器工作台旁的墙壁上，所有探测器线路均先集中于端子箱内经端子后编线，再引出至台式报警器。端子箱内可设区域开关，当某一区域需进行维修时，将开关扳到"关断"位置，即不影响系统的其他部分正常运行。

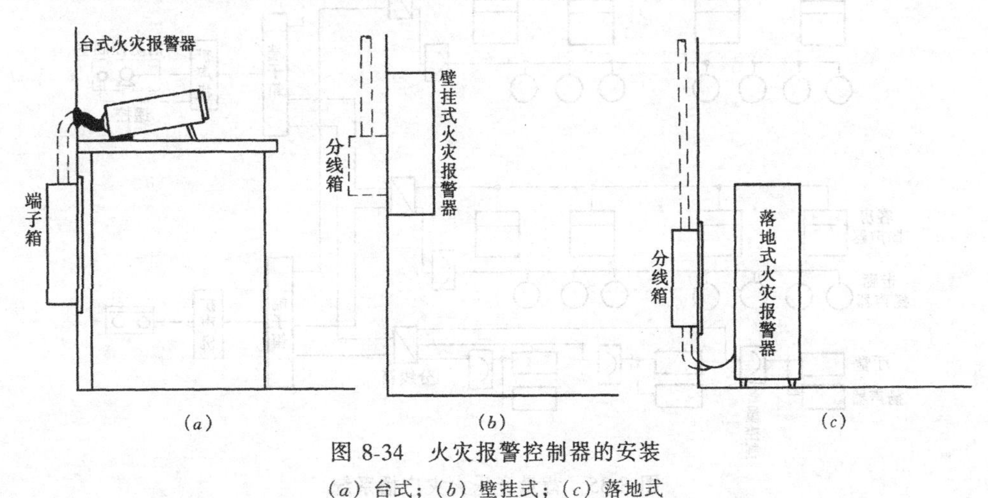

图 8-34　火灾报警控制器的安装
(a) 台式；(b) 壁挂式；(c) 落地式

2. 壁挂式报警器的安装

壁挂式报警器安装如图 8-34（*b*）所示，一般明装于墙壁上，墙壁内需设分线箱，所有探测器线路汇集于箱内再引出至报警器下部的端子排上。

3. 落地式报警器的安装

落地式报警器如图 8-34（*c*）所示，通过墙壁上的分线箱将所有探测器线路连接在它的端子排上，报警器靠近分线箱但宜离墙 0.5m 以上。

报警器的直流电源如为分散式设置时，当报警器为台式可将电源箱置于桌内，当报警器为壁挂式或落地式可将电源箱置于专用的小桌上。同时，需设 220V 电源插座。报警器之间的线路应采用钢管敷设，暗敷设时应埋入非燃烧体内并具有保护层，明敷设时在金属管上应涂以防火涂料。

三、火灾事故广播、火警电铃和紧急电话系统

火灾事故广播、火警电铃和紧急电话系统是火灾自动报警系统的重要组成部分。

（一）火灾事故广播系统

火灾发生后,为了便于组织人员的安全疏散和通知有关救灾的事项,对一、二级保护对象宜设置火灾事故广播(火灾紧急广播)系统。火灾事故广播的扩声机需专用,但可放置在其他广播系统的机房内,在消防中心控制室应能对它进行遥控自动开启,并能在消防中心直接用话筒播音。火灾事故广播的扬声器宜按防火分区设置和分路,每个防火区中的任何部位到最近的一个扬声器的水平距离不大于 25m。在公共场所或走廊内每个扬声器的功率应不小于 3W。发生火灾时为了便于疏散和减少不必要的混乱,火灾紧急广播发出警报不能采用整个建筑物火灾事故广播系统全部启动的方式,而应仅向着火的楼层及与其相关的楼层进行广播。当着火层在二层以上时,仅向着火层及其上一层发出警报;当着火层在首层时,需向首层、二层及全部地下层进行紧急广播;当着火层在地下的任一层时,需向全部地下层及首层紧急广播;火灾事故广播的线路需要单独敷设,并应有耐热的保护措施,当某一路的扬声器或配线出现短路及开路等故障时,应仅使该路广播中断而不影响其他各路广播。

火灾广播系统也可与建筑物内的背景音乐或其他功能的大型广播系统合用扬声器，如图 8-35 所示，但要求火灾事故广播能强行切入，而设在扬声器处的开关或者音量控制器

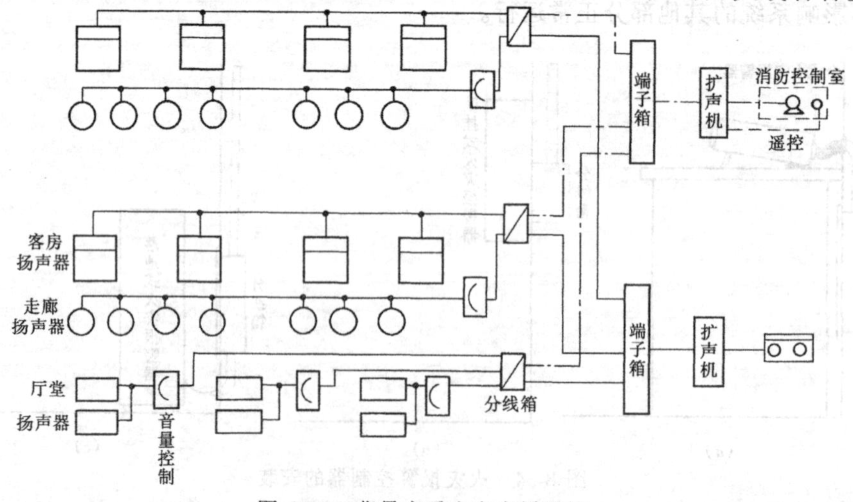

图 8-35　背景音乐火灾广播系统

不能再作用，这些功能通常是依靠线路与继电器的控制实现的。

（二）火灾事故声响系统

火灾事故电铃或火警讯响器一般安装于走廊、楼梯等公共场所。全楼设置的火灾事故电铃系统，宜按防火分区设置，其报警方式与火灾事故广播相同，采取分区报警。设有火灾事故广播系统后，可不再设火灾事故电铃系统。在装设手动报警开关处，需装设火警电铃或讯响器，一旦发现火灾后，操作手动报警开关即可向本地区报警。火警电铃或讯响器的工作电压一般为直流24V，通常为嵌入墙壁安装。

（三）火灾事故紧急电话系统

火灾事故紧急电话一般是与普通电话分开设置的独立系统，用于消防中心控制与火灾报警器设置点及消防设备机房等处的紧急通话。火灾事故紧急电话通常采用集中式对讲电话，主机设在消防中心控制室，分机分设在其他各个部位。某些大型火灾报警系统中，在大楼各层的关键部位及机房等处设有与消防控制中心紧急通话的插孔，巡视人员携带话机即可随时插入插孔进行紧急通话。

第四节　其他建筑弱电系统

建筑常用的弱电系统主要还包括有线广播音响系统、楼宇传呼对讲电控系统、电视监控系统以及呼叫信号系统、周边防范系统等。

一、有线广播音响系统

有线广播常用于宾馆、商场、展览馆、影剧院之类的娱乐场所以及交通建筑、教学建筑、大型公共等场所。

（一）系统的基本组成

有线广播音响系统按其功能分为一般语言扩声系统与音乐扩声系统。简单的语言扩声系统从声音的发送到声音的传播是由话筒、扩声机、广播线路及扬声器等完成的。一般影剧院的音乐扩声系统包括多路话筒和线路输入、调音台（控制台）、功率放大柜、监听器、输出分配盘等设备，如图8-36所示。

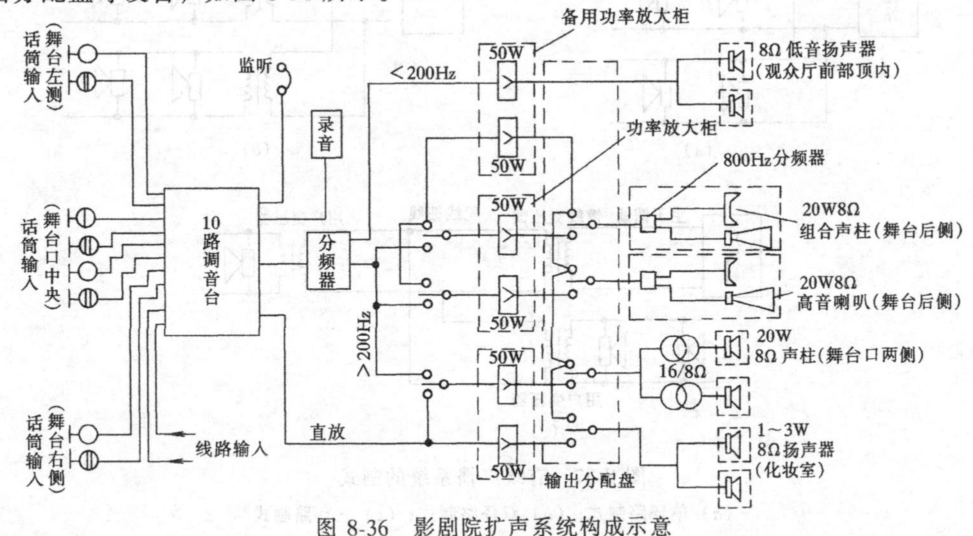

图8-36　影剧院扩声系统构成示意

（二）广播室

有线广播音响系统的交流电源设备、扩声机、分路控制盘等，一般设置在专用的广播室（站）内；比较简单的小容量扩声系统可与值班室或办公室合用一个房间。单独设置的广播室，为提高播音质量，建筑上最好有隔声设施。当扩声机为500W以下时，需一间10～20m^2的房间；当扩声机为500W以上时需要两间10～20m^2的房间作为广播室。

1. 广播室的设置

在民用建筑工程中一般设置一级有线广播网，在大型工程或建筑群中有联播或转播要求时可设二级有线广播网，一级广播系统设一个广播站，而二级广播系统设一个中心站及若干分站，各区既可单独使用，又可联播。

2. 广播室设备的设置

（1）电源容量。广播室的交流电源在扩声机容量为250W以下时，可设220V交流单相电源；容量大于250W时宜设交流电源配电箱，有条件时宜采用双回路供电。耗电功率按设备容量的1.5～2倍计算。

（2）音响设备设置。扩音机的容量大于500W时，应根据使用对象的重要程度确定备用机架。一般为3台，其中备用一台。大型广播设备的机面与墙的距离不应小于1.5m，机背与墙的距离不应小于1m。

（3）广播线路出线。分路控制盘上宜装设广播输出线路的控制开关和熔丝，如有引至室外架设的广播明线时，在分路控制盘上装设避雷器等保安装置。大型扩声系统在分路控制盘上宜装设分路工作状态的显示装置。

（三）有线广播音响系统的制式

有线广播音响系统的馈线输出电压多采用110～120V。用户线宜采用30V，但暗管配线时可为120V。按馈送方式，常用的有单环路、双环路、三环路等三种制式。

（1）单环路制式。单环路制式为自广播站输出电压经用户线直接送至用户设备，如图8-37（*a*）所示。单环路适用于广播容量及服务范围小，用户点集中的场所。

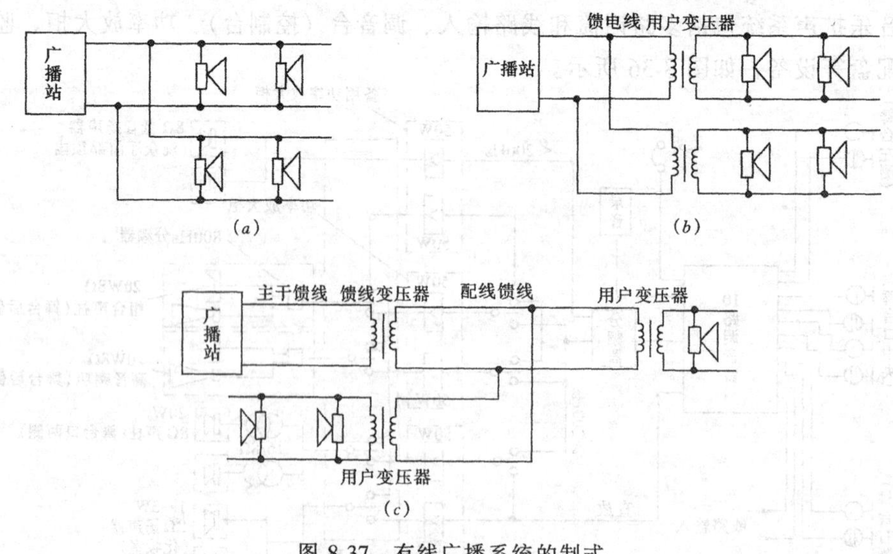

图8-37 有线广播系统的制式

（*a*）单环路制式；（*b*）双环路制式；（*c*）三环路制式

（2）双环路制式。双环路制式将网络分为馈电线路和用户线路两部分，馈电线路和用户线路之间用阻抗变换变压器连接，如图 8-37（*b*）所示。双环路制适用于规模较大的网络中的小容量设备，这类小容量设备一般采用 30V。

（3）三环路制式。三环路制式是将网络分为主干馈电线，配线馈电线及用户线三部分，如图 8-37（*c*）所示。这种制式适用于大型系统。

（四）有线广播音响系统的安装

1．系统线路的敷设

广播线路的敷设分为室内及室外两部分，其敷设方法与电力线路相类似。室外可采用架空明线及地下电缆敷设，室内可采用穿管暗敷设。明敷设一般仅用于干线电缆的架设以及用户自行安装。

（1）室外架空明线。室外架空明线一般宜采用电缆，可与低压电力线同杆架设，但要求广播线路应在低压电力线下部并与其距离为 1.2～1.5m；也可与电话电缆同杆架设，此时广播线应架设在电话电缆线上面与其相距 0.6m 以上。同时要求电缆具有金属外皮，以减少相互的串音干扰。

（2）室外地下电缆敷设。室外地下电缆敷设可采用铠装控制电缆及信号电缆直埋地敷设或采用塑料护套电缆穿管敷设，其敷设要求与电力电缆相同。

（3）室内穿管敷设。室内穿管敷设的广播用户线一般可采用 RVS 或 RVB-（2×0.8）双股塑料绝缘铜芯软线。穿塑料管或电线管时，一对线用内径 15mm 的管，二对线用内径 20mm 的管，三、四对用内径 25mm 的管，五对用内径为 32mm 的管。

2．系统设备的安装

（1）广播室设备安装。其安装示意如图 8-38 所示。

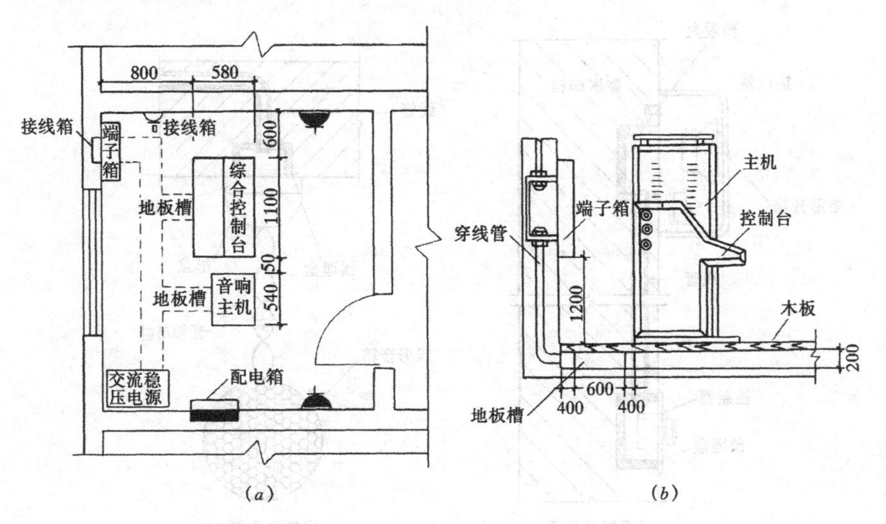

图 8-38　广播室设备安装示意图

（*a*）平面示意；（*b*）安装示意

（2）音箱的安装。音箱安装方式有暗装与明装之分，其安装示意如图 8-39 所示。

二、楼宇传呼对讲电控系统

楼宇传呼对讲电控系统主要用于高层住宅或高层建筑楼上与楼下或室内外的通话以及

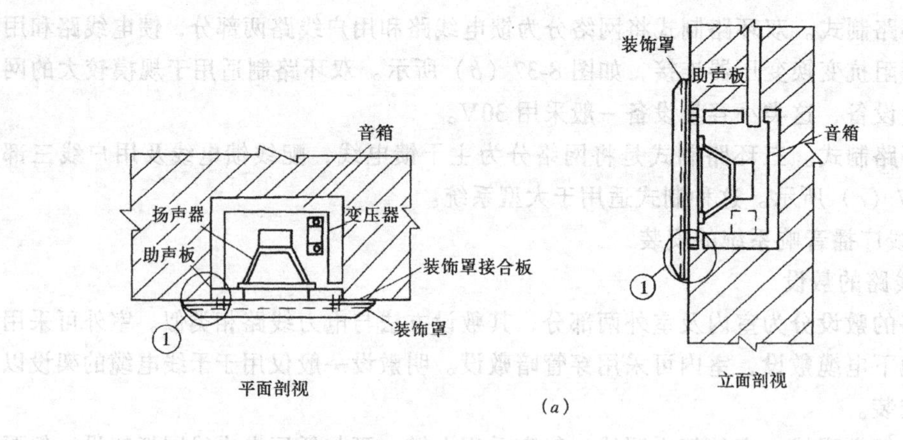

(*a*)

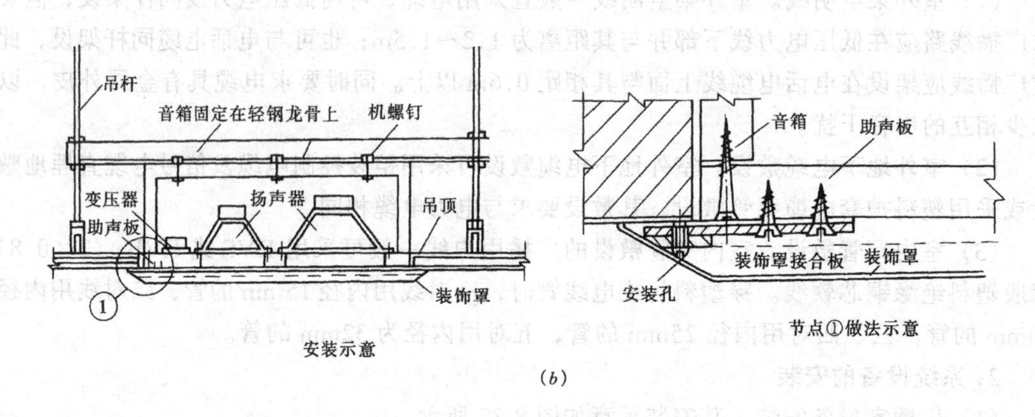

(*b*)

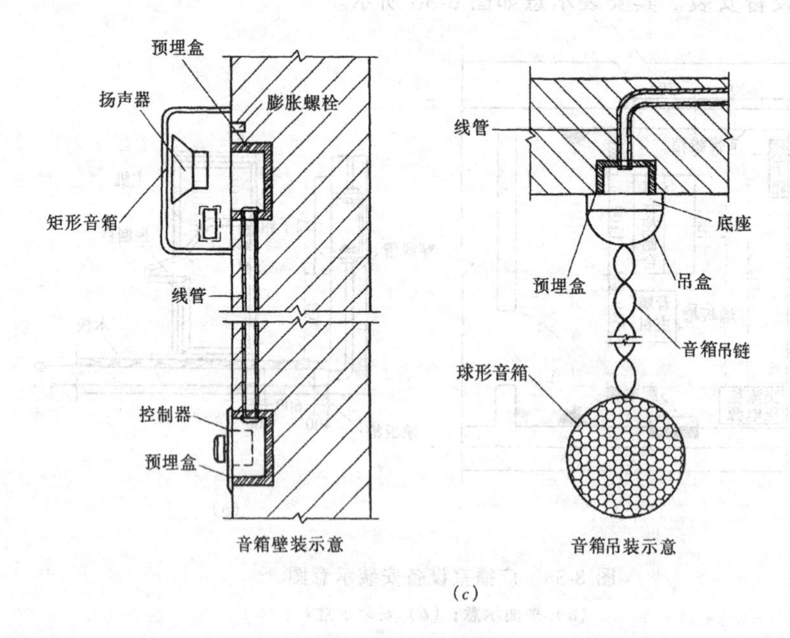

(*c*)

图 8-39 音箱安装示意图

(*a*) 音箱在墙壁内的嵌入式安装；(*b*) 音箱在吊顶内的嵌入式安装；(*c*) 音箱明装示意图

保安监控和电控防盗门等，也可用于其他类似场合。按其方式有独户型和楼宇型，按其类型有普通型和可视型。

电控防盗门一般安装在住宅、楼宇及要求安全防卫场所的入口，能在一定时间内抵御一定条件下非正常开启或暴力侵袭，并能实施电控开锁、自动闭锁及具有选通、对讲等功能。由楼宇对讲电控防盗门、楼宇对讲主机、电控线路、用户机等组成的电气系统，一般称为楼宇传呼对讲电控系统。

特别是电控防盗门，他适用于单元楼及高层建筑的整体防盗防破坏，是一种重要的实用防护设施。电控防盗门产品经过几年的不断改进，已推出了一些较先进的型号。

国家已有行业标准 GA/T72《楼宇对讲电控防盗门通用技术条件》详细而严格地规范了电气及门的各种技术要求与试验检测规范。

三、电视监控系统

电视监控主要用于重要场合的监视、控制、安全防范和报警等。系统由闭路电视系统和各种报警探测器、控制设备所组成。

电视监控系统能够通过电缆在点对点、一点对多点或多点之间相互进行电视信号的传输；能够及时处理各种报警探测器等设备发来的信号并报警；并且能对现场情况进行实时显示、记录、传送。视频监视基本上与闭路电视相同。一般可以采用闭路电视系统中的各种设备。但由于实际工作环境和条件的不同，例如低照度、长时间工作等，因而所采用的摄录像器材，二者还有一定的区别。

今后，电视监控系统的发展方向是：

(1) 摄像机固体化。目前国外采用 CCD 固体摄像机已相当普遍，它具有使用照度低、工作寿命长、不怕强光源、重量轻、小型化等明显的优点。

(2) 多功能、更完善、更可靠。扩大系统的功能是今后发展的方向，除了具有监视、保安等功能外，还要开发与计算机联网进行数字信息、文字图像的传送交换。

(3) 新的传送方式。传送向着远距离、多重传送以及无线、窄带数字方式发展。以求用更经济的手段取得更远距离的传输和得到更高质量的图像和数据信息。

习　　题

一、是非题（是打√，非打×）

(1) CATV 系统的传输分配网络分为有源及无源两类。(　　)

(2) 天线放大器的作用是把所接收的多路电视信号混合在一起，合成一路输送出去，而又不互相干扰。(　　)

(3) 在 CATV 电缆电视系统中最常用的是同轴电缆。(　　)

(4) 纵横制电话交换机由于具有软件包，故可制成适用于各种用途的设备，规模可大可小。(　　)

(5) 广播线路的敷设分为室内及室外两部分。(　　)

二、填空题

(1) 电缆电视系统由________、________以及________三大部分组成。

(2) 馈线是用来传输信号的，分为________、________、________等。

(3) 电话交换机可分为两大类，即________和________。

(4) 火灾探测器可分为四种基本类型，即________、________、________、________。

(5) 广播网络的馈送方式，常用的有________、________、________三种制式。

三、名词解释

(1) 同轴电缆；(2) 分配器；(3) 插入损耗；(4) 火灾探测器；(5) 分支损耗；(6) 分支器；(7) 分配损耗；(8) 电话交接箱；(9) 放大器；(10) 混合器；(11) 均衡器；(12) 报警控制器。

四、简答题

(1) 建筑弱电系统包括哪些内容？

(2) 电话站的接地有什么要求？

(3) 电话线路敷设主要有几种方式？

(4) 简述火灾自动报警系统的工作程序。

(5) 广播室外线路的敷设有何要求？

第九章 实　　验

实验一 三相变压器极性和结线组别测定

一、实验目的

(1) 掌握用实验方法测定三相变压器绕组的极性。

(2) 掌握用实验法校核三相变压器的结线组别。

二、实验内容

1. 三相变压器绕组极性的测定

三相变压器绕组极性的测定，可分两步进行，首先确定每一相原、副绕组的相对极性，测定方法与单相变压器绕组极性测定方法相同。其次是确定三相绕组的相对极性（即三相绕组的绕向或同名端测定）。测定原理可参见书中有关内容。

2. YynO（Y/Y_0-12）结线组别的校核

在三相变压器绕组极性确定之后，将变压器接成 YynO（Y/Y_0-12）联结组，用电压表测出有关电压值，根据校核公式求出校核值，再与实际值进行比较，即可确定所结线组别是否正确。

三、实验所用仪器设备

(1) 三相变压器 1 台。

(2) 三相调压变压器 1 台。

(3) 交流电压表 2～3 只，万用表、灵敏电流计各 1 只。

(4) 导线、熔断器、闸刀开关等。

四、实验步骤

1. 测定三相变压器绕组的极性

(1) 先用万用表测出三相变压器每一相绕组的两个端子，并标上标号。

(2) 将 $1U_2$～$2U_2$ 用导线相连，实验线路接线图如图 9-1 所示。

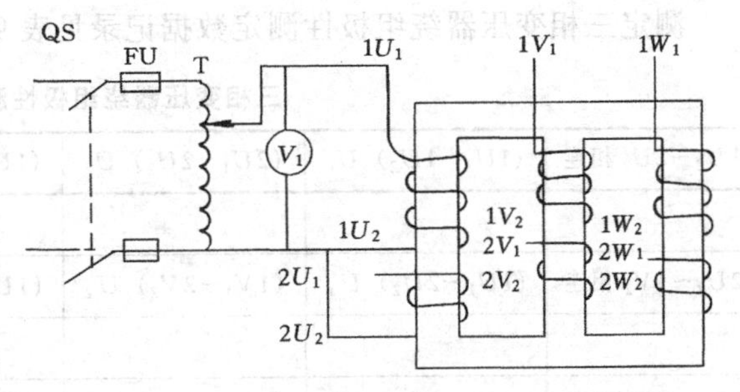

图 9-1　三相变压器绕组极性判断接线图

在 $1U_1$～$1U_2$ 间加（50%～70%）U_N 的电压 U_1，测出 $1U_1$～$2U_1$ 间电压 U_3，$2U_1$～$2U_2$ 间电压 U_2。同单相变压器绕组极性的测定相同，如果 $U_3=U_1-U_2$（降压变压器），则 $1U_1$～$2U_1$ 为同极性端。如果 $U_3=U_1+U_2$，则 $1U_1$～$2U_1$ 为异极性端，将 $2U_1$ 和 $2U_2$ 标号互换，即符合结线组别要求。

(3) 将 $1U_2$～$2U_1$ 用导线相连，再将 $2U_2$ 和 $1U_2$ 连接起来。在 $1U_1$～$2U_2$ 间加（50%～70%）U_N 的电压，测出 $1U_1$～$2U_2$ 间电压 U'_1，$1V_1$～$1V_2$ 间电压 U'_2，$1U_1$～

$1V_1$ 间电压 U'_3。如果 $U'_3 = U'_1 - U'_2$，则 $1U''_1$ 和 $1V_1$ 为同极性端。如果 $U'_3 = U'_1 + U'_2$，则 $1U_1$ 和 $1V_1$ 为异极性端，标号不正确，应将 $1V_1$、$1V_2$ 端子标号互相调换。

(4) 根据 $1V_1$、$1V_2$ 的极性，可参照 (1) 确定 $2V_1$、$2V_2$ 的极性。

(5) 同 (3)、(4) 确定 V 相绕组极性的方法，确定 W 相原、副绕组的极性。

2. YynO 结线组的校核

(1) 按图 9-2 接线图将变压器绕组接成 YynO 结线组，并经指导教师检查认可。

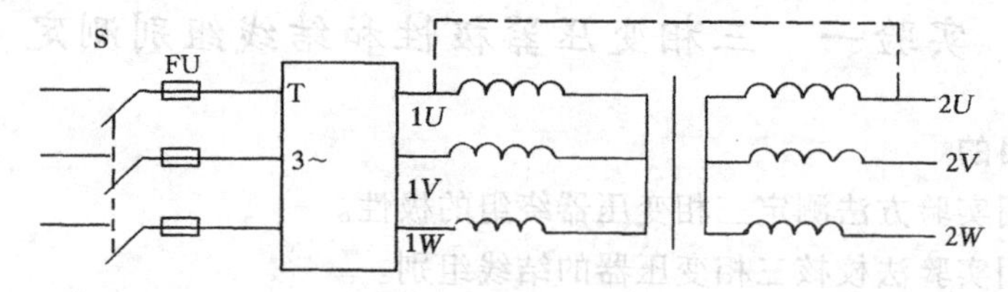

图 9-2　三相变压器 YynO 结线组校核实验线路图

(2) 用导线将 $1U \sim 2U$ 联结起来，调节调压器在高压边加 $50\% U_N$，然后依次测量出：U_{1U1V}、U_{2U2V}、U_{1V2V}、U_{1W2W}、U_{1V2W}、U_{1W2V}间的电压值。

对于 YynO 结线组的变压器，变比为原、副绕组额定线电压之比。即

$$K = \frac{U_1}{U_2} \tag{9-1}$$

按以下校核公式算出校核值

$$U_{1V2V} = U_{1W2W} = (K - 1) U_{2U2V} \tag{9-2}$$

$$U_{1V2W} = U_{1W2V} = \sqrt{K^2 - K + 1}\, U_{2U2V} \tag{9-3}$$

(3) 将各电压测量值与校核值记录于表格中，进行比较。如果 $U_{1V2W} > U_{1V2V}$，于是便可确定是 YynO 结线组。

五、记录实验数据

1. 极性测定数据记录

测定三相变压器绕组极性测定数据记录见表 9-1。

三相变压器绕组极性测定数据表　　**表 9-1**

$1U_2 \sim 2U_2$ 相连	$(1U_1 \sim 1U_2)$ U_1	$(2U_1 \sim 2U_2)$ U_2	$(1U_1 \sim 2U_1)$ U_3	同极性端	结线组别
$2U_2 \sim 1V_2$ 相连	$(1U_1 \sim 2U_2)$ U'_1	$(1V_1 \sim 2V_2)$ U'_2	$(1U_1 \sim 1V_1)$ U'_3	同极性端	结线组别
$1V_2 \sim 2V_2$ 相连	$(1V_1 \sim 1V_2)$ U''_1	$(2V_1 \sim 2V_2)$ U''_2	$(1V_1 \sim 2V_1)$ U''_3	同极性端	结线组别
$2V_2 \sim 1W_2$ 相连	$(1V_1 \sim 2V_2)$ U'''_1	$(1W_1 \sim 1W_2)$ U'''_2	$(1V_1 \sim 1W_1)$ U'''_3	同极性端	结线组别
$1W_2 \sim 2W_2$ 相连	$(1W_1 \sim 1W_2)$ U''''_1	$(2W_1 \sim 2W_2)$ U''''_2	$(1W_1 \sim 2W_1)$ U''''_3	同极性端	结线组别

2. 变压器结线组别测定校核数据记录

测定三相变压器 YynO 结线组别校核数据记录见表 9-2。

三相变压器联结组校核数据记录表　　表 9-2

测量值						校核值			
U_{1U1V}	U_{2U2V}	U_{1V2V}	U_{1W2W}	U_{1V2W}	U_{1W2V}	U_{1V2V}	U_{1W2W}	U_{1V2W}	U_{1W2V}

六、填写实验报告

(1) 写出实验目的。

(2) 写出所用实验仪器名称、规格、数量。

(3) 画出实验线路图。

(4) 写出实验过程，记录实验数据。

(5) 根据数据报告实验结果。

七、问题讨论

(1) 对三相变压器为什么要进行绕组极性的测定？

(2) 为什么要对三相变压器进行绕组结线组别的校核？

(3) 在实验过程中，你做了哪些工作，有何心得体会？

实验二　绝缘电阻与接地电阻测试

一、实验目的

(1) 理解绝缘电阻与接地电阻的测试原理。

(2) 学会绝缘电阻的测试方法。

(3) 学会连接接地电阻的测试线路及接地电阻测定。

(4) 理解降低接地电阻的有关措施。

二、实验内容

(1) 绝缘电阻的测试。

(2) 接地电阻的测试。

三、实验器材

(1) 兆欧表；(2) 电动机线圈；(3) 接地电阻测量仪；(4) 灯头、插座、开关、电缆；(5) 接地体；(6) 导线。

四、实验控制电路图

1. 绝缘电阻的测试接线图

2. 接地电阻的测试接线图

五、实验步骤

(一) 绝缘电阻的测试

1. 接线方法

兆欧表的接线柱有三个，一个为“线路”(L)，另一个为“接地”(E)，还有一个为

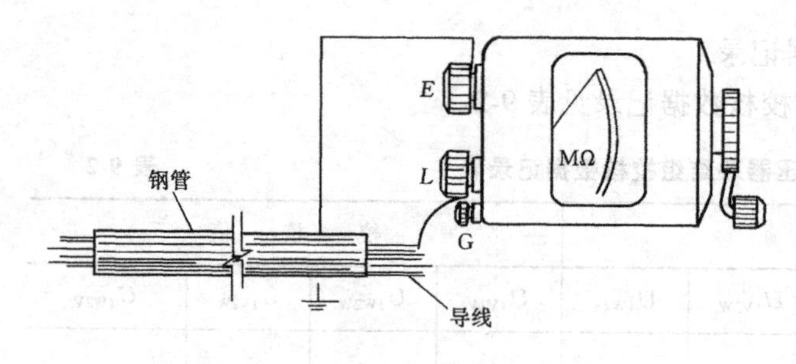

图 9-3　测量照明线路绝缘电阻接线图

“屏蔽”（*G*）。在进行一般测量时，应将被测绝缘电阻接在“*L*”和“*E*”接线柱之间。测量照明线路绝缘电阻，则将被测端接到“*L*”接线柱，而“*E*”接线柱接地，如图9-3所示。

测量电缆的绝缘电阻，为了使测量结果准确，消除线芯绝缘层表面漏电所引起的测量误差，其接线方法除了用“*L*”和“*E*”接线柱外，还需用“屏蔽”（*G*）接线柱。将“*G*”接线柱引线接到电缆的绝缘纸或外皮上，如图9-4所示。接线时，应选用单根导线分别连接“*L*”和“*E*”接线柱，不可以将导线绞合在一起，因为绞线间的绝缘电阻会影响测量结果。如果被测物表面潮湿或不清洁，为了测量被测物内部的电阻值，则必须使用“屏蔽”（*G*）接线柱。

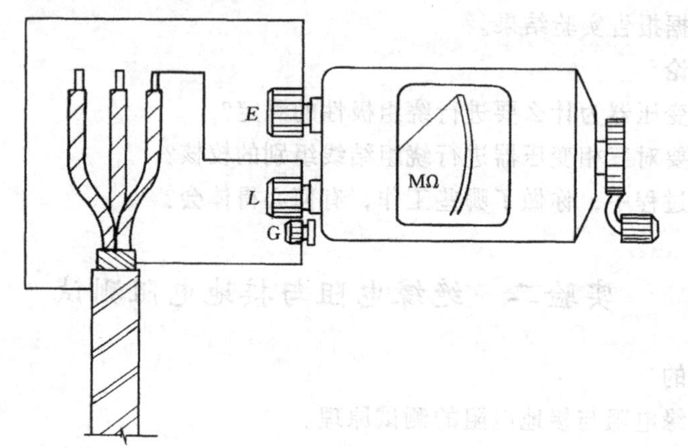

图 9-4　测量电缆绝缘电阻接线图

2．测量记录表

测量记录可填入表9-3中。

绝缘电阻测量记录表　　　　**表 9-3**

测量类型	测量值	规范要求值	误差原因
照明线路			
电　缆			
电动机线圈			

3．使用兆欧表注意事项

（1）断电测试。使用兆欧表测量设备和线路的绝缘电阻时，须在设备和线路不带电的情况下进行；测量前须先将电源切断，并使被测设备充分放电，以排除被测设备感应带电的可能性。

（2）仪表检测。兆欧表在使用前须进行检查，检查的方法如下：将兆欧表平稳放置，先使“*L*”“*E*”两个端钮开路，摇动手摇发电机的手柄并使转速达到额定值，这时指针应指向标尺的“∞”处；然后再把“L”、“E”端钮短接，再缓缓摇动手柄，指针应指在“0”位上；如果指针不指在“∞”或“0”刻度上，必须对兆欧表进行检修后才能使用。

(3) 摇动速度。测量绝缘电阻时，发电机手柄应由慢渐快地摇动。若表的指针指零，说明被测绝缘物有短路现象，此时不能继续摇动，以防表内动圈因发热而损坏。摇柄的速度一般规定每分钟120转，切忌忽快忽慢，以免指针摆动加大而引起误差。

(4) 触及导体。当兆欧表没有停止转动和被测物没有放电之前，不可用手触及测量的导体部分。

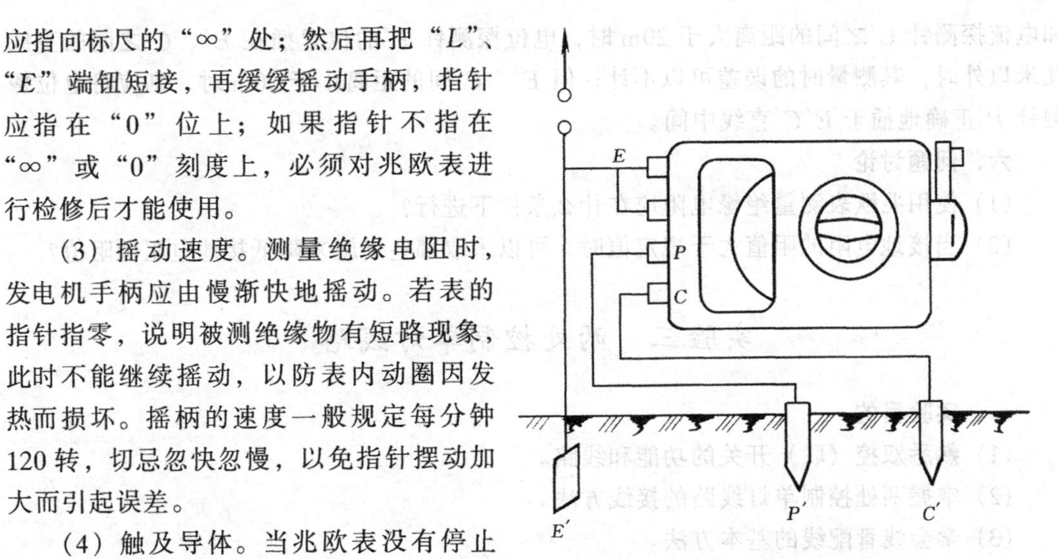

图 9-5　接地电阻测量接线图

E'—被测接地体；P'—电位探测针；C'—电流探测针

（二）接地电阻的测试

1. 接地电阻测量仪的测量方法

接地电阻测量接线图如图 9-5。

沿被测接地极 E'，使电位探测针 P' 和电流探测针 C' 依直线彼此相距 20m，插入地中，且电位探测针 P' 要插于接地极 E' 和电流探测针 C' 之间。再用备用导线将 E'、P'、C' 连接在仪表相应的 E、P、C 接线柱上（E—E' 用 5m 导线连接，P—P' 用长 20m 导线连接，C—C' 用长 40m 导线连接）。测量前，应将接地装置的接地引下线与所有电气设备断开。将仪表放置水平位置，检查零指示器是否指于中心线上，否则可用零位调整器将其调整指于中心线。

将“倍率标度”置于最大倍数，慢慢转动发电机的手柄，同时旋转“测量标度盘”使零指示器的指针指于中心线。当零指示器指针接近平衡时，加快发电机手柄的转速，使其达到每分钟 120 转，再调整“测量标度盘”，使指针指于中心线上。如果“测量标度盘”的读数小于 1 时，应将“倍率标度”置于较小的倍数，并重新调整“测量标度盘”，以得到正确的读数。

最后用测量标度盘的读数乘以倍率标度的倍数，即得到所测的接地电阻值。

2. 测量记录

接地电阻测量记录可填入表 9-4 中。

接地电阻测试记录表　　表 9-4

测量类型	测量值	规范要求值	误差原因
接地极			

3. 使用接地电阻测量仪应注意的问题

当“零指示器”的灵敏度过高时，可将电位探测针插入土壤中浅一些；若其灵敏度不够时，可沿电位探测针和电流探测针注水使之湿润。

测量时，接地线路要与被保护的设备断开，以便得到准确的测量数据。当接地极 E'

和电流探测针 C'之间的距离大于 20m 时，电位探测针 P'的位置插在 E'、C'之间的直线几米以外时，其测量时的误差可以不计；但 E'、C'间的距离小于 20m 时，则应将电位探测针 P'正确地插于 $E'C'$直线中间。

六、问题讨论

(1) 使用兆欧表测量绝缘电阻应在什么条件下进行？

(2) 当接地电阻的阻值大于规定值时，可以采取哪些措施来降低接地电阻的阻值？

实验三　两处控制单灯线路

一、实验目的

(1) 熟悉双控（联）开关的功能和线路。

(2) 掌握两处控制单灯线路的接线方法。

(3) 学会线管配线的基本方法。

二、实验内容

1. 线管配线

2. 安装两处控制单灯的控制线路

三、实验器材

(1) 双控（联）开关；(2) 白炽灯；(3) 线管（PVC 管直径为 15mm）；(4) 管卡；(5) 接线盒；(6) 灯头；(7) 导线。

四、实验原理图与安装图

如图 9-6、图 9-7。

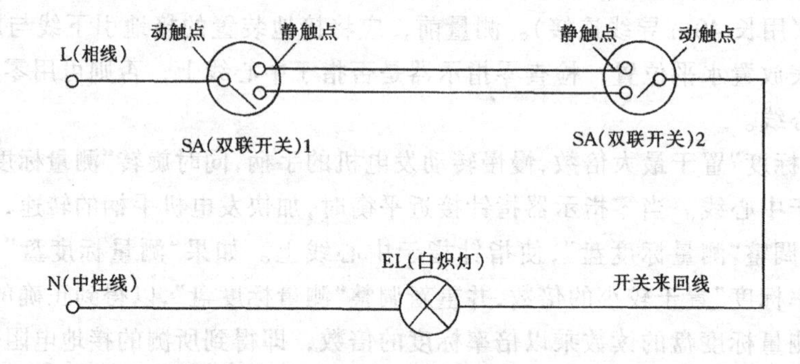

图 9-6　两处控制单灯的工作原理图

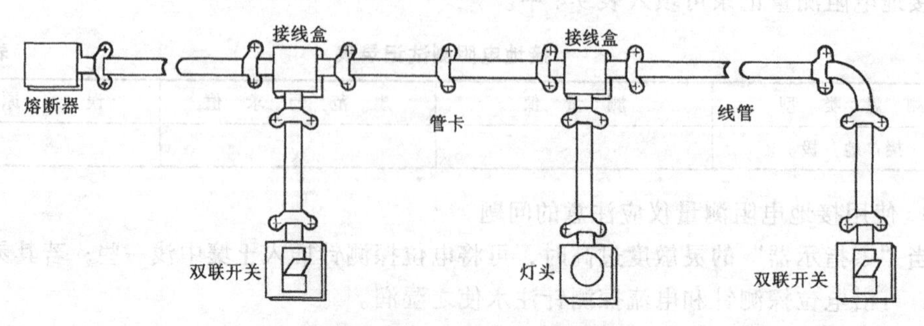

图 9-7　两处控制单灯的配线安装图

五、实验步骤

1. 线管配线

(1) 位置确定和断管。根据线路走向及用电器安装位置，确定接线盒的位置，然后以两个接线盒为一个线段，并根据线路转弯情况确定弯曲部位，按需要长度割锯线管。

(2) 线管的弯曲和连接。将专用弹簧放入塑料管内，在所需位置弯成需要的角度。线管弯曲的曲率半径应大于等于线管外径的四倍。

线管的连接有专用的连接套管，在需要连接的管子接头处及套管内涂上专用胶水，即可将管子连接好。

(3) 线管的固定。线管应水平或垂直敷设，并用管卡固定，两管卡间距水平应为0.8m、垂直应为1m。当线管进入开关、灯头、插座或接线盒前300mm处和线管弯头两边均需用管卡固定。

(4) 线管的穿线。当线管较短且弯头较少时，把钢丝引线由一端送向另一端；如线管较长可在线管两端同时穿入钢丝引线，引线端应弯成小钩，当钢丝引线在管中相遇时，用手转动引线，使其钩在一起，用一根引线钩出另一根引线。多根导线穿入同一线管时应先勒直导线并剥出线头，在导线两端标出同一根的记号，把导线绑在引环上，如图9-8（*a*）所示。导线穿入管前先套上护圈，再洒些滑石粉，然后一个人在一端往管内送，另一人在另一端慢慢拉出引线。如图9-8（*b*）所示。

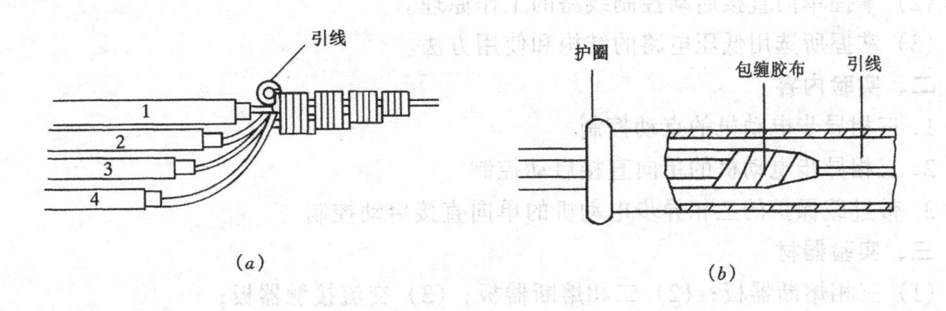

图 9-8 线管的穿线

（*a*）多根导线的绑法；（*b*）穿管

(5) 线管与塑料接线盒的连接。线管与塑料接线盒的连接应使用胀扎管头固定。

(6) 安装木台。木台是安装开关、灯座、插座等照明设备的基座。安装时，木台先开出进线口，穿入导线，用木螺钉钉好。

(7) 安装用电器。在木台上安装插座、开关，连接好导线，接上白炽灯。

注意：双联开关1动触点接相线，双联开关2动触点接开关来回线。

2. 查线路、通电实验

检查整个线路无误后，接上220V单相电源通电实验。观察电路工作情况。

六、成绩评定

成绩评定可按表9-5进行。

两处控制单灯的配线安装评分表　　　表 9-5

项　　目	技　术　要　求	配分	扣　分　标　准	得　分
线管导线选择	线管、导线 选择合理 布局合理	20 分	线管选择不合理　扣 0～10 分 导线选择不合理　扣 0～10 分 布局不合理　扣 0～10 分	
原　　理	原理正确	20 分	原理不正确　扣 0～20 分	
线路安装	线管落料合理 线管弯曲正确 线管连接正确 线管穿线正确 接线盒、木台安装正确 用电器安装正确	10 分 10 分 10 分 10 分 10 分 10 分	线管落料不合理　扣 0～10 分 线管弯曲不正确　扣 0～10 分 线管连接不正确　扣 0～10 分 线管穿线不正确　扣 0～10 分 盒、台安装不正确　扣 0～10 分 用电器安装不正确　扣 0～10 分	
其　　他	安全文明操作、出勤		违反安全文明操作 缺勤　扣 20～50 分	
考评形式	设计成果型	教师签字	总　　分	

实验四　三相异步电动机的直接启动控制

一、实验目的

（1）熟练掌握单向直接启动控制线路的接线方法。

（2）掌握单向直接启动控制线路的工作原理。

（3）掌握所选用低压电路的结构和使用方法。

二、实验内容

1. 三相异步电动机的点动控制

2. 三相异步电动机的单向直接启动控制

3. 带过载保护的三相异步电动机的单向直接启动控制

三、实验器材

（1）三相熔断器板；（2）二相熔断器板；（3）交流接触器板；

（4）热继电器板；（5）按钮板；（6）三相交流电动机；（7）导线

四、实验控制电路图

五、单向直接启动控制电路的工作原理

1. 点动控制电路的工作原理

如图 9-9 所示，图中有主电路和控制电路两部分。

主电路是从三相电源端点 L_1、L_2、L_3 引来，经过电源开关 QS，熔断器 FU_1 和接触器三对主触头 KM 到电动机。

控制电路是由二相熔断器，交流接触器线圈 KM 组成，它控制主电路的通或断。电路动作原理如下：

启动：按下按钮 SB→接触器 KM 线圈获电→KM 主触头闭合→电动机 M 运转。

停止：放开按钮 SB→接触器 KM 线圈断电→KM 主触头分断→电动机 M 停转。

2. 具有自锁的正转控制电路的工作原理

其与图 9-10 的不同处控制电路中增加了一只停止按钮 SB_1，一副接触器的动合辅助触

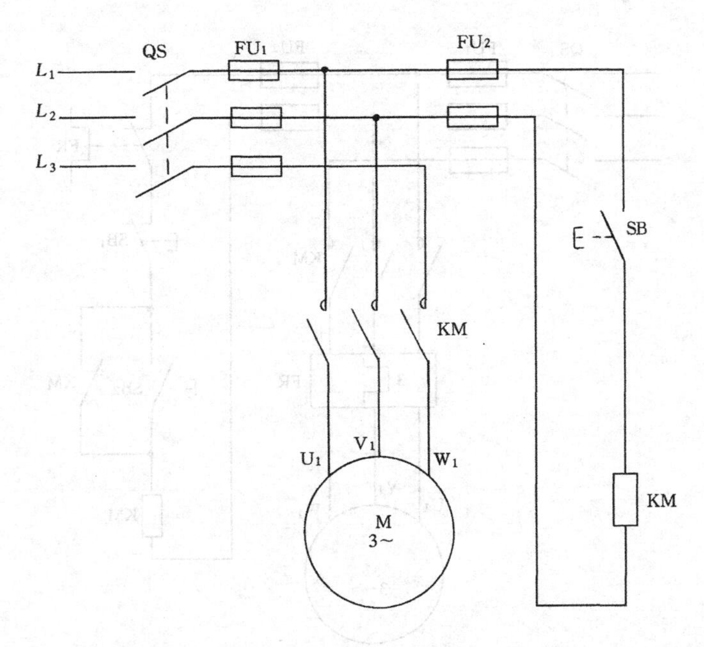

图 9-9　点动正转控制

头 KM 与启动按钮 SB_2 并联，控制电动机的停转，如图 9-10 所示。动作原理如下：

启动：按 SB_2 → KM 线圈获电→ ┌→KM 动合辅助触头闭合自锁
　　　　　　　　　　　　　　　└→KM 动合主触头闭合 → 电动机运转

松开按钮 SB_2，由于接在按钮 SB_2 两端的 KM 动合辅助触头闭合自锁，控制回路仍保持接通，电动机 M 继续运转。

停止：按 SB_1 → KM 线圈断电释放→ ┌→KM 动合辅助触头断开
　　　　　　　　　　　　　　　　└→KM 动合主触头断开 → 电动机停止运转

这种当启动按钮 SB_2 断开后，控制回路仍能自行保持接通的线路，叫做自锁（或自保），与启动按钮 SB_2 并联的这一副动合辅助触头 KM 叫做自锁触头。

具有自锁控制线路的另一个重要特点是它具有欠电压与失电压（或零电压）的保护作用。

3. 具有过载保护的正转控制

如图 9-11 所示，图中 FR 为热继电器，它的热元件串接在电动机的主回路中，动断触头则串接在控制回路中。电动机在运行过程中，如果过载或其他原因，使负载电流超过其额定值时，经过一定时间（其时间长短由过载电流的大小决定），使串接在控制回路中的动断触头断开，切断控制回路，接触器 KM 的线圈断电，主触头分断；电动机 M 便脱离电源停转，要等热继电器的双金属片冷却恢复原来状态后，电动机才能重新进行工作，从而达到了过载保护的目的。

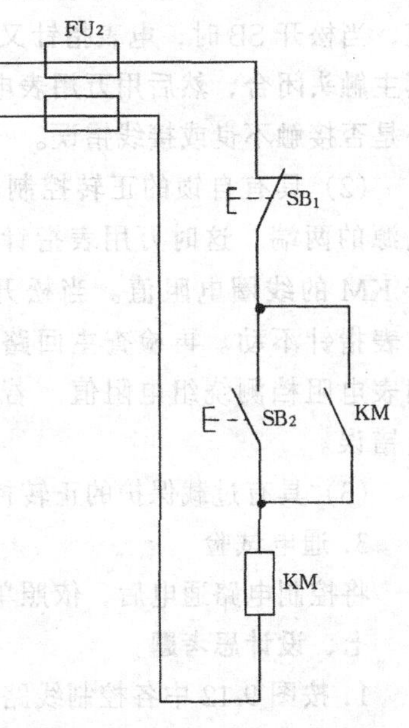

图 9-10　具有自锁的正转控制

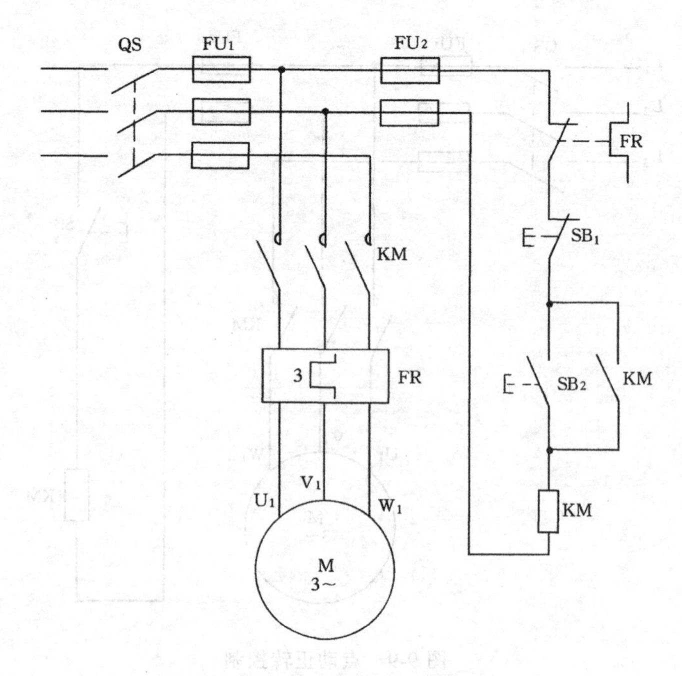

图 9-11 具有过载保护的正转控制

六、实验步骤

1. 连接线路

按实验原理图连接好线路，并按主电路和控制电路仔细查对电路。

2. 线路检查

确定电路无误后，在电源闸刀断开的情况下，用万用表检查线路，顺序如下：

(1) 点动电路的测量法。用万用表电阻档 R×100，把表棒接到控制电路电源的两端，这时万用表指针不应偏转，当按下 SB 时，万用表指针偏转，其数值等于 KM 的线圈电阻值，当松开 SB 时，电表指针又回到最大数值。再检查主回路，可用螺丝刀按下 KM，使其主触头闭合，然后用万用表电阻档测绕组电阻值。若有短路或开路的情况，可检查主触头是否接触不良或接线错误。

(2) 具有自锁的正转控制的测量。用万用表电阻档 R×100，把表棒接到控制电路电源的两端，这时万用表指针不应偏转，当按下 SB_2 时，万用表指针偏转，其数值等于 KM 的线圈电阻值。当松开 SB_2 时，电表指针回到最大值。当按下和松开 SB_1 时，电表指针不动。再检查主回路，可用螺丝刀分别按 KM，使其主触头闭合，然后用万用表电阻档测绕组电阻值。若有短路或开路的情况，可检查主触头是否接触不良或接线错误。

(3) 具有过载保护的正转控制。其检查方法同 (2)。

3. 通电试验

将控制电路通电后，依照单向直接启动电路的工作原理分步进行功能控制试验。

七、设计思考题

1. 按图 9-12 中各控制线路接线，并说明会出现哪些现象？

(a) ____

(b) ______________________________

(c) ______________________________

(d) ______________________________

(e) ______________________________

(f) ______________________________

2. 试设计能两地控制同一台电动机的控制线路。

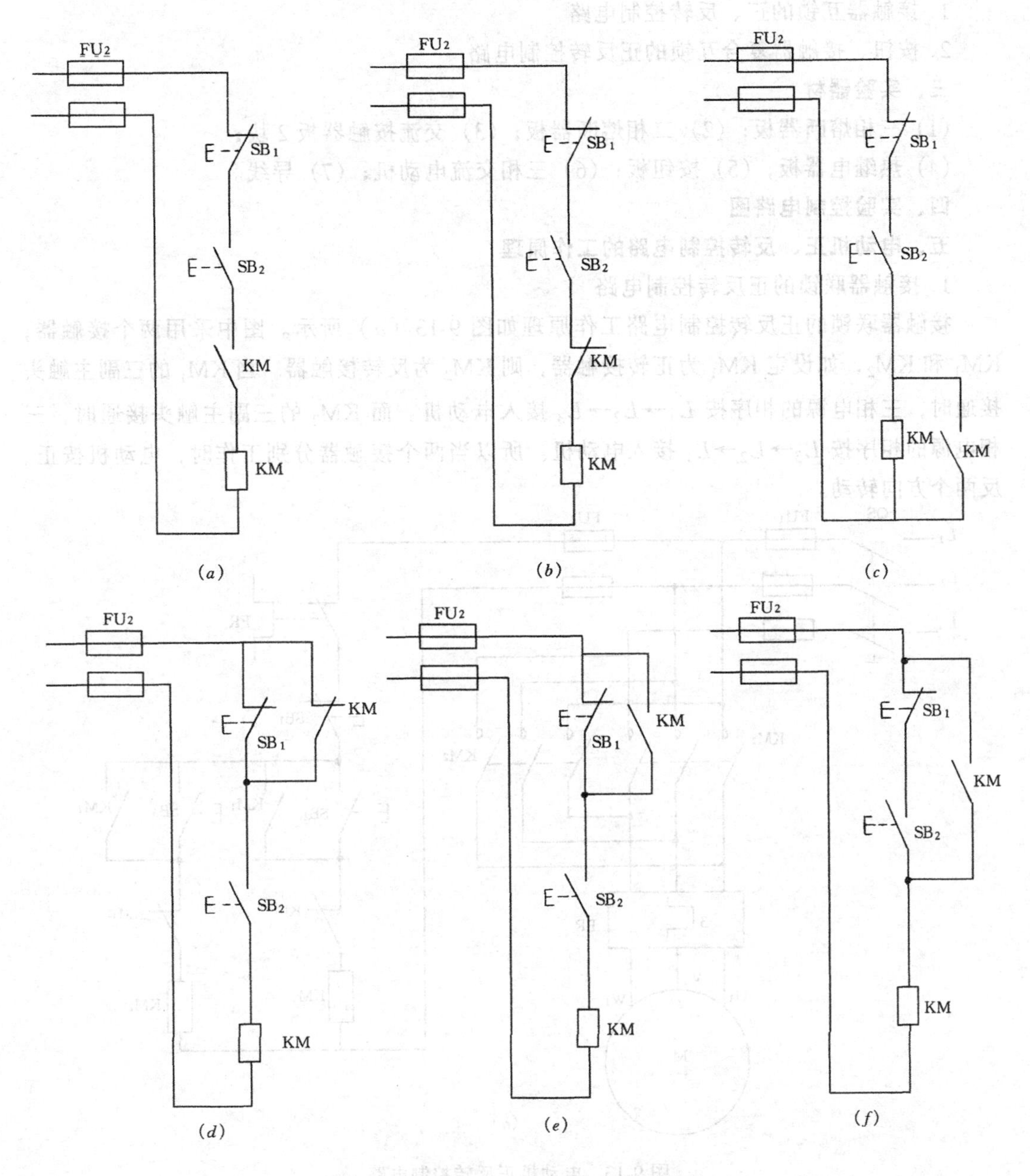

图 9-12　电动机单向运转各种控制线路

实验五　三相异步电动机的正反转控制

一、实验目的

（1）熟练掌握正、反转控制路的安装接线方法。

（2）掌握正、反转控制线路的工作原理及应用。

二、实验内容

1. 接触器互锁的正、反转控制电路

2. 按钮、接触器复合互锁的正反转控制电路

三、实验器材

（1）三相熔断器板；（2）二相熔断器板；（3）交流按触器板 2 块；（4）热继电器板；（5）按钮板；（6）三相交流电动机；（7）导线。

四、实验控制电路图

五、电动机正、反转控制电路的工作原理

1. 接触器联锁的正反转控制电路

接触器联锁的正反转控制电路工作原理如图 9-13（*a*）所示。图中采用两个接触器，KM_1 和 KM_2，如设定 KM_1 为正转接触器，则 KM_2 为反转接触器。当 KM_1 的三副主触头接通时，三相电源的相序按 $L_1 \rightarrow L_2 \rightarrow L_3$ 接入电动机。而 KM_2 的三副主触头接通时，三相电源的相序按 $L_3 \rightarrow L_2 \rightarrow L_1$ 接入电动机。所以当两个接触器分别工作时，电动机按正、反两个方向转动。

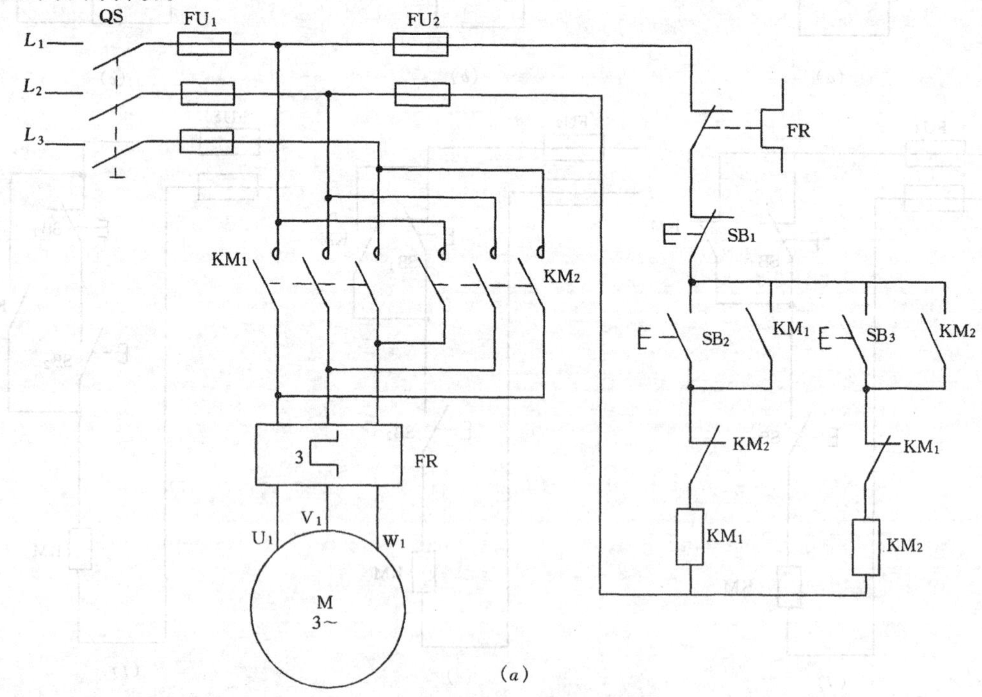

图 9-13　电动机正反转控制电路

（*a*）接触器联锁的正反转控制电路

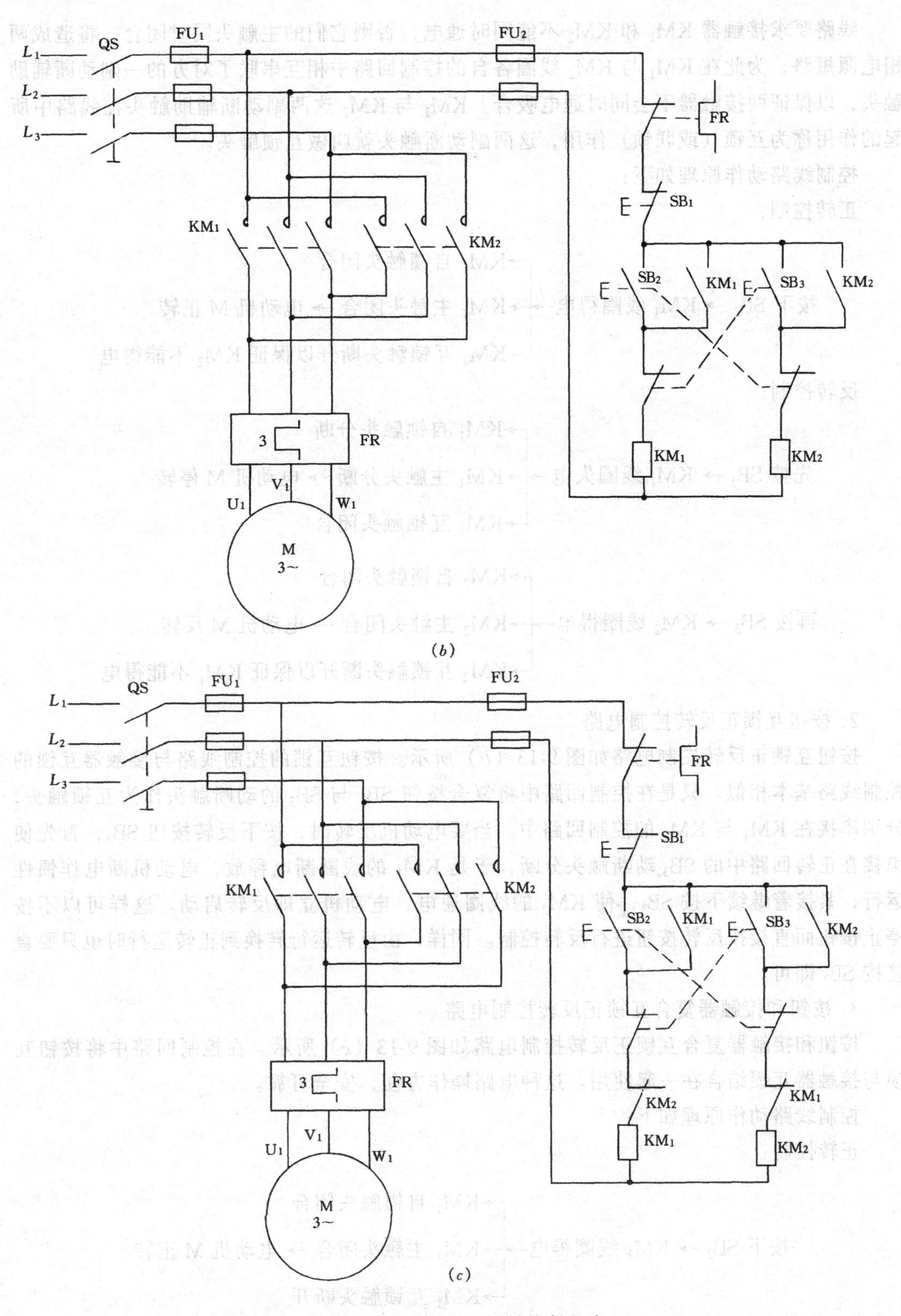

图 9-13　电动机正反转控制电路

(b) 按钮互锁的正反转控制电路；(c) 按钮和接触器复合互锁正反转控制电路

线路要求接触器 KM_1 和 KM_2 不能同时通电，否则它们的主触头同时闭合，将造成两相电源短路，为此在 KM_1 与 KM_2 线圈各自的控制回路中相互串联了对方的一副动断辅助触头，以保证两接触器不会同时通电吸合。KM_1 与 KM_2 这两副动断辅助触头在线路中所起的作用称为互锁（或联锁）作用，这两副动断触头就叫做互锁触头。

控制线路动作原理如下：

正转控制：

按下 SB_2 → KM_1 线圈得电→
- → KM_1 自锁触头闭合
- → KM_1 主触头闭合 → 电动机 M 正转
- → KM_1 互锁触头断开以保证 KM_2 不能得电

反转控制：

先按 SB_1 → KM_1 线圈失电→
- → KM_1 自锁触头分断
- → KM_1 主触头分断 → 电动机 M 停转
- → KM_1 互锁触头闭合

再按 SB_3 → KM_2 线圈得电→
- → KM_2 自锁触头闭合
- → KM_2 主触头闭合 → 电动机 M 反转
- → KM_2 互锁触头断开以保证 KM_1 不能得电

2. 按钮互锁正反转控制电路

按钮互锁正反转控制电路如图 9-13（*b*）所示。按钮互锁的控制线路与接触器互锁的控制线路基本相似。只是在控制回路中将复合按钮 SB_2 与 SB_3 的动断触头作为互锁触头，分别串接在 KM_1 与 KM_2 的控制回路中。当要电动机反转时，按下反转按钮 SB_3，首先使串接在正转回路中的 SB_3 动断触头分断，于是 KM_1 的线圈断电释放，电动机断电作惯性运行；紧接着继续下按 SB_3，使 KM_2 的线圈通电，电动机立即反转启动。这样可以不按停止按钮而直接按反转按钮进行反转控制。同样，由反转运行转换到正转运行时也只要直接按 SB_2 即可。

3. 按钮和接触器复合互锁正反转控制电路

按钮和接触器复合互锁正反转控制电路如图 9-13（*c*）所示。在控制回路中将按钮互锁与接触器互锁结合在一起使用。这种电路操作方便，安全可靠。

控制线路动作原理如下：

正转控制：

按下 SB_2 → KM_1 线圈得电→
- → KM_1 自锁触头闭合
- → KM_1 主触头闭合 → 电动机 M 正转
- → KM_1 互锁触头断开

反转控制：

按下 SB_3→KM_1 线圈失电→电动机 M 失电→KM_1 联锁触头闭合→再按 SB_3→

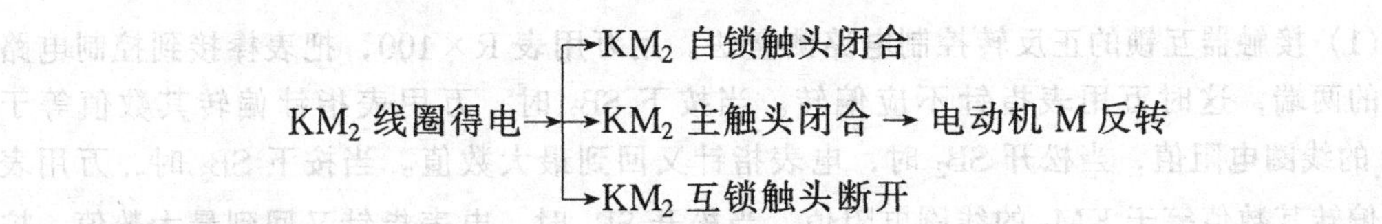

六、实验步骤

1. 连接线路

按实验原理图连接好线路，并按主电路和控制电路仔细查对电路。

2. 线路检查

确定电路无误后，在电源闸刀断开的情况下，用万用表检查线路，顺序如下：

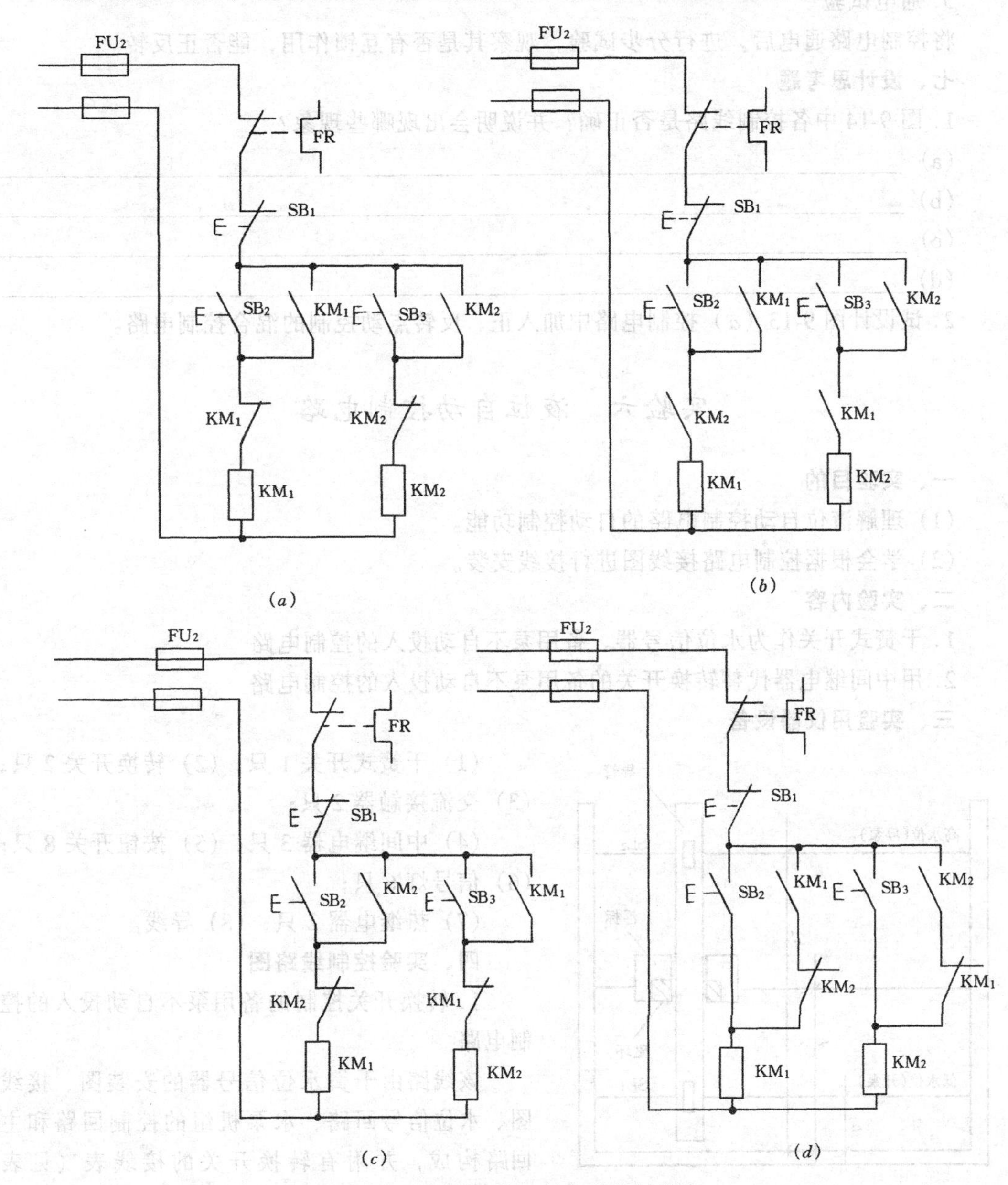

图 9-14　电动机双向运转各种控制线路

(1) 接触器互锁的正反转控制电路测量法。用万用表 R×100，把表棒接到控制电路电源的两端，这时万用表指针不应偏转。当按下 SB_2 时，万用表指针偏转其数值等于 KM_1 的线圈电阻值，当松开 SB_2 时，电表指针又回到最大数值。当按下 SB_3 时，万用表指针偏转其数值等于 KM_2 的线圈电阻值，当松开 SB_2 时，电表指针又回到最大数值。控制电路检查无误后，再检查主电路，可用螺丝刀分别按下 KM_1 和 KM_2 的铁心，使其主触头闭合，然后用万用表电阻档分别测"Y"形定子绕组中的二相绕组电阻值。若有短路或开路的情况，可检查主触头是否接触不良或接触错误。

(2) 按钮互锁正反转控制电路的测量法。其检查方法同 (1)。

3. 通电试验

将控制电路通电后，进行分步试验，观察其是否有互锁作用，能否正反转。

七、设计思考题

1. 图 9-14 中各控制线路是否正确？并说明会出现哪些现象？

(a) ____________________

(b) ____________________

(c) ____________________

(d) ____________________

2. 试设计图 9-13 (*a*) 控制电路中加入正、反转点动控制的混合控制电路。

实验六　液位自动控制电路

一、实验目的

(1) 理解液位自动控制电路的自动控制功能。

(2) 学会根据控制电路接线图进行接线安装。

二、实验内容

1. 干簧式开关作为水位信号器、备用泵不自动投入的控制电路

2. 用中间继电器代替转换开关的备用泵不自动投入的控制电路

三、实验用仪器设备

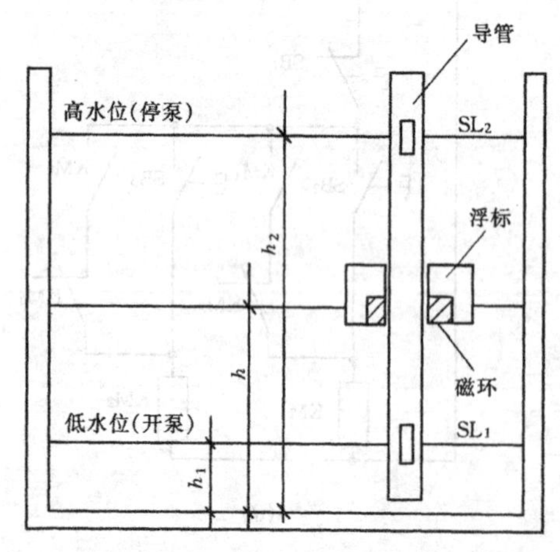

图 9-15　干簧水位开关装置示意图

(1) 干簧式开关 1 只；(2) 转换开关 2 只；(3) 交流接触器 2 只；

(4) 中间继电器 3 只；(5) 按钮开关 8 只；(6) 信号灯 6 只；

(7) 热继电器 2 只；(8) 导线。

四、实验控制线路图

1. 转换开关控制的备用泵不自动投入的控制电路

该线路由干簧水位信号器的安装图、接线图、水位信号回路、水泵机组的控制回路和主回路构成，并附有转换开关的接线表（见表 9-6）。

转换开关接线表 **表 9-6**

触点编号 \ 定位特征		自动 Z (45°)	手动 S (0°)
1 ○─┤├─○ 2	1～2	×	
3 ○─┤├─○ 4	3～4	×	
5 ○─┤├─○ 6	5～6		×
7 ○─┤├─○ 8	7～8		×

五、工作原理

令 1 号为工作泵，2 号为备用泵。

1. 干簧式开关作为水位信号器、备用泵不自动投入的控制电路（图 9-16）。

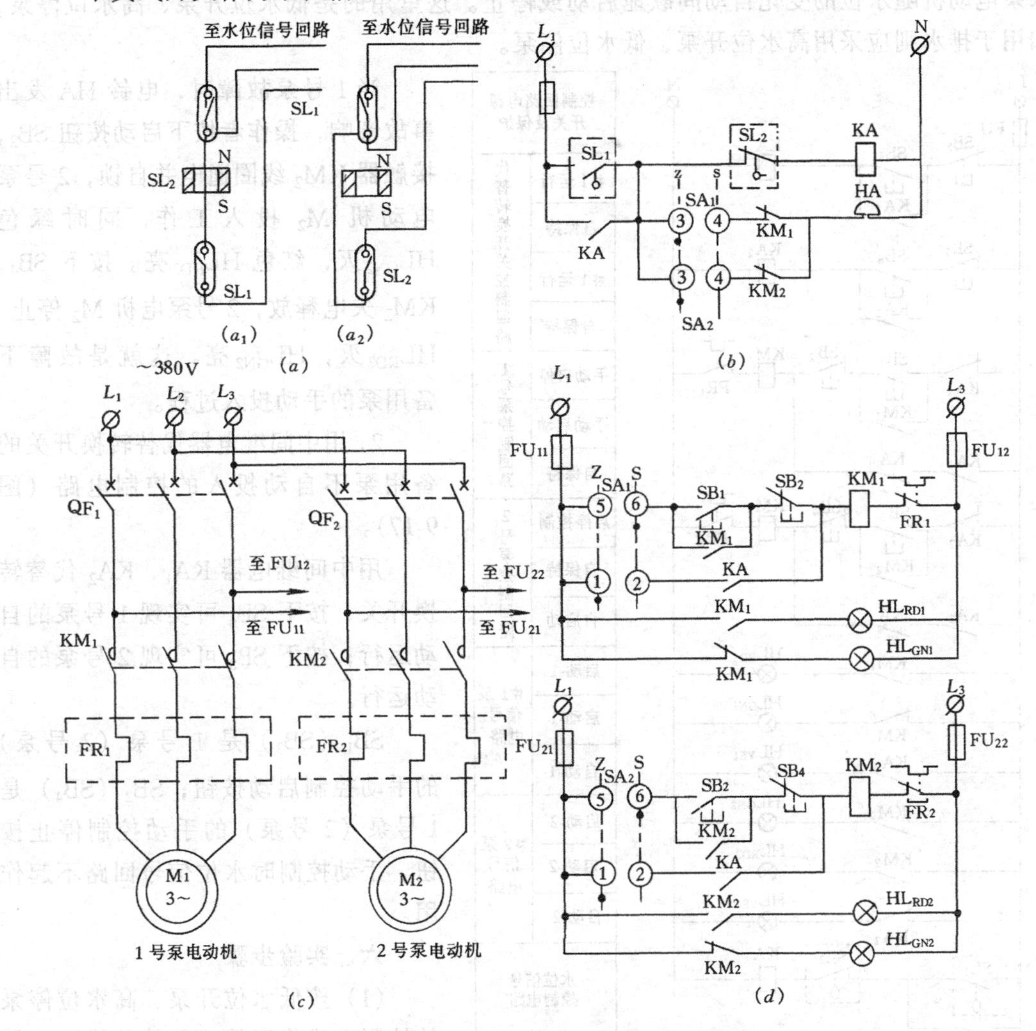

图 9-16 备用泵不自动投入的控制电路图

(a) 接线图；(b) 水位信号回路；(c) 主回路；(d) 控制回路

(a_1) 低水位开泵高水位停泵；(a_2) 高水位开泵低水位停泵

合上电源开关后，绿色信号灯 HL_{GN1}、HL_{GN2}亮，表示电源已接通，将转换开关 SA_1 转至"Z"位，其触点 1～2、3～4 接通，同时 SA_2 转至"S"位，其触点 5～6、7～8 接通；

当水箱水位降到低水位 h_1 时（见图 9-15），浮标和磁钢也随之降到 h_1，此时磁钢磁场作用于下限干簧管接点 SL_1 使其闭合，于是水位继电器 KA 线圈得电并自锁，使接触器 KM_1 线圈通电，其触头动作，使 1 号泵电动机 M_1 启动运转，水箱水位开始上升，同时停泵信号灯 HL_{GN1}灭，开泵红色信号灯 HL_{RD1}亮，表示 1 号泵电机 M_1 启动运转。

随着水箱水位的上升，浮标和磁钢也随之上升，不再作用下限接点，于是 SL_1 复位，但因 KA 已自锁，故不影响水泵电机运转，直到水位上升到高水位 h_2 时，磁钢磁场作用于上限接点 SL_2 使之断开，于是 KA 失电，其触头复位，使 KM_1 失电释放，M_1 脱离电源停止工作，同时 HL_{RD1}灭，HL_{GN1}亮，发出停泵信号。如此在干簧水位信号器的控制下，水泵电动机随水位的变化自动间歇地启动或停止。这里用的是低水位开泵、高水位停泵，如用于排水则应采用高水位开泵，低水位停泵。

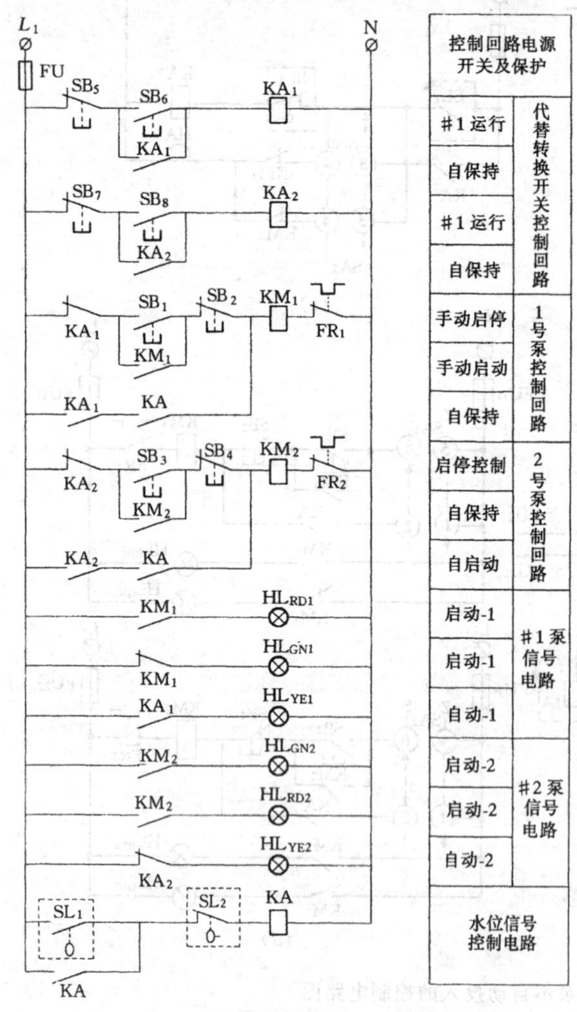

图 9-17　用中间继电器代替转换开关的备用泵不自动投入的控制电路

当 1 号泵故障时，电铃 HA 发出事故音响，操作者按下启动按钮 SB_2，接触器 KM_2 线圈通电并自锁，2 号泵电动机 M_2 投入工作，同时绿色 HL_{GN2}灭，红色 HL_{RD2}亮。按下 SB_4，KM_2 失电释放，2 号泵电机 M_2 停止，HL_{RD2}灭，HL_{GN2}亮。这就是故障下备用泵的手动投入过程。

2. 用中间继电器代替转换开关的备用泵不自动投入的控制电路（图 9-17）。

用中间继电器 KA_1、KA_2 代替转换开关，按下 SB_6 可实现 1 号泵的自动运行；按下 SB_8 可实现 2 号泵的自动运行。

SB_1（SB_3）是 1 号泵（2 号泵）的手动控制启动按钮；SB_2（SB_4）是 1 号泵（2 号泵）的手动控制停止按钮。手动控制时水位信号回路不起作用。

六、实验步骤

（1）按低水位开泵、高水位停泵的控制方式将干簧式开关的线路连接好。

（2）将 M_1、M_2 两台电动机的主回路按图接线。

(3) 用转换开关的备用泵不自动投入的控制电路按实验原理图接线，经指导教师检查认可。

(4) 合上电源，先作手动实验，手动实验正确即可作自动实验。将 SA_1 打在“Z”位，SA_2 打在“S”位，可用手将干簧式开关的浮标托起或放下，表示水位的变化，检验电路的正确与否。

(5) 用中间继电器代替转换开关的备用泵不自动投入的控制电路按实验原理图接线，经指导教师认可。

(6) 合上电源，先作手动实验，手动实验正确即可作自动实验。按下 SB_6 可实现 1 号泵的自动运行；按下 SB_8 可实现 2 号泵的自动运行。

七、填写实验报告、问题讨论

(1) 写出实验目的。

(2) 写出所用实验设备名称、规格、数量。

(3) 画出实验线路图。

(4) 在手动控制时，能否使水位信号回路起作用？试画出其控制电路。

实验七　绕线式异步电动机的启动控制

一、实验目的

(1) 理解绕线式电动机自动启动的控制功能和原理电路。

(2) 学会启动控制线路的接线安装。

二、实验内容

1. 转子串启动变阻器启动

2. 定子串启动变阻器启动

三、实验用仪器设备

(1) 绕线式异步电动机 1 台；(2) 三相电机启动变阻器；(3) 三相单掷开关；(4) 熔断器；(5) 交流电流表；(6) 交流电压表；(7) 导线。

四、实验控制线路图

五、实验步骤

1. 转子串启动变阻器启动

按图 9-18 接线，电动机绕组为星形接法。将启动变阻器 R_{st} 阻值置于最大值 R_{stm}，合上电源开关 S，电动机由转子串启动变阻器启动，读取启动电流，记录于表中。缓慢减小启动变阻器阻值，直至启动变阻器全部切除，转子绕组被短路，电动机进入稳定运行，启动完毕。

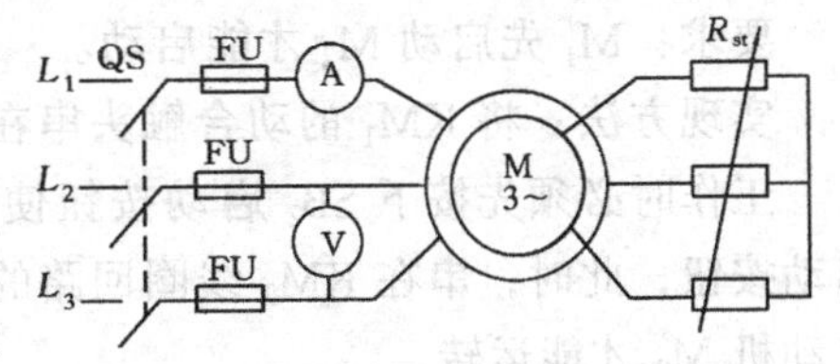

图 9-18　绕线式异步电动机转子串电阻启动线路

再将启动变阻器阻值置于其他位置上，重复上述启动过程，观察转子串接不同启动电阻时的启动电流。

2. 定子串启动变阻器启动

将图 9-18 中的启动变阻器 R_{st} 串接入三相异步电动机的定子电路中，而将其转子的三相绕组短接（即呈星形连接），重复上述实验过程，读取启动电流，记录于表 9-7 中。

电动机启动参数表 表 9-7

启动方法＼启动数据		启动电压 (V)	启动电流 (A)	$\frac{I_{st}}{I_N}$	启动特点及优缺点
转子串电阻启动	$R_{st}=R_{stm}$				
	$R_{st}=$				
	$R_{st}=$				
定子串电阻启动	$R_{st}=R_{stm}$				

六、问题讨论

（1）比较绕线式异步电动机转子串入不同的启动电阻启动时的启动效果。

（2）比较绕线式异步电动机转子串电阻和定子串电阻的启动效果。

实验八　三相异步电动机的顺序控制

一、实验目的

（1）理解电气控制线路的基本结构单元和顺序控制电路动作原理。

（2）学会控制线路的接线安装。

二、实验内容

1. 顺序启动控制电路

2. 顺序启动、顺序停止控制电路

三、实验用仪器设备

（1）鼠笼式异步电动机 2 台；（2）交流接触器 2 只；（3）三相单掷开关 1 只；（4）熔断器 3 只；（5）按钮 4 只；（6）热继电器 2 只；（7）导线。

四、实验控制线路图

五、工作原理

1. 顺序启动控制（见图 9-19）

要求：M_1 先启动 M_2 才能启动。

实现方法：将 KM_1 的动合触头串在 KM_2 线圈回路中。

工作时必须先按下 SB_2 启动按钮使 KM_1 线圈获电，电动机 M_1 先启动后，再按 SB_4 启动按钮，此时，串在 KM_2 线圈回路的 KM_1 动合触头已闭合，KM_2 线圈回路才能通电，电动机 M_2 才能运转。

若先按 SB_4 启动按钮，因 KM_1 线圈没有通电，串在 KM_2 线圈回路的 KM_1 动合触头不能闭合，所以，KM_2 线圈无法通电，电动机 M_2 不能运转，实现了顺序启动。

2. 顺序启动、顺序停止控制（见图 9-20）

要求：M_1 先启动 M_2 才能启动；M_2 先停止 M_1 才能停止。

实现方法：将 KM_1 的动合触头串在 KM_2 线圈回路中；

将 KM_2 的动合触头并在停止按钮 SB_1 两端。

顺序启动控制方法同 1。

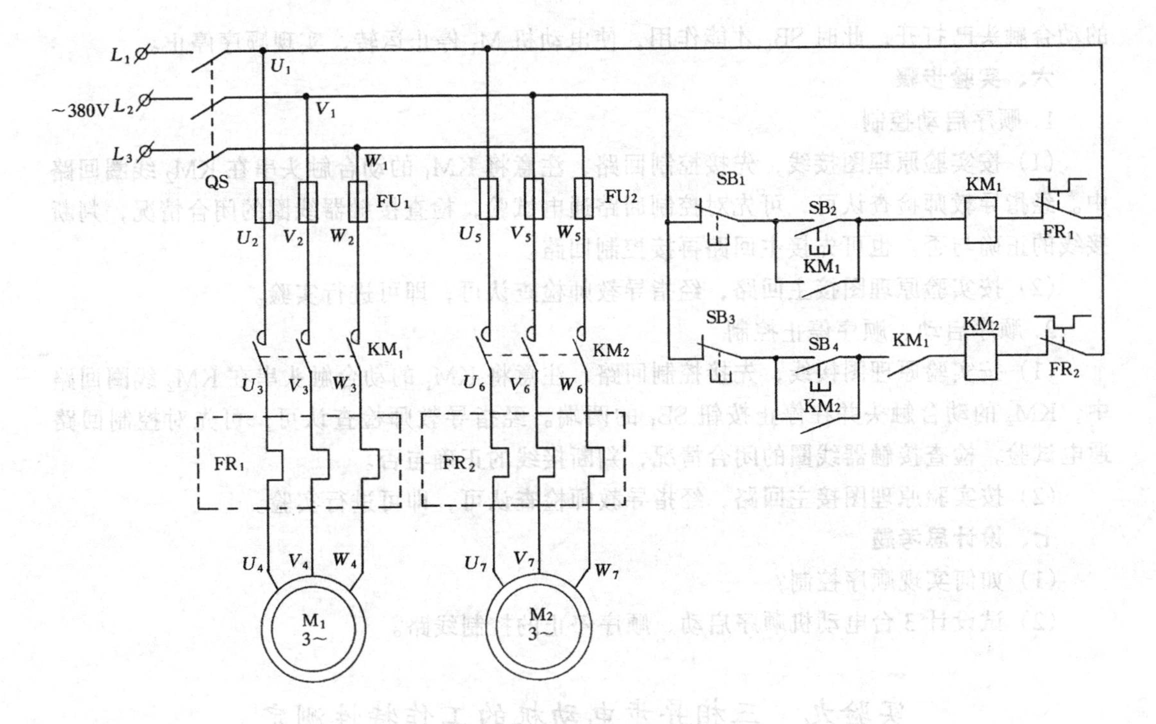

图 9-19 顺序启动控制电路

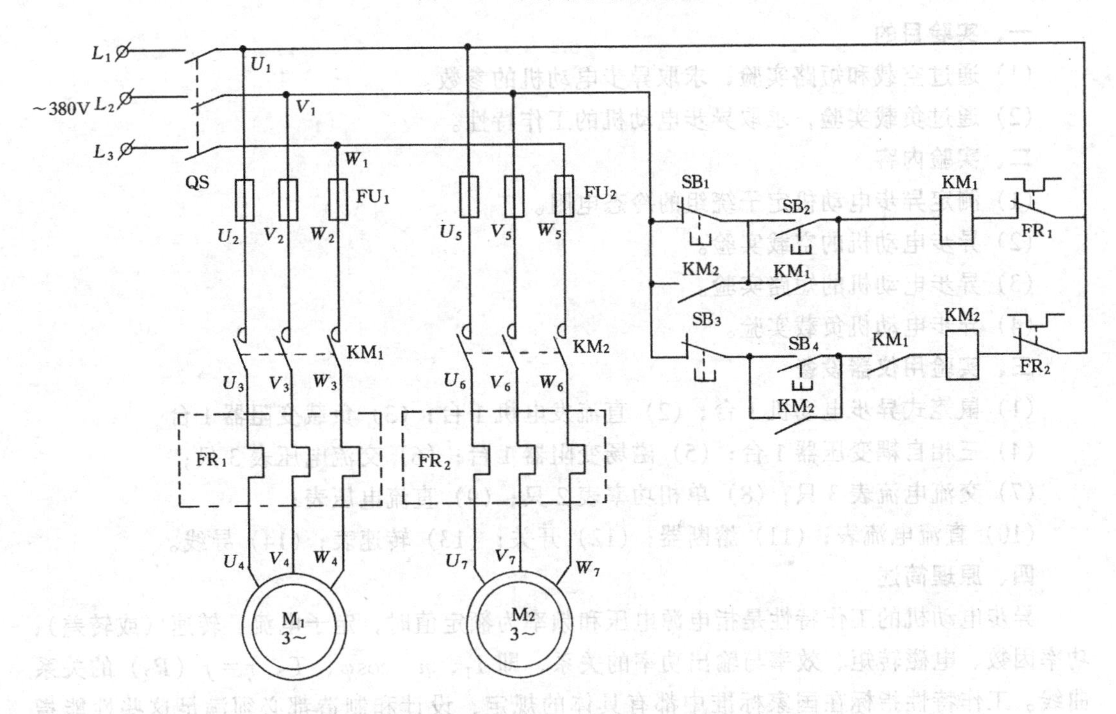

图 9-20 顺序启动、顺序停止控制电路

顺序停止工作原理如下：电动机 M_1、M_2 都已运转，若要使电动机 M_1 先停止，按下 SB_1 停止按钮，因 KM_2 的动合触头并联在 SB_1 两端，不能使 KM_1 线圈回路断电，所以电动机 M_1 无法先停止。只有先按 SB_3 停止按钮，使 KM_2 线圈回路断电后，并在 SB_1 两端

的动合触头已打开，此时 SB_1 才能作用，使电动机 M_1 停止运转，实现顺序停止。

六、实验步骤

1. 顺序启动控制

（1）按实验原理图接线，先接控制回路，注意将 KM_1 的动合触头串在 KM_2 线圈回路中。经指导教师检查认可，可先对控制回路通电试验，检查接触器线圈的闭合情况，判断接线的正确与否。也可先接主回路再接控制回路。

（2）按实验原理图接主回路，经指导教师检查认可，即可进行实验。

2. 顺序启动、顺序停止控制

（1）按实验原理图接线，先接控制回路，注意将 KM_1 的动合触头串在 KM_2 线圈回路中，KM_2 的动合触头并在停止按钮 SB_1 的两端。经指导教师检查认可，可先对控制回路通电试验，检查接触器线圈的闭合情况，判断接线的正确与否。

（2）按实验原理图接主回路，经指导教师检查认可，即可进行实验。

七、设计思考题

（1）如何实现顺序控制？

（2）试设计 3 台电动机顺序启动、顺序停止的控制线路。

实验九　三相异步电动机的工作特性测定

一、实验目的

（1）通过空载和短路实验，求取异步电动机的参数。

（2）通过负载实验，求取异步电动机的工作特性。

二、实验内容

（1）测定异步电动机定子绕组的冷态电阻。

（2）异步电动机的空载实验。

（3）异步电动机的短路实验。

（4）异步电动机负载实验。

三、实验用仪器设备

（1）鼠笼式异步电动机 1 台；（2）直流发电机 1 台；（3）负载变阻器 1 台
（4）三相自耦变压器 1 台；（5）磁场变阻器 1 台；（6）交流电压表 3 只；
（7）交流电流表 3 只；（8）单相功率表 2 只；（9）直流电压表；
（10）直流电流表；（11）熔断器；（12）开关；（13）转速表；（14）导线。

四、原理简述

异步电动机的工作特性是指电源电压和频率为额定值时，定子电流、转速（或转差）、功率因数、电磁转矩、效率与输出功率的关系，即 I_1、n、$\cos\varphi$、T、$\eta=f(P_2)$ 的关系曲线。工作特性指标在国家标准中都有具体的规定，设计和制造都必须满足这些性能指标。工作特性曲线可用等效电路计算，也可以通过实验和作图方法求得。异步电动机等效电路的参数可以用空载实验和短路实验来确定。

电动机的励磁参数 r_m、x_m、铁耗 P_{Fe}和 P_m 可通过空载实验获得。根据空载实验数据绘制空载特性曲线 P_0、$I_0=f(U_0)$。利用空载特性数据可分离铁心损耗 P_{Fe}和机械损耗 P_m

$$P_{Fe} + P_m = P_0 - P_{Cu0} \tag{9-4}$$

式中 P_{Cu0} 为空载时的定子铜耗，对 Y 连接的电动机 $P_{Cu0} = 3I_0^2R_1$，对 D 连接的电动机 $P_{Cu0} = \sqrt{3}I_0^2R_1$，为定子绕组的每相电阻。作出曲线（$P_{Fe} + P_m$）$= f$（$U_0^2$）。将该曲线延长，使之与纵轴相交，即可将铁耗与机械损耗分开，由曲线上可查得 P_{Fe} 和 P_m。

由空载特性曲线查得空载电压为额定电压时的空载电流 I_0 和空载损耗 P_0，即可计算出励磁参数：

空载阻抗
$$z_0 = \frac{U_N}{I_0} \tag{9-5}$$

空载电阻
$$r_0 = \frac{P_0}{3I_0^2} \tag{9-6}$$

空载电抗
$$x_0 = \sqrt{z_0^2 - r_0^2} \tag{9-7}$$

励磁电抗
$$x_m = x_0 - x_1 \tag{9-8}$$

式中　x_1——定子绕组的漏电抗。

励磁电阻
$$r_m = \frac{P_{Fe}}{3I_0^2} \tag{9-9}$$

电动机的短路阻抗、转子电阻和定、转子漏电抗可通过短路实验获得。根据短路实验数据绘制出短路特性曲线 $I_K = f$（U_K）、$P_K = f$（U_K）。

由短路特性查得（或短路实验数据查得）$I_K = I_N$ 时的短路电压 U_K 和短路损耗 P_K，便可计算短路参数：

短路阻抗
$$z_K = \frac{U_K}{I_K} \tag{9-10}$$

短路电阻
$$r_K = \frac{P_K}{3I_K^2} \tag{9-11}$$

短路电抗
$$x_K = \sqrt{z_K^2 - r_K^2} \tag{9-12}$$

短路电阻
$$r_{K75℃} = r_{K\theta}\frac{235 + 75}{235 + \theta} \tag{9-13}$$

短路阻抗
$$z_{K75℃} = \sqrt{r_{K75℃}^2 + x_k^2} \tag{9-14}$$

式中的电压、电流均化为相值，功率为三相值。

电机参数可近似为：

$$\begin{cases} r_1 = r_2 \approx \dfrac{r_K}{2} \\ x_1 = x_2 \approx \dfrac{x_K}{2} \end{cases} \tag{9-15}$$

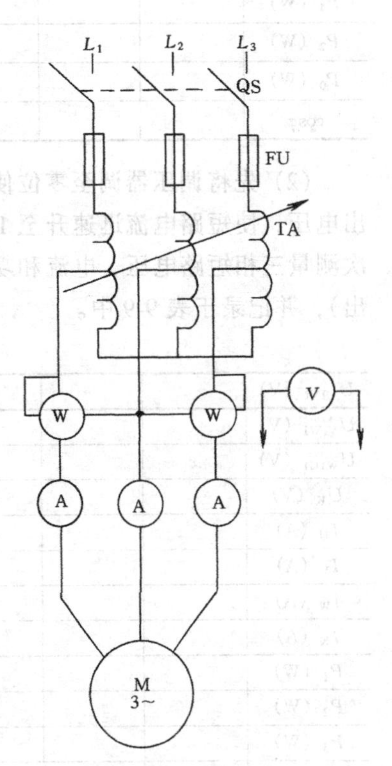

图 9-21　空载实验

五、实验步骤

1. 测定异步电动机定子绕组的冷态电阻

按直流电机实验部分，用伏安法（或电桥法）测量异步电动机定子绕组的冷态电阻。

2. 异步电动机的空载实验

（1）按图 9-21 接线，图中功率表选用低功率因数瓦特表。

（2）将电流表和瓦特表的电流线圈用导线短接，三相调压器调至零位使输出电压为零。

（3）合上电源开关 S，逐步升高调压器输出电压，启动异步电动机，保持电动机在额定电压下运转数分钟，待机械摩擦稳定后再进行后续实验。

（4）调节调压器输出电压，从 $U_0 = 1.2U_N$ 开始，逐渐降低至 $0.5U_N$ 左右，每次测量电压、电流和功率，共 7～9 组（U_N 附近测点应密一点），记录于表 9-8 中。当转速明显降低或空载电流开始回升，就不再降压测取数据。

3．异步电动机的短路实验

接线仍按图 9-21 所示，功率表改用 $\cos\varphi = 1$ 的，但应注意仪表接线及仪表量程均与空载时不同，须作相应改变。

（1）正确启动异步电动机，观察其转向后，切断电源。根据电机转向，在转轴上加上制动工具，使电动机在通电时堵转且不致将制动器甩出。

电动机空载实验记录表 **表 9-8**

$U_{U_1V_1}$ (V)									
$U_{V_1W_1}$ (V)									
$U_{W_1U_1}$ (V)									
U_0 (V)									
I_U (A)									
I_V (A)									
I_W (A)									
I_0 (A)									
P_1 (W)									
P_2 (W)									
P_0 (W)									
$\cos\varphi$									

（2）先将调压器调至零位使输出电压为零，然后合上电源开关 S，缓慢调节调压器输出电压，使短路电流迅速升至 $1.2I_N$，然后逐渐降低电压，直至电流达到 $0.3I_N$ 为止，每次测量三相短路电压、电流和功率，共 7-9 组数据（其中 $I_a = I_N$ 点上的一组数据必须测出），并记录于表 9-9 中。

电动机短路实验记录表 **表 9-9**

U_{U1V1} (V)									
U_{V1W1} (V)									
U_{W1U1} (V)									
U_K (V)									
I_U (A)									
I_V (A)									
I_W (A)									
I_K (A)									
P_1 (W)									
P_2 (W)									
P_3 (W)									
$\cos\varphi$									

4. 异步电动机负载实验

按图 9-22 所示接线，他励直流发电机接线及操作可参考直流电机实验部分。

（1）正确启动三相异步电动机，使电动机在额定电压下正常运转。

（2）调节直流发电机的励磁电流，使其励磁电流 $I_f=I_{fN}$。

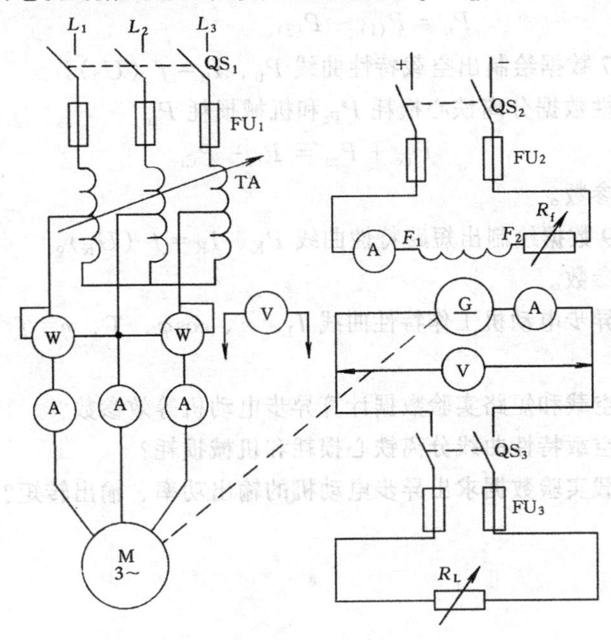

图 9-22　负载实验

（3）合上直流发电机负载开关 S_3，使电动机带上负载。调节发电机负载电阻，使电动机的定子电流增大至额定电流的 1.2 倍，即 $I_a=1.2I_N$，然后逐渐减小电动机负载（增大发电机负载电阻），直至电动机空载为止（发电机负载开关 S_3 断开），每次测量电动机的电流、功率、转速和发电机的输出电流、电压，共 5～7 组数据，并记录于表 9-10 中。

六、数据处理

（1）正确记录实验所测数据。

（2）根据所测数据计算表 9-9 的相关物理量。

电动机负载实验记录表　　**表 9-10**

异步电动机电流	I_U（A）					
	I_V（A）					
	I_W（A）					
	I_1（A）					
异步电动机输入功率	P_1（W）					
	P_2（W）					
	P_1（W）					
直流发电机输出电压、电流	U_G（V）					
	I_G（A）					
转　速	n（r/min）					
输出转矩	T_2（N·m）					

$$U_0 = \frac{U_{U_1V_1} + U_{V_1W_1} + U_{W_1U_1}}{3} \tag{9-16}$$

$$I_0 = \frac{I_U + I_V + I_W}{3} \tag{9-17}$$

$$P_0 = P_{(1)} - P_{(2)} \tag{9-18}$$

(3) 根据表 9-7 数据绘制出空载特性曲线 P_0、$I_0 = f$（U_0）。

(4) 用空载特性数据分离铁心损耗 P_{Fe}和机械损耗 P_m

$$P_{Fe} + P_m = P_o - P_{Cuo} \tag{9-19}$$

(5) 计算励磁参数。

(6) 根据表 9-9 数据绘制出短路特性曲线 P_K、$I_K = f$（U_K）。

(7) 计算短路参数。

(8) 绘制三相异步电动机工作特性曲线 I_1、n、$\cos\varphi$、T、$\eta = f$（P_2）。

七、问题分析

(1) 如何利用空载和短路实验数据计算异步电动机等效参数？

(2) 怎样利用空载特性曲线分离铁心损耗和机械损耗？

(3) 如何由负载实验数据求出异步电动机的输出功率、输出转矩？

附表

常用建筑图例符号　　附表一

图例符号	名称	图例符号	名称
	普通砖墙	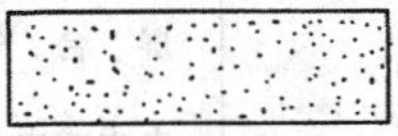	砂、灰土及粉刷材料
	普通砖墙	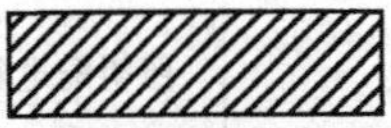	普通砖
	普通砖柱		混凝土
	钢筋混凝土柱	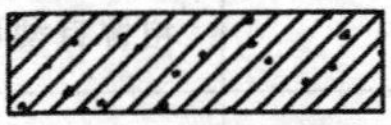	钢筋混凝土
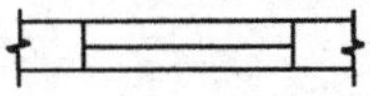	窗		金属
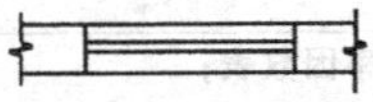	窗		木材
	不可见孔洞	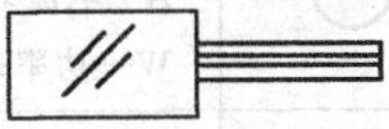	玻璃
	双扇弹簧门		自然土壤
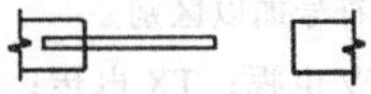	墙内单扇推拉门		夯实土壤
	不可见孔洞	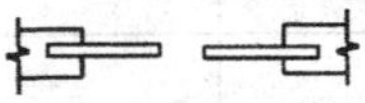	墙内双扇推拉门
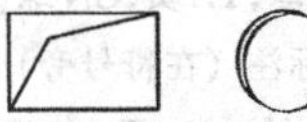	坑槽	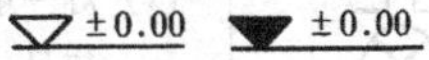 ±0.00　±0.00	标高符号（单位：m）
	可见孔洞		污水池
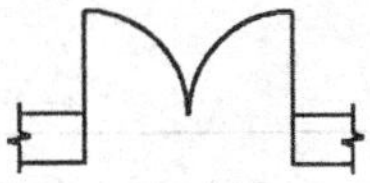	双扇门	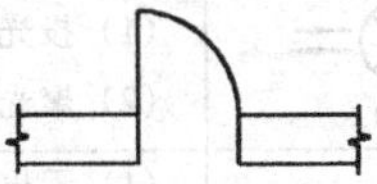	单扇门
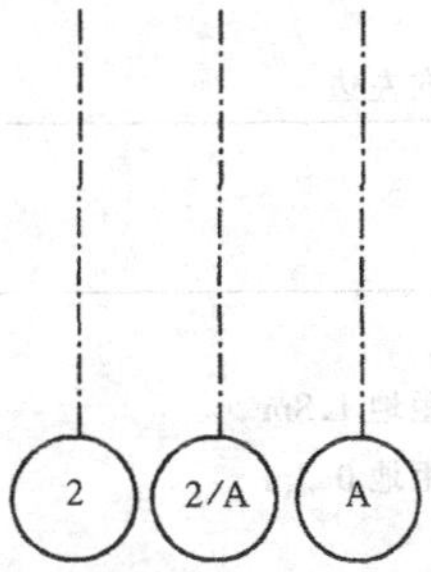 2　2/A　A	轴线号与附加轴线号	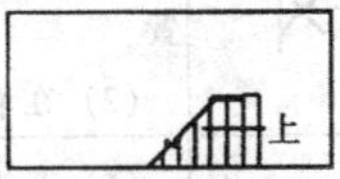 上	楼梯首层
		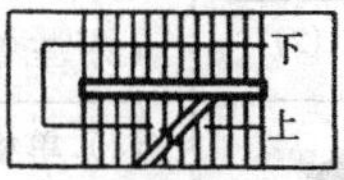 下　上	标准层
		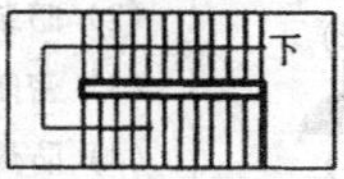 下	顶层

常用电气图形符号（GB4728—1985）（SJ2708—1987） **附表二**

国标序号	图形符号	名称及说明	备　　注
06-19-03 06-19-06	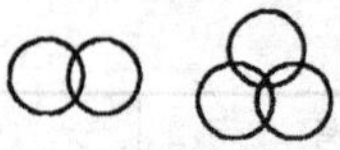	双绕组变压器 三绕组变压器	
11-15-01 11-15-02 11-15-04 11-15-01 11-15-05 11-15-06		屏、台、箱、柜一般符号 电力或电力-照明配电箱 照明配电箱（屏） 事故照明配电箱（屏） 多种电源配电箱（屏） 电源自动切换箱（屏）	画于墙外为明装，距地一般 1.8m 画于墙内为暗装，距地一般 1.4m
11-16-09 11-16-10 11-16-12	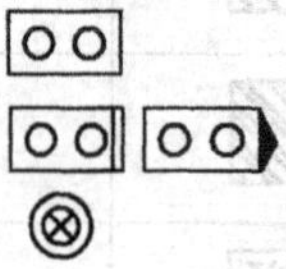	按钮盒　一般型及保护型 密闭型防爆型 带指示灯型	点数应符合按钮数目
08-02-01		V—电压表； A—电流表； W—功率表	cosφ—为功率因数表； φ—为相位表；n—转速表； ±—极性表；Hz—频率表
08-04-03 08-04-15	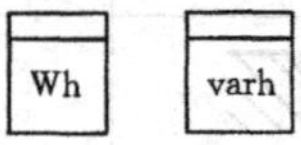	Wh—有功电度表； varh—无功电度表	
11-18-19		电信插座一般符号	可用文字或符号加以区别 TP 电话；TV 电视；TX 电传；M 传声器；FM 调频
08-10-01 08-10-02	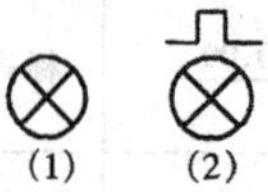 (1)　(2)	(1) 灯一般符号 信号灯一般符号 (2) 闪光型信号灯	(1) 灯的颜色标注（在符号旁） RD 红；BU 绿；YE 黄；GN 绿；WH 白 (2) 灯的类型标注（在符号旁） Xe 氙；Na 钠；Hg 汞；I 碘；IN 白炽；FL 荧光 Ne 氖 EL 电发光 ARC 弧光 LED 发光二极管
11-19-02 11-19-03	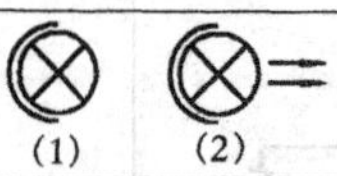 (1)　(2)	(1) 投光灯一般符号 (2) 聚光灯	
11-19-05 11-19-06	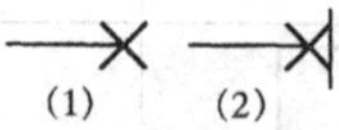 (1)　(2)	(1) 示出配线照明的引出线位置 (2) 在墙上的照明引出线	示出配线向左边
11-19-07 11-19-08	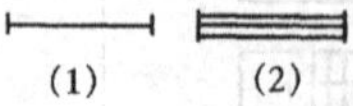 (1)　(2)	(1) 荧光灯一般符号 (2) 三管荧光灯	
11-18-02 11-18-03 11-18-04 11-18-05	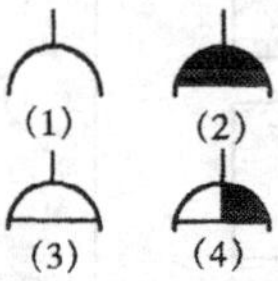 (1)　(2) (3)　(4)	(1) 单相插座 (2) 暗装 (3) 密闭（防水） (4) 防爆	明装一般距地 1.8m 暗装一般距地 0.3m

续表

国标序号	图形符号	名称及说明	备注
11-18-06 11-18-10	(1) (2)	(1) 带保护接点插座（单相三极） (2) 带接地插孔的三相插座（三相四极）	暗装、密闭、防爆的半圈内表示方法同上
11-18-21	(1) (2)	(1) 带熔断器的三极插座 (2) 暗装	
11-18-14	(1) (2)	(1) 插座箱（板） (2) 熔断器箱（盒）	画于墙内为暗装
11-18-22 11-18-35 11-18-36	(1) (2) (3)	(1) 灯开关一般符号 (2) 单极拉线开关 (3) 单极双控拉线开关	平面图表示 一般距地 2～3m
11-18-23 11-18-24 11-18-25 11-18-26	(1) (2) (3) (4)	(1) 单极开关 (2) 暗装 (3) 密闭（防水） (4) 防爆	暗装一般距地 1.3m
11-18-27 11-18-31	(1) (2)	(1) 双极开关（单极双位开关） (2) 三极开关（单极三位开关）	暗装、密闭、防爆的半圈内表示方法同上
11-18-38	(1) (2)	(1) 双控开关（单相三线） (2) 暗装	
07-02-01 07-13-02 07-13-03	(1) (2) (3)	(1) 开关一般符号 (2) 多极开关一般符号 (3) 多极开关	本符号也可以作动合（常开）触点符号 单线表示（短线表示极数） 多线表示
07-13-07 07-21-07	(1) (2) (3)	(1) 断路器 (2) 熔断器式开关 (3) 熔断器式隔离开关	
07-13-08 07-13-10 07-21-06	(1) (2) (3)	(1) 隔离开关 (2) 负荷开关(负荷隔离开关) (3)跌开式熔断器	
07-21-01		熔断器一般符号	
		电阻器一般符号	
11-06-01 11-06-02	(1) (2)	(1)向上配线 (2)向下配线	

续表

国标序号	图形符号	名称及说明	备注
11-06-03		垂直通过配线	
	(1) (2) (3) (4)	(1)由下引来配线 (2)由上引来配线 (3)由上引来向下引去配线 (4)由下引来向上引去配线	
11-B1-02 11-B1-03 11-B1-04		架空电话交接箱 落地电话交接箱 壁龛电话交接箱(墙嵌式) 墙挂式电话交接箱	通信用
11-B1-05 11-B1-06 11-B1-07	(1) (2) (3)	(1)分线盒一般符号 (2)室内分线盒 (3)室外分线盒	可加注$\frac{A-B}{C}D$ A—编号;B—容量;C—线序;D—用户数
08-10-06 08-10-10 08-10-05	(1) (2) (3)	(1)电铃一般符号 (2)蜂鸣器 (3)电喇叭	
07-07-02		按钮开关动合触点 按钮开关动断触点	
11-16-04	M (1) (2)	(1)电磁阀 (2)电动阀	
07-15-01		操作器件线圈一般符号	
07-15-12	~ ~	交流继电器的线圈	
06-04-01	*	旋转电机一般符号	(1)圆圈内"＊"必须用下面字母代替C—同步变流机,G—发电机,GS—同步发电机,M—电动机,MG—能作发电机或电动机的电机,MS—同步电动机,SM—伺服电动机,TG—调速发电机,TM—力矩电动机,TS—感应同步器 (2)可在上面符号下加符号"～"—交流,"-"—直流

续表

国标序号	图形符号	名称及说明	备　　注
06-05-03 06-05-02 06-05-01 06-05-04	(1) (2) (3) (4)	(1)他励直流电动机 (2)并励式直流电动机 (3)串励式直流电动机 (4)复励式直流发电机	绕组放置位置不作规定
06-05-06		永磁直流电动机	
06-08-01 06-08-03	(1)	(1)三相鼠笼式异步电动机 (2)三相线绕转子异步电动机	
07-22-03	(1) (2) (3)	(1)避雷器 (2)管形避雷器 (3)阀型避雷器、磁吹避雷器	
11-B1-14 11-B1-15 11-B1-16	(1) (2) (3)	(1)自动开关箱 (2)刀开关箱 (3)熔断器式刀开关箱	
11-18-39 11-18-45 11-18-40	(1) (2) (3)	(1)具有指示灯的开关 (2)钥匙开关 (3)多拉开关	如用于不同照度
07-13-04 07-02-03		动合触点(常开) 动断触点(常闭)	在非动作位置触点断开 在非动作位置触点闭合
07-05-01		延时闭合瞬间断开的动合触点	
07-05-03		延时断开瞬间闭合的动合触点	
07-05-09		延时闭合延时断开的动合触点	
07-05-05		瞬间断开延时闭合的动断触点	
07-05-08		瞬间闭合延时断开的动断触点	
		延时断开延时闭合的动断触点	

续表

国标序号	图形符号	名称及说明	备注
07-13-04 07-13-06		接触器动合触点 接触器动断触点	在非动作位置触点断开 在非动作位置触点闭合
07-09-01 07-02-01 02-14-07 07-2-01 02-14-01 07-13-04 07-20-02		温度控制触点 压力控制触点 液位控制触点 接近开关触点	
07-08-01 07-08-02		机械联动开关动合触点 机械联动开关动断触点	
10-04-01		天线（VHF、UHF、FM 频段用）	
10-15-01 11-10-04 4.3		放大器一般符号 具有反向通路的放大器 带自动增益/或自动斜率控器的放大器	
11-10-01 11-10-02		桥接放大器（示出三路支线或分支输出） 干线桥接放大器（示出三路支线输出）	（1）其中标有小圆点的一端输出电平较高 （2）符号中，支线与分支线可按任意适当角度画出
11-11-01 11-11-02 6.3		二分配器 三分配器 四分配器	
11-12-01 7.3 7.4		用户一分支器 用户二分支器 用户四分支器	（1）圈内允许不画直线而标注分支量 （2）当不会引起混搅时，用户线可省去不画 （3）用户线可按任意适当角度画出

续表

国标序号	图形符号	名称及说明	备注
11-12-02 11-12-03 7.7		系统出线端 串接式系统输出口 具有一路外接输出口的串接式系统输出口	
11-13-01 11-13-02		固定均衡器 可调均衡器	
10-16-01 10-16-02		固定衰减器 可调衰减器	
10-19-01 9.2 9.3	V S / V S	调制器、解调器一般符号 电视调制器 电视解调器	(1)使用本符号应根据实际情况加输入线,输出线 (2)根据需要允许在方框内或外加注定性符号
02-17-10 10-14-02	n_1 n_2	频道变换器 (n_1 为输入频道,n_2 为输出频道)	n_1 和 n_2 可以用具体频道数字代替
10-13-02	G ~ *	正弦信号发生器	星号(*)可用具体频率数字代替
10-08-26		匹配电阻	
11-14-01 11-14-03		线路供电器(示出交流型) 电源插入器	
10-16-04 10-16-05 10-16-06 10-16-07		高通滤波器 低通滤波器 带通滤波器 带阻滤波器	

续表

国标序号	图形符号	名称及说明	备　　注
		报警启动装置	
	W	感稳探测器	W定温探测器　WC差温探测器 WCD差定温组合式探测器
	Y	感烟探测器	YLZ离子感烟探测器 YGD光电感烟探测器 YDR电容感烟探测器
	G	感光探测器(火焰探测器)	矩形框内符号表示 GZW紫外火焰探测器 GHW红外火焰探测器
	YHS(1)　YHS(2)	红外光束感烟探测器	(1)发射部分 (2)接收部分
	Q	可燃气体探测器	QQB气敏半导体可燃气体探测器 GHW红外火焰探测器
	(1)　Q (2)	(1)火灾报警装置 (2)火灾报警控制器	
	* a/b	火灾报警控制器	(1)a-型号,b-容量(路数) (2)框内*号的符号意义 无:单路;B-Q区域;B-J集中;B-T通用;TB火灾探测-报警控制器;火灾显示盘
	DY * a/b c	专用火警电源	(1)a-型号,b-输出电压,c-容量 (2)框内*号的符号意义 -直流;~交流;≃交直流
	(1)　(2) (3)　(4) (5)　(6)	(1)火灾警报装置 (2)报警电话 (3)火灾警报器 (4)火警电铃 (5)火显示器(光信号) (6)紧急事故广播	
		手动火灾报警按钮	
		风扇调速开关	
07-14-01 07-14-06	(1)　(2)	(1)电动机启动器一般符号 (2)星一三角形启动器	特殊类型启动器可以在一般符号内加上限定符号

注:10-19-01等为(GB4728—1985)编号;9.2等为(SJ2708—1987)编号。

续表

国标序号	图形符号	名称及说明	备注
11-B1-19 11-B1-20 11-B1-21	(1) (2) (3)	(1)深照型灯 (2)广照型灯(配照型灯) (3)防水防尘灯	
11-B1-22 11-B1-23 11-B1-24	(1) (2) (3)	(1)深照型灯 (2)局部照明灯 (3)矿山灯	
11-B1-25 11-B1-26 11-B1-27	(1) (2) (3)	(1)安全灯 (2)隔爆灯 (3)天棚灯	
11-B1-28 11-B1-29 11-B1-30	(1) (2) (3)	(1)花灯 (2)弯灯 (3)壁灯	
11-19-10		防爆荧光灯	
11-19-11 11-19-12 11-19-13	(1) (2) (3)	(1)在专用电路上的事故照明灯 (2)自带电源的事故照明灯装置(应急灯) (3)气体放段电灯的辅助设备	仅用于辅助设备与光源不在一起时
11-19-03 11-19-04	(1) (2)	(1)聚光灯 (2)泛光灯	
11-18-15	3	多个插座(示出三个)	
11-18-16 11-18-17	(1) (2)	(1)具有护板的插座 (2)具有单极开关的插座	
11-18-18 11-18-19	(1) (2)	(1)具有联锁开关的插座 (2)具有隔离变压器的插座	如电动剃刀用的插座
11-17-01 11-17-02	(1) (2)	(1)电阻加热装置 (2)电弧炉	
11-17-03 11-17-04	(1) (2)	(1)感应加热炉 (2)电解槽或电镀槽	
11-17-05 11-17-06	(1) (2)	(1)直流电焊机 (2)交流电焊机	
11-17-08 11-17-09	(1) (2)	(1)热水器(示出引线) (2)风扇一般符号(示出引线)	

注:10-19-01 等为(GB4728—1985)编号;9.2 等为(SJ2708—1987)编号。

电气设备常用基本文字符号(GB7159－87) **附表三**

设备、装置和元器件种类		基本文字符号	
		单字母符号	双字母符号
部件 组件	电桥 晶体管放大器 集成电路 放大器 磁放大器	A	AB AD AJ AM
非电量到电量变换器或电量到非电量变换器	送话器 扬声器 压力变换器 位置变换器 温度变换器 速度变换器	B	 BP BQ BT BV
电容器	电容器	C	
其他元器件	发热器件 照明灯 空气调节器	E	EH EL EV
保护	避雷器 熔断器 限压保护器件	F	 FU FV
发生器电源	同步发电机 异步发电机 蓄电池	G	GS GA GB
信号器件	声光指示器 光指示器 指示灯	H	HA HL HL
继电器、接触器	交流继电器 接触器 逆流继电器	K	KA KM KR

设备、装置和元器件种类		基本文字符号	
		单字母符号	双字母符号
变压器	电流互感器 控制变压器 电源变压器 电力变压器 电压互感器	T	TA TC TM TV
电感器	感应线圈 陷波器 电抗器	L	
电动机	电动机 同步电动机	M	MS
测量设备 试验设备	指示器件 电流表 电度表 记录仪器 电压表	P	 PA PJ PS PV
电力电路的开关器件	断路器 电机保护开关 隔离开关	Q	QF QM QS
电阻器	电阻器 变阻器 电位器	R	 RP
控制、记忆、信号电路的开关器件选择器	控制开关 选择开关 按钮开关 压力开关 温度开关 温度传感器	S	SA SA SB SL ST ST

电气施工图的常用标注格式　　附表四

电力设备和照明设备(11-A1-02)

$\frac{a-b}{c}$或$a-b-c$

a—设备编号；

b—设备型号；

c—设备容量(kW)

电　话　交　接　箱

$\frac{a-b}{c}d$

a—设备编号；

b—设备型号；

c—线序；

d—用户数

电　视　线　路

$a-(b)c-d$

a—线路编号；

b—线路型号；

c—敷设方式与穿管管径；

d—敷设部位

照明灯具(11-A1-05)

$a-b\frac{c\times d\times L}{e}f$　$a-b\frac{c\times d\times L}{—}f$

a—灯具数量；

b—灯具型号或编号；

c—每盏灯的灯泡数或灯管数；

d—灯泡(管)容量(W)；

e—安装高度(m)；

f—安装方式；

L—光源种类

电　气　线　路

$a-b(c\times d)e-f$

a—线路编号；

b—导线型号；

c—导线根数；

d—导线截面(mm^2)；

e—敷设方式与穿管管径(mm)；

f—敷设部位

通　信　线　路

$a-b(c\times d)e-f$

a—线路编号；

b—线路型号；

c—导线对数；

d—导线直径(mm)；

e—敷设方式与穿管管径(mm)；

f—敷设部位

表达线路敷设方式的代号

PR—塑制线槽敷设

MR—金属线槽敷设

PC—聚氯乙烯硬质管敷设

FPC—聚氯乙烯半硬质管敷设

KPC—聚氯乙烯塑制波纹电线管敷设

TC—电线管(薄壁钢管)敷设

SC—钢管(厚壁钢管)敷设

RC—水煤气钢管(加厚钢管)敷设

CP—穿金属软管敷设

CT—用电缆桥架敷设

C—直埋地敷设

表达线路敷设部位的代号

SR—沿钢索敷设

BE—沿屋架或屋架下弦明敷设

CLE—沿柱明敷设

WE—沿墙敷设

CC—沿天棚或顶板面敷设

ACE—在能进人的吊顶内敷设

BC—暗设在梁内

CLC—暗设在柱内

WC—暗设在墙内

CC—暗设在屋面或顶板内

FC—暗设在地面或地板内

ACC—暗设在不能进人的吊顶内

表达照明灯具安装方式的代号

CP—线吊式

CP—自在器线吊式

CP1—固定线吊式

CP2—防水线吊式

CP3—吊线器式

Ch—吊链式

P—吊管式

W—壁装式

S—吸顶式或直附式

WR—墙壁内安装

HM—座装

SP—支架上安装

CL—柱上安装

T—台上安装

R—嵌入式(嵌入不可进人的顶棚)

CR—顶棚内安装(嵌入可进人的顶棚)

用电设备或电动机出线口

$\frac{a}{b}$

a—设备编号；

b—设备容量

标写计算用的常用代号

P_N—额定容量(kW)；

P_j—额定容量(kW)；

I_N—额定电流(A)；

I_j—计算电流(A)；

I_Z—整定电流(A)；

$\Delta U\%$—电压损失；

$\cos\varphi$—功率因数

注:灯具安装高度:壁灯为灯具中心与地面距离;吊灯为灯具底部与地面距离。

住宅电气施工图

图纸目录

序号	图纸编号	图纸名称	备注
1	电施10-01	图纸目录　设计施工说明　图例及主材表	
2	电施10-02	电气系统图　楼层配电箱（电表配电箱）系统图　用户配电箱系统图	
3	电施10-03	单元标准层电气平面图	
4	电施10-04	一层电气平面图	
5	电施10-05	二层电气平面图	
6	电施10-06	单元标准6层电气平面图　弱电系统平面图　顶层阁楼电气平面图	
7	电施10-07	电话系统图　用户弱电控制箱安装示意图	
8	电施10-08	CATV电视系统图　前端箱盘面图	
9	电施10-09	计算机网络系统组合示意图　网络分线箱安装示意图	
10	电施10-10	屋顶防雷接地平面图　接地装置安装示意图	

图例及主材表

序号	图例	名称	型号规格	数量	安装做法及说明
1		总配电箱（1＃箱）	XL20-4 400×500×200	1	暗装配电箱，距地1.4m
2		全塑电力电缆	VV22(3×50+1×25)SC80-FC		直埋地敷设
3		用户弱电系统分线箱	360×420×160	48	墙上暗装，安装高度0.4m
4		全塑通信电缆	HYV系列		墙内穿管暗敷设
5		楼层电表配电箱	VT系列 300×400×160	7	安装高度：1.4m
6		插座线路	BV(3×2.5)FPC16-WC		一层及标注除外
7		门栋配电箱	XL20 300×400×200	3	安装高度：1.4m
8		空调插座线路	BV(3×2.5)FPC16-WC		标注除外
9		用户配电箱	VT12PF 312×225×120	48	安装高度：1.4m
10		照明线路	BV(2×2.5)FPC16－WC		标注除外

续表

序号	图例	名称	型号规格	数量	安装做法及说明
11		电话分线箱	STO-50、30、20、10	8	安装高度:2.0m
12		电话通信线路	RVB(2×0.2)FPC16-WC		标注除外
13		CATV电视系统箱	型号规格见说明	4	安装高度:2.0m
14		CATV电视线路	(SYKV-75-5)FPC16-WC		标注除外
15		单管荧光角灯	YG-1 $\frac{40}{2.5}$	48	安装于墙角处
16		计量变换二次线路	FPC16-WC		只敷设线管
17		方形吸顶灯	$\frac{25}{—}$S	240	方形吸顶灯
18		计算机网络线路	PVC16-A 超五类线考虑		只敷设线管
19		计量变换二次线路接线盒	86HS50	96	用86型盖板封口高1.0m
20		重复接地装置接地极(镀锌角钢)	L50×50×5(长2500)		室外埋深0.8m
21		单相五孔插座(二极+三极)	AP86Z223F-10(带防护门)		安装高度:0.3m
22		重复接地装置接地引线(镀锌扁钢)	-4×40		室外埋深0.8m
23		单相双二三极插座(10孔插座)	AP146Z423-10	48	厨房插座鸿雁产品 安装高度:1.2m
24		单极断路器	C65N系列		箱内电器
25		带熔丝单相三极插座	AP86Z13R-16	264	空调插座;高度:2.4m
26		两极断路器	C65N系列		箱内电器
27	TV	电视出口	A86ZDTVⅡ	68	安装高度0.5m
28		三极断路器	C65N系列		箱内电器
29	TP	电话出口	A86ZDTN6-2	164	安装高度0.5m
30		低压隔离开关	HD-200/3	1	箱内电器
31	PT	计算机信息网络出口	只敷设箱体、盒体、线管	48	安装高度:0.5m
32		普通吊线照明灯		108	
33		三位暗装灯开关	AP86K13-10	126	安装高度:1.3m

续表

序号	图　例	名　　称	型 号 规 格	数量	安装做法及说明
34		有功电度表	DD864-10(40)	48	箱内电器
35		双位暗装灯开关	AP86K12-10		安装高度:1.3m
36		串接一分支器	分支损耗 4dB		安装高度 0.5m
37		一位暗装灯开关	AP86K11-10		安装高度:1.3m
38		CATV 系统一分支器	分支损耗 8dB		各具体参数见弱电系统图
39		两位防水灯开关(卫生间)	AP86K11F-10	48	安装高度:1.3m
40		CATV 系统二分支器	分支损耗 8dB		各具体参数见弱电系统图
41		声光拉制灯开关(走廊、楼梯)		24	安装高度距顶:0.5m
42		CATV 系统三分支器	分支损耗 8dB		箱内电器
43		网络系统分线箱	见说明	4	
44		CATV 系统宽带放大器	全频道放大器	1	箱内电器
45		漏电保护断路器	EEM30L-25	48	箱内电器
46					

设计施工说明

本电气安装工程项目主要有电气照明系统、配电系统、空调插座线路、电话线路系统、有线电视系统、有线电视系统、计算机网络系统（线管敷设与箱体安装）和防雷接地系统。

（一）配电与照明系统

（1）电源进线采用 YJV-（3×70+1×35）全塑电力电缆直埋地敷设，进建筑物处穿 RC80 水煤气钢管保护，并做防水处理。

（2）本电气工程采用 TN-C-S 接地系统，在电源进线处进行重复接地，各楼层间的焊接立管及钢管用作保护接零线（PE 线），用户及插座的保护接零线在楼层配电箱处引接。

（3）一层插座线路均为穿 SC20 直埋地敷设，其余各层为穿 FPC 管在墙内或楼板缝内敷设。

（4）走廊楼梯照明灯采用声光控制灯开关，安装高度距顶 0.5m；楼梯照明一层为两盏吸顶灯（一只为走廊灯，另一只为雨棚灯），其余 2～6 层每层一只方形吸顶灯（走廊设置)。

(5) 卫生间采用双位防水灯开关(一只控制卫生间照明灯,另一只控制排风扇插座)。

(6) 用户配电箱进线均为 BV-(2×10+1×6)FPC25-WC。

(7) 进线电缆的管径标注为进建筑物的保护管。

(8) 雨棚灯与楼梯灯,各单元装设相同,并由走廊楼梯声光灯开关处引往楼上各层。

(二) 防雷与接地系统

(1) 屋顶防雷接地引下线采用在钢筋混凝土构造柱内的主钢筋引接,连接处应按 10 倍直径的钢筋进行密焊,焊接处应做防腐处理。

(2) 重复接地装置安装示意参见电施 10-10,其接地电阻应≤4Ω,否则应加装接地极。

(3) 防雷接地装置安装示意参见电施 10-10,其接地电阻应≤10Ω,否则应加装接地极。

(4) 防雷接地装置及重复接地装置所用材料均采用镀锌件;具体安装要求见电施 10-10。

(三) 电话通信系统

(1) 电话通信系统门栋连接与层间立管采用钢管,水平分支线管采用普通 PVC 工程塑料管,线管与分线箱均采用暗装形式,分线箱均采用暗装形式,分线箱安装距顶 0.6m。

(2) 电话通信系统的配置,1~6 层基本相同,顶层阁楼处电话终端相应由 6 层引上。

(3) 电话通信系统线路除标注外,均采用 RVB(2×0.4)PVC16-QA-DA。

(4) 电话分线箱外形尺寸:50 对约:400×900×160(mm);其他:300×500×130(mm)。

(四) 有线电视系统

(1) 有线电视系统的配置,1~6 层基本相同,顶层阁楼处电视终端相应由 6 层引上。

(2) CATV 系统线路的门栋连接采用钢管,层间立管采用屏蔽型 PVC 管,水平分支线管采用普通 PVC 管。

(3) 线管与系统箱均采用暗装形式,单元室内可沿楼板缝敷设。

(4) CATV 系统箱外形尺寸:TV1(系统前端箱)约:320×420×200(mm);
TV2、3(中间箱)约:210×160×120(mm);
TV4(系统过路箱)采用 86 型接线盒。

(5) CATV 系统线路除标注外,均采用(SYKV-75-5)FPC16-WC-FC。

(五) 计算机网络系统

(1) 宽带计算机网络由于拓扑结构未定,因此本工程只敷设管路和分线箱,并全部采用暗装敷设。

(2) 计算机网络系统终端出口插座暂用 86 型盖板盖住。

(六) 其他

(1) ② (TP) (TV) (PT) 分别为配电箱、电话箱、CATV 系统、网络系统箱编号。

(2) 电气与弱电系统进出线路参数,线管管径及敷设方式均以各系统图为准。

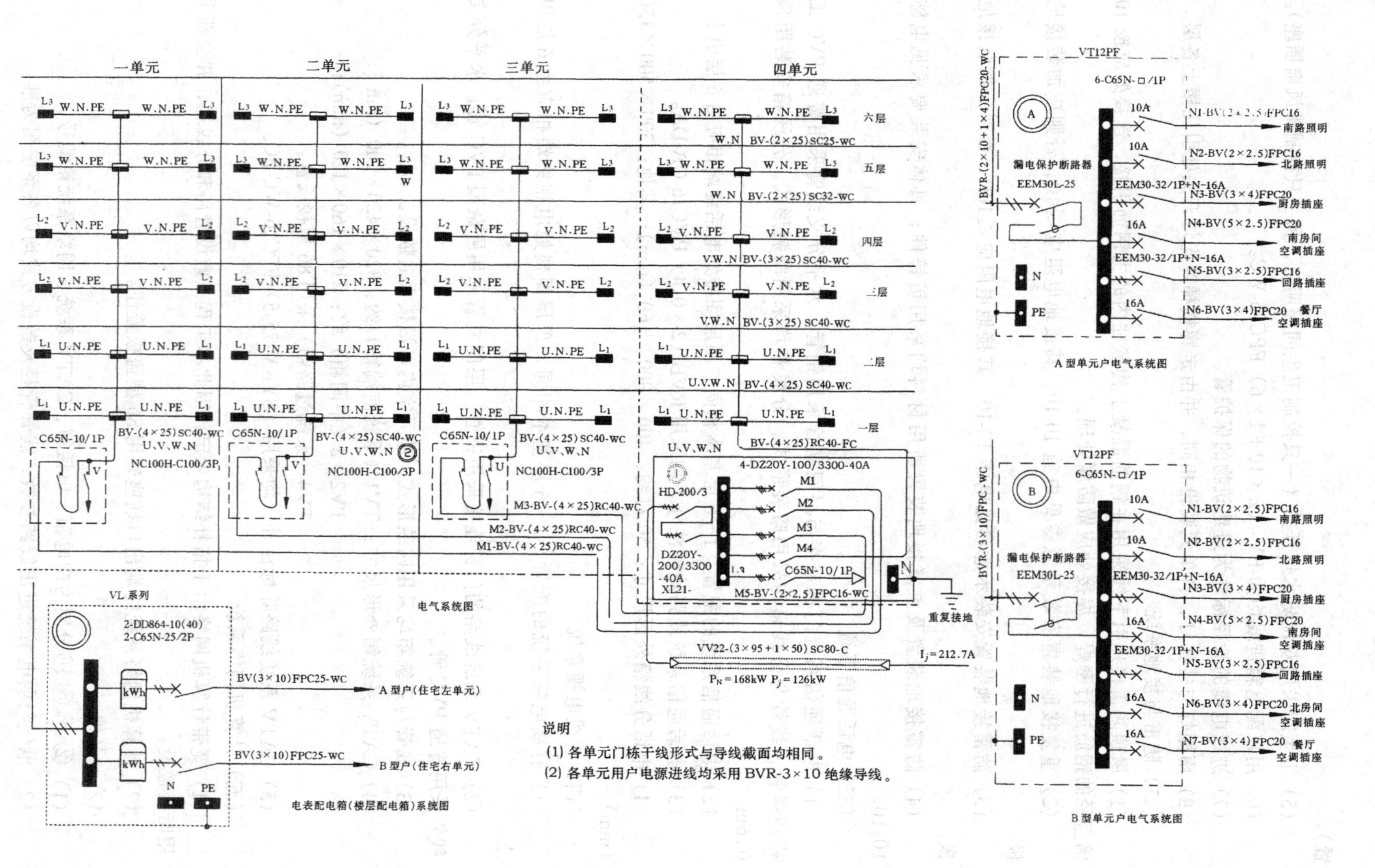

说明

(1) 各单元门栋干线形式与导线截面均相同。

(2) 各单元用户电源进线均采用 BVR-3×10 绝缘导线。

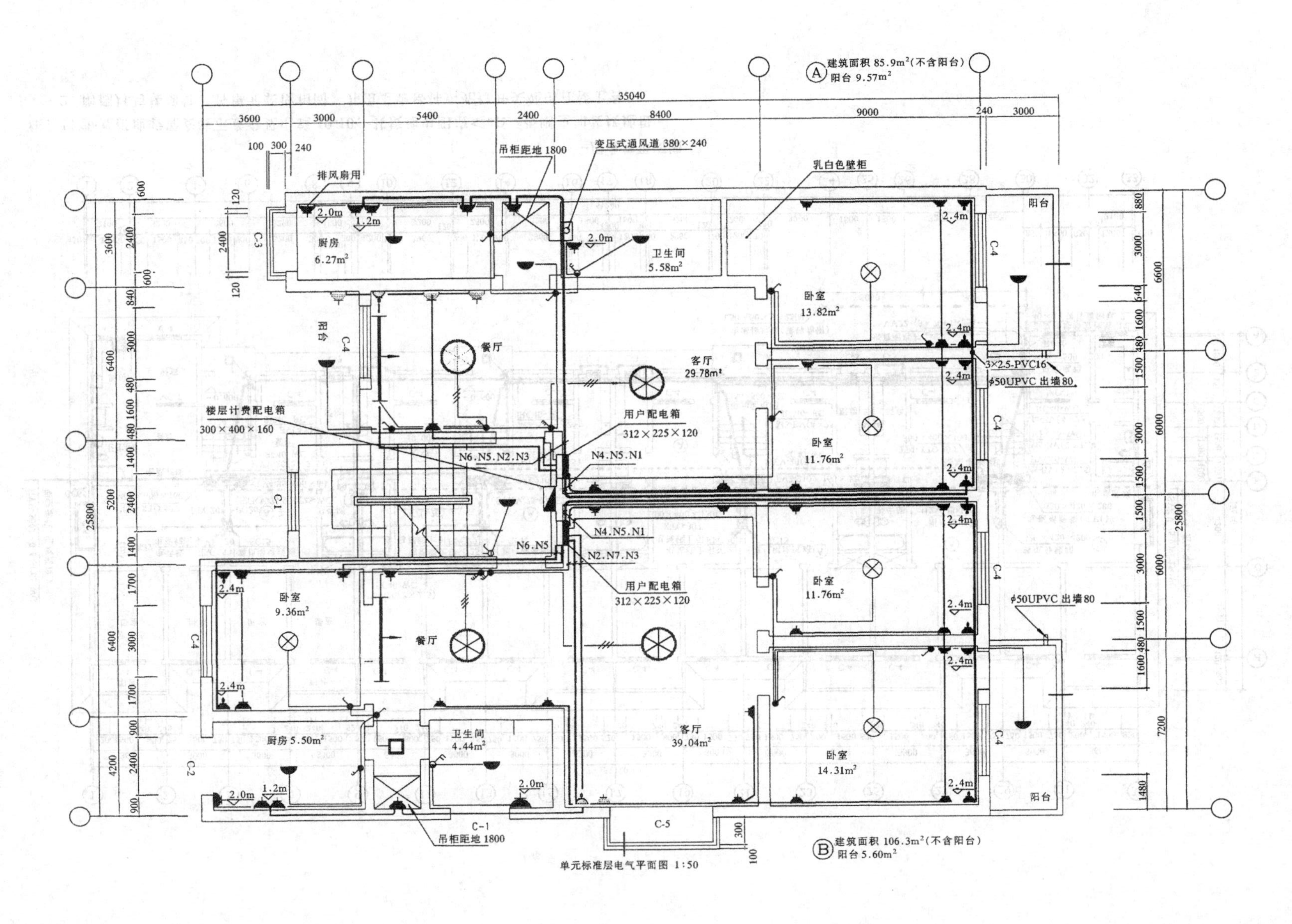

单元标准层电气平面图 1:50

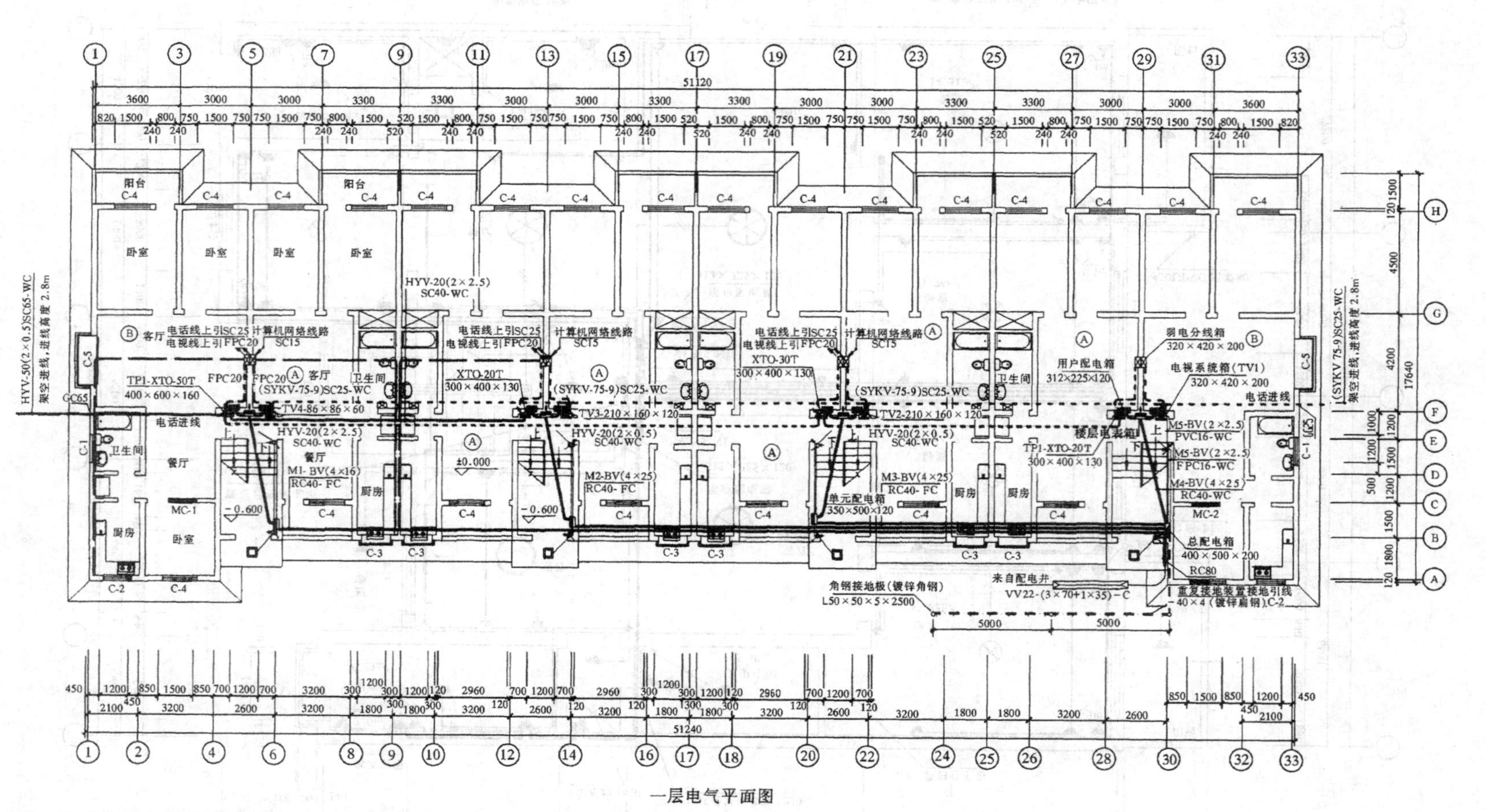

一层电气平面图

注：1. 重复接地装置安装示意参见电施 10-10；其接地电阻应≤4Ω，否则应加装接地极。

2. 雨棚灯与楼梯灯，各单元装设相同，并由走廊楼梯声光灯开关处引往楼上各层。

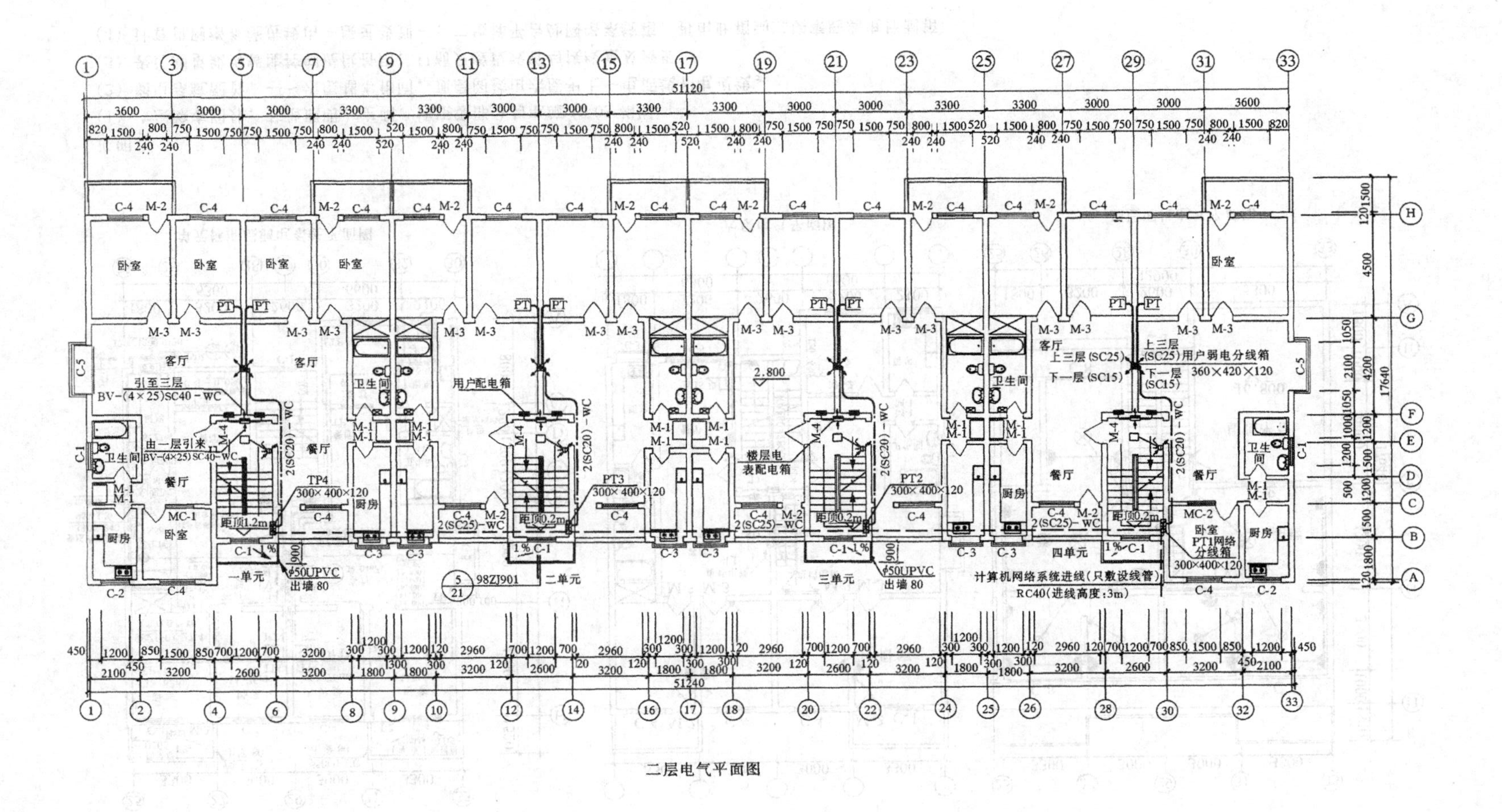

卧室
客厅
餐厅
厨房
卫生间
一单元
二单元
三单元
四单元
用户配电箱
楼层电表配电箱
上三层(SC25)用户弱电分线箱 360×420×120
下一层(SC15)
PT1网络分线箱 300×400×120
PT2 300×400×120
PT3 300×400×120
TP4 300×400×120
引至三层 BV-(4×25)SC40-WC
由一层引来 BV-(4×25)SC40-WC
2(SC20)-WC
2(SC25)-WC
φ50UPVC 出墙80
计算机网络系统进线(只敷设线管)
RC40(进线高度:3m)
距顶1.2m
距顶0.2m
2.800
98ZJ901
51120
51240
17640

二层电气平面图

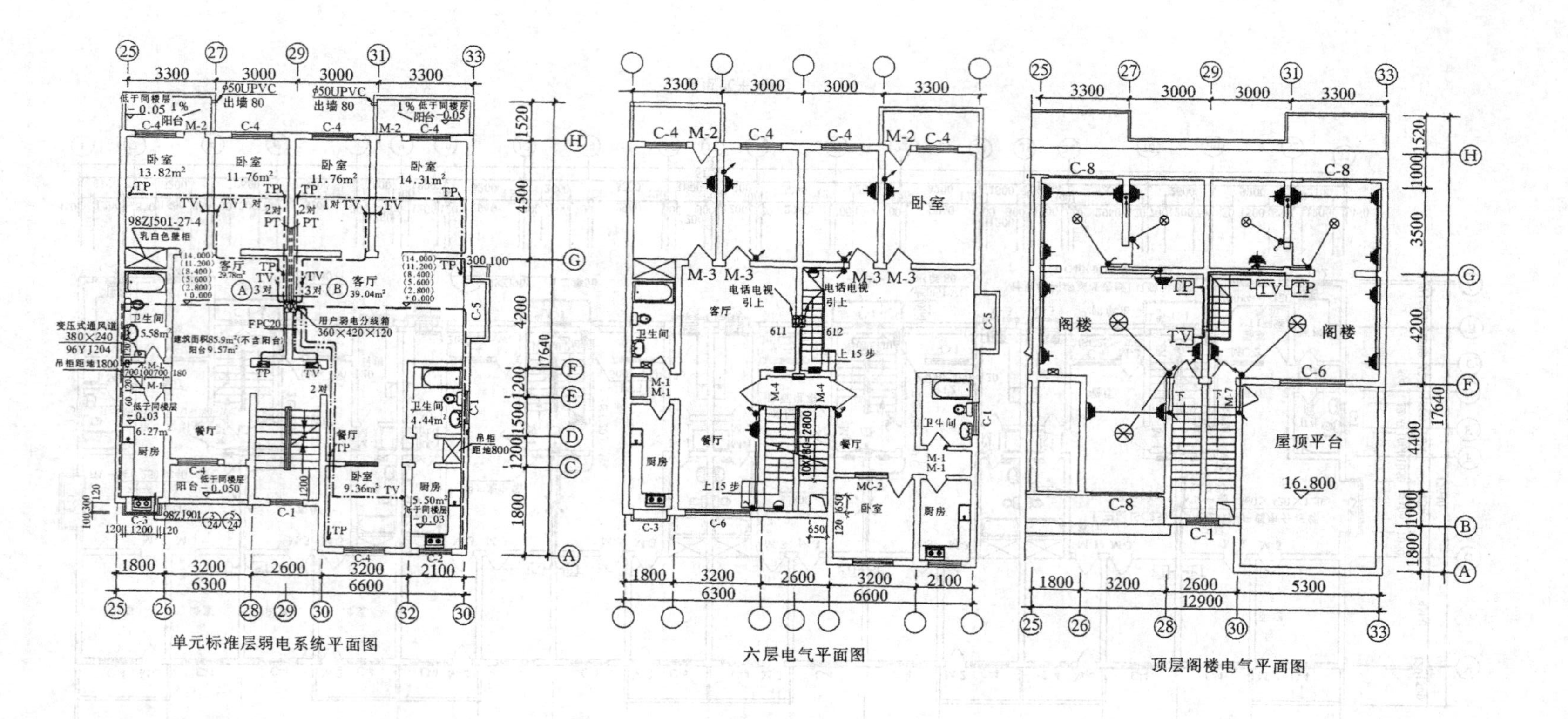

单元标准层弱电系统平面图

六层电气平面图

顶层阁楼电气平面图

说明：

（1）六层除本图外，其他照明、空调、插座等部分与电施 10-03 相同。

（2）弱电系统配置，一～六层基本相同，顶层阁楼由六层引上一电话线和电视线。

（3）表计测量线为智能控制提供备用，目前只敷设线管与接线盒及盖板。

（4）计算机网络系统进线由一层进线到一、二楼梯平台处网络系统箱，再由此箱到二层家庭弱电控制箱。

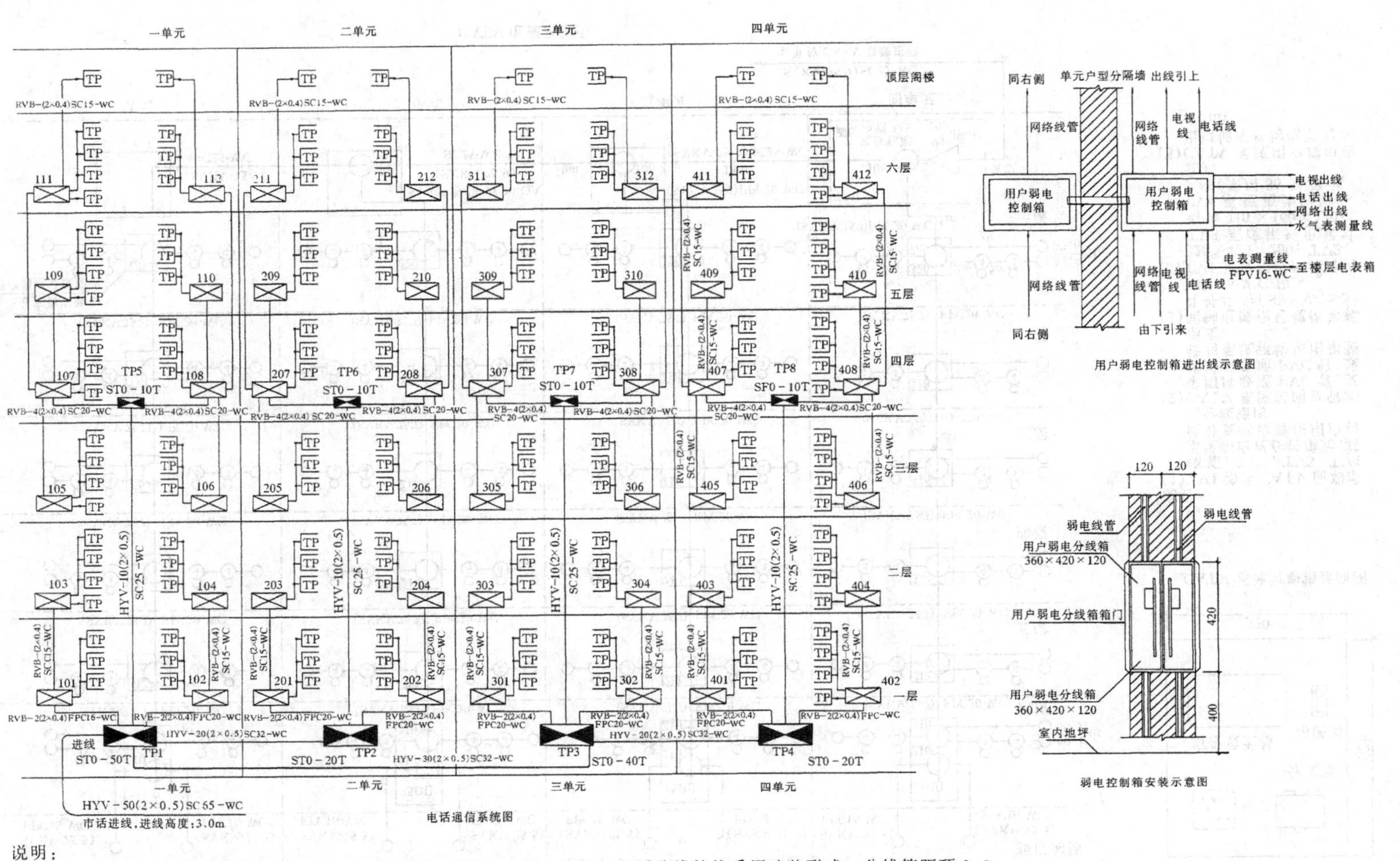

电话通信系统图

用户弱电控制箱进出线示意图

弱电控制箱安装示意图

说明：

(1) 电话系统层间立管采用钢管，支线采用普通 FPC（PVC）管；线管与电话分线箱均采用暗装形式，分线箱距顶 0.6m。

(2) 电话线路除标注外均为：层间垂直线路为：RVB（2×0.4）SC15-WC；水平线路为 RVB（2×0.4）FPC16-WC-FC。

(3) 101～401 等为住宅编号，电话分线箱内配线后应标注清晰，以备接户使用。

(4) 弱电系统配置，一～六层基本相同，只是顶层阁楼由六层引上一电话线和电视线。

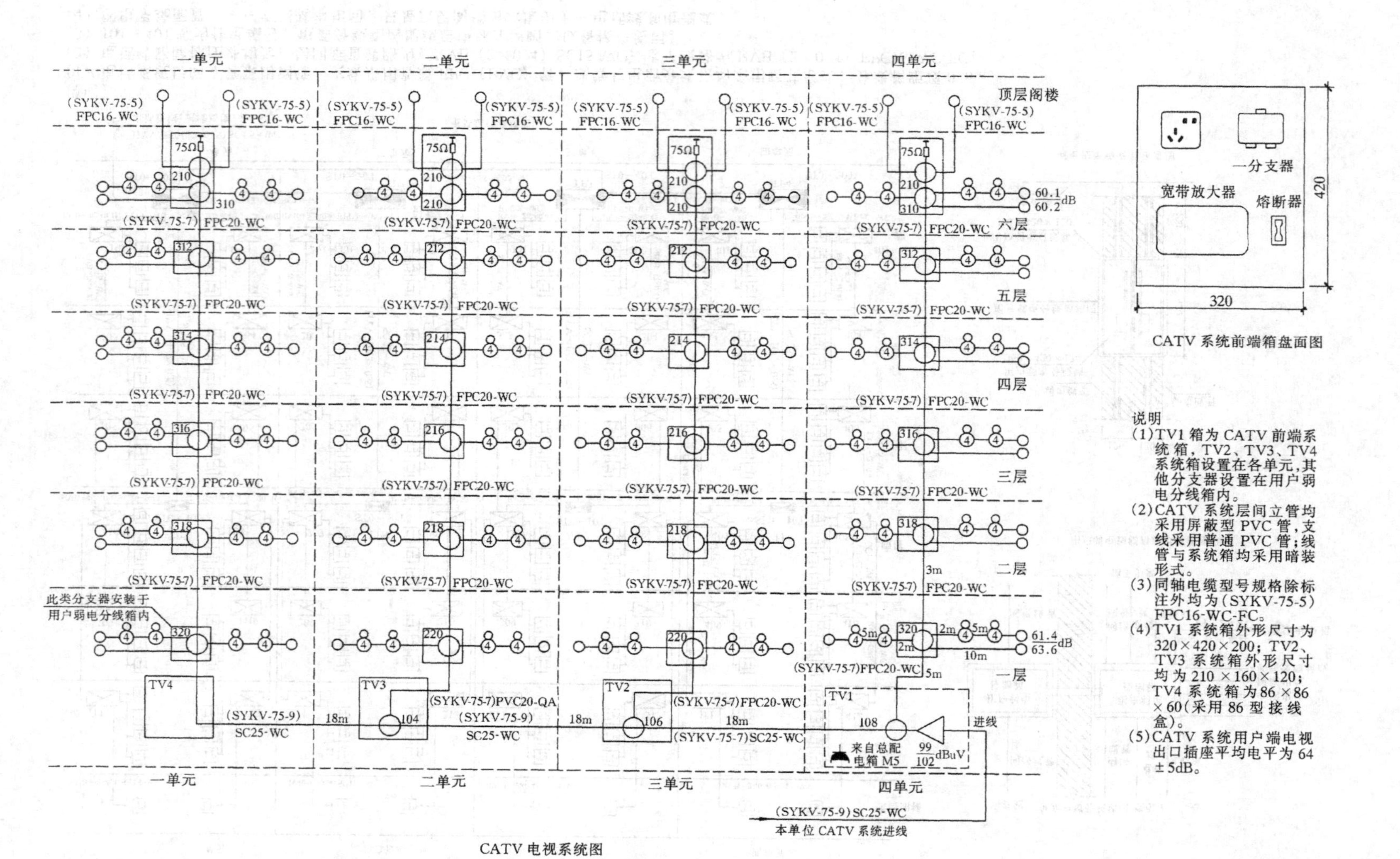

CATV 电视系统图

CATV 系统前端箱盘面图

说明

(1) TV1 箱为 CATV 前端系统箱，TV2、TV3、TV4 系统箱设置在各单元，其他分支器设置在用户弱电分线箱内。

(2) CATV 系统层间立管均采用屏蔽型 PVC 管，支线采用普通 PVC 管；线管与系统箱均采用暗装形式。

(3) 同轴电缆型号规格除标注外均为 (SYKV-75-5) FPC16-WC-FC。

(4) TV1 系统箱外形尺寸为 320×420×200；TV2、TV3 系统箱外形尺寸均为 210×160×120；TV4 系统箱为 86×86×60（采用 86 型接线盒）。

(5) CATV 系统用户端电视出口插座平均电平为 64±5dB。

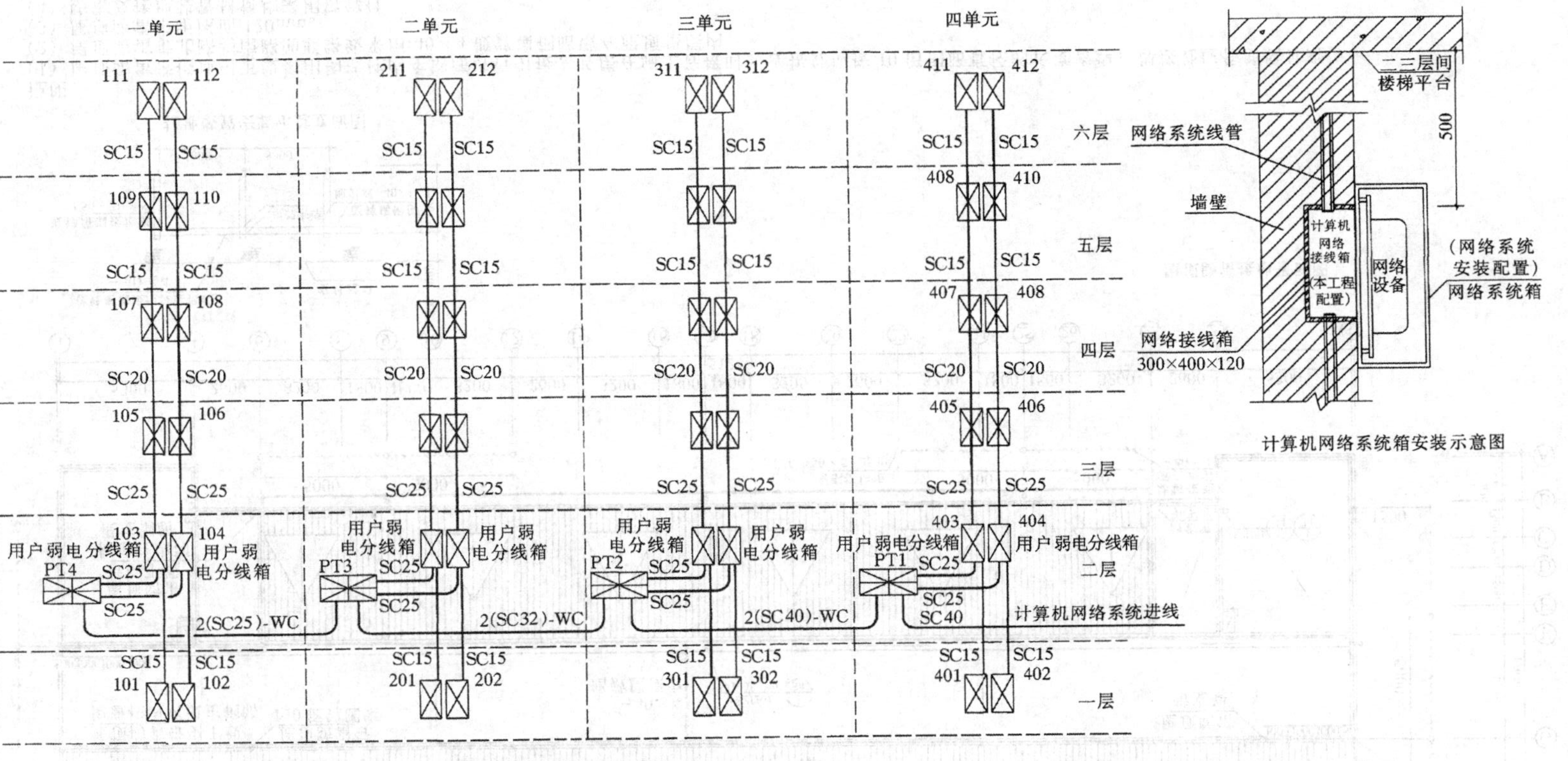

计算机网络系统组合示意图

计算机网络系统箱安装示意图

说明：

(1) 计算机网络系统接线箱（分线箱：PT1～PT4）尺寸：约：300×400×160。

(2) 计算机网络系统线管与系统箱均采用暗装形式（安装方式见示意图），线管沿墙壁、梁等敷设。

(3) 计算机网络系统施工图，除标注外均为 FPC16（屏蔽型 PVC 管）沿墙、沿楼板等暗设。

(4) 计算机网络系统分线箱安装于一二层间的楼梯平台处，距顶 0.6m。

(5) 用户弱电分线箱以备作家庭智能控制箱，具体安装示意见电施 10-06。

(6) 101、202、303、404、505、606 等，为家庭用户控制箱（用户弱电分线箱）和房间编号。

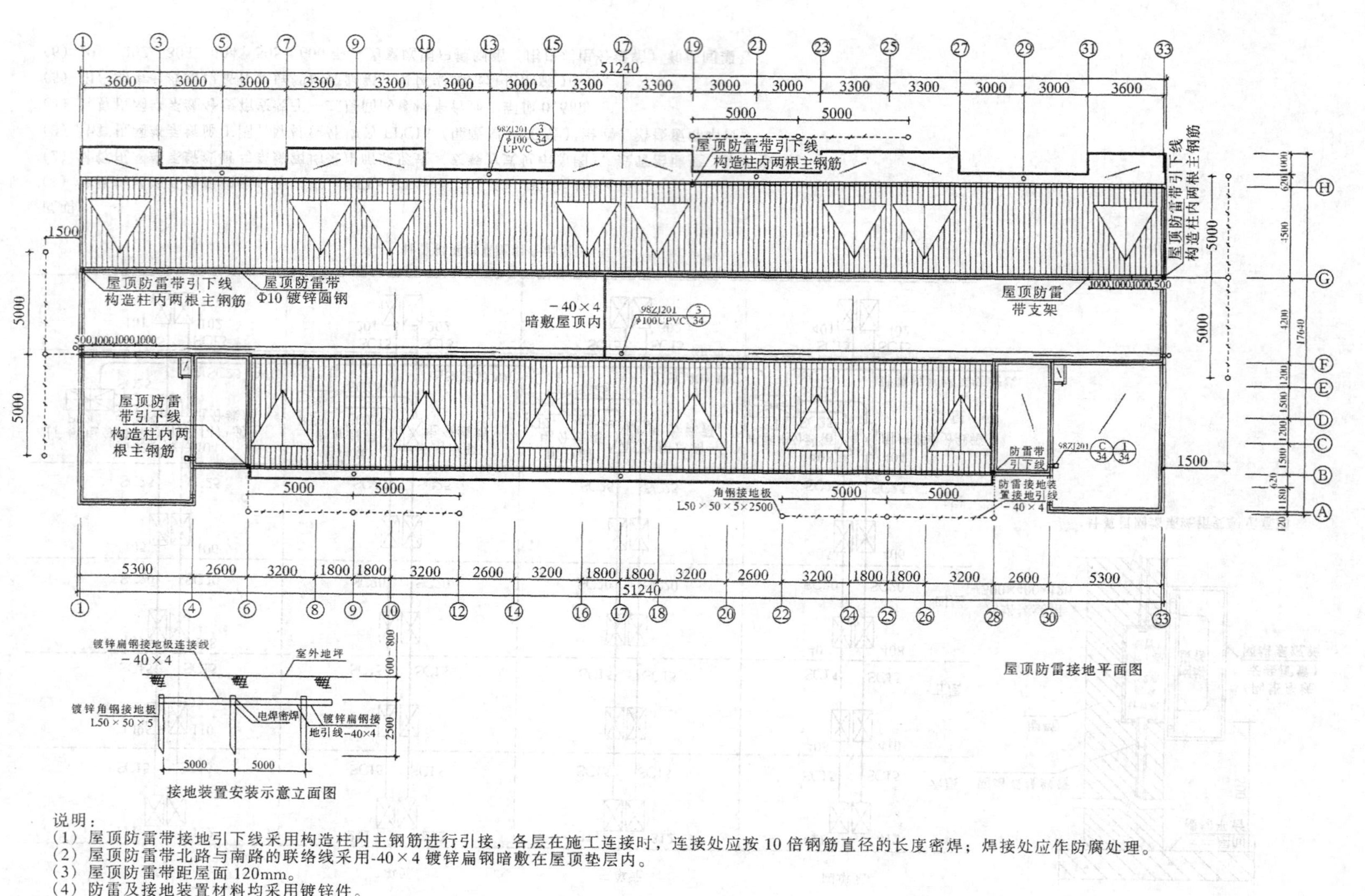

屋顶防雷接地平面图

接地装置安装示意立面图

说明：

（1）屋顶防雷带接地引下线采用构造柱内主钢筋进行引接，各层在施工连接时，连接处应按 10 倍钢筋直径的长度密焊；焊接处应作防腐处理。

（2）屋顶防雷带北路与南路的联络线采用-40×4 镀锌扁钢暗敷在屋顶垫层内。

（3）屋顶防雷带距屋面 120mm。

（4）防雷及接地装置材料均采用镀锌件。

参 考 文 献

1 吕光大主编．建筑电气安装工程图集-设计·施工·材料．北京：中国电力出版社，1997
2 宋庆云、王林根主编．电力内外线施工．北京：高等教育出版社，1999
3 王林根主编．建筑弱电系统安装与维护．北京：高等教育出版社，2001
4 孙景芝主编．建筑电气控制系统．北京：中国建筑工业出版社，1999
5 杨光臣主编．电气安装施工技术与管理，北京：中国建筑工业出版社，1993
6 马克联主编．电工基本技能实训指导．北京：化学工业出版社，2001